Wissenschaftliche Abhandlungen

VOLUME 2

LUDWIG BOLTZMANN
EDITED BY
FRIEDRICH HASENÖHRL

CAMBRIDGE
UNIVERSITY PRESS

CAMBRIDGE UNIVERSITY PRESS

Cambridge, New York, Melbourne, Madrid, Cape Town,
Singapore, São Paolo, Delhi, Mexico City

Published in the United States of America by Cambridge University Press, New York

www.cambridge.org
Information on this title: www.cambridge.org/9781108052801

© in this compilation Cambridge University Press 2012

This edition first published 1909
This digitally printed version 2012

ISBN 978-1-108-05280-1 Paperback

CAMBRIDGE LIBRARY COLLECTION

Books of enduring scholarly value

Physical Sciences

From ancient times, humans have tried to understand the workings of the world around them. The roots of modern physical science go back to the very earliest mechanical devices such as levers and rollers, the mixing of paints and dyes, and the importance of the heavenly bodies in early religious observance and navigation. The physical sciences as we know them today began to emerge as independent academic subjects during the early modern period, in the work of Newton and other 'natural philosophers', and numerous sub-disciplines developed during the centuries that followed. This part of the Cambridge Library Collection is devoted to landmark publications in this area which will be of interest to historians of science concerned with individual scientists, particular discoveries, and advances in scientific method, or with the establishment and development of scientific institutions around the world.

Wissenschaftliche Abhandlungen

The Austrian physicist Ludwig Eduard Boltzmann (1844–1906), educated at the University of Vienna, was appointed professor of mathematical physics at the University of Graz in 1869 at the age of only twenty-five. Boltzmann did important work in the fields of statistical mechanics and statistical thermo-dynamics; for instance, he contributed to the kinetic theory concerned with molecular speeds in gas. Boltzmann also promoted atomic theory, which at the time was still highly controversial. He was a member of the Imperial Austrian Academy of Sciences from 1885 and became a member of the Royal Swedish Academy of Sciences in 1888. This three-volume work, prepared in 1909 by the physicist Fritz Hasenöhrl, one of Boltzmann's students, comprises all his academic publications from 1865 to 1905. Volume 2 contains work from 1875 to 1881 on the thermal conduction of gases, the mechanic theory of heat and its problems, and the friction of gas.

Cambridge University Press has long been a pioneer in the reissuing of out-of-print titles from its own backlist, producing digital reprints of books that are still sought after by scholars and students but could not be reprinted economically using traditional technology. The Cambridge Library Collection extends this activity to a wider range of books which are still of importance to researchers and professionals, either for the source material they contain, or as landmarks in the history of their academic discipline.

Drawing from the world-renowned collections in the Cambridge University Library and other partner libraries, and guided by the advice of experts in each subject area, Cambridge University Press is using state-of-the-art scanning machines in its own Printing House to capture the content of each book selected for inclusion. The files are processed to give a consistently clear, crisp image, and the books finished to the high quality standard for which the Press is recognised around the world. The latest print-on-demand technology ensures that the books will remain available indefinitely, and that orders for single or multiple copies can quickly be supplied.

The Cambridge Library Collection brings back to life books of enduring scholarly value (including out-of-copyright works originally issued by other publishers) across a wide range of disciplines in the humanities and social sciences and in science and technology.

Ludwig Boltzmann

Wissenschaftliche Abhandlungen

II. Band

Wissenschaftliche Abhandlungen

von

Ludwig Boltzmann

Im Auftrage und mit Unterstützung der Akademien der
Wissenschaften zu Berlin, Göttingen, Leipzig, München, Wien

herausgegeben
von

Dr. Fritz Hasenöhrl

Professor der theoretischen Physik an der k. k. Universität in Wien

II. Band
(1875—1881)

Leipzig
Verlag von Johann Ambrosius Barth
1909

Druck von Metzger & Wittig in Leipzig.

Inhaltsverzeichnis

des II. Bandes. (1875—1881.)

32.

Über das Wärmegleichgewicht von Gasen, auf welche äußere Kräfte wirken.[1]

(Wien. Ber. 72. S. 427—457. 1875.)

In der Abhandlung: „Weitere Studien über das Wärmegleichgewicht unter Gasmolekülen" (Wien. Ber. 66)[2]) habe ich gezeigt, daß für Gase mit einatomigen und mehratomigen Molekülen, auf welche keine äußeren Kräfte wirken, das für erstere von Maxwell, für letztere von mir gefundene Wahrscheinlichkeitsgesetz der verschiedenen Positionen, Geschwindigkeiten und Geschwindigkeitsrichtungen der Atome unter den dort näher detaillierten Bedingungen das einzig Mögliche ist und daß man diesen Beweis liefern kann, indem man nachweist, daß eine gewisse Größe, welche mit der von Clausius in der Wärmetheorie als Entropie bezeichneten Größe aufs innigste zusammenhängt, durch die Molekularbewegung nur abnehmen kann. In der gegenwärtigen Abhandlung werde ich zeigen, daß diese Sätze einer bedeutenden Verallgemeinerung fähig sind, indem sie sich auch auf den allgemeinen Fall ausdehnen lassen, daß auf das Gas beliebige äußere Kräfte wirken, welche jedoch ein Ergal (Kraftfunktion) besitzen, und zwar ist die Größe, welche ein Maximum wird, genau dieselbe, als ob auf das Gas keine äußeren Kräfte wirkten, nur die Bedingungen, unter denen dieselbe ihr Maximum erreicht, werden andere.

---

[1] Voranzeige dieser Arbeit Wien. Anz. 12. S. 174, 14. Oktober 1875; übersetzt in Phil. Mag. (4) 50. S. 495. (Diese Arbeit hat eine Ergänzung und Berichtigung erfahren [§ 2]. Siehe Nr. 36 und 83 dieser Sammlung.)

[2] Diese Sammlung Bd. I Nr. 22.

§ 1.

Betrachtung einatomiger Gasmoleküle.

Wir stellen uns genau dasselbe Problem, welches ich im
ersten Abschnitte meiner „Weiteren Studien" behandelt habe;
nur nehmen wir an, daß auf die umherfliegenden Moleküle
auch äußere Kräfte wirken. Wir haben also ein Gefäß, d. h.
einen allseitig von fixen Wänden umschlossenen Raum, in welchem sich sehr viele einfache materielle Punkte (Moleküle) befinden. Wenn sich zwei derselben zufällig ungewöhnlich nahe
kommen (was wir wieder einen Zusammenstoß nennen wollen),
sollen sie mit beliebiger Kraft aufeinanderwirken, welche eine
gegebene Funktion der Distanz der beiden zusammenstoßenden
Moleküle sein soll; an den Gefäßwänden sollen sie wie elastische Kugeln abprallen, genau so, wie ich dies in den „Weiteren
Studien" vorausgesetzt habe. Außerdem aber sollen noch
irgendwelche Kräfte auf die Atome wirken, welche von außerhalb des Gases liegenden Ursachen herstammen und welche
wir kurz „die äußeren Kräfte" nennen wollen. Um diese äußeren
Kräfte scharf definieren zu können, verzeichnen wir im Gefäße ein beliebiges fixes Koordinatensystem. Seien x, y, z die
Koordinaten irgend eines Atoms zu irgend einer Zeit, so soll
es eine von der Zeit unabhängige Funktion χ (x, y, z) geben,
deren negative partielle Differentialquotienten nach x, y und z,
wenn man sie noch mit der Masse m des betreffenden Atoms
multipliziert, gleich den Komponenten der äußeren Kräfte $m\,X$,
$m\,Y$, $m\,Z$ sind, welche zu jener Zeit auf das Atom wirken. Die
Funktion χ soll das beschleunigende Ergal heißen. Wir setzen
voraus, daß diese Funktion für alle Atome dieselbe ist. Im
Falle, daß die Schwere die einzige äußere Kraft ist, hat man
$\chi = g\,z$, wenn die z-Achse vertikal nach aufwärts gezogen wird.
Es kann jetzt weder a priori die Annahme gemacht werden,
daß alle Geschwindigkeitsrichtungen gleich wahrscheinlich sind,
noch daß die Geschwindigkeitsverteilung eine gleichförmige ist.
Wir fassen nun das Parallelepiped ins Auge, welches den Inbegriff aller Raumpunkte umfaßt, deren x-Koordinate zwischen x und $x + d\,x$, deren y-Koordinate zwischen y und
$y + d\,y$ und deren z-Koordinate zwischen z und $z + d\,z$ liegt,

und welches wir immer kurz das Parallelepiped $d\,x\,d\,y\,d\,z$ nennen wollen. Zur Zeit t sei die Anzahl der Atome, welche sich in diesem Parallelepipede befinden, und deren Geschwindigkeit in der Richtung der x-Achse eine Komponente hat, die zwischen u und $u + d\,u$ liegt, in der Richtung der y-Achse eine Komponente, die zwischen v und $v + d\,v$ liegt, und in der Richtung der z-Achse eine Komponente, die zwischen w und $w + d\,w$ liegt.

(1) $\qquad N = f(x, y, z, u, v, w, t)\, d\,x\,d\,y\,d\,z\,d\,u\,d\,v\,d\,w$.

Indem wir uns die Geschwindigkeiten sämtlicher Moleküle in Größe und Richtung von einem bestimmten Punkte des Raumes (z. B. dem Koordinatenursprunge) aus aufgetragen denken und uns des abgekürzten Ausdruckes bedienen, eine Geschwindigkeit liege in einem Raume, wenn der andere Endpunkt der so aufgetragenen Geschwindigkeit darin liegt, wollen wir sagen, die Geschwindigkeiten aller dieser Atome liegen im Parallelepipede $d\,u\,d\,v\,d\,w$. Die Funktion f charakterisiert die Verteilung der verschiedenen Zustände unter den Molekülen oder mit anderen Worten die Wahrscheinlichkeit der verschiedenen Zustände derselben vollständig. Wenn ihr Wert für den Anfang der Zeit, den wir mit $t = 0$ charakterisieren wollen, wenn also $f(x, y, z, u, v, w, o)$ und außerdem die Gestalt des Gefäßes und sämtliche Kräfte gegeben sind, so ist das Problem ein vollständig bestimmtes und es ist vollkommen gelöst, wenn man imstande ist, den Wert der Funktion f für alle anderen t anzugeben. Die partielle Differentialgleichung, aus welcher der Wert der Funktion f für die übrigen t zu bestimmen ist, wenn er für $t = 0$ gegeben ist, habe ich bereits in den „Weiteren Studien" ohne Beweis angegeben. Es ist die daselbst als Gleichung (44) bezeichnete. Da diese Gleichung die Grundlage für unsere späteren Untersuchungen bildet, und ich dieselbe dort nicht weiter begründet habe, so will ich sie hier in Kürze ableiten. Betrachten wir wieder das Parallelepiped $d\,x\,d\,y\,d\,z$, in welchem zur Zeit t

$$N = f(x, y, z, u, v, w, t)\, d\,x\,d\,y\,d\,z\,d\,u\,d\,v\,d\,w$$

Moleküle seien, deren Geschwindigkeitskomponenten zwischen u und $u + d\,u$, v und $v + d\,v$, w und $w + d\,w$ liegen. Zur Zeit $t + \delta\,t$ sollen sich in demselben Parallelepipede

$$N + \delta N = \left[f(x, y, z, u, v, w, t) + \delta t \, \frac{d f(x, y, z, u, v, w, t)}{d t} \right] d o \, d \omega$$

Moleküle befinden, deren Geschwindigkeitskomponenten zwischen denselben Grenzen liegen, wobei Kürze halber $d o$ für $d x \, d y \, d z$ und $d \omega$ für $d u \, d v \, d w$ geschrieben wurde. Dann ist

$$\delta N = \frac{d f(x, y, z, u, v, w, t)}{d t} \, d o \, d \omega \, \delta t$$

der gesamte Zuwachs, welchen die Anzahl dieser Moleküle, also unsere Zahl N während der Zeit δt erfahren hat. Dieser Zuwachs hat eine dreifache Ursache:

1. Durch die Seitenwände des Parallelepipedes treten während der Zeit δt Moleküle ein und aus, und zwar treten während der Zeit δt durch jene beiden Seitenwände, welche senkrecht auf der x-Achse stehen,

$$u \, \delta t f(x, y, z, u, v, w, t) \, d y \, d z \, d \omega$$

und

$$- u \, \delta t f(x + d x, y, z, u, v, w, t) \, d y \, d z \, d \omega$$

Moleküle ein, deren Geschwindigkeitskomponenten zwischen den oben angegebenen Grenzen liegen. Die Summe dieser beiden Zahlen ist

$$- u \, \frac{d f(x, y, z, u, r, w, t)}{d x} \, \delta t \, d o \, d \omega .$$

Stellt man dieselben Betrachtungen auch für die vier anderen Seitenwände an, so findet man für den gesamten Zuwachs, den die Zahl N infolge des Ein- und Austretens der Moleküle erleidet, den Wert:

$$- \left(u \frac{d f}{d x} + v \frac{d f}{d y} + w \frac{d f}{d z} \right) \delta t \, d o \, d \omega ,$$

wobei kurz f statt $f(x, y, z, u, v, w, t)$ geschrieben wurde.

2. Infolge der Wirksamkeit der äußeren Kräfte haben die Atome, welche zur Zeit t die Geschwindigkeitskomponenten u, v, w hatten, zur Zeit $t + \delta t$ die Geschwindigkeitskomponenten $u + X \delta t$, $v + Y \delta t$, $w + Z \delta t$.

Indem wir uns gerade wie früher sämtliche Geschwindigkeiten in Größe und Richtung vom Koordinatenursprunge aus aufgetragen denken, können wir folgendes sagen: Wenn der Endpunkt der Geschwindigkeit eines Moleküls zur Zeit t die Koordinaten u, v, w hatte, so hat er zur Zeit $t + \delta t$ die

Koordinaten $u + X\delta t,\ v + Y\delta t,\ w + Z\delta t$. In das Parallel-epiped $du\,dv\,dw$ werden also infolge der Wirksamkeit der in der Richtung der x-Achse wirkenden Kraft X die Geschwindig-keiten von

$$f(x, y, z, u, v, w, t)\,d o\,d\omega - f(x, y, z, u + X\delta t, v, w)\,d o\,d\omega$$

$$= - X\frac{d\,f(x, y, z, u, v, w, t)}{d u}\,d o\,d\omega\,\delta t$$

Moleküle eintreten; und da wieder analoges von der y- und z-Achse gilt, so hat der gesamte Zuwachs von N infolge der zweiten Ursache den Wert

$$- \left(X\frac{df}{du} + Y\frac{df}{dv} + Z\frac{df}{dw}\right)d o\,d\omega\,\delta t.$$

3. Die Anzahl N verändert sich auch durch die Zusammen-stöße der Moleküle, und da wollen wir uns sogleich auf den Fall beschränken, daß der Raum so wenig dicht mit Molekülen erfüllt ist, daß die gleichzeitigen Zusammenstöße dreier und mehrerer Moleküle ohne Einfluß auf das Resultat sind.

Um die Veränderung von N infolge der dritten Ursache zu finden, will ich ganz dieselben Betrachtungen anstellen, welche Maxwell (Phil. Mag. (4) 35) anstellte, und auch die dortigen Bezeichnungen Maxwells beibehalten. Nachdem sich zwei Moleküle so nahe gekommen sind, daß sie miteinander in Wechselwirkung treten, werden sie sich in Bahnen aneinander vorbeibewegen, die jedenfalls eine gewisse Ähnlichkeit mit Hyperbeln haben, um einander dann wieder zu verlassen.

Die kleinste Entfernung der beiden Geraden, in denen sich die Moleküle bewegten, bevor ihre Wechselwirkung begann, wollen wir mit b, den Winkel, welchen die Bahnebene mit einer durch die Richtung der relativen Geschwindigkeit parallel der x-Achse gelegten Ebene macht, mit φ bezeichnen. Seien u, v, w und $u_1\,v_1\,w_1$ die Geschwindigkeitskomponenten der beiden Mole-küle vor dem Zusammenstoße. Wenn außer diesen sechs Größen auch noch die Werte von b und φ gegeben sind, so ist damit die Natur des Zusammenstoßes vollkommen bestimmt. Seien $u', v', w', u_1', v_1', w_1'$ die Werte derselben Größen nach dem Zusammenstoße, so wird jede der Größen $u'\,v'\,w'\,u_1'\,v_1'\,w_1'$ eine Funktion der acht Variabeln $u\,v\,w\,u_1\,v_1\,w_1\,b\,\varphi$ sein, welche berechnet werden kann, sobald das Wirkungsgesetz der während

des Zusammenstoßes tätigen Kräfte gegeben ist. Die Werte
der Größen b werden durch den Zusammenstoß nicht verändert. Es ist klar, daß, wenn umgekehrt ein Zusammenstoß
so geschehen würde, daß vor demselben die den Zusammenstoß
charakterisierenden Variabeln die Werte $u', v', w', u_1', v_1', w_1', b, \varphi'$
hätten, dieselben dann nach dem Zusammenstoße die Werte
$u, v, w, u_1, v_1, w_1, b, \varphi$ haben würden. Man findet nun leicht
(vgl. die zitierte Abhandlung Maxwells), daß die Anzahl der
Zusammenstöße, welche im Volumelemente $d o = d x\, d y\, d z$
während der Zeit $d t$ so geschehen, daß dabei die Geschwindigkeit des einen der stoßenden Moleküle im Volumelemente
$d \omega = d u\, d v\, d w$, die des andern im Volumenelemente
$d \omega_1 = d u_1\, d v_1\, d w_1$ und die beiden Größen b und φ zwischen
den Grenzen b und $b + d b$, φ und $\varphi + d \varphi$ liegen, den Wert

$$f f_1\, d o\, d \omega\, d \omega_1\, b\, d b\, V\, d \varphi\, \delta t$$

hat. Dabei ist

$$V = \sqrt{(u - u_1)^2 + (v - v_1)^2 + (w - w_1)^2}$$

die relative Geschwindigkeit beider Moleküle; f_1 ist Kürze halber
für $f(x, y, z, u_1, v_1, w_1, t)$ geschrieben. Integriert man diesen Ausdruck über alle möglichen Werte der Variabeln $u_1, v_1, w_1, b, \varphi$
also bezüglich φ von Null bis 2π, bezüglich b von Null bis ∞,
bezüglich $u_1\, v_1\, w_1$ von $-\infty$ bis $+\infty$, so findet man die Anzahl
aller Zusammenstöße, welche im Volumelemente $d o$ während
der Zeit δt so geschehen, daß die Geschwindigkeit des einen
der stoßenden Moleküle im Volumelemente $d \omega$ liegt, während
alle anderen Variabeln beliebige Werte haben. Durch jeden
dieser Zusammenstöße wird die von uns mit N bezeichnete
Anzahl um eine Einheit vermindert; dieselbe vermindert sich
also im ganzen um

$$f\, d o\, d \omega\, \delta t \int\!\int\!\int\! f_1\, V b\, d \omega_1\, d b\, d \varphi.$$

Wir wissen, daß jede der Größen $u', v', w', u_1', v_1', w_1', \varphi'$ eine
Funktion von $u, v, w, u_1, v_1, w_1, b, \varphi$ ist. In dem Differential-
ausdruck $d u'\, d v'\, d w'\, d u_1'\, d v_1'\, d w_1'\, d b\, d \varphi'$ können wir also
nach den Regeln, welche für die Transformation der Variabeln
in bestimmten Integralen gelten, die Variabeln $u, v, w, u_1, v_1,$
w_1, b, φ einführen, wodurch man erhält:

$$du' dv' dw' du_1' dv_1' dw_1' db d\varphi' = \varDelta du\, dv\, dw\, du_1\, dv_1\, dw_1\, db\, d\varphi,$$

wobei

$$\varDelta = \varSigma \pm \frac{du'}{du}\ \frac{dv'}{dv}\ \frac{dw'}{dw}\ \frac{du_1'}{du_1}\ \frac{dv_1'}{dv_1}\ \frac{dw_1'}{dw_1}\ \frac{d\varphi'}{d\varphi}$$

ist. Wir setzen wieder $d\omega' = du' dv' dw'$; $d\omega_1' = du_1' dv_1' dw_1'$.

Wenn vor dem Zusammenstoße die Geschwindigkeiten der beiden stoßenden Moleküle in den Volumelementen $d\omega$ und $d\omega_1$ die Größen b und φ aber zwischen den Grenzen b und $b+db$, φ und $\varphi + d\varphi$ lagen, so ist klar, daß nach dem Stoße die Geschwindigkeiten der Moleküle in den Volumenelementen $d\omega'$, $d\omega_1'$, die Größen b und φ aber zwischen b und $b + db$, φ' und $\varphi' + d\varphi'$ liegen werden. Dies gilt aber auch umgekehrt. Liegen vor dem Stoße die Geschwindigkeiten in den Volumelementen $d\omega'$, $d\omega_1'$ die Größen b, φ zwischen b und $b + db$, φ' und $\varphi' + d\varphi'$, so werden nach demselben die Geschwindigkeiten in den Volumelementen $d\omega$, $d\omega_1$ die Größen b, φ zwischen b und $b + db$, φ und $\varphi + d\varphi$ liegen. Die Anzahl der Zusammenstöße, welche in do während δt so geschehen, daß dieser letztere umgekehrte Fall eintritt, ist

$$f'' f_1'\ V b\, d o\, d\omega'\, d\omega_1'\, d b\, d\varphi' = \varDelta f' f_1'\ V b\, d o\, d\omega\, d\omega_1\, d b\, d\varphi,$$

worin

$$f' = f(x, y, z, u', v', w', t), \quad f_1' = f(x, y, z, u_1', v_1', w_1', t).$$

Integrieren wir wieder bezüglich φ von Null bis 2π, bezüglich b von Null bis ∞, bezüglich $u_1 v_1 w_1$ von $-\infty$ bis $+\infty$, so erhalten wir alle Zusammenstöße, welche in do während δt so geschehen, daß nach denselben die Geschwindigkeit eines der stoßenden Moleküle im Volumelemente $d\omega$ liegt, während alle übrigen Größen beliebig sind. Durch jeden dieser Zusammenstöße wird die Zahl N um eine Einheit vermehrt, sie wird also im ganzen um

$$d o\, d\omega\, \delta t \int\int\int f'' f_1'\ V b\, \varDelta\, d w_1\, d b\, d\varphi$$

vermehrt, in welchem Ausdrucke $u', v', w', u_1', v_1', w_1'$ als Funktionen von $u, v, w, u_1, v_1, w_1, b_1, \varphi$ auszudrücken sind. Der Gesamtzuwachs von N infolge der dritten Ursache ist also

$$d o\, d\omega\, \delta t \int\int\int (f' f_1'\ V b\, \varDelta - f f_1\ V b) d\omega_1\, d b\, d\varphi.$$

Nun ist aber leicht zu beweisen und für einatomige Moleküle schon von Maxwell in der zitierten Abhandlung bewiesen worden, daß

$$\varDelta = 1$$

und man kann daher den Zuwachs der Größe N infolge der dritten Ursache auch so schreiben

$$d\,o\,d\,\omega\,\delta\,t \int\!\int\!\int (f'\,f_1' - f f_1)\,V\,b\,d\,\omega_1\,d\,b\,d\,\varphi.$$

Anmerkung. Eine etwas ausführlichere Darstellung ganz analoger Schlüsse findet man im ersten Abschnitte meiner „Weiteren Studien".

Da nun der gesamte Zuwachs der Größe N infolge aller drei Ursachen gleich

$$\frac{d\,f}{d\,t}\,d\,o\,d\,\omega\,\delta\,t$$

sein muß, so erhält man, indem man durch $d\,o\,d\,\omega\,\delta\,t$ dividiert, die Gleichung

$$(2) \left\{ \begin{aligned} &\frac{d\,f}{d\,t} + u\,\frac{d\,f}{d\,x} + v\,\frac{d\,f}{d\,y} + w\,\frac{d\,f}{d\,z} + X\,\frac{d\,f}{d\,u} + Y\,\frac{d\,f}{d\,v} + Z\,\frac{d\,f}{d\,w} \\ &\qquad = \int\!\int\!\int (f'\,f_1' - f f_1)\,V\,b\,d\,\omega_1\,d\,b\,d\,\varphi, \end{aligned} \right.$$

welche identisch mit der Gleichung (44) meiner „Weiteren Studien" ist.

Es handelt sich nun zunächst darum, aus dieser Gleichung, welche die Veränderung der Funktion f bestimmt, den Beweis zu liefern, daß der Ausdruck

$$(3) \qquad\qquad E = \tfrac{2}{3} \int\!\int\!\int f\,(l\,f)\,d\,o\,d\,\omega$$

in dem jetzt von uns betrachteten Falle, daß auch äußere Kräfte auf das Gas einwirken, mit wachsender Zeit nicht zunehmen kann. l bedeutet den natürlichen Logarithmus. Die Integration ist bezüglich u, v und w von $-\infty$ bis $+\infty$, bezüglich x, y und z über das ganze als unveränderlich vorausgesetzte Gefäß zu erstrecken, in welchem sich das Gas befindet.[1]

Der Faktor $^2/_3$ wurde beigefügt, um die Größe E in bessere

---

[1] Ich bemerke hier, daß nicht wie ich in den „Weiteren Studien" sagte, die daselbst mit E^*, sondern die mit E bezeichnete Größe die Eigenschaft besitzt, daß ihr Wert für die Vereinigung zweier Körper gleich der Summe ihrer Werte für jene beiden Körper ist.

Übereinstimmung mit der Entropie zu bringen. Genau wie in den „Weiteren Studien" finden wir

$$\frac{dE}{dt} = \frac{2}{3} \int\int lf\frac{df}{dt}\,d\,o\,d\,\omega.$$

Setzen wir hier für df/dt seinen Wert aus Gleichung (2), so erhalten wir für dE/dt einen Ausdruck, welcher aus sieben Gliedern besteht. Wir werden da zunächst von den sechs ersten Gliedern den Nachweis liefern, daß sie verschwinden. Es bleibt dann nur das siebente Glied, welches ganz analog wie der Ausdruck für dE/dt in den „Weiteren Studien" behandelt werden kann. Die drei ersten Glieder des Ausdruckes, der sich für dE/dt ergibt, sind:

$$(4) \qquad -\int\int lf\left(u\frac{df}{dx} + v\frac{df}{dy} + w\frac{df}{dz}\right)d\,o\,d\,\omega.$$

Da $d\,o = d\,x\,d\,y\,d\,z$ ist, so wollen wir den ersten Summanden nach x, den zweiten nach y, den dritten nach z integrieren. Das ursprünglich über das ganze Innere des Gefäßes zu erstreckende Integrale reduziert sich dadurch auf ein über die Oberfläche des Gefäßes zu nehmendes:

$$(5) \qquad -\int\int f(fl - 1)n\,d\,s\,d\,\omega,$$

wobei $d\,s$ ein Element der Oberfläche, n diejenige Komponente der Geschwindigkeit $\sqrt{u^2 + v^2 + w^2}$ ist, welche in die Richtung der Außennormale zur Gefäßoberfläche fällt. Wir können für jedes Oberflächenelement $d\,s$ statt u, v, w drei neue Variabeln einführen, nämlich die Komponenten der Geschwindigkeit in der Richtung der Gefäßnormale und in zwei darauf senkrechten Richtungen, welche wir mit n, p, q bezeichnen wollen. Das Integrale (5) geht dadurch über in

$$(6) \qquad -\int\int\int f(lf - 1)n\,d\,s\,d\,n\,d\,p\,d\,q,$$

wobei bezüglich n, p und q von $-\infty$ bis $+\infty$ zu integrieren ist. Da wir nun annehmen, daß die Molekühe an den festen Wänden wie elastische Kugeln reflektiert werden, so müssen genau dieselben Moleküle, welche mit gewissen Werten von p und q gegen die Wand anfliegen, wieder mit denselben Werten von p und q von der Wand zurückkehren. Die anfliegenden

Moleküle unterscheiden sich aber von den zurückkehrenden nur durch das Zeichen von n; es bleibt also die Funktion f unverändert, wenn p und q unverändert bleiben und nur n sein Zeichen ändert, woraus folgt, daß sich in dem Integrale (6) je zwei Glieder tilgen, daß also das Integrale selbst den Wert Null besitzt. Man sieht übrigens leicht ein, daß dieselben Konsequenzen auch gezogen werden könnten, wenn die Moleküle nicht wie elastische Kugeln an den Wänden reflektiert werden, nur ist es dann ziemlich schwierig, die Art und Weise der Wirksamkeit der Wände exakt mathematisch zu formulieren.

Wir haben bei diesem Beweise nach x, y und z integriert. Die Erlaubtheit dieser Manipulation kann zweifelhaft werden, wenn die Funktion f diskontinuierlich ist, was freilich nur im ersten Momente stattfinden kann, weil dann sogleich eine Vermischung eintritt. Um uns auch in diesem Falle von dem Verschwinden des Ausdruckes (5) zu überzeugen, wollen wir eine Methode einschlagen, die ich schon in den „Weiteren Studien" angedeutet habe. Wir nehmen für einen Augenblick an, daß unter den Gasmolekülen keine Zusammenstöße stattfinden, und daß auch keine äußeren Kräfte auf das Gas einwirken. Es bleibt dann nur die durch die Formel (4) gegebene Veränderung von E, während die übrigen verschwinden. Bezeichnen wir den Ausdruck $\frac{2}{3} f l f$ Kürze halber, insofern er Funktion von t ist, mit $\varphi(t)$, so ist offenbar

$$\frac{dE}{dt} = \frac{1}{\tau} \int d\omega \left[\int do\, \varphi(t + \tau) - \int do\, \varphi(t) \right].$$

Nun kann man sich aber leicht überzeugen, daß die beiden Integrale $\int do\, \varphi(t + \tau)$ und $\int do\, \varphi(t)$ vollkommen miteinander identisch sind (sich auch nicht um Unendlichkleines von der Ordnung τ unterscheiden). Es ist nämlich do ein Parallelepiped, welches bestimmt ist, wenn man weiß, daß vier Ecken desselben die Koordinaten

$$x, y, z \quad \big| \quad x, y + dy, z$$
$$x + dx, y, z \quad \big| \quad x, y, z + dz$$

haben. Genau dieselben Moleküle, welche zur Zeit t in diesem Parallelepipede lagen, befinden sich zur Zeit $t + \tau$ in dem gleich großen Parallelepipede, von dem vier Ecken die Koordinaten

$$x + u\tau, \ y + v\tau, \ z + w\tau$$
$$x + dx + u\tau, \ y + v\tau, \ z + w\tau$$
$$x + u\tau, \ y + dy + v\tau, \ z + w\tau$$
$$x + u\tau, \ y + v\tau, \ z + dz + w\tau$$

haben. Es hat daher $\varphi(t)$ für das erste Parallelepiped denselben Wert wie $\varphi(t + \tau)$ für das zweite und da auch beide Parallelepipede dasselbe Volumen besitzen, so hat $\int \varphi(t) do$ über das erste Parallelepiped erstreckt, denselben Wert, wie $\int \varphi(t + \tau) do$ über das zweite erstreckt. (Dies würde übrigens, wenn keine Zusammenstöße und äußeren Kräfte vorhanden sind, auch noch gelten, wenn die Volumina der Parallelepipede und τ endlich wären.) Ebenso überzeugt man sich, daß auch zwei beliebige andere Glieder der beiden Integrale $\int \varphi(t) do$ und $\int \varphi(t + \tau) do$ sich tilgen, daß also die Differenz dieser Integrale identisch verschwindet. Wir haben somit bewiesen, daß die Veränderung des Ausdruckes E, welche durch die Formel (4) gegeben ist, welche also von der progressiven Fortbewegung der Gasmoleküle im Raume herrührt, verschwindet, wenn keine Zusammenstöße stattfinden und keine äußeren Kräfte wirken und deshalb verschwindet sie auch in allen übrigen Fällen, da ja die durch die Formel (4) gegebenen Glieder durch die Zusammenstöße und äußeren Kräfte gar nicht alteriert werden, sich vielmehr nach den Prinzipien der Differentialrechnung die durch die Zusammenstöße und äußeren Kräfte bewirkten Zuwächse der Größe E einfach zu den durch die Progressivbewegung hervorgerufenen addieren. Wenn die einschließenden Wände plötzlich hinweggenommen würden, so würde sich das Gas im unendlichen Raume verbreiten. Wollte man daher den Ausdruck (1) noch immer über alle Gasmoleküle integrieren, so müßte man jetzt über einen größeren Raum als den des Gefäßes integrieren. Bezeichnet man also jetzt mit E das Resultat, welches man erhält, wenn man den Ausdruck (1) über alle Gasmoleküle integriert, so müssen sich die Grenzen der Integration mit wachsender Zeit beständig erweitern. Infolgedessen kommt zu dE/dt, wie man leicht sieht, noch ein Oberflächenintegrale hinzu, nämlich

$$\int\int\int l f n \, ds \, d\omega,$$

welches sich mit demjenigen tilgt, auf welches sich die Glieder (4) reduzieren, woraus folgt, daß sich der Ausdruck für
dE/dt auch für den Fall, daß das Gas von keinen Wänden
eingeschlossen ist, auf den schon in den „Weiteren Studien‘
angegebenen reduziert. Dies bietet zum Falle beweglicher
Wände und zum Beweise, daß auch in diesem Falle die
Entropie des Gases nicht zunehmen kann, Übergangspunkte,
die wir jedoch hier nicht weiter verfolgen werden.

Wir können nun zur Diskussion der drei folgenden Glieder
von dE/dt übergehen, welche durch den Ausdruck

(7) $$-\int\int l f\left(X\frac{df}{du} + Y\frac{df}{dv} + Z\frac{df}{dw}\right) do\, d\omega$$

gegeben sind. Wir können wieder den ersten Summanden nach
u, den zweiten nach v, den dritten nach w integrieren. Jede
dieser Integrationen geschieht von $-\infty$ bis $+\infty$. Aus dem
Umstande, daß $\int\int f\, do\, d\omega$ die Anzahl der Gasmoleküle also
jedenfalls endlich ist, folgt, daß sowohl f als auch flf für
unendliche Werte von u, v oder w verschwinden müssen. Man
findet also durch Integration des ersten Summanden im Ausdrucke (7) nach u, des zweiten nach v, des dritten nach w,
daß auch der Ausdruck (7) verschwindet. Man kann übrigens
hier eine ganz analoge Methode anwenden, wie wir sie auf den
Ausdruck (4) angewendet haben. Wir setzen wieder

$$\frac{dE}{dt} = \frac{1}{\tau}\left[\int\int do\, d\omega\, \varphi(t+\tau) - \int\int do\, d\omega\, \varphi(t)\right].$$

Wir bezeichnen nun mit do, do', $d\omega$, $d\omega'$ vier Parallelepipede, welche der Reihe nach durch folgende vier Ecken
bestimmt sind:

x, y, z	$x+u\tau,\ y+v\tau,\ z+w\tau$
$x+dx, y, z$	$x+dx+u\tau,\ y+v\tau,\ z+w\tau$
$x, y+dy, z$	$x+u\tau,\ y+dy+v\tau,\ z+w\tau$
$x, y, z+dz$	$x+u\tau,\ y+v\tau,\ z+dz+w\tau$
u, v, w	$u+X\tau,\ v+Y\tau,\ w+Z\tau$
$u+du, v, w$	$u+du+X\tau,\ v+Y\tau,\ w+Z\tau$
$u, v+dv, w$	$u+X\tau,\ v+dv+Y\tau,\ w+Z\tau$
$u, z, w+dw$	$u+X\tau,\ v+Y\tau,\ w+dw+Z\tau$

Nehmen wir wieder die Zusammenstöße als nicht vorhanden an, da sich die von ihnen bewirkte Veränderung von E zu den übrigen Veränderungen superponiert, so werden genau dieselben Moleküle, die zur Zeit t in do und deren Geschwindigkeiten in $d\omega$ lagen, zur Zeit $t + \tau$ in do' und $d\omega'$ liegen. Weil X, Y, Z nur Funktionen von x, y, z sind, so ist außerdem $do = do'$, $d\omega = d\omega'$ (auch nicht um Unendlichkleine von der Ordnung $\tau\,do$ und $\tau\,d\omega$ verschieden). Es ist daher $\int\int do\,d\omega\,\varphi(t)$ über $do\,d\omega$ erstreckt, gleich $\int\int do\,d\omega\,\varphi(t + \tau)$ über $do\,d\omega'$ erstreckt und es tilgen sich wieder je zwei Glieder der beiden in dE/dt auftretenden Integrale.

Wenn zu Anfang der Zeit nicht alle Geschwindigkeitskomponenten von $-\infty$ bis $+\infty$ vorkommen, so werden auch die Grenzen der Integration bezüglich u, v, w zu Anfang der Zeit endlich angenommen werden können (man könnte auch die Integrationsgrenzen belassen, für die übrigen $d\omega$ die Größe f gleich Null setzend). Es ist dann der Integrationsraum bezüglich der Geschwindigkeitskomponenten ein endlicher wie früher der bezüglich der Koordinaten und man übersieht wieder leicht, daß auch in diesem Falle die Glieder (7) nichts anderes als die Erweiterung des Integrationsraumes durch die Wirksamkeit der äußeren Kräfte darstellen. Es bleibt somit nur das letzte Glied im Ausdrucke für dE/dt übrig und man erhält:

$$\frac{dE}{dt} = \frac{2}{3}\int\int \ldots lf\cdot[f'f_1' - ff_1]\,Vb\,db\,d\varphi\,do\,d\omega\,d\omega_1.$$

Die Art und Weise, wie dieser Ausdruck zu behandeln ist, ist vollkommen identisch mit der Methode, nach welcher ich in den „Weiteren Studien" die Ausdrücke (18), (64) und (74) behandelte, und glaube ich bezüglich der ausführlicheren Details dorthin verweisen zu können.

Die beiden zusammenstoßenden Moleküle spielen zunächst wieder dieselbe Rolle und der Ausdruck für dE/dt bleibt daher unverändert, wenn man die auf beide bezüglichen Größen untereinander vertauscht, wodurch man erhält:

$$\frac{dE}{dt} = \frac{2}{3}\int\int \ldots lf_1[f'f_1' - ff_1]\,Vb\,db\,d\varphi\,do\,d\omega\,d\omega_1.$$

Da ferner die Zusammenstöße in der umgekehrten Ordnung genau so verlaufen, wie in der direkten, so kann man auch die Werte der Variabeln, welche sich auf das Ende eines Zusammenstoßes beziehen mit denen, die sich auf den Beginn beziehen, vertauschen, wodurch sich ergibt:

$$\frac{dE}{dt} = -\frac{2}{3}\int\int \cdot\cdot lf' \cdot [f'f_1' - ff_1]\, Vb\,db\,d\varphi'\,do\,d\omega'\,d\omega_1'$$

oder nach Wiedereinführung von $u, v, w, u_1\, v_1\, w_1\, \varphi$, wovon ja $u', v', w'\, u_1'\, v_1'\, w_1'\, \varphi'$ Funktionen sind und Berücksichtigung der Gleichung $\varDelta = 1$

$$\frac{dE}{dt} = -\frac{2}{3}\int\int \cdot\cdot lf' [f'f_1' - ff_1]\, Vb\,db\,d\varphi\,do\,d\omega\,d\omega_1.$$

Schließlich hat man endlich, wenn man hier wieder die beiden zusammenstoßenden Moleküle vertauscht

$$\frac{dE}{dt} = -\frac{2}{3}\int\int \cdot\cdot lf_1' [f'f_1' - ff_1]\, Vb\,db\,d\varphi\,do\,d\omega\,d\omega_1$$

und die Addition dieser vier Ausdrücke und Division durch 4 liefert:

$$\frac{dE}{dt} = \frac{1}{6}\int\int \cdot\cdot l\left(\frac{ff_1}{f'f_1'}\right)\cdot[f'f_1' - ff_1]\, Vb\,db\,d\varphi\,do\,d\omega\,d\omega_1.$$

Da hier unter dem Integralzeichen der erste Faktor notwendig entgegengesetzt bezeichnet ist als der zweite, während alles übrige wesentlich positiv ist, so muß dE/dt notwendig negativ sein, also E abnehmen, wenn nicht jene beiden Faktoren verschwinden, also wenn nicht für alle Werte der Variabeln $ff_1 = f'f_1'$ ist. Für den Fall des Wärmegleichgewichtes muß notwendig entweder ein periodisches Hin- und Herschwanken des Wertes von f oder vollkommene Unabhängigkeit desselben von t eintreten, woraus folgt, daß für den Fall des Wärmegleichgewichtes nicht E fortwährend abnehmen kann, daß also für diesen Fall $ff_1 = f'f_1'$ sein muß für alle möglichen Werte der Variabeln. Es ist nun möglich, daß die Moleküle schon zu Anfang so arrangiert waren, daß nur gewisse, nicht alle möglichen Positionen und Geschwindigkeiten derselben im Verlaufe der Zeit eintreten können (z. B. wenn sie sich zu Anfang alle in einer auf den Gefäßwänden beiderseits senkrechten Geraden befanden). Schließen wir diesen Fall aus, so muß für das schließlich sich bildende Wärmegleichgewicht für alle

möglichen Werte von $x, y, z, u, v, w, u_1, v_1, w_1 \, u' \, v' \, w' \, u_1' \, v_1' \, w_1'$ die
Gleichung $f f_1 = f' f_1'$ oder ausführlich geschrieben

$$
(8) \quad \left\{
\begin{aligned}
& f(x, y, z, u, v, w, t) f(x, y, z, u_1, v_1, w_1, t) \\
& \quad = f(x, y, z, u', v', w', t) f(x, y, z, u_1', v_1', w_1', t)
\end{aligned}
\right.
$$

bestehen. Zwischen den Werten der Variabeln vor und nach
dem Zusammenstoße bestehen keine anderen als folgende
Gleichungen:

$$
(9) \quad \left\{
\begin{aligned}
& u^2 + v^2 + w^2 + u_1{}^2 + v_1{}^2 + w_1{}^2 \\
& \quad = u'^2 + v'^2 + w'^2 + u_1{}'^2 + v_1{}'^2 + w_1{}'^2 \\
& u + u_1 = u' + u_1' \\
& v + v_1 = v' + v_1' \\
& w + w_1 = w' + w_1' .
\end{aligned}
\right.
$$

Es muß also für sämtliche Werte von $x \, y \, z$ die Funktion f
so beschaffen sein, daß die Gleichung (8) für alle möglichen
Werte der Variabeln erfüllt ist, welche den Gleichungen (9)
genügen. Wenn wir für einen Augenblick den natürlichen Logarithmus von f mit φ bezeichnen, so geht die Gleichung (8) über in

$$
\begin{aligned}
\varphi(x, y, z, u, v, w, t) + \varphi(x, y, z, u_1, v_1, w_1, t) = {} & \varphi(x, y, z, u', v', w', t) \\
& + \varphi(x, y, z, u_1', v_1', w_1', t)
\end{aligned}
$$

Differentiiert man die Gleichung partiell nach u und
addiert dazu die mit den konstanten Faktoren h und k multiplizierten ebenso verstandenen partiellen Differentiale der beiden ersten der Gleichungen (9), so erhält man:

$$
\frac{d\varphi}{du} + 2hu + k = 0
$$

und daraus

$$
\varphi = lf = -hu^2 - ku + l.
$$

Da dasselbe auch von v und w gilt, so folgt:

$$
f = f_0 \, e^{-hu^2 - h'v^2 - h''w^2 - ku - k'v - k''w},
$$

worin f_0 nur mehr x, y, z und t enthalten kann. Soll das Gas
keine progressive Bewegung haben, so muß $k = k' = k'' = 0$
sein; außerdem sind, wie man leicht sieht, die Gleichungen
nur erfüllt, wenn $h = h' = h''$ ist, woraus folgt:

$$
f = f_0 \, e^{-h(u^2 + v^2 + w^2)}.
$$

Um noch die Größe f_0 zu bestimmen, setzen wir diesen Wert in die Gleichung (2) ein. Man überzeugt sich leicht, daß dann die rechte Seite dieser Gleichung verschwindet. (Dies folgt schon daraus, daß die rechte Seite ganz identisch ist, wie in dem Falle keiner äußeren Kräfte, in welchem Falle ihr Verschwinden schon in den „Weiteren Studien" bewiesen wurde.) Die Gleichung (2) reduziert sich daher, nachdem man durch die Exponentielle wegdividiert hat, auf folgende:

$$\frac{df_0}{dt} + u\frac{df_0}{dx} + v\frac{df_0}{dy} + w\frac{df_0}{dz} - 2(Xu + Yv + Zw)hf_0 = 0.$$

Da f_0 nicht mehr Funktion von u, v, w sein kann, so müssen hier für sich die mit u, die mit v und die mit w multiplizierten, sowie die von u, v und w freien Glieder verschwinden. Man hat also

$$\frac{df_0}{dt} = 0, \quad \frac{df_0}{dx} = 2hXf_0, \quad \frac{df_0}{dy} = 2hYf_0, \quad \frac{df_0}{dz} = 2hZf_0.$$

Aus der ersten Gleichung folgt, daß für das Wärmegleichgewicht nicht nur E, sondern ganz allgemein f von t unabhängig ist, d. h., daß kein periodisches Hin- und Heroszillieren zwischen einer gewissen Reihe von Zustandsverteilungen stattfinden kann. Aus den drei übrigen ergibt sich

$$\frac{df_0}{f_0} = 2h(Xdx + Ydy + Zdz)$$

$$f_0 = A\,e^{2h\int(Xdx + Ydy + Zdz)}.$$

A ist eine reine Konstante. Ein Wärmegleichgewicht ist also nur möglich, wenn $Xdx + Ydy + Zdz$ ein vollständiges Differential ist, was selbstverständlich ist, da ja sonst kein hydrostatisches Gleichgewicht des Gases möglich ist. Setzen wir

$$Xdx + Ydy + Zdz = -d\psi = -\frac{d\chi}{m},$$

so ist also

$$f_0 = A\,e^{-2h\psi}$$

und

$$f = A\,e^{-h(2\psi + u^2 + v^2 + w^2)} = A\,e^{-\frac{2h}{m}\left(\chi + \frac{mu^2}{2} + \frac{mv^2}{2} + \frac{mw^2}{2}\right)},$$

womit unser Problem vollständig gelöst ist. Die Konstante A bestimmt sich aus der Bedingung, daß $f d o d \omega$ über alle möglichen Werte der Variabeln integriert gleich der Gesamtzahl der Moleküle im Gefäße sein muß. Die Zeit, während welcher durchschnittlich ein Molekül in $d o$ und dessen Geschwindigkeit in $d \omega$ liegt, d. h. die Zeit, während welcher dies stattfindet, dividiert durch die ganze Zeit der Bewegung des Moleküls ist

$$\frac{f d o d \omega}{\iint f d o d \omega}.$$

Aus dieser Formel folgt, daß trotz der Wirksamkeit der äußeren Kräfte für die Richtung der Geschwindigkeit irgend eines der Moleküle jede Richtung im Raume gleich wahrscheinlich ist, ferner daß in jedem Raumelemente des Gases die Geschwindigkeitsverteilung genau ebenso beschaffen ist, wie in einem Gase von gleicher Dichte und Temperatur, auf das keine Außenkräfte wirken. Der Effekt der äußeren Kräfte besteht bloß darin, daß sich die Dichte im Gase von Stelle zu Stelle verändert und zwar in einer Weise, welche schon aus der Hydrostatik bekannt ist.

Im Falle, daß sich ein Gemisch mehrerer Gase, von denen aber jedes aus einatomigen Molekülen besteht, im Gefäße befindet, greift eine ganz ähnliche Rechnung Platz. Ich will auf dieselbe ihrer großen Leichtigkeit halber nicht weiter eingehen, sondern bloß das Resultat mitteilen. Mögen f_1, $f_2 \ldots$ für die verschiedenen Gase dieselbe Bedeutung haben, wie früher f, so tritt jetzt an die Stelle von E die Summe

$$\tfrac{2}{3} \iint f_1 \, l f_1 \, d o \, d \omega_1 + \tfrac{2}{3} \iint f_2 \, l f_2 \, d o \, d \omega_2 + \cdots$$

Die mittlere lebendige Kraft aller Gasmoleküle ist dieselbe und die Zustandverteilung ist in jedem Gase so, als ob das betreffende Gas unter dem Einflusse derselben Kräfte und bei derselben Dichte und Temperatur allein vorhanden wäre.

$$\S\, 2.$$

Betrachtung mehratomiger Moleküle.

Wir wollen nun auf die Betrachtung mehratomiger Gasmoleküle eingehen, und zwar nehmen wir, um sogleich den

allerallgemeinsten Fall zu umfassen, an, daß wir im Gefäße
mehrere verschiedene Gasarten gemischt haben. Irgend eine
derselben wollen wir die Gasart G nennen. X, Y, Z seien die
Komponenten der beschleunigenden Kräfte, welche auf ein
Molekül derselben wirken, wenn es sich im Punkte mit den
Koordinaten x, y, z befindet. Das Molekül soll so klein sein,
daß es diesen äußeren Kräften gegenüber als materieller Punkt
betrachtet werden kann. Auf ein Molekül irgend einer anderen
Gasart G^* sollen die äußeren Kräfte X^*, Y^*, Z^* wirken, was
genau in demselben Sinne zu verstehen ist.

Alle auf die Massen, Koordinaten, Geschwindigkeiten usw.
der Atome bezüglichen Größen bezeichne ich gerade so, wie
in der Abhandlung „Über das Wärmegleichgewicht mehratomiger Gasmoleküle" (Wien. Ber. **63**, II).[1]) Nur will
ich statt der Geschwindigkeitskomponenten selbst lieber die
Komponenten der Geschwindigkeit des Schwerpunkts und die
von $r-1$ Atomen relativ gegen den Schwerpunkt also die
Größen

$$u = \frac{dx}{dt}, \quad v = \frac{dy}{dt}, \quad w = \frac{dz}{dt}, \quad l_1 = \frac{d\xi_1}{dt} \ldots n_{r-1} = \frac{d\xi_{r-1}}{dt}$$

einführen.

$$f(t, x, y, z, u, v, w, \xi_1 \ldots \xi_{r-1} l_1 \ldots n_{r-1}) \cdot dx\,dy\,dz\,du\,dv\,dw\,d\xi_1 \ldots dn_{r-1}$$

sei zur Zeit t die Zahl der Moleküle der Gasart G im Volumelemente $dx\,dy\,dz$, für welche die Variabeln $u\,v\,w\,\xi_1 \ldots n_{r-1}$
zwischen den Grenzen u und $u+du \ldots n_{r-1}$ und $n_{r-1}+dn_{r-1}$
liegen. Eine analoge Bedeutung habe die Funktion f^* für die
Gasart G^*. Es handelt sich zunächst wieder darum, die Differentialgleichungen für die Veränderungen dieser Funktionen
mit der Zeit aufzustellen. Es sind vier Ursachen, welche eine
Veränderung der Funktion hervorrufen. Erstens das Ein- und
Austreten von Molekülen aus dem Volumelemente $dx\,dy\,dz$,
zweitens die Veränderung der Geschwindigkeiten der Moleküle
durch die äußeren Kräfte; drittens die Bewegung der Atome
in den Molekülen, viertens die Zusammenstöße der Moleküle.
Die Veränderung der Funktion f infolge der beiden ersten
Ursachen wird genau so gefunden, wie bei einatomigen Mole-

---

[1]) Diese Sammlung Bd. I Nr. 18.

külen, also wie im § 1 dieser Abhandlung, da der Ein- und
Austritt aus dem Parallelepipede $dx\,dy\,dz$ genau so erfolgt,
als ob sich nur die Schwerpunkte mit den Geschwindigkeitskomponenten u, v, w bewegen würden und auch den äußeren
Kräften gegenüber die Moleküle als materielle Punkte betrachtet werden können. Die beiden ersten Ursachen liefern
also in dem Ausdruck für df/dt auf die linke Seite folgende
Glieder:

$$- u \frac{df}{dx} - v \frac{df}{dy} - w \frac{df}{dz} - X \frac{df}{du} - Y \frac{df}{dv} - Z \frac{df}{dw}.$$

Da diese Glieder identisch mit denjenigen sind, welche
wir im § 1 für einatomige Moleküle fanden, so läßt sich von
ihnen auch dasselbe wie dort beweisen, daß sie in den Ausdruck für dE/dt Verschwindendes liefern, wenn man

$$E = \tfrac{2}{3} \!\int\!\!\int \ldots \int l f\, dx\, dy\, dz\, du\, dv\, dw\, d\xi_1 \ldots dn_{r-1}$$

setzt. Man braucht nur die dort ausgeführten Rechnungs-
operationen für jede Wertkombination $\xi_1 \ldots n_{r-1}$ ausgeführt
zu denken. Die Anwendbarkeit des dortigen Beweises setzt
voraus, daß auch die mehratomigen Moleküle wie elastische
Bälle von den Wänden reflektiert werden. Für irgend eine
andere Wirkungsweise der Wände müßte der Beweis separat
geführt werden, es ist aber wahrscheinlich, daß er für jede
Wirkungsweise gelingen muß. Von der Veränderung, welche
die Größe E infolge der inneren Bewegung der Atome in den
Molekülen erfährt, habe ich schon im Abschnitte V meiner
Abhandlung „Weitere Studien über das Wärmegleichgewicht
unter Gasmolekülen" (Wien. Ber. 66, II)[1]) gesprochen, und
dort bewiesen, daß dieselbe gleich Null ist. Ich brauche
daher den Beweis hier nicht zu wiederholen (vgl. auch den
ersten Abschnitt meiner bereits zitierten Abhandlung über das
Wärmegleichgewicht zwischen mehratomigen Gasmolekülen).

Es bleibt nun nur noch die Veränderung der Größe E
durch die Zusammenstöße zu betrachten. Hier scheint es mir
geboten, etwas ausführlicher zu sein. Ich schließe mich dabei
ganz an die Bezeichnungsweise an, welche ich schon im zweiten
Abschnitte der Abhandlung „Über das Wärmegleichgewicht

---

[1]) Diese Sammlung Bd. I Nr. 22.

zwischen mehratomigen Gasmolekülen" (Wien. Ber. Bd. 63)[1]) angewendet habe, wobei es offenbar gleichgültig ist, ob wir unter $q_1, q_2 \ldots q_s$ die Geschwindigkeitskomponenten selbst oder die Größen $u, v, w, l_1 \ldots n_{r-1}$ verstehen. Zur Erzielung einer größeren Allgemeinheit soll jedoch f nicht bloß Funktion der φ, sondern ganz allgemein eine Funktion von $t, x, y, z, u, v, w, \xi_1 \ldots \xi_{r-1}, l_1 \ldots n_{r-1}$ sein. Wir untersuchen die Zusammenstöße der Moleküle irgend einer Gasart G mit denen irgend einer anderen Gasart G^*, womit ich genau denselben Begriff verbinde, wie in dem zweiten Abschnitte der Abhandlung „Über das Wärmegleichgewicht unter mehratomigen Gasmolekülen". Es ist dann

$$dm = f \cdot f^* \cdot \omega \, dp_1 \, dp_2 \ldots dp_{s-4} \, dq_1 \, dq_2 \ldots dq_s \, dt \, dx \, dy \, dz$$

die Zahl der Zusammenstöße, welche im Volumelemente $dx \, dy \, dz$ während der Zeit dt so geschehen, daß zu Beginn des Zusammenstoßes $p_1, p_2 \ldots p_{s-4}, q_1 \ldots q_s$ zwischen den Grenzen p_1 und $p_1 + dp_1 \ldots q_s$ und $q_s + dq_s$ liegen. p_{s-3} ist im Momente des Zusammenstoßes durch die Gleichung $F = b$ bestimmt. Zählen wir für einen Augenblick die Zeit vom Momente des Beginnes des Zusammenstoßes an, wo also $F = b$ war und die übrigen Variabeln die Werte $p_1, p_2 \ldots q_s$ gehabt haben sollen. t sei irgend ein Zeitpunkt, während dessen noch Wechselwirkung zwischen den Molekülen stattfindet, also ein Moment zwischen Beginn und Ende des Zusammenstoßes. Die Werte der Variabeln zur Zeit t sollen mit

$$p_1^t, p_2^t \ldots p_{s-4}^t, q_1^t \ldots q_s^t \, \omega^t$$

bezeichnet werden. (ω hat ebenfalls dieselbe Bedeutung wie im zweiten Abschnitte der Abhandlung „Über das Wärmegleichgewicht usw."). Sie sind offenbar Funktionen von t und den Werten $p_1, p_2 \ldots p_{s-4}, q_1 \ldots q_s$ zu Anfang des Zusammenstoßes. Als derartige Funktionen sollen sie bei den künftig zu nehmenden partiellen Differentialquotienten immer betrachtet werden. Setzen wir

$$\varDelta^t = \Sigma \pm \frac{dp_1^t}{dp_1} \cdot \frac{dp_2^t}{dp_2} \ldots \frac{dp_{s-4}^t}{dp_{s-4}} \cdot \frac{dq_1^t}{dq_1} \ldots \frac{dq_s^t}{dq_s},$$

---

[1]) Diese Sammlung Bd. I Nr. 18.

so ist das Produkt $\omega^t \cdot \varDelta^t$ offenbar ebenfalls eine Funktion von

$$t, p_1, p_2 \cdots p_{s-4}, q_1 \cdots q_s.$$

Der Satz, welchen ich in dem zweiten Abschnitte der Abhandlung über das Wärmegleichgewicht unter mehratomigen Gasmolekülen bewiesen habe, läßt sich nun folgendermaßen ausdrücken: Erteilen wir den $p_1 \cdots p_{s-4}, q_1 \cdots q_s$ (welche immer die Werte im Momente des Beginnes darstellen, die zur Zeit t heißen ja $p_1^t \cdots$) beliebige konstante Werte, so ist allgemein

$$\frac{d(\omega^t \varDelta^t)}{d t} = 0,$$

daher das Produkt $\omega^t \varDelta^t$ unabhängig von t, daher auch der Wert dieses Produktes im Momente des Anfangs und Endes des Zusammenstoßes gleich. $\varDelta^t$ im Momente des Anfangs ist gleich eins, sein Wert im Momente des Endes werde mit $\varDelta$ bezeichnet, die Werte von ω^t zu Anfang und Ende seien ω und Ω, so ist also

$$\omega = \Omega \varDelta.$$

Nun soll noch folgendes stattfinden: Wenn im Momente des Beginnes eines Zusammenstoßes die Variabeln

$$p_1, p_2 \cdots p_{s-4}, q_1 \cdots q_s$$

zwischen den Grenzen p_1 und $p_1 + dp_1 \cdots q_s$ und $q_s + dq_s$ lagen, so sollen sie im Momente des Endes zwischen den Grenzen P_1 und $P_1 + dP_1 \cdots Q_s$ und $Q_s + dQ_s$ liegen und umgekehrt. Die Zahl der Zusammenstöße, welche während dt im Volumelemente $dx\,dy\,dz$ so geschehen, daß die Variabeln im Momente des Beginnes zwischen den ersteren Grenzen liegen, ist

$$ff^* \omega\,dt\,dx\,dy\,dz\,dp_1 \ldots dp_{s-4}\,dq_1 \ldots dq_s.$$

Die Zahl der Zusammenstöße dagegen, welche während dt in $dx\,dy\,dz$ so geschehen, daß im Momente des Beginnes die Variabeln zwischen den letzteren Grenzen liegen, ist:

$$FF^* \Omega\,dt\,dx\,dy\,dz\,dP_1 \ldots dP_{s-4}\,dQ_1 \ldots dQ_s$$
$$= FF^* \Omega \varDelta\,dt\,dx\,dy\,dz\,dp_1 \ldots dp_{s-4}\,dq_1 \ldots dq_s$$
$$= FF^* \omega\,dt\,dx\,dy\,dz\,dp_1 \ldots dp_{s-4}\,dq_1 \ldots dq_s.$$

Hierbei ist

$$f = f(t, x, y, z, u, v, w, \xi_1 \ldots \xi_{r-1}, l_1 \ldots n_{r-1}),$$

$$f^* = f^*(t, x, y, z, u^*, v^*, w^*, \xi_1^* \ldots \xi_{r^*-1}^*, l_1^* \ldots n_{r^*-1}^*),$$

$$F = f(t, x, y, z, u, v, w, \Xi_1 \ldots Z_{r-1}, L_1 \ldots N_{r-1}),$$

$$F^* = f^*(t, x, y, z, u^*, v^*, w^*, \Xi_1^* \ldots Z_{r^*-1}^*, L_1^* \ldots N_{r^*-1}^*).$$

Man sieht nun sofort ein, daß die obige Formel genau so, wie ich es in dem IV. und V. Abschnitte meiner weiteren Studien über das Wärmegleichgewicht unter Gasmolekülen getan habe, benützt werden kann, um zu zeigen, daß die Größe E infolge der Zusammenstöße nicht zunehmen kann und daß sie nur konstant bleiben kann, wenn allgemein $ff^* = FF^*$ ist. Alle diese Sätze werden also durch das Vorhandensein äußerer Kräfte nicht alteriert. Ich will hier noch die allgemeinen Differentialgleichungen für die Veränderung der Funktion f aufschreiben. Wenn

$$\frac{d\xi_1}{dt} = l_1 \ldots \frac{d\xi_{r-1}}{dt} = n_{r-1}$$

$$\frac{dl_1}{dt} = \lambda_1 \ldots \frac{dn_{r-1}}{dt} = \nu_{r-1}$$

die Bewegungsgleichungen der Atome eines Moleküls sind, so lautet dieselbe

$$\frac{df}{dt} + u\frac{df}{dx} + v\frac{df}{dy} + w\frac{df}{dz} + X\frac{df}{du} + Y\frac{df}{dv} + Z\frac{df}{dw}$$

$$+ l_1\frac{df}{d\xi_1} + \ldots n_{r-1}\frac{df}{d\xi_{r-1}} + \lambda_1\frac{df}{dl_1} + \ldots \nu_{r-1}\frac{df}{dn_{r-1}}$$

$$= \Sigma \int\!\int \ldots (FF^* - ff^*)\,\omega\,dp_1\,dp_2 \ldots dp_{s-4}\,dq_1 \ldots dq_s,$$

wobei sich das Summenzeichen darauf bezieht, daß für G^* alle möglichen Gasarten einschließlich der Gasart G selbst zu setzen sind. Da ich diese Differentialgleichung vorläufig nicht weiter anzuwenden gedenke, will ich ihren Beweis, der übrigens gar keinen Schwierigkeiten unterworfen ist, hier nicht weiter mitteilen.

Wir haben bisher folgenden Gedankengang eingeschlagen: wir haben nachgewiesen, daß durch die Zustandsveränderungen im Gase die Größe E nicht zunehmen kann; daraus haben wir geschlossen, daß sie für den Fall des Wärmegleichgewichtes konstant sein muß, da sie für dasselbe ja auch nicht beständig abnehmen kann. Hieraus ließen sich sofort die definitiven Gleichungen, welche die Zustandsverteilung für den Fall des Wärmegleichgewichtes liefern, ableiten. Dies läßt vermuten, daß derjenige Wert, welchen E im Falle des Wärmegleichgewichtes annimmt, überhaupt das Minimum unter allen jenen Werten von E ist, die mit dem Prinzip der Erhaltung der Gesamtzahl der Atome und dem der Erhaltung der lebendigen Kraft vereinbar sind. Um zu entscheiden, ob dem so sei, betrachten wir zunächst ein Gas mit einatomigen gleichbeschaffenen Molekülen, auf welches äußere Kräfte wirken. Das Problem gestaltet sich da folgendermaßen: Die Größe f ist derart als Funktion der Argumente x, y, z, u, v, w zu bestimmen, daß das Integrale

$$(10) \qquad I = \iiint dx\,dy\,dz \int_{-\infty}^{+\infty} du \int_{-\infty}^{+\infty} dv \int_{-\infty}^{+\infty} dw\, f\, l f$$

ein Minimum wird, während gleichzeitig die beiden Integrale

$$(11) \qquad \iiint dx\,dy\,dz \int_{-\infty}^{+\infty} du \int_{-\infty}^{+\infty} dv \int_{-\infty}^{+\infty} dw\, f$$

und

$$(12) \quad \iiint dx\,dy\,dz \int_{-\infty}^{+\infty} du \int_{-\infty}^{+\infty} dv \int_{-\infty}^{+\infty} dw\, f \cdot \left(\chi + \frac{u^2 + v^2 + w^2}{2} \right)$$

gegebene konstante Werte haben. Hierbei sind die ersten drei Integrationen über das ganze Gefäß auszudehnen. χ ist das beschleunigende Ergal der äußeren Kräfte. Nach den Regeln der Variationsrechnung finden wir zunächst, wenn λ und μ konstante Faktoren sind

$$(13) \qquad l f + \lambda + \mu \left(\chi + \frac{u^2 + v^2 + w^2}{2} \right) = 0,$$

woraus sich der früher für den Fall des Wärmegleichgewichtes gefundene Wert des f ergibt, welcher also auch das Integrale I zu einem an die Bedingungen (11) und (12) geknüpften Minimum im Sinne der Variationsrechnung macht. Die zweite Variation ist positiv, da die Gleichung (13) für f einen durchaus positiven Wert liefert und da man hat

$$\delta^2 I = \iiint dx\,dy\,dz \int\limits_{-\infty}^{+\infty} du \int\limits_{-\infty}^{+\infty} dv \int\limits_{-\infty}^{+\infty} dw \,\frac{1}{f}\,(\delta f)^2 .$$

Wollte man aber beweisen, daß man auf diese Weise den absolut kleinsten Wert des I erhält, so müßte man sich wieder auf analoge Rechnungen einlassen, wie wir sie im § 1 durchgeführt haben.

Auch diese Betrachtungen sind natürlich unverändert auf Gase mit mehratomigen Molekülen und Gasgemische übertragbar. Mit Beibehaltung der früher angewendeten Bezeichnungsweise ist dann zu setzen

$$(14)\quad I = \Sigma \!\int\!\!\int \ldots dx\,dy\,dz\,du\,dv\,dw\,d\xi_1 \ldots d\zeta_{r-1}\,dl_1 \ldots d\,n_{r-5}\,f\,lf$$

und f ist derartig als Funktion sämtlicher Argumente, deren Differentiale im mehrfachen Integrale erscheinen, zu bestimmen, daß I ein Minimum wird, während gleichzeitig

$$(15)\qquad\qquad \Sigma \!\int\!\!\int \ldots dx \ldots d\,n_{r-1}\,f$$

und

$$(16)\quad \Sigma \!\int\!\!\int \ldots dx \ldots d\,n_{r-1}\,f \cdot \left(\psi + \frac{m_1 c_1{}^2}{2} + \frac{m_2 c_2{}^2}{2} + \ldots \frac{m_r c_r{}^2}{2}\right)$$

gegebenen Konstanten gleich sind. Dabei ist ψ das bewegende Ergal der äußeren Kräfte, $m_1\,m_2 \ldots$ die Massen, $c_1\,c_2 \ldots$ die Geschwindigkeiten der Atome eines Moleküls. Die Summenzeichen bedeuten eine Summierung über alle möglichen Gasarten, die sich im Gefäße befinden.

Anhang.

Über negative innere Arbeit.

In der Abhandlung „Über die Anzahl der Atome in den Gasmolekülen und die innere Arbeit in Gasen" (Wien. Ber. **56**, II)[1]) suchte ich gewisse, beim Verhalten von Gasen auftretende Erscheinungen durch die Hypothese zu erklären,

---

[1]) Diese Sammlung Bd. I Nr. 3.

daß die bei Temperaturerhöhung von Körpern geleistete innere Arbeit hier und da auch einen negativen Wert besitzen könne, d. h., daß bei Erhöhung der mittleren lebendigen Kraft sich die durchschnittlichen Positionen der Atome so verändern, daß der Mittelwert der Ergals sich verkleinert. A priori läßt sich die Unmöglichkeit eines derartigen Verhaltens, zu dem die mit negativer äußerer Arbeitsleistung verbundene Zusammenziehung des Wassers, bei dessen Erwärmung von 0^0 bis 4^0 C. gewissermaßen eine Analogie darbietet, nicht einsehen. Mittels der Ausdrücke dagegen, welche ich später für die mittlere lebendige Kraft und das mittlere Ergal abgeleitet habe, läßt sich die Frage leicht beantworten, ob ein solches Verhalten möglich sei oder nicht. Wir betrachten zuerst ein Gas. Die Moleküle desselben seien gleichbeschaffen und jedes bestehe aus r materiellen Punkten (Atomen).

Seien m_1, m_2 ... m_r die Massen dieser materiellen Punkte, $\xi_1 \, \eta_1$ ... ζ_r deren Koordinaten, bezüglich eines beweglichen rechtwinkligen Koordinatensystems, dessen Achsen parallel drei fixen Geraden, dessen Ursprung aber der Schwerpunkt des betreffenden Moleküls sei, endlich seien $u_1 \, v_1$ ... w_r die Komponenten der Atomgeschwindigkeiten nach den Koordinatenrichtungen. Dann ist

$$\frac{N\, e^{-h\left(\chi + \frac{m_1 u_1^2}{2} + \frac{m_1 v_1^2}{2} + \ldots \frac{m_r w_r^2}{2}\right)} d\,\xi_1\, d\,\eta_1 \ldots d\,\zeta_{r-1}\, d\,u_1 \ldots d\,w_r}{\displaystyle\iint e^{-h\left(\chi + \frac{m_1 u_1^2}{2} + \frac{m_1 v_1^2}{2} + \ldots \frac{m_r w_r^2}{2}\right)} d\,\xi_1\, d\,\eta_1 \ldots d\,\zeta_{r-1}\, d\,u_1 \ldots d\,w_r}$$

die Anzahl derjenigen Moleküle in der Volumeinheit, für welche die Werte der Variabeln $\xi_1 \, \eta_1$ ... $\zeta_{r-1}\, u_1$ ... w_r zwischen den Grenzen ξ_1 und $\xi_1 + d\,\xi_1$ ... w_r und $w_r + d\,w_r$ liegen, wie ich in der Abhandlung „Über das Wärmegleichgewicht zwischen mehratomigen Gasmolekülen" (Wien. Ber. 63, II) fand und in den „weiteren Studien über Wärmegleichgewicht" (Wien. Ber. 66, II)[1]) näher begründete. Dabei ist N die Gesamtzahl der Gasmoleküle in der Volumeinheit, h eine die Temperatur bestimmende Konstante. Die Integrationen im Nenner sind über alle möglichen Werte der Variabeln also durchweg von $-\infty$ bis $+\infty$ zu erstrecken. χ ist das Ergal, d. h. jene

---

[1]) Diese Sammlung Bd. I Nr. 18 u. 22.

Funktion der Koordinaten, deren negative, partiell nach den Koordinaten genommene Differentialquotienten die Kräfte liefern. Man findet für die mittlere lebendige Kraft jedes Atoms (ebenso für die der progressiven Bewegung eines Moleküls) den Wert

$$T = \frac{3}{2h}$$

für das mittlere Ergal eines Moleküls

$$\overline{\chi} = \frac{\int\int \ldots \chi e^{-h\chi} d\xi_1 d\eta_1 \ldots d\zeta_{r-1}}{\int\int \ldots e^{-h\chi} d\xi_1 d\eta_1 . \quad d\zeta_{r-1}}.$$

Wenn sich bloß die Temperatur, nicht das Volumen des Gases ändert, so ändert bloß die Größe h ihren Wert. Der Zuwachs des mitteren Ergals eines Moleküls multipliziert mit der Anzahl der Moleküle in der Volumeinheit, also die Größe $N d \overline{\chi}$ ist dann die von der Volumeinheit des Gases geleistete innere Arbeit dq. Da nur h veränderlich ist, hat man also

$$dI = N d\overline{\chi} = \frac{2h^2 N}{3} dT$$

$$\frac{\int\int .. \chi^2 e^{-h\chi} d\xi_1 .. d\zeta_{r-1} \int\int .. e^{-h\chi} d\xi_1 .. d\zeta_{r-1} - [\int\int .. \chi e^{-h\chi} d\xi_1 .. d\zeta_{r-1}]^2}{[\int\int .. e^{-h\chi} d\xi_1 .. d\zeta_{r-1}]^2}.$$

Bezeichnet man mit $\xi'_1 \ldots \zeta'_{r-1}$ andere Werte dieser Variabeln und mit χ' den Ausdruck, der aus χ entsteht, wenn man $\xi'_1 \ldots \zeta'_{r-1}$ statt $\xi_1 \ldots \zeta_{r-1}$ substituiert, so kann man die obigen Integrale nach Analogie der Gleichung

$$\left[\int_{-\infty}^{+\infty} e^{-x^2} dx \right]^2 = \int_{-\infty}^{+\infty} \int_{-\infty}^{+\infty} e^{-(x^2+y^2)} dx \, dy$$

transformieren und man erhält

$$[\int\int .. \chi e^{-h\chi} d\xi_1 .. d\zeta_{r-1}]^2 = \int\int .. \chi \chi' e^{-h(\chi+\chi')} d\xi_1 .. d\zeta_{r-1} d\xi'_1 .. d\zeta'_{r-1};$$

$$\int\int \ldots \chi^2 e^{-h\chi} d\xi_1 \ldots d\zeta_{r-1} \cdot \int\int \ldots e^{-h\chi} d\xi_1 \ldots d\zeta_{r-1}$$

$$= \int\int \ldots \chi^2 e^{-h(\chi+\chi')} d\xi_1 \ldots d\zeta_{r-1} d\xi'_1 \ldots d\zeta'_{r-1}$$

$$= \int\int \ldots \chi'^2 e^{-h(\chi+\chi')} d\xi_1 \ldots d\zeta_{r-1} d\xi'_1 \ldots d\zeta'_{r-1},$$

daher

$$dI = \frac{2h^2 N}{3} dT \frac{\int\int \ldots \frac{(\chi+\chi')^2}{2} e^{-h(\chi+\chi')} d\xi_1 \ldots d\zeta_{r-1} d\xi'_1 \ldots d\zeta'_{r-1}}{[\int\int \ldots e^{-h\chi} d\xi_1 \ldots d\zeta_{r-1}]^2},$$

woraus sofort ersichtlich ist, daß der Ausdruck für dI/dT nur wesentlich positive Größen enthält, daß also negative innere Arbeit in Gasen, deren Moleküle in der von mir immer vorausgesetzten Weise aus materiellen Punkten bestehen, nicht möglich ist.

Unter der Voraussetzung, daß sich meine Formeln für das Wärmegleichgewicht, wie ich es zum Schlusse der Abhandlung „Einige allgemeine Sätze über Wärmegleichgewicht" (Wien. Ber. **63**, II)[1]) getan habe, auch auf feste und tropfbare Körper übertragen lassen, läßt sich auch von diesen beweisen, daß, wenn sich in denselben nur die mittlere lebendige Kraft eines Atoms, nicht das Ergal verändert, die von ihnen geleistete Arbeit nicht negativ sein kann. Sind dann $m_1\, m_2 \ldots m_r$ die materiellen Punkte jenes Körpers, $x_1\, y_1 \ldots z_r$ deren Koordinaten bezüglich eines fixen rechtwinkeligen Koordinatensystems, während alles andere dieselbe Bedeutung wie früher hat, so ist zufolge jener Übertragung die Zeit, während welcher durchschnittlich $x_1\, y_1 \ldots z_r u_1 \ldots w_r$ zwischen x_1 und $x_1 + dx_1 \ldots w_r$ und $w_r + dw_r$ liegen, d. h. das Verhältnis der Zeit, während welcher dies stattfindet, zur ganzen Zeit, während welcher man den Körper betrachtet

$$\frac{e^{-h\left(\chi + \frac{m_1 u_1^2}{2} + \ldots \frac{m_r w_r^2}{2}\right)} dx_1 \ldots dx_r\, du_1 \ldots dw_r}{\int\!\int \ldots e^{-h\left(\chi + \frac{m_1 u_1^2}{2} + \ldots \frac{m_r w_r^2}{2}\right)} dx_1 \ldots dw_r}.$$

Die mittlere lebendige Kraft ist wieder

$$T = \frac{3}{2h},$$

das mittlere Ergal

$$\bar{\chi} = \frac{\int\!\int \ldots \chi\, e^{-h\chi} dx_1 \ldots dx_r}{\int\!\int \ldots e^{-h\chi} dx_1 \ldots dx_r}.$$

Die Arbeit, welche geleistet wird, wenn nur h um dh wächst, ist aber gleich $d\bar{\chi}$. Aus diesen Werten wird der Beweis genau wie früher geführt.

Ich will endlich noch einige Worte über den Fall sagen, daß der Körper nicht mit unendlich vielen materiellen Punkten

---

[1]) Diese Sammlung Bd. I Nr. 19.

in Wechselwirkung steht, sondern daß er aus einer endlichen
Zahl materieller Punkte besteht, die sich unter dem Einflusse
eines bestimmten Ergals χ bewegen. Werde zunächst der
Fall als möglich vorausgesetzt, daß die materiellen Punkte
sämtliche mit der Gleichung der lebendigen Kraft vereinbaren
Positionen, Geschwindigkeiten und Geschwindigkeitsrichtungen
durchlaufen. Dann sind die Formeln (24), (25), (26) und (27)
meiner Abhandlung, „einige allgemeine Sätze über Wärmegleichgewicht", anwendbar und wir erhalten mit Beibehaltung
der dortigen Bezeichnungen:

$$\bar{\chi} = \frac{\iint \ldots \chi\,(a_n - \chi)^{\frac{3\lambda}{2} - 1}\,d x_1\,d y_1 \ldots d z_\lambda}{\iint \ldots (a_n - \chi)^{\frac{3\lambda}{2} - 1}\,d x_1\,d y_1 \ldots d z_\lambda}.$$

Es erfahre nun das Ergal keine Veränderung, bloß die
gesamte im System enthaltene lebendige Kraft und Arbeit,
welche durch a_n ausgedrückt ist, wachse um $d a_n$. Dann ist der
im Mittel auf Arbeitsleistung verwendete Teil von $d a_n$ gleich

$$d\bar{\chi} = \left(\frac{3\lambda}{2} - 1\right) d a_n \frac{\int (a_n - \chi)\,d o \int \chi\,d o - \int \chi\,(a_n - \chi)\,d o \int d o}{[\int (a_n - \chi)\,d o\,]^2},$$

wobei zur Abkürzung

$$d o = (a_n - \chi)^{\frac{3\lambda}{2} - 2}\,d x_1\,d y_1 \ldots d z_\lambda$$

gesetzt wurde. Zieht man wie früher die Produkte der Integrale
in mehrfache Integrale zusammen, so hat man

$$d\bar{\chi} = \left(\frac{3\lambda}{2} - 1\right) d a_n \frac{\iint (a_n \chi - \chi\chi')\,d o\,d o' - \iint (a_n \chi - \chi^2)\,d o\,d o'}{[\int (a_n - \chi)\,d o]^2}$$

$$= \left(\frac{3\lambda}{2} - 1\right) d a_n \frac{\iint \frac{(\chi - \chi')^2}{2}\,d o\,d o'}{[\int (a_n - \chi)\,d o]^2}.$$

Es ist also $d\bar{\chi}/d a_n$ wesentlich positiv, d. h. von der gesamten zugeführten lebendigen Kraft und Arbeit wird ein
positiver Teil auf Arbeitsleistung verwendet. Dagegen kann
es jetzt geschehen, daß bei Zuführung von lebendiger Kraft,
also bei positivem $d a_n$ die mittlere lebendige Kraft jedes Atoms
abnimmt. Dies findet z. B. schon in folgendem einfachen Falle

statt. Ein materieller Punkt M mit der Masse 2 bewege sich in der Ebene und werde mit der Kraft

$$\frac{1}{o\,M^2} = \frac{1}{r^2}$$

gegen einen festen Punkt O der Ebene gezogen. In der Ebene befinde sich eine durch O gehende Kurve, an welcher der materielle Punkt wie eine elastische Kugel zurückprallt. Gesetzt, es sei möglich, daß die Kurve eine solche Gestalt habe, daß der materielle Punkt alle möglichen, mit dem Prinzip der Erhaltung der lebendigen Kraft vereinbaren Bewegungsarten annehme, so sind die obigen Formeln anwendbar. Setzen wir

$$a_n = -\frac{1}{a},$$

so ist

$$\chi = -\frac{1}{r}, \quad a_n - \chi - \sum \frac{m\,c^2}{2} = \frac{1}{r} - \frac{1}{a} - c^2 = 0.$$

Die Zeit, während welcher im Mittel r zwischen r und $r + d\,r$ liegt, ist

$$d\,t = \frac{r\,d\,r}{\displaystyle\int_0^a r\,d\,r},$$

daher

$$\bar{\chi} = -\frac{\overline{1}}{r} = -\frac{2}{a}, \quad d\bar{\chi} = 2\,d\,a_n$$

und wegen

$$\bar{\chi} + \bar{c^2} = a_n = -\frac{1}{a} \text{ ist}$$

$$\bar{c^2} = +\frac{1}{a}, \quad d\bar{c^2} = -\,d\,a_n.$$

Es wird also die mittlere lebendige Kraft um ebensoviel abnehmen, als lebendige Kraft zugeführt wurde, das mittlere Ergal aber um doppelt soviel vermehrt. Natürlich kann ein solches System materieller Punkte in Verbindung mit anderen nicht bestehen, sondern wird dissoziiert. Würde sich derselbe Punkt im Raume bewegen, so wäre

$$d\,t = \frac{\sqrt{\dfrac{1}{r} - \dfrac{1}{a}}\,r^2\,d\,r}{\displaystyle\int_0^a \sqrt{\dfrac{1}{r} - \dfrac{1}{a}}\,r^2\,d\,r}$$

und es könnte die Rechnung wie oben durchgeführt werden.

Hat man es dagegen mit einem Systeme materieller Punkte zu tun, welche nicht alle möglichen, mit dem Prinzip der lebendigen Kraft vereinbaren Positionen, Geschwindigkeiten und Geschwindigkeitsrichtungen durchlaufen, dann müssen, um den Bewegungszustand des Systems zu charakterisieren, außer der darin enthaltenen lebendigen Kraft a noch die Werte anderer Integrationskonstanten b, c... der Bewegungsgleichungen des Systems bekannt sein, welche sich bei der Wärmezufuhr ebenfalls im allgemeinen verändern werden.

Sowohl der Zuwachs der mittleren lebendigen Kraft irgend eines Atoms (dieselbe braucht nicht für alle Atome gleich zu sein) als auch der Zuwachs des mittleren Ergals werden also dann die Form $A\,da + B\,db + C\,dc + \ldots$ haben, und abgesehen von einzelnen Ausnahmefällen wird es immer möglich sein, die Zuwächse der übrigen Konstanten so zu wählen, daß bei positiver Wärmezufuhr entweder der Zuwachs des mittleren Ergals oder der mittleren lebendigen Kraft eines Atoms negativ wird.

33.

Bemerkungen über die Wärmeleitung der Gase.[1]

(Wien. Ber. **72.** S. 458—470. 1875. Pogg. Ann. **157.** S. 457—469. 1876.)

In meinen „Weiteren Studien über das Wärmegleichgewicht unter Gasmolekülen" (Wien. Ber. **66**)[2]) machte ich darauf aufmerksam, daß die Wärmeleitungskonstante der Gase auf theoretischem Wege durchaus nicht numerisch exakt berechnet werden kann, da man aus der Gastheorie ohne nähere Kenntnis der inneren Beschaffenheit der Moleküle nicht bestimmen kann, in welcher Weise sich die intramolekulare Bewegung der Moleküle von Molekül zu Molekül fortpflanzt. Es lag damals nur eine einzige genauere Bestimmung der Wärmeleitungskonstante der Luft durch Stefan vor; es war also damals auch noch nicht an der Zeit, den umgekehrten Weg einzuschlagen, und aus den Beobachtungen über Wärmeleitung Rückschlüsse auf die Art und Weise oder doch wenigstens auf die Geschwindigkeit zu ziehen, mit welcher sich die intramolekulare Bewegung fortpflanzt. Seitdem hat aber Stefan seine Beobachtungen auf sehr viele andere Gase ausgedehnt, und wurden auch von anderen Beobachtern nach ähnlichen Methoden zuverläßliche Bestimmungen ausgeführt, welche Anhaltspunkte zur Beantwortung dieser Frage bieten. Der erste, welcher die Wärmeleitung der Gase in exakter Weise theoretisch berechnete, nämlich Maxwell, setzte in seinen Rechnungen wenigstens stillschweigend voraus, daß sich die lebendige Kraft der intramolekularen Bewegung verhältnismäßig gerade so schnell fortpflanzt, wie die der progressiven; genauer gesprochen, daß beim

---

[1] Voranzeige dieser Arbeit Wien. Anz. **12.** S. 174, 14. Oktober 1875; übersetzt in Phil. Mag. (4) **50.** S. 495.

[2] Diese Sammlung Bd. I Nr. 22.

Vorgange der Wärmeleitung sich die lebendige Kraft progressiver Bewegung, welche durch einen Querschnitt hindurchgeleitet wird, zur gesamten lebendigen Kraft, welche hindurchgeleitet wird, verhält, wie die im Gase enthaltene lebendige Kraft progressiver Bewegung zur gesamten darin enthaltenen lebendigen Kraft. Wenn diese Annahme Maxwell's auch, solange keine experimentellen Daten vorlagen, vielleicht als die am nächsten liegende bezeichnet werden muß, so ist doch klar, daß eine theoretische Nötigung zu derselben durchaus nicht besteht, ja daß eine absolute Gleichheit der Geschwindigkeit der Leitung der lebendigen Kraft der progressiven und intramolekularen Bewegung a priori nicht einmal als wahrscheinlich bezeichnet werden kann. In der Tat sind die aus der Hypothese Maxwells berechneten Wärmeleitungskonstanten der Gase durchaus zu groß, woraus schon Stefan schloß, daß die intramolekulare Bewegung sich nur in geringerem Maße, als es von Maxwell vorausgesetzt wurde, an der Wärmeleitung beteiligt. Die extremste Vorstellung in dieser Beziehung wäre die, daß die intramolekulare Bewegung gar nicht zur Wärmeleitung beiträgt, und diese nur durch die progressive Bewegung vermittelt wird. Unter dieser Voraussetzung würden sich die Gasmoleküle bei der Wärmeleitung wie einfache materielle Punkte verhalten. Der Wert der Wärmeleitungskonstante, welcher sich unter dieser Voraussetzung ergibt, ist daher identisch mit demjenigen, den ich in den weiteren Studien für die Wärmeleitungskonstante von Gasen erhielt, deren Moleküle einfache materielle Punkte sind, und welcher in kalorischem Maße gemessen war

$$(1) \qquad C_{\text{prog}} = JC = \frac{5p^2 J}{4\varrho^2 TA_2 k_1} = \frac{15 p J \mu}{4 \varrho T}.$$

Die Bedeutung der Buchstaben ist dieselbe, wie in den weiteren Studien. Wegen

$$(2) \qquad (\gamma - 1)w = \frac{p J}{\varrho T}$$

findet man

$$(3) \qquad C_{\text{prog}} = \frac{15 (\gamma - 1) w \mu}{4}.$$

Hierbei ist C_{prog} die in kalorischem Maße gemessene Wärmeleitungskonstante, welche sich unter der Hypothese ergibt, daß nur die Mitteilung der lebendigen Kraft der progressiven Bewegung die Wärmeleitung vermittelt. Bezeichnen wir mit C_{total} die Wärmeleitungskonstante, welche sich aus der oben detaillierten Hypothese Maxwells ergibt, so findet man (vgl. Maxwell, Phil. mag. (4) **35** und meine weiteren Studien)

$$C_{total} = \frac{5}{2} w \mu.$$

Dabei ist μ der Reibungskoeffizient, w die Wärmekapazität bei konstantem Volumen, γ das Verhältnis der beiden Wärmekapazitäten.

Für Luft bei 15^0 C. dürfte man am besten setzen

$$\mu = 0{,}00019 \frac{\text{Masse d. Gramm}}{\text{cm. sec.}}$$

(vgl. Kundt und Warburg, Pogg. Ann. **155**),

$$w = 0{,}169, \quad \gamma = 1{,}405$$

(vgl. Röntgen, Pogg. Ann. **148**). (w ist eine reine Verhältniszahl, nämlich der Quotient der Wärmemenge, welche man braucht, um eine Wassermenge um eine gewisse Anzahl von Graden zu erwärmen, in die Wärmemenge, die man braucht, um das gleiche Gewicht Luft um dieselbe Anzahl von Graden zu erwärmen.)

Hieraus ergibt sich für Luft bei 15^0 C.

(4) $\qquad C_{prog} = 0{,}0000481, \quad C_{total} = 0{,}0000803,$

wogegen Stefan experimentell fand

$$C = 0{,}0000558$$

(Wien. Ber. **65**).

Um die relativen Wärmeleitungsvermögen verschiedener Gase zu vergleichen, ist es am besten, die Formel (1) zu benützen. Selbe zeigt, daß das Wärmeleitungsvermögen verschiedener Gase sich wie μ/ϱ verhalte, wenn nur die Mitteilung der progressiven Bewegung die Leitung vermittelt, dagegen wie $\mu/(\gamma-1)\varrho$ nach der Hypothese Maxwells. Letzteres folgt aus Maxwells Formel, ϱ ist die Dichte des Gases. Es wäre nicht empfehlenswert, in der letzteren Formel die direkt experimentell gefundenen Werte von $(\gamma-1)$ zu substituieren, weil dieselben mit großer Unsicherheit behaftet sind. Am besten ist es, $\gamma-1$ mittels der Formel (2) zu eliminieren, nach welcher die Werte von $1/(\gamma-1)\varrho$ für verschiedene Gase sich wie die von w verhalten. Die Werte von $\mu/(\gamma-1)\varrho$ verhalten sich also wie die von μw. Bezeichnet man die spezifische Wärme bei konstantem Drucke mit w', so ist für Luft $w'=0,2374$, $\gamma=1,405$, daher $w'-w=0,0684$. Und da die Werte von $w'-w$ nach Formel (1) der Dichte verkehrt proportional sind, so ist für andere Gase $w'-w=0,0684/\varrho'$, wobei ϱ' ihre Dichte relativ gegen Luft ist. Man sieht also, daß das Endresultat folgendes ist: Nach der Hypothese Maxwells müßten sich die Wärmeleitungskonstanten wie $\mu(w'-0,0684/\varrho')$ verhalten. Ich glaube, daß diese Methode der Berechnung zu den zuverlässigsten Zahlen führen dürfte. Übrigens sind ja die Beobachtungen bisher noch so unsicher, daß eine andere Berechnungsmethode jedenfalls zu keinen ins Gewicht fallenden Abweichungen Veranlassung geben würde.

Die folgende Tabelle enthält in der 1. Kolumne unter Γ_{total} die relativen Wärmeleitungskonstanten zu Luft unter Maxwells Hypothese, also die Werte von $\mu(w'-0,0684/\varrho')$, dividiert durch den Wert dieses Ausdruckes für Luft; in der 2. Kolumne unter Γ_{prog} die relativen Wärmeleitungsvermögen unter der Hypothese, daß nur die progressive Bewegung die Leitung vermittelt, also die relativen Werte von μ/ϱ, in den übrigen die experimentell gefundenen relativen Wärmeleitungskonstanten.

	Theoretisch		Experimentell		
	Γ_{total}	Γ_{prog}	Stefan	Kundt	Winkelmann
Kohlensäure .	0,854	0,550	0,642	0,590	0,609
Stickoxydul . . .	0,897	0,547	0,665	—	0,691
Ölbildendes Gas	1,132	0,589	0,752	—	0,796
Kohlenoxyd .	1,000	0,998	0,981		0,983
Luft . .	1,000	1,000	1,000	1,000	1,000
Sauerstoff . .	1,025	1,000	1,018	—	1,018
Sumpfgas . .	1,715	1,110	1,372	—	1,246
Wasserstoff .	6,987	7,020	6,718	7,100	6,331
Stickoxyd . .	0,969	0,939	—	—	0,886

Die Zahlen der 1. Kolumne stimmen nicht ganz mit den von Stefan berechneten, was in meiner Berechnungsweise ihren Grund hat, die darauf hinausläuft, daß ich nicht die experimentellen, sondern die aus der Wärmekapazität bei konstantem Drucke aus der Formel $w' - w = p\,J \,/\, \varrho\,T$ folgenden des Verhältnisses der Wärmekapazitäten zugrunde legte. Doch sind die Abweichungen durchaus unwesentlich.

Die Zahlen, welche ich der Berechnung zugrunde legte, sind also folgende:

	w'	ϱ	γ	μ
Kohlensäure. . .	0,2169	44	1,260	0,755
Stickoxydul . .	0,2262	44	1,248	0,752
Ölbildendes Gas .	0,4040	28	1,211	0,516
Kohlenoxyd . . .	0,2450	28	1,403	0,870
Luft	0,2374	28,8	1,405	0,899
Sauerstoff . . .	0,2175	32	1,395	1,000
Sumpfgas. . .	0,5929	16	1,262	0,555
Wasserstoff . .	3,4090	2	1,407	0,439
Stickoxyd . . .	0,2317	30	1,396	0,878

Man sieht, daß sowohl der Absolutwert der Wärmeleitungskonstante der Luft, als auch die Relativwerte der Wärmeleitungskonstanten der übrigen Gase zu der Luft, zwischen den beiden extremen Ansichten in der Mitte liegen, welche wir bisher der Rechnung zugrunde legten.

Eine nähere Überlegung lehrt nun, daß der Ausdruck

$$^3/_{13}\, C_{\text{total}} + {}^{10}/_{13}\, C_{\text{prog}},$$

den wir mit $C_{3/_{13}}$ bezeichnen wollen, Werte liefert, welche durchaus mit den experimentell gefundenen in guter Übereinstimmung stehen. In Worten kann man dies etwa folgendermaßen ausdrücken: Wenn ein stationärer Wärmestrom durch eine zylindrische Gasmasse geht, so geht dabei von der lebendigen Kraft der intramolekularen Bewegung nur $^3/_{13}$ mal soviel durch jeden Querschnitt hindurch, als von derselben hindurchginge, wenn nach der Hypothese Maxwells das Verhältnis der intramolekularen zur progressiven lebendigen Kraft, welche sich zwei Moleküle beim Stoße durchschnittlich mitteilen, dasselbe wäre, wie das der im Gase vorhandenen intramolekularen zur im Gase vorhandenen progressiven lebendigen Kraft. Nach Formel (4) finden wir zunächst für Luft

$$C_{3/_{13}} = 0,0000555,$$

3*

während Stefan experimentell fand

$$C = 0,0000558.$$

Um auch die relativen Wärmeleitungskonstanten möglichst leicht aus unserer Formel berechnen zu können, stellen wir folgende Betrachtungen an. Mit Beibehaltung der früheren Bezeichnungen ist für irgend ein Gas

$$C_{3/13} = \frac{3}{13} C_{total} + \frac{10}{13} C_{prog}$$

$$= \frac{3}{13} 0,0000803 \, \Gamma_{total} + \frac{10}{13} 0,0000481 \, \Gamma_{prog}.$$

Daher ist die relative Wärmeleitungskonstante gegen Luft für dieses Gas

$$\Gamma_{3/13} = \frac{C_{3/13}}{C_{Luft}} = \frac{3}{13} \cdot \frac{0,0000803}{0,0000555} \Gamma_{total} + \frac{10}{13} \cdot \frac{0,0000481}{0,0000555} \Gamma_{prog},$$

oder sehr nahe

$$\Gamma_{3/13} = \frac{1}{3} \Gamma_{total} + \frac{2}{3} \Gamma_{prog}.$$

Die nach dieser Formel berechneten Werte der relativen Wärmeleitungskonstanten Γ sind in der folgenden Tabelle mit den beobachteten zusammengestellt.

	$\Gamma_{3/13}$ berechnet	Γ beobachtet		
		Stefan	Kundt u. W.	Winkelmann
Kohlensäure . .	0,651	0,642	0,590	0,609
Stickoxydul . . .	0,664	0,665	—	0,691
Ölbildendes Gas .	0,770	0,752	—	0,796
Kohlenoxyd . . .	0,999	0,981	—	0,983
Luft . .	1,000	1,000	1,000	1,000
Sauerstoff	1,009	1,018	—	1,084
Sumpfgas . .	1,312	1,372	—	1,246
Wasserstoff . .	7,009	6,718	7,100	6,331
Stickoxyd . .	0,949	—	—	0,886

Bedenkt man, welche Unsicherheit dermalen noch den Beobachtungen anhaftet, so muß die Übereinstimmung der berechneten und beobachteten Zahlen als eine sehr befriedigende bezeichnet werden.

Es bedarf wohl nicht der Erwähnung, daß damit noch nicht behauptet sein soll, daß das Verhältnis des Betrages,

den die intramolekulare Bewegung zur Wärmeleitung wirklich
liefert, zu dem, welchen sie nach Maxwells Hypothese liefern
würde, für alle Gase genau denselben Wert haben müsse.
Es kann sein, daß sich bei weiterer Verfeinerung der Beobachtungen herausstellen wird, daß dieses Verhältnis für verschiedene Gase verschieden ist; nur soviel geht aus dem
Vorhergehenden hervor, daß man den bisher vorliegenden Beobachtungen vollständig gerecht wird, wenn man dieses Verhältnis für alle Gase gleich $\frac{3}{13}$ setzt.

Einige Worte, wie man sich diese geringe Teilnahme der
intramolekularen Bewegung an der Wärmeleitung vorzustellen
hat, dürften hier noch am Platze sein. Mit den beiden Größen
C_{total} und C_{prog} können wir noch eine dritte vergleichen.
Nehmen wir an, zwei Schichten eines Gaszylinders vom Querschnitte 1 werden auf konstanten Temperaturen z. B. 0^0 und
100^0 erhalten.

Machen wir folgende Hypothesen, welche ich Kürze halber
die Hypothesen A nennen will:

1. Die Moleküle sollen sich bei den Zusammenstößen nur
verschwindend wenig lebendige Kraft intramolekularer Bewegung mitteilen.

2. Die mittlere lebendige Kraft der progressiven und auch
die der intramolekularen Bewegung der Moleküle habe in der
Schicht von 0^0 denselben Wert, als ob das ganze Gas ruhend
und in allen Teilen gleichförmig 0^0 hätte, in der Schicht von
100^0 aber denselben Wert, als ob das ganze Gas 100^0 hätte;
dann würde schon infolge der Diffusion der Gasmoleküle durch
jeden Querschnitt in der Zeiteinheit eine gewisse lebendige
Kraft intramolekularer Bewegung getragen, welche folgendermaßen gefunden werden kann. In den weiteren Studien fand
ich für den Fall der Diffusion, daß die Anzahl der Moleküle, welche in der Zeiteinheit durch den Querschnitt 1 geht,
den Wert

$$(5) \qquad -N u = \frac{p\,p_*}{A_1\,k\,\varrho\,\varrho_*\,(p+p_*)}\,\frac{d\,N}{d\,x}$$

besitzt. Nehmen wir an, wir hätten nur ein Gas, dessen Moleküle aber eine gewisse Eigenschaft, z. B. eine Elektrisierung
besitzen, von der wir aber annehmen, daß sie die Molekularbewegung nicht alteriert. Die Elektrizitätsmenge auf einem

Moleküle von den Koordinaten $x\,y\,z$ sei $E = A\,x + B$, wobei A und B Konstanten sind. Jetzt wird Elektrizität durch Diffusion durch die verschiedenen Querschnitte durchgeführt, und die Formel (5) liefert die in der Zeiteinheit durch den Querschnitt 1 gehende Elektrizitätsmenge, wenn wir schreiben

$$\frac{p}{\varrho} \text{ für } \frac{p_*}{\varrho_*}, \quad p \text{ für } p + p_*, \quad k_1 \text{ für } k, \quad N\frac{d\,E}{d\,x} \text{ für } \frac{d\,N}{d\,x}.$$

Diese Elektrizitätsmenge ist also

$$\frac{p\,N}{A_1\,k_1\,\varrho^2}\frac{d\,E}{d\,x}.$$

Wenn wir statt E die lebendige Kraft der intramolekularen Bewegung eines Moleküls setzen, so erhalten wir die lebendige Kraft intramolekularer Bewegung, welche in der Zeiteinheit durch den Querschnitt 1 geht, und die wir mit H bezeichnen wollen. Sei l die mittlere lebendige Kraft der progressiven Bewegung eines Moleküls, so ist

$$(\beta - 1)l = \frac{5 - 3\,\gamma}{3\,(\gamma - 1)}l$$

die der intramolekularen, daher

(6) $$H = \frac{p\,N}{A_1\,k_1\,\varrho^2} \cdot (\beta - 1)\frac{d\,l}{d\,x}.$$

Ferner ist, wenn B eine Konstante bedeutet,

$$l = B\,T,$$

also

$$H = \frac{p\,N}{A_1\,k_1\,\varrho^2}(\beta - 1)\,B\frac{d\,T}{d\,x}$$

und, da N die Molekülzahl in der Volumeinheit bedeutet,

$$p = \frac{N\,m\,c^2}{3}$$

$$\frac{3}{2}\,p \cdot \frac{1}{N\,m} \cdot m = l = B\,T = \frac{3}{2}\,\frac{p}{\varrho}\,m,$$

woraus

$$B = \frac{3\,p\,m}{2\,\varrho\,T}$$

und

$$H = \frac{3\,p^2\,N\,m}{2\,A_1\,k_1\,\varrho^3\,T}\frac{d\,T}{d\,x} = \frac{3\,p^2}{2\,A_1\,k_1\,\varrho^2\,T}(\beta - 1)\frac{d\,T}{d\,x}.$$

Multipliziert man diese Größe mit $J/(dT/dx)$ und addiert sie zu

$$C_{\text{prog}} = \frac{5}{4} \frac{p^2 J}{A_2 k_1 \varrho^2 T},$$

so erhält man die durch dT/dx dividierte Wärmemenge, welche unter der Hypothese A in der Zeiteinheit durch den Querschnitt 1 gehen würde, und welche wir mit C_{diff} bezeichnen wollen. Es ist also

$$C_{\text{diff}} - C_{\text{prog}} = \frac{3}{2} (\beta - 1) \frac{p^2 J}{A_1 k_1 \varrho^2 T},$$

wogegen

$$C_{\text{total}} - C_{\text{prog}} = \frac{5}{4} (\beta - 1) \frac{p^2 J}{A_2 k_1 \varrho^2 T}$$

ist. $\beta - 1$ ist gleich $\dfrac{5 - 3\gamma}{3(\gamma - 1)}$. $A_1 = 2{,}6595$, $A_2 = 1{,}3682$.

Endlich hat man

$$C_{5/13} - C_{\text{prog}} = \frac{15}{4} \cdot \frac{\beta - 1}{13} \frac{p^2 J}{A_2 k_1 \varrho^2 T}.$$

Für Luft ist $\beta = 1\tfrac{2}{3}$, daher

$$C_{\text{diff}} - C_{\text{prog}} = 0{,}514 \frac{p^2 J}{A_2 k_1 \varrho^2 T}$$

$$C_{\text{total}} - C_{\text{prog}} = 0{,}833 \frac{p^2 J}{A_2 k_1 \varrho^2 T}$$

$$C_{5/13} - C_{\text{prog}} = 0{,}192 \frac{p^2 J}{A_2 k_1 \varrho^2 T}.$$

Man sieht also, daß, um Übereinstimmung mit der Erfahrung zu erlangen, angenommen werden muß, daß die intramolekulare Bewegung noch weit weniger zur Wärmeleitung beiträgt, als sie nach der Hypothese (A) dazu beitragen würde. Daraus würde folgen, daß, wenn eine Schicht einer zylindrischen Gasmasse konstant bei einer Temperatur, z. B. 0°, die andere bei einer anderen, z. B. 100°, erhalten würde, die intramolekulare Bewegung nicht in der ersteren Schicht so groß wie in einer Gasmasse sein könnte, die in allen Teilen 0° hat, und auch nicht in der zweiten Schicht so groß, wie in einer Gasmasse von 100°, sondern daß die intramolekulare Bewegung in allen Schichten weit näher einem Mittelwerte stünde, z. B. der in einem Gase herrschenden intramolekularen Bewegung, das durchweg die Temperatur 50° hat. Es schiene sich also hiernach die intramolekulare Bewegung nur langsam mit der progressiven auszugleichen. Hierbei ist aber noch eines zu bemerken. Da das Ausgleichsbestreben zwischen der lebendigen Kraft der progressiven und intramolekularen Bewegung um so mehr zur Wirksamkeit kommt, je dicker die Gasschicht ist, durch welche die Wärme geleitet wird, so könnte, wenn sich tatsächlich die intramolekulare Bewegung nur so wenig an der Wärmeleitung beteiligen würde, die Wärmeleitungskonstante nicht vollkommen unabhängig von der Dicke der leitenden Schicht herauskommen. Ein Versuch Stefans scheint zwar die Unabhängigkeit der Wärmeleitungskonstante von der Dicke zu bestätigen, doch glaube ich, daß bei der Schwierigkeit der betreffenden Versuche noch weitere Experimente hierüber abzuwarten sind, und erlaube mir daher vorläufig bloß, die Differentialgleichungen mitzuteilen, deren Gültigkeit mir für diesen Fall am wahrscheinlichsten scheint. Sei c die spezifische Wärme der Gewichtseinheit des Gases bei konstantem Volumen, T die absolute Temperatur in Celsiusschen Graden, p die progressive, i die intramolekulare lebendige Kraft in der Gewichtseinheit, alle übrigen Buchstaben haben dieselbe Bedeutung, wie im 2. Abschnitte meiner weiteren Studien, dann ist

$$c \, d\, T = \beta \, J \, d\, p \, .$$

Die durch die Einheit des Querschnittes in der Zeiteinheit gehende progressive lebendige Kraft

$$\frac{C_{\text{prog}}}{J} \frac{d\, T}{d\, x} = \frac{C_{\text{prog}}}{J} \cdot \frac{\beta \, J \, d\, p}{c \, d\, x} \, .$$

Der Betrag der lebendigen Kraft, welche sich in der Zeiteinheit aus progressiver in innere Bewegung verwandelt, sei $A\,[(\beta - 1)\,p - i]$. Die in der Zeiteinheit durch die Einheit des Querschnittes gehende lebendige Kraft intramolekularer Bewegung aber ist nach Formel (6)

$$\frac{p\,N}{A_1\,k_1\,\varrho^2}(\beta - 1)\frac{d\,l}{d\,x}\, ,$$

oder da $i = \dfrac{N}{\varrho}(\beta - 1)\,l$,

$$\frac{p}{A_1\,k_1\,\varrho} \cdot \frac{d\,i}{d\,x}\, .$$

Daraus ergeben sich für die Veränderung von p und i leicht folgende partielle Differenitalgleichungen:

$$\frac{dp}{dt} = \frac{\beta}{c\,\varrho}\,C_{\mathrm{prog}}\,\frac{d^2 p}{dx^2} + A\,[i - (\beta - 1)p]$$

$$\frac{di}{dt} = \frac{p\,(1 + \lambda)}{A_1\,k_1\,\varrho^2}\,\frac{d^2 i}{dx^2} + A\,[(\beta - 1)p - i]\,.$$

Die Konstante λ rührt daher, daß wir annehmen, daß sich bei den Zusammenstößen die stoßenden Moleküle auch etwas intramolekulare Bewegung mitteilen. Für eine feste Wand von der Temperatur T dürften etwa folgende Grenzbedingungen gelten:

$$\frac{dp}{dx} + ET - Fp - Gi = 0.$$

$$\frac{di}{dx} + HT - Kp - Li = 0,$$

wo E, F, G, H, K, L Konstanten sind, und zwar

$$F = E\frac{\beta J}{c} - G(\beta - 1) \qquad K = H\frac{\beta J}{c} - L(\beta - 1)\cdot$$

Vielleicht genügt es aber $\lambda = 0$ zu setzen, und als Grenzbedingungen

$$p = MT, \quad \frac{di}{dx} = 0$$

anzunehmen, wobei M wieder eine Konstante ist.

Ich bemerke übrigens, daß alle diese Schlüsse wesentlich darauf basieren, daß 2 Moleküle während eines Zusammenstoßes in der von Maxwell (Phil. mag. (4) 35) vorausgesetzten Weise aufeinander wirken. Da für ein anderes Wirkungsgesetz die exakte numerische Berechnung bisher noch nicht gelungen ist, so läßt sich gegenwärtig nicht bestimmen, wie sich die Formeln für ein anderes Wirkungsgesetz gestalten würden. Doch ist sehr wohl möglich, daß dann die Wärmeleitungskonstante mit einem anderen numerischen Faktor behaftet erschiene, wodurch dann auch alle anderen Konsequenzen wesentlich verändert werden.

34.

Zur Integration der partiellen Differentialgleichungen 1. Ordnung.[1])

(Wien. Ber. 72. S. 471—483. 1875.)

Die allgemeine partielle Differentialgleichung 1. Ordnung
mit zwei independenten Variabeln wurde bekanntlich zuerst
durch **Lagrange**, die mit beliebig viel independenten durch
Pfaff integriert, das Integrationsverfahren aber hat **Jacobi**
bedeutend vereinfacht. **Jacobi** fand sein einfaches Verfahren
bei Gelegenheit der Auflösung eines mechanischen Problems
und hat später bloß einen rein analytischen Beweis gegeben,
daß die von ihm gefundene Lösung wirklich die Differentialgleichung befriedigt.

Ich werde hier eine etwas andere Darstellung der **Jacobi**-
schen Integrationsmethode geben, welche etwas mehr Einblick
in das Wesen derselben, sowie in die Beziehungen gewähren
dürfte, in welchen das von **Jacobi** gefundene vollständige
Integral zu den übrigen Integralen der Differentialgleichung
steht. Betrachten wir zuerst den Fall zweier independenter
Variabeln x und y; z sei als Funktion derselben zu suchen.
Die zu integrierende partielle Differentialgleichung sei:

(1) $\left\{\begin{array}{l} \text{wobei} \quad \Phi(x, y, z, p, q) = 0, \\[2mm] \qquad p = \dfrac{\partial z}{\partial x}, \qquad q = \dfrac{\partial z}{\partial y}. \end{array}\right.$

Durch die Gleichungen (1) sind natürlich z, p und q noch
nicht vollständig als Funktionen von x und y bestimmt; erst
wenn uns außer den Gleichungen (1) noch derjenige Wert des z,
welcher zu einem bestimmten y etwa y^0 gehört, als Funktion
von x gegeben ist, so ist das Problem ein vollständig bestimmtes.

---

[1]) Voranzeige dieser Arbeit Wien. Anz. 12. S. 175, 14. Oktober 1875;
übersetzt in Phil. Mag. (4) 50. S. 495.

Ich will diesen Wert als den Anfangswert des z bezeichnen. Die Auflösung der Gleichungen (1) geschieht bekanntlich in folgender Weise: Man integriert zuerst folgendes System von drei partiellen Differentialgleichungen.

$$(2) \quad \begin{cases} Q_0 = P_1 \dfrac{\partial z}{\partial x} + P_2 \dfrac{\partial z}{\partial y}, \\[2mm] Q_1 = P_1 \dfrac{\partial p}{\partial x} + P_2 \dfrac{\partial p}{\partial y}, \\[2mm] Q_2 = P_1 \dfrac{\partial q}{\partial x} + P_2 \dfrac{\partial q}{\partial y}, \end{cases}$$

wobei

$$(3) \quad \begin{cases} Q_0 = p \dfrac{\partial \Phi}{\partial p} + p \dfrac{\partial \Phi}{\partial q}, \\[2mm] Q_1 = - \dfrac{\partial \Phi}{\partial x} - p \dfrac{\partial \Phi}{\partial z}, \quad Q_2 = - \dfrac{\partial \Phi}{\partial y} - q \dfrac{\partial \Phi}{\partial z}, \\[2mm] P_1 = \dfrac{\partial \Phi}{\partial p}, \quad P_2 = \dfrac{\partial \Phi}{\partial q}. \end{cases}$$

Sämtliche Q sind also bekannte Funktionen von x, y, z, p, q.

Die erste der Gleichungen (2) ist eine identische, die beiden anderen entstehen durch partielle Differentiation der Gleichung $\Phi = 0$ nach x und y. In den Gleichungen (2) sind p und q nicht mehr als die partiellen Ableitungen des z, sondern z, p und q sind als drei unabhängige Funktionen von x und y aufzufassen.

Es ist klar, daß so oft z, p und q solche Funktionen von x, y sind, daß sie die Gleichungen (1) erfüllen, sie jedesmal auch die Gleichungen (2) erfüllen müssen, weil letztere aus den ersteren abgeleitet worden sind. Dies gilt aber nicht umgekehrt, und es handelt sich nur noch darum, jene Auflösungen der Gleichungen (2) zu finden, welche auch den Gleichungen (1) genügen. Die Gleichungen (2) integriert man bekanntlich folgendermaßen.

Man integriert zuerst die gewöhnlichen Differentialgleichungen

$$(4) \quad \frac{dx}{P_1} = \frac{dy}{P_2} = \frac{dp}{Q_1} = \frac{dq}{Q_2} = \frac{dz}{Q_0}.$$

Eines ihrer Integrale ist:

$$\Phi = C_0.$$

Die übrigen seien

$$\Phi_1 = C_1, \qquad \Phi_2 = C_2, \qquad \Phi_3 = C_3.$$

(Die C sind die Integrationskonstanten.) Es werden dann·die Gleichungen (2) dadurch integriert, daß man drei beliebige Gleichungen zwischen den Funktionen Φ aufstellt. Damit aber die so gefundenen Lösungen der Gleichungen (2) auch die Gleichungen (1) befriedigen, muß zunächst eine der zwischen den Φ aufgestellten Gleichungen lauten $\Phi = 0$. Dazu kommen noch zwei Gleichungen zwischen den drei Größen Φ_1, Φ_2 und Φ_3, so daß wir also die Gleichungen (2) durch folgende drei Gleichungen integrieren:

(5) $\Phi = 0, \quad \Psi_1(\Phi_1, \Phi_2, \Phi_3) = 0, \quad \Psi_2(\Phi_1, \Phi_2, \Phi_3) = 0.$

Durch diese drei Gleichungen werden z, p und q als Funktionen von x, y bestimmt und zwar jedenfalls so, daß sie die Gleichungen (2) befriedigen. Damit sie auch den Gleichungen (1) genügen, ist noch eine Einschränkung der willkürlichen Funktionen ψ_1 und ψ_2 notwendig.

Wenn bloß die Gleichungen (2) gegeben sind, so sind die Größen z, p, q dadurch natürlich auch noch nicht vollständig als Funktionen von x, y bestimmt. Dazu ist vielmehr noch notwendig, die zu einem bestimmten y, etwa y^0, gehörigen Werte von z, p, q zu kennen (ich nenne sie wieder deren Anfangswerte).

Sie seien

$$\varphi(x), \qquad \chi(x), \qquad \psi(x).$$

Sind nebst den Gleichungen (2) noch diese drei Anfangswerte gegeben, so ist das Problem vollständig bestimmt; es können also die willkürlichen Funktionen Ψ_1 und Ψ_2 berechnet werden. Statt also zu fragen, wie Ψ_1 und Ψ_2 beschaffen sein müssen, können wir auch fragen, wie die Anfangswerte $\varphi(x)$, $\chi(x)$, $\psi(x)$ gewählt werden müssen, damit die Lösung der Gleichungen (1) auch die Gleichungen (2) befriedigt. Und da ist leicht einzusehen, daß φ vollkommen willkürlich bleibt, χ aber die Ableitung von φ sein muß; φ dagegen ist bereits durch die Form bestimmt, welche wir der ersten der Gleichungen (5) erteilt haben. Es ist nämlich durch die Gleichung

$$\Phi(x, y^0, \varphi, \chi, \psi) = 0$$

bestimmt. Hat man die Gleichungen (2) so integriert, daß die Funktionen χ und ψ diese Bedingungen erfüllen, d. h. hat man die beiden letzten der Gleichungen (5) so gewählt, daß $\chi(x) = \varphi'(x)$ wird, so ist klar, daß die so erhaltenen Gleichungen (5) auch den Gleichungen (1) genügen, und zwar jene Lösung derselben geben, bei der für $y = y^0$, $z = \varphi(x)$ wird.

Statt durch die Gleichungen (5), welche zunächst die Auflösung der Gleichung (2) liefern, z, p, q als Funktionen von x, y bestimmt zu denken, kann man auch drei beliebige andere der fünf Größen x, y, z, p, q als Funktionen der beiden übrigen auffassen.

Um zur Jacobischen Auflösung zu gelangen, ist es am besten, x, y, q als Funktionen von z und p auszudrücken. Wir denken uns also q aus der ersten der Gleichungen (5) bestimmt, aus den beiden anderen aber x und y berechnet; so daß wir an Stelle der Gleichungen (5) folgende erhalten:

$$(6) \qquad \begin{cases} \Phi(x, y, z, p, q) = 0, \\ x = \lambda(z, p), \qquad y = \mu(z. p). \end{cases}$$

Um die beiden willkürlichen Funktionen λ und μ zu bestimmen, müssen wieder die Anfangswerte von x und y, d. h. die Werte dieser Größen gegeben sein, welche zu einem bestimmten z, etwa z^0, gehören. Sei für $z = z^0$ $x = \vartheta(p)$, $y = \eta(p)$, so fragt es sich wieder, wie die Funktionen ϑ und η zu wählen sind, damit die Lösung der Gleichungen (2) eine Lösung der Gleichungen (1) wird, wozu, wie wir wissen, nur die Bedingung erforderlich ist, daß für die Anfangswerte, also für $z = z^0$, die Größen p und q mit den partiellen Ableitungen des z, nach x und y genommen, identisch sind. Das Resultat unserer bisherigen Betrachtung ist also folgendes:

Die Gleichungen (5) geben dann eine Auflösung der Gleichungen (1), wenn Ψ_1 und Ψ_2 so gewählt worden sind, daß für $z = z^0$ die partiellen Ableitungen des z nach x und y genommen mit p und q identisch sind. Um zu finden, wann die letztere Bedingung erfüllt ist, suchen wir aus den beiden letzten der Gleichungen (6) die Werte von

$$\frac{\partial z}{\partial x} \quad \text{und} \quad \frac{\partial z}{\partial y}.$$

Wir finden

$$(7) \quad \begin{cases} \dfrac{\partial z}{\partial x} = m \dfrac{\partial \mu}{\partial q}, \qquad \dfrac{\partial z}{\partial y} = - m \dfrac{\partial \lambda}{\partial p}, \\[2ex] \text{wobei} \\[1ex] \dfrac{1}{m} = \dfrac{\partial \lambda}{\partial z} \dfrac{\partial \mu}{\partial p} - \dfrac{\partial \lambda}{\partial p} \dfrac{\partial \mu}{\partial z}, \end{cases}$$

für $z = z^0$ wird

$$\frac{\partial \lambda}{\partial p} = \vartheta'(p), \qquad \frac{\partial \mu}{\partial p} = \eta'(p),$$

daher

$$(8) \qquad \frac{\partial z}{\partial y} = m^0 \eta', \qquad \frac{\partial z}{\partial y} = - m^0 \vartheta',$$

wobei

$$\frac{1}{m^0} = \eta' \frac{\partial \lambda (z^0, p)}{\partial z^0} - \vartheta' \frac{\partial \mu (z^0, p)}{\partial z^0},$$

und diese Werte respektive gleich p und q sein müssen, so muß $p = m^0 \eta'$ und $q = - m^0 \vartheta'$ sein, woraus sich ergibt:

$$(9) \qquad p \vartheta' + q \eta' = 0.$$

Es läßt sich leicht zeigen, daß, wenn die Bedingung (9) erfüllt ist, in der Tat umgekehrt für

$$z = z^0, \qquad \frac{\partial z}{\partial x} = p \quad \text{und} \quad \frac{\partial z}{\partial y} = q$$

ist. Man braucht da nur m zu bestimmen, indem man die Werte (8) in die erste der Gleichungen (2) substituiert. Dadurch ergibt sich:

$$p \frac{\partial \Phi}{\partial p} + q \frac{\partial \Phi}{\partial q} = m^0 \eta' \frac{\partial \Phi}{\partial p} - m^0 \vartheta' \frac{\partial \Phi}{\partial q}.$$

Berücksichtigt man die Gleichungen (8) und dividiert durch

$$p \frac{\partial \Phi}{\partial p} + q \frac{\partial \Phi}{\partial q}$$

weg, so erhält man unmittelbar $p = m^0 \eta'$, $q = - m^0 \vartheta'$. Die Größe

$$p \frac{\partial \Phi}{\partial p} + q \frac{\partial \Phi}{\partial q}$$

kann nicht allgemein verschwinden, da ja auch der Wert von z^0 vollkommen willkürlich ist. Wir können daher das Resultat unserer Untersuchung jetzt auch so ausdrücken: Man denke sich aus den Gleichungen (5) die Größen x und y als Funktionen von z und p berechnet; für $z = z^0$ soll

$x = \vartheta(p)$, $y = \eta(p)$ werden. Damit die Gleichungen (5) eine Auflösung der Gleichungen (1) liefern, ist erforderlich und genügend, daß die Funktionen ϑ und η die Bedingung

$$p\,\vartheta' + q\,\eta' = 0$$

erfüllen, wobei q natürlich den aus der Gleichung

$$\Phi(\vartheta, \eta, z^0, p, q) = 0$$

sich ergebenden Wert vorstellt. Die einfachste Lösung der Gleichung (9) besteht darin, daß $\vartheta' = 0$, $\eta' = 0$ gesetzt wird woraus $\vartheta = a$, $\eta = b$ folgt. a und b sind Konstanten. Die einfachste Lösung der Gleichungen (1) erhält man also aus den Formeln (5), wenn man die beiden Funktionen Ψ_1 und Ψ_2 so wählt, daß für $z = z^0$, $x = a$ und $y = b$ wird, und dies ist in der Tat die Jacobische Lösung. Man überzeugt sich hiervon in folgender Weise:

Da wir die gewöhnlichen Differentialgleichungen (4) als integriert voraussetzen, so sind Φ_1, Φ_2, Φ_3 als bekannte Funktionen von x, y, z, p, q anzusehen. Da zwischen diesen Größen noch die Gleichung $\Phi = 0$ besteht, so sind die Werte von x, y, z, p, q bestimmt, wenn die von z, Φ_1, Φ_2, Φ_3 gegeben sind. Wir können also x und y als Funktionen von z, Φ_1, Φ_2, Φ_3 ausdrücken. Man findet auf diese Art

$$x = F(z, \Phi_1, \Phi_2, \Phi_3), \qquad y = G(z, \Phi_1, \Phi_2, \Phi_3),$$

so besteht die Jacobische Lösung darin, daß man folgende drei Gleichungen aufstellt:

(10) $\Phi = 0$, $F(z^0, \Phi_1, \Phi_2, \Phi_3) = a$, $G(z^0, \Phi_1, \Phi_2, \Phi_3) = b$

Unter Φ_1, Φ_2, Φ_3 sind hier natürlich wieder jene Funktionen von x, y, z, p, q zu verstehen, als welche diese Größen aus den Gleichungen (4) gefunden wurden, so daß F und G in den Gleichungen (10) nur die Variabeln x, y, z, p, q enthalten. Man überzeugt sich leicht, daß die Gleichungen (10) allen Anforderungen genügen, die wir an die Gleichungen (5) stellen. Die beiden letzten der Gleichungen (10) sind nur Relationen zwischen Φ_1, Φ_2, Φ_3, haben also genau die Form der beiden letzten der Gleichungen (5) und zudem haben sie auch die Eigenschaft, daß für $z = z^0$, $x = a$, $y = b$ wird, weil sich F für jedes z identisch auf x, G identisch auf y reduziert.

Die Gleichungen (10) stellen also in der Tat ein Integrale der Gleichungen (1) und zwar, da sie zwei willkürliche Konstanten enthalten, ein vollständiges dar. Für den von uns betrachteten Fall $\vartheta' = \eta' = 0$ wird auch $1/m_0 = 0$, wodurch p und q in der Form $0/0$ erscheinen; doch kann diese Unbestimmtheit leicht vermieden werden, wenn man zuerst ϑ' sehr klein wählt, z. B. gleich $\varepsilon\, u'(p)$, wobei ε eine sehr kleine Konstante ist. Die Gleichungen (9) liefern dann auch für η' einen sehr kleinen Wert, z. B. $\varepsilon\, v'(p)$. Sie sagen also aus, daß auch η' sehr klein sein muß, wenn die Gleichungen (5) Auflösungen der Gleichungen (1) sein sollen. Je mehr sich ϑ einer Konstanten nähert, desto mehr ist dies auch mit η der Fall, wenn die letztere Bedingung erfüllt sein soll. Setzt man $\vartheta' = \varepsilon\, u'(p)$, $\eta' = \varepsilon\, v'(p)$, also $\vartheta = a + \varepsilon\, u(p)$, $\eta = b + \varepsilon\, v(p)$, so sieht man leicht (am besten aus den unmittelbar folgenden Gleichungen (11), daß z eine nach ganzen positiven Potenzen von ε fortschreitende Reihe sein wird, deren von ε freies Glied diejenige Lösung der Gleichungen (1) liefert, für welche für $z = z^0$, $x = a$, $y = b$ wird. Ein anderes Verfahren ist folgendes:

Sei wieder für $z = z^0$, $x = a$, $y = b$. Da man auf diese Anfangswerte die Gleichung (9) nicht unmittelbar anwenden kann, so berechnet man die Werte von x und y, die zu $z = z^0 + \zeta$ gehören, und wendet dann auf sie die Gleichung (9) an. Wir haben in den Gleichungen (2) z und p als independent betrachtet. Wir wollen demnach auch statt der nach x und y genommenen partiellen Differentialquotienten von z, p, q die partiell nach z und p genommenen von x, y und q einführen.

Eine höchst einfache Transformation der Variabeln lehrt, daß sie dann in folgende übergehe:

(11)
$$\begin{cases} Q_0 \dfrac{\partial x}{\partial z} + Q_1 \dfrac{\partial x}{\partial p} = P_1\,, \\[2ex] Q_0 \dfrac{\partial y}{\partial z} + Q_1 \dfrac{\partial y}{\partial p} = P_2\,, \\[2ex] Q_0 \dfrac{\partial q}{\partial z} + Q_1 \dfrac{\partial q}{\partial p} = Q_2\,. \end{cases}$$

Man hätte diese Form übrigens auch ohne Koordinatentransformation daraus erschließen können, daß die partiellen Differentialgleichungen (11) wieder durch drei Gleichungen zwischen den Integralen der gewöhnlichen Differentialgleichungen (4) integriert werden müssen.

Für $z = z^0$ ist $\partial x / \partial p$ und $\partial y / \partial p$ gleich Null. Die Gleichungen (11) gehen also für diesen Wert des z in folgende über:

$$Q_0^0 \cdot \frac{\partial x}{\partial z} = P_1^0, \qquad Q_0^0 \frac{\partial y}{\partial z} = P_2^0, \qquad Q_0^0 \frac{\partial q}{\partial p} = Q_2^0.$$

Von den Fällen, wo in den Differentialgleichungen selbst gewisse Größen unstetig oder unendlich werden, muß natürlich abgesehen werden, da für solche Fälle immer Ausnahmen eintreten. Es werden also die zu $z = z^0 + \zeta$ gehörigen Werte von x und y (nennen wir sie $x^1 y^1$) sich jedenfalls noch Potenzen von ζ entwickeln lassen, und zwar werden die zuletzt gefundenen Gleichungen liefern:

$$x^1 = a + \zeta \frac{P_1^0}{Q_0^0}, \qquad y^1 = b + \zeta \frac{P_2^0}{Q_0^0}.$$

Diese Werte von x und y können wieder als Anfangswert für die weitere Integration gelten. Will man auf sie die Bedingung (9) anwenden, so hat man in derselben zu setzen $\vartheta = x^1$, $\eta = y^1$. Die Bedingung, daß die von den Anfangswerten x^1, y^1 ausgehenden Integrale der Gleichungen (2) auch die Gleichungen (1) erfüllen, lautet also, da ζ natürlich als konstant zu betrachten ist:

$$(12) \qquad p \frac{d}{dp} \frac{P_1^0}{Q_0^0} + q \frac{d}{dp} \frac{P_2^0}{Q_0^0} = 0,$$

was in der Tat erfüllt ist. Denn da für $z = z^0$

$$\frac{\partial x}{\partial p} = \frac{\partial y}{\partial p} = 0$$

ist, so liefert die Differentiation die identische Gleichung

$$p \frac{P_1}{Q_0} + q \frac{P_2}{Q_0} = 1$$

nach p, wenn man hernach im Resultate $z = z^0$ setzt:

$$p \frac{d}{dp} \frac{P_1^0}{Q_0^0} + q \frac{d}{dp} \frac{P_2^0}{Q_0^0} + \frac{P_1^0}{Q_0^0} + \frac{P_2^0}{Q_0^0} \frac{dq^0}{dp} = 0,$$

wogegen die Gleichung $\Phi = 0$, ebenso behandelt, liefert

$$P_1^0 + P_2^0 \frac{d q^0}{d p} = 0,$$

woraus unmittelbar die Gleichung (12) folgt.

Da sich für n independente Variabeln x_1, x_2,... x_n die Rechnungen ganz analog gestalten, so will ich den letzteren Fall nur in gedrängter Kürze durchführen, wobei ich die analogen Gleichungen mit denselben Ziffern wie früher bezeichne. Die zu integrierende partielle Differentialgleichung ist jetzt folgende:

(1*) $$\Phi(x_1 \dots x_n, z, p_1 \dots p_n) = 0, \quad p_i = \frac{\partial z}{\partial x_i}.$$

Mit i und j bezeichne ich eine Zahl, die alle Werte von 1 bis n annehmen kann. Man integriert zunächst wieder die Gleichungen

(2*) $$\begin{cases} Q_0 = P_1 \dfrac{\partial z}{\partial x} + \dots P_n \dfrac{\partial z}{\partial x_n} \\ Q_i = P_1 \dfrac{\partial p_i}{\partial x_1} + \dots P_n \dfrac{\partial p_i}{\partial x_n}, \end{cases}$$

wobei

(3*) $$Q_0 = p_1 \frac{\partial \Phi}{\partial p_1} + \dots p_n \frac{\partial \Phi}{\partial p_n}, \quad Q_i = -\frac{\partial \Phi}{\partial x_i} - p_i \frac{\partial \Phi}{\partial z}, \quad P_i = \frac{\partial \Phi}{\partial p_i},$$

und zwar denken wir uns aus denselben x_1, x_2,... x_n, p_n als Funktionen von z, $p_1 \dots p_{n-1}$ bestimmt. Sei etwa

(6*) $$x_i = \lambda_i(z, p_i \dots p_{n-1}).$$

Das Problem ist vollständig definiert, wenn man weiß, daß für $z = z_0$

$$x_i = \vartheta_i(p_1 \dots p_{n-1})$$

sein muß. Um die Gleichungen (2) zu integrieren, seien

$$Q = C_0, \quad Q_1 = C_1 \dots Q_{2n-1} = C_{2n-1}$$

die Integrale der gewöhnlichen Differentialgleichungen

(4*) $$\frac{d z}{Q_0} = \frac{d x_i}{P_i} = \frac{d p_i}{Q_i}.$$

Die Gleichungen (2) werden dann integriert, indem man setzt

(5*) $$\Phi = 0, \quad \Psi_1(\Phi_1, \Phi_2 \dots \Phi_{2n-1}) = 0 \dots \Psi_n(\Phi_1, \Phi_2 \dots \Phi_{2n-1}) = 0.$$

Sollen hierdurch auch die Gleichungen (1*) erfüllt werden,
so müssen die willkürlichen Funktionen Ψ so gewählt werden,
daß man für $z = z^0$ hat $\partial z / \partial x_i = p_i$.

Die Differentiation der Gleichungen (6*) liefert:

$$(7^*) \qquad \frac{\partial x}{\partial x_i} = \frac{1}{\varDelta} \frac{\partial \varDelta}{\partial \dfrac{\partial \lambda_i}{\partial x}},$$

wobei:

$$\varDelta = \begin{vmatrix} \dfrac{\partial \lambda_1}{\partial x}, & \dfrac{\partial \lambda_1}{\partial p_1} \cdots & \dfrac{\partial \lambda_1}{\partial p_{n-1}} \\[2ex] \dfrac{\partial \lambda_2}{\partial x}, & \dfrac{\partial \lambda_2}{\partial p_1} \cdots & \dfrac{\partial \lambda_2}{\partial p_{n-1}} \\ \vdots & & \\ \dfrac{\partial \lambda_n}{\partial x}, & \dfrac{\partial \lambda_n}{\partial p_1} \cdots & \dfrac{\partial \lambda_n}{\partial p_{n-1}} \end{vmatrix}$$

$-\dfrac{\partial \varDelta}{\partial \dfrac{\partial \lambda_i}{\partial x}}$ ist die entsprechende Unterdeterminante. Für $z = z^0$

wird $\lambda_i = \vartheta_i$, $\partial z / \partial x_i = p_i$.

Setzt man also:

$$\Theta = \begin{vmatrix} \dfrac{\partial \lambda_1}{\partial x^0}, & \dfrac{\partial \vartheta_1}{\partial p_1} \cdots & \dfrac{\partial \vartheta_1}{\partial p_{n-1}} \\[2ex] \dfrac{\partial \lambda_2}{\partial x^0}, & \dfrac{\partial \vartheta_2}{\partial p_1} \cdots & \dfrac{\partial \vartheta_2}{\partial p_{n-1}} \\ \vdots & & \\ \dfrac{\partial \lambda_n}{\partial x^0}, & \dfrac{\partial \vartheta_n}{\partial p_1} \cdots & \dfrac{\partial \vartheta_n}{\partial p_{n-1}} \end{vmatrix}$$

so hat man

$$(8^*) \qquad p_i = \frac{1}{\Theta} \frac{\partial \Theta}{\partial \dfrac{\partial \lambda_i}{\partial x^0}}.$$

Die Elimination von $\partial \lambda_i / \partial z^0$ aus diesem Gleichungssysteme liefert:

$$(9^*) \qquad p_i \frac{\partial \Theta}{\partial \dfrac{\partial \lambda_j}{\partial x^0}} = p_j \frac{\partial \Theta}{\partial \dfrac{\partial \lambda_i}{\partial x^0}},$$

Die Gleichungen (1*) sind also gelöst, wenn es gelungen
ist, die Funktionen $\Psi_1 \ldots \Psi_n$ so zu bestimmen, daß die
Anfangswerte die Bedingungen (9*) erfüllen, was bei der
Jacobischen Lösung dadurch erzielt wird, daß sämtliche ϑ

4*

Konstanten werden. Denn **Jacobi** drückt die x durch z, $\Phi_1 \ldots \Phi_{2n-1}$ aus. Sei

$$(10^*) \qquad x_i = F_i(z, \ \Phi_1 \ldots \Phi_{2n-1}).$$

Die Gleichungen (1^*) sind dann integriert durch

$$\Phi = 0, \quad F_i(z^0, \ \Phi_1 \ldots \Phi_{2n-1}) = a_i,$$

welche in der Tat für $z = z^0$ liefern $x_i = a_i$.

Da in dem letzten Falle auch $\varLambda = 0$ wird, so kann man die Bedingungen (9^*) auf die zu $z = z^0 + \zeta$ statt der zu $z = z^0$ gehörigen Werte der x anwenden. Sieht man in den Gleichungen (2^*) wieder $z, p_1 \ldots p_{n-1}$ als die unabhängigen Veränderlichen an, so gehen sie in folgende über:

$$(11^*) \quad \begin{cases} Q_0 \dfrac{\partial x_i}{\partial z} + Q_1 \dfrac{\partial x_i}{\partial p_1} + \cdots Q_{n-1} \dfrac{\partial x_i}{\partial p_{n-1}} = P_1, \\[2ex] Q_0 \dfrac{\partial p_n}{\partial z} + Q_1 \dfrac{\partial p_n}{\partial p_1} + \cdots Q_{n-1} \dfrac{\partial p_n}{\partial p_{n--1}} = Q_n \end{cases}$$

Für $z = z^0$ ist

$$\frac{\partial x_i}{\partial p_1} = \cdots \frac{\partial x_i}{\partial p_{n-1}} = 0.$$

Die Gleichungen (11^*) liefern also für die Werte der x, welche zu $z = z^0 + \zeta$ gehören, und welche wir mit x_1^1, x_2^1 und $\ldots x_n^1$ bezeichnen wollen:

$$x_i^1 = a_i + \zeta \, \frac{P_i^0}{Q_0^0}.$$

Will man sehen, ob die Anfangswerte $x_1^1 \ldots x_n^1$ die Bedingungen (9) befriedigen, so muß man in diese Bedingung x_i^1 statt ϑ_i substituieren. Sie gehen dadurch über in:

$$(12^*)\ p_2 \begin{vmatrix} \dfrac{\partial}{\partial p_1}\dfrac{P_1^0}{Q_0^0}, & \dfrac{\partial}{\partial p_2}\dfrac{P_1^0}{Q_0^0} \cdots \dfrac{\partial}{\partial p_{n-1}}\dfrac{P_1^0}{Q_0^0} \\[2ex] \dfrac{\partial}{\partial p_1}\dfrac{P_3^0}{Q_0^0}, & \dfrac{\partial}{\partial p_2}\dfrac{P_3^0}{Q_0^0} \cdots \dfrac{\partial}{\partial p_{n-1}}\dfrac{P_3^0}{Q_0^0} \\ \vdots & \\ \dfrac{\partial}{\partial p_1}\dfrac{P_n^0}{Q_0^0}, & \dfrac{\partial}{\partial p_2}\dfrac{P_n^0}{Q_0^0} \cdots \dfrac{\partial}{\partial p_{n-1}}\dfrac{P_n^0}{Q_0^0} \end{vmatrix} = P_1 \begin{vmatrix} \dfrac{\partial}{\partial p_1}\dfrac{P_2^0}{Q_0^0}, & \dfrac{\partial}{\partial p_2}\dfrac{P_2^0}{Q_0^0} \cdots \dfrac{\partial}{\partial p_{n-1}}\dfrac{P_2^0}{Q_0^0} \\[2ex] \dfrac{\partial}{\partial p_1}\dfrac{P_3^0}{Q_0^0}, & \dfrac{\partial}{\partial p_2}\dfrac{F_3^0}{Q_0^0} \cdots \dfrac{\partial}{\partial p_{n--1}}\dfrac{P_3^0}{Q_0^0} \\ \vdots & \\ \dfrac{\partial}{\partial p_1}\dfrac{P_n^0}{Q_0^0}, & \dfrac{\partial}{\partial p_2}\dfrac{P_n^0}{Q_0^0} \cdots \dfrac{\partial}{\partial p_{n-1}}\dfrac{P_n^0}{Q_0^0} \end{vmatrix}$$

usw.

Daß diese Bedingungen in der Tat erfüllt sind, sieht man wie folgt: Da für $z = z^0$ alle x konstant sind, so liefert die partielle Differentiation der identischen Gleichung

$$p_1 \frac{P_1}{Q_0} + p_2 \frac{P_2}{Q_0} + \ldots p_n \frac{P_n}{Q_0} = 1$$

nach p_k, wenn man nach geschehener Differentiation $z = z^0$ setzt,

$$p_1 \frac{\partial}{\partial p_k} \frac{P_1^0}{Q_0^0} + \ldots p_n^0 \frac{\partial}{\partial p_k} \frac{P_n^0}{Q_0^0} + \frac{P_k^0}{Q_0^0} + \frac{P_n^0}{Q_0^0} \frac{\partial p_n^0}{\partial p_k} = 0 .$$

Die gleiche Differentiation der Gleichung $\Phi = 0$ liefert

$$P_k^0 + P_n^0 \frac{\partial p_n}{\partial p_k} = 0 ;$$

man hat also

$$p_1 \frac{\partial}{\partial p_k} \frac{P_1^0}{Q_0^0} + p_2 \frac{\partial}{\partial p_k} \frac{P_2^0}{Q_0^0} + \ldots p_n^0 \frac{\partial}{\partial p_k} \frac{P_n^0}{Q_0^0} = 0 ,$$

wobei k jede ganze Zahl von 1 bis $n - 1$ bedeuten kann. Aus dem letzten Gleichungssysteme folgen aber unmittelbar die Gleichungen (12*).

Zur Abhandlung des Hrn. Oscar Emil Meyer über innere Reibung.

(Crelle Journal 81. S. 96. 1876.)

Da ich vom Erscheinen des Zusatzes zu dieser Abhandlung (Crelle Journal 80) keine Kenntnis hatte, so sei es mir gestattet, hier zu erwähnen, daß mir die Bemerkung, Hrn. Meyers Hypothesen seien zur Gewinnung der Schlußgleichungen desselben untauglich, von Hrn. Stefan mitgeteilt wurde und nur die Modifikation dieser Hypothesen nach Analogie der Carl Neumannschen elektrodynamischen Hypothesen von mir herrührt.

Unterach am Attersee, 14. August 1875.

36.

Über die Aufstellung und Integration der Gleichungen, welche die Molekularbewegung in Gasen bestimmen.[1])

(Wien. Ber. 74. S. 503—552. 1876.)

Da gegen die Resultate meiner Abhandlung: „Über das Wärmegleichgewicht von Gasen, auf welche äußere Kräfte wirken" (Wien. Ber. **72**),[2]) welche ich hier immer kurz als meine frühere Abhandlung bezeichnen will, Einwände und Zweifel erhoben wurden (vgl. Loschmidts Abhandlung im **73.** Bande der Wien. Ber.), so scheint es mir angemessen, auf diesen Gegenstand nochmals zurückzukommen. Es waren diese Einwände insofern nicht ohne Berechtigung, als einzelne Schluß-folgerungen in meiner früheren Abhandlung in der Tat nicht vollkommen strenge begründet waren. Ich stelle mir daher gegenwärtig eine doppelte Aufgabe: einerseits werde ich jene Sätze mit Exaktheit begründen, es wird sich dabei heraus-stellen, daß die Resultate meiner früheren Abhandlung durch-wegs vollkommen aufrecht zu erhalten sind. Ich will dabei zugleich eine etwas ausführlichere Darstellung anwenden, um Mißverständnisse möglichst auszuschließen. Anderseits aber werde ich noch eine Reihe neuer Lösungen der allgemeinen Gleichungen für die Molekularbewegung aufstellen, welche anderen Zuständen des Gases als dem der Ruhe entsprechen, Zuständen, welche alle durch ein gewisses gemeinsames Merkmal charakterisiert sind, wovon später die Rede sein soll. Jene Zustände, welche eine bestimmte Klasse von Integralen der hydrodynamischen Gleichungen darstellen (und zwar diejenigen für adiabatische Gasbewegung, bei denen Reibungs- und Wärme-leitungskoeffizient fortfallen), sind allerdings bisher einer experi-

---

[1]) Voranzeige dieser Arbeit Wien. Anz. **13.** S. 204. 14. De-zember 1876.
[2]) Nr. 32 dieses Bandes.

mentellen Beobachtung noch nicht unterzogen worden. Allein bei Gleichungen, welche für die Gastheorie von so großer Bedeutung sind, scheint es mir trotzdem von Interesse, alle möglichen auffindbaren Integrale in ihrer Wechselbeziehung darzustellen.

I. Einfacher Beweis, daß die in meiner früheren Abhandlung aufgestellte Formel eine Lösung des Problems ist.

Wir denken uns Einfachheit halber ein Gas nur dem Einflusse der Schwerkraft ausgesetzt. Dasselbe befinde sich in einem Gefäße, welches oben und unten durch eine horizontale vollkommen ebene und vollkommen elastische Wand, ringsherum aber von vertikalen, ebenfalls vollkommen elastischen Wänden oder einer vertikalen vollkommen elastischen Zylinderfläche begrenzt ist. Das Gas besteht aus sehr vielen Gasmolekülen, deren jedes von einem Zusammenstoße bis zum nächsten unter dem Einflusse der Schwere einen parabolischen Bogen beschreibt. Beim Zusammenstoße aneinander, wie an den Wänden, verhalten sich die Moleküle wie vollkommen elastische Kugeln. Wir denken uns fix im Gefäße ein rechtwinkliges Koordinatensystem, dessen Z-Achse vertikal nach aufwärts geht. Schon Maxwell fand, daß, wenn die Wirkung der Schwere vernachlässigt werden kann,

$$C\, e^{-h\,(u^2 + v^2 + w^2)}\, du\, dv\, dw$$

die Anzahl derjenigen Moleküle ausdrückt, deren Geschwindigkeitskomponenten zwischen u und $u + du$, v und $v + dv$, w und $w + dw$ liegen. Aus der Formel für das barometrische Höhenmessen ergibt sich ferner, daß, wenn die Dichte am Boden des Gefäßes mit ϱ_0 bezeichnet wird, die in der Höhe z den Wert $\varrho_0 \cdot e^{-kz}$ haben wird; daraus folgt, daß, wenn $N_0\, dz$ die Anzahl der Moleküle bedeutet, die sich in einer unmittelbar am Boden anliegenden Schicht von der Dicke dz befinden, dieselbe Anzahl für eine um z höher liegende Schicht von gleicher Dicke den Wert $N_0\, e^{-kz}\, dz$ haben wird.

Es liegt die Vermutung nahe, daß wir in unserem Falle nur beide Formeln zu kombinieren brauchen und wir wollen zunächst beweisen, daß diese Vermutung in der Tat gerechtfertigt ist. Wir nehmen also an, zu Anfang der Zeit sei

(1) $$d N = C e^{-h(u^2 + v^2 + w^2) - kz} d u\, d v\, d w\, d z$$

die Anzahl der Moleküle, für welche die z-Koordinate und die drei Geschwindigkeitskomponenten zwischen

(A) $$\begin{cases} z \text{ und } z + dz, \\ u \;,, \; u + du, \\ v \;,, \; v + dv, \\ w \;,, \; w + dw \end{cases}$$

liegen. C, h und k sind Konstanten. Durch die Formel (1) ist die Verteilung der Moleküle im Gefäße und die Wahrscheinlichkeit der verschiedenen Geschwindigkeiten derselben zu Anfang der Zeit vollkommen bestimmt; wir wollen kurz sagen, die Zustandsverteilung im Gase zu Anfang der Zeit ist bestimmt, und wollen beweisen, daß, wenn dieselbe zu Anfang der Zeit durch die Formel (1) dargestellt war, sie auch nach Verlauf jeder beliebigen Zeit t durch dieselbe Formel gegeben ist. Wir wollen zunächst beweisen, daß die durch die Formel (1) gegebene Zustandsverteilung nicht zerstört wird durch den Einfluß, welchen die Schwere auf die Bewegung der Moleküle ausübt. Wir nehmen also zunächst an, daß die Moleküle nicht aneinander stoßen, sondern daß sie, ohne sich gegenseitig zu beirren, bloß unter dem Einflusse der Schwere in dem Gefäße herumfliegen, nur an den Wänden des Gefäßes sollen sie wie elastische Kugeln reflektiert werden.

Da die beiden Geschwindigkeitskomponenten parallel der x- und y-Achse, u und v weder durch die Schwere, noch durch die Stöße an den Gefäßwänden verändert werden, so wollen wir ein für allemal nur jene Moleküle ins Auge fassen, für welche diese Geschwindigkeitskomponenten zwischen

(B) $$\begin{cases} u \text{ und } u + du, \\ v \;,, \; v + dv \end{cases}$$

liegen. Für dieselben werden zu allen Zeiten u und v zwischen den Grenzen (B) eingeschlossen bleiben.

Wir wollen die Anzahl dieser Moleküle mit $d n$ bezeichnen. Wir nehmen an, daß zu Anfang der Zeit die Zahl der Moleküle, welche den Bedingungen (A) genügen, durch die Formel (1) gegeben ist. Wir finden daraus den Wert, welchen dn zu Anfang der Zeit besitzt, indem wir die Formel (1) bezüglich w von $-\infty$ bis $+\infty$, bezüglich z über das ganze Gefäß integrieren. Dadurch ergibt sich jedenfalls

$$(2) \qquad dn = C_1\, e^{-h(u^2 + v^2)}\, du\, dv.$$

C_1 ist eine neue Konstante.

Da sich u und v mit der Zeit nicht verändern, so behält dn diesen Wert für alle Zeiten bei. Indem wir nun diese Moleküle, deren Anzahl dn ist, ins Auge fassen, brauchen wir nur zu überlegen, wie sich w und z bei ihnen verändern.

Um diese Veränderung besser übersehen zu können, wollen wir die Zustände dieser Moleküle, deren Anzahl dn ist, graphisch darstellen. Wir zeichnen in irgend einer Ebene eine Abszissenachse OW und eine darauf senkrechte Ordinatenachse OZ. Selbstverständlich hat dieses Ordinatensystem nichts mit dem früher gebrauchten zu tun. Der Zustand irgend eines Moleküls zu irgend einer Zeit wird nun durch jenen Punkt der Ebene dargestellt, dessen Abszisse gleich dem Werte der Geschwindigkeitskomponente w unseres Moleküls, dessen Ordinate gleich der Höhe z ist, in der sich das Molekül über dem Gefäßboden befindet. Sei dieser Punkt M, so wollen wir ganz kurz sagen: Das Molekül befinde sich zur betreffenden Zeit im Punkte M, womit natürlich nicht etwa gesagt sein soll, daß sich das Molekül an demselben Orte des Raumes, wie der Punkt M befindet, sondern lediglich, daß die Werte von w und z unseres Moleküls zur betreffenden Zeit den Koordinaten des Punktes M bezüglich des neuen Koordinatensystems gleich sind.

Wir nehmen an, zu Anfang der Zeit sei die Anzahl der Moleküle, welche den Bedingungen (A) genügen, durch die Formel (1) gegeben. Es sind dies diejenigen unserer dn-Moleküle, für welche w und z zwischen den Grenzen

(C) $\qquad \begin{cases} w \text{ und } w + dw, \\ z \text{ „ } z + dz \end{cases}$

liegen.

Nun können wir aber mit Rücksicht auf die Gleichung (2) die Formel (1) auch so schreiben:

$$(3) \qquad d\,N = A\,d\,n\,e^{-h\,w^2-k\,z}\,d\,w\,d\,z.$$

Dies ist also die Anzahl unserer $d\,n$ Moleküle, für welche
zur Zeit Null w und z zwischen den Grenzen

$$w \text{ und } w + d\,w,$$

$$z \quad ,, \quad z + d\,z$$

liegen. Wir können diese Moleküle nach unserer neuen Aus-
drucksweise als diejenigen bezeichnen, welche zu Anfang der
Zeit in dem unendlich kleinen
Rechtecke $M\,P\,Q\,R$ liegen. Wir
wollen durch M irgend eine
unendlich kleine geschlossene
Linie ziehen, welche den in
der Fig. 1 schraffierten Flächenraum umschließt, dessen Flächeninhalt $d\,f$ sein soll. Man
wird nach dem Gesagten leicht
einsehen, was unter den Molekülen zu verstehen ist, die

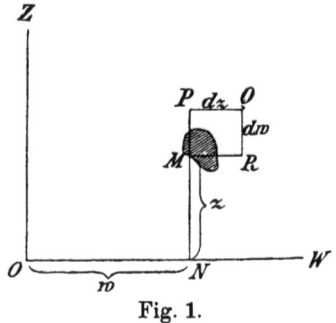

Fig. 1.

zu Anfang der Zeit in df liegen und auch, daß die Anzahl
derselben:

$$(4) \qquad d\,n^1 = A\,d\,n\,e^{-h\,w^2-k\,z}\,d\,f.$$

Es handelt sich nun darum, die Anzahl derjenigen von
unseren $d\,n$ Molekülen zu berechnen, welche zu einer beliebigen
Zeit t so beschaffen sein werden, daß für sie z und w zwischen
den Grenzen C eingeschlossen sind, mit anderen Worten derjenigen, welche zur Zeit t im Rechtecke $M\,P\,Q\,R$ liegen werden.
Würde diese Anzahl zufällig gerade wieder durch die Formel (3)
gegeben, so wäre dies ein Zeichen, daß sich die Zustandsverteilung im Gase während der Zeit t nicht im mindesten
verändert hat.

Diese Anzahl kann leicht gefunden werden, wenn wir die
Frage beantworten, wo diejenigen Moleküle zur Zeit Null lagen,
welche zur Zeit t innerhalb des Rechtecks $M\,P\,Q\,R$ liegen.
Seien z_0 und w_0 die Werte von z und w für irgend ein
Molekül zur Zeit Null, z_t und w_t die Werte derselben Größen
zur Zeit t, so hat man nach den Gleichungen für den
freien Fall

$$(5) \quad \begin{cases} w_0 = w_t + g\,t, \\ z_0 = z_t - w_0\,t + g\,\dfrac{t^2}{2} = z_t - w_t\,t - \dfrac{g\,t^2}{2}. \end{cases}$$

Wir wollen jetzt verschiedene Moleküle, die zu Anfang der Zeit die verschiedensten Zustände hatten, für welche also w_0 und z_0 die verschiedensten Werte haben, betrachten. Für dieselben werden also auch w_t und z_t die verschiedensten Werte haben. Aber das Zeitintervall t, welches zwischen dem Momente des Eintritts der Werte $z_0\,w_0$ und dem der Werte $z_t\,w_t$ dazwischen liegt, soll für alle dasselbe sein, mit anderen Worten: t soll konstant sein.

Für das Molekül, welches zur Zeit t in M sich befindet, ist $w_t = w$, $z_t = z$.

$$(6) \qquad w_0 = w + g\,t, \qquad z_0 = z - w\,t - \frac{g\,t^2}{2}.$$

Für alle Moleküle, die sich zur Zeit t in einer vertikalen Geraden MN befinden, ist w_t konstant gleich w, z_t veränderlich,

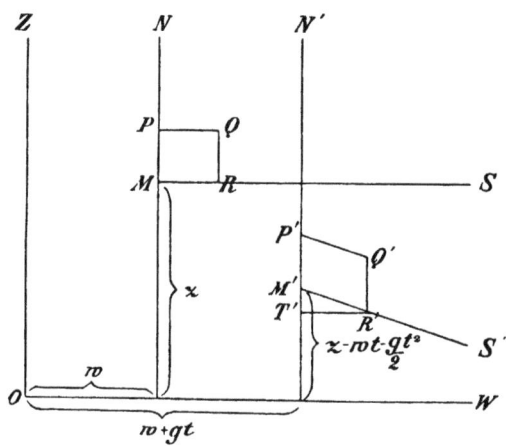

Fig. 2.

daher auch w_0 konstant gleich $w_0 + g\,t$, z_0 aber veränderlich und gleich $z_t - w_t\,t - g\,t^2/2$. Diese Moleküle befanden sich daher zur Zeit Null ebenfalls in einer Geraden $M'N'$, welche parallel MN ist und durch den Punkt M' geht. Das Molekül, welches sich zur Zeit t in P befindet, sei zur Zeit Null in P'. Man sieht dann leicht ein, daß $MP = M'P'$ sein muß. Und zwar gilt dies für jeden beliebigen Wert von MP. Wir nehmen an, es sei $MP = M'P'$ gleich dz.

Wir wollen jetzt alle Moleküle betrachten, welche sich zur Zeit t in einer Geraden MS befinden, die parallel der Abszissenachse OW ist. Für dieselben ist also z_t konstant gleich z, dagegen w_t veränderlich.

z_0 und w_0 sind natürlich wieder durch die Gleichungen (5) gegeben; da jetzt w_t als veränderlich, z_t als konstant zu betrachten ist (t selbstverständlich ist auch konstant), so ist weder w_0 noch z_0 konstant.

Diese Moleküle liegen also zur Zeit Null weder in einer horizontalen, noch in einer vertikalen Geraden. Fragen wir, in welcher Linie sie zur Zeit Null liegen werden, so brauchen wir bloß zu beachten, daß die durch die Gleichungen (5) gegebenen Werte von z_0 und w_0 die Koordinaten irgend eines Punktes dieser Linie sind. Eliminieren wir aus diesen Gleichungen die einzige Veränderliche w_t, welche darin außer w_0 und z_0 noch vorkommt, so erhalten wir

$$z_0 = z_t + g \frac{t^2}{2} - w_0 t$$

als Gleichung jener Linie. Da hierin t und z als konstant zu betrachten sind, so ist dies die Gleichung einer Geraden. Alle Moleküle, welche zur Zeit t in der Geraden MS liegen, würden daher zur Zeit Null in einer schiefen Geraden $M'S'$ liegen. Wir sagen, das Molekül, welches zur Zeit t in M liegt, lag zur Zeit Null in M'. Für dieses Molekül ist die Größe w_t, welche die Abszisse des Punktes M' ist, gleich w, die Größe w_0 aber, welche die Abszisse des Punktes M ist, gleich $w + gt$. Liege das Molekül, welches zur Zeit t in R lag, zur Zeit Null in R' und habe für dasselbe w_t, also die Abszisse des Punktes R, den Wert w', so hat w_0, also die Abszisse des Punktes R', den Wert $w' + gt$. Daraus folgt, daß die Differenz der Abszissen der Punkte M und R gleich der Differenz der Abszissen der Punkte M' und R' ist, daß also das von R' auf $M'N'$ gefällte Perpendikel $T'R'$ gleich MR ist. Dabei kann MR jede beliebige Länge haben. Wir nehmen an, es habe z. B. die Länge dw, so wird auch $T'R'$ dieselbe Länge haben.

Nun gehen wir zur Beantwortung der früher aufgestellten Frage über; wo befinden sich zur Zeit Null diejenigen unserer

dn Moleküle, für welche zur Zeit t die Größen z und w zwischen den Grenzen

$$z \text{ und } z + dz,$$

$$w \quad ,, \quad w + dw$$

liegen; mit anderen Worten, welche zur Zeit t in dem unendlich kleinen Rechtecke $MPQR$ der Fig. 2 liegen? In demselben hat der Punkt M die Koordinaten w, z; MR ist gleich dw, MP gleich dz. Wir wissen, die Moleküle, welche zur Zeit t in der Geraden MP liegen, lagen zur Zeit Null in der Geraden $M'P'$, in demselben Verhältnis steht die Gerade MR zur Geraden $M'R'$, und wenn man die oben angewandte Schlußweise fortsetzt, findet man, daß die Moleküle, welche zur Zeit t in den beiden Geraden PQ und RQ liegen, zur Zeit Null in den Geraden $P'Q'$ und $R'Q'$ lagen. Wir erhalten also folgenden Lehrsatz, welchen wir als das Theorem I bezeichnen wollen. Sämtliche Moleküle, die zur Zeit t sich in dem unendlich kleinen Rechtecke $MQPR$ befinden, befanden sich zur Zeit Null in dem ebenfalls unendlich kleinen Parallelogramme $M'P'Q'R'$.

Nun kann aber die Anzahl der Moleküle, die sich zur Zeit Null in dem unendlich kleinen Parallelogramme $M'P'Q'R'$ befinden, unmittelbar nach der Formel (4) gefunden werden. Man braucht in dieser Formel bloß statt w und z die Abszisse und Ordinate des Punktes M', also die Größen $w + gt$, $z - wt - gt^2/2$ zu substituieren, statt df aber den Flächeninhalt des Parallelogramms $M'P'Q'R'$, welcher gleich dem des Rechtecks $MPQR$, also gleich $dw\,dz$ ist, da wir nachgewiesen haben, daß $T'R' = MR$ ist.

Macht man diese Substitution, so findet man für jene Anzahl den Wert

$$(7) \qquad A\,dn\,e^{-h(w^2 + 2wgt + g^2t^2) - k\left(z - wt - g\frac{t^2}{2}\right)}\,dw\,dz.$$

Dieselbe ist aber nach dem Theorem I gleich der Anzahl derjenigen unserer dn Moleküle, für welche zur Zeit t w und z zwischen den Grenzen w und $w + dw$, z und $z + dz$ liegen. Letztere Anzahl ist also ebenfalls durch die Formel (7) gegeben. Diese Formel wird vollkommen identisch mit der Formel (3), welche angibt, für wie viele unserer dn Moleküle zur Zeit Null

z und w zwischen denselben Grenzen lagen, sobald wir der Konstanten k den Wert $2gh$ erteilen. Sobald also die Konstante k diesen Wert hat und die Zustandsverteilung zu Anfang der Zeit durch die Formel (1) gegeben ist, wird dieselbe durch den Einfluß der Schwere im Verlaufe der Zeit keineswegs verändert. Denn wir sahen, daß die Geschwindigkeitskomponenten u und v durch die Schwerkraft ohnedies gar nicht beeinflußt werden. Wenn also zu Anfang der Zeit die Anzahl der Moleküle, für welche u und v zwischen den Grenzen u und $u + du$, v und $v + dv$ lagen, gleich dn war, so behält sie diesen Wert auch zu allen Zeiten. Auch die Reflexion der Moleküle an den Gefäßwänden stört die durch die Formel (1) gegebene Zustandsverteilung nicht, da ja die von den Wänden zurückprallenden Moleküle immer genau diejenigen ersetzen, welche durch die von den Wänden eingenommenen Flächen hindurchtreten würden, falls die Wände nicht vorhanden wären, sondern der Raum hinter demselben ebenfalls von Molekülen erfüllt wäre, deren Zustandsverteilung durch die Formel (1) gegeben ist. Dies ist von den vertikalen Wänden unmittelbar einzusehen; es gilt aber auch von dem horizontalen Boden und der horizontalen Decke des Gefäßes.

Um dies zu zeigen, untersuchen wir zunächst, wie viele Moleküle auf die untere Begrenzungsfläche des Gefäßes, die wir Boden desselben nennen, aufstoßen. Offenbar werden nur solche daselbst aufstoßen, welche vorher nur negative Geschwindigkeit in der Richtung der z-Achse hatten. Fragen wir also wieviel Moleküle, deren Geschwindigkeitskomponenten zwischen den Grenzen

$$u \text{ und } u + du$$
$$v \quad „ \quad v + dv$$
$$-w \quad „ \quad -w - dw$$

liegen, während einer sehr kleinen Zeit dt auf den Boden des Gefäßes aufstoßen werden. Jedes dieser Moleküle legt während der Zeit dt den Weg $w\,dt$ vertikal nach abwärts zurück. Es werden daher alle jene Moleküle, deren Distanz vom Boden zu Anfang der Zeit gleich $w\,dt$ oder kleiner war, auf den Boden des Gefäßes aufstoßen. Diese Moleküle befinden sich in einer Schicht, deren untere Begrenzungsfläche der Boden, deren Höhe gleich $w\,dt$, deren Volum also gleich $q\,w\,dt$ ist, wobei q den Flächenraum des Bodens des Gefäßes bedeutet. Sei für den Boden des Gefäßes z gleich Null, so ist diese Zahl nach Formel (1) gleich

$$(8) \qquad C\,e^{-\,(u^2 + v^2 + w^2)}\,du\,dv\,dw\,wdt.$$

Alle diese Moleküle stoßen während der Zeit dt auf den Boden. Der Effekt ist, daß ihre Geschwindigkeitskomponente in der Richtung der z-Achse umgekehrt wird, also nach dem Stoße zwischen $+w$ und $w+dw$ liegt. Die Anzahl derjenigen Moleküle, für welche die Geschwindigkeitskomponenten zwischen

$$(M) \qquad \begin{cases} u \text{ und } u + d\,u \\ v \;\;\text{„}\;\; v + d\,v \\ w \;\;\text{„}\;\; w + d\,w \end{cases}$$

liegen, und welche in der Zeit dt durch die Fläche des Bodens von unten nach oben hindurchgehen würden, wenn diese Fläche keine feste, das Gas begrenzende Wand wäre, sondern wenn unter derselben das Gas sich fortsetzen würde, und zwar so, daß die Zustandsverteilung unter dem Boden genau durch dasselbe Gesetz, also ebenfalls durch die Formel (1) gegeben wäre, ist genau wieder dem Ausdrucke (8) gleich; denn sie ist gleich der Zahl jener Moleküle, die sich in einer Schicht von der Höhe $w\,dt$ unterhalb des Bodens befinden, also nach der Formel (1) gleich dem Ausdrucke (8). Wir haben hier vernachlässigt, daß die zuletzt betrachtete Schicht von der Höhe $w\,dt$ um ein unendlich kleines Stück, welches gleich $w\,dt$ selbst ist, tiefer liegt, als die früher betrachtete Schicht von derselben Höhe. In der Tat überzeugt man sich leicht, daß dieser Umstand nur unendlich Kleines höherer Ordnung liefert, also auf das Resultat ohne Einfluß ist. Denn mit Berücksichtigung dieses Umstandes würde die Zahl der Moleküle, welche in der Zeit dt so vom Boden reflektiert werden, daß deren Geschwindigkeitskomponenten zwischen den Grenzen M liegen,

$$e^{-\,g\,w\,d\,t} = 1 - g\,w\,d\,t + \frac{g^2\,w^2\,d\,t^2}{2} + \cdots$$

mal so groß als die Anzahl derjenigen, die während der Zeit t durch den Boden von unten nach oben hindurchgehen würden und deren Geschwindigkeitskomponenten zwischen denselben Grenzen liegen. Die Differenz beider Zahlen ist also

$$\left(g\,w\,dt - \frac{g^2\,w^2\,dt^2}{2} + \ldots \right) C\,w\,e^{-\,(u^2 + v^2 + w^2)}\,du\,dv\,dw\,dt.$$

Integriert man diesen Ausdruck bezüglich dt, du, dv, dw zwischen endlichen Grenzen, sucht also die Anzahl der während einer endlichen Zeit mehr von unten nach oben als in der entgegengesetzten Richtung hindurchgehenden Gasmoleküle, so erhält man noch immer eine mit dt multiplizierte, also verschwindende Größe. Wir haben somit einen direkten Beweis geliefert, daß die durch die Formel (1) gegebene Zustandsverteilung durch den Einfluß der Schwere auf die Bewegung der Gasmoleküle nicht gestört wird. Es ist noch zu beweisen, daß sie auch durch die Zusammenstöße der Moleküle untereinander nicht verändert wird. Zu diesem Zwecke ist keine besondere Rechnung erforderlich. Nach Formel (1) herrscht ja in jedem einzelnen Volumelemente die Maxwellsche Zustandsverteilung; nur die Dichte ist in den tiefer liegenden Volumelementen größer. Von dieser Zustandsverteilung hat aber schon Maxwell bewiesen, daß sie durch die Zusammenstöße nicht verändert wird. Es bedarf übrigens wohl kaum der Erwähnung, daß alle diese Sätze nur spezielle Anwendungen des allgemeinen in meinen Studien über Wärmegleichgewicht entwickelten Satzes sind.

Auf ähnlichen Schlüssen, wie wir sie bei Betrachtung der Reflexion am Boden des Gefäßes angewendet haben, beruht ein Beweis, welcher zum Gegenstande einer Kontroverse zwischen Loschmidt und Burbury geworden ist. Die Betrachtungen Burburys sind in dessen Abhandlungen allerdings nicht mit vollkommen genügender Ausführlichkeit und Deutlichkeit wiedergegeben; doch läßt sich auch dieser Beweis, und zwar in der nachstehenden Weise vollkommen exakt durchführen.

Wir wollen annehmen, daß durch den Boden des Gefäßes fortwährend Moleküle von allen möglichen Geschwindigkeiten und Geschwindigkeitsrichtungen in das Innere des Gefäßes geschleudert werden, und zwar sollen während jedes beliebigen Zeitmomentes dt gerade

$$(8) \qquad\qquad C e^{-(u^2 + v^2 + w^2)}\, d u\, d v\, d w\, w\, d t$$

Moleküle, deren Geschwindigkeitskomponenten zwischen den Grenzen M liegen, in das Gefäß geschleudert werden. Wir wählen diese Zahl, weil dieselbe gerade mit der auch früher mit (8) bezeichneten Formel übereinstimmt.

Um eine klare Vorstellung zu haben, denken wir uns das Gefäß nach oben unbegrenzt. Die vertikalen Seitenwände kann man belassen oder wegdenken, da sie ohnedies keinen störenden Einfluß auf die Bewegung der Moleküle haben. Die Moleküle sollen gegenseitig aufeinander gar keine Wirkung ausüben, sondern bloß unter dem Einflusse der Schwerkraft stehen. Jedes derselben wird sich daher in einer parabolischen Bahn im Gefäße aufwärts bewegen, eine höchste Höhe erreichen, dann umkehren, und sich in einem kongruenten Parabelstücke abwärts bewegen. Sobald das Molekül den Boden wieder erreicht hat, soll es sogleich entfernt werden.

Wir ersetzen also die Reflexionen am Boden des Gefäßes dadurch, daß wir Moleküle immittieren und sobald sie den Boden wieder erreicht haben, sogleich entfernen. Nach Verlauf einer langen Zeit wird sich offenbar das Gefäß mit Gasmolekülen anfüllen, und wir fragen, in welcher Weise die Moleküle im Gefäße verteilt sein werden, wenn eine sehr lange Zeit vergangen sein wird.

Sei dann die Anzahl der Moleküle, die sich in einer Schicht von der Dicke dz, deren Höhe über dem Boden des Gefäßes z ist, befinden, und deren Geschwindigkeitskomponenten zwischen den Grenzen M liegen, gleich

$$(9) \qquad\qquad f(z, u, v, w)\, d z\, d u\, d v\, d w,$$

so wird es sich nur um Bestimmung der Funktion f handeln. Wir müssen uns da fragen, in welcher Weise die Moleküle, welche zu irgend einer Zeit t_1 sich in dieser Schicht befinden, vom Boden des Gefäßes ausgegangen sein werden. Jedes Molekül, welches zur Zeit t_1 sich genau in der Höhe z befindet und die Geschwindigkeitskomponenten u, v, w besitzt, ist zu einer früheren Zeit t_0 vom Boden des Gefäßes mit den Geschwindigkeitskomponenten u, v, w_0 ausgegangen. wobei

$$(10) \qquad\qquad w^2 = w_0{}^2 - 2 g z$$

ist. Ein Molekül, welches sich zur Zeit t_1 in der Höhe $z + dz$ befindet, muß noch früher vom Boden des Gefäßes ausgegangen sein, etwa zur Zeit $t_0 - dt$. Dieses Molekül wird schon zur Zeit $t_1 - dt$ in die Höhe z gelangt sein. Damit es also zur Zeit t_1 gerade in die Höhe $z + dz$ gelange, muß

$$(11) \qquad dt = \frac{dz}{w}$$

sein, weil es sich in der Höhe z mit der Geschwindigkeit w bewegt.

Moleküle, welche zwischen den Zeitmomenten t_0 und $t_0 - dt$ vom Boden ausgegangen sind, befinden sich zur Zeit t_1 in Höhen, die zwischen z und $z + dz$ liegen. Wir sehen daher folgendes:

Alle Moleküle, welche in der Zeit, die zwischen den beiden Zeitmomenten t_0 und $t_0 - dt$ liegt, vom Boden ausgehen und deren Geschwindigkeitskomponenten im Momente des Ausganges exakt gleich u, v, w_0 waren, liegen in dem Zeitmomente t_1 in einer Schicht, deren Dicke gleich dz ist, und welche sich in der Höhe z über dem Boden des Gefäßes befindet.

Die Geschwindigkeit w, die sie daselbst besitzen, ist durch die Gleichung (10) gegeben, während dt und dz durch die Gleichung (11) miteinander verbunden sind.[1] Wir haben somit der Veränderlichkeit der Größe z Rechnung getragen, und erhalten durch unsere Schlüsse das Differential dz der Formel (9). Dabei mußten wir natürlich die anderen Variabeln dieser Formel u, v, w als Konstante ansehen. Wir müssen jetzt noch der Veränderlichkeit dieser Variabeln Rechnung tragen, wobei nach den Regeln für die Transformation von Differentialausdrücken jetzt z konstant zu setzen ist. Wir betrachten

---

[1] Aus der letzten Gleichung folgt $dz = w\,dt$. Verfolgen wir daher dieselben Moleküle, welche zu einer gewissen Zeit dt vom Boden ausgegangen sind, so ist die Dicke dz der Schicht, in welcher sie sich nach irgend einer Zeit befinden, gleich $w\,dt$, also um so größer, je größer deren augenblickliche Geschwindigkeit ist. Umgekehrt, je langsamer die Moleküle sich augenblicklich bewegen, in einer desto dünneren Schicht erscheinen sie zusammengedrängt. Die Größe w ist also diejenige, welche Loschmidt in seinem zweiten Einwande (vgl. Wien. Ber. 73, S. 371) als den Dichtigkeitsfaktor bezeichnet. Der Vorwurf, denselben nicht berücksichtigt zu haben, entfällt also bei unseren gegenwärtigen Betrachtungen.

also jetzt nicht mehr Moleküle, deren Geschwindigkeitskomponenten exakt gleich u, v, w sind, sondern wir betrachten alle Moleküle, welche sich zur Zeit t_1 exakt in der Höhe z über dem Boden des Gefäßes befinden und für welche u, v, w zwischen den Grenzen M liegen und fragen uns, zwischen welchen Grenzen u, v, w für diese Moleküle im Momente ihrer Immission durch den Boden des Gefäßes lagen.

Es ist klar, daß u und v zwischen denselben Grenzen lagen, der Werth des w aber im Momente der Immission, den wir mit w_0 bezeichnen wollen, ist durch die Gleichung (10) bestimmt, aus welcher folgt

$$(12) \qquad d\,w_0 = \frac{w}{w_0}\,d\,w\,.$$

Für diese Moleküle lagen also im Momente ihrer Immission u, v und w zwischen den Grenzen

$$u \text{ und } u + d\,u\,, \quad v \text{ und } v + d\,v\,, \quad w_0 \text{ und } w_0 + \frac{w}{w_0}\,d\,w\,.^{1)}$$

Fassen wir nun alles zusammen, so ergibt sich folgendes: Die Zahl der Moleküle, welche sich in einer Schicht von der Dicke $d\,z$ im Abstande z vom Boden des Gefäßes befinden und deren Geschwindigkeitskomponenten zwischen den Grenzen M liegen, also die Zahl

$$f(z,\ u,\ v,\ w)\,d\,z\,d\,u\,d\,v\,d\,w$$

ist gleich der Zahl der Moleküle, welche während eines Zeitmomentes von der Länge $d\,t = d\,z/w$ immittiert wurden und deren Geschwindigkeitskomponenten zwischen den Grenzen

$$u \text{ und } u + d\,u\,, \quad v \text{ und } v + d\,v\,, \quad w_0 \text{ und } w_0 + d\,w_0$$

---

1) Setzt man für w_0 seinen Wert aus Gleichung (10), so verwandeln sich die Grenzen für w in

$$\sqrt{w^2 + 2\,g\,z} \text{ und } \sqrt{w^2 + 2\,g\,z} + \frac{w}{\sqrt{w^2 + 2\,g\,z}} \cdot d\,w\,.$$

Man sieht also, daß Loschmidt nicht, wie er es auf Seite 369 tut, berechtigt ist, anzunehmen, daß die w-Komponente dieser Moleküle im Momente ihrer Immission zwischen

$$\sqrt{w^2 + 2\,g\,z} \text{ und } \sqrt{w^2 + 2\,g\,z} + d\,w$$

liege. Berücksichtigt man, daß die Grenzen die im Texte gegebenen sein müssen, so wird dadurch genau die Größe kompensiert, welche Loschmidt als den Dichtigkeitsfaktor bezeichnet.

liegen, wobei

$$w_0 = \sqrt{w^2 + 2\,y\,z}$$

$$d\,w_0 = \frac{w}{\sqrt{w^2 + 2\,g\,z}}\,d\,w\,.$$

Letztere Anzahl aber ist nach Formel (8)

$$C\,e^{-h\,(u^2+v^2+w^2)}\,d u\,d v\,d w_0\,w_0\,\frac{d\,z}{w} = C\,e^{-h\,(u^2+v^2+w^2)-2\,g\,z}\,d u\,d v\,d w\,d z\,.$$

Es ist also die Zahl der Moleküle in der Schicht $d\,z$, deren Geschwindigkeitskomponenten zwischen den Grenzen M liegen, wieder genau durch die Formel (1) gegeben. Da sich diese Zustandsverteilung durch die Schwere selbst hergestellt hat, so ist von ihr unmittelbar klar, daß sie auch durch die Wirkung der Schwere auf die Moleküle nicht gestört werden kann, wenn die Immission der Moleküle, nachdem sie sich hergestellt hat, plötzlich aufhören würde und die Moleküle gleich elastischen Kugeln am Boden des Gefäßes reflektiert würden. Diese Zustandsverteilung würde also, wenn zu Anfang im Gefäße hergestellt, durch die Schwere nicht gestört. Darauf allein beruht der Zusammenhang des Immissionsproblems mit dem Probleme dieser Abhandlung und der Beweis, daß man durch jene Immission dieselbe Zustandsverteilung erhält, die sich in einem der Schwere unterworfenen Gase herstellt.

Genau, wie es Maxwell tat, kann man dann beweisen, daß sie auch durch die Zusammenstöße nicht gestört wird. Ich will noch einige Bemerkungen machen; um mich dabei leichter ausdrücken zu können, wollen wir als eine stabile Zustandsverteilung eine solche bezeichnen, welche zu allen Zeiten durch dieselbe Formel gegeben wird. Sei also

$$f(z,\ u,\ v,\ w,\ t)\ dz\,d u\,d v\,d w$$

die Anzahl der Moleküle, für welche zur Zeit t z zwischen den Grenzen z und $z + d\,z$, u, v, w zwischen den Grenzen M liegen, so nennen wir die Zustandsverteilung stabil, wenn die Funktion f die Zeit t nicht enthält. Treten irgendwelche neue Kräfte hinzu und die Zustandsverteilung bleibt stabil, d. h. die Funktion f verändert sich nicht, so sagen wir, die Zustandsverteilung wird durch die neuen Kräfte nicht zerstört. Wir können daher sagen, die nach unendlich langer Immission sich herstellende, durch die Formel (1) gegebene Zustandsverteilung ist eine stabile. Loschmidt hat darauf aufmerksam gemacht, daß sich die stabile Zustandsverteilung erst nach unendlich langer Immission einstellt; dauert die Immission nur eine endliche Zeit t, so ist die Zustandsverteilung von der Zeitdauer t der Immission abhängig, also nicht stabil. Bricht man die Immission nach einer endlichen Dauer derselben ab, und ersetzt den Boden durch eine vollkommen elastische Wand, so wäre im Momente des Abbruches der Immission eine nicht durch Formel (1) gegebene Zustandsverteilung vorhanden. Dieselbe würde sich aber nicht wie die nach unendlich langer Zeit eintretende, nach Abbruch der Immission stabil erhalten, sondern sie würde, nachdem man den Boden durch eine elastische Wand ersetzt hat, durch die Bewegung der Moleküle unter dem Einflusse der Schwere (und natürlich auch durch die Zusammenstöße der Moleküle) fortwährend verändert werden. Sie ist also keine Lösung der in Rede stehenden Aufgabe. Ebenso würde man keine stabile Zustandsverteilung, also keine Lösung des Problems erhalten, wenn man die Moleküle nicht, solange die Immission andauert, sogleich entfernen würde, sobald sie den Boden wieder erreichen. Wenn dagegen im Momente des Beginnes der Immission das Gefäß nicht leer, sondern bereits mit Molekülen erfüllt war, deren Zustandsverteilung durch die Formel (1) gegeben war, und wenn während der Immission die den Boden berührenden Moleküle immer fortgeschafft werden, so ist es gerade so, als ob der Boden immer als elastische Wand reflektieren würde; es bleibt also die Zustandsverteilung fortwährend stabil.

Ich bemerke noch, daß es außer der durch Formel (1) gegebenen Zustandsverteilung noch unendlich viel andere gibt, welche, wenn nur die Schwerkraft wirksam ist, ebenfalls stabil bleiben, welche aber durch die Zusammenstöße alsogleich zerstört würden.

Um dies einzusehen, immittieren wir die Moleküle nach nach irgend einem anderen Gesetze. Sei z. B.

$$\varphi(u, v, w)\, du\, dv\, dw\, dt$$

die Anzahl der Moleküle, welche während des Zeitmomentes dt

so immittiert werden, daß für dieselben die Geschwindigkeitskomponenten zwischen den Grenzen M liegen.

Durch Betrachtungen, welche den früher angestellten ganz
analog sind, finden wir, daß, wenn die Immission sehr lange
gedauert hat, sich folgende Zustandsverteilung hergestellt
haben wird. Die Anzahl der Moleküle, für welche z zwischen
z und $z + dz$ liegt und die Geschwindigkeitskomponenten
zwischen den Grenzen M liegen, wird sein

$$\varphi\,(u, v, \sqrt{w^2 + 2\,g\,z})\,\frac{w}{\sqrt{w^2 + 2\,g\,z}}\,d\,z\,d\,u\,d\,v\,d\,w.$$

Auch diese Zustandsverteilung ist stabil und bleibt es,
wenn am Boden wieder die gewöhnliche elastische Reflexion
eintritt; aber sie wird allsogleich gestört, sobald die Moleküle
miteinander zusammenzustoßen beginnen, wenn die Funktion φ
nicht die Gestalt

$$e^{-h(u^2 + v^2 + w^2)}$$

hat.

Loschmidt macht in den Wien. Ber. **73**. S. 129 noch
einen Einwand gegen dieses Verteilungsgesetz.

Es muß da zunächst bemerkt werden, daß dieses Gesetz
in jener Allgemeinheit, wie es Loschmidt auf jener Seite aus-
spricht, selbstverständlich nicht richtig sein kann. Es gilt nur
bei sehr vielen materiellen Punkten und nur dann, wenn die
Zustandsverteilung durch die Beschaffenheit der Kräfte und
die im System enthaltene lebendige Kraft vollständig bestimmt
ist. Es trifft sich nämlich häufig, daß durch die auf das System
wirkenden Kräfte und durch die darin enthaltene lebendige
Kraft die Zustandsverteilung, d. h. die Wahrscheinlichkeit der
verschiedenen Zustände derselben, noch keineswegs bestimmt
ist, sondern daß dieselbe noch vom Anfangszustande des Systems
abhängt. Ein Beispiel hierfür habe ich schon am Schlusse
meiner Abhandlung „Studien über das Gleichgewicht der
lebendigen Kraft zwischen bewegten materiellen Punkten" [1]
angeführt. Seien beliebig viele gleich beschaffene elastische
Kugeln gegeben, die zu Anfang der Zeit in einer mathematischen Geraden liegen, welche zu beiden Seiten durch vollkommen elastische, darauf senkrechte Ebenen begrenzt ist.

---

[1] Diese Sammlung Bd. I Nr. 5.

Wenn zu Anfang der Zeit alle Kugeln genau dieselbe Geschwindigkeit hatten, so behalten sie auch zu allen Zeiten gleiche Geschwindigkeit, da beim Stoße nur die Geschwindigkeitsrichtung umgekehrt wird. Wenn dagegen zu Anfang der Zeit die Hälfte der Kugeln ruhte, die andere Hälfte mit einer $\sqrt{2}$ mal so großen Geschwindigkeit begabt war, so ist die zu Anfang im Systeme enthaltene lebendige Kraft ganz dieselbe, aber ihre Verteilung unter den Molekülen bleibt zu allen Zeiten eine andere. Wenn z. B. die ruhenden Kugeln zu Anfang alle unmittelbar an der einen Wand anlagen, so bleiben sie immer in Ruhe und die andere Hälfte der Kugeln behält die doppelte lebendige Kraft. Hier sind die verschiedenartigsten Verteilungen einer und derselben lebendigen Kraft (Zustandsverteilungen) unter den Molekülen möglich. Einen ähnlichen Fall unterzieht Loschmidt der Betrachtung. Er denkt sich nämlich eine beliebige, vielleicht unendliche Zahl von gleich beschaffenen, schweren elastischen Kugeln, gezwungen sich in einer vertikalen Geraden zu bewegen; oben und unten ist wieder eine auf der Geraden senkrechte elastische Wand angebracht. Er hat dabei das Verdienst, eine stabile Zustandsverteilung zwischen unendlich vielen materiellen Punkten aufgefunden zu haben, welche doch durch die im Systeme enthaltene lebendige Kraft allein noch nicht bestimmt ist, auf welche daher das Verteilungsgesetz nicht anwendbar ist. Denn in der Tat kann ein und dieselbe lebendige Kraft in verschiedener Weise unter derartigen Kugeln verteilt sein. Doch ist man nicht berechtigt zu schließen, daß die mittlere lebendige Kraft der Kugeln nach unten zu zunimmt. Es kann dies der Fall sein, aber auch das Gegenteil. Wenn z. B. zu Anfang der Zeit viele Kugeln ganz am Boden ruhten oder in der Nähe des Bodens sich mit sehr kleiner Geschwindigkeit bewegten. Wegen der Wirkung der Schwere werden dann diese Kugeln gar nie eine erhebliche Höhe erreichen. Nur wenn von den oberen schnelleren ein Molekül auf sie stößt, nehmen sie auf kurze Zeit eine große Geschwindigkeit an und das stoßende Molekül kommt fast in Ruhe.

Bald aber wird die lebendige Kraft dieses Stoßes am Boden reflektiert und kehrt zu dem Molekül, welches ursprünglich den Stoß ausübte, zurück, so daß die Moleküle, welche ursprünglich fast in der Ruhe waren, es wieder sind. In diesem Falle ist also die mittlere lebendige Kraft gerade in der Nähe des Bodens sehr klein. (Einfachstes Beispiel: Es bewegen sich nur zwei gleich beschaffene, schwere, elastische Kugeln von sehr kleinem Durchmesser in der oben und unten von senkrechten elastischen Wänden [Decke und Boden] begrenzten Geraden. Die eine ruht zu Anfang der Zeit in einer Höhe über dem Boden, die z. B. den dritten Teil der Länge der Geraden beträgt; die andere befindet sich weiter oben und hat eine viel größere Geschwindigkeit. Da bei jedem Zusammenstoße die Geschwindigkeiten ausgetauscht werden, so setzt bei jedem Zusammenstoße die zweite Kugel die Bewegung der ersten die erste jene der zweiten fort. Es ist also klar, daß im unteren Drittel die mittlere lebendige Kraft kleiner ist als in den oberen zwei Dritteln, weil in die letztere die langsamere Kugel gar nicht gelangt. Dagegen ist im unteren Drittel die Dichte größer. Man kann also auch Fälle finden, wo die mittlere lebendige Kraft gerade unten am kleinsten ist. Im Falle, daß alle Kugeln sich immer bis zur Decke bewegen und keine, ehe sie die Decke erreicht, infolge der Einwirkung der Schwere umkehrt, wäre freilich die mittlere lebendige Kraft unten größer. Allein in diesem Falle ist auch die Dichte unten kleiner, und wollte man hieraus den Schluß ziehen, daß in einem schweren Gase die Temperatur unten höher ist, so könnte man daraus ebensogut schließen, daß die Dichte in einem schweren Gase unten kleiner ist.)

II. Nachweis, daß die Formel (1) die einzig mögliche Lösung des Problems ist.

Wir haben durch alle bisherigen Schlüsse nur den Nachweis liefern können, daß die durch die Formel (1) ausgedrückte Zustandsverteilung weder durch die Schwere noch durch die Zusammenstöße gestört wird, daß sie daher eine mögliche ist. Daß sie aber auch die einzig mögliche ist, kann nur durch Schlüsse nachgewiesen werden, wie ich sie in meiner früheren Abhandlung gemacht habe. Ich will daher jene Schlußfolgerungen, welche dort nicht strenge bewiesen waren, nunmehr exakt begründen.

Zunächst muß ich ein Bedenken beseitigen, welches gegen die Gleichungen (2), (8) und (9) derselben aufgeworfen werden könnte, und auch tatsächlich aufgeworfen worden ist. (Die Bemerkung, welche Loschmidt, Wien. Ber. **73**. S. 137 in der Anmerkung macht, trifft ebenso wie die Maxwellsche auch meine Abhaudlung.)

Die Gleichungen (2), (8) und (9) gelten nur, wenn der Molekulardurchmesser und die Zeit eines Zusammenstoßes zweier Moleküle vollkommen verschwindend klein ist. Man kann sonst nicht annehmen, daß die Koordinaten der Moleküle vor und nach dem Zusammenstoße dieselben sind. Auch müßten die Gleichungen (9) eine Ergänzung erfahren, weil ja die Moleküle während des Zusammenstoßes einen Weg zurückgelegt haben, daher die äußeren Kräfte eine Arbeit geleistet und einen ändernden Einfluß auf die Bewegung des Schwerpunktes ausgeübt haben. Es läßt sich nun natürlich nicht behaupten, daß die Gleichungen (2), (8) und (9) und daher auch die Lösungen derselben für den Fall Gültigkeit hätten, daß die Zeit eines Zusammenstoßes eine endliche ist. Dies ist auch nicht anders zu erwarten, denn in diesem Falle hört der Körper auf ein Gas zu sein, hat also überhaupt die Gastheorie ihre Anwendung auf denselben verloren. Doch läßt sich zeigen, daß, wenn Moleküldurchmesser und Zeit eines Zusammenstoßes sehr klein sind, die Lösungen des Problems jedenfalls nur sehr wenig verschieden von den Lösungen der Gleichungen (2), (8) und (9) sein können und sich den letzteren immer mehr nähern, je kleiner Molekulardurchmesser und Zusammenstoßzeit werden.

Wir können uns nämlich immer ein Wirkungsgesetz (zwischen zwei zusammenstoßenden Gasmolekülen) denken, in welchem z. B. zwei Konstante vorkommen von der Beschaffenheit, daß wenn sich jede derselben einer bestimmten Grenze nähert, die Zeitdauer eines Zusammenstoßes und der Durchmesser eines Moleküls immer kleiner und kleiner werden; im übrigen kann das Wirkungsgesetz vollkommen beliebig sein. Es liegt in der Natur der Sache, daß sich dann der Zustand des Wärmegleichgewichtes im Gase jedenfalls einer bestimmten Grenze nähern muß, wenn jene beiden Konstanten sich jenen Grenzen nähern, während die äußeren Kräfte und alle übrigen

Bedingungen des Problems vollkommen unverändert bleiben. Der Fall, wo keine solche Grenze existiert, sondern ein periodisches Hin- und Herschwanken oder ein Unendlichwerden gewisser Größen stattfindet, ist aus physikalischen Gründen ausgeschlossen. Nun ist aber unmittelbar klar, daß, wenn jene beiden Konstanten sich ihren betreffenden Grenzen nähern, auch die Bestimmungsgleichungen des Problems sich den Gleichungen (2), (8) und (9) immer mehr und mehr nähern, weil ja dann Molekulardurchmesser und Zeit eines Zusammenstoßes gemäß der Annahme immer kleiner und kleiner werden. Es muß daher notwendig auch die Grenze, welcher sich die allgemeine Lösung des Problems bei beständiger Abnahme des Molekulardurchmessers und der Zeitdauer eines Zusammenstoßes nähert, eine Lösung der Gleichungen (2), (8) und (9) sein. Hat man also einmal nachgewiesen, daß unter gewissen Grenz- und Nebenbedingungen nur eine einzige Lösung der Gleichungen (2), (8) und (9) existiert, so muß jene Lösung auch die Grenze sein, welcher sich die allgemeine Lösung dann nähert, wenn die Molekulardurchmesser verschwinden. Speziell, wenn man nachgewiesen hat, daß die Gleichungen (2), (8) und (9) nur einen einzigen stationären (d. h. von der Zeit unabhängigen und sichtbare Massenbewegung im Gase ausschließenden Zustande zulassen, so muß dieser stationäre Zustand auch die Grenze sein, welcher sich der stationäre Zustand eines ganz beliebigen gasähnlichen Körpers immer mehr und mehr nähert, wenn Molekulardurchmesser und Zusammenstoßzeit immer kleiner und kleiner werden. Daß dann die Gleichungen (2), (8) und (9) anwendbar werden, zeigt, daß die Abänderung, welche der Verlauf der einzelnen Zusammenstöße durch die äußeren Kräfte erfährt, vollkommen verschwindend ist. Nur der Umstand, daß die Bahn jedes Moleküls von einem Zusammenstoße zum nächsten nicht geradlinig, sondern z. B. parabolisch ist, bleibt maßgebend, und diesem Umstande wurde durch Aufnahme der drei letzten Glieder der linken Seite in der Gleichung (2) Rechnung getragen.

Eine andere Aufgabe, als die Untersuchung der Grenzen, denen das Verhalten von Molekularkomplexen immer mehr und mehr zueilt, wenn Wirkungsdauer und Molekulardurchmesser immer kleiner und kleiner werden, kann der Gastheorie gar nicht gestellt werden. Es ist somit die Anwendbarkeit der Gleichungen (2), (8) und (9) auf unseren Fall festgestellt.

Die Auflösungsmethode dieser Gleichungen, welche ich in meiner früheren Abhandlung angewendet habe, ist jedoch daselbst nicht streng begründet, indem sich dort kein genügender Beweis vorfindet, daß die mit h und k bezeichneten Größen nicht Funktionen von v, w, y und z sind. Wir wollen daher jetzt eine andere Auflösungsmethode dieser Gleichungen einschlagen.

Bezeichnet man den natürlichen Logarithmus der Funktion f mit φ, setzt also

$$(17) \qquad \operatorname{lognat} f = \varphi \,,$$

so geht die Gleichung (8) meiner früheren Abhandlung über in

$$(18) \quad \left\{ \begin{array}{l} \varphi\,(u, v, w) + \varphi\,(u_1, v_1, w_1) - \varphi\,(u', v', w') \\ - \varphi\,(u + u_1 - u', v + v_1 - v', w + w_1 - w') = 0 \,. \end{array} \right.$$

Dabei wurden Kürze halber für einen Augenblick die Argumente x, y, z, t unter dem Funktionszeichen nicht geschrieben, da sie in allen Gliedern dieselben sind. Die erste der Gleichungen (9) aber lautet

$$(19) \left\{ \begin{array}{l} u^2 + v^2 + w^2 + u_1{}^2 + v_1{}^2 + w_1{}^2 - u'^2 - v'^2 - w'^2 \\ - (u + u_1 - u')^2 - (v + v_1 - v')^2 - (w + w_1 - w')^2 = 0 \,. \end{array} \right.$$

Wir wollen uns durch die Gleichung (19) w' als Funktion von $u, v, w, u_1, v_1, w_1, u', v'$ ausgedrückt denken, welche letzteren Größen dann vollkommen independente Variablen sind. Leitet man die Gleichung (18) partiell nach u ab, so erhält man

$$(20) \qquad \frac{\partial \varphi}{\partial u} - \frac{\partial \varphi_1'}{\partial u_1'} = \left(\frac{\partial \varphi'}{\partial w'} - \frac{\partial \varphi_1'}{\partial w_1'} \right) \frac{\partial w'}{\partial u}$$

Dabei wurde Kürze halber

φ_1 für $\varphi(u_1, v_1, w_1)$, φ_1' für $\varphi(u + u_1 - u', v + v_1 - v', w + w_1 - w')$, $\dfrac{\partial \varphi_1'}{\partial u_1'}$

statt der Größen geschrieben, welche aus $(\partial \varphi\,(a, b, c)) / \partial a$ entsteht, wenn darin

$$a = u + u_1 - u'$$
$$b = v + v_1 - v'$$
$$c = w + w_1 - w'$$

gesetzt wird.

Die partielle Differentiation der Gleichung (19) nach u liefert:

$$u - (u + u_1 - u') = (2w' - w - w_1)\frac{\partial w'}{\partial u}$$

und dies in Gleichung (20) substituiert, liefert

(21) $$\frac{\partial \varphi}{\partial u} - \frac{\partial \varphi_1'}{\partial u_1'} = \lambda u - \lambda(u + u_1 - u')$$

wobei

(22) $$\lambda = \frac{1}{2w' - w - w_1}\left(\frac{\partial \varphi'}{\partial w'} - \frac{\partial \varphi_1'}{\partial w_1'}\right)$$

ist. Vertauscht man hier v mit u, was erlaubt ist, da u und v vollkommen gleichberechtigt sind, so erhält man

(23) $$\frac{\partial \varphi}{\partial v} - \frac{\partial \varphi_1'}{\partial v_1'} = \lambda v - \lambda(v + v_1 - v').$$

Dagegen sind u und u_1 nicht vollkommen gleichberechtigt, weil u_1', v_1', w_1' eliminiert wurden, nicht aber u', v'. Man muß daher jetzt die Gleichungen (18) und (19) nach u_1 partiell ableiten. Man erhält

$$\frac{\partial \varphi_1}{\partial u_1} - \frac{\partial \varphi_1'}{\partial u_1'} = \left(\frac{\partial \varphi}{\partial w'} - \frac{\partial \varphi}{\partial w_1'}\right)\frac{\partial w'}{\partial u_1}$$

$$u_1 - (u + u_1 - u') = (2w' - w - w_1)\frac{\partial w'}{\partial u_1}.$$

Berechnet man aus der letzten Gleichung den Wert von $\partial w'/\partial u_1$ und setzt ihn in die vorhergehende ein, so erhält man

(24) $$\frac{\partial \varphi_1}{\partial u_1} - \frac{\partial \varphi_1'}{\partial u_1'} = \lambda u_1 - \lambda(u + u_1 - u')$$

und wenn man wieder u mit v vertauscht

(25) $$\frac{\partial \varphi}{\partial v_1} - \frac{\partial \varphi_1'}{\partial v_1'} = \lambda v_1 - \lambda(v + v_1 - v').$$

Subtrahiert man nun die Gleichung (24) von der Gleichung (21), so erhält man

(26) $$\frac{\partial \varphi}{\partial u} - \frac{\partial \varphi_1}{\partial u_1} = \lambda(u - v_1).$$

Subtrahiert man die Gleichung (25) von der Gleichung (23), so erhält man

(27) $$\frac{\partial \varphi}{\partial v} - \frac{\partial \varphi_1}{\partial v_1} = \lambda(v - v_1).$$

Aus (26) und (27) aber erhält man

(28) $$(v - v_1)\left(\frac{\partial \varphi}{\partial u} - \frac{\partial \varphi_1}{\partial u_1}\right) = (u - u_1)\left(\frac{\partial \varphi}{\partial v} - \frac{\partial \varphi_1}{\partial v_1}\right).$$

Die Gleichung (28) partiell nach w differentiirt, liefert

$$(29) \qquad (v - v_1)\frac{\partial^2 \varphi}{\partial u\, \partial w} = (u - u_1)\frac{\partial^2 \varphi}{\partial v\, \partial w}$$

und diese liefert, einmal nach v_1, dann nach u_1 partiell differentiirt:

$$(30) \qquad \frac{\partial^2 \varphi}{\partial u\, \partial w} = \frac{\partial^2 \varphi}{\partial v\, \partial w} = 0.$$

Hätte man statt w' aus der Gleichung (18) u' oder v' bestimmt gedacht, so hätte man natürlich ganz in derselben
Weise erhalten

$$(31) \qquad \frac{\partial^2 \varphi}{\partial u\, \partial v} = 0.$$

Um alle zur Lösung des Problems erforderlichen Gleichungen zu erhalten, wollen wir noch die Gleichung (28)
partiell nach u differentiieren. Dadurch erhalten wir

$$(v - v_1)\frac{\partial^2 \varphi}{\partial u^2} = \frac{\partial \varphi}{\partial v} - \frac{\partial \varphi_1}{\partial v_1} + (u - u_1)\frac{\partial^2 \varphi}{\partial u\, \partial v},$$

also gemäß der Gleichung (31)

$$(v - v_1)\frac{\partial^2 \varphi}{\partial u^2} = \frac{\partial \varphi}{\partial v} - \frac{\partial \varphi_1}{\partial r_1}.$$

Differentiieren wir diese Gleichung partiell nach v_1, so
erhalten wir endlich

$$\frac{\partial^2 \varphi}{\partial u^2} = \frac{\partial^2 \varphi_1}{\partial r^2_1}.$$

Da nun die Funktion φ kein u_1, v_1, w_1, die Funktion φ_1
aber kein u, v, w enthalten darf, so müssen beide Ausdrücke
einer Größe gleich sein, die nunmehr x, y, z und t enthalten
kann. Bezeichnen wir dieselbe mit $- 2h$, so ist also

$$\frac{\partial^2 \varphi}{\partial u^2} = - 2h, \qquad \frac{\partial^2 \varphi_1}{\partial v^2_1} = - 2h.$$

Da sich $\partial^2\varphi/\partial v^2$ von $\partial^2 \varphi_1/\partial v^2_1$ nur durch Vertauschung
von u, v, w mit u_1, v_1, w_1 unterscheidet, so muß auch $\partial^2\varphi/\partial v^2$
und folglich wegen der Symmetrie auch

$$\frac{\partial^2 \varphi}{\partial w^2} = - 2h$$

sein. Die Integration von

$$\frac{\partial^2 \varphi}{\partial u^2} = - 2h$$

liefert

$$\frac{\partial \varphi}{\partial u} = -2hu + k,$$

wobei k wegen der Gleichungen (30) und (31) wieder nur x, y, z und t enthalten kann. Integriert man dies nochmals und berücksichtigt die Symmetrie von φ bezüglich u, v, w sowie die Gleichungen

$$\frac{\partial^2 \varphi}{\partial v^2} = \frac{\partial^2 \varphi}{\partial w^2} = -2h,$$

so ergibt sich endlich

(32) $\qquad \varphi = -h(u^2 + v^2 + w^2) - ku - lv - mw + n,$

wobei h, k, l, m, n näher zu bestimmende Funktionen von x, y, z, t sind. Aber auch umgekehrt, sobald φ durch die Gleichung (32) gegeben ist, ist die Gleichung (8) meiner früheren Abhandlung unter den Nebenbedingungen (9) immer erfüllt. (Ich sage kurz, die Gleichungen (8) und (9) sind erfüllt.) Die Gleichung (2) meiner früheren Abhandlung aber geht, weil φ so gewählt wurde, daß $f'f'_1 = ff_1$ ist und weil $f = e^{\varphi}$ ist, über in

(33) $\qquad \dfrac{\partial \varphi}{\partial t} + u\dfrac{\partial \varphi}{\partial x} + v\dfrac{\partial \varphi}{\partial y} + w\dfrac{\partial \varphi}{\partial z} + X\dfrac{\partial \varphi}{\partial u} + Y\dfrac{\partial \varphi}{\partial v} + Z\dfrac{\partial \varphi}{\partial w} = 0.$

Es befriedigt auch wieder umgekehrt jede Lösung dieser Gleichung (33) die Gleichungen (2), (8) und (9) meiner früheren Abhandlung, wenn sie die Form (32) hat.

Es handelt sich also jetzt noch darum, die Größen h, k, l, m und n in dem Ausdrucke (32) als Funktionen von x, y, z und t zu finden. Bevor wir dies ausführen, wollen wir zunächst noch einige Bemerkungen über die Bedeutung der Gleichung (8) meiner früheren Abhandlung vorausschicken.

Wenn diese Gleichung erfüllt ist, so verschwindet die rechte Seite der Gleichung (2) meiner früheren Abhandlung. Diese rechte Seite aber liefert, wenn man aus der Gleichung (2) die hydrodynamischen Gleichungen für das Gas ableitet, diejenigen Glieder, welche mit dem Reibungs- und Wärmeleitungskoeffizienten (wenn mehrere Gase vorhanden sind auch Diffusionskoeffizienten) behaftet sind.

Ihr Verschwinden zeigt also an, daß die Bewegung des Gases so beschaffen ist, daß die Volumelemente des Gases nicht durch Reibung beschleunigt oder verzögert werden und daß keine Wärme durch Leitung fortgepflanzt wird. Wir werden also alle möglichen Bewegungen des Gases, wobei dies nicht stattfindet, erhalten, indem wir die Auflösungen der Gleichung (8), ohne deren rechte Seite, oder mit anderen Worten die Auflösung der Gleichung (33) dieser Abhandlung aufsuchen.

Wir können uns auch noch so ausdrücken. Die rechte Seite der Gleichung (2) gibt uns die Veränderungen, welche die Wahrscheinlichkeit der verschiedenen Zustände der Moleküle irgend eines Volumelementes des Gases infolge der Zusammenstöße der Moleküle untereinander erfährt. Wenn wir daher jene rechte Seite gleich Null setzen, so erhalten wir jene Gleichgewichts- und Bewegungszustände des Gases, bei denen diese Wahrscheinlichkeit keine Veränderung infolge der Zusammenstöße, sondern bloß infolge des Ein- und Ausdringens von Molekülen aus dem Volumelemente und infolge der Wirksamkeit der äußeren Kräfte erfährt. Der allereinfachste dieser Vorgänge ist offenbar derjenige, wo das Gas vollkommen in Ruhe ist und auch keine Wärmeleitung im Innern des Gases stattfindet. Bevor wir diesen Zustand aufsuchen, wollen wir einige allgemein gültige Bemerkungen vorausschicken. Die Geschwindigkeit, mit der sich die ganze im Volumelemente $dx\,dy\,dz$ befindliche Gasmasse in der Richtung der X-Achse fortbewegt, ist offenbar gleich dem Mittelwerte der Geschwindigkeiten aller einzelnen Moleküle dieses Volumelementes in der Richtung der X-Achse. Wir wollen diesen Mittelwert mit $\bar{u}$ bezeichnen. Da die Anzahl der Moleküle im Volumelemente $dx\,dy\,dz$, für welche die Geschwindigkeitskomponente in der Richtung der X-Achse zwischen u und $u + du$, die in der Richtung der Y-Achse zwischen v und $v + dv$, die in der Richtung der Z-Achse zwischen w und $w + dw$ liegt, gleich

$$f\,dx\,dy\,dz\,du\,dv\,dw = e^\varphi\,dx\,dy\,dz\,du\,dv\,dw$$

ist, so findet man

$$\bar{u} = \frac{\displaystyle\int_{-\infty}^{+\infty}\int_{-\infty}^{+\infty}\int_{-\infty}^{+\infty} u\,e^\varphi\,dx\,dy\,dz\,du\,dv\,dw}{\displaystyle\int_{-\infty}^{+\infty}\int_{-\infty}^{+\infty}\int_{-\infty}^{+\infty} e^\varphi\,dx\,dy\,dz\,du\,dv\,dw}$$

wobei φ den in Gleichung (32) gegebenen Wert besitzt. Kürzt man Zähler und Nenner mit $dx\,dy\,dz$ und außerdem noch mit

$$\int_{-\infty}^{\infty}\int_{-\infty}^{\infty} e^{-h(v^2+w^2)-lv-mw+n}\,dv\,dw$$

ab, so erhält man

$$\bar{u} = \frac{\displaystyle\int_{-\infty}^{+\infty} u\,e^{-hu^2-ku}\,du}{\displaystyle\int_{-\infty}^{+\infty} e^{-hu^2-ku}\,du}$$

Nun findet man aber

$$\int_{-\infty}^{+\infty} e^{-hu^2-ku}\,du = e^{-\frac{k^2}{4h}}\sqrt{\frac{\pi}{h}}$$

$$\int_{-\infty}^{+\infty} u\,e^{-hu^2-ku}\,du = -\frac{k}{2h}\,e^{\frac{k^2}{4h}}\sqrt{\frac{\pi}{h}},$$

daher

(34) $$\bar{u} = -\frac{k}{2h},$$

ebenso findet man

(35) $$\bar{v} = -\frac{l}{2h}, \qquad \bar{w} = -\frac{m}{2h}.$$

Bezeichnen wir ferner mit M die Masse eines Gasmoleküls, so ist die Dichte des Gases im Volumelemente $dx\,dy\,dz$

(36) $$\int_{-\infty}^{+\infty}\int_{-\infty}^{+\infty}\int_{-\infty}^{+\infty} Mf\,du\,dv\,dw = M\,e^{n+\frac{k^2+l^2+m^2}{4h}}\sqrt{\frac{\pi^3}{h^3}}$$

Endlich ist die mittlere lebendige Kraft eines Moleküls im Raumelemente $dx\,dy\,dz$

(37) $$\frac{M}{2}\left(\overline{u^2}+\overline{v^2}+\overline{w^2}\right) = \frac{3M}{4h} + (k^2+l^2+m^2)\frac{M}{8h^2}.$$

Subtrahiert man dagegen davon die auf jenes Molekül entfallende lebendige Kraft der Progressivbewegung des Volum-

elements, so bleibt als mittlere lebendige Kraft der Wärmebewegung des Moleküls oder als Temperatur des Gases

$$(38) \quad T = \frac{M}{2}(\overline{u^2} + \overline{v^2} + \overline{w^2}) - \frac{M}{2}(\bar{u}^2 + \bar{v}^2 + \bar{w}^2) = \frac{3M}{4h}.$$

Wir betrachten nun zuerst denjenigen Fall, den ich auch
in meiner früheren Abhandlung der Rechnung unterzog, daß
das Gas durchaus in Ruhe ist und sich sein Zustand mit der
Zeit nicht verändert. Dann ist

$$\bar{u} = \bar{v} = \bar{w} = 0,$$

also infolge der Gleichungen (34) und (35)

$$k = l = m = 0.$$

Man hat also gemäß der Gleichung (32)

$$\varphi = - h(u^2 + v^2 + w^2) + n.$$

Ferner darf, da sich der Zustand des Gases mit der Zeit
nicht ändern soll, keine der Größen eine Funktion der Zeit
sein. Es können daher h und n nur Funktionen von x, y
und z sein. Die Gleichung (33) geht daher über in

$$- (u^2 + v^2 + w^2)\left(u\frac{\partial h}{\partial x} + v\frac{\partial h}{\partial y} + w\frac{\partial h}{\partial z}\right)$$

$$+ u\frac{\partial n}{\partial x} + v\frac{\partial n}{\partial y} + w\frac{\partial n}{\partial z} - 2h(uX + vY + wZ) = 0.$$

In dieser Gleichung sind x, y, z, u, v, w unabhängig veränderliche Größen; dieselbe muß also für alle möglichen Werte
dieser Größen bestehen. Es müssen daher separat verschwinden
die mit $u(u^2 + v^2 + w^2)$, $v(u^2 + v^2 + w^2)$, $w(u^2 + v^2 + w^2)$, u, v
und w multiplizierten Glieder. Man muß also haben:

$$\frac{\partial h}{\partial x} = \frac{\partial h}{\partial y} = \frac{\partial h}{\partial z} = 0.$$

also $h = $ Konst., d. h. die mittlere lebendige Kraft eines Moleküls muß an allen Stellen des Gases dieselbe sein. Ferner
ergibt sich:

$$\frac{\partial n}{\partial x} = 2hX, \quad \frac{\partial n}{\partial y} = 2hY, \quad \frac{\partial n}{\partial z} = 2hZ,$$

woraus folgt

$$n = C + 2h\int(Xdx + Ydy + Zdz),$$

wobei C eine reine Konstante ist. Da auch h und M reine Konstanten sind, so liefert also die Gleichung (36)

$$\varrho = A\, e^{2h \int (X\,dx + Y\,dy + Z\,dz)},$$

womit das Problem vollständig gelöst ist, und zwar ist die Lösung dieselbe, welche ich schon in meiner früheren Abhandlung gefunden habe.

III. Entwickelung einer Reihe von Zuständen, bei denen sichtbare Massenbewegung im Gase vorhanden ist.

Wir wollen uns nicht mehr auf den Zustand beschränken, wo das Gas in Ruhe und alles mit der Zeit unveränderlich ist, sondern wir wollen alle möglichen Zustände aufsuchen, welche die Gleichung (2), (8) und (9) befriedigen. Wir müssen da im Ausdrucke (32) für φ die Größen h, k, l, m und n als Funktionen von x, y, z und t betrachten und dann diese Ausdrücke in die Gleichung (33) substituieren.

Wir erhalten dann auf der linken Seite dieser Gleichung eine Reihe von Gliedern, rechts aber Null. Da u, v, w wieder vollständig independent sind, so müssen alle Glieder der linken Seite, welche mit verschiedenen Potenzen dieser Größen multipliziert erscheinen, für sich verschwinden.

Setzen wir zunächst die drei Koeffizienten von $u(u^2 + v^2 + w^2)$, $v(u^2 + v^2 + w^2)$, $w(u^2 + v^2 + w^2)$ für sich gleich Null, so erhalten wir

(36 a) $$\frac{\partial h}{\partial x} = \frac{\partial h}{\partial y} = \frac{\partial h}{\partial z} = 0.$$

Es ist also h nur eine Funktion der Zeit t. Wir bezeichnen Größen, welche nur Funktionen der Zeit sind, mit griechischen Buchstaben. Wir wollen daher künftighin statt h den Buchstaben ω anwenden. Mit ω', ω'' ... sollen die Größen $d\omega/dt$, $d^2\omega/dt^2$ ... bezeichnet werden. Die drei Quadrate u^2, v^2, w^2 erscheinen auf der linken Seite der Gleichung (33), bzw. mit den Koeffizienten

$$\omega' + \frac{\partial k}{\partial x} \qquad \omega' + \frac{\partial l}{\partial y} \qquad \omega' + \frac{\partial m}{\partial z}$$

multipliziert, die drei Produkte uv, uw, vw dagegen erscheinen mit

$$\frac{\partial k}{\partial y} + \frac{\partial l}{\partial x}, \quad \frac{\partial k}{\partial z} + \frac{\partial m}{\partial x}, \quad \frac{\partial l}{\partial z} + \frac{\partial m}{\partial y}$$

multipliziert. Setzt man jeden dieser Koeffizienten für sich gleich Null, so erhält man daher die sechs Gleichungen

(37 a)
$$\begin{cases} \omega' + \dfrac{\partial k}{\partial x} = 0, \quad \omega' + \dfrac{\partial l}{\partial y} = 0, \quad \omega' + \dfrac{\partial m}{\partial z} = 0. \\[2ex] \dfrac{\partial k}{\partial y} + \dfrac{\partial l}{\partial x} = 0, \quad \dfrac{\partial k}{\partial z} + \dfrac{\partial m}{\partial x} = 0, \quad \dfrac{\partial l}{\partial z} + \dfrac{\partial m}{\partial y} = 0. \end{cases}$$

Aus der ersten findet man, da ω nur eine Funktion von t ist

$$\frac{\partial^2 k}{\partial x^2} = \frac{\partial^2 k}{\partial x \partial y} = \frac{\partial^2 k}{\partial x \partial z} = 0;$$

ebenso aus der zweiten

$$\frac{\partial^2 l}{\partial x \partial y} = \frac{\partial^2 l}{\partial y^2} = \frac{\partial^2 l}{\partial y \partial z} = 0;$$

ebenso aus der dritten

$$\frac{\partial^2 m}{\partial x \partial z} = \frac{\partial^2 m}{\partial y \partial z} = \frac{\partial^2 m}{\partial z^2} = 0.$$

Differentiiert man die vierte der Gleichungen (37 a) partiell nach y, so erhält man mit Berücksichtigung, daß $\partial^2 l/\partial x \, \partial y = 0$,

(38 a)
$$\frac{\partial^2 k}{\partial y^2} = 0$$

und endlich aus der Gleichung (5)

(39)
$$\frac{\partial^2 k}{\partial z^2} = 0.$$

Integriert man die erste der Gleichungen (37 a), so ergibt sich

(40)
$$k = - x \, \omega' + f'(y, \, z, \, t).$$

Wegen Gleichung (38) aber ist

$$\frac{\partial^2 f}{\partial y^2} = 0, \quad f = y \, \varphi(z, t) + \chi(z, t),$$

die Substitution dieses Wertes in Gleichung (39) aber liefert

$$y \, \frac{\partial^2 \varphi}{\partial z^2} + \frac{\partial^2 \chi}{\partial z^2} = 0;$$

also, weil y independent ist

$$\frac{\partial^2 \varphi}{\partial z^2} = \frac{\partial^2 \chi}{\partial z^2} = 0;$$

daher

$$\varphi = a z + b, \quad \chi = a' z + b'.$$

Setzt man diese Werte in die Gleichung (40), so ergibt sich

$$k = - x \omega' + a y z + b y + a' z + b'.$$

Die Koeffizienten a, b, a', b' sind dabei nur mehr Funktionen der Zeit. Es ist klar, daß man genau analoge Formeln auch für l und m erhält. Es ergibt sich also, wenn man die Koeffizienten in etwas mehr symmetrischer Weise bezeichnet:

$$k = - x \omega' + \delta_{11} y z + \delta_{12} y + \delta_{13} z + \varkappa,$$

$$l = - y \omega' + \delta_{22} x z + \delta_{21} x + \delta_{23} z + \lambda,$$

$$m = - z \omega' + \delta_{33} x y + \delta_{31} x + \delta_{32} y + \mu.$$

Die Substitution dieser Formeln in die drei letzten der Gleichungen (37) liefert:

$$\delta_{11} z + \delta_{12} + \delta_{22} z + \delta_{21} = 0,$$

$$\delta_{11} y + \delta_{13} + \delta_{33} y + \delta_{31} = 0,$$

$$\delta_{22} x + \delta_{23} + \delta_{33} x + \delta_{32} = 0,$$

und da wieder z independent ist,

$$\delta_{11} = - \delta_{22} = - \delta_{33}, \quad \delta_{22} = - \delta_{33},$$

woraus folgt

$$\delta_{11} = \delta_{22} = \delta_{33} = 0,$$

ferner

(41) $$\delta_{23} = - \delta_{32}, \quad \delta_{31} = - \delta_{13}, \quad \delta_{12} = - \delta_{21}.$$

Bezeichnen wir endlich den gemeinsamen Wert der zwei ersten der Größen (41) mit α, den der beiden folgenden mit β und den der zwei letzten mit γ, so finden wir

(42) $$\left\{ \begin{array}{l} k = - x \omega' + \gamma y - \beta z + \varkappa, \\ l = - \gamma x - y \omega' + \alpha z + \lambda, \\ m = \beta x - \alpha y - \omega' z + \mu. \end{array} \right.$$

Hierbei können sämtliche mit griechischen Buchstaben bezeichneten Größen als beliebige Funktionen der Zeit gewählt werden; die bisher betrachteten Glieder der Gleichung (33) werden immer verschwinden.

Nun wollen wir die drei Koeffizienten der ersten Potenzen u, v, w in der linken Seite der Gleichung (33) gleich Null setzen, wodurch wir erhalten:

$$(43) \quad \begin{cases} \dfrac{\partial n}{\partial x} = \dfrac{\partial k}{\partial t} + 2\,\omega\,X = -\,\omega''\,x + \gamma'\,y - \beta'\,z + \varkappa' + 2\,\omega\,X, \\[2mm] \dfrac{\partial n}{\partial y} = \dfrac{\partial l}{\partial t} + 2\,\omega\,Y = -\,\gamma'\,x -\,\omega''\,y + \alpha'\,x + \lambda' + 2\,\omega\,Y, \\[2mm] \dfrac{\partial n}{\partial z} = \dfrac{\partial m}{\partial t} + 2\,\omega\,Z = \quad \beta'\,x - \alpha'\,y = \omega''\,z + \mu' + 2\,\omega\,Z. \end{cases}$$

Endlich erhält man, indem man die von u, v, w freien Glieder der linken Seite der Gleichung (33) für sich gleich Null setzt

$$(44) \qquad \frac{\partial n}{\partial t} = k\,X + l\,Y + m\,Z.$$

Sind die Gleichungen (43) und (44) erfüllt und die griechischen Buchstaben Funktionen der Zeit, so ist die gesamte Gleichung (33), daher auch die Gleichungen (2), (8) und (9) meiner früheren Abhandlung erfüllt.

Multipliziert man diese Gleichung mit 2ω und substituiert für X, Y, Z deren Werte aus den Gleichungen (43), so erhält man

$$(45) \qquad 2\,\omega\,\frac{\partial n}{\partial t} + \frac{d}{dt}\left(\frac{k^2 + l^2 + m^2}{2}\right) = k\,\frac{\partial n}{\partial x} + l\,\frac{\partial n}{\partial y} + m\,\frac{\partial n}{\partial z}$$

oder mit Berücksichtigung der Gleichungen (42)

$$(\varkappa - \omega'\,x + \gamma\,y - \beta\,z)\frac{\partial n}{\partial x} + (\lambda - \gamma\,x - \omega'\,y + \alpha\,z)\frac{\partial n}{\partial y}$$
$$+ (\mu + \beta\,x - \alpha\,y - \omega'z)\frac{\partial n}{\partial z} - 2\,\omega\frac{\partial n}{\partial t} = \frac{d}{dt}\,[(\omega'\,x - \varkappa)^2$$
$$+ (\omega'\,y - \lambda)^2 + (\omega'\,z - \mu)^2 + (\gamma\,y - \beta\,z + \varkappa)^2 + (\beta\,x - \alpha\,y + \mu)^2$$
$$+ (\alpha\,z - \gamma\,x + \lambda)^2 - \varkappa^2 - \lambda^2 - \mu^2].$$

Diese Gleichung kann kürzer so geschrieben werden:

$$(46) \quad \begin{cases} \displaystyle\sum_{i=1,2,3}\{(\varkappa_i - \omega'\,x_i + \alpha_{i+2}\,x_{i+1} - \alpha_{i+1}\,x_{i+2})\frac{\partial n}{\partial x_i} \\[2mm] \quad - \dfrac{d}{dt}[(\omega'^2 + \alpha_{i+1}^2 + \alpha_{i+2}^2)\,c_i^2 - 2\,\alpha_i\,\alpha_{i+1}\,x_i\,x_{i+1} \\[2mm] \quad - 2\,x_i(\omega'\,\varkappa_i + \varkappa_{i+1}\,\alpha_{i+2} - \varkappa_{i+2}\,\alpha_{i+1}) + \varkappa_e^2]\} = 2\,\omega\,\dfrac{\partial n}{\partial t} \end{cases}$$

Dabei ist $x_1 = x_4 = x$, $x_2 = x_5 = y$, $\varkappa_2 = \varkappa_5 = \lambda$ usw.

Die letzte Gleichung kann mit Berücksichtigung der für ϱ, u, v und w gefundenen Werte auch so geschrieben werden

$$\frac{\partial \log \varrho}{\partial t} + \frac{\partial u}{\partial x} + \frac{\partial v}{\partial y} + \frac{\partial w}{\partial z} + u\,\frac{\partial \log \varrho}{\partial x} + v\,\frac{\partial \log \varrho}{\partial y} + w\,\frac{\partial \log \varrho}{\partial z} = 0,$$

sie ist also nichts anderes als die Kontinuitätsgleichung.

Will man das Problem allgemein lösen, d. h. will man alle möglichen Auflösungen der Gleichungen (2), (8) und (9), also alle Bewegungen eines Gases finden, welche durch Gleichungen bestimmt sind, in denen der Reibungs-, Diffusions- und Wärmeleitungskoeffizient nicht erscheint, so ist der Gang der Rechnung folgender: Man wählt ω, α, β, γ, $\varkappa$, λ, μ als beliebige Funktionen der Zeit. Aus der Gleichung (38) folgt dann, daß die Temperatur des Gases nur eine Funktion der Zeit sein kann; aus den Gleichungen (42), (34) und (35), daß die Geschwindigkeitskomponenten lineare Funktionen der Koordinaten sein müssen.

Das Umgekehrte dieses Satzes, daß keine Reibung und Wärmeleitung stattfindet, sobald Temperatur und Geschwindigkeitskomponenten in dieser Weise bestimmt sind, ist sofort ohne alle Rechnung klar.

Alle möglichen Funktionen von t, x, y, z, welche für die Dichte gewählt werden dürfen, bekommt man, indem man alle möglichen Werte von n sucht, welche der partiellen Differentialgleichung (46) genügen.

Aus n kann man sofort mit Hilfe der Gleichung (36) die Dichte berechnen. Die Kräfte endlich, welche von außen auf das Gas wirken müssen, um die betreffende Bewegung desselben zu unterhalten, findet man aus den Gleichungen (43). Man sieht sofort, daß man immer eine Lösung des Problems erhält, sobald die Gleichung (46) erfüllt ist, $X\,Y\,Z$ aus den Gleichungen (43) bestimmt sind und die griechischen Buchstaben nur Funktionen der Zeit sind. Einige interessante auf diese Kräfte Bezug habende Relationen ergeben sich folgendermaßen.

Aus den Gleichungen (43) folgt zunächst

(47) $\qquad n = \varkappa' x + \lambda' y + \mu' z - \omega'' \dfrac{x^2 + y^2 + z^2}{2} + 2\omega f + \vartheta.$

wobei ϑ eine willkürliche Funktion der Zeit ist. Ferner ist

(48) $\qquad\qquad f = \int (q\,dx + r\,dy + s\,dz)$

wenn man setzt

(49) $\qquad \begin{cases} q = X + \dfrac{\gamma'}{2\,\omega}y - \dfrac{\beta'}{2\,\omega}z, \quad r = Y + \dfrac{\alpha'}{2\,\omega}z - \dfrac{\gamma'}{2\,\omega}x, \\[2ex] \qquad s = Z + \dfrac{\beta'}{2\,\omega}x - \dfrac{\alpha'}{2\,\omega}y\,. \end{cases}$

Damit die Gleichungen erfüllbar seien, muß

(50)
$$\frac{\partial r}{\partial x} = \frac{\partial q}{\partial y}, \quad \frac{\partial s}{\partial x} = \frac{\partial q}{\partial z}, \quad \frac{\partial s}{\partial y} = \frac{\partial r}{\partial z}$$

sein, woraus folgt

(51)
$$\frac{\alpha'}{\omega} = \frac{\partial Z}{\partial y} - \frac{\partial Y}{\partial z}, \quad \frac{\beta'}{\omega} = \frac{\partial X}{\partial z} - \frac{\partial Z}{\partial x}, \quad \frac{\gamma'}{\omega} = \frac{\partial Y}{\partial x} - \frac{\partial X}{\partial y}.$$

Hieraus kann man sofort eine partielle Differentialgleichung für die Funktion f erhalten, welche die für n gefundene ersetzt, indem man in die letztere für n seinen Wert aus der Gleichung (47), für X, Y, Z deren Werte aus den Gleichungen (49) substituiert, welche man auch so schreiben kann:

(52)
$$\begin{cases} X = \frac{\partial f}{\partial x} + \frac{\beta'}{2\omega} z - \frac{\gamma'}{2\omega} y, \quad Y = \frac{\partial f}{\partial y} + \frac{\gamma'}{2\omega} x - \frac{\alpha'}{2\omega} z, \\[2ex] Z = \frac{\partial f}{\partial z} + \frac{\alpha'}{2\omega} y - \frac{\beta'}{2\omega} x. \end{cases}$$

Diese Differentialgleichung für f ist folgende:

(53)
$$\begin{cases} \varkappa'' x + \lambda'' y + \mu'' z - \omega''' \frac{x^2 + y^2 + z^2}{2} + 2\,\omega' f + 2\,\omega \frac{\partial f}{\partial t} + \vartheta' \\[2ex] = (\varkappa - \omega' x + \gamma y - \beta z)\left(\frac{\partial f}{\partial x} - \frac{\gamma'}{2\omega} y + \frac{\beta'}{2\omega} z\right) \\[2ex] + (\lambda - \omega' y + \alpha z - \gamma x)\left(\frac{\partial f}{\partial y} - \frac{\alpha'}{2\omega} z + \frac{\gamma'}{2\omega} x\right) \\[2ex] + (\mu - \omega' z + \beta x - \alpha y)\left(\frac{\partial f}{\partial z} - \frac{\beta'}{2\omega} x + \frac{\alpha'}{2\omega} y\right) \end{cases}$$

Sind die griechischen Buchstaben beliebige Funktionen der Zeit, ist f eine beliebige Lösung der Gleichung (53) und sind n, X, Y, Z, k, l, m aus den Gleichungen (52), (47), (42) bestimmt, so sieht man sofort, daß auch die Gleichungen (43) und (44) erfüllt sind, daß man also eine Lösung des Problems (der Gleichungen (2), (8) und (9) meiner früheren Abhandlung) hat.

Wenn die äußeren Kräfte X, Y, Z nicht Funktionen der Zeit sind, so folgt aus den Gleichungen (51), daß $\alpha'/\omega, \beta'/\omega, \gamma'/\omega$ konstant, folglich nach (52) f nur Funktion von $x\,y\,z$ ist. (Die in f steckende Integrationskonstante fällt aus der Lösung wieder heraus.)

A. Es wirken keine äußeren Kräfte.

Wir wollen zunächst den einfachsten Fall betrachten, daß keinerlei äußere Kräfte auf das Gas wirken. Dann ist

$$X = Y = Z = 0.$$

Die Gleichung (44) lehrt, daß n nicht Funktion der Zeit sein kann. Die Gleichungen (51) lehren, daß auch α, β, γ konstant sein müssen. Aus (49) folgt daher $q = r = s = 0$, daher f nur eine Funktion der Zeit. Gehen wir mit diesen Werten in die Gleichung (53) ein, und beachten, daß n die Zeit nicht enthalten darf, und zwar für keinen Wert von x, y oder z, so finden wir, daß sämtliche Koeffizienten der verschiedenen Potenzen von x, y und z in dieser Gleichung reine Konstanten sein müssen.

Setzen wir diese Koeffizienten wirklich gleich Konstanten und integrieren die auf diese Weise resultierenden Gleichungen, so kommen wir zu folgendem Resultate:

(53a)
$$
\begin{cases}
\varkappa = a + b\,t, \quad \lambda = a' + b'\,t, \quad \mu = a'' + b''\,t \\
\omega = g + h\,t + i\,t^2, \quad 2\,\omega f + \vartheta = c. \\
n = b\,x + b'\,y + b''\,z - i(x^2 + y^2 + z^2) + c \\
k = -(h + 2\,i\,t)x + \gamma\,y - \beta\,z + a + b\,t \\
l = -\gamma\,x - (h + 2\,i\,t)y + \alpha\,z + a' + b'\,t \\
m = \beta\,x - \alpha\,y - (h + 2\,i\,t)z + a'' + b''\,t,
\end{cases}
$$

woraus gemäß der Gleichungen (34), (35), (36) und (38) folgt

(54)
$$
\begin{cases}
\bar{u} = -\dfrac{k}{2\,\omega}, \quad \bar{v} = -\dfrac{l}{2\,\omega}, \quad \bar{w} = -\dfrac{m}{2\,\omega} \\[2mm]
\varrho = M e^{\,n + \frac{k^2 + l^2 + m^2}{4\,\omega}} \sqrt{\dfrac{n^3}{\omega^3}}, \quad T = \dfrac{3\,M}{4\,\omega}.
\end{cases}
$$

Hierbei sind jetzt sämtliche Koeffizienten reine Konstanten. Alle diese Koeffizienten kommen in den Ausdrücken für k, l, m, n linear vor; wir wollen daher folgendes Verfahren einschlagen.

Wir setzen alle Koeffizienten bis auf einen gleich Null, und untersuchen die Bewegung des Gases, welche diesem Falle entspricht. Dann nehmen wir einen einzigen anderen Koeffizienten von Null verschieden an usw. Wenn mehrere Koeffizienten gleichzeitig von Null verschieden sind, so superponieren sich dann einfach die verschiedenen Werte von ω, n, k, l, m, welche den einzelnen Fällen entsprechen, wo nur ein Koeffizient nicht verschwindet. Den beiden Koeffizienten g und c jedoch wollen wir dabei immer von Null verschiedene Werte erteilen, weil hierdurch die Rechnung nicht die mindeste Komplikation erfährt,

1. Sei außerdem a von Null verschieden; da wir annehmen, daß immer alle anderen Koeffizienten bis auf g und c verschwinden, so ist also jetzt

$$b = a' = a'' = b' = b'' = h = i = \alpha = \beta = \gamma = 0.$$

Ein weiteres Eingehen auf diesen Fall wäre, wie ich glaube, vollkommen überflüssig. Man sieht sofort, daß er ausdrückt, daß sich die ganze Masse des Gases mit der gleichförmigen Geschwindigkeit $-(a / 2g)$ in der Richtung der x-Achse fortbewegt. Eine analoge Bedeutung hat es, wenn a' oder a'' nicht verschwindet.

2. Sei außer c und g noch α von Null verschieden. Man sieht sofort, daß sich jetzt die Bewegung des Gases auf eine gleichförmige Rotation der gesamten Gasmasse um die x-Achse reduziert und daß Analoges wieder gilt, wenn β oder γ von Null verschieden sind.

3. Sei außer c und g nur noch b von Null verschieden. Dann hat man

$$n = c + bx, \quad k = bt, \quad \omega = g$$

$$(55) \quad \bar{u} = -\frac{bt}{2g}, \quad \bar{v} = \bar{w} = 0, \quad \varrho = M e^{c + bx + \frac{b^2 t^2}{4g}} \sqrt{\frac{\pi^3}{g^3}}, \quad T = \frac{3M}{4g}.$$

Da selbstverständlich auch M konstant ist, so ist die Temperatur konstant, weder von der Zeit noch von den Koordinaten abhängig. Zu Anfang der Zeit ist die ganze Gasmasse in Ruhe; die Dichte aber ist zu Anfang eine solche Funktion von x, daß die Bewegung, welche durch die zu Anfang herrschenden Druckverschiedenheiten entsteht, zu jeder Zeit in der ganzen Gasmasse dieselbe ist, nicht eine Funktion von x, y, z wird. Man sieht auch hier schon leicht a priori ein, daß die hierdurch bestimmte Zustandsveränderung des Gases weder durch Reibung noch durch Wärmeleitung gestört werden kann, daß sie also mit den wegen der Reibung und Wärmeleitung korrigierten hydrodynamischen Gleichungen vereinbar sein muß. Daß ein analoger Zustand, wobei nur die y- oder z-Achse an die Stelle der x-Achse tritt, ebenfalls möglich ist, bedarf kaum der Erwähnung.

4. Sei h von Null verschieden. Dann ist

$$(56) \begin{cases} n = c, \ k = -hx, \ l = -hy, \ m = -hz, \ \omega = g + ht \\ \bar{u} = \dfrac{hx}{2(g+ht)}, \ \bar{v} = \dfrac{hy}{2(g+ht)}, \ \bar{w} = \dfrac{hz}{2(g+ht)} \\ \varrho = M e^{c + \frac{h^2(x^2+y^2+z^2)}{4(g+ht)}} \sqrt{\dfrac{\pi^3}{(g+ht)^3}}, \ T = \dfrac{3M}{4(g+ht)}, \end{cases}$$

d. h. die Geschwindigkeit ist in den verschiedenen Teilen des Gases so verteilt, daß alle Stellen fortwährend um dasselbe verdünnt werden, so daß derjenige Teil der Dichte, welcher eine Funktion von x, y, z ist, klein höherer Ordnung ist, sobald u, v, w sehr klein sind.

$$\frac{\partial u}{\partial t} + u \frac{\partial u}{\partial x} + v \frac{\partial u}{\partial y} + w \frac{\partial u}{\partial z}$$

ist Null, die Geschwindigkeit wechselt zwar an ein und demselben Orte des Raumes, die einzelnen Gasteilchen aber erfahren keine Beschleunigung. Wärmeleitung findet nicht statt, da die Temperatur infolge der Verdünnung zwar beständig abnimmt, aber niemals eine Funktion von x, y, z wird.

5. Sei i von Null verschieden. Dann hat man

$$(57) \begin{cases} n = c - i(x^2 + y^2 + z^2), \ \omega = g + it^2, \ k = -2itx, \\ l = -2ity, \ m = -2itz, \\ \bar{u} = \dfrac{itx}{g+it^2}, \ \bar{v} = \dfrac{ity}{g+it^2}, \ \bar{w} = \dfrac{itz}{g+it^2} \\ \varrho = M e^c e^{-\frac{ig}{g+it^2}(x^2+y^2+z^2)} \sqrt{\dfrac{\pi^3}{(g+it^2)^3}}, \ T = \dfrac{3M}{4(g+it^2)}. \end{cases}$$

Die durch diese Formel dargestellte Bewegung der Gasmasse verhält sich zu der unter 4 betrachteten, wie die unter 3 dargestellte zu der unter 1 dargestellten. Zu Anfang ist keine Bewegung im Gase, aber die Dichte ist eine solche Funktion der Koordinaten, daß sich die unter 4 betrachtete Bewegung im ganzen Gase mit wachsender Intensität herstellt. Wärmeleitung findet nicht statt, da wieder die Temperatur niemals

Funktion von x, y, z ist. Auch innere Reibung findet bei keinem dieser Vorgänge statt, da immer

$$\Delta u = \Delta v = \Delta w = \frac{d\theta}{dx} = \frac{d\theta}{dy} = \frac{d\theta}{dz} = 0$$

ist, wenn man Δ für

$$\frac{d^2}{dx^2} + \frac{d^2}{dy^2} + \frac{d^2}{dz^2}$$

und θ für

$$\frac{du}{dx} + \frac{dv}{dy} + \frac{dw}{dz}$$

schreibt.

Ich bemerke endlich noch, daß sich beliebige der unter 1, 2, 3 und 5 angeführten Zustände superponieren können. Die den verschiedenen Zuständen entsprechenden Werte von ω, k, l, m, n superponieren sich einfach; Geschwindigkeit, Temperatur und Dichte dagegen superponieren sich nicht direkt, da dieselben durch Quotienten dargestellt sind, sondern es superponieren sich die um $4g/3M$ verminderten reziproken Werte der Temperatur dergestalt, daß der reziproke Wert der Temperatur des zusammengesetzten Zustandes immer die Summe der reziproken Werte der zusammensetzenden Zustände ist, alle um $4g/3M$ vermindert; ähnlich superponieren sich die Werte der Größen

$$\frac{1}{T}\bar{u}, \quad \frac{1}{T}\bar{v}, \quad \frac{1}{T}\bar{w},$$

so daß man, sobald man die für die zusammensetzenden Zustände geltenden Werte kennt, daraus erst Temperatur, dann Geschwindigkeiten, dann endlich die Dichte für den zusammengesetzten Zustand berechnen kann. Um nur ein Beispiel anzuführen, wollen wir die unter 2 und 4 angegebenen Zustände superponieren, wir erhalten

$$\bar{u} = \frac{hx}{g+ht}, \quad \bar{v} = \frac{hy}{g+ht} - \frac{\alpha z}{g+ht}, \quad \bar{w} = \frac{hz}{g+ht} + \frac{\alpha y}{g+ht},$$

$$T = \frac{3M}{4(g+ht)}, \quad \varrho = Me^{c + \frac{h^2(x^2+y^2+z^2) + \alpha^2(y^2+z^2)}{4(g+ht)}} \sqrt{\frac{\pi^3}{g+ht^3}}.$$

B. Es wirken äußere Kräfte, welche nicht eine Funktion der Zeit sind, eine Kraftfunktion haben, und das Gas hatte zu Anfang der Zeit keine drehende Bewegung.

In diesem Falle ist die Differentialgleichung (53) anzuwenden; da die Kräfte nicht eine Funktion der Zeit sind, ist gemäß dem unmittelbar nach Entwickeluug dieser Gleichung gesagten

$$\frac{\alpha'}{\omega}, \quad \frac{\beta'}{\omega}, \quad \frac{\gamma'}{\omega}$$

konstant und f nicht Funktion der Zeit. Da eine Kraftfunktion existiert, ist nach den Gleichungen (51) $\alpha' = \beta' = \gamma' = 0$; da endlich anfänglich in der Gasmasse keine Drehung vorhanden war, so ist auch $\alpha = \beta = \gamma = 0$ zu setzen. Es ist also nur noch ϑ, ω, $\varkappa$, λ, μ und f zu bestimmen. Sind diese Größen bestimmt, so findet man Kräfte, Dichte und Geschwindigkeiten mit Leichtigkeit nach dem vorhergehenden. Die Gleichung (53) nimmt also folgende einfachere Gestalt an:

$$(59) \quad \begin{cases} \varkappa'' x + \lambda'' y + \mu'' z + \omega''' \dfrac{x^2 + y^2 + z^2}{2} + 2\,\omega' f + \vartheta' \\[2mm] \quad = (\varkappa - \omega' x)\dfrac{\partial f}{\partial x} + (\lambda - \omega' y)\dfrac{\partial f}{\partial y} + (\mu - \omega' z)\dfrac{\partial f}{\partial z}. \end{cases}$$

Da die aus dieser Gleichung zu bestimmende Variable f kein t enthält, so ist t darin als eine Konstante zu betrachten. Bei Auflösung dieser Gleichung sind zwei Fälle zu unterscheiden.

1. Es ist $\omega' = 0$, daher ω und folglich die Temperatur konstant; weil auch $\alpha = \beta = \gamma = 0$, so werden die Geschwindigkeitskomponenten bloß Funktionen der Zeit. Die Gleichung (59) verwandelt sich in

$$(60) \quad \varkappa'' x + \lambda'' y + \mu'' z + \vartheta' = \varkappa \frac{\partial f}{\partial x} + \lambda \frac{\partial f}{\partial y} + \mu \frac{\partial f}{\partial z}.$$

Da hier t und daher auch die mit griechischen Buchstaben bezeichneten Größen als konstant zu betrachten sind, so findet man als allgemeines Integral dieser partiellen Differentialgleichungen nach den gewöhnlichen Methoden

$$(61) \quad f = \frac{\varkappa'' x^2}{2\,\varkappa} + \frac{\lambda'' y^2}{2\,\lambda} + \frac{\mu'' z^2}{2\,\mu} + \Phi(\varkappa y - \lambda x, \varkappa z - \mu x) + \frac{\vartheta'}{\varkappa}\,x,$$

wobei Φ eine willkürliche Funktion ist. Dieselbe muß noch so bestimmt werden, daß f kein t enthält. Betrachten wir zuerst Spezialfälle:

a) f ist nur eine Funktion von x; dann ist entweder $\varkappa = 0$, wegen $\omega' = 0$, es ist $u = 0$ und f eine beliebige Funktion von x, oder es ist

$$\frac{df}{dx} = \frac{\varkappa''}{\varkappa} x + \frac{\vartheta'}{\varkappa}$$

also

$$\frac{\varkappa''}{\varkappa} = a, \quad f = \frac{a x^2}{2} + \frac{\vartheta' x}{\varkappa}$$

$\lambda'' = \mu''$ ist gleich Null, ω konstant. $\vartheta'/\varkappa$ darf die Zeit nicht enthalten.

b) f ist eine Funktion von x und y, also $\mu'' = 0$. Dann verwandelt sich die Gleichung (59) in

$$\varkappa \frac{\partial f}{\partial x} + \lambda \frac{\partial f}{\partial y} = \varkappa'' x + \lambda'' y + \vartheta',$$

woraus folgt

$$\varkappa' \frac{\partial f}{\partial x} + \lambda' \frac{\partial f}{\partial y} = \varkappa''' x + \lambda''' y + \vartheta''$$

daher

$$\frac{\partial f}{\partial x} = \frac{\varkappa'' \lambda' - \varkappa''' \lambda}{\varkappa \lambda' - \varkappa' \lambda} x + \frac{\lambda'' \lambda' - \lambda''' \lambda}{\varkappa \lambda' - \varkappa' \lambda} y + \frac{\vartheta' \lambda' - \vartheta'' \lambda}{\varkappa \lambda' - \varkappa' \lambda}$$

$$\frac{\partial f}{\partial y} = \frac{\varkappa \varkappa''' - \varkappa'' \varkappa'}{\varkappa \lambda' - \varkappa' \lambda} x + \frac{\varkappa \lambda''' - \varkappa' \lambda''}{\varkappa \lambda' - \varkappa' \lambda} y + \frac{\vartheta'' \lambda - \vartheta' \lambda'}{\varkappa \lambda' - \varkappa' \lambda}.$$

Da f die Zeit nicht enthalten soll, so folgt hieraus, daß es die Form haben muß

(62) $$f = a x^2 + 2 b x y + c y^2 + a' x + b' y.$$

Bildet man hieraus $\partial f/\partial x$ und $\partial f/\partial y$ und vergleicht deren Werte mit den obigen, so findet man

$$\frac{\varkappa'' \lambda' - \varkappa''' \lambda}{\lambda'' \lambda' - \lambda''' \lambda} = \frac{a}{b},$$

woraus

$$\frac{\varkappa'' \lambda' - \varkappa''' \lambda}{\lambda^2} = \frac{a}{b} \frac{\lambda'' \lambda' - \lambda''' \lambda}{\lambda^2}, \quad \frac{\varkappa''}{\lambda} = \frac{a}{b} \frac{\lambda''}{\lambda} + A$$

oder

$$- a \lambda'' + b \varkappa'' = A \lambda.$$

Schneller kommt man folgendermaßen zum Ziele. Da f die Form (62) haben muß, so liefert die Gleichung (61)

$$f = \left(\frac{\varkappa''}{2\,\varkappa} + \frac{\nu}{\varkappa^2}\right) x^2 - \frac{2\,\nu}{\varkappa\,\lambda}\,x\,y + \left(\frac{\lambda''}{2\,\lambda} + \frac{\nu}{\lambda^2}\right) y^2 + \sigma\,(\varkappa\,y - \lambda\,x) + \frac{\vartheta'\,x}{\varkappa}$$

woraus folgt

$$\nu = -\,b\,\varkappa\,\lambda,\ \ \varkappa'' = 2\,a\,\varkappa + 2\,b\,\lambda,\ \ \lambda'' = 2\,b\,\varkappa + 2\,c\,\lambda,$$

$$\sigma = \frac{b'}{\varkappa}\,\frac{\vartheta'}{\varkappa} = a + \frac{b'\,\lambda}{\varkappa}.$$

Durch Integration der letzten Differentialgleichungen findet man leicht $\varkappa$ und λ als Funktionen der Zeit.

Ein Ausnahmefall tritt ein, wenn $\varkappa'/\varkappa = \lambda'/\lambda$, also $\varkappa = a\,\lambda$ ist. Dann ist auch $u = a\,v$, daher sind alle Geschwindigkeiten parallel einer gewissen Richtung. Behält man die z-Achse bei, wählt aber diese Richtung als x-Achse, so wird v, also auch λ gleich Null, man bekommt also $\varkappa''\,x = \varkappa\,(\partial f/\partial x)$, also den sub a betrachteten Fall, wobei jedoch zu f noch eine beliebige Funktion von y allein hinzukommen kann, wogegen nicht bloß μ'', sondern auch μ verschwinden muß.

c) f ist eine Funktion von x, y und z. Dann differentiert man die Gleichung (60) zweimal nach t. Dadurch erhält man zwei neue Gleichungen, aus welchen, sobald nicht die Determinante

(63)
$$\begin{vmatrix} \varkappa, & \lambda, & \mu, \\ \varkappa', & \lambda', & \mu', \\ \varkappa'', & \lambda'', & \mu'', \end{vmatrix}$$

verschwindet, folgt, daß $\partial f/\partial x$, $\partial f/\partial y$ und $\partial f/\partial z$ die Variablen x, y, z nur linear enthalten dürfen, daß also f die Form

(64) $a\,x^2 + b\,y^2 + c\,z^2 + 2\,a'\,yz + 2\,b'\,xz + 2\,c'\,xy + a''\,x + b''\,y + c''\,z$

haben muß. Vergleicht man dies wieder mit der Gleichung (61), so findet man

$$f = \frac{\varkappa''}{2\,\varkappa}\,x^2 + \frac{\lambda''}{2\,\lambda}\,y^2 + \frac{\mu''}{2\,\mu}\,z^2 + \varrho\,(\varkappa\,y - \lambda\,x)^2 + \sigma\,(\varkappa\,z - \mu\,x)^2$$

$$+\ \tau\,(\varkappa\,y - \lambda\,x)\,(\varkappa\,z - \mu\,x) + \varrho'\,(\varkappa\,y - \lambda\,x) + \sigma'\,(\varkappa\,z - \mu\,x) + \vartheta\cdot x.$$

Vergleicht man diesen Ausdruck mit (64), so findet man leicht die Differentialgleichungen für $\varkappa\,\lambda\,\mu$, in denen die sechs willkürlichen Konstanten $a\,b\,c\,a'\,b'\,c'$ auftreten. Wählt man das Koordinatensystem so, daß $a' = b' = c' = 0$ wird, so hat man

$$\frac{\varkappa''}{2\,\varkappa} = a, \quad \frac{\lambda''}{2\,\lambda} = b, \quad \frac{\mu''}{2\,\mu} = c, \quad \vartheta' = a''\varkappa + b''\lambda + c''\mu.$$

Würde die Determinante (63) verschwinden, so könnte man $\partial f/\partial x$, $\partial f/\partial y$, $\partial f/\partial z$ aus der Gleichung (60) und den beiden durch ein- und k-malige Differentiation derselben nach t entstandenen Gleichungen bestimmen; man würde immer finden, daß f eine homogene Funktion zweiten Grades von x, y, z ist, wenn nicht

$$(65) \qquad \begin{vmatrix} \varkappa, & \lambda, & \mu, \\ \varkappa', & \lambda', & \mu', \\ \varkappa^{(k)}, & \lambda^{(k)}, & \mu^{(k)}, \end{vmatrix} = 0,$$

was immer k für eine ganze positive Zahl sein mag.

Um die Bedeutung der Gleichung (65) einzusehen, bezeichnen wir mit einer angehängten Null Werte zu Anfang der Zeit und wählen ein neues Koordinatensystem so, dass die beiden Geraden deren Richtungscosinus proportional $\varkappa_0\lambda_0\mu_0$ und $\varkappa'_0\lambda'_0\mu'_0$ sind, in die $x\,y$-Ebene fallen. Würden zu Anfang der Zeit jene beiden Geraden zusammenfallen, so würde man einen anderen Zeitanfang nehmen.[1]) Die Gleichung (65) besagt dann, daß auch jede Gerade, deren Richtungscosinus proportional $\varkappa_0^{(k)}$, $\lambda_0^{(k)}$, $\mu_0^{(k)}$ sind, in die neue $x\,y$-Ebene fällt. Weil aber die Geschwindigkeitskomponenten u, v, w des Gases gleich der Konstanten $-(2/\omega)$ multipliziert mit $\varkappa$, λ, μ sind, so fällt auch jede Gerade, deren Richtungscosinus proportional $u_0^{(k)}\,v_0^{(k)}\,w_0^{(k)}$ sind, in die neue $x\,y$-Ebene. Die Geschwindigkeitskompente senkrecht zur neuen $x\,y$-Ebene und alle ihre Ableitungen sind also zu Anfang der Zeit und folglich zu allen Zeiten gleich Null. Daher ist nach Einführung des neuen Koordinatensystems auch der neue Wert von μ gleich Null und f kann das neue z in ganz beliebiger Weise enthalten. Dagegen ist f, wenn λ und $\varkappa$ von Null verschieden sind, eine Funktion zweiten Grades von x und y. Wenn dagegen auch

---

[1]) Würden zu jeder Zeit jene Geraden zusammenfallen, so hätte man den separat zu behandelnden Fall, daß auch alle nächsten Unterdeterminanten der Determinante (63) verschwinden.

noch die nächsten Unterdeterminanten der Determinante (63) verschwinden, so kann das Koordinatensystem so gewählt werden, dass λ und μ verschwinden. f ist dann eine willkürliche Funktion von z und y, und nur bezüglich x quadratisch. Verschwindet endlich $\varkappa$, λ und μ, so ist das Gas in Ruhe und f eine ganz willkürliche Funktion von Koordinaten.

Hat man einmal f, ϑ, $\varkappa$, λ, μ, ω bestimmt, so liefern die Gleichungen (42), (52), (47), (34), (35), (36)

$$X = \frac{\partial f}{\partial x}, \quad Y = \frac{\partial f}{\partial y}, \quad Z = \frac{\partial f}{\partial z}, \quad n = \varkappa' x + \lambda' y + \mu' z + 2\omega f$$

$$- \omega'' \frac{x^2 + y^2 + z^2}{2} + \vartheta, \quad k = \varkappa, \quad l = \lambda, \quad \mu = m, \quad \bar{u} = -\frac{k}{2\omega},$$

$$\bar{v} = -\frac{l}{2\omega}, \quad \bar{w} = -\frac{m}{2\omega}, \quad \varrho = Me^{n + \frac{k^2 + l^2 + m^2}{4\omega}} \sqrt{\frac{\pi^3}{\omega^3}}.$$

So finden wir für die beiden Hauptfälle

$$f = \frac{ax^2}{2}, \quad X = ax, \quad Y = Z = 0, \quad \bar{u} = C_1 e^{t\sqrt{a}} + C^{-t\sqrt{a}}, \quad \bar{v} = \bar{w} = 0,$$

$$n = 2\omega\sqrt{a}(C_2 e^{-t\sqrt{a}} - C_1 e^{-t\sqrt{a}})x + \omega a x^2 + C_3, \quad \varrho = M\sqrt{\frac{\pi^3}{\omega^3}} e^{n + \omega u^2}$$

und

$$f = bx, \quad X = b, \quad Y = Z = 0, \quad \bar{u} = C_1 + C_2 t, \quad \bar{v} = \bar{w} = 0,$$

$$n = -2\omega C_2 x + 2\omega b x + C_3, \quad \varrho = M\sqrt{\frac{\pi^3}{\omega^3}} e^{n + \omega u^2}$$

Zweitens, es enthalte ω die Zeit. Wir wollen dann die Gleichung (59) nach der Zeit differentiieren, die so gebildete Gleichung mit $-\omega'$ multiplizieren und dazu die mit ω'' multiplizierte Gleichung (59) addieren. Wir erhalten auf diese Weise folgendes Resultat:

$$(\varkappa \omega'' - \varkappa' \omega') \frac{\partial f}{\partial x} + (\lambda \omega'' - \lambda' \omega') \frac{\partial f}{\partial y} + (\mu \omega'' - \mu' \omega') \frac{\partial f}{\partial z}$$

$$= \vartheta' \omega'' - \vartheta'' \omega' + (\varkappa'' \omega'' - \varkappa'' \omega')x + (\lambda'' \omega'' - \omega' \lambda''')y$$

$$+ (\mu'' \omega'' - \mu''' \omega')z - \frac{x^2 + y^2 + z^2}{2}(\omega''^2 - \omega' \omega''').$$

Man kann diese Formel beliebig oft nach t differentiieren und aus drei so erhaltenen Gleichungen die drei Größen

$\partial f / \partial x$, $\partial f / \partial y$, $\partial f / \partial z$ bestimmen. Man erhält unter Berücksichtigung, daß f die Zeit nicht enthält, jedenfalls Resultate von folgender Form:

$$\frac{\partial f}{\partial x} = a\, x + b\, y + c\, z + g\,(x^2 + y^2 + z^2) + h$$

$$\frac{\partial f}{\partial y} = a'\, x + b'\, y + c'\, z + g'\,(x^2 + y^2 + z^2) + h'$$

$$\frac{\partial f}{\partial z} = a''\, x + b''\, y + c''\, z + g''\,(x^2 + y^2 + z^2) + h''.$$

Daraus folgt:

$$\frac{\partial^2 f}{\partial x\, \partial y} = 2\, g\, y = 2\, g'\, x$$

folglich

$$g = g' = g'' = 0.$$

Es ist daher die Funktion f selbst wieder eine ganze Funktion zweiten Grades von x, y, z. Wählen wir die Koordinatenachsen wieder so, daß die Produkte $x\, y$, $x\, z$ und $y\, z$ ausfallen, so erhalten wir

$$f = a\, x^2 + b\, y^2 + c\, z^2 + a'\, x + b'\, y + c'\, z.$$

Substituiert man diesen Wert in der Gleichung (59), so erscheinen in derselben bloß folgende Glieder mit $x\, y$, $x\, z$ oder $y\, z$ multipliziert

$$-\, \omega'\, x\, y\, (a + b) - \omega'\, x\, z\, (a + c) - \omega'\, y\, z\, (b + c).$$

Da die Gleichung (59) für jedes x, y und z gelten muß, so folgt daraus, wenn nicht $\omega' = 0$ ist, also der schon betrachtete Fall eintritt, $a + b = a + c = b + c = 0$, also $a = b = c = 0$. Berücksichtigt man dies, so liefert die Gleichung (59): $\omega''' = 0$, ferner

$$\varkappa'' + 3\, \omega'\, a' = \lambda'' + 3\, \omega'\, b' = \mu'' + 3\, \omega'\, c' = 0$$

$$\vartheta' = a'\, \varkappa + b'\, \lambda + c'\, \mu,$$

woraus mit Leichtigkeit die Lösung des Problems folgt. Es ist aber jetzt noch der Fall zu betrachten, wo die Determinante

$$\begin{vmatrix} \varkappa\,\omega'' - \varkappa'\,\omega', & \lambda\,\omega'' - \lambda'\,\omega', & \mu\,\omega'' - \mu'\,\omega' \\[2mm] \dfrac{d}{dt}(\varkappa\,\omega'' - \varkappa'\,\omega'), & \dfrac{d}{dt}(\lambda\,\omega'' - \lambda'\,\omega'), & \dfrac{d}{dt}(\mu\,\omega'' - \mu'\,\omega') \\[2mm] \dfrac{d^k}{dt^k}(\varkappa\,\omega'' - \varkappa'\,\omega'), & \dfrac{d^k}{dt^k}(\lambda\,\omega'' - \lambda'\,\omega'), & \dfrac{d^k}{dt^k}(\mu\,\omega'' - \mu'\,\omega') \end{vmatrix}$$

für jedes ganze positive k verschwindet. Man kann diesen Fall leicht wieder durch Koordinatentransformation vereinfachen. Wir können da genau so verfahren, wie wir im entsprechenden Ausnahmefalle verfuhren, als wir die Zustände betrachteten, für welche $\omega' = 0$ ist. Aus Formel (32) folgt, daß ω seinen Wert durch Koordinatentransformation nicht verändert. Die Geschwindigkeitskomponenten im Koordinatenursprunge sind $-2\,\omega\,\varkappa$, $-2\,\omega\,\lambda$, $-2\,\omega\,\mu$. Da sich Geschwindigkeitskomponenten wie Koordinaten transformieren, so werden also auch die Größen $\varkappa$, λ, μ und ihre Ableitungen wie Koordinaten transformiert

$$\varkappa_1 = \varkappa\cos(x\,x_1) + \lambda(\cos y\,x_1) + \mu\cos(z\,x_1) \quad \text{usw.}$$

Sobald beide Koordinatensysteme fix sind, kann man diese Gleichungen beliebig nach der Zeit differentiieren. Bezeichnen wir nun Größen, die sich auf den Anfang der Zeit beziehen, durch angehängte Nullen, so können wir die neue x- und y-Achse in einer Ebene mit den beiden Geraden wählen, deren Richtungscosinus proportional

$$\varkappa_0\,\omega_0'' - \varkappa_0'\,\omega_0', \quad \lambda_0\,\omega_0'' - \lambda_0'\,\omega_0', \quad \mu_0\,\omega_0'' - \mu_0'\,\omega_0',$$

bzw.

$$\frac{d}{dt_0}(\varkappa\,\omega'' - \varkappa'\,\omega'), \quad \frac{d}{dt_0}(\lambda\,\omega'' - \lambda'\,\omega'), \quad \frac{d}{dt_0}(\mu\,\omega'' - \mu'\,\omega')$$

sind. Dann müssen für das neue Koordinatensystem

$$\mu_0\,\omega_0'' - \mu_0'\,\omega_0' \quad \text{und} \quad \frac{d}{dt_0}(\mu\,\omega'' - \mu'\,\omega')$$

verschwinden und wenn nicht jene beiden Geraden zusammenfallen, so besagt das Verschwinden der obigen Determinante, daß auch alle folgenden Ableitungen von $\mu\,\omega'' - \mu'\,\omega'$ zu Anfang der Zeit und folglich jene Größe immer verschwindet. Wenn dagegen, was immer für Zeit man als Anfang nehmen mag, jene Geraden zusammenfallen, so verschwinden auch die

7*

nächsten Unterdeterminanten der obigen Determinante. Man sieht also, daß man bezüglich des neuen Koordinatensystems entweder folgende Gleichungen erhält:

$$(\varkappa \omega'' - \varkappa' \omega') \frac{\partial f}{\partial x} + (\lambda \omega'' - \lambda' \omega') \frac{\partial f}{\partial y} = \vartheta' \omega'' - \vartheta'' \omega' + (\varkappa'' \omega'' - \varkappa''' \omega') x$$

$$+ (\lambda'' \omega'' - \lambda''' \omega') y + (\mu'' \omega'' - \mu''' \omega') z - \frac{x^2 + y^2 + z^2}{2} (\omega''^2 - \omega' \omega'''),$$

$$\mu \omega'' - \mu' \omega' = 0,$$

oder die linke Seite dieser Gleichung reduziert sich auf

$$(\varkappa \omega'' - \varkappa' \omega') \frac{\partial f}{\partial x}$$

und es treten die zwei Gleichungen

$$\mu \omega'' - \mu' \omega' = 0, \quad \lambda \omega'' - \lambda' \omega' = 0$$

hinzu, oder endlich es fällt f ganz aus der Gleichung heraus. Dann muß sein

$$\frac{\omega''}{\omega'} = \frac{\omega'''}{\omega'} = \frac{\varkappa'}{\varkappa} = \frac{\lambda'}{\lambda} = \frac{\mu'}{\mu} = \frac{\varkappa'''}{\varkappa''} = \frac{\lambda'''}{\lambda''} = \frac{\mu'''}{\mu''} = \frac{\vartheta''}{\vartheta'}.$$

Der allereinfachste derartige Ausnahmefall tritt ein, wenn die Größen $\varkappa$, λ, ϑ' und ω' die Zeit nicht enthaltende Konstanten sind. Es verwandelt sich dann die Gleichung (59) in die folgende die Zeit nicht mehr enthaltende Differentialgleichung

$$2 a f + \vartheta' = (\varkappa - \omega' x) \frac{\partial f}{\partial x} + (\lambda - \omega' y) \frac{\partial f}{\partial y} + (\mu - \omega' z) \frac{\partial f}{\partial z}.$$

Es sind also

$$f = - \vartheta' + (\varkappa - a x)^2 \, \Phi \left[\frac{\lambda - \omega' y}{\varkappa - \omega' x}, \frac{\mu - \omega' z}{\varkappa - \omega' x} \right]$$

Die Funktion f hat also jetzt eine viel allgemeinere Form, da unter Φ eine ganz willkürliche Funktion zu verstehen ist. Wir wollen uns jedoch hier auf die weitere Behandlung dieser Ausnahmefälle nicht einlassen, sondern nur noch einige Bemerkungen über den Fall machen, daß die Kräfte X, Y, Z zwar nicht Funktionen der Zeit sind, daß aber Drehung im Gase stattfindet. Auch ob eine Kraftfunktion existiert, wollen wir unentschieden lassen. Es ist da am besten, die Gleichungen (43) zu benutzen. Dividieren wir sie durch ω, differentiieren nach t und berücksichtigen, daß X, Y, Z kein t enthalten, so ergibt sich

$$\frac{\partial}{\partial x}\left(\frac{1}{\omega}\frac{\partial n}{\partial t}\right) = -x\frac{\partial}{\partial t}\left(\frac{\omega''}{\omega}\right) + y\frac{\partial}{\partial t}\left(\frac{\gamma'}{\omega}\right) - z\frac{\partial}{\partial t}\left(\frac{\beta'}{\omega}\right) + \frac{\partial}{\partial t}\left(\frac{\varkappa'}{\omega}\right)$$

$$\frac{\partial}{\partial y}\left(\frac{1}{\omega}\frac{\partial n}{\partial t}\right) = -x\frac{\partial}{\partial t}\left(\frac{\gamma'}{\omega}\right) - y\frac{\partial}{\partial t}\left(\frac{\omega''}{\omega}\right) + z\frac{\partial}{\partial t}\left(\frac{\alpha'}{\omega}\right) + \frac{\partial}{\partial t}\left(\frac{\lambda'}{\omega}\right)$$

$$\frac{\partial}{\partial z}\left(\frac{1}{\omega}\frac{\partial n}{\partial t}\right) = \quad x\frac{\partial}{\partial t}\left(\frac{\beta'}{\omega}\right) - y\frac{\partial}{\partial t}\left(\frac{\alpha'}{\omega}\right) - z\frac{\partial}{\partial t}\left(\frac{\omega''}{\omega}\right) + \frac{\partial}{\partial t}\left(\frac{\mu'}{\omega}\right)$$

Bilden wir einmal aus der ersten, dann aus der zweiten dieser beiden Gleichungen den Ausdruck $\partial^2/\partial x\partial y\,(1/\omega\cdot\partial n/\partial t)$, so finden wir, daß γ'' gleich Null sein muß; ebenso folgt, daß auch α'' gleich β'' gleich Null sein muß. Also

$$\frac{1}{\omega}\frac{\partial n}{\partial t} = -\frac{\partial}{\partial t}\left(\frac{\omega''}{\omega}\right)\frac{x^2+y^2+z^2}{2} + x\frac{\partial}{\partial t}\left(\frac{\varkappa'}{\omega}\right) + y\frac{\partial}{\partial t}\left(\frac{\lambda'}{\omega}\right) + z\frac{\partial}{\partial t}\left(\frac{\mu'}{\omega}\right) + \eta,$$

wobei η eine willkürliche Funktion der Zeit ist. Führen wir also folgende Bezeichnungen ein:

$$\omega_1 = -\frac{1}{2}\int\omega\frac{\partial}{\partial t}\left(\frac{\omega''}{\omega}\right)\omega'''dt,\qquad \varphi = \int\omega\frac{\partial}{\partial t}\left(\frac{\varkappa'}{\omega}\right)dt,$$

$$\chi = \int\omega\frac{\partial}{\partial t}\left(\frac{\lambda'}{\omega}\right)dt,\qquad \psi = \int\omega\frac{\partial}{\partial t}\left(\frac{\mu'}{\omega}\right)dt,\qquad \zeta = \int\omega\eta\,dt$$

und bezeichnen mit r eine noch zu bestimmende Funktion von x, y, z allein, so erhalten wir

$$n = \omega_1(x^2+y^2+z^2) + \varphi x + \chi y + \psi z + \zeta + r,$$

welcher Wert in die Gleichung (46) zu substituieren ist. Man bekommt dadurch eine partielle Differentialgleichung für r. Da r die Zeit nicht mehr enthält, so ist dieselbe leicht zu behandeln. Man differentiiert sie beliebig oft partiell nach t. Wegen

$$\alpha'' = \beta'' = \gamma'' = 0$$

fallen schon nach zweimaliger Differentiation die Größen

$$x\frac{\partial r}{\partial y},\ y\frac{\partial r}{\partial x},\ x\frac{\partial r}{\partial z},\ z\frac{\partial r}{\partial x},\ y\frac{\partial r}{\partial z}\ \text{und}\ z\frac{\partial r}{\partial y}$$

heraus. Das weitere Verfahren bleibt dasselbe, welches auf die Gleichung (53) angewendet wurde. Es wird zunächst

$$x\frac{\partial r}{\partial x},\ y\frac{\partial r}{\partial y},\ z\frac{\partial r}{\partial z}$$

eliminiert, und dann werden durch weitere Differentiation nach t neue Gleichungen gebildet, aus welchen

$$\frac{\partial r}{\partial x}, \quad \frac{\partial r}{\partial y}, \quad \frac{\partial r}{\partial z}$$

bestimmt werden können. r wird im allgemeinen wieder eine Funktion zweiten Grades von x, y, z werden; doch kann es in gewissen Ausnahmefällen auch eine allgemeine Form annehmen, wenn nämlich gewisse Determinanten der bloß die Zeit enthaltenden Größe verschwinden. Schwierig zu behandeln dürfte jedoch der Fall sein, wo die auf das Gas von außen wirkenden Kräfte ebenfalls Funktionen der Zeit sind.

37.

Über die Natur der Gasmoleküle.[1]

(Wien. Ber. 74. 553—560. 1876.)

Ich habe in einigen Abhandlungen, welche in den Sitzungs-
berichten der Wiener Akademie publiziert worden sind, das
Verhältnis der lebendigen Kraft der progressiven und der intramolekularen Bewegung für den Fall berechnet, daß die Moleküle Aggregate materieller Punkte (der Atome) sind, die durch
Kräfte zusammengehalten werden, welche beliebige Funktionen
der Entfernungen der Atome sind. Es ergibt sich daraus, daß
selbst für den Fall, daß ein Molekül nur aus zwei Atomen
besteht, die intramolekulare lebendige Kraft bereits größer
herauskommt als sie es in der Natur bei der Mehrzahl der
einfachen Gase (Sauerstoff, Wasserstoff, Stickstoff) ist. In noch
höherem Maße würde das natürlich der Fall sein, wenn ein
Molekül aus mehr als zwei Atomen bestünde, sowie wenn
innere Arbeit in den Molekülen geleistet würde. Es schien
dies ein ungelöster Widerspruch zwischen der Theorie und
Erfahrung zu sein, da auch die Annahme, das Molekül bestehe
aus einem einzigen Atom, für die oben genannten Gase kein
mit der Theorie übereinstimmendes Resultat liefert.

Die Sätze, welche ich hierbei aufgestellt habe, haben nun
durch **Maxwell** und **Watson** eine Verallgemeinerung erfahren.
Dieselben fassen ein Molekül als ein System auf, welches so
beschaffen ist, daß die absolute Lage aller Teile desselben im
Raume durch irgendeine Anzahl m von unabhängigen bei der
Bewegung des Moleküls veränderlichen Größen bestimmt ist.
Diese Zahl m nennen sie die Zahl der Beweglichkeitsarten
(*degrees of freedom*) des Systems. Besteht das Molekül aus v

---

[1] Voranzeige dieser Arbeit Wien. Anz. 13. S. 204. 14. Dezember
1876; auch abgedruckt in Pogg. Ann. 160. S. 175. 1877 und Phil. Mag.
(5) 3. S. 320. 1877.

materiellen Punkten, so ist zur Bestimmung der absoluten Lage
aller seiner Teile im Raume der Wert der $3\,\nu$ Koordinaten
seiner Atome notwendig. Ein solches Molekül hat also 3ν
Beweglichkeitsarten.

Die von mir aufgestellte Formel in dieser Weise verallgemeinert lautet dann folgendermaßen: Die Wärmemenge w,
welche zur Erhöhung der lebendigen Kraft der progressiven
Bewegung der Moleküle eines aus gleich beschaffenen Molekülen bestehenden Gases erforderlich ist, verhält sich zu der
auf Erhöhung der gesamten lebendigen Kraft der Moleküle
verwendeten Wärme wie $3:m$.

Die Bestandteile des Moleküls werden durch gewisse Kräfte
zusammengehalten; es verhalte sich nun die auf Leistung innerer
Arbeit dieser Kräfte verwendete Wärme zu der auf Erhöhung
der gesamten lebendigen Kraft (nicht bloß der der progressiven
Bewegung) verwendeten wie $k:1$. Wir nehmen an, daß wir
es mit einem unkondensierbaren Gase zu tun haben. Dann
verschwindet, wie der Joulesche Versuch lehrt, die innere
Arbeit, welche die von einem Moleküle auf ein anderes wirkenden Kräfte leisten, fast vollständig. Die Wärmekapazität bei
konstantem Volumen besteht also aus zwei Bestandteilen

$$\frac{m}{3}\,w + \frac{k\,m\,w}{3}\,.$$

Wird das Gas bei konstantem Drucke erwärmt, so tritt dazu
noch die auf äußere Arbeitsleistung verwendete Wärme, welche
sich bekanntlich zu w verhält wie $2:3$. Bei der Wärmekapazität bei konstantem Drucke kommt also noch der Addend
$2w/3$ hinzu. Betrachten wir also die Gewichtseinheit des
Gases, so finden wir für die Wärmekapazität bei konstantem
Drucke den Wert

$$\gamma' = \frac{m + k\,m + 2}{3}\,w$$

für die bei konstantem Volumen aber den Wert

$$\gamma = \frac{m + k\,m}{3}\,w\,.$$

Es ist also

$$\frac{\gamma'}{\gamma} = 1 + \frac{2}{m\,(1 + k)}\,.$$

Man vergleiche hierüber ein soeben erschienenes Buch von Watson (A treatise on the kinetic theory of gases, Oxford Clarendon press), in welchem Watson einesteils eine sehr klare und zusammenhängende Darstellung der von mir in meinen verschiedenen Abhandlungen gefundenen Resultate gibt, anderenteils aber auf Grundlage derselben eine Reihe neuer Lehrsätze gewonnen hat. Hierdurch wird nun der Spekulation ein neues Feld eröffnet.

Für Quecksilberdampf fanden Kundt und Warburg

$$\frac{\gamma'}{\gamma} = 1\,{}^2/_3 \, .$$

Da m nicht kleiner als 3 sein kann, folgt hieraus $m = 3$, $k = o$. Ein Quecksilberdampfmolekül muß also ein materieller Punkt sein, welcher tatsächlich nur drei Beweglichkeitsarten, parallel den drei Koordinatenrichtungen besitzt. Daraus folgt natürlich noch nicht, daß ein Molekül des Quecksilberdampfes wirklich ein mathematischer Punkt ist, was ja schon durch das Spektrum des Quecksilberdampfes widerlegt wird, sondern bloß, daß sich die Quecksilbermoleküle bei den Zusammenstößen nahezu wie materielle Punkte oder wenn man lieber will, wie elastische Kugeln verhalten. Denn die Position einer Kugel ist ja auch durch die drei Koordinaten ihres Mittelpunktes vollkommen bestimmt; dieselbe hat also ebenfalls nur drei Beweglichkeitsarten. Die Schwingungen im Innern eines Quecksilbermoleküls sind vielleicht nur kurz dauernde Erzitterungen im Momente und eine kleine Zeit nach dem Zusammenstoße, welche sich bald dem umgebenden Äther mitteilen, vergleichbar dem Schalle, welcher beim Stoße von Billardkugeln vernehmbar wird.[1] Es

---

[1] Es ist klar, daß, wenn jedes Molekül die während des Zusammenstoßes entstehenden Erzitterungen rasch an den Äther abgeben würde, allmählich die gesamte lebendige Kraft der Moleküle an den Äther verloren ginge. (Die im Gase enthaltene Wärme ginge durch Strahlung verloren.) Damit dies verhindert werde, ist notwendig, daß die Moleküle durch Ausstrahlung der umgebenden Wände und übrigen Körper wieder lebendige Kraft erhalten. Wie dies geschieht, dürfte zwar schwer mathematisch zu verfolgen sein, doch liegt die Annahme nahe, daß diese Aufnahme von lebendiger Kraft hauptsächlich während der Zusammenstöße geschieht und im ganzen die Verteilung der lebendigen Kraft unter den Gasmolekülen nicht sehr wesentlich beeinflußt.

liegt nun nahe, den Fall zu betrachten, daß ein Molekül aus
zwei fix verbundenen materiellen Punkten oder wenn man will,
aus zwei fix verbundenen elastischen Kugeln besteht. Ein
solches Molekül würde fünf Beweglichkeitsarten besitzen; die
drei Koordinaten seines Schwerpunktes und zwei die Richtung
seiner Zentrallinie bestimmende Variabeln. Ebenso viele Beweglichkeitsarten würde ein Molekül besitzen, wenn es ein
beliebiger starrer Rotationskörper wäre. In allen diesen Fällen
ist also $m = 5$. Die inneren Kräfte im Molekül leisten natürlich keine Arbeit, da das Molekül starr ist. Es ist also $k = 0$
und daher

$$\frac{\gamma'}{\gamma} = 1,4$$

ein Wert, welcher nicht allzuweit von dem experimentell für
Luft und die meisten übrigen einfachen Gase gefundenen abweicht. Denselben Wert würde man erhalten, wenn ein Molekül
aus einer beliebigen Reihe fest verbundener materieller Punkte
oder Kugeln bestünde, welche in einer Geraden liegen. Liegen
sie dagegen nicht in einer Geraden oder noch allgemeiner,
ist das Molekül ein beliebiger starrer Körper, welcher nicht
Rotationskörper ist, so wird $m = 6$, $k = 0$, also

$$\frac{\gamma'}{\gamma} = 1,33$$

Auch diese Relation der Wärmekapazitäten ist bei einigen
Gasen beobachtet worden. Es versteht sich natürlich wieder
von selbst, daß die Gasmoleküle nicht absolut starre Körper
sein können. Es gilt daher wieder dasselbe, was wir von den
Quecksilbermolekülen bemerkt haben.

Wir wollen noch die unter dieser Voraussetzung für die
Wärmekapazität eines Gases sich ergebende Größe mit der
Wärmekapazität der festen Körper vergleichen. Jedes Atom
des festen Körpers hat drei Beweglichkeitsarten, das Molekül
des Gases aber m. Es muß sich daher die Wärme Ω, welche
das Atom eines festen Körpers zu einer gewissen Temperaturerhöhung z. B. der Temperaturerhöhung um einen Grad er-
fordert, zur Wärme ω, welche das Gasmolekül zur Erhöhung
seiner gesamten, nicht bloß progressiven lebendigen Kraft er-
fordert, verhalten wie $3 : m$. Bezeichnen wir die Wärmekapazität

des festen als chemisch einfach vorausgesetzten Körpers mit Γ, so muß der Gewichtseinheit des festen Körpers die Wärmemenge Γ zugeführt werden, um dieselbe um einen Grad zu erwärmen. Von dieser Wärmemenge soll der Teil Γ/h auf Erhöhung der mittleren lebendigen Kraft der Atome, der Teil

$$\Gamma\left(1 - \frac{1}{h}\right)$$

auf innere Arbeitsleistung verwendet werden. Die äußere Arbeitsleistung verschwindet. Ist M das Gewicht eines Atomes des festen Körpers, so ist also die auf Erhöhung der mittleren lebendigen Kraft eines Atoms desselben verwendete Wärmemenge

$$\Omega = \frac{\Gamma M}{h}.$$

Bezeichnen wir das Gewicht eines Moleküls des Gases mit μ, so sind in der Gewichtseinheit des Gases $1/\mu$ Moleküle, und es wird bei einer Temperaturerhöhung der Gewichtseinheit um einen Grad auf Erhöhung der gesamten lebendigen Kraft der Moleküle die Wärmemenge ω/μ verwendet.

Sucht man jetzt die Wärmekapazität des Gases bei konstantem Drucke, so wird, da wir das Molekül als starr voraussetzen, keine innere Arbeit geleistet. Die auf äußere Arbeitsleistung verwendete Wärme aber ist nach dem vorhergehenden $^2/_3$ von der auf Erhöhung der progressiven Bewegung verwendeten, also $^2/_3$ von $3\omega/m\mu$. Die Wärmekapazität γ' des Gases bei konstantem Drucke ist also

$$\frac{\omega}{\mu} + \frac{2\,\omega}{m\,\mu};$$

dagegen ist die Differenz der beiden spezifischen Wärmen des Gases

$$\gamma' - \gamma = \frac{2\,\omega}{m\,\mu}.$$

Berücksichtigt man die oben zwischen Ω und ω gefundene Proportion sowie die Relation, die nach dem obigen zwischen Ω und Γ stattfindet, so erhält man

$$\omega = \frac{m}{3}\,\Omega = \frac{m\,\Gamma M}{3\,h}$$

also

$$\gamma' = \frac{M\Gamma(m+2)}{3\,\mu\,h},$$

$$\gamma' - \gamma = \frac{2M\Gamma}{3\,h\,\mu}$$

Aus der ersten Gleichung findet man:

$$h = \frac{m+2}{3}\frac{M\Gamma}{\mu\,\gamma'},$$

aus der zweiten folgt:

$$h = \frac{2}{3}\frac{M\Gamma}{\mu\,(\gamma'-\gamma)}.$$

Um aus der ersten Gleichung h zu berechnen, legen wir Luft zugrunde; dieselbe ist zwar kein einfaches Gas, kann aber als solches behandelt werden, da Stickstoff und Sauerstoff sich ganz ähnlich verhalten. Das Molekül Stickstoff besteht sowie das Sauerstoffmolekül aus zwei Atomen. Setzen wir daher das Gewicht eines Sauerstoffatoms gleich 16, so ist das eines Sauerstoffmoleküls 32, das eines Stickstoffmoleküls 28, das eines Luftmoleküls also beiläufig 28,8. γ' ist für Luft nach Regnault gleich 0,2377, m ist nach dem obigen gleich 5 zu setzen. Es ist daher

$$\frac{3\,\mu\,\gamma'}{m+2} = 2,934.$$

Für alle einfachen festen Körper mit Ausnahme von Kohlenstoff, Brom und Silicium ist das Produkt $M\Gamma$ nicht sehr viel von 6 verschieden; es liegt zwischen 5,22 und 6,9. Man erhält also für h Werte, welche zwischen 1,78 und 2,34 liegen. Es ist also im Durchschnitte die gesamte zugeführte Wärme doppelt so groß als die auf Erhöhung der mittleren lebendigen Kraft der Atome verwendete, wenngleich ziemlich bedeutende Abweichungen nach der einen und anderen Seite vorkommen. Es stimmt dies gut mit dem schon früher von mir erhaltenen Resultate, daß die Hälfte der Wärme auf Erhöhung der lebendigen Kraft, die Hälfte auf Arbeitsleistung verwendet wird, wenn die auf ein Atom wirkenden Kräfte der Entfernung desselben aus seiner Ruhelage proportional sind. Bei festen Körpern ist dies wahrscheinlich mit einiger Annäherung der Fall. Wollte man die letztere Formel benützen, so könnte man für $\gamma' - \gamma$ dessen theoretischen Wert $Ap/\varrho\,T$

einsetzen. Das Resultat ist ein ähnliches. Von den zusammengesetzten festen Körpern, welche dem Neumannschen Gesetze
gehorchen, müßte angenommen werden, daß jedes der Atome
desselben wirklich drei Beweglichkeitsarten besitzt. Für die
einfachen oder zusammengesetzten Körper aber, welche bedeutend von dem Dulong-Petit oder Neumannschen Gesetze
abweichen, könnte vielleicht angenommen werden, daß bei denselben wieder zwei oder mehr Atome so fest verbunden sind,
daß die Zahl der Beweglichkeitsarten des von ihnen gebildeten
Systems kleiner ist als die dreifache Anzahl der Atome desselben. Ich will hier noch folgende Bemerkung machen: mit
dem Umstande, daß sich die Gasmoleküle wie starre Körper
verhalten, ist ganz gut vereinbar, daß sie bei den Zusammenstößen ein wenig ineinander eindringen und zwar um so mehr
mit je größerer Geschwindigkeit sie aufeinander stoßen. Gerade
so wie elastische Kugeln oder elastische Rotationsellipsoide,
die sich im Momente des Zusammenstoßes ein wenig abplatten,
aber nach dem Stoße ihre ursprüngliche Form wieder annehmen. Es scheint nämlich das Gesetz der Abhängigkeit
der Reibungs-, Diffusions- und Wärmeleitungskonstante von
der Temperatur ein derartiges Verhalten der Gasmoleküle zu
fordern.

Das Resultat unserer Untersuchung ist daher folgendes:
Das gesamte Aggregat, welches ein einzelnes Gasmolekül bildet,
und welches sowohl aus ponderabeln Atomen als auch aus
etwa damit verbundenen Ätheratomen bestehen kann, verhält
sich wahrscheinlich bei seiner progressiven Bewegung und bei
dem Zusammenstoße mit anderen Molekülen nahezu wie ein
fester Körper. Das Licht, welches die Moleküle ausstrahlen,
hat wahrscheinlich seinen Grund in Erzitterungen, die den
Moment des Zusammenstoßes begleiten und ist dem Schalle
vergleichbar, welcher von Elfenbeinkugeln im Momente des
Zusammenstoßes ausgeht. Unter dieser Voraussetzung müßte
der Theorie nach das Verhältnis der Wärmekapazitäten eines
Gases $1^2/_3$ sein, wenn die Gasmoleküle Kugelgestalt haben,
1,4, wenn sie die Gestalt anderer Rotationskörper haben und
$1^1/_3$ für alle übrigen Gestalten derselben.

Während der Korrektur kam mir eine Abhandlung von
Simon (C. R. **83**. S. 726) über denselben Gegenstand zu Gesicht,

in welcher ebenfalls angenommen wird, daß die Atome in
den Gasmolekülen nahezu starr verbunden sind. Das daselbst
erhaltene Resultat ist jedoch nicht richtig; denn Hr. Simon
nimmt an, die Gasmoleküle seien starre Tetraeder; aus den
soeben von mir entwickelten Sätzen folgt daher unmittelbar,
daß das Verhältnis der Wärmekapazitäten nicht 1,4, wie
Hr. Simon glaubt, sondern $1^1/_3$ sein müßte, wenn die Gasmoleküle die von ihm angenommene Beschaffenheit hätten.
Die Rechnungen Hrn. Simons sind zwar nicht mitgeteilt;
doch scheinen demselben nicht die zur sicheren Lösung derartiger Probleme erforderlichen Sätze über Wärmegleichgewicht
zur Verfügung gestanden zu sein.

38.

Zur Geschichte des Problems der Fortpflanzung ebener Luftwellen von endlicher Schwingungsweite.

(Schlömilchs Zeitschrift 21. S. 452. 1876.)

Die Eingangsworte zur Abhandlung Riemanns über diesen Gegenstand (Abhandl. d. königl. Gesellsch. d. Wissensch. zu Göttingen, 8. 1860) zeigen, daß demselben die früheren Untersuchungen über diesen Gegenstand gänzlich unbekannt waren. Da auch im betreffenden Referate der Fortschritte der Physik dieser früheren Untersuchungen nicht gedacht wurde und jene Eingangsworte unverändert in die so verdienstvolle Sammlung der Riemannschen Werke von Hrn. Weber übergegangen sind, so scheint es, daß die Vorarbeiten für die Riemannsche Abhandlung überhaupt nicht so bekannt sind, als sie es verdienen, und ich glaube nur im Geiste des verstorbenen großen Analysten zu handeln, wenn ich hiermit die Aufmerksamkeit darauf lenke, daß nicht nur der Fall ebener longitudinaler Luftwellen schon vielfach vor Riemann untersucht worden ist, sondern auch die Gesetze der Veränderung der Wellenkurve derselben in ihren Grundzügen (beständige Verlängerung der Wellentäler und Stauung der Wellenberge), sowie die Notwendigkeit der Bildung von Verdichtungsstößen und die wesentlichsten Gesetze der Fortpflanzung derselben schon lange vor dem Erscheinen der Riemannschen Abhandlung bekannt waren. Vgl. Poisson, Journal de l'école polytechnique 7. (14). S. 319; Stokes, Phil. Mag. (3). 33. S. 349, November 1848; Airy, Phil. Mag. (3). 34. S. 401, 1849; Earnshaw, Phil. Trans. 1860, S. 133; Saint-Vénant et Wantzel, Journ. de l'école polytechnique 27.

39.

Bemerkungen über einige Probleme der mechanischen Wärmetheorie.[1)]

(Wien. Ber. 75. S. 62—100. 1877.)

I. Über die spezifische Wärme der tropfbaren Flüssigkeiten, welche in der Theorie des Verhaltens ihrer gesättigten Dämpfe zur Anwendung kommt.

Die Methode, nach welcher die Gleichung für die einem Gemisch aus flüssigem Wasser und gesättigtem Wasserdampfe zuzuführende Wärmemenge entwickelt wird, ist bekannt. Man nimmt an, das flüssige Wasser und der Dampf zusammen sollen genau 1 kg wiegen und sich in einem zylindrischen Gefäße befinden, welches oben durch einen beweglichen Stempel verschlossen ist. Das Gewicht des in irgend einem Augenblick vorhandenen Dampfes soll x, das des Wassers $1 - x$ Kilogramm betragen. Ist σ das Volum eines Kilogramms flüssigen Wassers, s das eines Kilogramms Dampfes bei t^0 Celsius und $s - \sigma = u$, so ist das Volum des ganzen Gemisches

$$= xs + (1 - x)\sigma = ux + \sigma.$$

Wird nun dem Gemische unendlich wenig Wärme zugeführt, so daß dessen Temperatur um dt steigt, und wird gleichzeitig der Stempel unendlich wenig zurückgezogen, so daß das Volumen um dv wächst, so wird dabei eine unendlich kleine Flüssigkeitsmenge dx sich in Dampf verwandeln. Ist γ das spezifische Gewicht des flüssigen Wassers, so ist die der flüssigen Wassermenge $1 - x$ zugeführte Wärmemenge gleich $(1 - x)\gamma\, dt$. Ist h die spezifische Wärme des Wasserdampfes (d. h. in diesem Falle die Wärmemenge, die man der Gewichtseinheit Wasserdampf zuführen muß, um sie um einen Grad zu

---

[1)] Voranzeige dieser Arbeit Wien. Anz. 14. S. 9, 11. Januar 1877.

erwärmen, wenn gleichzeitig das Volumen so viel vermindert wird, daß der Dampf gerade gesättigt bleibt), so ist $x\,h\,dt$ die Wärmemenge, welche dem Wasserdampfe zugeführt werden mußte. Ist endlich r die Verdampfungswärme des Wassers bei t Grad, so ist die zur Verdampfung der Wassermenge dx erforderliche Wärmemenge $r\,dx$. Die gesamte dem Gemische zugeführte Wärme ist also

$$dQ = (1 - x)\,\gamma\,dt + x\,h\,dt + r\,dx.$$

Will man die bei konstantem Drucke zugeführte Wärmemenge wissen, so braucht man bloß den Druck, also auch die Temperatur und alle allein von der Temperatur abhängigen Größen s, σ, u, γ, r konstant zu setzen. Will man aber die bei konstantem Volumen zugeführte Wärmemenge berechnen, so ist $dv = 0$ zu setzen. Man pflegt nun dabei für γ gewöhnlich die spezifische Wärme des flüssigen Wassers bei konstantem Drucke zu setzen. Wenn nun auch die späteren Rechnungen zeigen werden, daß der dadurch begangene Fehler ganz verschwindend klein ist, so mag es doch schon aus theoretischen Gründen von Interesse sein, zu erinnern, daß dies nicht vollkommen exakt ist, indem dem flüssigen Wasser die Wärmemenge $(1 - x)\,\gamma\,dt$ zugeführt wird, bleibt allerdings das Volumen nicht konstant aber auch der Druck nicht, denn das Wasser steht immer unter dem Drucke des gesättigten Dampfes.

Bezeichnen wir denselben mit p und nehmen an, es sei der Druck des gesättigten Wasserdampfes als Funktion der Temperatur ausgedrückt

$$p = f(t),$$

so ist bei unserem Vorgange $dp = f'(t)\,dt$ zu setzen. Es wird also die obige Wärmemenge dem Wasser so zugeführt, daß dessen Temperatur um dt und gleichzeitig dessen Druck um $dp = f'(t)\,dt$ zunimmt. Es ist also γ weder die spezifische Wärme bei konstantem Drucke noch die bei konstantem Volumen. Dieselbe kann aber leicht in folgender Weise berechnet werden.

Nehmen wir jetzt 1 kg flüssigen Wassers; Druck, Volumen und Temperatur desselben seien p, v, t. Wählen wir p und v als independent veränderlich, so ist die Wärmemenge dQ, welche dem Wasser zugeführt werden muß, damit p und v um dp und dv wachsen, gleich

$$dQ = X dp + Y dv.$$

Bleibt der Druck konstant, so ist

$$dp = 0, \; dv = \left(\frac{dv}{dt}\right)_p dt,$$

daher

$$dQ = Y \left(\frac{dv}{dt}\right)_p dt.$$

Die Wärmekapazität bei konstantem Drucke ist also

$$\gamma_p = \frac{dQ}{dt} = Y \left(\frac{dv}{dt}\right)_p$$

Wird der Ausdehnungskoeffizient des Wassers bei steigender Temperatur und konstantem Drucke mit τ bezeichnet, so ist bei konstantem Drucke

$$dv = v \tau \, dt$$

also

$$\left(\frac{dv}{dt}\right)_p = v \tau.$$

Es ist folglich

$$\gamma_p = Y v \tau, \quad Y = \frac{\gamma_p}{v \tau}.$$

Anders verhält sich die Sache in dem oben in der Dampftheorie betrachteten Falle. Da ist p nicht konstant, sondern es ist $dp = f'(t) dt$; es ist also

$$dQ = X f'(t) dt + Y dv.$$

dv besteht aus zwei Teilen; es ist nämlich

$$dv = \left(\frac{dv}{dt}\right)_p dt + \left(\frac{dv}{dp}\right)_t dp = \left(\frac{dv}{dt}\right)_p dt + \left(\frac{dv}{dp}\right)_t f'(t) dt.$$

Wird dieser Wert in den Ausdruck für dQ substituiert, so ergibt sich

$$dQ = X f'(t) dt + Y \left[\left(\frac{dv}{dt}\right)_p + \left(\frac{dv}{dp}\right)_t f'(t)\right] dt.$$

also

$$\gamma = \frac{dQ}{dt} = X f'(t) + Y \left[\left(\frac{dv}{dt}\right)_p + \left(\frac{dv}{dp}\right)_t f'(t)\right].$$

Bezeichnen wir den Kompressionskoeffizienten des flüssigen Wassers bei steigendem Drucke und konstanter Temperatur mit $\varkappa$, so ist bei konstanter Temperatur

$$dv = - \varkappa v\, dp, \quad \left(\frac{d\,v}{d\,p}\right)_t = -\varkappa v,$$

ferner fanden wir

$$\left(\frac{d\,v}{d\,t}\right)_p = v\,\tau, \quad Y = \frac{\gamma_p}{v\,\tau};$$

es ist also

$$\gamma = X f'(t) + \frac{\gamma_p}{v\,\tau}\,[v\,\tau - \varkappa v f'(t)] = X f'(t) + \gamma_p - \frac{\varkappa}{\tau}\,\gamma_p f'(t).$$

Nun ist bekanntlich infolge des zweiten Hauptsatzes:

$$Y\left(\frac{d\,t}{d\,p}\right)_v - X\left(\frac{d\,t}{d\,\tau}\right)_p = A\,(a + t),$$

wobei A das mechanische Wärmeäquivalent, $a + t$ die absolute Temperatur bedeutet.

Um $(dt/dp)_v$ zu berechnen, nehmen wir für einen Augenblick p und t als unabhängig veränderlich; es ist dann:

$$dv = \left(\frac{d\,v}{d\,p}\right)_t d\,p + \left(\frac{d\,v}{d\,t}\right)_p d\,t$$

oder nach den oben gefundenen Werten

$$dv = -\varkappa v\, dp + v\tau\, dt;$$

setzen wir hier $dv = 0$, so bekommen wir

$$\frac{d\,t}{d\,p} = \frac{\varkappa}{\tau},$$

daher ist:

$$\left(\frac{d\,t}{d\,p}\right)_v = \frac{\varkappa}{\tau}$$

und die Gleichung

$$Y\left(\frac{d\,t}{d\,p}\right)_v - X\left(\frac{d\,t}{d\,v}\right)_p = A\,(a + t)$$

geht über in:

$$\frac{\gamma_p}{v\,\tau} \cdot \frac{\varkappa}{\tau} - X\frac{1}{v\,\tau} = A\,(a + t),$$

woraus folgt:

$$X = \frac{\gamma_p \cdot \varkappa}{\tau} - A\,(a + t)\,\tau\, v.$$

Diesen Wert brauchen wir bloß in den zuletzt gefundenen Ausdruck für γ zu substituieren, um zu erhalten:

$$\gamma = \gamma_p - A\,(a + t)\,v\,\tau\,f'(t).$$

Diese Formel gilt übrigens ganz allgemein für die Wärmekapazität γ eines beliebigen Körpers, dem Wärme so zugeführt wird, daß sich erstens die Temperatur und gleichzeitig der Druck nach dem Gesetz $p = f'(t)$ verändert.

8*

Um z. B. die Wärmekapazität bei konstantem Volumen zu finden, muß statt $f''(t)$ die Größe $(dp/dt)_v$, also $\tau/\varkappa$ substituiert werden, wodurch sich ergibt:

$$\gamma_v = \gamma_p - A(a + t)\frac{v\,\tau^2}{\varkappa}.$$

Um aber wieder zu derjenigen spezifischen Wärme γ des Wassers zurückzukehren, welche in der Dampftheorie zur Anwendung zu bringen ist, muß für $f'(t)$ die Funktion gesetzt werden, welche die Abhängigkeit des Druckes des gesättigten Wasserdampfes von der Temperatur ausdrückt. Wählen wir Kilogramm und Meter als Einheiten und betrachten die Temperatur $t = 100^0$ C., so ist etwa

$$A = \frac{1}{430},\ a + t = 373,$$

v also das Volumen eines Kilogramms Wasser in Kubikmetern gleich $1/957$, τ der Temperaturausdehnungskoeffizient des flüssigen Wassers bei 100^0 gleich 0,00075. Endlich ist $f'(t)$ der Zuwachs des Druckes des gesättigten Wasserdampfes, wenn die Temperatur von 100^0 auf 101^0 C. steigt.

Dieser Zuwachs ist etwa 27,5 mm Quecksilber = 27,5/760 Atmosphären = 370 in unseren Einheiten, da die Atmosphäre auf den Quadratmeter den Druck von 10333 kg ausübt. Substituiert man diese Werte in die Formel, so ergibt sich:

$$\gamma \doteq \gamma_p - 0,00024.$$

Da γ ungefähr gleich 1 ist, so kann diese Korrektion wohl vernachlässigt werden.[1]

II. Über die Beziehung eines allgemeinen mechanischen Satzes zum zweiten Hauptsatze der Wärmetheorie.

In seiner Abhandlung über den Zustand des Wärmegleichgewichtes eines Systems von Körpern, mit Rücksicht auf die Schwerkraft, hat Loschmidt einen Satz ausgesprochen, welcher

---

[1] Ich wurde während des Druckes dieser Abhandlung von Hrn. Clausius darauf aufmerksam gemacht, daß auch er bereits die Größe γ berechnet hat (Ges. Abh. 2. Abt. S. 27) und zwar stimmt sowohl die Methode seiner Berechnung als auch das Resultat dem Wesen nach mit meinem überein.

ein Bedenken gegen die Möglichkeit eines rein mechanischen
Beweises des zweiten Hauptsatzes involviert. Da dasselbe
äußerst scharfsinnig erdacht ist und mir für das richtige Ver-
ständnis des zweiten Hauptsatzes von hoher Bedeutung zu
sein scheint, an der bezeichneten Stelle aber eine mehr philo-
sophische Einkleidung gefunden hat, in der es vielleicht manchem
Physiker nur schwer verständlich sein wird, so will ich zunächst
versuchen, es mit anderen Worten wiederzugeben. Gesetzt wir
wollten auf rein mechanischem Wege beweisen, daß alle Natur-
prozesse immer so vor sich gehen, daß dabei

$$\int \frac{dQ}{T} \leqq 0$$

ist, so fassen wir dabei die Körper als Aggregate materieller
Punkte auf. Die zwischen diesen materiellen Punkten tätigen
Kräfte fassen wir als Funktionen der relativen Lage der
materiellen Punkte auf. Wenn sie als Funktion dieser relativen Lage bekannt wären, so würden wir sagen, das Wirkungsgesetz der Kräfte wäre bekannt. Damit die wirkliche Bewegung der materiellen Punkte, also die Zustandsveränderungen
der Körper berechnet werden könnten, müßten zudem noch
die Anfangspositionen und die Anfangsgeschwindigkeiten der
sämtlichen materiellen Punkte bekannt sein. Wir sagen die
Anfangsbedingungen müßten gegeben sein. Will man den
zweiten Hauptsatz mechanisch beweisen, so sucht man ihn
immer aus der Natur des Wirkungsgesetzes der Kräfte ohne
jede Hinzuziehung der Anfangsbedingungen zu beweisen, über
die man gar nichts weiß. Man sucht also zu beweisen, daß
— wie immer die Anfangsbedingungen sein mögen — die Zustandsveränderungen der Körper immer so vor sich gehen, daß

$$\int \frac{dQ}{T} \leqq 0 .$$

Nehmen wir jetzt an, es seien gewisse Körper als ein Inbegriff
gewisser materieller Punkte gegeben. Die Anfangsbedingungen
zur Zeit Null seien so beschaffen, daß die Körper Zustandsveränderungen durchmachen, für welche

$$\int \frac{dQ}{T} \leqq 0$$

ist. Wir wollen zeigen, daß dann immer bei unverändertem

Wirkungsgesetze der Kräfte andere Anfangsbedingungen gefunden werden können, für welche umgekehrt

$$\int \frac{dQ}{T} \geqq 0$$

ist. Denn betrachten wir die Positionen der Geschwindigkeiten
aller materiellen Punkte nach Verlauf einer beliebigen Zeit t_1.
Wir wollen jetzt an die Stelle der früheren Anfangsbedingungen
folgende setzen: Sämtliche materiellen Punkt [1]) sollen zu Anfang der Zeit, also zur Zeit Null dieselben Positionen haben,
welche sie im Verlaufe der den früheren Anfangsbedingungen
entsprechenden Bewegung zur Zeit t_1 hatten und auch ganz
dieselben aber entgegengesetzt gerichteten Geschwindigkeiten.
Wir wollen einen solchen Zustand Kürze halber künftig immer
als denjenigen bezeichnen, welcher dem früher zur Zeit t_1
herrschenden gerade entgegengesetzt ist.

Es ist klar, daß die materiellen Punkte dieselben Zustände, die sie unter den früheren Anfangsbedingungen in
direkter Weise durchliefen, jetzt in der verkehrten Weise durchlaufen werden. Den Anfangszustand, welchen sie früher zur
Zeit Null hatten, nehmen sie jetzt erst nach Verlauf der Zeit t_1
an. Wenn also früher

$$\int \frac{dQ}{T} \gtreqless 0$$

war, so ist es jetzt $\lesseqgtr 0$. Über das Vorzeichen dieses Integrales kann also nicht aus dem Wirkungsgesetze der Kräfte,[2])
sondern bloß aus den Anfangsbedingungen ein Schluß gezogen
werden. Daß dieses Integral bei allen Vorgängen der Welt,

---

    [1]) Es sind dabei alle materiellen Punkte aller Körper zu verstehen,
welche mit den betrachteten Körpern irgendwie entweder direkt in
Wechselwirkung stehen, oder erst in zweiter Linie, indem sie mit Körpern in Wechselwirkung stehen, die wieder mit den betrachteten Körpern
in Wechselwirkung stehen, oder erst in dritter, vierter Linie usw. Streng
genommen sind alle materiellen Punkte des Universums zu verstehen;
denn einen Körperkomplex, der mit den übrigen Körpern des Universums
in gar keiner Beziehung stünde, können wir nicht wirklich herstellen,
wohl aber uns denken.
    [2]) Es braucht nicht erst erwähnt zu werden, daß bei einer An-
schauung über die Wirkungsweise der Naturkräfte, wobei dies nicht
richtig ist, wie es z. B. eine dynamische sein könnte, auch das Folgende
seine Anwendbarkeit verliert.

in welcher wir leben, wie die Erfahrung lehrt $\gtreqless 0$ ist, ist nicht in dem Wirkungsgesetze der in derselben vorhandenen Kräfte, sondern bloß in den Anfangsbedingungen begründet. Wäre zur Zeit Null der Zustand sämtlicher materiellen Punkte des Universums gerade der entgegengesetzte von demjenigen, welcher sonst zu einer viel späteren Zeit t_1 eintritt, so würde der Verlauf sämtlicher Begebenheiten zwischen den Zeiten t_1 und Null gerade der verkehrte sein, also immer so beschaffen, daß

$$\int \frac{d\,Q}{T} \eqqcolon 0$$

ist. Jeder Versuch aus der Natur der Körper und dem Wirkungsgesetze der zwischen ihnen tätigen Kräfte, ohne Hinzuziehung der Anfangsbedingung zu beweisen, daß

$$\int \frac{d\,Q}{T} \leqq 0$$

ist, muß also vergeblich sein. Man sieht, daß dieser Schluß viel Verlockendes an sich hat und daß man ihn geradezu als ein interessantes Sophisma bezeichnen muß. Um dem Trugschlusse, welcher hierin liegt, näher auf die Spur zu kommen, wollen wir uns sogleich ein System einer endlichen Zahl materieller Punkte denken, welches mit dem ganzen übrigen Universum in gar keiner Wechselwirkung steht.

Wir denken uns eine überaus große aber nicht unendliche Zahl absolut elastischer Kugeln, welche sich in einem allseitig geschlossenen Gefäße bewegen, dessen Wände vollkommen unbeweglich und ebenfalls absolut elastisch sind. Von außen sollen keine Kräfte auf·unsere Kugeln wirken. Sei zur Zeit Null die Verteilung der Kugeln im Gefäße eine ungleichförmige gewesen; rechts seien z. B. die Kugeln viel dichter als links, oben seien die geschwinderen, unten die langsameren Kugeln gewesen, und ähnliches. Das Sophisma ginge jetzt dahin, daß ohne Zuziehung der Anfangsbedingungen nicht bewiesen werden könne, daß sich die Kugeln mit der Zeit gleichförmig mischen werden. Bei den Anfangsbedingungen, welche wir ursprünglich voraussetzten, sollen die Kugeln z. B. zur Zeit t_1 fast gleichförmig gemischt sein. Wir können dann an die Stelle der ursprünglichen Anfangsbedingungen die Zustandsverteilung setzen, welche derjenigen gerade entgegengesetzt ist, die gemäß der ursprünglichen Anfangsbedingungen nach Verlauf der Zeit t_1 eingetreten wäre. Dann werden die elastischen Kugeln im Verlaufe der Zeit sich immer mehr sondern; zur Zeit t_1 endlich wird eine ganz ungleichförmige Zustandsverteilung eintreten, obwohl die Zustandsverteilung zu Anfang fast gleichförmig war. Es ist dabei folgendes zu bedenken: Ein Beweis, daß nach Verlauf einer gewissen Zeit t_1 die Mischung der Kugeln mit absoluter Notwendigkeit eine gleichförmige sein müsse, wie immer die Zustandsverteilung zu Anfang der Zeit gewesen sein mag, kann nicht geliefert werden. Dies lehrt schon die Wahrscheinlichkeitsrechnung selbst; denn jede noch so ·ungleichförmige Zustandsverteilung ist, wenn auch im höchsten Grade unwahrscheinlich, doch nicht absolut unmöglich. Ja es ist klar, daß jede einzelne gleichförmige Zustandsverteilung, welche bei einem bestimmten Anfangszustande nach Verlauf einer bestimmten Zeit entsteht, gerade so unwahrscheinlich ist wie eine einzelne noch so ungleichförmige Zustandsverteilung, gerade so wie im Lottospiele jede einzelne Quinterne ebenso unwahrscheinlich ist wie die Quinterne 1, 2, 3, 4, 5. Nur daher, daß es viel mehr gleichförmige als ungleichförmige Zustandsverteilungen gibt, stammt die größere Wahrscheinlichkeit, daß die Zustandsverteilung mit der Zeit gleichförmig wird. Man kann also nicht beweisen, daß, wie immer die Positionen und Geschwindigkeiten der Kugeln zu Anfang gewesen sein mögen, nach Verlauf einer sehr langen Zeit die Verteilung immer gleichförmig sein muß, sondern bloß, daß unendlich vielmal mehr Anfangszustände nach Verlauf einer bestimmten längeren Zeit zu einer gleichförmigen, als zu einer ungleichförmigen Zustandsverteilung führen und daß auch im letzteren Falle nach Verlauf einer noch längeren Zeit die Zustandsverteilung wieder gleichförmig wird. Der Loschmidtsche Satz lehrt also bloß Anfangszustände kennen, welche wirklich nach Verlauf einer bestimmten Zeit t_1 zu einer höchst ungleichförmigen Zustandsverteilung führen; liefert aber nicht den Beweis, daß nicht unendlich vielmal mehr Anfangsbedingungen nach Verlauf derselben Zeit t_1 zu einer gleichförmigen führen würden. Ja im Gegenteile dies letztere folgt sogar aus dem Satze selbst, denn, da es unendlich vielmal mehr gleichförmige als ungleichförmige Zustandsverteilungen gibt, so muß auch die Zahl der Zustände, welche nach Verlauf einer gewissen Zeit t_1 auf gleichförmige Verteilungen folgen, viel größer sein als die Zahl derjenigen, welche auf ungleichförmige folgen, und die letzteren sind ja nach Loschmidt als Anfangsbedingungen zu wählen, wenn sich nach der Zeit t_1 eine ungleichförmige Zustandsverteilung einstellen soll. Man könnte sogar aus dem Verhältnisse der Zahl der verschiedenen Zustandsverteilungen deren Wahrscheinlichkeit berechnen, was vielleicht zu einer interessanten Methode der Berechnung des Wärmegleichgewichtes führen würde. Genau analog verhält es sich mit dem zweiten Hauptsatze. Es ist nun wenigstens in einigen speziellen Fällen gelungen nachzuweisen, daß, wenn ein System von einer ungleichförmigen zu einer gleichförmigeren Zustandsverteilung übergeht, dann $\int dQ/T$ für dasselbe negativ sein wird, dagegen positiv im umgekehrten Falle. Da nun unendlich vielmal mehr gleichförmige als ungleichförmige Zustandsverteilungen existieren, so ist der letztere Fall außerordentlich unwahrscheinlich und für die Praxis kann er als unmöglich angesehen werden; geradeso wie es als unmöglich betrachtet werden kann, daß zu Anfang in einem Gefäße Sauerstoff und Stickstoff derart gemischt gewesen seien, daß nach Verlauf eines Monats der Sauerstoff sich chemisch rein in der unteren, der Stickstoff in der oberen Hälfte ansammelt, was nach der Wahrscheinlichkeitsrechnung nur äußerst unwahrscheinlich, aber nicht unmöglich ist. Es scheint mir trotzdem der Loschmidtsche Satz von großer Wichtigkeit zu sein, weil er zeigt, wie innig der zweite Hauptsatz mit der Wahrscheinlichkeitsrechnung in Verbindung steht, während der erste von ihr ganz unabhängig ist. In allen Fällen, wo $\int dQ/T$ negativ sein kann, sind auch einzelne sehr unwahrscheinliche Anfangsbedingungen möglich, bei denen es positiv ist; und der Beweis, daß es fast immer negativ sein wird, kann nur durch Wahrscheinlichkeitsrechnung geführt werden. Es scheint mir, daß bei geschlossenen Bahnen der Atome $\int dQ/T$ immer Null sein muß, was also unabhängig von der Wahrscheinlichkeitsrechnung bewiesen werden kann. Bei ungeschlossenen Bahnen dagegen kann es auch ngativ sein. Noch einer eigentümlichen Konsequenz des Loschmidtschen Satzes will ich hier Erwähnung tun, nämlich

daß, wenn wir die Zustände des Weltalls in unendlich ferne
Vergangenheit verfolgen, wir im Grunde genommen ebenso
berechtigt sind als sehr wahrscheinlich anzunehmen, daß wir
zu einem Zustande gelangen werden, in welchem endlich alle
Temperaturdifferenzen aufgehört haben, als wenn wir die Zustände des Weltalls in fernste Zukunft verfolgen. Es ist dies
analog folgendem Falle: Wenn wir wissen, daß in einem Gase
zu einer gewissen Zeit eine ungleichförmige Zustandsverteilung
vorhanden ist und daß das Gas schon sehr lange Zeit vorher
ohne äußere Einflüsse in demselben Gefäße vorhanden war,
so müßten wir schließen, daß viel früher die Zustandsverteilung
gleichförmig war und der seltene Fall eintrat, daß sie allmählich
ungleichförmig wurde. Mit anderen Worten: irgend eine ungleichförmige Zustandsverteilung führt nach Verlauf einer
langen Zeit t_1 zu einer nahe gleichförmigen. Die der letzteren
entgegengesetzte führt nach Verlauf derselben Zeit t_1 wieder
zur anfänglichen ungleichförmigen (genauer gesprochen der ihr
entgegengesetzten). Die der anfänglichen Zustandsverteilung
entgegengesetzte aber würde, als Anfangsbedingung gewählt,
nach Verlauf der Zeit t_1 ebenfalls nahezu zu einer gleichförmigen Zustandsverteilung führen.

Vielleicht aber läßt diese Verweisung des zweiten Hauptsatzes in das Gebiet der Wahrscheinlichkeitsrechnung dessen
Anwendung auf das ganze Universum überhaupt höchst be-
denklich erscheinen, so gewiß auch die Gesetze der Wahrscheinlichkeitsrechnung sich bei jedem im Laboratorium ausgeführten Experimente bestätigen werden.

III. Bemerkungen zur mechanischen Bedeutung des zweiten Hauptsatzes der Wärmetheorie.

Die Beziehung zwischen dem zweiten Hauptsatze der
mechanischen Wärmetheorie und dem Prinzip der kleinsten
Wirkung bzw. dem Hamiltonschen Prinzipe, auf welche ich
in den Wien. Ber. **53.** aufmerksam gemacht habe,[1] wurde
seitdem von Clausius, Szily, J. J. Müller, Ledieu und
anderen weiter verfolgt und entwickelt. Sieht man von den
Fällen ab, wo die Kraftfunktion die Zeit explizit enthält, welche

---

[1] Diese Sammlung Bd. I Nr. 2.

einstweilen für die mechanische Wärmetheorie noch von keiner Bedeutung zu sein scheinen, so ist die allgemeinste Gleichung, zu welcher man hierbei gelangt, folgende:

$$2\,\delta\!\int\! T\,d\,t = \Sigma p_i\,\delta\,q_i - \Sigma p_i^{\,0}\,\delta\,q_i^{\,0} + \int\! d\,t\,(\delta_1\,U + \delta\,T).$$

Dabei sind q_i die Koordinaten der verschiedenen beweglichen Bestandteile (materiellen Punkte des Systems), p_i deren Differentialquotienten nach der Zeit,[1]) T ist die lebendige Kraft des Systems, U die Kraftfunktion, deren negative partielle Differentialquotienten die Kräfte liefern. Wenn bei der variierten Bewegung die Kraftfunktion eine unendlich wenig andere Funktion der Koordinaten ist, so ist $\delta_1\,U$ so zu verstehen, daß der Wert, welchen die Kraftfunktion für irgend einen Punkt der ursprünglichen Bahn hatte, von demjenigen zu subtrahieren ist, welchen die für die ursprüngliche Bahn geltende Kraftfunktion annimmt, wenn man darin statt der Koordinaten des betreffenden Punktes der ursprünglichen Bahn die Koordinaten des ihm zugeordneten Punktes der variierten Bahn substituiert. Um hieran zu erinnern, wurde dem $\delta\,U$ der Index 1 beigefügt. Nimmt man an, daß die Veränderung der Natur der Kraftfunktion keine Arbeit beansprucht, ferner daß die gesamte zugeführte Wärme $\delta\,U$ gemessen wird durch

$$\frac{1}{\int\! d\,t}\int\! d\,t\,(\delta\,U + \delta\,T),$$

also durch den Mittelwert der Zufuhr von lebendiger Kraft und Arbeit, welche zur Überführung irgend eines Zustandes des Systems in irgend einen variierten notwendig ist, so hat man

$$\frac{d\,Q}{T_1} = 2\,\delta\log\!\int\! T\,d\,t.$$

Dabei ist T_1 der Mittelwert von T. Die Grenzen des Integrals vor der Variation sind beliebig, die nach der Variation aber müssen so gewählt werden, daß die auf die Grenzen Bezug habenden Glieder $\Sigma p_i\,\delta\,q_i - \Sigma p_i^{\,0}\,\delta\,q_i^{\,0}$ verschwinden.

Man kann sich die Veränderlichkeit der Kraftfunktion U dadurch veranlaßt denken, daß dieselbe außer den Koordinaten q_i auch noch gewisse von der Zeit unabhängige, aber der

---

[1]) [p_i sind hier die Momente, nicht die Differentialquotienten der q_i nach der Zeit. (Siehe diesen Band Nr. 42 S. 199.) D. H.]

Variation fähige Parameter c_1, c_2, c_3, ... enthält. Dann ist unter $\delta_1 U$ bloß der Ausdruck

$$\sum \frac{\partial_i U}{\partial q_i} \delta q_i$$

zu verstehen. Durch das Wirkungsgesetz der Kräfte ist eine zur Kraftfunktion hinzutretende Konstante, welche selbstverständlich auch der Variation fähig gedacht werden, also wenn man will zu den Parametern c_1, c_2, c_3, ... gerechnet werden kann, noch völlig unbestimmt gelassen. Damit keine Unsicherheit bezüglich derselben bestehen bleibe, wollen wir jetzt mit c_0 die gesamte Zufuhr von lebendiger Kraft und Arbeit verstehen, welche erforderlich ist, um das System aus einer bestimmten der Variation nicht fähigen Position (z. B. unendlicher Entfernung aller seiner materiellen Punkte und vollkommener Ruhe aller seiner Bestandteile, wir wollen dies als den Normalzustand des Systems bezeichnen) in die Position zu bringen, die es zu irgend einer Zeit der ursprünglich unvariierten Bewegung hat und ihm die lebendige Kraft zu erteilen, die es zur selben Zeit hat.

Während der ganzen ursprünglichen Bewegung ist dann offenbar c_0 konstant gleich $U + T$. Während der variierten Bewegung habe c_0 den Wert $c_0 + \delta c_0$; dann ist offenbar

$$\delta c_0 = \delta U + \delta T,$$

oder da U die Größen p_i nicht enthält

$$\delta c_0 - \sum \frac{\partial U}{\partial c_k} \delta c_k = \sum \frac{\partial U}{\partial q_i} \delta q_i + \delta T.$$

Bezeichnen wir die Größe $c_0 - U$ mit V und eine Variation, bei welcher bloß die Größen c_k inklusive c_0 als variabel betrachtet werden durch das Zeichen δ_2, so ist also

$$\delta_2 V = \delta c_0 - \sum \frac{\partial U}{\partial c_k} \delta c_k.$$

Die mit δQ bezeichnete Größe ist also nach der Clausiusschen Anschauungsweise nichts anderes als der Mittelwert von $\delta_2 V$. V hat dabei eine einfache Bedeutung. Es ist die negative Kraftfunktion vermehrt um eine solche Konstante c_0, daß ihr Wert genau gleich der lebendigen Kraft des Systems ist. Bei Bildung der Variation $\delta_2 V$ sind erstens alle in der Kraftfunktion vorkommenden Parameter zu variieren und dann noch die Konstante c_0, indem man zu untersuchen hat, welchen Zuwachs c_0 erfahren muß, damit es zur negativen Kraftfunktion addiert, wieder die lebendige Kraft des Systems liefert. Noch einfacher kann man sagen: V ist die lebendige Kraft, welche das System besitzen würde, wenn seine Bestandteile ohne Zufuhr von lebendiger Kraft von ihrer ursprünglichen unvariierten Bewegung in irgend eine Position gebracht würden, ausgedrückt als Funktion der Koordinaten jener Position. $V + \delta_2 V$ ist die selbe Größe für die variierte Bewegung und Kraftfunktion. Berechnet man die Funktion $\delta_2 V$ für sämtliche Positionen, aus denen die ursprüngliche Bewegung besteht, und nimmt daraus das Zeitmittel, so erhält man δQ.

Da alle Schlüsse, welche wir im folgenden noch zu machen beabsichtigen, an dem einfachsten Falle, wenn das System aus einem einzigen materiellen Punkte besteht, bereits genügend klar gemacht werden können, so wollen wir sogleich zur Betrachtung dieses einfachsten Falles übergehen. Sei m die Masse des materiellen Punktes; unter q_i seien die drei Koordinaten x, y, z zu verstehen; unter p_i die drei Geschwindigkeitskomponenten u, v, w in den Richtungen der drei Koordinatenachsen. Sei MN ein Stück der Bahn im ursprünglichen Zustande, $M'N'$, im variierten Zustande; A sei der Punkt, bei welchem im ursprünglichen Zustande die Integration begann, A' derjenige, bei welchem sie im variierten Zustande beginnt. Man sieht leicht, wie ich schon in meiner ersten

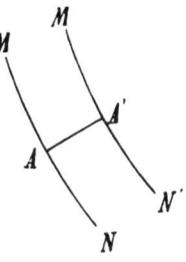

Fig. 1.

Abhandlung über die mechanische Bedeutung des zweiten Hauptsatzes nachgewiesen habe, daß dann die auf die Grenzen Bezug habenden Glieder verschwinden, wenn A' in der im Punkte A auf MN gefällten Normale liegt.

Dasselbe muß bezüglich der Endpunkte der Integration stattfinden. Wir wollen jetzt die Bahn fort und fort variieren (dies heiße der erste Variationsprozeß), so daß sie schließlich um ein Endliches von der ursprünglichen Bahn verschieden wird. Wir können nach der eben beschriebenen Methode, von Bahn zu Bahn fortschreitend, den jedesmaligen Anfangs- und Endpunkt der Integration auffinden. Wir variieren nun noch in ganz beliebiger Weise weiter und bestimmen die jedesmaligen Integrationsgrenzen in gleicher Weise (zweiter Variationsprozeß).

Zum Schlusse des zweiten Variationsprozesses soll jedoch ganz dieselbe Bahn zurückkehren, von welcher der erste ausging. Hätte bei dem zweiten Variationsprozeß die Bahn genau wieder dieselben Gestalten wie beim ersten nur in umgekehrter Ordnung durchlaufen, so müßten natürlich Anfangs- und Endpunkte der Integration in dem Momente wieder dieselben werden, wo die Bahn dieselbe geworden ist. Dies gilt aber bei ungeschlossenen Bahnen im allgemeinen nicht mehr, wenn die Gestalt der Bahn während des zweiten Variationsprozesses sich in ganz anderer Weise wie während des ersten verändert.

Sei, um dies an einem möglichst einfachen Beispiele zu veranschaulichen, ein endliches Bahnstück MN in der Nähe des Punktes A geradlinig. Während des ersten Variationsprozesses verschiebe sich diese Gerade zuerst um ein endliches Stück parallel mit sich selbst. Sie komme dabei in die Lage $M_1 N_1$ (Fig. 2). Der Integrationsanfangspunkt kommt dabei nach A_1. Dann drehe sich die Bahn um den Punkt A_1 um einen endlichen Winkel, bis sie in die Lage $M_2 N_2$ kommt; der Integrationsanfangspunkt ändert sich dabei nicht weiter.

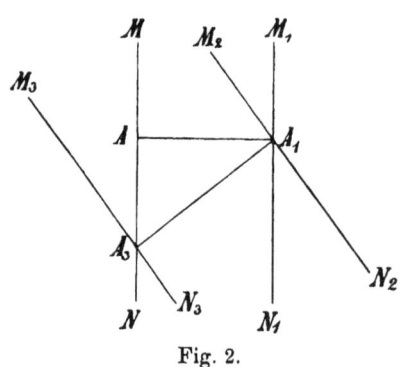

Fig. 2.

Hiermit sei der erste Variationsprozeß beendet; der zweite Variationsprozeß beginne damit, daß sich die Bahn wieder parallel zu sich selbst verschiebt, bis sie nach $M_3 N_3$ gelangt. Der Durchschnittspunkt A_3 von $M_3 N_3$ und MN liege in der im Punkte A_1 auf $M_2 N_2$ gefällten Senkrechten. Er ist Integrationsanfangspunkt für die Bahn $M_3 N_3$.

Schließlich drehe sich die Bahn wieder um den Punkt A_3 so weit, bis sie exakt in ihre alte Lage zurückgekehrt ist; dabei ändert sich der Integrationsanfangspunkt wieder nicht weiter.

Obwohl jetzt die Bahn die alte ist, ist der Integrationsanfangspunkt doch um ein endliches Stück verschoben. Natürlich gilt
ganz dasselbe, wenn die Bahn nicht geradlinig, sondern krumm
in der Nähe des Punktes A ist, und auch der Integrations-
endpunkt wird sich im allgemeinen und zwar in ganz anderer
Weise verändert haben. Obwohl daher die Zustände des
materiellen Punktes einen vollständigen Kreisprozeß durchgemacht haben, so verschwindet doch $\int (dQ/T)$, über denselben
erstreckt, nicht; denn $\log \int T dt$ hat zu Anfang des Kreis-
prozesses einen ganz anderen Wert als zu Ende desselben.
Es ist leicht auch in der Tat Wirkungsgesetze zu finden, für
welche dieser Umstand eintritt.

Sei M ein beweglicher materieller Punkt, dessen Masse
mit m bezeichnet werden mag, $OM = r$ seine Entfernung von
einem fixen Punkte O. Der Punkt M werde mit der Kraft $f'(r)$
vom Punkte O abgestoßen. Nehmen wir an, daß die Arbeit

$$\varphi(r) = \int_r^\infty f'(r) \, dr \,,$$

welche erforderlich ist, um den Punkt M aus unendlicher Entfernung in die Distanz r von O zu bringen, endlich sei, so ist
φ diejenige Funktion, deren negativer Differentialquotient nach
irgend einer Richtung die in dieser Richtung auf M wirksame
Kraft liefert, also die sogenannte Kraftfunktion. Bezeichnen
wir mit v die Geschwindigkeit von M und mit ϑ den Winkel,
den der Radiusvektor OM mit irgend einer in der Ebene der
Bahn gezogenen Geraden einschließt, so ist vermöge des Prinzips der lebendigen Kraft:

(1) $\qquad \dfrac{mv^2}{2} = \dfrac{m}{2}\left(\dfrac{dr}{dt}\right)^2 + \dfrac{mr^2}{2}\left(\dfrac{d\vartheta}{dt}\right)^2 = \alpha - \varphi(r)$

und vermöge des Prinzips der Flächen:

$$r^2 \frac{d\vartheta}{dt} = \sqrt{\beta} \,.$$

α und β bleiben während der ganzen Bewegung konstant. Aus
diesen Gleichungen folgt:

(2) $\qquad dt = \dfrac{dr}{\sqrt{\dfrac{2\alpha}{m} - \dfrac{2\varphi(r)}{m} - \dfrac{\beta}{r^2}}} \,,$

(3)
$$d\vartheta = \frac{\sqrt{\beta}\, dr}{r^2 \sqrt{\dfrac{2\alpha}{m} - \dfrac{2\varphi(r)}{m} - \dfrac{\beta}{r^2}}}.$$

Wir erhalten für den Mittelwert der Kraftfunktion den Ausdruck:

$$\overline{\varphi} = \frac{z}{n},$$

wobei

$$z = \int \frac{\varphi(r)\, dr}{\sqrt{\dfrac{2\alpha}{m} - \dfrac{2\varphi(r)}{m} - \dfrac{\beta}{r^2}}},$$

$$n = \int \frac{dr}{\sqrt{\dfrac{2\alpha}{m} - \dfrac{2\varphi(r)}{m} - \dfrac{\beta}{r^2}}}$$

Die Integration ist von einem Minimum bis zu einem Maximum des Radiusvektor r, also von einer kleineren bis zur nächsten größeren positiven Wurzel der Gleichung

$$\alpha - \varphi(r) - \frac{\beta m}{2\, r^2} = 0$$

zu erstrecken. Das Gleichungspolynom muß natürlich zwischen beiden Wurzeln positiv bleiben. Die mittlere lebendige Kraft T_1 ist $\alpha - \overline{\varphi}$. Die gesamte Summe der lebendigen Kraft und Arbeit, welche man dem materiellen Punkte zuführen muß, um ihn aus unendlicher Entfernung in seine Bahn zu bringen und ihm die Geschwindigkeit zu erteilen, die er daselbst besitzt, ist α. Ändert sich die Kraftfunktion nicht, so ist also die Arbeit δQ, welche notwendig ist, um den materiellen Punkt von einer Bahn in irgend eine andere zu bringen, gleich dem Zuwachse $\delta\alpha$ der Größe α. Ändert sich dagegen die Kraftfunktion, z. B. gewisse darin vorkommende konstante Parameter $c_1\, c_2 \ldots$, so ist unter der Voraussetzung, daß die Ver· änderung der Natur der Kraftfunktion keine Arbeit beansprucht, $\delta\alpha$ die Differenz der Arbeiten, welche notwendig sind, um den materiellen Punkt aus dem Ruhezustande und unendlicher Entfernung einmal in die eine, dann in die andere Bahn zu bringen und ihm jedesmal die entsprechende Geschwindigkeit zu erteilen. Die Zufuhr von lebendiger Kraft und Arbeit dagegen, welche notwendig ist, um den materiellen Punkt von irgend einem Orte M der alten Bahn zu dem ihm zugeordneten

Ort M' der variierten Bahn überzuführen und seine Geschwindigkeit aus der in M stattfindenden in die in M' stattfindende
zu verwandeln, unterscheidet sich von $\delta \alpha$ um die Mehrarbeit,
die infolge der Veränderung der Kraftfunktion im variierten
Zustande gegenüber dem ursprünglichen notwendig ist, um den
materiellen Punkt aus unendlicher Entfernung an den Ort M
zu bringen. Sie ist also

$$\delta \alpha + \Sigma \frac{\partial \varphi(r)}{\partial c_k} \delta c_k,$$

wobei für r die Entfernung des Ortes M von O zu substituieren
ist. Die Mehrarbeit, welche infolge der Veränderung der Kraftfunktion zu einer unendlich Kleinen Verschiebung erforderlich
ist, liefert nur unendlich kleines höherer Ordnung. Die gemäß
der Clausiusschen Anschauung im Mittel zur Verwandlung
der einen in die andere Bahn zu leistende Arbeit ist also:[1]

$$dQ = \delta \alpha + \frac{\zeta}{n},$$

wobei

$$\zeta = \int \frac{\frac{\partial \varphi}{\partial c} \partial c_k \, dr}{\sqrt{\frac{2\alpha}{m} - \frac{2\varphi(r)}{m} - \frac{\beta}{r^2}}}$$

ist; n besitzt den oben angeführten Wert. Wie man sieht,
läßt sich die Integration leicht durchführen, sobald man setzt

$$\varphi(r) = -\frac{a}{r} + \frac{b}{2 r^2}$$

was einer Anziehung von der Intensität $a/r^2 - b/r^3$ in der
Distanz r entspricht, a und b spielen hier die Rolle der Konstanten c_k. Bei der Variation der Bewegung sollen α, β, a
und b bzw. um $\delta\alpha$, $\delta\beta$, δa und δb wachsen, dann ist:

$$\Sigma \frac{\partial \varphi(r)}{\partial c_k} \delta c_k = -\frac{\delta a}{r} + \frac{\delta b}{2 r^2}.$$

Es ist also δQ der Mittelwert von

$$\delta \alpha = -\frac{\delta a}{r} + \frac{\delta b}{2 r^2}$$

---

[1] Betreffs des Vorzeichens von dQ siehe Nr. ₁73 Abschnitt 1 und
die auf Gleichung (17) folgende Bemerkung in Nr. 74 des III. Bandes
dieser Sammlung.

Dies hätten wir auch aus dem früher gefundenen Resultate ableiten können. Die früher mit $\delta_2 V$ bezeichnete Größe ist nämlich in diesem Falle

$$\delta_2 \left(\alpha - \frac{a}{r} + \frac{b}{2\,r^2} \right) = \delta \alpha - \frac{\delta a}{r} + \frac{\delta b}{2\,r^2}$$

Wir wollen jetzt Kürze halber setzen

$$\varrho = r^2, \quad s = \frac{1}{r} \quad \text{und} \quad \sigma = \frac{1}{r^2}.$$

Damit die Bahn reell sei und im Endlichen liege, muß das Minimum und Maximum des Radiusvektor r also die beiden Wurzeln der Gleichung

$$\frac{2\,\alpha}{m} - \frac{2\,\varphi\,(r)}{m} - \frac{\beta}{r^2} = \frac{2\,a}{m} + \frac{2\,a}{m}\frac{1}{r} - \frac{b + m\,\beta}{m}\frac{1}{r^2} = 0$$

positiv sein, und das Gleichungspolynom muß für Werte des r, welche zwischen den beiden Wurzeln liegen, ebenfalls positiv, also für unendlich große r negativ sein; d. h. es muß α negativ und nach dem Cartesiusschen Satze a und $b + m\,\beta$ positiv sein. Wir wollen immer vom Minimum bis zum Maximum, also vom kleinsten bis zum größten Werte des r integrieren; dann ist dr, $d\varrho$ und

$$\sqrt{\frac{2\,\alpha}{m} + \frac{2\,a}{m}\frac{1}{r} - \frac{b + m\,\beta}{m\,r^2}}$$

positiv, dagegen ds und $d\sigma$ negativ.

Beachtet man, daß

$$\int_{w_1}^{w_2} \frac{dx}{\sqrt{A + Bx + Cx^2}} = \frac{\pi}{\sqrt{-C}}$$

$$\int_{w_1}^{w_2} \frac{x\,dx}{\sqrt{A + Bx + Cx^2}} = - \frac{\pi\,B}{2\,C\sqrt{-C}},$$

wenn w_1 die kleinere, w_2 die größere Wurzel der Gleichung

$$A + Bx + Cx^2 = 0$$

ist, so ergibt sich für den gewählten Wert der Kraftfunktion

$$z = - a \int \frac{dr}{\sqrt{\frac{2\,\alpha}{m}\,r^2 + \frac{2\,a}{m}\,r - \frac{b+m\,\beta}{m}}} + \frac{b}{2} \int \frac{-\,ds}{\sqrt{\frac{2\,\alpha}{m} + \frac{2\,a}{m}\,s - \frac{b+m\,\beta}{m}\,s^2}}$$

$$= - a \cdot \pi \sqrt{\frac{m}{-\,2\,\alpha}} + \frac{b}{2} \cdot \pi \sqrt{\frac{m}{b+m\,\beta}},$$

$$\zeta = - \delta\,a\,\pi \sqrt{\frac{m}{-\,2\,\alpha}} + \frac{\delta\,b}{2}\,\pi \sqrt{\frac{m}{b+m\,\beta}},$$

$$n = \int \frac{r\,dr}{\sqrt{\frac{2\,\alpha}{m}\,r^2 + \frac{2\,a}{m}\,r - \frac{b+m\,\beta}{m}}} = - \frac{\pi\,a}{2\,\alpha} \sqrt{\frac{m}{-\,2\,\alpha}}.$$

Da α negativ ist, sämtliche Integrale aber wesentlich positiv sind, so sind sämtliche Wurzeln positiv zu nehmen. Es ist

$$\varphi = \frac{z}{n} = 2\,\alpha - \frac{b\,\alpha}{a} \sqrt{\frac{-\,2\,\alpha}{b+m\,\beta}}$$

$$T_1 = \alpha - \varphi = \frac{b\,\alpha}{a} \sqrt{\frac{-\,2\,\alpha}{b+m\,\beta}} - \alpha,$$

$$dQ = \delta\alpha + \frac{\zeta}{n} = \delta\alpha + 2\,\alpha \frac{\delta\,a}{a} - \frac{\alpha\,\delta\,b}{a} \sqrt{\frac{-\,2\,\alpha}{b+m\,\beta}}$$

Bildet man hier den Ausdruck $\delta Q/T_1$, so sieht man sofort, daß er kein vollständiges Differential ist, da er $\delta\beta$ gar nicht enthält; und zwar ist er schon, wenn a und b, also die Kraftfunktion konstant bleibt, kein vollständiges Differential. Wenn dagegen $b = \delta b = 0$ ist, bleibt die Bahn eine geschlossene und $\delta Q/T_1$ ist ein vollständiges Differential.

Ein zweiter Fall, wo die Integration sehr einfach ist, tritt ein, wenn

$$\varphi(r) = - a\,r^2 + \frac{b}{2\,r^2}$$

ist. Dann findet man:

$$\sum \frac{\partial\,\varphi(r)}{\partial\,c_k}\,\delta\,c_k = - r^2\,\delta\,a + \frac{\delta\,b}{2\,r^2}.$$

Damit die Bahn reell sei, und ganz im Endlichen liege, muß a negativ, α und $\beta + mb$ positiv sein. Unter Anwendung derselben Bezeichnungen wie früher ergibt sich:

$$z = - \frac{a}{2} \int \frac{\varrho\,d\varrho}{\sqrt{-\frac{b+m\,\beta}{m} + \frac{2\,\alpha}{m}\,\varrho + \frac{2\,a}{m}\,\varrho^2}} + \frac{b}{4} \int \frac{-\,d\sigma}{\sqrt{\frac{2\,a}{m} - \frac{2\,\alpha}{m}\,\sigma - \frac{b+m\,\beta}{m}\,\sigma^2}}$$

$$= - \frac{a}{2} \cdot \frac{\pi\,\alpha}{-\,2\,a} \sqrt{\frac{m}{-\,2\,\alpha}} + \frac{b}{4} \cdot \sqrt{\frac{m}{b+m\,\beta}},$$

$$\zeta = -\frac{\delta a}{2} \cdot \frac{a \pi}{-2a} \sqrt{\frac{m}{-2a}} + \frac{\delta b}{4} \cdot \pi \sqrt{\frac{m}{b+m\beta}},$$

$$n = \frac{3}{2} \int \frac{d\varrho}{\sqrt{-\dfrac{b+m\beta}{m} - \dfrac{2\alpha}{m}\varrho + \dfrac{2a}{m}\varrho^2}} = \frac{\pi}{2} \sqrt{\frac{m}{-2a}}.$$

Da wieder alle Integrale wesentlich positiv sind, und a negativ ist, so sind wieder alle Wurzeln positiv anzunehmen. Es ist also

$$\overline{\varphi} = \frac{\varkappa}{n} = +\frac{\alpha}{2} + \frac{b}{2} \sqrt{\frac{-2a}{b+m\beta}},$$

$$T_1 = \alpha - \overline{\varphi} = \frac{\alpha}{2} - \frac{b}{2} \sqrt{\frac{-2a}{b+m\beta}},$$

$$\delta Q = \delta\alpha + \frac{\zeta}{n} = \delta\alpha + \frac{\alpha\,\delta a}{2a} + \frac{\delta b}{2} \sqrt{\frac{-2a}{b+m\beta}}.$$

$\delta Q / T_1$ ist wieder nur für $b = \delta b = 0$ ein vollständiges Differential. Diese Resultate müssen bei einem Versuche den zweiten Hauptsatz auf rein analytischem Wege zu beweisen, notwendig ins Auge gefaßt werden, weil jeder Beweis, welcher so allgemein gehalten ist, daß daraus auch in diesen Fällen

$$\int \frac{\delta Q}{T_1} = 0$$

folgen würde, was mir bei den Beweisen Szilys und J. J. Müllers der Fall zu sein scheint, notwendig falsch sein muß. Beweise, welche von der Wahrscheinlichkeitsrechnung ausgehen, können natürlich von diesem Vorwurfe nicht getroffen werden.

Da die beiden betrachteten Gattungen von Zentralbewegung so geeignet erscheinen, die mechanischen Sätze zu veranschaulichen, welche mit dem zweiten Hauptsatze der Wärmetheorie im Zusammenhange stehen, so mag hier noch ein Satz Platz finden, mittels dessen man sich leicht einen Überblick über die Natur der verschiedenen hierbei, sowie überhaupt bei der Zentralbewegung vorkommenden Bahnformen und Bewegungsarten verschaffen kann.

Die Gleichung (2) zeigt, daß bei jeder beliebigen Zentralbewegung eines materiellen Punktes um ein fixes Zentrum O, r genau dieselbe Funktion von t bleibt, wenn wir die Flächengeschwindigkeit, also β, gleich Null setzen und dagegen zur

Kraftfunktion noch ein Glied $m\beta/2r^2$ hinzufügen, welches einer der dritten Potenz der Entfernung proportionalen Abstoßung entspricht. Der Radiusvektor r wird sich daher bei der Bewegung in der Ebene geradeso ändern, wie bei der Bewegung in einer geraden Linie, wenn bei der letzteren noch eine der dritten Potenz der Entfernung proportionale Abstoßung hinzugefügt wird. Damit hängt zusammen, daß man auch eine Zentralbewegung, bei welcher die Kraft ein der dritten Potenz der Entfernung proportionales Glied enthält, immer auf eine andere reduzieren kann, bei der jenes Glied fehlt.

Wir wollen die Konstanten α und β unverändert lassen, aber zur Kraftfunktion $\varphi(r)$ noch ein Glied $b/2r^2$ hinzufügen, d. h. wir fügen zu der bereits vorhandenen Kraft noch eine abstoßende Kraft von der Intensität b/r^3 hinzu, wobei b eine Konstante ist. Dann geht die Formel (2) über in:

$$dt = \frac{dr}{\sqrt{\dfrac{2\alpha}{m} - \dfrac{2\varphi(r)}{m} - \dfrac{1}{r^2}\left(\beta + \dfrac{b}{m}\right)}}$$

Die Abhängigkeit des Radiusvektor r von der Zeit ist also geradeso, als ob in der Kraftfunktion das Glied $b/2r^2$ fehlte, aber die doppelte Flächengeschwindigkeit den Wert

$$\sqrt{\beta + \frac{b}{m}}$$

statt $\sqrt{\beta}$ hätte. Die Formel (3) geht über in:

$$d\vartheta = \frac{\sqrt{\beta}\,dr}{r^2\sqrt{\dfrac{2\alpha}{m} - \dfrac{2\varphi(r)}{m} - \dfrac{1}{r^2}\left(\beta + \dfrac{b}{m}\right)}}$$

oder

$$\sqrt{1 + \frac{b}{m\beta}} \cdot d\vartheta = \frac{\sqrt{\beta + \dfrac{b}{m}}\,dr}{r^2\sqrt{\dfrac{2\alpha}{m} - \dfrac{2\varphi(r)}{m} - \dfrac{1}{r^2}\left(\beta + \dfrac{b}{m}\right)}}$$

Fügt man daher zur Kraftfunktion das Glied $b/2r^2$ hinzu, so ist

$$\vartheta\sqrt{1 + \frac{b}{m\beta}}$$

durch dieselbe Gleichung mit r verbunden, durch welche ϑ mit r verbunden wäre, wenn erstens dieses Glied fehlte und zweitens die doppelte Flächengeschwindigkeit den Wert

$$\sqrt{\beta + \frac{b}{m\beta}}$$

statt $\sqrt{\beta}$ hätte. Von einer zu t und ϑ hinzuzufügenden willkürlichen Konstante, welche aber nur den Anfang der Zeit und die Lage des Koordinatensystems bestimmt, ist dabei überall abgesehen. Durch Hinzufügung einer der dritten Potenz der Entfernung proportionalen Abstoßung von der Intensität b/r^3 ändert sich also die Bahn sowie die Relation zwischen r und ϑ geradeso, wie durch Vergrößerung der Flächengeschwindigkeit im Verhältnisse

$$1 : \sqrt{1 + \frac{b}{m\beta}}$$

und gleichzeitige Verkleinerung des Winkels ϑ im Verhältnisse von

$$\sqrt{1 + \frac{b}{m\beta}} : 1.$$

Man kann also aus der alten Bahn die neue sehr leicht konstruieren. Dasselbe gilt auch, wenn b negativ, sein Zahlenwert b' aber kleiner als $m\beta$ ist; nur erscheint dann der Winkel ϑ im Verhältnisse

$$\sqrt{1 - \frac{b'}{m\beta}} : 1$$

vergrößert. Der Wert der lebendigen Kraft $m v^2/2$ war früher $\alpha - \varphi(r)$; derselbe ist jetzt

$$(4) \qquad\qquad \alpha - \varphi(r) - \frac{b}{2r^2} \, ;$$

derselbe ist also um $b/2r^2$ kleiner.

Sei nun zunächst $\varphi(r) = 0$; der Punkt M wird dann von gar keiner Kraft affiziert, bewegt sich also längs einer Geraden AB, deren Distanz vom Punkte O mit c bezeichnet werden soll. Die Geschwindigkeit des Punktes bleibt konstant; wir wollen sie v nennen; so folgt aus Gleichung (1):

$$v = \sqrt{\frac{2\alpha}{m}}.$$

Dann ist $c\,v$ die doppelte Flächengeschwindigkeit, und weil dieselbe mit $\sqrt{\beta}$ bezeichnet wurde, so ist

$$c = \sqrt{\frac{\beta}{v^2}} = \sqrt{\frac{m\beta}{2\,\alpha}}.$$

Zählen wir den Weg s des Punkes M vom Fußpunkte der von O auf $A\,B$ gefällten Senkrechten an, so ist $r^2 = c^2 + s^2$ und wegen $s = v\,t$

(5) $$r^2 = \frac{m\beta}{2\,\alpha} + \frac{2\,\alpha}{m}\,t^2;$$

die Gleichung der Geraden $A\,B$ aber ist:

(6) $$r\cos\vartheta = \sqrt{\frac{m\beta}{2\,\alpha}}.$$

Fügen wir nun zu $\varphi(r)$ das Glied $b\,/\,2\,r^2$ hinzu, so erhalten wir den Fall, daß der Punkt M von O mit einer Kraft von der Intensität $b\,/\,r^3$ abgestoßen wird. Die doppelte Flächengeschwindigkeit sei wieder $\sqrt{\beta}$, die lebendige Kraft des Punktes M in der Distanz r von O sei nach Gleichung (4): $\alpha - b\,/\,2\,r^2$. Die Relation zwischen r und t erhalten wir aus der früheren, indem wir in Gleichung (5) $\beta + b\,/\,m$ statt β substituieren; es ist also bei einer der dritten Potenz der Entfernung proportionalen Abstoßung von der Intensität $b\,/\,r^3$, wenn $\sqrt{\beta}$ die doppelte Flächengeschwindigkeit und $\alpha - b\,/\,2\,r^2$ die lebendige Kraft in der Distanz r ist:

(7) $$r^2 = \frac{m\beta + b}{2\,\alpha} + \frac{2\,\alpha}{m}\,t^2.$$

Die Relation zwischen r und ϑ bei der neuen Bewegung erhalten wir, indem wir in Gleichung (6) statt β wieder $\beta + b/m$ und statt ϑ auch noch

$$\vartheta\sqrt{1 + \frac{b}{m\beta}}$$

schreiben. Die Gleichung der neuen Bahn ist also:

(8) $$r\cos\vartheta \cdot \sqrt{1 + \frac{b}{m\beta}} = \sqrt{\frac{m\beta + b}{2\,\alpha}}.$$

Man konstruiert die neue Bahn, indem man von O nach allen Punkten der Geraden $A\,B$ Radienvektoren zieht und die Längen derselben ungeändert läßt, ihre Winkel aber im Verhältnisse

$$\sqrt{1 + \frac{b}{m\beta}} : 1$$

verkleinert. Für negative b gilt dies auch noch, solange der Zahlenwert von b kleiner als $m\beta$ ist. Wenn aber $1 + b/m\beta$ negativ ist, so verwandelt sich der Cosinus in zwei Exponentielle. Für positive b erhält man mittels dieser Konstruktion

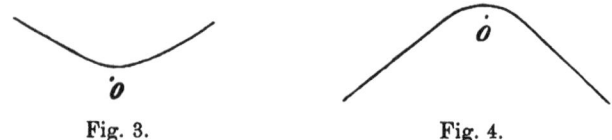

Fig. 3.   Fig. 4.

eine Kurve, wie sie in Fig. 3 verzeichnet ist. Dieselbe besitzt zwei Asymptoten, welche den Winkel

$$\pi \sqrt{\frac{m\beta}{m\beta + b}},$$

also einen spitzen Winkel miteinander einschließen. Die Kurve wendet dem Punkte O ihre konvexe Seite zu. Ist b negativ, aber $1 + b/m\beta$ positiv, so bilden die Asymptoten den stumpfen Winkel

$$\pi \sqrt{\frac{m\beta}{m\beta + b}}$$

Die Kurve wendet dem Punkte O ihre konkave Seite zu, was natürlich ist, weil früher Abstoßung, jetzt Anziehung stattfindet. Solange

$$\pi \sqrt{\frac{m\beta}{m\beta + b}}$$

kleiner als 2π ist, hat die Bahnkurve die in Fig. 4 dargestellte Gestalt. Übersteigt der Wert dieser Größe 2π, so

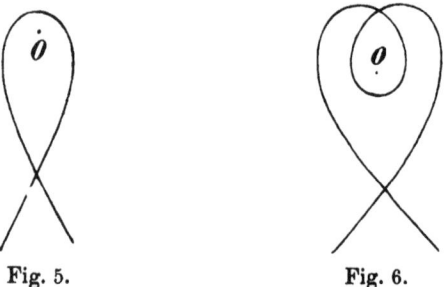

Fig. 5.   Fig. 6.

beginnt sich die Bahn spiralig um den Punkt O aufzurollen, wie es in Fig. 5 und für noch größere Werte von

$$\pi \sqrt{\frac{m\,\beta}{m\,\beta + b}}$$

in Fig. 6 dargestellt ist.

Ist $m\beta + b = 0$ oder negativ, so läßt sich die Bahn nicht mehr aus einer Geraden durch bloße Multiplizierung des Winkels ϑ konstruieren. In diesem Falle müssen wir also zu den Formeln unsere Zuflucht nehmen. Sei zunächst $m\beta + b = 0$; dann läßt sich in Gleichung (7) rechts und links die Quadratwurzel ausziehen und man erhält

$$r = \sqrt{\frac{2\,\alpha}{m}}\, t\,.$$

Der Radiusvektor ist also bei passend gewähltem Anfange der Zeit dieser proportional, was übrigens auch direkt aus der Formel (2) ersichtlich ist, indem in dieser Formel unter dem Quadratwurzelzeichen

$$\frac{2\,\varphi(r)}{m} + \frac{b}{r^2}$$

gleich Null wird. Die Formel (8) kann in diesem Falle nicht direkt verwendet werden. Um sie brauchbar zu machen, setzen wir $\sqrt{m\beta + b}$ zunächst gleich einer sehr kleinen Größe ε; wir erhalten dann

$$r \cos \frac{\varepsilon\,\vartheta}{\sqrt{m\beta}} = \frac{\varepsilon}{\sqrt{2\,\alpha}}\,.$$

Fügen wir nun dem Winkel ϑ die Konstante

$$-\frac{\pi\sqrt{m\beta}}{2\,\varepsilon}$$

bei, so ergibt sich:

$$r \cos\left(\frac{\pi}{2} - \frac{\varepsilon\,\vartheta}{\sqrt{m\beta}}\right) = \frac{\varepsilon}{\sqrt{2\,\alpha}}\,,$$

also für immer kleiner werdende ε:

$$r\,\vartheta = \sqrt{\frac{m\,\beta}{2\,\alpha}}\,.$$

Die Bahn des Beweglichen ist also eine logarithmische Spirale. Ist gleichzeitig noch $\alpha = 0$ und

$$\lim \frac{m\beta + b}{2\,\alpha} = h\,,$$

so folgt aus der Gleichung (7) $r = h$, der Radiusvektor bleibt also konstant. Die Bewegung geschieht im Kreise. Sei endlich $m\beta + b$ negativ. In diesem Falle wollen wir

$$\sqrt{-1-\frac{b}{m\beta}}$$

mit g bezeichnen; dann wird die Gleichung der Bahn, wenn α ebenfalls negativ ist

$$r\left(e^{g\vartheta}+e^{-g\vartheta}\right)=\sqrt{\frac{2\,(m\,\beta+b)}{\alpha}},$$

was wieder eine Spirale repräsentiert, deren beide Zweige aber im Koordinatenanfangspunkte enden. Ist α positiv, so würde der zweite Teil der Gleichung imaginär; wir wollen dann in Gleichung (8) zu ϑ die Konstante

$$-\frac{\pi\sqrt{m\,\beta}}{2\sqrt{m\beta+b}}$$

addieren; sie geht dann über in

$$r\sin\vartheta\sqrt{1+\frac{b}{m\,\beta}}=\sqrt{\frac{m\,\beta+b}{2\,\alpha}}$$

oder nach Auflösung des imaginären Sinus in zwei Exponentiellen

$$r\left(e^{g\vartheta}-e^{-g\vartheta}\right)=\sqrt{-\frac{2\,(m\,\beta+b)}{\alpha}},$$

welche Gleichung eine Spirale darstellt, deren einer Ast ins Unendliche geht, während der andere im Koordinatenanfangspunkt endet. Ist endlich $\alpha=0$, so wird die Bahn des Beweglichen eine logarithmische Spirale. Als zweites Beispiel wollen wir den Fall betrachten, wo

$$\varphi(r)=-\frac{a}{r}$$

ist; es wird dann der Punkt M mit der Kraft a/r^2, also nach dem Newtonschen Gravitationsgesetze nach dem Punkte O gezogen. Nach bekannten Formeln für die Planetenbewegung hat man dann:

$$(9)\begin{cases} dt=\dfrac{\sqrt{m}\,r\,dr}{\sqrt{2\,\alpha\,r^2+2\,ar-\beta m}},\\[3mm] t=\dfrac{\sqrt{m}}{2\,\alpha}\sqrt{2\,\alpha\,r^2+2\,ar-\beta m}-\dfrac{a\sqrt{m}}{\sqrt{-2\,\alpha^3}}\arcsin\dfrac{2\,\alpha\,r+a}{\sqrt{a^2+2\,\alpha\,m\,\beta}},\\[3mm] \cos\vartheta=\dfrac{\dfrac{m\,\beta}{r}-a}{\sqrt{a^2+2\,\alpha\,m\,\beta}}. \end{cases}$$

Fügen wir zur Kraftfunktion noch das Glied $b/2\,r^2$ hinzu, so daß also die gesamte Kraftfunktion

$$= -\frac{a}{r} + \frac{b}{2\,r^2},$$

die Anziehung gleich

$$\frac{a}{r^2} - \frac{b}{r^3}$$

ist, so ändert sich in den Formeln für die Zeit nichts, als daß $\beta + b/m$ an die Stelle von β tritt; es ergibt sich also:

$$dt = \frac{\sqrt{m}\,r\,dr}{\sqrt{2\,\alpha\,r^2 + 2\,a\,r - \beta\,m - b}},$$

$$t = \frac{\sqrt{m}}{2\,\alpha}\sqrt{2\,\alpha\,r^2 + 2\,a\,r - \beta\,m - b} - \frac{a\sqrt{m}}{\sqrt{-2\,\alpha^3}}\arcsin\frac{3\,\alpha\,r + a}{\sqrt{a^2 + 2\,\alpha\,m\,\beta + 2\,b\,\alpha}}.$$

Dabei ist $\sqrt{\beta}$ die doppelte Flächengeschwindigkeit,

$$\alpha + \frac{a}{r} - \frac{b}{2\,r^2}$$

die lebendige Kraft des materiellen Punktes in der Distanz r von O.

Ist α positiv, so entfernt sich der Punkt M ins Unendliche. Ist dagegen α negativ, so bleibt er ganz im Endlichen. Im letzteren Falle sind die beiden Wurzeln der Gleichung:

$$2\,\alpha\,r^2 + 2\,a\,r - \beta\,m - b = 0$$

der größte und kleinste Wert des r; sie mögen mit r_0 und r_1 bezeichnet werden. Dann findet man für die Zeit, welche der Radiusvektor braucht, um von r bis r_1 überzugehen

$$\frac{\pi\,a\sqrt{m}}{\sqrt{-2\,\alpha^3}}.$$

Die Gleichung der Bahn des Beweglichen erhalten wir, indem wir in Gleichung (9):

$$\vartheta\sqrt{1 + \frac{b}{m\,\beta}}$$

für ϑ, und $\beta + b/m$ für β substituieren; sie ist also:

$$\cos\vartheta\sqrt{1 + \frac{b}{m\,\beta}} = \frac{\dfrac{m\,\beta + b}{r} - \alpha}{\sqrt{a^2 + 2\,\alpha\,m\,\beta + 2\,\alpha\,b}}.$$

Solange $m\beta + b$ positiv ist, kann diese Bahn wieder leicht konstruiert werden. Wir verzeichnen uns zunächst die durch die Gleichung (9) bestimmte Bahn, welche der Punkt beschreiben würde, wenn bloß die Anziehungskraft a/r^2 vorhanden wäre, die doppelte Flächengeschwindigkeit $\sqrt{\beta}$ und die lebendige Kraft in der Distanz r von O $\alpha + a/r$ wäre. Dieselbe ist eine Kegelschnittlinie, in deren Brennpunkt der Punkt O liegt. Wir ziehen nun vom Punkte O nach allen Punkten jener Kegelschnittlinie Radienvektoren und lassen diese Radienvektoren der Größe nach ungeändert, während wir ihre Winkel im Verhältnisse

$$\sqrt{1 + \frac{b}{m\beta}} : 1$$

verkleinern. Der geometrische Ort der Endpunkte der Radienvektoren in ihrer neuen Lage ist die Bahn des Beweglichen, wenn die Anziehungskraft gleich

$$\frac{a}{r^2} - \frac{b}{r^3},$$

die doppelte Flächengeschwindigkeit gleich $\sqrt{\beta}$ und die lebendige Kraft in der Distanz r gleich

$$\alpha + \frac{a}{r} - \frac{b}{2r^2}$$

ist. Die Gestalt der Bahn, welche man in dieser Weise erhält, ist daher ganz ähnlich mit der einer Kegelschnittlinie: nur ist der Winkel zweier sich folgenden Apsidenlinien (der Radiusvektoren, für welche r ein Maximum oder Minimum ist) nicht gleich π; die Bahn ist daher im allgemeinen (wenn der Winkel zweier sich folgender Apsidenlinien nicht gerade mit π kommensurabel ist) nicht in sich zurückkehrend.

Als drittes Beispiel möge der Funktion $f(r)$ noch der Wert $-ar$ erteilt werden. Dann ist die Arbeit, welche erforderlich wäre, um den Punkt M in unendliche Entfernung von t zu bringen, unendlich. Dagegen ist die Arbeit, welche dieser Punkt leistet, wenn er bis in die Distanz Null von O kommt, endlich; wir wollen daher setzen:

$$\varphi(r) = -\int_0^r f(r)\, dr = \frac{ar^2}{2}.$$

Die Bewegungsgleichungen reduzieren sich dann, wenn man rechtwinklige Koordinaten einführt, auf:

$$m \frac{d^2 x}{d t^2} = - a x, \quad m \frac{d^2 y}{d t^2} = - a y,$$

deren Integration liefert:

$$x = A \cos \sqrt{\frac{a}{m}} t + B \sin \sqrt{\frac{a}{m}} t,$$

$$y = C \cos \sqrt{\frac{a}{m}} t + D \sin \sqrt{\frac{a}{m}} t,$$

wobei A, B, C und D Konstanten sind. Drückt man wieder t und ϑ als Funktion von r aus und gebraucht die früher eingeführten Integrationskonstanten α und β (zwei zu t und ϑ additiv hinzutretende Integrationskonstanten sollen wieder unterdrückt werden), so erhält man:

$$(10) \qquad \alpha - a r^2 = \sqrt{\alpha^2 - a m \beta} \cdot \cos 2 \sqrt{\frac{a}{m}} t,$$

$$(11) \qquad \alpha - \frac{m \beta}{r^2} = \sqrt{\alpha^2 - a m \beta} \cdot \cos 2 \vartheta.$$

Fügen wir nun zur Kraft noch ein Glied b / r^3 hinzu, so daß also der Punkt M gegen O mit einer Kraft von der Intensität $a r - b / r^3$ gezogen wird. $\sqrt{\beta}$ sei die doppelte Flächengeschwindigkeit,

$$\alpha - \frac{a r^2}{2} - \frac{b}{2 r^2}$$

die lebendige Kraft in der Distanz r. Dann finden wir die neue Relation zwischen r und t, indem wir in die Gleichung (10) $\beta + b / m$ für β schreiben. Dieselbe ist also:

$$(12) \qquad \alpha - a r^2 = \sqrt{\alpha^2 - a m \beta - a b} \cdot \cos 2 \sqrt{\frac{a}{m}} t.$$

Ist a positiv, so ändert sich also r wieder periodisch; die Dauer einer Periode

$$\pi \sqrt{\frac{m}{a}}$$

hat sich durch Hinzufügung der der dritten Potenz der Entfernung proportionalen Abstoßung nicht verändert. Ist a negativ,

so löst sich der Cosinus in zwei Exponentiellen auf. Der Fall
$a = 0$ reduziert sich auf den schon früher betrachteten. Ist
der Koeffizient des Cosinus gleich Null, also

$$\alpha^2 - a\,m\,\beta - a\,b = 0,$$

so bleibt r konstant, die Bewegung geschieht also im Kreise;
imaginär kann dieser Koeffizient nicht werden, weil sonst

$$\frac{m}{2}\left(\frac{d\,r}{d\,t}\right)^2 = \alpha - \frac{a\,r^2}{2} - \frac{m\,\beta + b}{2\,r^2}$$

negativ, also der Differentialquotient von r nach der Zeit
imaginär ausfiele. Die neue Gleichung der Bahn erhalten wir,
indem wir in die Gleichung (11) $\beta + b\,/\,m$ statt β und

$$\vartheta\,\sqrt{1 + \frac{b}{m\,\beta}}$$

statt ϑ substituieren. Dieselbe ist also:

$$(13)\quad \alpha - \frac{m\,\beta + b}{r^2} = \sqrt{\alpha^2 - a\,m\,\beta - a\,b}\,\cos 2\,\vartheta\,\sqrt{1 + \frac{b}{m\,\beta}}.$$

Falls $m\,\beta + b$ positiv ist, kann diese Bahn wieder leicht
aus der vorigen konstruiert werden. Wir wollen die Bewegung
aufsuchen, welche der Punkt machen würde, falls bloß die
Kraft $a\,r$ vorhanden wäre, aber die doppelte Flächengeschwindigkeit nicht gleich $\sqrt{\beta}$, sondern

$$\sqrt{1 + \frac{b}{m\,\beta}}$$

wäre, d. h. wir wollen in die Gleichung (11) $\beta + b\,/\,m$ statt β
schreiben, aber ϑ ungeändert lassen; wir erhalten:

$$\alpha - \frac{m\,\beta + b}{r^2} = \sqrt{\alpha^2 - a\,m\,\beta - a\,b}\cdot\cos 2\,\vartheta$$

oder nach Einführung rechtwinkliger Koordinaten:

$$(14)\quad x^2\cdot\frac{\alpha - \sqrt{\alpha^2 - a\,m\,\beta - a\,b}}{m\,\beta + b} + y^2\cdot\frac{\alpha + \sqrt{\alpha^2 - a\,m\,\beta - a\,m\,b}}{m\,\beta + b} = 1.$$

Es ist dies die Gleichung einer Ellipse, wenn a positiv, einer
Hyperbel, wenn a negativ ist. Wenn nun die Anziehungskraft

$a\,r - b\,/\,r^3$ und die doppelte Flächengeschwindigkeit $\sqrt{\beta}$ ist, so ist die Abhängigkeit des Radiusvektor von der Zeit ganz dieselbe. Die Gestalt der Bahn aber unterscheidet sich bloß dadurch, daß die Winkel der Radienvektoren sich zu denen der früheren wie

$$1 : \sqrt{1 + \frac{b}{m\,\beta}}$$

verhalten. Man erhält also die neue Bahn, indem man an die durch die Gleichung (14) dargestellte Kegelschnittlinie vom Zentrum Radienvektoren zieht, deren Länge ungeändert läßt, ihre Winkel aber im Verhältnis

$$\sqrt{1 + \frac{b}{m\,\beta}} : 1$$

verkleinert. Die Bahnkurve hat also für positive b folgende Gestalt.

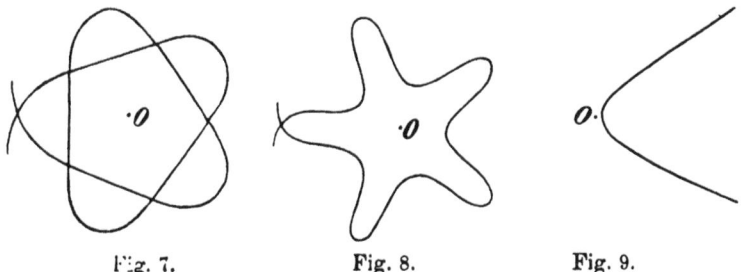

Fig. 7.   Fig. 8.   Fig. 9.

Für negative b aber wird ihre Gestalt folgende:

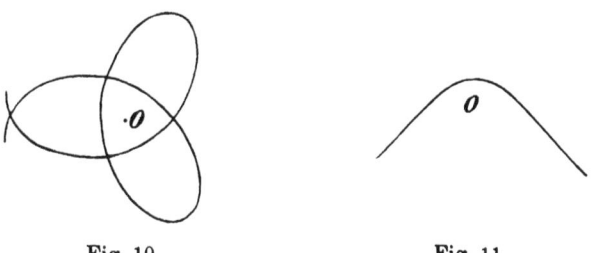

Fig. 10.   Fig. 11.

oder für größere Zahlenwerte von b:

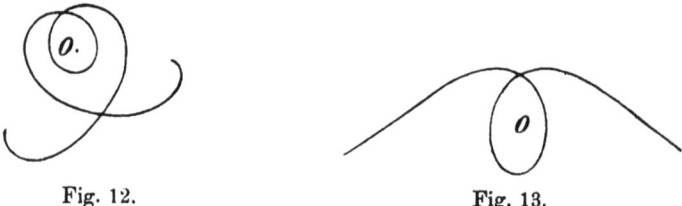

Fig. 12.   Fig. 13.

Die links stehende Figur gilt immer für positive, die rechtsstehende für negative a. Falls die Gleichung (14) einen Kreis repräsentiert, so wird aus demselben durch unsere Konstruktion wieder ein Kreis. Unsere Konstruktion hört auf anwendbar zu sein, wenn $m\beta + b$ gleich Null oder negativ ist. Im ersten Falle reduziert sich die Gleichung (12) auf

$$r = \sqrt{\frac{2\,a}{a}}\,\sin\sqrt{\frac{a}{m}}\,t.$$

Um die Gleichung (13) anwendbar zu machen, setzen wir $m\beta + b$ gleich einer sehr kleinen Größe ε. Entwickelt man dann die Wurzeln und den Cosinus nach Potenzen von ε und behält nur das erste Glied bei, so ergibt sich:

$$r = \sqrt{\frac{2\,\alpha\,m\,\beta}{a\,m\,\beta + 4\,\alpha^2\,\vartheta^2}},$$

was eine Spirale darstellt, die in unendlich vielen Windungen den Punkt O umkreist und in demselben endet. Für positive a ist der größte Wert von r gleich

$$\sqrt{\frac{2\,\alpha}{a}}$$

und nimmt r von seinem größten Werte bis zu Null in der endlichen Zeit

$$\frac{\pi}{2}\sqrt{\frac{m}{a}}$$

ab. Für negative a erstreckt sich die andere Seite der Spirale ins Unendliche. Ist endlich $m\beta + b$ negativ, so wollen wir es gleich $-g$ setzen. Dann geht die Gleichung (13) für positive $\alpha^2 + a\,g$ über in

$$(15) \qquad \alpha + \frac{g}{r^2} = \frac{1}{2}\sqrt{\alpha^2 + a\,g}\left(e^{2\sqrt{\frac{g}{m\beta}}\,\vartheta} + e^{-2\sqrt{\frac{g}{m\beta}}\,\vartheta}\right)$$

Setzen wir zuerst voraus, es sei a positiv. Dann ist dies die Gleichung einer Spirale, deren beide Enden sich im Koordinatenanfangspunkte befinden und welche ganz im Endlichen liegt. Der größte Wert des r ist

$$\sqrt{\frac{g}{\sqrt{\alpha^2 + a g} - \alpha}} = \sqrt{\frac{\alpha + \sqrt{\alpha^2 + a g}}{a}}$$

Die Zeit, welche erforderlich ist, damit das Bewegliche von demjenigem Punkte der Bahn, für den r ein Maximum ist, bis zum Koordinatenanfangspunkte gelange, ist nach der Formel (12) gleich

$$\frac{1}{2} \sqrt{\frac{m}{a}} \left(\pi - \arctg \sqrt{\frac{a g}{\alpha}} \right).$$

Ist a negativ, aber $\alpha^2 + a g$ positiv, so hört die Gleichung (15) nicht auf zu gelten. Es muß dann α notwendig von Null verschieden sein, weil $a g$ negativ ist, also $\alpha^2 + a g$ sonst nicht positiv sein könnte. Wir haben zwei Fälle zu unterscheiden: A) wenn α positiv ist, so muß der Quadratwurzel in der Gleichung (15) das positive Zeichen erteilt werden und jene Formel stellt dann eine Spirale dar, deren einer Ast sich ins Unendliche erstreckt, während der zweite im Koordinatenanfangspunkte endet. B) ist α negativ, so kann der Quadratwurzel sowohl das positive, als auch das negative Zeichen erteilt werden. Im ersten Falle repräsentiert sie eine Spirale, welche ganz im Endlichen liegt, im zweiten Falle eine solche, deren beide Äste sich ins Unendliche erstrecken. Es kann also das Bewegliche in diesem Falle zwei ganz getrennte und verschieden gestaltete Bahnen einschlagen. Welche von beiden es einschlägt, hängt natürlich davon ab, auf welcher es sich zu Beginn der Zeit befand. Es hängt dies damit zusammen, daß, wenn α und a negativ, $\alpha^2 + a g$ aber positiv ist, die Gleichung

$$\frac{m}{2} \left(\frac{d r}{d t} \right)^2 = \alpha - \frac{a r^2}{2} + \frac{g}{2 r^2} = 0$$

zwei reelle positive Wurzeln für r liefert, welche zwei Distanzen entsprechen, von denen in der einen Abstoßung, in der anderen Anziehung stattfindet.

Ist $\alpha^2 + a g = 0$, so hat die letzterwähnte Gleichung gleiche Wurzeln; wir wissen bereits, daß dann die Bewegung im Kreise geschieht.   Ist endlich $\alpha^2 + a\,g$ negativ, so muß in der Gleichung (13), damit dieselbe etwas Reelles liefere, dem ϑ die Konstante

$$- \frac{\pi}{4} \sqrt{\frac{m\,\beta}{m\,\beta + b}}$$

beigefügt werden.   Dadurch verwandelt sich der Cosinus in einen Sinus und man erhält, wenn man den letzteren in zwei Exponentiellen auflöst:

$$\alpha + \frac{g}{r^2} = \sqrt{-\alpha^2 - a\,g}\left(e^{2\sqrt{\frac{g}{m\,\beta}}\,\vartheta} - e^{-2\sqrt{\frac{g}{m\,\beta}}\,\vartheta}\right).$$

welche Gleichung unter allen Umständen eine Spirale darstellt, deren einer Ast sich ins Unendliche erstreckt, während der andere im Koordinatenanfangspunkte endet.   In der Tat hat die Gleichung $d\,r\,/\,d\,t = 0$ nur imaginäre Wurzeln für r.   Da die Diskussion spezieller Fälle so außerordentlich leicht ist, so will ich sie nicht weiter fortführen.   Nur noch einige allgemeine Betrachtungen bezüglich der Zentralbewegung sollen hier Platz finden.   Es repräsentieren uns nämlich die hier aufgezählten Bewegungsformen in der Tat alle Grundformen, welche bei der Zentralbewegung überhaupt auftreten können und dies ist auch der Grund, weshalb ich mich auf eine ausführliche Diskussion einließ.   Die Gleichung

$$r^2 \frac{d\,\vartheta}{d\,t} = \text{const.}$$

zeigt uns nämlich sogleich, daß $d\,\vartheta\,/\,d\,t$ sein Zeichen nicht ändern kann; auch kann es nicht 0 werden, wenn nicht r unendlich wird oder die Bewegung nicht beständig in einer Geraden geschieht.   Es sind daher zunächst zwei Hauptformen der Bahn zu unterscheiden; entweder die Bahn geht ins Unendliche oder dieselbe liegt ganz im Endlichen.   Geht sie ins Unendliche, so bricht ihr zweiter Ast entweder im Punkte O ab, dem er sich dann in immer enger werdenden Windungen nähert (vielleicht beschreibt er nur einen Bruchteil einer Windung) oder es erreicht r ein Minimum; im letzteren Falle ist die Bahn bezüglich der Richtung des kleinsten Wertes von r symmetrisch.   Sie umschlingt dann den Punkt O entweder gar nicht, Fig. 9 und 11, oder beschreibt um ihn eine größere oder kleinere Zahl von Windungen, welche sich dem Punkte O

beständig nähern und dann wieder immerfort von O entfernen, Fig. 13. Liegt die Bahn ganz im Endlichen, so sind wieder zwei Hauptfälle zu unterscheiden, entweder die Bahn enthält den Punkt O oder nicht. Im ersten Falle hat r nur ein Maximum und beide Äste der Bahnkurve nähern sich in immer enger werdenden Windungen beständig dem Punkte O. Im zweiten Falle hat r im allgemeinen unendlich viele Maxima und Minima (Apsidenlinien); aber nach jedem Maximum wiederholt sich die Bewegung genau so, wie nach dem ersten; ebenso nach jedem Minimum. Es sind also alle Maxima untereinander gleich und ebenso alle Minima. Die Bahn hat eine sternförmige Gestalt. Dieselbe ist für kleine Winkel der Apsidenlinien in Fig. 8, für größere, die aber immer noch kleiner als $\pi/2$ sind, in Fig. 5 dargestellt. Sind die Winkel zweier sich folgender Apsidenlinien unbedeutend größer als $\pi/2$, so hat die Bahnkurve die in Fig. 10 dargestellte Gestalt. Einen Zweig einer Bahn, bei der der Winkel zweier sich folgenden Apsidenlinien sehr groß ist, stellt Fig. 12 dar. Die Bahn ist also im allgemeinen, auch wenn sie ganz im Endlichen liegt, keine geschlossene. Nur wenn der Winkel zweier sich folgender Apsidenlinien in einem rationalen Verhältnisse zu π steht, ist die Bahn geschlossen. Ist dieser Winkel π, so hat r als Funktion von ϑ betrachtet, nur ein Maximum und ein Minimum wie bei der Planetenbewegung. Ist er $\pi/2$, so hat r zwei gleiche Maxima und zwei gleiche Minima, wie bei unendlich kleinen Schwingungen des konischen Pendels. Wäre dieser Winkel $\pi/4$, so hätte die Bahn die Gestalt eines 4 strahligen, wäre er $\pi/6$ die eines 6 strahligen Sternes. Er könnte aber auch gleich 2π sein, in welchem Falle die beiden Apsidenlinien in dieselbe Richtung fallen. Ein spezieller Fall ist die Bewegung im Kreise und die längs einer Geraden; im letzteren Falle kann das Bewegliche natürlich wieder entweder ganz im Endlichen bleiben oder sich ins Unendliche entfernen. Ich bemerke noch, daß die Bahnkurve immer für jene r, für welche Anziehung stattfindet, dem Punkte O ihre konkave, für jene, wo Abstoßung stattfindet, dem Punkte O ihre konvexe Seite zuwendet. Ist für ein gewisses r die Kraft gleich Null, so oskuliert daselbst die Tangente die Bahnkurve. Der Fall, daß eine krumme Bahnkurve im Koordinatenanfangspunkte endigt, kann nur

stattfinden, wenn für unendlich kleine Werte von r die Kraft
eine anziehende von der Ordnung $1/r^3$ oder einer noch höheren
Ordnung ist. Denn die Zeit, während welcher der Radiusvektor von r bis Null abnimmt, ist

$$\int_0^r \frac{dr}{\sqrt{\frac{2\alpha}{m} - \frac{2\varphi(r)}{m} - \frac{\beta}{r^2}}}.$$

Der Winkel ϑ ändert sich während dieser Zeit um

$$\sqrt{\beta}\int_0^r \frac{dr}{r^2\sqrt{\frac{2\alpha}{m} - \frac{2\varphi(r)}{m} - \frac{\beta}{r^2}}}.$$

Ist nun β von Null verschieden, so können beide Integrale
nur dann reell sein, wenn $\varphi(r)$ für sehr kleine r negativ und
mindestens unendlich von der Ordnung $1/r^2$ ist, was einer
von der Ordnung $1/r^3$ unendlichen Anziehung entspricht. Das
Integral für die Zeit ist, spezielle Werte der Integrationskonstanten α und β ausgenommen, endlich; das Bewegliche
erreicht also den Punkt O im allgemeinen in endlicher Zeit.
Das Integral für ϑ wird, wieder spezielle Werte von α und β
ausgenommen, unendlich, wenn $\varphi(r)$ für unendlich kleine α
von niederer Ordnung als $1/r^4$, endlich, wenn $\varphi(r)$ von der
Ordnung $1/r^4$ oder einer höheren ist. Ersteres tritt ein, wenn
die Anziehungskraft von einer niederen Ordnung als $1/r^5$,
letzteres, wenn sie von dieser oder einer höheren Ordnung ist.
Im ersteren Falle beschreibt die Bahn eine unendliche Zahl
von Windungen um den Punkt O, im letzteren nicht. Was
geschieht, nachdem das Bewegliche in O angelangt ist, läßt
sich nicht weiter entscheiden, da daselbst die Kraft unendlich
ist, einer unendlichen Kraft aber keine bestimmte Bedeutung
zukommt.

40.

Notiz über die Fouriersche Reihe.

(Wien. Anz. **14.** S. 10. 1877.)

... Hr. Prof. Boltzmann übersendet die nachfolgende Notiz, in welcher darauf aufmerksam gemacht wird, daß die interessante Eigenschaft der Fourierschen Reihe, welche Prof. Toepler in dem am 17. Dezember der Wiener Akademie übermittelten Aufsatze entwickelt, in innigem Zusammenhange mit einer bereits längst bekannten Eigenschaft derselben steht. Um den einfachsten Fall zu betrachten, wollen wir mit x die Zeit bezeichnen; die Geschwindigkeit eines materiellen Punktes von der Masse m zur Zeit x sei $F(x)$, von welcher Funktion wir voraussetzen, daß sie eine solche periodische Funktion von x sei, die sich in eine nach Sinus der Vielfachen von x fortschreitende Reihe entwickeln läßt. Sei etwa

$$F(x) = b_1 \sin x + b_2 \sin 2x + b_3 \sin 3x + \ldots$$

Die mittlere lebendige Kraft des materiellen Punktes ist dann

$$\frac{1}{2\pi} \int_0^{2\pi} \frac{m}{2} [F(x)]^2 \, dx \,,$$

oder wenn man $m = 4\pi$ setzt

$$\int_0^{2\pi} [F(x)]^2 \, dx \,.$$

Dieselbe ist bekanntlich gleich der Summe der mittleren lebendigen Kräfte der einzelnen einfachen Pendelschwingungen, aus denen $F(x)$ zusammengesetzt ist, also gleich

$$b_1{}^2 + b_2{}^2 + b_3{}^2 + \cdots$$

Wäre die Geschwindigkeit des materiellen Punktes nicht gleich

$F(x)$, sondern gleich $F(x) - a_k \sin k x$, so wäre dessen mittlere lebendige Kraft

$$\int_0^{2\pi} [F(x) - a_k \sin k x]^2 \, d x \,.$$

Dieselbe ist wieder gleich der Summe der mittleren lebendigen Kraft aller einzelnen einfachen Pendelschwingungen, und da durch das hinzugekommene Glied nur der Koeffizient des $(k-1)$-ten Obertones aus b_k in $b_k - a_k$ verwandelt wurde, so ist sie ein Minimum, wenn dieser Oberton ganz ausgelöscht wird, also wenn $a_k = b_k$ ist.

41.

Über eine neue Bestimmung einer auf die Messung der Moleküle Bezug habenden Größe aus der Theorie der Kapillarität.[1]

(Wien. Ber. **75.** S. 801—813. 1877.)

In dem jüngst erschienenen Hefte von Poggendorffs Annalen ist eine Abhandlung von James Moser[2] enthalten, in welcher angeführt wird, daß Helmholtz aus der Größe der Kohäsion einer Flüssigkeit einen Schluß auf die Größe der Wirkungssphäre der Moleküle zu ziehen beabsichtigt. Sucht man eine Flüssigkeitssäule zu zerreißen, so muß offenbar zuerst im Innern derselben eine kleine Höhlung entstehen. Gemäß der bekannten Grundgleichung der Kapillaritätslehre

$$(1) \qquad P = K \pm \frac{H}{2}\left(\frac{1}{R} + \frac{1}{R'}\right)$$

wäre, so lange dieselbe unendlich klein ist, zu ihrer Bildung bzw. Vergrößerung ein unendlicher Druck auf die Flächeneinheit erforderlich, während Flüssigkeiten schon bei einem endlichen negativen Drucke zerreißen. Die Ursache davon kann nur darin liegen, daß für unendlich kleine Höhlungen jene Grundgleichung der Kapillarität nicht mehr richtig ist. Der Vorschlag Helmholtz' ging nun dahin, diesen Umstand zu benutzen, um auf Grund von Messungen des negativen Druckes welcher zum Zerreißen einer. Flüssigkeit notwendig ist, die Wirkungssphäre der Molekularkräfte zu bestimmen. Es gelang jedoch Hrn. Moser nicht, Messungen auszuführen, welche einen Schluß auf die Größe der Wirkungssphäre der Molekularkräfte erlauben würden. Ich beschäftige mich schon seit einiger Zeit mit demselben Gegenstande und das Er-

---

[1] Voranzeige dieser Arbeit Wien. Anz. **14.** S. 85. 12. April 1877.
[2] Pogg. Ann. **160.** S. 138.

scheinen der oben angeführten Abhandlung Mosers gibt mir Veranlassung, die Resultate meiner diesbezüglichen Untersuchung mitzuteilen, welche freilich nur als vorläufige zu betrachten sind und auf einem Wege der von dem Helmholtz' verschieden ist, zu einer neuen Schätzung der Größe der Wirkungssphäre der Molekularkräfte führen.

Versuche aus den Kapillarerscheinungen einen Schluß auf die Größe dieser Wirkungssphäre zu ziehen, sind bereits in großer Anzahl gemacht worden. Plateau maß die geringste Dicke, bis zu welcher sich eine Lamelle eines Gemisches von Seifenwasser und Glyzerin ausspannen ließ und fand, indem er voraussetzte, daß dieselbe gleich der doppelten Wirkungssphäre eines Moleküls sei, für letztere den Wert 56, wenn wir den Millionteil des Millimeters als Einheit wählen. (Pogg. Ann. **114**, S. 608). Ähnliche Versuche hat Mach angestellt, nur daß er die Lamellendicke nicht wie Plateau auf optischem Wege, sondern durch Wägung der Lamelle bestimmte. Dieselbe wurde aus Wasserglas oder geschmolzenem Kolophonium dargestellt und nach dem Erstarren der Substanz gewogen. (Wien. Ber. **46**, S. 125.) Aus Machs Versuchen würde sich mit Zuziehung der Hypothese Plateaus die Größe der Wirkungssphäre für Wasserglas 71000, für Kolophonium gleich 13500 ergeben. Quincke (Pogg. Ann. **137**, S. 402) erzeugte auf einer Glasplatte einen keilförmigen Überzug verschiedener Substanzen, tauchte dann die Glasplatte in eine Flüssigkeit und bestimmte die Stelle, an welcher der Keil so dick ist, daß das dahinter befindliche Glas keinen Einfluß auf die Gestalt der unmittelbar an dem Keile anliegenden Flüssigkeitsoberfläche hat. Er fand in dieser Weise für die Wirkungssphäre l der Moleküle verschiedener Substanzen folgende Werte:

$l > 54$ für Wasser, Silber, Glas;

$l = 48$ für Quecksilber, Schwefelsilber, Glas;

$l = 59$ für Quecksilber, Jodsilber, Glas;

$l < 80$ für Quecksilber, Kollodium, Glas.

In neuerer Zeit haben Thomson und van der Waals die Kapillaritätserscheinungen zu Schlüssen auf die Dimensionen der Moleküle verwendet. Ersterer (Liebigs Ann. **157**, S. 54) berechnet aus der Theorie der Kapillarität die Arbeit, welche notwendig ist, die Oberfläche einer Flüssigkeit um einen Quadratmillimeter zu vergrößern. Daraus kann unmittelbar gefunden werden, zu einer wie dünnen Schicht eine gegebene Flüssigkeitsmasse ausgespannt werden müßte, damit die dazu erforderliche Arbeit äquivalent der Verdampfungswärme der Flüssigkeit wäre.

Thomson schließt, daß in einer so dünnen Schicht der Zusammenhang der Moleküle schon ganz aufgehoben sein müßte, daß deren Dicke also kleiner als der Durchmesser eines Moleküls sein müßte, da diese Arbeit imstande ist, die ganze Flüssigkeit in Dampf zu verwandeln, also den Zusammenhang ihrer Moleküle gänzlich zu zerstören. Thomson findet auf diese Weise den Durchmesser eines Moleküls größer als 0,05.

Van der Waals (vgl. dessen Buch „Over de continuiteit van den gas en vloeistoftoestand", auch Poggendorffs Beiblätter 1. bestimmte aus den Abweichungen der Gase vom Gay-Lussac-Mariotteschen Gesetze die Kraft, welche zwei Gasmoleküle aufeinander ausüben, und indem er sein Gesetz so verallgemeinerte, daß es auch für den tropfbar flüssigen Zustand Gültigkeit hat, konnte er daraus auch Schlüsse auf die Kräfte, die zwischen zwei Molekülen einer tropfbaren Flüssigkeit tätig sind, ziehen, und zwar bestimmte er in dieser Weise die Konstante

$$K = \int_0^\infty \psi(x)\, d\,x$$

der Formel (1), wobei $\psi(x)$ die Kraft ist, welche zwei Moleküle in der Distanz x aufeinander ausüben. Diese Konstante K wird gewöhnlich als die Kraft bezeichnet, mit welcher ein ebenes Stück der Flüssigkeit vom Flächeninhalte 1 von der übrigen Flüssigkeit nach innen gezogen wird, zu welcher Kraft, sobald das Oberflächenelement gekrümmt ist, noch das Korrektionsglied

$$\pm\, H\left(\frac{1}{R} + \frac{1}{R'}\right)$$

kommt. Da die Größe

$$H = \int_0^\infty x\,\psi(x)\, d\,x$$

bekannt ist, so kann der Quotient

$$x_1 = \frac{\int_0^\infty x\,\psi(x)\,dx}{\int_0^\infty \psi(x)\,dx}$$

gefunden werden, von welchem van der Waals voraussetzt, daß derselbe ein Bruchteil des Radius der Wirkungssphäre eines Moleküls ist. Van der Waals findet auf diese Weise

	K in Atmo-sphären	x_1 in Milliontel Millimeter
für Alkohol .	2100	0,25
„ Äther . .	1300	0,29
„ Schwefelkohlenstoff . .	2900	0,23

Die Art und Weise, wie ich die Kapillarerscheinungen zu einem Schlusse auf eine Größe zu benutzen suchte, deren Länge jedenfalls klein von der Ordnung des Molekulardurchmessers sein muß, besteht in folgendem: man kann leicht aus der Kapillaritätstheorie die Arbeit a berechnen, welche erforderlich ist, um die freie Oberfläche einer Flüssigkeit um einen Quadratmillimeter zu vergrößern. (Sämtliche Moleküle, welche an jenem Quadratmillimeter anliegen, aus dem Innern an die Oberfläche der Flüssigkeit zu bringen.) Vgl. Boltzmann, Pogg. Ann. **141**, S. 582.[1] Mousson, Pogg. Ann. **144**, S. 405. Thomson l. c. Am einfachsten geschieht dies folgendermaßen.

Setzen wir voraus, die Flüssigkeit befinde sich in einem Kommunikationsgefäße, dessen beide Schenkel vertikale Kreiszylinder sind; der Radius des engeren Schenkels sei r, der des weiteren R. Die Flüssigkeit benetze das Gefäß, so daß der Randwinkel 180° beträgt. Die Höhe, bis zu welcher die Flüssigkeit im engeren Schenkel steht, sei z, die im weiten Z, wobei beide Höhen von einer und derselben übrigens willkürlichen Horizontalebene an gezählt werden können. Erteilen wir der Flüssigkeit eine unendlich kleine virtuelle Verschiebung. Die Niveaus in beiden Schenkeln sollen sich dabei parallel mit sich selbst verschieben, und zwar sollen z und Z um die

---

[1] Nr. 13 d. I. Bd. dieser Sammlung.

Größen δz und δZ wachsen. Wegen der Unzusammendrück-barkeit der Flüssigkeit ist

$$\delta Z = - \frac{r^2 \, \delta x}{R^2}.$$

Da die Flüssigkeit die Röhre benetzt, so ist die Sache so anzusehen, als ob die Wand der Röhre aus derselben Flüssig-keit bestehen würde.

Dadurch, daß die Flüssigkeitsoberfläche im engen Rohre um δz steigt, verkleinert sich also ihre Oberfläche um die Mantelfläche eines Zylinders, dessen Höhe δz, dessen Umfang $2 \pi r$ ist, dessen Mantelfläche also $2 \pi r \, \delta z$ ist. Ebenso ver-größert sich die Flüssigkeitsoberfläche dadurch, daß dieselbe im weiteren Schenkel um

$$- \delta Z = \frac{r^2 \, \delta x}{R^2}$$

sinkt um

$$\frac{2 \pi r^2 \, \delta x}{R}.$$

Die gesamte Verkleinerung der Flüssigkeitsoberfläche be-trägt also

$$2 \, \pi \, r \left(1 - \frac{r}{R} \right) \delta z.$$

Die dabei gewonnene Arbeit findet man, wenn man diesen Ausdruck mit α multipliziert. Die Arbeit der Schwerkraft bei der virtuellen Verschiebung ist

$$\pi \, r^2 \, s \, \delta z \, (z - Z),$$

wobei s das spezifische Gewicht der Flüssigkeit ist, da das Gewicht $\pi r^2 s \delta z$ von der Höhe Z auf die Höhe z gehoben wurde. Für den Fall des Gleichgewichtes müssen nach dem Prinzip der virtuellen Verschiebungen beide Arbeiten gleich sein. Wir erhalten daher, wenn R als sehr groß vorausgesetzt wird und die Größe $z - Z$, also die Steighöhe der Flüssigkeit im Kapillarrohr mit h bezeichnet wird, die Gleichung

(1) $$\alpha = r \, s \, \frac{h}{2}.$$

Es ist also die Laplacesche Konstante H gleich 2α, die gewöhnlich mit a^2 bezeichnete Konstante hat den Wert $2\alpha/s$. Um nun die Kapillartheorie mit dem größten negativen Drucke in Verbindung zu bringen, welchen eine Flüssigkeit zu ertragen

vermag, ohne zu zerreißen, wollen wir zunächst eine möglichst
einfache Vorstellung über die Natur der Flüssigkeit zugrunde
legen.

Wir nehmen an, daß zwei Moleküle sehr nahe gebracht
einander abstoßen. Bei wachsender Distanz vermindert sich
die Abstoßung. Es existiert eine Entfernung A, wo weder Abstoßung noch Anziehung stattfindet, wogegen bei noch größerer
Distanz die Moleküle sich anziehen. Die Anziehung wächst
anfangs bis zu einem Maximum und nimmt dann mit wachsender Distanz rasch wieder ab. Die Wechselwirkung zweier
Moleküle kann sonach durch nebenstehende Kurve (Fig. 1)

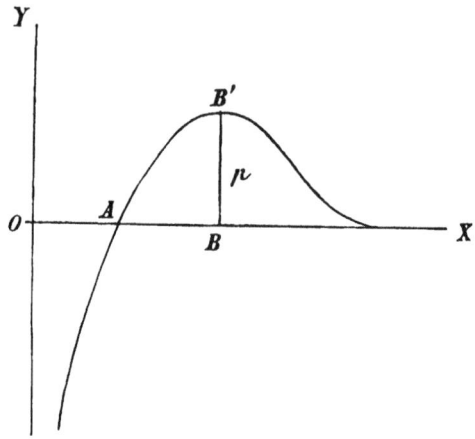

Fig. 1.

graphisch dargestellt werden. Die Abszissen der Kurvenpunkte
sind die Entfernungen der Moleküle, die Ordinaten deren
Wechselwirkung, die negativen Ordinaten drücken Abstoßung,
positive Anziehung aus. Wenn die Entfernung der Moleküle
gleich OB ist, so ist die Anziehung ein Maximum; ihr Betrag
ist $p = BB'$. Wir nehmen ferner an, daß die Molekularkraft
mit wachsender Entfernung so rasch abnimmt, daß zwei Moleküle, zwischen denen ein drittes liegt, keine erhebliche Einwirkung mehr aufeinander ausüben, sondern jedes Molekül nur
auf die unmittelbar benachbarten einwirkt. Ob die Wechselwirkung zweier Moleküle eine direkte ist oder durch Ätherhüllen oder sonstwie vermittelt wird, ist dabei natürlich vollkommen gleichgültig. Daß wir keine numerisch exakten Zahlen

erhalten werden, versteht sich von selbst. Doch dürften die Verhältnisse, wie sie hier angenommen wurden, wenigstens im allgemeinen der Wirklichkeit entsprechen und die Abweichungen keinen Fehler in der Größenordnung hervorbringen. Wir setzen nun voraus, daß sich die Flüssigkeit in einem zylindrischen, oben geschlossenen, unten offenen Rohre befindet, welches unten in ein weiteres Gefäß taucht, das bis zu einem gewissen Niveau MN ebenfalls mit Flüssigkeit gefüllt ist. Das erst erwähnte Rohr ist ganz bis zu seinem verschlossenen Ende mit Flüssigkeit angefüllt. Auf das Niveau MN herrscht der Druck Null. Alle Flüssigkeitsteilchen, welche höher als das Niveau MN liegen, befinden sich daher unter einem negativen Drucke, deren Entfernung wird also größer als OA (Fig. 1) sein. Wir nehmen an, daß die Adhäsion der Flüssigkeit gegen die Gefäßwände größer als die Kohäsion der Flüssigkeit ist; daß also durch den negativen Druck nicht die Flüssigkeit von den Gefäßwänden, sondern die Flüssigkeitsteilchen voneinander abreißen. Je stärker der negative Druck ist, desto größer wird die Distanz der Flüssigkeitsmoleküle. Wenn diese Distanz in der obersten oder in einer der obersten Schichten gleich OB geworden ist, so ist eine weitere Vergrößerung der Anziehung der Flüssigkeitsmoleküle nicht mehr möglich. Jede weitere Vergrößerung des negativen Druckes muß also die Flüssigkeit zum Zerreißen bringen.

Beobachtungen über den negativen Druck, welcher zum Zerreißen einer Flüssigkeit notwendig ist, dürften jedoch schwerlich zu einem Resultate führen. Ich habe mir, um einen möglichst luftleeren Raum herstellen zu können, eine eigentümliche Quecksilberluftpumpe gebaut, doch glaube ich, daß auch mit derselben kaum jede Spur von Gas entfernt werden kann. Außer einer solchen zurückbleibenden Spur von Gas kann jedoch noch ein Umstand die Anwendbarkeit der früher angestellten Betrachtungen beeinträchtigen. Die Molekularbewegung in Flüssigkeiten ist nämlich so heftig, daß die Moleküle imstande sind, sich dauernd von der Stelle, an welcher sie sich befanden, loszureißen. Wenn also die Anziehung zweier Moleküle noch lange nicht ihr Maximum BB' erreicht hat, so können doch zwei Nachbarmoleküle durch ihre Molekularbewegung voneinander losgerissen werden, welcher in der

Flüssigkeit entstehende unendlich kleine Spalt, dann durch den negativen Druck vergrößert wird.

Beobachtungen hierüber werden sich vielleicht mit meiner Quecksilberluftpumpe anstellen lassen. Es hat übrigens auch Hr. Moser aus seinen Beobachtungen über Zerreißung der Flüssigkeiten keinen Schluß auf die Molekularkräfte ziehen können. Alle diese Störungen entfallen jedoch, wenn man anstatt einer in einem Rohre eingeschlossenen Flüssigkeitssäule einen festen Körper von zylindrischer Gestalt durch negativen Druck, d. h. durch Zug zum Zerreißen bringt. Da die Kräfte, welche zwischen zwei Molekülen tätig sind, bei festen Körpern sicher nahezu dieselben wie in Flüssigkeiten sind, so wird dadurch die Anwendbarkeit unserer Formel nicht beeinträchtigt; nur kann dann ein anderer Umstand störend auftreten; der Zug ist nämlich dann nicht ein allseitiger, sondern ein einseitiger. Wenn daher der feste Körper weich ist, so verändert sich die Gruppierung der Moleküle langsam im Sinne der ziehenden Kraft. Der Querschnitt nimmt (besonders an Stellen, welche früher schon durch irgend einen Zufall schwächer waren) langsam ab und es kann ein Zerreißen viel früher eintreten, bevor die bei der obigen Deduktion gemachten Voraussetzungen erfüllt sind. Am tauglichsten zur Anwendung unserer Schlüsse werden also harte feste Substanzen sein, bei denen man das zum Zerreißen erforderliche Gewicht bestimmen kann, und deren Kapillaritätskonstante im geschmolzenen Zustande bekannt ist, wozu die Beobachtungen Quinckes über die Kapillaritätskonstanten geschmolzener Metalle ausgezeichnetes Material liefern. Setzen wir voraus, es seien für irgend eine Substanz die bisher gemachten Voraussetzungen statthaft, so sind für dieselbe zwei Größen bekannt: Erstens die maximale Anziehungskraft, welche zwei Moleküle aufeinander auszuüben imstande sind. Um dieselbe mit Leichtigkeit aus der Zugkraft P (auf einen Quadratmillimeter wirkend gedacht) berechnen zu können, bei welcher der Körper zerreißt, machen wir wieder die allereinfachsten Voraussetzungen. Wir nehmen an, die Moleküle seien in den Ecken von lauter Würfeln gruppiert, so daß die in einer Ebene liegenden Moleküle wie die Punkte der Fig. 2 angeordnet sind. Auf jedes Molekül sollen nur diejenigen wirken, deren Distanz gleich der Seite eines solchen Würfels ist, also auf das Molekül A sollen von den in der Figur gezeichneten Molekülen nur die Moleküle B, C, D, E wirken. Wenngleich alle diese Bedingungen in der Natur selbstverständlich nicht gerade so realisiert sein werden, so ist es doch wahrscheinlich, daß durch unsere Vereinfachungen die Größenordnung der zu berechnenden Längen nicht verändert wird und anderes als Berechnung der Größenordnung wird ja hier nicht beansprucht. In dem Momente, wo das Abreißen eintritt, befinden sich sämtliche Moleküle in der Distanz OB der Fig. 1 und üben daher die Anziehung BB' aufeinander aus, welche wir mit p bezeichnen wollen.

Fig. 2.

Habe der Körper, welchen wir jetzt im festen Zustand voraussetzen, den Querschnitt eines Quadratmillimeters und sei N die Anzahl der Moleküle, welche in einem Querschnitte nebeneinander liegen, welche also an der Fläche eines Quadratmillimeters anliegen, so ist die auf den Quadratmillimeter wirkende, zum Zerreißen erforderliche Kraft

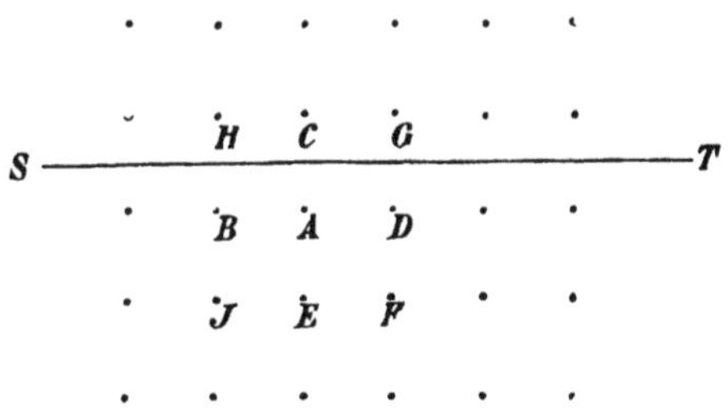

(2) $$P = Np.$$

Wir denken uns jetzt denselben Körper im flüssigen Zustande. Es wirke auf ihn nur der Druck einer Atmosphäre. Er sei also ungemein wenig komprimiert. Dann müssen sich zwei Moleküle desselben ungemein wenig abstoßen. Verzeichnen wir also in Fig. 3 nochmals genau dieselbe Kurve, welche schon in Fig. 1 dargestellt war, so muß die Distanz zweier Moleküle etwa gleich OC sein, welcher eine ganz kleine Abstoßung CC' entspricht. Wir haben jetzt noch die Arbeit zu bestimmen, welche zu leisten ist, wenn ein Molekül aus dem Innern der Flüssigkeit an die Oberfläche kommt. So lange das Molekül A in Fig. 2 im Innern der Flüssigkeit sich befindet, steht es, die Gültigkeit unserer Voraussetzungen angenommen, mit den vier in der Fig. 2 ersichtlich gemachten

Molekülen *B, C, D* und *E* und außerdem noch mit einem vor
und einem hinter der Zeichnungsebene befindlichen Moleküle,
also im ganzen mit sechs Molekülen in Wechselwirkung.
Wäre es dagegen an der Oberfläche, wäre z. B. *S T* die
Oberfläche der Flüssigkeit, so wäre es mit einem Moleküle
weniger in Wechselwirkung, nämlich dem Moleküle *C*. Die
Arbeit, welche bei der Überführung der Moleküle *A* an die
Oberfläche zu leisten war, ist also gleich der Arbeit, welche
notwendig ist, um das Molekül *C* vom Moleküle *A* zu trennen,
d. h. aus der Distanz *O C* Fig. 3 in die Distanz unendlich zu

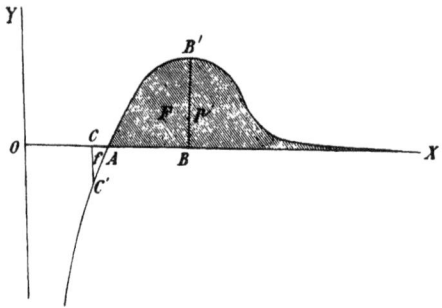

Fig. 3.

bringen. Diese letzte Arbeit wird aber, wie man sich leicht
überzeugt, erhalten, wenn man von dem in der Fig. 3 schraffierten
Flächenraume *A B X B'A* den kleinen Flächenraum *A C C'* subtrahiert. Bezeichnen wir den ersteren Flächenraum mit *F*,
den letzteren mit *f*, so ist die Arbeit, welche erforderlich ist,
um das Molekül aus dem Innern an die Oberfläche zu bringen
F − f, und da an einem Quadratmillimeter Oberfläche *N* Moleküle anliegen, so ist die Arbeit, welche erforderlich ist, um
sämtliche, an einem Quadratmillimeter anliegenden Moleküle
aus dem Innern an die Oberfläche zu bringen, also die schon
früher mit *α* bezeichnete Größe

$$\alpha = N(F - f).$$

Auf die Ursachen, weshalb diese Formel ungenau ist,
wurde bereits aufmerksam gemacht. Erstlich sind die Distanzen
der Moleküle an der Flüssigkeitsoberfläche etwas anders als
im Innern und beim flüssigen Zustande wieder etwas verschieden als beim festen, und ist die Lagerung der Moleküle

sicher verschieden von der von uns angenommenen. Ferner
wirken außer den Molekülen B, C, D, E auch noch andere,
z. B. F, G, H, J auf das Molekül A ein.
Allein dies und noch andere Umstände dürfte wenigstens
auf die Größenordnung des Schlußresultates keinen verändernden Einfluß ausüben. Der letzterwähnte Umstand wird
noch dadurch einigermaßen kompensiert, daß wir ihn sowohl
bei Berechnung der Größe P als auch der Größe α außer
acht ließen, daß also im Quotienten P/α Zähler und Nenner
etwas größer sein sollten. Bilden wir nun den Quotienten α/P,
so finden wir

$$\lambda = \frac{\alpha}{P} = \frac{F-f}{p}.$$

Dieser Quotient hat folgende einfache Bedeutung. Die
Arbeit, welche erforderlich ist, um zwei Moleküle aus der
Distanz O C in unendliche Entfernung zu bringen, ist $F-f$.
Wäre das Wirkungsgesetz der Moleküle ein anderes, so wäre
diese Arbeit ebenfalls eine andere. Würden sich z. B. die
Moleküle in allen Entfernungen mit der Kraft p anziehen, so
wäre zu einer Vermehrung ihrer Distanz um die Größe λ
schon eine Arbeit erforderlich, welche genau gleich $F-f$, also
genau gleich der Trennungsarbeit ist. Wir können also sagen:
Wäre die Anziehung der Moleküle nicht in verschiedenen
Distanzen variabel, sondern immer gleich der größten Anziehung p, so müßte die Distanz der Moleküle genau um λ
vermehrt werden, damit die zu dieser Distanzvermehrung erforderliche Arbeit jener Arbeit gleichkommt, welche bei dem
in der Natur stattfindenden Wirkungsgesetze zur gänzlichen
Trennung der Moleküle notwendig ist; mit anderen Worten,
λ ist eine Abszisse von solcher Länge, daß sie mit der Ordinate B B' multipliziert ein Rechteck vom Flächeninhalt $F-f$
liefert. Es ist diese Größe λ natürlich nicht identisch mit der
Wirkungssphäre der Moleküle, allein sie dürfte jedenfalls von
derselben Größenordnung sein wie die Wirkungssphäre (ein
übrigens ziemlich schwer zu definierender Begriff). Wir wollen
jetzt den numerischen Wert von λ für einige Substanzen berechnen. Die Werte von P sind den Beobachtungen Wertheims entnommen (vgl. Wüllners Physik 1. 3. Aufl. S. 211)
und zwar ist aus den oben angeführten Gründen überall die

größte Festigkeit der Rechnung zugrunde gelegt und wurden weiche Metalle nicht aufgeführt. Die Kapillaritätskonstanten sind den Beobachtungen Quinckes (Pogg. Ann. 135 u. 138) entnommen Um sich bezüglich der Einheiten leicht zu orientieren, bemerke man, daß bei den Zahlen für P überall der Faktor

$$\frac{\text{Gewicht eines Kilo}}{(\text{ein Millimeter})^2},$$

bei denen von α überall der Faktor

$$\frac{\text{Gewicht eines Milligrammes}}{(\text{ein Millimeter})}$$

zuzusetzen ist. Bei den Werten von λ aber ist wieder der millionste Teil eines Millimeters als Einheit gewählt. Ich lasse jetzt die Tabelle folgen.

	P	α	λ
Eisen	61	100	1,6
Platin	34	169	5,0
Gold	27	131	5,0
Silber	29	80	3,1
Kupfer	40	59	1,5
Zink	13	82	6,3

Die Größenordnung der Werte von λ stimmt genügend mit den übrigen Bestimmungen, welche die Größenordnung der Moleküle betreffen, überein.

Ich will noch einige Bemerkungen folgen lassen. Würde man annehmen, daß Flüssigkeiten, um zu zerreißen, denselben negativen Druck P brauchen, so könnte man leicht die Höhe H der Flüssigkeitssäule berechnen, welche diesen negativen Druck liefert, d. h., welche durch die Kohäsion, noch über dem Niveau, in welchem der Druck Null herrscht, getragen wird. Wenn s das spezifische Gewicht der Flüssigkeit ist, so ist $P = sH$, nun hatten wir aber $\alpha = srh/2$, vgl. Gleichung (1), daher ist

$$\lambda = \frac{2}{P} = \frac{r}{2}\frac{h}{H}$$

oder

$$\frac{2\lambda}{r} = \frac{h}{H}.$$

Es würde sich also die Steighöhe h in einem Kapillar-
rohre zur Höhe H verhalten, wie das Doppelte der Größe λ
zum Halbmesser des Kapillarrohres. Daraus würde folgen,
daß, wenn nicht die in der Flüssigkeit enthaltene Luft oder
die Molekularbewegung ein früheres Zerreißen bewirken würden,
die Höhe H ganz enorm groß sein müßte, was übrigens begreiflich ist, da dann zum Zerreißen der Flüssigkeit ein ähnlicher negativer Druck wie zum Zerreißen eines festen Körpers
erforderlich wäre.

Ich bemerke noch, daß die Größenordnung von P übereinstimmt mit derjenigen der Werte, welche van der Waals
für K fand. Denn in denselben Maßen gemessen, in denen
wir P gemessen haben, findet van der Waals für Äther,
Alkohol und Schwefelkohlenstoff K gleich 13, 21 und 29

$$\frac{\text{Gewicht eines Kilo}}{(\text{Millimeter})^2} \, .$$

42.

Über die Beziehung zwischen dem zweiten Hauptsatze der mechanischen Wärmetheorie und der Wahrscheinlichkeitsrechnung respektive den Sätzen über das Wärmegleichgewicht. [1]

(Wien. Ber. 76. S. 373—435. 1877.)

Eine Beziehung des zweiten Hauptsatzes zur Wahrscheinlichkeitsrechnung zeigte sich zuerst, als ich nachwies, daß ein analytischer Beweis desselben auf keiner anderen Grundlage möglich ist, als auf einer solchen, welche der Wahrscheinlichkeitsrechnung entnommen ist. (Vergl. meine Abhandlung „Analytischer Beweis des zweiten Hauptsatzes der mechanischen Wärmetheorie aus den Sätzen über das Gleichgewicht der lebendigen Kraft", Wien. Ber. 63. S. 8 des Separatabdruckes; [2] ferner meine Bemerkungen über einige Probleme der mechanischen Wärmetheorie, III. Abschnitt.) [3] Diese Beziehung erhielt eine weitere Bestätigung durch den Nachweis, daß ein exakter Beweis der Sätze über Wärmegleichgewicht am leichtesten dadurch gelingt, daß man nachweist, daß eine gewisse Größe, welche ich wiederum mit E bezeichnen will, infolge des Austausches der lebendigen Kraft unter den Gasmolekülen nur abnehmen kann, und daher für den Zustand des Wärmegleichgewichtes ihren Minimumwert hat. (Vergl. meine weiteren Studien über das Wärmegleichgewicht unter Gasmolekülen.) [4] Noch klarer tritt der Zusammenhang zwischen dem zweiten Hauptsatze und den Sätzen über Wärmegleichgewicht hervor durch die Entwicklungen im II. Abschnitte meiner „Bemerkungen

---

[1] Voranzeige dieser Arbeit Wien. Anz. 14. S. 196, 11. Oktober 1877.
[2] Diese Sammlung Bd. I. Nr. 20. S. 295 ff.
[3] Dieser Band Nr. 39.
[4] Diese Sammlung Bd. I. Nr. 22.

über einige Probleme der mechanischen Wärmetheorie". Daselbst habe ich auch zuerst die Möglichkeit einer ganz eigentümlichen Berechnungsweise des Wärmegleichgewichtes erwähnt, und zwar mit folgenden Worten: „Es ist klar, daß jede einzelne gleichförmige Zustandsverteilung, welche bei einem bestimmten Anfangszustande nach Verlauf einer bestimmten Zeit entsteht, ebenso unwahrscheinlich ist, wie eine einzelne noch so ungleichförmige Zustandsverteilung, geradeso wie im Lottospiele jede einzelne Quinterne ebenso unwahrscheinlich ist, wie die Quinterne 12345. Nur daher, daß es weit mehr gleichförmige als ungleichförmige Zustandsverteilungen gibt, stammt die größere Wahrscheinlichkeit, daß die Zustandsverteilung mit der Zeit gleichförmig wird"; ferner: „Man könnte sogar aus dem Verhältnisse der Zahl der verschiedenen Zustandsverteilungen deren Wahrscheinlichkeit berechnen, was vielleicht zu einer interessanten Methode der Berechnung des Wärmegleichgewichtes führen würde." Es ist also damit ausgesprochen, daß man den Zustand des Wärmegleichgewichtes dadurch berechnen kann, daß man die Wahrscheinlichkeit der verschiedenen möglichen Zustände des Systems aufsucht. Der Anfangszustand wird in den meisten Fällen ein sehr unwahrscheinlicher sein, von ihm wird das System immer wahrscheinlicheren Zuständen zueilen, bis es endlich den wahrscheinlichsten, d. h. den des Wärmegleichgewichtes, erreicht hat. Wenden wir dies auf den zweiten Hauptsatz an, so können wir diejenige Größe, welche man gewöhnlich als die Entropie zu bezeichnen pflegt, mit der Wahrscheinlichkeit des betreffenden Zustandes identifizieren. Denken wir uns ein System von Körpern, welche für sich isoliert und nicht mit anderen Körpern in Wechselwirkung sind, z. B. einen Körper von höherer und einen von niedererer Temperatur und einen sogenannten Zwischenkörper, welcher die Wärmeübertragung zwischen beiden vermittelt, oder um ein anderes Beispiel zu wählen, ein Gefäß mit absolut glatten und starren Wänden, dessen eine Hälfte mit Luft von geringerer Temperatur oder Spannung, dessen andere Hälfte mit Luft von höherer Temperatur oder Spannung erfüllt ist. Das System von Körpern, welches wir uns gedacht haben, habe zu Anfang der Zeit irgend einen Zustand; durch die Wechselwirkung der Körper verändert sich dieser Zustand;

gemäß dem zweiten Hauptsatze muß diese Veränderung immer
so geschehen, daß die gesamte Entropie aller Körper zunimmt;
nach unserer gegenwärtigen Interpretation heißt dies nichts
anderes, als die Wahrscheinlichkeit des Gesamtzustandes aller
dieser Körper wird immer größer; das System von Körpern
geht stets von einem unwahrscheinlicheren zu einem wahrscheinlicheren Zustande über. Wie dies gemeint ist, wird
später noch deutlicher hervortreten. Nach dem Erscheinen
meiner letzten Abhandlung über diesen Gegenstand wurde
vollkommen unabhängig von mir dieselbe Idee von Hrn. Oskar
Emil Meyer aufgenommen und weiter entwickelt, [1]) indem
derselbe die Gleichungen meiner weiteren Studien über das
Wärmegleichgewicht materieller Punkte in der in Rede stehenden Weise zu interpretieren sucht. Mir ist jedoch die Schlußweise Hrn. Meyer's keineswegs klar geworden, und ich will
auf meine Bedenken gegen dieselbe auf S. 172 [2]) zurückkommen.

Wir müssen hier einen ganz anderen Weg einschlagen,
da es unser Hauptzweck ist, nicht beim Wärmegleichgewichte
stehen zu bleiben, sondern die Beziehungen dieser Wahr-
scheinlichkeitssätze zu dem zweiten Hauptsatze der mechanischen Wärmetheorie zu erforschen. Wir wollen da zunächst
das Problem lösen, welches ich in den oben zitierten Worten
meiner „Bemerkungen über einige Probleme der mechanischen
Wärmetheorie" bereits klar definiert habe, nämlich das Problem
„aus dem Verhältnisse der Zahl der verschiedenen Zustandsverteilungen, deren Wahrscheinlichkeit zu berechnen". Wir
wollen da zuerst einen tunlichst einfachen Körper der Betrachtung unterziehen, nämlich ein von festen absolut elastischen
Wänden eingeschlossenes Gas, dessen Moleküle harte, absolut
elastische Kugeln sind. (Oder Kraftzentra, welche nur, wenn
ihre Entfernung kleiner als eine gewisse Größe geworden ist,
nach einem übrigens beliebigen Gesetze, sonst aber gar nicht
aufeinander wirken; die letztere Annahme, welche die erstere
als speziellen Fall enthält, verändert die Rechnung nicht im
mindesten.) Selbst in diesem Falle ist die Anwendung der
Wahrscheinlichkeitsrechnung keine leichte. Die Anzahl der
Moleküle ist zwar nicht im mathematischen Sinne unendlich,

---

[1]) Die kinetische Theorie der Gase; Breslau 1877, Seite 262.
[2]) Dieses Bandes.

aber doch überaus groß. Die Zahl der verschiedenen Geschwindigkeiten dagegen, deren jedes Molekül fähig ist, muß
als mathematisch unendlich groß gedacht werden. Da namentlich der letztere Umstand die Rechnung sehr erschwert, so
will ich im ersten Abschnitte dieser Abhandlung behufs leich-
teren Verständnisses des folgenden den Grenzübergang in
einer Weise bewerkstelligen, wie ich es schon in früheren Abhandlungen öfters getan habe (z. B. in den „weiteren Studien").

I. Die Zahl der lebendigen Kräfte ist eine diskrete.

Wir wollen zunächst annehmen, jedes Molekül sei nur
imstande, eine bestimmte endliche Anzahl von Geschwindigkeiten anzunehmen, z. B. die Geschwindigkeiten

$$0, \ \frac{1}{q}, \ \frac{2}{q}, \ \frac{3}{q} \ \cdots \ \frac{p}{q},$$

wobei p und q beliebige endliche Zahlen sind. Beim Zusammenstoße zweier Moleküle soll zwischen den beiden zusammenstoßenden Molekülen ein Austausch der Geschwindigkeiten
stattfinden, jedoch so, daß nach dem Zusammenstoße jedes
der beiden Moleküle immer wieder eine der oben angeführten
Geschwindigkeiten, entweder

$$0, \ \text{oder} \ \frac{1}{q}, \ \text{oder} \ \frac{2}{q} \ \text{usw. bis} \ \frac{p}{q}$$

besitzt. Es entspricht diese Fiktion freilich keinem realisierbaren mechanischen Probleme, wohl aber einem Probleme,
welches mathematisch viel leichter zu behandeln ist, und
welches sofort wieder in das zu lösende Problem übergeht,
wenn man p und q ins Unendliche wachsen läßt.

Wenn auch diese Behandlungsweise des Problems auf den
ersten Anblick sehr abstrakt zu sein scheint, so führt sie doch
bei derartigen Problemen meistens am raschesten zum Ziele,
und wenn man bedenkt, daß alles Unendliche in der Natur
niemals etwas anderes als einen Grenzübergang bedeutet, so
kann man die unendliche Mannigfaltigkeit von Geschwindigkeiten, welche jedes Molekül anzunehmen imstande ist, gar
nicht anders auffassen, es sei denn als den Grenzfall, welcher

eintritt, wenn jedes Molekül immer mehr und mehr Geschwindigkeiten annehmen kann.

Wir wollen jedoch vorläufig statt der Geschwindigkeit der Moleküle deren lebendige Kraft einführen. Jedes Molekül soll nur imstande sein, eine endliche Anzahl verschiedener lebendiger Kräfte anzunehmen. Zu noch größerer Vereinfachung nehmen wir an, daß die Reihe der lebendigen Kräfte, welche jedes Molekül anzunehmen imstande ist, eine arithmetische Progression bildet, z. B. folgende:

$$0, \ \varepsilon, \ 2\varepsilon, \ 3\varepsilon \ldots p\varepsilon.$$

Die größte mögliche lebendige Kraft $p\varepsilon$ wollen wir mit P bezeichnen.

Vor dem Stoße soll jedes der beiden zusammenstoßenden Moleküle entweder die lebendige Kraft

$$0, \ \text{oder} \ \varepsilon, \ \text{oder} \ 2\varepsilon \ \text{usw.} \ldots p\varepsilon$$

haben, und durch irgend eine Ursache soll bewirkt werden, daß auch nach dem Zusammenstoße niemals irgend eines der zusammenstoßenden Moleküle eine in obiger Reihe nicht enthaltene lebendige Kraft annimmt. Die Anzahl der Moleküle in unserem Gefäße sei n. Wenn wir wissen, wie viele von diesen n Molekülen die lebendige Kraft Null, wie viele die lebendige Kraft ε usw. besitzen, so sagen wir: Die Verteilung der lebendigen Kraft unter den Molekülen, oder die Zustandsverteilung ist uns gegeben. Wenn zu Anfang der Zeit irgend eine Zustandsverteilung unter den Gasmolekülen geherrscht hat, so wird sich dieselbe im allgemeinen durch die Zusammenstöße verändern. Die Gesetze, nach denen diese Veränderung vor sich geht, sind schon oft Gegenstand der Untersuchung gewesen. Ich bemerke jedoch sogleich, daß dies jetzt gar nicht meine Absicht ist, sondern ich will jetzt ganz unabhängig davon, ob und wie eine Zustandsverteilung entstanden ist, deren Wahrscheinlichkeit prüfen, oder genauer ausgedrückt, ich will alle Kombinationen aufsuchen, welche bei Verteilung der $p + 1$ lebendigen Kräfte unter die n Moleküle möglich sind, und dann prüfen, wie viele dieser Kombinationen einer jeden Zustandsverteilung entsprechen. Letztere Zahl bestimmt dann die Wahrscheinlichkeit der betreffenden Zustandsverteilung, genau so wie ich es an der bereits zitierten Stelle meiner „Bemerkungen über einige Probleme der mechanischen

Wärmetheorie" (Seite 121)[1]) ausspreche. Wir wollen also vorläufig an Stelle des zu behandelnden Problems ein rein
schematisches setzen. Wir nehmen an, wir hätten n Moleküle.
Jedes derselben sei imstande, die lebendige Kraft

$$0, \ \varepsilon, \ 2\,\varepsilon, \ 3\,\varepsilon \ \ldots \ p\,\varepsilon$$

anzunehmen, und zwar sollen diese lebendigen Kräfte auf alle
mögliche Weise unter den n Molekülen verteilt werden, jedoch
so, daß die Gesamtsumme der lebendigen Kraft aller Moleküle
immer dieselbe, z. B. gleich $\lambda\,\varepsilon = L$ ist. Jede solche Ver-
teilungsweise, wobei das erste Molekül eine bestimmte lebendige
Kraft, z. B. $2\,\varepsilon$, das zweite wieder eine bestimmte, z. B. $6\,\varepsilon$ usw.
bis zum letzten Moleküle hat, wollen wir eine Komplexion
nennen, und zwar versinnlichen wir uns jede einzelne Komplexion leicht dadurch, daß wir der Reihe nach die (bequem-
lichkeitshalber durch ε dividierten) Zahlen aufschreiben, welche
die lebendigen Kräfte der einzelnen Moleküle angeben. Wir
fragen nun nach der Anzahl $\mathfrak{P}$ der Komplexionen; in denen
w_0 Moleküle die lebendige Kraft Null, w_1 Moleküle die lebendige
Kraft ε, w_2 die lebendige Kraft $2\,\varepsilon$ usw. ... w_p die lebendige
Kraft $p\,\varepsilon$ besitzen. Wir sagten früher, wenn uns gegeben ist,
wie viele Moleküle die lebendige Kraft Null, wie viele die
lebendige Kraft ε usw. besitzen, so ist damit die Zustandsverteilung unter den Molekülen bestimmt; wir können also
sagen: Die Zahl $\mathfrak{P}$ gibt an, wie viele Komplexionen einer Zustandsverteilung entsprechen, bei welcher w_0 Moleküle die
lebendige Kraft Null, w_1 die lebendige Kraft ε usw. besitzen;
oder sie bestimmt die Wahrscheinlichkeit jener Zustandsverteilung. Dividieren wir nämlich die Zahl $\mathfrak{P}$ durch die Anzahl
aller möglichen Komplexionen, so bekommen wir die Wahrscheinlichkeit jener Zustandsverteilung. Da es bei der Zustandsverteilung nicht darauf ankommt, welche, sondern bloß
wie viele Moleküle eine bestimmte lebendige Kraft besitzen,
so können wir eine Zustandsverteilung dadurch versinnlichen,
daß wir zuerst so viele (w_0) Nullen schreiben, als Moleküle
die lebendige Kraft Null haben, dann so viele (w_1) Einser, als
Moleküle die lebendige Kraft ε haben usw. Alle diese Nullen,
Einser usw. wollen wir die Elemente der betreffenden Zu-

---

[1]) Dieser Band.

standsverteilung nennen. Es ist jetzt unmittelbar klar, daß die Zahl $\mathfrak{P}$ für jede Zustandsverteilung genau gleich ist der Anzahl der Permutationen, deren die Elemente der Zustandsverteilung fähig sind, weshalb wir die Zahl $\mathfrak{P}$ immer als die Permutabilität der betreffenden Zustandsverteilung bezeichnen wollen. Denn denken wir uns einmal alle möglichen Komplexionen aufgeschrieben, und dann auch alle möglichen Zustandsverteilungen, so werden sich die letzteren bloß dadurch von den ersteren unterscheiden, daß es bei ihnen gleichgültig ist, an welchem Platze die Zahlen stehen. Alle diejenigen Komplexionen, welche die gleiche Anzahl von Nullen, die gleiche Anzahl von Einsern usw. enthalten, und sich voneinander bloß durch die Anordnung der Elemente unterscheiden, werden eine und dieselbe Zustandsverteilung liefern; die Anzahl der Komplexionen, welche einer und derselben Zustandsverteilung entsprechen und welche wir mit $\mathfrak{P}$ bezeichnet haben, muß also gleich der Anzahl der Permutationen sein, deren die Elemente der Zustandsverteilung fähig sind. Um ein ganz einfaches Zahlenbeispiel zu geben, sei $n = 7$, $\lambda = 7$, $p = 7$, daher $L = 7\varepsilon$, $P = 7\varepsilon$, d. h. es seien 7 Moleküle vorhanden, unter denen die 8 lebendigen Kräfte 0, ε, 2ε, 3ε, 4ε, 5ε, 6ε, 7ε auf alle mögliche Weise, jedoch so zu verteilen sind, daß die Summe der lebendigen Kraft aller Moleküle $= 7\varepsilon$ ist. Es sind dann 15 Zustandsverteilungen möglich. Versinnlichen wir jede derselben in der oben angegebenen Weise, so ergibt sich die in der zweiten Kolonne der folgenden Tabelle aufgeführte Reihe von Zustandsverteilungen. Die Zahlen der ersten Kolonne numerieren die verschiedenen Zustandsverteilungen.

		$\mathfrak{P}$			$\mathfrak{P}$
1.	0000007	7	9.	0001114	140
2.	0000016	42	10.	0001123	420
3.	0000025	42	11.	0001222	140
4.	0000034	42	12.	0011113	105
5.	0000115	105	13.	0011122	210
6.	0000124	210	14.	0111112	42
7.	0000133	105	15.	1111111 [1]	1
8.	0000223	105			

[1] Die Zustandsverteilungen sind so geordnet, daß die Ziffern jeder vorhergehenden Horizontalreihe als Zahl ausgesprochen eine kleinere Zahl liefern, als die der nachfolgenden.

In der letzten Kolonne ist unter der Rubrik $\mathfrak{P}$ jeder Zustandsverteilung die Anzahl der Permutationen beigefügt, deren ihre Elemente fähig sind, also die mit $\mathfrak{P}$ bezeichnete Zahl. Die erste Zustandsverteilung z. B. ist dadurch charakterisiert, daß 6 Molekülen die lebendige Kraft Null, einem die lebendige Kraft $7\,\varepsilon$ zukommt, d. h., daß $w_0 = 6$, $w_7 = 1$, $w_2 = w_3 = w_4 = w_5 = w_6 = 0$ ist. Welches der Moleküle die lebendige Kraft $7\,\varepsilon$ hat, ist dabei gleichgültig. Alle möglichen Komplexionen, welche dieser Zustandsverteilung entsprechen, sind daher 7 an der Zahl. Bezeichnen wir die Gesamtzahl aller Komplexionen, also in unserem Falle die Zahl 1716 durch J, so ist also die Wahrscheinlichkeit der ersten Zustandsverteilung $7\,/\,J$; ebenso ist die Wahrscheinlichkeit der zweiten Zustandsverteilung $42\,/\,J$; am größten ist die Wahrscheinlichkeit der zehnten Zustandsverteilung, da sich ihre Elemente am öftesten permutieren lassen. Wir können die Größe, welche wir die Wahrscheinlichkeit einer Zustandsverteilung genannt haben, und welche wir künftighin mit einem einzigen Worte als die Verteilungswahrscheinlichkeit bezeichnen wollen, auch noch in einer anderen Weise definieren, welche wir sogleich an dem eben gewählten Zahlenbeispiele klar machen wollen, da dann ihre Verallgemeinerung selbstverständlich ist. Wir nehmen an, wir hätten eine Urne, in der sich unendlich viele Zettel befinden. Auf jedem Zettel steht eine der Zahlen 0, 1, 2, 3, 4, 5, 6, 7; und zwar steht jede Zahl auf gleich viel Zetteln und ist die Wahrscheinlichkeit gezogen zu werden für jeden Zettel dieselbe. Wir ziehen nun 7 Zettel und notieren die auf ihnen geschriebenen Zahlen, welche uns die erste Septerne bilden. Diese Septerne stellt uns zugleich eine Zustandsverteilung unter den Molekülen dar, indem wir dem ersten Moleküle eine lebendige Kraft erteilen, welche gleich der mit ε multiplizierten Zahl ist, welche auf dem zuerst gezogenen Zettel aufgeschrieben stand, und ebenso den übrigen Molekülen. Nun geben wir die Zettel in die Urne zurück und ziehen wieder 7 Zettel; die jetzt gezogenen Zahlen bilden die zweite Septerne, welche das Bild einer zweiten Zustandsverteilung ist usw. Nachdem wir außerordentlich viele Septernen gezogen haben, verwerfen wir davon alle, bei welchen die Summe der gezogenen Zahlen nicht $= 7$ ist. Die Zahl der noch übrigen Septernen wird noch immer außerordentlich groß sein. Da bei jedem Zuge jede der Zahlen dieselbe Wahrscheinlichkeit hat, so wird unter den gezogenen Septernen jede Komplexion gleich oft vorkommen; denn wir betrachten zwei Komplexionen als verschieden, sowohl wenn sie verschiedene Elemente, als auch wenn sie dieselben Elemente in verschiedener Reihenfolge enthalten. Ordnen wir dagegen in jeder Septerne die gezogenen Zahlen nach ihrer Größe, so wird jede Septerne in eine der 15 in der obigen Tabelle enthaltenen übergehen. Aber die Anzahl derjenigen Septernen, welche in 0000007 übergehen, wird sich zur Zahl derjenigen, welche in 0000016 übergehen, verhalten, wie die in der Rubrik $\mathfrak{P}$ beigefügten Zahlen, also wie 7 : 42. Ebenso bei allen anderen Septernen. Als die wahrscheinlichste Zustandsverteilung wird nun diejenige definiert werden müssen, in welche die meisten Septernen übergehen, also in diesem Beispiele die 10. [1]

Ich will hier einige Worte über die von Hrn. Oskar Emil Meyer in dem bereits zitierten Buche angewendete Schlußweise einschalten. Um zu suchen, welches Zustands-verteilungsgesetz $F(u, v, w)$ das wahrscheinlichste sei, nimmt derselbe schon von vornherein an, daß dieses Zustands-verteilungsgesetz bereits unter den Molekülen existiere. Es ist dies der erste wesentliche Unterschied zwischen meiner Betrachtungsweise des Problems und der des Hrn. Oskar

---

[1] Dividieren wir die Anzahl der Septernen, welche einer bestimmten Zustandsverteilung entsprechen, durch die Anzahl aller Septernen überhaupt, so erhalten wir eben die Verteilungswahrscheinlichkeit.

Statt diejenigen Septernen, deren Ziffersumme nicht 7 ist, zu verwerfen, können wir auch nach dem Zuge jedes Zettels alle diejenigen Zettel aus der Urne entfernen, welche, wenn sie gezogen würden, bewirkten, daß die Ziffersumme der gezogenen Zahlen unmöglich 7 sein könnte, während wir alle anderen Zettel unverändert in der Urne belassen. Wäre z. B. auf den ersten Zug ein Sechser gezogen worden, so müßten alle Zettel aus der Urne entfernt werden, bis auf die mit Null und 1 beschriebenen; hätten die ersten 6 Züge Nullen geliefert, so würden nur die Siebener in der Urne belassen. Noch eins sei an dieser Stelle bemerkt: Bilden wir alle möglichen Komplexionen. Bezeichnen wir mit $\bar{w}_0$ das arithmetische Mittel aller Werte von w_0, welche den verschiedenen Komplexionen zukommen, und verstehen unter $\bar{w}_1$, $\bar{w}_2$ .. ähnlich gebildete Ausdrücke, so eilen die Größen $\bar{w}_0$, $\bar{w}_1$, $\bar{w}_2$ ... Grenzen zu, welche ebenfalls zur richtigen Zustandsverteilung führen würden.

Emil Meyer. Bei Aufsuchung der wahrscheinlichsten Zustandsverteilung nehme ich an, daß die lebendige Kraft jedes einzelnen Moleküls gewissermaßen durch das Los bestimmt wird, welches vollkommen unparteiisch aus einer Menge von Losen gezogen wird, die alle überhaupt vorkommenden lebendigen Kräfte in vollkommen gleicher Zahl enthalten. Hr. Meyer dagegen nimmt an, wenn wir bei diesem Vergleiche stehen bleiben, daß schon unter den Losen die erst zu bestimmende Geschwindigkeitsverteilung besteht, und daß jedes Molekül eine gewisse lebendige Kraft um so eher bekommt, je wahrscheinlicher diese lebendige Kraft später wird. Das Problem, welchem Hrn. Meyers Gleichungen entsprechen, müßte eher so definiert werden: Es sei unter sehr vielen (M') Gasmolekülen irgend eine Geschwindigkeitsverteilung $F(u, v, w)$. Wir ziehen aus denselben ganz vom Zufall geleitet M Moleküle heraus, wobei M klein gegen M', aber noch immer sehr groß ist. Bei welcher Wahl von $F(u, v, w)$ ist es am wahrscheinlichsten, daß unter den M Molekülen wieder dieselbe Geschwindigkeitsverteilung, wie unter M' Molekülen besteht. Man sieht, daß das Problem ganz wesentlich verschieden von dem meinigen ist; daß Hr. Meyer trotzdem zu demselben Resultate gelangen kann, kann ich mir nur durch eine Anzahl von Inkonsequenzen erklären, welche mir bei seiner Auflösung des Problems vorzukommen scheinen. Da Hr. Meyer von der Wahrscheinlichkeit spricht, daß ein Molekül die Geschwindigkeitskomponenten u, v, w hat, so muß offenbar eine Anzahl von Molekülen diese Geschwindigkeitskomponenten haben, und es muß diese Anzahl jener Wahrscheinlichkeit proportional sein. Es ist also das Produkt $F_1 F_2 F_3 \ldots$, welches Hr. Meyer auf S. 262 entwickelt, so zu verstehen, daß darin jeder Faktor mehrmals auftritt, und könnte auch so geschrieben werden

$$F_1^{k F_1} \cdot F_2^{k F_2} \ldots$$

und dessen Logarithmus wäre:

$$k (F_1 \log F_1 + F_2 \log F_2 + \ldots)$$

Man sieht, daß diese Größe bis auf den unwesentlichen Umstand, daß ich dort die lebendige Kraft statt der Geschwindigkeitskomponenten eingeführt habe, vollkommen übereinstimmt mit der von mir schon in meinen „weiteren Studien" mit E

bezeichneten Größe, auf deren Minimumeigenschaft mein dortiger
Beweis des Wärmegleichgewichtes basiert (vergleiche auch denjenigen Teil meiner Abhandlung „über das Wärmegleichgewicht
von Gasen, auf welche äußere Kräfte wirken,"[1]) welcher unmittelbar dem Anhange vorhergeht. Doch fällt sogleich auf,
daß Hr. Meyer von seinem Produkte behauptet, es sei ein
Maximum, während in meinen Rechnungen diese Größe E ein
Minimum ist, und wir in der Tat später sehen werden, daß
die Wahrscheinlichkeit einer Zustandsverteilung nicht ihr,
sondern ihrem reziproken Werte proportional ist. Diese Nicht-
übereinstimmung hängt mit einer ganz eigentümlichen Behandlungsweise des Problems durch Hrn. Meyer zusammen, welche
mir, wenn ich nicht überhaupt über das ganze Ziel der Meyerschen Rechnungen im Irrtume bin, Verstöße gegen die Regeln
der Differentialrechnung zu enthalten scheint. Während er
nämlich die Funktion F sucht, deren Wert also der Variation
unterworfen werden sollte, unterwirft er die Größen u, v, w
der Variation, welche, wie mir scheint, die Rolle der independent
Variablen spielen sollten. Die durch Nullsetzung der Koeffizienten der Variationen entstehenden Gleichungen sollten nach
den Regeln der Differentialrechnung zur Bestimmung der Werte
derjenigen Variablen verwendet werden, welche früher der
Variation unterworfen worden sind. Hr. Meyer dagegen benützt sie als Differentialgleichungen zur Bestimmung der Funktion F. In der Tat komme ich zu einem ganz anderen, gar
keiner bestimmten Limite zueilenden Resultate, wenn ich nach
den Regeln der Differentialrechnung die Funktion F so zu bestimmen suche, daß das keine Potenz enthaltende Produkt
$F_1 F_2 F_3 \ldots$ ein Maximum wird, während gleichzeitig die vier
Ausdrücke:

$$\Sigma u, \ \Sigma v, \ \Sigma w, \ \Sigma \frac{u^2 + v^2 + w^2}{2}$$

konstant sein müssen. (Vgl. den 4. Abschnitt dieser Abhandlung.) Noch eins muß ich erwähnen, Seien M' Moleküle gegeben. Die Zahl derjenigen davon, welche die Geschwindigkeitskomponenten u_1, v_1, w_1 haben, soll sich zur Zahl der Moleküle mit den Geschwindigkeitskomponenten u_2, v_2, w_2 verhalten

---

[1]) Diese Sammlung Bd. II. Nr. 32.

wie F_1 zu F_2. Analoge Bedeutungen sollen F_3, F_4 usw. haben. Wir heben durch M ganz zufällige Griffe M Moleküle aus diesen M' Molekülen heraus, so wird durch das Produkt $F_1^{kF_1} F_2^{kF_2} \ldots$ die Wahrscheinlichkeit bestimmt, daß 1. ganz bestimmte etwa die kF_1 zuerst gezogenen Moleküle die Geschwindigkeitskomponenten u_1, v_1, w_1, ferner wiederum ganz bestimmte, z. B. die durch die nächstfolgenden kF_2 Griffe gezogenen Moleküle die Geschwindigkeitskomponenten u_2, v_2, w_2 usw. haben. Wenn dagegen die Reihenfolge nicht bestimmt ist, wenn z. B. allgemeiner nach der Wahrscheinlichkeit gefragt würde, daß nur überhaupt unter den M gezogenen Molekülen kF_1 mit den Geschwindigkeitskomponenten u_1, v_1, w_1, ferner kF_2 mit den Geschwindigkeitskomponenten u_2, v_2, w_2 usw. vorhanden sind, ohne Rücksicht auf die Reihenfolge, so wäre diese Wahrscheinlichkeit dem Ausdrucke

$$\frac{(kF_1)! \; (kF_2)! \ldots}{F_1^{kF_1} \cdot F_2^{kF_2} \ldots}$$

proportional, welcher in erster Annäherung wieder dem Produkte $\sqrt{F_1 \cdot F_2} \ldots$ proportional ist. Hiernach käme man allerdings wieder auf das Problem zurück, das Maximum des keine Potenzen mehr enthaltenden Produktes $F_1 F_2 F_3 \ldots$ aufzusuchen, von dem im vierten Abschnitte des näheren die Rede sein wird. Ich will mich hierauf auch nicht weiter einlassen, sondern ich glaube, hiermit die Natur des zu behandelnden Problems genügend beleuchtet zu haben, und will zur algebraischen Bearbeitung des allgemeinen Problems zurückkehren.

Da würde es sich zuerst um die Bestimmung der bisher mit $\mathfrak{P}$ bezeichneten Zahl für jede beliebige Zustandsverteilung oder der Permutabilität dieser Zustandsverteilung handeln. Denn bezeichnen wir mit J die Summe der Permutabilitäten aller möglichen Zustandsverteilungen, so gibt uns der Quotient $\mathfrak{P}/J$ sofort die Verteilungswahrscheinlichkeit, welche wir künftig immer mit W bezeichnen wollen. Wir wollen also zunächst die Permutabilität $\mathfrak{P}$ derjenigen Zustandsverteilung berechnen, welche dadurch charakterisiert ist, daß w_0 Moleküle die lebendige Kraft Null, w_1 die lebendige Kraft ε usw. haben. Dabei muß selbstverständlich

$$(1) \qquad w_0 + w_1 + w_2 + \ldots + w_p = n$$

$$(2) \qquad w_1 + 2w_2 + 3w_3 + \ldots + pw_p = \lambda$$

sein, denn die Gesamtzahl der Moleküle soll n, und die gesamte lebendige Kraft derselben $\lambda \varepsilon = L$ sein. Wollen wir die oben definierte Zustandsverteilung nach der früher angegebenen Methode schreiben, so erhalten wir eine Komplexion, welche zuerst w_0 Nullen, dann w_1 Einser usw. enthält. Wir wissen, die Zahl $\mathfrak{P}$ oder die Permutabilität ist nichts anderes als die Anzahl der Permutationen der Elemente dieser Komplexionen, welche im ganzen n Elemente enthält, worunter aber w_0 Elemente untereinander gleich sind. Ebenso sind auch w_1, w_2 usw. Elemente untereinander gleich. Die Anzahl dieser Permutationen ist also bekanntlich

$$(3) \qquad \mathfrak{P} = \frac{n!}{(w_0)!\,(w_1)!\ldots}.$$

Die wahrscheinlichste Zustandsverteilung wird diejenige sein, für welche w_0, w_1, $\ldots$ solche Werte haben, daß $\mathfrak{P}$ ein Maximum, oder weil der Zähler von $\mathfrak{P}$ konstant ist, daß der Nenner von $\mathfrak{P}$ ein Minimum ist. Die Größen $w_0\,w_1$ usw. sind dabei gleichzeitig an die beiden Bedingungen (1) und (2) gebunden. Da der Nenner von $\mathfrak{P}$ ein Produkt ist, so wird es am besten sein, das Minimum seines Logarithmus, also das Minimum von

$$(4) \qquad M = l\,[(w_0)!] + l\,[(w_1)!] + \ldots$$

zu untersuchen. Hierbei bedeutet l den log. nat. Es ist zwar natürlich, daß bei Lösung unseres Problems nur ganze Zahlenwerte für die Größe w_0, $w_1 \ldots$ einen Sinn haben. Um jedoch die Differentialrechnung anwenden zu können, wollen wir zunächst auch gebrochene Werte für diese Größen zulassen und daher das Minimum des Ausdruckes

$$(4\,\mathrm{a}) \qquad M_1 = l\,\Gamma(w_0 + 1) + l\,\Gamma(w_1 + 1) + \ldots$$

suchen, welcher für ganzzahlige Werte der Größen w_0, $w_1 \ldots$ mit dem Ausdrucke (4) identisch ist. Wir bekommen dann diejenigen unecht gebrochenen Werte derselben, welche unter den Bedingungen (1) und (2) den größten Wert für M_1 liefern. Die Lösung des Problems werden wir dann jedenfalls erhalten, wenn wir für w_0, w_1 usw. solche ganze Zahlen wählen, welche den gefundenen unecht gebrochenen möglichst nahe liegen.

Sollte hie und da eine Abweichung von einer oder wenigen Einheiten erforderlich sein, so kann man sich davon leicht durch wirkliche Bildung der unmittelbar zunächst liegenden Komplexionen überzeugen.

Das Minimum von M_1 wird gefunden, indem wir zur Größe M_1 die linken Seiten der beiden Gleichungen (1) und (2), erstere mit der Konstanten h, letztere mit der Konstanten k multipliziert, addieren, und dann die partiellen Differentialquotienten der so erhaltenen Summe nach jeder der Größen $w_0, w_1, w_2 \ldots$ genommen, gleich Null setzen. Wir erhalten dadurch zunächst folgende Gleichungen:

$$\frac{d\,l\,\Gamma(w_0 + 1)}{dw_0} + h = 0,$$

$$\frac{d\,l\,\Gamma(w_1 + 1)}{dw_1} + h + k = 0,$$

$$\frac{d\,l\,\Gamma(w_2 + 1)}{dw_2} + h + 2\,k = 0$$

$$\cdots \qquad \cdots \qquad \cdots$$

$$\frac{d\,l\,\Gamma(w_p + 1)}{dw_p} + h + p\,k = 0,$$

woraus sich ergibt

$$(5) \quad \left\{ \begin{aligned} &\frac{\partial\,l\,\Gamma(w_1 + 1)}{\partial w_1} - \frac{\partial\,l\,\Gamma(w_0 + 1)}{\partial w_0} = \frac{\partial\,l\,\Gamma(w_2 + 1)}{\partial w_2} - \frac{\partial\,l\,\Gamma(w_1 + 1)}{\partial w_1} \\ &= \frac{\partial\,l\,\Gamma(w_3 + 1)}{\partial w_3} - \frac{\partial\,l\,\Gamma(w_2 + 1)}{\partial w_2} = \ldots \end{aligned} \right.$$

Es dürfte jedenfalls sehr schwierig sein, das Problem durch wirkliche Einsetzung der bestimmten Integrale an die Stelle der Gammafunktion zu lösen; glücklicherweise interessiert uns hier nicht die allgemeine Lösung der Aufgabe für beliebige endliche Werte von p und n, sondern nur der Grenzfall, dem die Lösung des Problems zueilt, wenn die Anzahl der in Betracht kommenden Moleküle immer größer und größer wird. Dann werden auch die Zahlen w_0, w_1, w_2 usw. immer größer und größer. Wir wollen mit $\varphi(x)$ die Funktion

$$l\,\Gamma(x + 1) - x \cdot (lx - 1) - \tfrac{1}{2}\,l\,2\pi$$

bezeichnen. Dann können wir die erste der Gleichungen (5) folgendermaßen schreiben:

(6) $l w_1 + \dfrac{d\varphi(w_1)}{d w_1} - l w_0 - \dfrac{d\varphi(w_0)}{d w_0} = l w_2 + \dfrac{d\varphi(w_2)}{d w_2} - l w_1 - \dfrac{d\varphi(w_1)}{d w_1}$.

In ähnlicher Weise kann man die übrigen Gleichungen (5) schreiben. Man hat dann aber bekanntlich

(6a) $\varphi(x) = -\tfrac{1}{2} l x + \dfrac{1}{12\,x} + \cdots$

Diese Reihe wird nur für $x = 0$ ungültig, für welchen Wert jedoch $x!$ und $\sqrt{2\pi}\,(x/e)^x$ genau denselben Wert haben, daher $\varphi(x) = 0$ wird. Substituiert man daher gleich von vornherein an die Stelle des Problems, das Minimum von $w_0!\,w_1!\,w_2!\ldots$ zu suchen das leichtere Problem, das Minimum von

$$\sqrt{2\pi}\left(\frac{w_0}{e}\right)^{w_0} \sqrt{2\pi}\left(\frac{w_1}{e}\right)^{w_1} \sqrt{2\pi}\left(\frac{w_2}{e}\right)^{w_2} \cdots$$

zu suchen, so stört auch der Wert $w = 0$ nicht, welchem Umstande es zu verdanken ist, daß selbst bei mäßig großen Werten von n und p beide Probleme so nahe übereinstimmende Lösung haben.

Aus der Reihe (6a) folgt:

(6b) $\dfrac{d\varphi(w_0)}{d w_0} = -\dfrac{1}{2 w_0} - \dfrac{1}{12 w_0{}^2} - \cdots,$

welche Größe für sehr große Werte von w_0 gegenüber $l w_0$ verschwindet und da dasselbe auch für die übrigen w gilt, so kann für sehr große Werte dieser Größen die Gleichung (6) folgendermaßen geschrieben werden:

$$l w_1 - l w_0 = l w_2 - l w_1$$

oder

$$\frac{w_1}{w_0} = \frac{w_2}{w_1};$$

ebenso erhält man für die übrigen w die Gleichungen:

(6c) $\dfrac{w_2}{w_1} = \dfrac{w_3}{w_2} = \dfrac{w_4}{w_3} = \cdots$

Man sieht sofort, daß die Vernachlässigung des Ausdruckes (6b) darauf hinausläuft, daß wir an Stelle des Minimums des Ausdruckes (3) das Minimum von

$$\frac{\sqrt{2\pi}\left(\dfrac{n}{e}\right)^n}{\sqrt{2\pi}\left(\dfrac{w_0}{e}\right)^{w_0}\sqrt{2\pi}\left(\dfrac{w_1}{e}\right)^{w_1}\cdots}$$

suchen, also bei Stellung des Problems für $w!$ eine bekannte Näherungsformel benutzen (vgl. Schlömilchs Comp. S. 438), in der wir alles übrige vernachlässigt, so daß sie auf Vertauschung von $w!$ mit $\sqrt{2\pi}\,(w/e)^w$ hinausläuft.

Bezeichnen wir den gemeinsamen Wert der Quotienten (6 c) mit x, so erhalten wir

(7) $\qquad w_1 = w_0 x, \quad w_2 = w_0 x^2, \quad w_3 = w_0 x^3$ usw.

Die beiden Gleichungen (1) und (2) aber gehen über in

(8) $\qquad w_0 (1 + x + x^2 + \ldots + x^p) = n,$

(9) $\qquad w_0 (x + 2x^2 + 3x^3 + \ldots + p x^p) = \lambda.$

Man sieht sogleich, daß diese Gleichungen bis auf eine vollkommen unwesentliche Abweichung mit den Gleichungen (42) und den unmittelbar vorhergehenden meiner „Weiteren Studien über das Wärmegleichgewicht unter Gasmolekülen" übereinstimmen.

Wir können die letzten Gleichungen, wie man leicht sieht, auch so schreiben:

(10) $\qquad \begin{cases} w_0 \cdot \dfrac{x^{p+1} - 1}{x - 1} = n \\[2mm] w_0\, x \cdot \dfrac{d}{dx}\left[\dfrac{x^{p+1} - 1}{x - 1}\right] = \lambda. \end{cases}$

Die letzte Gleichung lautet, wenn man die Differentiation ausführt:

(11) $\qquad w_0\, x\, \dfrac{p\, x^{p+1} - (p+1)x^p + 1}{(x-1)^2} = \lambda$

Dividiert man diese Gleichung durch Gleichung (10), so ergibt sich:

$$\frac{p\, x^{(p+2)} - (p+1)x^{p+1} + x}{(x^{p+1} - 1)(x - 1)} = \frac{\lambda}{n}$$

oder

(12) $\quad (p n - \lambda) x^{p+2} - (p n + n - \lambda) x^{p+1} + (n + \lambda) x - \lambda = 0.$

Man sieht sofort aus dem Satze von Cartesius, daß diese Gleichung nicht mehr als drei reelle positive Wurzeln besitzen kann; zwei von ihnen sind $= 1$. Allein, es ist wieder leicht

einzusehen, daß diese beiden Wurzeln keine Lösung der Gleichungen (8) und (9), also auch keine Lösung des Problems
liefern, daß sie vielmehr in die Schlußgleichung bloß durch
die Multiplikation mit dem Faktor $(x - 1)^2$ hineingekommen
sind. Um sich davon zu überzeugen, braucht man bloß die
Schlußgleichung direkt durch Division der Gleichung (8) und (9)
abzuleiten. Wenn man nach geschehener Division überall die
Variable x aus dem Nenner hinwegschafft, und nach Potenzen
von x ordnet, so erhält man die Gleichung

$$(13) \quad \begin{cases} (n\,p - \lambda)\,x^p + (n\,p - n - \lambda)\,x^{p-1} + (n\,p - 2\,n - \lambda)\,x^{p-2} \\ \qquad + \ldots (n - \lambda)\,x - \lambda = 0, \end{cases}$$

welche Gleichung nur vom p^{ten} Grade ist, und welche offenbar
alle Wurzeln, die Lösungen des Problems liefern, enthält.

Es kann also die Gleichung (12) nicht mehr als eine
positive Wurzel besitzen, welche einer Lösung des Problems
entspricht. Negative oder komplexe Wurzeln haben selbstverständlich für die Lösung des Problems keine Bedeutung.
Es ist hierbei wieder zu beachten, daß die größte lebendige
Kraft, welche ein Molekül anzunehmen imstande ist, also
$P = p\,\varepsilon$, sehr groß ist im Vergleiche mit der mittleren lebendigen Kraft

$$\frac{L}{n} = \frac{\lambda\,\varepsilon}{n}$$

eines Moleküls, woraus folgt, daß auch p sehr groß ist im
Vergleiche mit $\lambda\,/\,n$.

Das Gleichungspolynom der Gleichung (13), welche alle
brauchbaren Wurzeln mit der Gleichung (12) gemein haben
muß, ist daher für $x = 0$ negativ, für $x = 1$ dagegen hat es
den Wert

$$n\,(p + 1)\left(\frac{p}{2} - \frac{\lambda}{n}\right),$$

welcher, da p sehr groß im Vergleiche mit λ/n ist, jedenfalls
positiv, und zwar sehr groß ist. Die einzige positive Wurzel
für x liegt also jedenfalls zwischen Null und 1, und wir wollen
dieselbe jetzt aus der bequemeren Gleichung (12) bestimmen.
Da x ein echter Bruch ist, so ist die p^{te} und $(p + 1)^{\text{te}}$ Potenz
davon jedenfalls sehr klein, kann also vernachlässigt werden,
in welchem Falle sich dann ergibt:

$$x = \frac{\lambda}{n + \lambda}\,.$$

Dies ist der Wert, welchem x für immer größer werdende p zueilt, und man sieht die wichtige Tatsache, daß für einigermaßen größere p der Wert des x fast ausschließlich nur vom Werte des Quotienten λ / n abhängig ist, und nur ganz wenig variiert, wenn p variiert, oder auch, wenn λ und n so variieren, daß deren Quotient konstant bleibt. Hat man einmal x gefunden, so ergibt sich aus der Gleichung (10):

$$(14) \qquad w_0 = \frac{1-x}{1-x^{p+1}}\, n$$

und aus den Gleichungen (7) ergeben sich dann die Werte der übrigen w. Man sieht, daß die Quotienten

$$\frac{w_0}{n}, \quad \frac{w_1}{n}, \quad \frac{w_2}{n} \text{ usw.}$$

also die Wahrscheinlichkeit der verschiedenen lebendigen Kräfte für größere p wieder fast nur von der mittleren lebendigen Kraft eines Moleküls abhängig sind. Für unendlich große p erhält man folgende Grenzwerte:

$$(15) \qquad w_0 = \frac{n^2}{n+\lambda}, \quad w_1 = \frac{n^2\,\lambda}{(n+\lambda)^2}, \quad w_2 = \frac{n^2\,\lambda^2}{(n+\lambda)^3} \text{ usw.}$$

Um uns zu überzeugen, ob wir ein Maximum oder ein Minimum haben, müssen wir die zweite Variation der Gleichung (4) aufsuchen. Setzen wir wieder voraus w_0, w_1, w_2 usw. seien sehr groß, so können wir statt $l\,\Gamma(w+1)$ die Annäherungsformel

$$w \cdot (l\,w - 1) - \tfrac{1}{2}\,l\,w - \tfrac{1}{2}\,l(2\,\pi) + \frac{1}{12\,w} + \text{usw.}$$

benützen, und erhalten mit Vernachlässigung der Glieder, welche die Quadrate und höhern Potenzen der w im Nenner haben,

$$\delta^2 M = \frac{(\delta\,w_0)^2}{w_0} + \frac{(\delta\,w_1)^2}{w_1} + \cdots$$

Wir haben es also in der Tat mit einem Minimum zu tun. Ich will noch einiges bezüglich der früher mit J bezeichneten Größe bemerken. Man findet zunächst leicht, daß J den Wert des folgenden Binomialkoeffizienten hat:

$$J = \binom{\lambda + n - 1}{\lambda};$$

wenn man also Größen, die mit wachsenden λ oder n verschwinden, vernachlässigt

$$J = \frac{1}{\sqrt{2\,\pi}} \frac{(\lambda + n - 1)^{\lambda + n - 1/2}}{(n - 1)^{n - 1/2}\, \lambda^{\lambda + 1/2}}.$$

Nun ist $\lambda\,\varepsilon / n$ gleich der mittleren lebendigen Kraft μ eines Moleküls, daher

$$\frac{\lambda}{n} = \frac{\mu}{\varepsilon},$$

also jedenfalls außerordentlich groß, weshalb man hat

$$(\lambda + n - 1)^{\lambda + n - 1/2} = \lambda^{\lambda + n - 1/2}\left[\left(1 + \frac{n - 1}{\lambda}\right)^{\lambda}\right]^{1 + \frac{2n-1}{2\lambda}} = \lambda^{\lambda + n - 1/2} \cdot e^{n-1}.$$

Es ist also

$$J = \frac{1}{\sqrt{2\,\pi}} \frac{\lambda^{n-1}\, e^{n-1}}{(n - 1)^{n - 1/2}},$$

daher ist, abgesehen von verschwindenden Größen

$$lJ = n\,l\frac{\lambda}{n} + n - l\lambda + \frac{1}{2}\,l\,n - 1 - \frac{1}{2}\,l(2\,\pi).$$

Es versteht sich von selbst, daß diese Formeln hier nicht zu dem Zwecke berechnet worden sind, um für den Fall, wo p und n endliche Werte haben, Annäherungsformeln zu gewinnen, denn dieser Fall dürfte in der Praxis kaum von irgend einer Wichtigkeit sein, sondern bloß um Formeln zu gewinnen, welche bei unendlichem Wachsen von p und n sicher die richtigen Grenzwerte liefern.

Trotzdem wird es vielleicht zur Veranschaulichung beitragen, wenn wir zuerst an einigen speziellen Fällen zeigen, daß selbst für ganz mäßig große Werte von p und n die aufgestellten Formeln sich der Wahrheit wenigstens einigermaßen anschließen, so daß sie selbst als Annäherungsformeln nicht ohne allen Wert wären.

Wir nehmen zuerst den schon oben betrachteten Fall, wo $n = \lambda = 7$ ist, d. h. es sollen 7 Moleküle vorhanden sein, und die Gesamtsumme der lebendigen Kraft aller Moleküle soll $= 7\,\varepsilon$ sein. Die mittlere lebendige Kraft eines Moleküls ist also gleich ε. Nehmen wir zuerst an, es soll auch $p = 7$ sein, d. h. jedes Molekül sei nur imstande, die lebendigen Kräfte 0, ε, $2\,\varepsilon$, $3\,\varepsilon$..., $7\,\varepsilon$ anzunehmen.

Dann verwandelt sich die Gleichung (12) in folgende:

(16) $\qquad 6\,x^9 - 7\,x^8 + 2\,x - 1 = 0,$

woraus folgt:

(17) $\qquad x = \frac{1}{2} + \frac{7}{2}\,x^8 - 3\,x^9.$

Da x nahe $= \frac{1}{2}$ ist, so können wir in den beiden letzten, ohnehin sehr kleinen Gliedern der rechten Seite $x = \frac{1}{2}$ setzen, und erhalten:

$$x = \frac{1}{2} + \frac{1}{2^9}\,(7 - 3) = \frac{1}{2} + \frac{1}{2^7} = 0{,}5078125.$$

Man könnte leicht diesen Wert wieder für x in die rechte Seite der Gleichung (17) substituieren und würde so einen noch mehr angenäherten Wert für x gewinnen; doch führt es rascher zum Ziele, da wir bereits einen genäherten Wert für x wissen, wenn wir die Gleichung (16) nach der gewöhnlichen Newton'-schen Näherungsmethode behandeln, wodurch sich ergibt

$$x = 0{\cdot}5088742\ldots$$

Hieraus findet man dann gemäß den Gleichungen (7)

$w_0 = 3{,}4535$	$w_4 = 0{,}2316$
$w_1 = 1{,}7574$	$w_5 = 0{,}1178$
$w_2 = 0{,}8943$	$w_6 = 0{,}0599$
$w_3 = 0{,}4551$	$w_7 = 0{,}0304$

Diese Zahlen würden die Bedingung erfüllen, daß

$$\sqrt{2\,\pi}\left(\frac{w_0}{e}\right)^{w_0} \cdot \sqrt{2\,\pi}\left(\frac{w_1}{e}\right)^{w_1} \ldots \text{ usw.}$$

ein Minimum ist, während die Größen w bloß an die beiden Bedingungen geknüpft sind:

(18) $\begin{cases} w_0 + w_1 + w_2 + w_3 + w_4 + w_5 + w_6 + w_7 = 7, \\ w_1 + 2\,w_2 + 3\,w_3 + 4\,w_4 + 5\,w_5 + 6\,w_6 + 7\,w_7 = 7, \end{cases}$

welches Minimum übrigens wegen der ersten der Gleichungen (18) mit dem Minimum von $(w_0)^{w_0}(w_1)^{w_1}\ldots$ zusammenfällt. Sie liefern daher nur eine angenäherte Lösung unseres Problems, welches dahin geht, daß man so viele (w_0) Nullen, so viele (w_1) Einser usw. zusammenstellen soll, daß die dadurch entstehende Komplexion möglichst viel Permutationen zuläßt, und daß die w gleichzeitig die Bedingungen (18) erfüllen. Da p und n hier ganz kleine Zahlen sind, so ist keine große Annäherung zu erwarten; trotzdem erhält man schon hier die richtige Lösung des Permutationsproblems, wenn man für jedes w die zunächst liegende ganze Zahl setzt, mit alleiniger Ausnahme von w_3, welchem man den Wert 1 statt 0,4551 erteilen muß. In dieser Weise ergibt sich nämlich

$$w_0 = 3, \; w_1 = 2, \; w_2 = w_3 = 1, \; w_4 = w_5 = w_6 = w_7 = 0$$

und in der Tat sahen wir in der Tabelle auf S. 7, daß die Komplexion 0001123 der meisten Permutationen fähig ist. Wir wollen jetzt dasselbe spezielle Beispiel $n = \lambda = 7$ behandeln, aber $p = \infty$ setzen; d. h. die Moleküle sollen die lebendigen Kräfte 0, 1, 2, 3 usw. bis ∞ anzunehmen imstande sein. Wir wissen, daß die Werte der Größen w dann wenig verschieden von den früheren ausfallen müssen. In der Tat erhalten wir dann

$$x = \frac{1}{2}; \; w_0 = \frac{7}{2} = 3{,}5, \; w_1 = \frac{w_0}{2} = 1{,}75, \; w_2 = \frac{w_1}{2} = 0{,}875 \text{ usw.}$$

Wir wollen noch ein um ein Weniges komplizierteres Beispiel machen. Sei $n = 13$, $\lambda = 19$, was wir jedoch nur für den einfacheren Fall behandeln wolle, daß $p = \infty$ ist. Dann haben wir:

$$x = \frac{19}{32}$$

$$w_0 = 5{,}28125 \qquad w_4 = 0{,}65605$$
$$w_1 = 3{,}13574 \qquad w_5 = 0{,}38950$$
$$w_2 = 1{,}86815 \qquad w_6 = 0{,}23133$$
$$w_3 = 1{,}10493$$

Setzt man hier statt der verschiedenen w die ihnen zunächst liegenden ganzen Zahlen, so erhält man

$$w_0 = 5, \; w_1 = 3, \; w_2 = 2, \; w_3 = 1, \; w_4 = 1, \; w_5 = w_6 = \ldots 0,$$

Schon aus dem Umstande, daß $w_0 + w_1 + \ldots = 13$ sein soll, sieht man, daß wieder eines der w um eine Einheit erhöht werden muß. Am wenigsten weicht w_5, welches wir $= 0$ gesetzt haben, von der nächst höheren ganzen Zahl ab. Wir wollen daher lieber $w_5 = 1$ setzen, und erhalten die Komplexion

$$0000011122345,$$

deren Ziffersumme in der Tat $= 19$ ist.

Die Anzahl der Permutationen, deren diese Komplexion fähig ist, ist

$$\frac{13!}{5!\ 3!\ 2!} = \frac{13!}{4!\ 3!\ 2!} \cdot \frac{1}{5}.$$

Eine Komplexion, deren Ziffernsumme ebenfalls $= 19$ ist, und von welcher man vermuten könnte, daß sie sehr vieler Permutationen fähig sein wird, wäre folgende:

$$0000111222334.$$

Die Anzahl ihrer Permutationen ist

$$\frac{13!}{4!\ 3!\ 3!\ 2!} = \frac{13!}{4!\ 3!\ 2!} \cdot \frac{1}{6},$$

also bereits kleiner als die Anzahl der Permutationen der ersten von uns aus der Annäherungsformel gefundenen Komplexion. Ebenso überzeugt man sich, daß die Zahl der Permutationen der beiden Komplexionen

$$0000111122335 \quad \text{und}$$

$$0000111122344$$

kleiner ist. Dieselbe ist nämlich für beide Komplexionen

$$\frac{13!}{4!\ 4!\ 2!\ 2!} = \frac{13!}{4!\ 3!\ 2!} \cdot \frac{1}{8}.$$

Noch weit kleiner ist die Anzahl der Permutationen, deren die übrigen möglichen Komplexionen fähig sind, und es dürfte ganz überflüssig sein, hier darauf weiter einzugehen. Man wird aus den hier gemachten Beispielen ersehen, daß die oben aufgestellte Näherungsformel selbst bei ziemlich kleinen Werten von p und n für die Größen w Werte liefert, die sich meist nur um Bruchteile von Einheiten, höchstens um 1 oder 2 Einheiten von den wahren Werten unterscheiden. Bei den in der mechanischen Wärmetheorie vorkommenden Problemen aber haben wir es immer mit außerordentlich vielen Molekülen zu tun; die Größen w haben daher sehr große Werte, so daß derartige kleine Abweichungen verschwinden, daß also unsere Näherungsformeln die exakte Lösung des Problems liefern. Wir sehen auch, daß die von uns als die wahrscheinlichste gefundene Zustandsverteilung in gewisser Beziehung übereinstimmt mit derjenigen, von welcher bekannt ist, daß sie sich bei im Wärmegleichgewichte befindlichen Gasen einstellt. Es ist nämlich gemäß den Formeln (15) die Wahrscheinlichkeit der lebendigen Kraft $s\,\varepsilon$ gegeben durch

$$w_s = \frac{n^2}{n+\lambda} \cdot \left(\frac{\lambda}{n+\lambda}\right)^s.$$

Da $\lambda\,\varepsilon\,/\,n$ gleich der mittleren lebendigen Kraft μ eines Moleküls, also endlich ist, so ist n sehr klein gegen λ. Es ist also nahezu

$$\frac{n^2}{n+\lambda} = \frac{n^2}{\lambda} = \frac{n\,\varepsilon}{\mu}, \qquad \frac{\lambda}{n+\lambda} = 1 - \frac{n}{\lambda} = c^{-\frac{n}{\lambda}} = e^{-\frac{\varepsilon}{\mu}},$$

woraus folgt:

$$w_s = \frac{n\,\varepsilon}{\mu}\,e^{-\frac{\varepsilon s}{\mu}}.$$

Doch bedarf der Übergang zur mechanischen Wärmetheorie, besonders die Einführung der Differentiale, noch einiger Überlegung und einer nicht unwesentlichen Modifikation der Formeln.

II. Die lebendigen Kräfte gehen kontinuierlich ineinander über.

Wir wollen, behufs Einführung der Differentiale in unsere Formel, zu derjenigen Versinnlichungsweise des Problems übergehen, welche auf S. 171 [1]) angedeutet ist; denn dieselbe scheint mir die Sache am besten klar zu machen. Dort war jedes Molekül nur imstande, eine der lebendigen Kräfte 0, ε, 2 ε ... $p\,\varepsilon$ anzunehmen. Wir bildeten alle möglichen Komplexionen, d. h. alle mit den Bedingungen des Problems vereinbaren Verteilungsweisen dieser $1 + p$ lebendigen Kräfte unter die Moleküle, indem wir uns eine Urne fingierten, welche unendlich viele Zettel enthält. Auf einigen derselben ist die lebendige Kraft Null, auf genau gleich vielen Zetteln die lebendige Kraft ε usw. aufgeschrieben. Wir bildeten die erste Komplexion, indem wir für jedes der Moleküle einen Zettel aus der Urne zogen, und dem Moleküle diejenige lebendige Kraft beilegten, welche auf dem für dasselbe gezogenen Zettel stand. In derselben Weise wurden noch sehr viele andere Komplexionen gebildet und dann nach der Wahrscheinlichkeit gefragt, daß eine Komplexion zu dieser oder jener Zustandsverteilung führe. Diejenige Zustands-

---

[1]) Dieses Bandes.

verteilung, zu welcher die meisten Komplexionen führen, bezeichneten wir als die wahrscheinlichste oder als die des
Wärmegleichgewichtes. Da wir jetzt zu einer kontinuierlichen
Reihe von lebendigen Kräften übergehen wollen, so wäre das
natürlichste Verfahren folgendes:

Wir bezeichnen mit ε vorläufig eine sehr kleine Größe,
und nehmen an, in der Urne seien sehr viele Zettel, auf denen
lebendige Kräfte aufgeschrieben sind, die zwischen Null und ε
liegen; genau gleich viele Zettel seien in der Urne, auf denen
lebendige Kräfte aufgeschrieben sind, die zwischen ε und $2\,\varepsilon$,
zwischen $2\,\varepsilon$ und $3\,\varepsilon$ usw. bis ins Unendliche liegen. Da ε
sehr klein ist, so können alle Moleküle, deren lebendige Kraft
zwischen x und $x + \varepsilon$ liegt, so angesehen werden, als ob sie
dieselbe lebendige Kraft besäßen. Der übrige Gang der Rechnung
ist ganz derselbe wie im ersten Abschnitte. Wir nehmen an,
es sei irgend eine Komplexion gezogen worden; w_0 Moleküle
hätten dabei eine lebendige Kraft erhalten, die zwischen 0
und ε, w_1 Moleküle eine solche, die zwischen ε und $2\,\varepsilon$, w_2
eine solche, die zwischen $2\,\varepsilon$ und $3\,\varepsilon$ liegt usw.

Da hierbei die Größen w_0, w_1, w_2 usw. offenbar unendlich
klein von der Ordnung ε sind, so wollen wir lieber setzen

(19) $\qquad w_0 = \varepsilon f(0), \quad w_1 = \varepsilon f(\varepsilon), \quad w_2 = \varepsilon f(2\,\varepsilon)$ usw.

Die Wahrscheinlichkeit der betreffenden Zustandsverteilung
ist dann genau wie im ersten Abschnitte gegeben durch die
Anzahl der Permutationen, deren die Elemente jener Zustandsverteilung fähig sind, also durch die Zahl

$$\frac{n!}{w_0!\, w_1!\, w_2! \,\ldots}.$$

Als die wahrscheinlichste Zustandsverteilung, d. h. als diejenige,
welche dem Wärmegleichgewichte entspricht, definieren wir
wieder diejenige, bei welcher dieser Ausdruck ein Maximum,
also dessen Nenner ein Minimum wird. Benutzen wir sogleich
eine im ersten Abschnitte hinlänglich motivierte Näherungsformel, indem wir statt $w!$ die Größe

$$\sqrt{2\,\pi} \left(\frac{w}{e}\right)^{w}$$

substituieren, in der wir übrigens den Faktor $\sqrt{2\,\pi}$ unter-
drücken können, weil er nur als konstanter Faktor zur Größe

hinzutritt, welche ein Minimum werden soll; führen wir ferner
statt der Bedingung, daß der Nenner ein Minimum werden
muß, die gleichbedeutende ein, daß dessen Logarithmus ein
Minimum werden muß: dann erhalten wir für das Wärmegleichgewicht die Bedingung, daß die Größe

$$M = w_0\, l\, w_0 + w_1\, l\, w_1 + w_2\, l\, w_2 + \ldots - n$$

ein Minimum sei, während gleichzeitig wieder die beiden Bedingungen erfüllt sein müssen:

$$(20) \qquad n = w_0 + w_1 + w_2 + \ldots,$$

$$(21) \qquad L = \varepsilon\, w_1 + 2\,\varepsilon\, w_2 + 3\,\varepsilon\, w_3 + \ldots,$$

welche mit den Gleichungen (1) und (2) des ersten Abschnittes
identisch sind. Führen wir hier zunächst statt der Größen w
die Funktion f vermöge der Gleichungen (19) ein, so erhalten wir:

$$M = \varepsilon\,[f(0)\,l\,f(0) + f(\varepsilon)\,l\,f(\varepsilon) + f(2\,\varepsilon)\,l\,f(2\,\varepsilon) + \ldots\,]$$
$$+ \varepsilon\, l\, \varepsilon\,[f(0) + f(\varepsilon) + f(2\,\varepsilon) + \ldots] - n,$$

und die Gleichungen (20) und (21) verwandeln sich in folgende:

$$(22) \qquad n = \varepsilon\,[f(0) + f(\varepsilon) + f(2\,\varepsilon) + \ldots],$$

$$(23) \qquad L = \varepsilon\,[\varepsilon\, f(\varepsilon) + 2\,\varepsilon\, f(2\,\varepsilon) + 3\,\varepsilon\, f(3\,\varepsilon) + \ldots].$$

Infolge der Gleichung (22) kann der Ausdruck für M auch
so geschrieben werden:

$$M = \varepsilon\,[f(0)\,l\,f(0) + f(\varepsilon)\,l\,f(\varepsilon) + f(2\,\varepsilon)\,l\,f(2\,\varepsilon) + \ldots] - n + n\,l(\varepsilon).$$

Da n und ε konstant sind (denn auch die Größe ε hat für alle
möglichen Komplexionen, daher auch für alle möglichen Zustandsverteilungen denselben Wert, ist also hier, wo es sich
um den Übergang von einer Zustandsverteilung zu einer anderen
handelt, als konstant anzusehen), so ist die Größe

$$(24) \qquad M' = \varepsilon\,[f(0)\,l\,f(0) + f(\varepsilon)\,l\,f(\varepsilon) + f(2\,\varepsilon)\,l\,f(2\,\varepsilon) + \ldots]$$

zu einem Minimum zu machen. Wir wissen aber, daß ε eine
verschwindend kleine Größe ist, welche um so kleiner wird, je
mehr sich die Reihe der möglichen lebendigen Kräfte einem
Kontinuum nähert. Für verschwindende ε aber können wir
die in den Gleichungen (22), (23) und (24) vorkommenden
Summen in der Form von bestimmten Integralen schreiben,
und erhalten folgende Gleichungen:

$$(25) \qquad M' = \int_0^\infty f(x)\, l\, f(x)\, d\,x,$$

$$(26) \qquad n = \int_0^\infty f(x)\, d\,x,$$

$$(27) \qquad L = \int_0^\infty x\, f(x)\, d\,x \cdot$$

Sucht man diejenige Form der Funktion $f(x)$, welche den Ausdruck (25) unter den Nebenbedingungen (26) und (27) zu einem Minimum macht, so hat man bekanntlich folgendermaßen zu verfahren: Man addiert zur rechten Seite der Gleichung (25) die rechten Seiten der beiden Gleichungen (26) und (27), letztere beide mit je einem konstanten Faktor k und h multipliziert. Die so entstandene Summe

$$\int_0^\infty [f(x)\, l\, f(x) + k\, f(x) + h\, x\, f(x)]\, d\,x$$

unterwirft man nun der Variation, wobei x die independent Variable, f die der Variation zu unterwerfende Funktion ist. Dadurch ergibt sich

$$\int_0^\infty [l\, f(x) + k + 1 + h\, x]\, \delta f(x)\, d\,x \cdot$$

Setzt man die Größe, welche mit $\delta f(x)$ multipliziert ist, also den Ausdruck in der eckigen Klammer $= 0$, und bestimmt aus der so erhaltenen Gleichung die Funktion $f(x)$, so ergibt sich

$$(28) \qquad f(x) = C\, e^{-h\,x}.$$

Hierbei wurde zur Abkürzung die Konstante e^{-k-1} mit C bezeichnet. Die zweite Variation von M' ist

$$\delta^2 M' = \int_0^\infty \frac{[\delta f(x)]^2}{f(x)} \cdot d\,x,$$

eine notwendig positive Größe, da $f(x)$ für alle zwischen 0 und ∞ liegenden Werte von x positiv ist. Es ist also M' ein Minimum im Sinne der Variationsrechnung. Die Gleichung (28) würde uns das Resultat liefern, daß für den Fall des Wärmegleichgewichtes die Wahrscheinlichkeit, daß die lebendige Kraft eines Moleküls zwischen den Grenzen x und $x + dx$ liege, den Wert

$$f(x)\,dx = C\,e^{-hx}\,dx$$

hat. Die Wahrscheinlichkeit, daß die Geschwindigkeit eines Moleküls zwischen den Grenzen ω und $\omega + d\omega$ liegt, wäre also

(29) $$C\,e^{-\frac{h\,m\,\omega^2}{2}} \cdot m\,\omega\,d\omega ,$$

m soll immer die Masse eines Moleküls bezeichnen. Die Formel (29) liefert die richtige Zustandsverteilung für elastische Kreise, die sich in einer Fläche von zwei Dimensionen bewegen, oder elastische Kreiszylinder mit parallelen Achsen, die sich im Raume bewegen, nicht aber für elastische Kugeln, die sich im Raume bewegen. Für letztere muß die Exponentialfunktion mit $\omega^2 d\omega$ statt mit $\omega\,d\omega$ multipliziert sein. Um die für diesen letzteren Fall passende Zustandsverteilung zu erhalten, müssen wir die ursprüngliche Verteilung der Zettel in der Urne, aus welcher die verschiedenen Komplexionen gezogen wurden, in anderer Weise wählen. Wir nahmen bisher an, in dieser Urne seien gleichviel Zettel, auf denen eine zwischen 0 und ε liegende lebendige Kraft aufgeschrieben steht, als Zettel, auf denen eine zwischen ε und 2ε liegende lebendige Kraft aufgeschrieben ist. Ebenso groß sollte auch die Zahl der Zettel mit einer zwischen 2ε und 3ε, zwischen 3ε und 4ε usw. liegenden lebendigen Kraft sein.

Jetzt dagegen wollen wir annehmen, daß nicht die lebendige Kraft, sondern die drei Geschwindigkeitskomponenten u, v, w in den Richtungen der drei Koordinatenachsen, auf den in der Urne enthaltenen Zetteln aufgeschrieben sind. Und zwar soll gleich sein: die Zahl der Zettel, für welche u zwischen 0 und ε, v zwischen 0 und ζ, w zwischen 0 und η liegt; die Zahl der Zettel, für welche u zwischen ε und 2ε, v zwischen 0 und ζ, w zwischen 0 und η; ferner die Zahl der Zettel, für welche u zwischen ε und 2ε, v zwischen ζ und 2ζ, w zwischen 0 und η liegt, ganz allgemein: die Zahl der Zettel, für welche u, v, w zwischen den Grenzen u und $u + \varepsilon$, v und $v + \zeta$, w und $w + \eta$ liegen. Dabei sind, u, v, w beliebige Größen, ε, ζ, η dagegen sind gegebene konstante, aber außerordentlich kleine Größen. Wenn wir bis auf diese eine Modifikation das ganze

Problem unverändert lassen, so gelangen wir zur Zustandsverteilung, welche sich in Wirklichkeit unter Gasmolekülen
herstellt.[1])

Bezeichnen wir jetzt mit

$$(30) \qquad w_{abc} = \varepsilon\,\zeta\,\eta\,f(a\,\varepsilon,\,b\,\zeta,\,c\,\eta)$$

die Zahl der in irgend einer Komplexion vorkommenden Moleküle, für welche die Geschwindigkeitskomponenten zwischen
den Grenzen $a\,\varepsilon$ und $(a+1)\,\varepsilon$, $b\,\zeta$ und $(b+1)\,\zeta$, $c\,\eta$ und $(c+1)\,\eta$
liegen, so ist die Zahl der Permutationen, deren die Elemente
dieser Komplexion fähig sind, also die Permutabilität der
Zustandsverteilung, zu welcher diese Komplexion führt:

$$(31) \qquad \mathfrak{P} = \frac{n!}{\displaystyle\prod_{a=-p}^{a=+p}\prod_{b=-q}^{b=+q}\prod_{c=-r}^{c=+r} w_{abc}!}$$

wobei wir zunächst annehmen, u vermöge nur Werte von
$-\,p\,\varepsilon$ bis $+\,p\,\varepsilon$, v solche von $-\,q\,\zeta$ bis $+\,q\,\zeta$, w solche von
$-\,r\,\eta$ bis $+\,r\,\eta$ anzunehmen. Für die wahrscheinlichste Zustandsverteilung muß wieder dieser Ausdruck, oder wenn man
will, dessen Logarithmus ein Maximum sein. Vertauscht man
wieder

$$n! \ \text{mit} \ \sqrt{2\,\pi}\left(\frac{n}{e}\right)^{n} \quad \text{und} \ \ w! \ \text{mit} \ \sqrt{2\,\pi}\left(\frac{w}{e}\right)^{w},$$

wobei man übrigens den Faktor $\sqrt{2\,\pi}$ sogleich weglassen kann,
weil jeder dieser Faktoren zu $l\,\mathfrak{P}$ nur den konstanten Addenden
$-\,\tfrac{1}{2}\,l(2\,\pi)$ liefert, so erhält man als Bedingung für die wahrscheinlichste Zustandsverteilung, daß der Ausdruck

$$-\sum_{a=-p}^{a=+p}\sum_{b=-q}^{b=+q}\sum_{c=-r}^{c=+r} w_{abc}\,l\,w_{abc}$$

---

[1]) Wir können natürlich gleich von vornherein statt der Größen
ε, ζ, η, welche ja als verschwindend angenommen werden, $d\,u$, $d\,v$, $d\,w$
schreiben, und müßten dann sagen: Die Verteilung der Zettel in der
Urne muß so sein, daß die Zahl derjenigen Zettel, für welche u, v, w
zwischen u und $u + d\,u$, zwischen v und $v + d\,v$, w und $w + d\,w$ liegen,
dem Produkte $d\,u\,d\,v\,d\,w$ proportional, aber vom Werte der Größen u, v, w
unabhängig ist. Die frühere Verteilung der Zettel in der Urne dagegen
kann, indem man $d\,x$ statt ε schreibt, dadurch charakterisiert werden,
daß man sagt, es waren auf gleich vielen Zetteln aufgeschrieben: lebendige
Kräfte, die zwischen 0 und $d\,x$, solche, die zwischen $d\,x$ und $2\,d\,x$, solche,
die zwischen $2\,d\,x$ und $3\,d\,x$ usw. liegen.

ein Maximum werden soll, welches sich nur durch einen konstanten Addenden von $l\mathfrak{P}$ unterscheidet, da auch die konstante Größe $n\,l\,n$ weggelassen wurde.

Die beiden Bedingungsgleichungen aber, welche ausdrücken, daß die Zahl der Moleküle $= n$, und deren lebendige Kraft $= L$ sein muß, erhalten folgende Form:

$$(32) \qquad n = \sum_{a=-p}^{a=p} \sum_{b=-q}^{b=q} \sum_{c=-r}^{c=r} w_{abc}$$

$$(33) \qquad L = \frac{m}{2} \cdot \sum_{a=-p}^{a=p} \sum_{b=-q}^{b=q} \sum_{c=-r}^{c=r} (a^2\varepsilon^2 + b^2\zeta^2 + c^2\eta^2) w_{abc}$$

Setzt man für w_{abc} seinen Wert aus Gleichung (30) ein, so sieht man sogleich ein, daß die dreifachen Summen, nachdem man noch einen konstanten Addenden unterdrückt hat, in dreifache bestimmte Integrale übergehen, wodurch man für die Größe, welche ein Maximum werden soll, den Wert erhält:

$$(34) \qquad \Omega = - \int_{-\infty}^{+\infty} \int_{-\infty}^{+\infty} \int_{-\infty}^{+\infty} f(u,\,v,\,w)\,lf(u,\,v,\,w)\,du\,dv\,dw,$$

die beiden Bedingungsgleichungen aber gehen über in:

$$(35) \qquad n = \int_{-\infty}^{\infty} \int_{-\infty}^{\infty} \int_{-\infty}^{\infty} f(u,\,v,\,w)\,du\,dv\,dw$$

$$(36) \qquad L = \frac{m}{2} \int_{-\infty}^{\infty} \int_{-\infty}^{\infty} \int_{-\infty}^{\infty} (u^2 + v^2 + w^2)f(u,\,v,\,w)\,du\,dv\,dw.$$

Wir wollen diese Größe Ω, welche nur durch einen konstanten Addenden vom Logarithmus der Permutabilität verschieden ist, und welche für die Folge eine besondere Wichtigkeit hat, als das Permutabilitätsmaß bezeichnen. Ich bemerke übrigens, daß die Unterdrückung dieser Konstanten noch den Vorteil hat, daß dadurch bewirkt wird, daß das gesamte Permutabilitätsmaß des Vereins zweier Körper gleich der Summe der Permutabilitätsmaße jedes einzelnen Körpers ist.

Es ist also das Maximum der Größe (34) unter den Nebenbedingungen (35) und (36) zu suchen. Die Auflösung dieses Problems braucht hier nicht weiter auseinandergesetzt zu werden; denn dasselbe ist ein spezieller Fall desjenigen Problems, welches ich bereits in meiner Abhandlung „Über das Wärmegleichgewicht von Gasen, auf welche äußere Kräfte wirken", in dem Abschnitte behandelt habe, welcher unmittelbar dem Anhange vorhergeht. Ich habe dort schon den Nachweis geliefert, daß es auf diejenige Zustandsverteilung führt, welche in der Tat dem Zustande des Wärmegleichgewichtes entspricht. Man sieht also, daß man in der Tat berechtigt ist, zu sagen: diejenige Zustandsverteilung, welche unter allen die wahrscheinlichste ist, entspreche auch dem Zustande des Wärmegleichgewichtes. Denn wenn eine Urne in der zuletzt besprochenen Weise mit Zetteln gefüllt wird, so wird es am wahrscheinlichsten sein, daß auf den gezogenen Zetteln die dem Wärmegleichgewichte entsprechende Zustandsverteilung aufgeschrieben ist. Ich glaube aber nicht, daß man berechtigt ist, dies ohne weiteres als etwas Selbstverständliches hinzustellen, mindestens nicht, ohne vorher sehr genau definiert zu haben, was eigentlich unter der wahrscheinlichsten Zustandsverteilung zu verstehen ist. Würde man z. B. in dieser Definition nur die kleine Modifikation eintreten lassen, daß man die Urne in der zuerst beschriebenen Weise mit Zetteln gefüllt sein ließe, so würde der Satz bereits falsch sein.

Der Grund, weshalb gerade die eine Verteilung der Zettel zur richtigen Zustandsverteilung führt, wird demjenigen, der sich eingehender mit derartigen Problemen beschäftigt hat, wohl nicht entgehen. Derselbe liegt nämlich in folgendem Umstande: Wenn wir alle Moleküle zusammenfassen, deren Koordinaten zu einer bestimmten Zeit zwischen den Grenzen

(37) $\quad \xi$ und $\xi + d\xi$, η und $\eta + d\eta$, ζ und $\zeta + d\zeta$

und deren Geschwindigkeitskomponenten zwischen den Grenzen

(38) $\quad u$ und $u + du$, v und $v + dv$, w und $w + dw$

liegen, und alle diese Moleküle mit einem bestimmten Moleküle unter gegebenen Verhältnissen zusammenstoßen lassen, so sollen deren Koordinaten nach einer ganz bestimmten Zeit zwischen den Grenzen

(39) $\quad \Xi$ und $\Xi + d\Xi$, H und $\mathsf{H} + d\mathsf{H}$, Z und $\mathsf{Z} + d\mathsf{Z}$,

deren Geschwindigkeitskomponenten aber zwischen den Grenzen

(40) U und $U + dU$, V und $V + dV$, W und $W + dW$
liegen. Es ist dann immer

(41) $d\xi \cdot d\eta \cdot d\zeta \cdot du \cdot dv \cdot dw = d\Xi \cdot d H \cdot d Z \cdot d U \cdot d V \cdot d W.$

Dieser Satz gilt noch viel allgemeiner. Mögen zur Zeit
Null die Koordinaten und Geschwindigkeitskomponenten beliebiger Moleküle (materieller Punkte) zwischen den Grenzen
(37) und (38) liegen, mögen auf diese Moleküle beliebige Kräfte
wirken, nach Verlauf einer und derselben Zeit t mögen die
Koordinaten und Geschwindigkeitskomponenten sämtlicher Moleküle zwischen den Grenzen (39) und (40) liegen, es ist dann
jedesmal die Gleichung (41) erfüllt.

(Vollkommen ausführlich, exakt ausgesprochen und in
sehr einfacher Weise begründet findet man diesen und einen
noch allgemeineren Satz in dem Buche von Watson „A Treatise
on the kinetic theory of gases" S. 12.)

Würde man dagegen statt der Geschwindigkeitskomponenten
vor und nach der Einwirkung der Kräfte die lebendige Kraft x
und zwei die Geschwindigkeitsrichtung bestimmende Winkel
α und β einführen, und würden vor der Einwirkung der Kräfte
diese Größen zwischen den Grenzen

$$\xi \text{ und } \xi + d\xi, \quad \eta \text{ und } \eta + d\eta, \quad \zeta \text{ und } \zeta + d\zeta,$$

$$x \text{ und } x + dx, \quad \alpha \text{ und } \alpha + d\alpha, \quad \beta \text{ und } \beta + d\beta,$$

nach dem Einwirken der Kräfte aber zwischen den Grenzen

$$\Xi \text{ und } \Xi + d\Xi, \quad H \text{ und } H + dH, \quad Z \text{ und } Z + dZ$$

$$X \text{ und } X + dX, \quad A \text{ und } A + dA, \quad B \text{ und } B + dB$$

liegen, so würde

$$d\xi \cdot d\eta \cdot d\zeta \cdot \sqrt{x} \cdot dx \cdot \varphi(\alpha, \beta) d\alpha \cdot d\beta$$
$$= d\Xi \cdot dH \cdot dZ \cdot \sqrt{X} \cdot dX \cdot \varphi(A, B) dA \cdot dB$$

sein.

Es geht also das Produkt der Differentiale $du\, dv\, dw$
direkt in $dU\, dV\, dW$ über. Deshalb müssen die Zettel der
Urne so gewählt werden, daß gleich viele mit Geschwindigkeitskomponenten beschrieben sind, die zwischen u und $u + du$,
v und $v + dv$, w und $w + dw$ liegen, was immer u, v, w für
Werte haben mögen. Überhaupt muß, wenn die Position
durch irgendwelche Koordinaten bestimmt wird, die Ge-

schwindigkeit durch die entsprechenden „Momente' bestimmt werden. Dagegen geht $\sqrt{x}\,dx$ in $\sqrt{X}\,dX$ über. Bei Einführung der lebendigen Kraft müßte man also die Zettel so wählen, daß gleich viele mit lebendigen Kräften beschrieben sind, welche zwischen x und $x + \sqrt{x}\,dx$ liegen, wobei dx konstant, x aber vollkommen willkürlich ist.

Mit Anwendung dieses zuletzt erwähnten Satzes könnte man mit Zuziehung der in meinen „Bemerkungen über einige Probleme der mechanischen Wärmetheorie" auf S. 121[1]) entwickelten Prinzipien auch einen direkten Beweis herstellen, daß diese Art und Weise, die wahrscheinlichste Zustandsverteilung zu finden, die allein zulässige ist, und auf die richtige dem Zustande des Wärmegleichgewichtes entsprechende Zustandsverteilung führen muß, während wir uns hier a posteriori überzeugt haben, daß gerade sie auf die richtige Zustandsverteilung führt, und daraus schlossen, daß die dem Wärmegleichgewichte entsprechende Zustandsverteilung in unserem Sinne die wahrscheinlichste ist.

Es ist natürlich leicht, in gleicher Weise auch die Fälle zu betrachten, wo nebst der Bedingung der Erhaltung der lebendigen Kraft noch andere Bedingungen gegeben sind. Stellen wir z. B. das Problem so: Unter einer gegebenen, natürlich sehr großen Anzahl von Molekülen sind die Geschwindigkeitskomponenten u, v, w so zu verteilen, daß 1. die Summe der lebendigen Kraft aller Moleküle eine gegebene Größe ist, 2. die Komponente der Geschwindigkeit des gemeinsamen Schwerpunktes aller Moleküle in der Richtung der x-Achse, 3. die in der Richtung der y-Achse, 4. die in der Richtung der z-Achse eine gegebene Größe ist. Es entsteht die Frage, welches ist die wahrscheinlichste Verteilung der Geschwindigkeitskomponenten unter den Molekülen, wobei dieser Begriff natürlich wieder in demselben Sinne wie früher gefaßt ist. Wir erhalten dann ganz dasselbe Problem, nur daß an die Stellung der einen Bedingungsgleichung deren vier treten. Die Auflösung desselben liefert uns für die wahrscheinlichste Zustandsverteilung

$$f(u, v, w) = C e^{-h[(u-a)^2 + (v-\beta)^2 + (w-\gamma)^2]},$$

---

[1]) Dieses Bandes.

13*

wo C, h, α, β, γ Konstanten sind. Dies ist in der Tat die
Zustandsverteilung in einem Gase, das sich im Wärmegleichgewichte bei konstanter Temperatur befindet, dessen gesamte
Masse aber nicht in Ruhe ist, sondern sich mit einer bestimmten konstanten Geschwindigkeit fortbewegt. Man könnte
übrigens, wenn man noch andere passende Bedingungsgleichungen hinzufügt, in derselben Weise auch noch andere Probleme behandeln, so z. B. das der Rotation eines Gases, ferner
alle in meiner Abhandlung „Über die Aufstellung und Integration der Gleichungen, welche die Molekularbewegung in
Gasen bestimmen“,[1] betrachteten Fälle.

Betreffs des Übergangs vom Ausdrucke (31) zum Ausdrucke (34) soll hier noch einiges bemerkt werden. Die Formel
für $x!$ lautet vollständig

$$\sqrt{2\,\pi x}\left(\frac{x}{\rho}\right)^{x} e^{\frac{1}{12x} + \cdots}$$

Die Substitution dieses Wertes in der Formel (31) liefert
also zunächst

$$\mathfrak{P} = \frac{\sqrt{2\,\pi n}\,^{n+\frac{1}{2}} \cdot e^{\frac{1}{12n} + \cdots}}{(2\,\pi)^{p+q+r+\frac{3}{2}} \displaystyle\prod_{a=-p}^{a=+p} \prod_{b=-q}^{b=+q} \prod_{c=-r}^{c=+r} (w_{abc})^{w_{abc}+\frac{1}{2}} \cdot e^{\frac{1}{12 w_{abc}} + \cdots'}},$$

woraus folgt

$$l\mathfrak{P} = \left(n + \frac{1}{2}\right) ln + \frac{1}{12\,n} + \cdots - \left(p + q + r + 1\right) l\,2\,\pi$$

$$- \sum_{a=-p}^{a=+p} \sum_{b=-q}^{b=+q} \sum_{c=-r}^{c=+r} \left[\left(w_{abc} + \frac{1}{2}\right) lw_{abc} + \frac{1}{12\,w_{abc}} + \cdots\right].$$

Nun muß zuvörderst beachtet werden, daß gemäß unserer
Definition bei Bestimmung der Größe $\mathfrak{P}$ immer zuerst an-
genommen werden muß, die Zahl der Moleküle, also n und
damit auch w_{abc} wachse immer mehr, dann erst darf man die
Größen ε, ζ, η abnehmen lassen, welch letztere von anderer
Qualität unendlich klein sind. Es verschwinden daher alle
Glieder, welche n oder w_{abc} im Nenner haben und auch die
Größe $\frac{1}{2}$ kann im Ausdrucke $w_{abc} + \frac{1}{2}$ vernachlässigt werden.
Denn die Glieder, welche die Größe w_{abc} liefert, verhalten sich

---

[1] Diese Sammlung, Bd. II, Nr. 36.

zu denen, welche die Größe $\frac{1}{2}$ liefert, wie Größen, welche sich
auf die ganze Gasmasse beziehen, zu Größen, welche sich nur
auf ein einzelnes Molekül beziehen. Die letzteren Größen
können aber vernachlässigt werden, weil wir annehmen, daß
die Anzahl der Moleküle immer mehr und mehr wächst, so
daß ein einzelnes Molekül dagegen immer mehr und mehr
verschwindet. Man erhält daher zunächst

$$l\mathfrak{P} = n l n - (p + q + r + 1) l 2\pi - \sum_{a=-p}^{a=+p} \sum_{b=-q}^{b=+q} \sum_{c=-r}^{c=+r} w_{abc} l w_{abc}$$

Substituiert man hier für w_{abc} den Ausdruck $\varepsilon \zeta \eta\, f(a\varepsilon, b\zeta, c\eta)$,
so ergibt sich

$$l\mathfrak{P} = n l n - (p + q + r + 1) l 2\pi - n l (\varepsilon \zeta \eta)$$

$$- \sum_{a=-p}^{a=+p} \sum_{b=-q}^{b=+q} \sum_{c=-r}^{c=+r} \varepsilon \zeta \eta\, f(a\varepsilon, b\zeta, c\eta)\, l f(a\varepsilon, b\zeta, c\eta).$$

Man sieht hier, daß bis auf die dreifache Summe alle
Größen der rechten Seite dieses Ausdruckes konstant sind;
läßt man daher diese Konstanten weg, und läßt nun auch die
Größen ε, ζ, η immer mehr und mehr abnehmen, p, q, r dagegen
ins Unendliche wachsen, so verwandelt sioh die dreifache
Summe in ein dreifaches bestimmtes von $-\infty$ bis $+\infty$ zu
nehmendes bestimmtes Integral, und man gelangt sofort von
$l\mathfrak{P}$ zu dem durch Formel (34) gegebenen Ausdrucke des Permutabilitätsmaßes Ω. Am bedenklichsten könnte hierbei die
Voraussetzung erscheinen, daß w_{abc} sehr groß im Vergleiche
mit $\frac{1}{2}$ ist, d. h. daß die Anzahl der Moleküle sehr groß ist,
deren Geschwindigkeitskomponenten zwischen den Grenzen $a\varepsilon$
und $(a+1)\varepsilon$, $b\zeta$ und $(b+1)\zeta$, $c\eta$ und $(c+1)\eta$ liegen, welche
identisch mit den Grenzen u und $u + du$, v und $v + dv$, w
und $w + dw$ sind. Es mag dies für den ersten Anblick be-
fremden, da die Zahl der Gasmoleküle, wenn auch groß, so
doch endlich ist, während du, dv, dw mathematische Differentiale sind. Doch muß diese Annahme bei näherer Überlegung als selbstverständlich bezeichnet werden. Denn alle
Anwendungen der Differentialrechnung auf die Gastheorie be-
ruhen auf derselben Annahme. Will man z. B. die Diffusion,
innere Reibung, Wärmeleitung usw. berechnen, so nimmt man
ebenfalls an, daß in jedem unendlich kleinen Volumenelemente

$dx\,dy\,dz$ sich noch unendlich viele Gasmoleküle befinden, deren Geschwindigkeitskomponenten zwischen den Grenzen u und $u + du$, v und $v + dv$, w und $w + dw$ liegen. Die obige Annahme besagt weiter nichts, als daß man die Grenzen für u, v, w so weit nehmen kann, daß bereits sehr viele Moleküle dazwischenliegende Geschwindigkeitskomponenten haben, und trotzdem noch alle diese Moleküle so ansehen kann, als ob sie mit denselben Geschwindigkeitskomponenten begabt wären.

III. Betrachtung mehratomiger Gasmoleküle und äußerer Kräfte.

Ich will nun die bisher erhaltenen Formeln verallgemeinern, indem ich zuerst zu sogenannten mehratomigen Gasmolekülen übergehe, und dann auch äußere Kräfte einführe, wodurch endlich der Übergang zu ganz beliebigen festen und flüssigen Körpern wenigstens angebahnt wird. Um nicht eine zu große Mannigfaltigkeit der zu betrachtenden Fälle zu erhalten, will ich mich hierbei immer nur auf den wichtigsten Fall einlassen, daß außer der Gleichung der lebendigen Kraft keine weiteren Bedingungsgleichungen gegeben sind.

Eine erste Verallgemeinerung kann an unseren Formeln ohne alle Schwierigkeit angebracht werden. Wir nahmen bisher an, daß jedes Molekül eine elastische Kugel oder ein materieller Punkt sei, oder noch allgemeiner, daß seine gesamte Lage im Raume durch drei Variable bestimmbar sei (z. B. die drei rechtwinkeligen Koordinaten). Man weiß, daß dies bei den wirklichen Gasmolekülen nicht der Fall ist. Wir wollen daher annehmen, zur vollständigen Bestimmung der Lage aller Teile eines Moleküls im Raume seien drei Variable nicht hinreichend, es seien vielmehr dazu r Variable erforderlich

$$p_1, \; p_2, \; p_3 \; \cdots \; p_r,$$

die sogenannten generalisierten Koordinaten *(generalized coordinates)*. Drei derselben, p_1, p_2, p_3, sollen die rechtwinkeligen Koordinaten des Schwerpunktes des Moleküls sein, die übrigen können entweder Koordinaten der einzelnen Atome, relativ gegen den Schwerpunkt oder Richtungswinkel, oder was immer für Bestimmungsstücke der Lage des gesamten Moleküls oder ęines Teiles desselben sein. Wir wollen uns nun auch von der Beschränkung freimachen, daß nur eine einzige Gattung von Gasmolekülen im Raume vorhanden sei. Wir nehmen vielmehr an, es sei noch eine zweite Gattung vorhanden, von welcher jedes Molekül die generalisierten Koordinaten

$$p_1,\ p_2',\ p_3' \cdots p'_{r'},$$

ebenso eine dritte Gattung, mit den generalisierten Koordinaten

$$p_1'',\ p_2'',\ p_3'' \cdots p''_{r''},$$

im ganzen seien $\nu + 1$ verschiedene Molekülgattungen. Die generalisierten Koordinaten der letzten Gattung seien:

$$p_1^{(\nu)}, p_2^{(\nu)}, p_3^{(\nu)} \cdots p_{r^{(\nu)}}^{(\nu)}.$$

Die drei ersten Koordinaten sollen immer rechtwinkelige Schwerpunktkoordinaten sein. Natürlich ist jetzt die Annahme notwendig, daß von jeder einzelnen Gattung sehr viele Moleküle vorhanden sind. Wir wollen dann mit l die gesamte lebendige Kraft eines Moleküls der ersten Gattung, mit χ die Kraftfunktion oder das Ergal derselben bezeichnen (so daß $\chi + l$ konstant ist, solange nur die inneren Kräfte des Moleküls wirksam sind). Ferner seien

$$q_1,\ q_2,\ q_3 \cdots q_r$$

die den Koordinaten $p_1,\ p_2 \cdots p_r$ entsprechenden Momente (d. h. wir denken uns l durch die Koordinaten $p_1,\ p_2 \cdots p_r$ und durch deren Differentialquotienten nach der Zeit

$$\dot{p}_1,\ \dot{p}_2,\ \dot{p}_3 \cdots \dot{p}_r$$

ausgedrückt, und bezeichnen die Größen $c_1(dl/d\dot{p}_1), c_2(dl/d\dot{p}_2)$ mit $q_1,\ q_2 \cdots$, wobei $c_1, c_2 \cdots$ beliebige Konstanten sind. Ich will an dieser Stelle bemerken, daß in meiner Abhandlung „Bemerkungen über einige Probleme der mechanischen Wärmetheorie",[1] III. Abschnitt, die mit dem Index p_i bezeichneten Größen dieselbe Bedeutung haben, wie hier die mit q bezeichneten, während sie dort als Differentialquotienten der Koordinaten bezeichnet werden, welcher Irrtum übrigens kaum ein Mißverständnis veranlaßt haben dürfte.

Die analogen Größen für die Moleküle der übrigen Gattungen bezeichnen wir mit den entsprechenden Akzenten. Ge-

---

[1] Dieser Band Nr. 39.

mäß den Rechnungen von Maxwell, Watson und mir ist dann im Zustande des Wärmegleichgewichtes die Zahl der Moleküle, für welche die Größen p_4, p_5 ... p_r, q_1, q_2, q_3 ... q_r zwischen den Grenzen

(43) p_4 und $p_4 + dp_4$, p_5 und $p_5 + dp_5$ usw. bis q_r und $q_r + dq_r$

liegen, durch den Ausdruck

(44) $Ce^{-h(\chi + l)} dp_4 \, dp_5 \ldots dq_r$

gegeben ist, in welchem C und h Konstanten, also von den Größen p und q unabhängig sind. Analoge Ausdrücke gelten natürlich für die übrigen Molekülgattungen, und zwar hat h, nicht aber C für alle denselben Wert. Genau den Ausdruck (44) erhält man auch durch Betrachtungen, welche den im I. und II. Abschnitte angestellten vollkommen analog sind. Betrachten wir alle jene Moleküle irgend einer, z. B. der ersten Gattung, für welche die Variation p_4, p_5 ... q_r zu irgend einer Zeit, z. B. zur Zeit Null zwischen den Grenzen (43) lagen, nach Verlauf einer bestimmten Zeit t sollen die Werte derselben Variablen zwischen den Grenzen

(45) P_4 und $P_4 + dP_4$, P_5 und $P_5 + dP_5$ usw. bis Q_r und $Q_r + dQ_r$

liegen. Es gilt dann nach dem bereits zitierten allgemeinen Satze folgende Gleichung

(44) $dp_4 \cdot dp_5 \ldots dq_r = dP_4 \cdot dP_5 \ldots dQ_r$.

Denn es ist selbstverständlich

$$dp_1 \cdot dp_2 \cdot dp_3 = dP_1 \cdot dP_2 \cdot dP_3.$$

Es sind also die Variablen

$$p_4, \; p_5, \; \ldots q_r$$

in der Tat so beschaffen, daß das Produkt ihrer Differentiale bei konstantem Zeitintervalle seinen Wert nicht verändert. Wir müssen also jetzt $v + 1$ Urnen fingieren; in der ersten derselben befinden sich Zettel, auf welchen alle möglichen Werte der Variablen p_4, p_5 ... q_r aufgeschrieben sind, und zwar soll die Zahl derjenigen Zettel, welche mit Werten versehen sind, die zwischen den Grenzen (43) eingeschlossen sind, sobald sie durch das Produkt $dp_4 \cdot dp_5 \ldots dq_r$ dividiert wird, eine Konstante liefern.

Ebenso sollen auf den Zetteln der zweiten Urne die verschiedenen Werte der Variablen p_4', p_5' ... q_r' aufgeschrieben sein, wobei jedoch die letzterwähnte Konstante einen andern Wert haben kann. Dasselbe gilt für die übrigen Urnen. Wir ziehen nun aus der ersten Urne für jedes Molekül der ersten Gattung einen Zettel, ebenso aus der zweiten Urne für jedes Molekül der zweiten Gasart usw. Den den Zustand jedes Moleküls bestimmenden Variablen denken wir uns nun diejenigen Werte erteilt, welche auf dem für das betreffende Molekül gezogenen Zettel aufgeschrieben sind. Es wird dann natürlich ganz vom Zufalle abhängen, welches Zustandsverteilungsgesetz unter den Gasmolekülen auf diese Weise durch das Los bestimmt werden wird, und wir müssen zuvörderst alle diejenigen Zustandsverteilungen, bei welchen die gesamte lebendige Kraft aller Moleküle einen andern als den vorgeschriebenen Wert besitzt, verwerfen. Es wird dann am wahrscheinlichsten sein, daß gerade die durch die Formel (44) bestimmte, also die dem Wärmegleichgewichte entsprechende Zustandsverteilung ausgelost wird. Der Beweis hierfür bietet keine Schwierigkeit. Es kann also der in den beiden ersten Abschnitten gefundene Satz ohne weiteres auf diesen Fall verallgemeinert werden.

Wir wollen die Verallgemeinerung des Problems noch um einen Schritt weiter treiben, indem wir annehmen, das Gas werde von Molekülen gebildet, welche genau dieselbe Beschaffenheit wie in dem eben betrachteten Falle haben. Es seien aber sogenannte äußere Kräfte tätig, d. h. solche, welche wie die Schwerkraft von außerhalb des Gases liegenden Ursachen herrühren. Über die nähere Beschaffenheit und Darstellungsweise solcher äußerer Kräfte vergleiche man meine Abhandlung „Über das Wärmegleichgewicht von Gasen, auf welche äußere Kräfte wirken". Es wird auch die Lösung des Problems der Wesenheit nach jetzt dieselbe wie früher bleiben. Nur wird jetzt die Zustandsverteilung nicht mehr an allen Stellen des mit Gasmolekülen gefüllten Gefäßes dieselbe sein, daher wird jetzt auch nicht mehr $dp_1 \cdot dp_2 \cdot dp_3 = dP_1 \cdot dP_2 \cdot dP_3$ sein. Wir wollen daher jetzt unter den generalisierten Koordinaten $p_1, p_2 \ldots p_r$ ganz allgemein beliebige Variable verstehen, welche hinreichend sind, um die absolute Lage eines Moleküls im Raume, und die relative Lage seiner Bestandteile zu bestimmen.

Die Bedingung, daß $p_1 p_2 p_3$ gerade die rechtwinkeligen Koordinaten des Schwerpunktes seien, wird also jetzt ganz fallen gelassen. Dasselbe gilt natürlich auch für die Moleküle aller anderen Gasarten. Es ist aber jetzt noch eines zu bemerken. Während früher bloß die Bedingung notwendig war, daß im ganzen Gefäße sehr viele Moleküle von jeder Gattung vorhanden seien, so ist jetzt erforderlich, daß selbst in einem kleinen Raumelemente, innerhalb dessen die äußeren Kräfte weder in Größe noch Richtung erheblich variieren, schon außerordentlich viele Moleküle vorhanden sein müssen (eine Voraussetzung, die übrigens bei jedem gastheoretischen Probleme gemacht wird, sobald äußere Kräfte mit ins Spiel kommen) Denn unsere Methode des Auslosens setzt immer voraus, daß die Zustände sehr vieler Moleküle als untereinander ganz gleich betrachtet werden können in dem Sinne, daß die Zustandsverteilung nicht verändert wird, wenn diese Moleküle ihre Zustände untereinander vertauschen. Die Wahrscheinlichkeit der Zustandsverteilung ist dann durch die Anzahl der Komplexionen bestimmt, aus denen die betreffende Zustandsverteilung hervorgeht.

Seien wieder genau wie im eben betrachteten Falle $\nu + 1$ Molekülgattungen vorhanden, weshalb auch $\nu + 1$ Urnen fingiert werden müssen.

Wir nehmen jetzt wieder zuerst an, es sei eine Komplexion gezogen worden, bei welcher genau für

$$w_{000} \ldots = f(0, 0, 0 \ldots) \alpha \beta \gamma \ldots$$

Moleküle die Variablen $p_1 p_2 \ldots q_r$ zwischen den Grenzen 0 und α, 0 und β, 0 und γ usw. liegen; ferner genau für

$$w_{10000} \ldots = f(\alpha, 0, 0 \ldots) \alpha \beta \gamma \ldots$$

dieselben Variablen zwischen den Grenzen α und 2α, 0 und β, 0 und γ usw. liegen, allgemein ausgedrückt, bei welcher genau für

(47) $$w_{abc} \ldots = f(a\alpha, b\beta, c\gamma \ldots k\varkappa) \alpha \beta \gamma \ldots \varkappa$$

Moleküle die Variablen $p_1, p_2 \ldots q_r$ zwischen den Grenzen

(48) $a\alpha$ und $(a + 1)\alpha$, $b\beta$ und $(b + 1)\beta \ldots k\varkappa$ und $(k + 1)\varkappa$

liegen. Diese Grenzen sollen so nahe sein, daß wir alle dazwischen liegenden Werte identifizieren können, daß wir also die Sache so betrachten können, als ob die Variable p_1 nur imstande wäre, die Werte 0, α, 2α, 3α usw., p_2 nur die Werte 0, β, 2β, 3β usw. anzunehmen. Sei n die Gesamtzahl der Moleküle der ersten Gasart, und bezeichnen wir wieder die auf die übrigen Gasarten Bezug habenden Großen mit entsprechenden Akzenten, so ist

$$(49) \quad \left\{ \frac{\mathfrak{P} = }{n!\,n'!\,n''!\dots n^{(\nu)}!} \right. \\ \overline{\prod w_{abc\dots k}!\,\prod w'_{a'b'\dots k'}!\,\prod w''_{a''b''\dots k''}!\cdots \prod w^{(\nu)}_{a^{(\nu)}b^{(\nu)}\dots k^{(\nu)}}}$$

die mögliche Anzahl von Permutationen der Elemente dieser Komplexion, also die Größe, welche wir deren Permutabilität genannt haben. Die Produkte sind so zu verstehen, daß die Zahl a, $b\dots$, a', $b'\dots$, usw. alle überhaupt möglichen Werte zu durchlaufen haben, also z. B. wenn man es mit rechtwinkeligen Koordinaten zu tun hat, alle möglichen Werte von $-\infty$ bis $+\infty$, wenn man es mit Winkelkoordinaten zu tun hat, alle Werte von 0 bis 2π und Ähnliches. Betrachten wir zuerst den Fall, wo wirklich p_1 nur die Werte 0, 2α, 3α, ... anzunehmen imstande ist, und ebenso die übrigen Variablen, so gibt also der Ausdruck (49) die Anzahl der Komplexionen, welche zu einer und derselben Zustandsverteilung führen; diese Anzahl ist aber gemäß der oben gemachten Annahmen das Maß der Wahrscheinlichkeit dieser Zustandsverteilung. Die Größen w und n sind sämtlich sehr groß; wir können daher wieder $w!$ mit $\sqrt{2\pi}\,(w/e)^w$ vertauschen. Bezeichnen wir ferner die Summe

$$n\,ln + n'\,ln' + \dots n^{(\nu)}\,ln^{(\nu)}$$

mit N, so können wir auch $n!$ mit $\sqrt{2\pi}\,(n/e)^n$ vertauschen, und erhalten dann, indem wir sogleich zum Logarithmus übergehen

$$(50)\quad l\mathfrak{P} = N - C\,l\,2\pi - [\Sigma w_{ab}\dots\ l w_{ab}\dots + \Sigma w'_{a'b'}\dots \cdot l w'_{a'b'}\dots + \dots].$$

Die Summen sind in dem gleichen Sinne zu verstehen, wie oben die Produkte. $2C$ ist die um $\nu + 1$ verminderte Anzahl der im Nenner der Formel (49) stehenden Faktoriellen. Wir wollen nun in Formel (50) für die Größen w, deren Werte aus der Gleichung (47) einführen, und dann zur Limite für immer mehr verschwindende α, β, γ, ... übergehen.

Wenn wir wieder die Größe, welche wir so nach Weglassung überflüssiger Konstanten erhalten, mit Ω bezeichnen und das Permutabilitätsmaß nennen, so erhalten wir:

$$(51) \begin{cases} \Omega = - [\smallint\smallint \ldots f'(p_1,\ p_2 \ldots q_r)\, lf'(p_1,\ p_2 \ldots q_r)\, dp_1\, dp_2 \ldots dq_r \\ \quad + \smallint\smallint \ldots f'(p_1',\ p_2' \ldots q_r')\, lf'(p_1'p_2' \ldots q_r')\, dp_1'dp_2' \ldots dq_r' + \ldots]. \end{cases}$$

Die Integration ist hier überall über alle möglichen Werte der Variablen zu erstrecken. Von dem Ausdrucke in der eckigen Klammer habe ich schon in meiner Abhandlung „Über das Wärmegleichgewicht von Gasmolekülen, auf welche äußere Kräfte wirken" nachgewiesen, daß durch sein Minimum der Zustand des Wärmegleichgewichtes unter den Gasmolekülen bestimmt ist. Natürlich kommt noch als Bedingungsgleichung die Gleichung der lebendigen Kraft hinzu.

IV. Über die Bedingungen des Maximums des vom Potenzexponenten freien Produktes aller Werte der die Zustandsverteilung bestimmenden Funktion.

Ehe ich auf die Behandlung des zweiten Hauptsatzes eingehe, will ich noch in gedrängter Kürze ein Problem behandeln, dessen Bedeutung ich bereits im ersten Abschnitte bei der Besprechung der Arbeiten Hrn. Oskar Emil Meyers über diesen Gegenstand genügend klar dargestellt zu haben glaube, nämlich das Problem der Aufsuchung des Maximums des Produktes der Wahrscheinlichkeiten aller möglichen Zustände. Ich will jedoch dieses Problem nur für Gase mit einatomigen Molekülen behandeln, und auch da nur für den Fall, daß außer der Gleichung für die lebendige Kraft keine anderen Nebenbedingungen bestehen. Betrachten wir zuerst den einfachsten Fall, daß nur eine diskrete Anzahl von lebendigen Kräften möglich ist, etwa 0, ε, $2\varepsilon \ldots p\varepsilon$ und führen wir bei Behandlung dieses Problems zunächst wieder nicht die Geschwindigkeitskomponenten, sondern die lebendigen Kräfte als Variable ein. Wir wollen wieder mit w_0, w_1, $w_2 \ldots w_v$ die Anzahl der Moleküle bezeichnen, welche die lebendige Kraft 0, ε, $2\varepsilon \ldots p\varepsilon$ besitzen.

Wenn wir dann die Aufgabe in demselben Sinne auffassen, wie dies bisher immer geschah, so sind die Bedingungen derselben folgende: Es muß die Größe

$$B = w_0 \cdot w_1 \cdot w_2 \ldots w_p$$

oder, wenn man lieber will, die Größe

(52) $$l B = l w_0 + l w_1 + l w_2 + \ldots l w_p$$

ein Maximum werden, während gleichzeitig die Nebenbedingungen bestehen

(53) $$n = w_0 + w_1 + w_2 \ldots + w_p$$

und

(54) $$L = (w_1 + 2 w_2 + 3 w_3 + \ldots + p w_p)\, \varepsilon.$$

Addieren wir zum Ausdrucke (52) die rechten Seiten der Gleichung (53) und (54), letztere mit den konstanten Faktoren h und k multipliziert, so können wir die partiellen Differentialquotienten der so erhaltenen Summe nach jeder der Größen w_0, w_1, $w_2 \ldots$ gleich Null setzen, und erhalten in dieser Weise die Gleichungen:

$$\frac{1}{w_0} + h = 0, \quad \frac{1}{w_1} + h + k = 0, \quad \frac{1}{w_2} + h + 2k = 0 \text{ usw.,}$$

woraus durch Elimination der Konstanten h und k hervorgeht

$$\frac{1}{w_1} - \frac{1}{w_0} = \frac{1}{w_2} - \frac{1}{w_1} = \frac{1}{w_3} - \frac{1}{w_2} = \ldots$$

oder

(55) $$\frac{1}{w_0} = a, \quad \frac{1}{w_1} = a + b, \quad \frac{1}{w_2} = a + 2 b, \ldots \frac{1}{w_p} = a + p\,b.$$

Setzt man diese Werte in die Gleichung (53) und (54) ein, so erhält man zur Bestimmung der beiden Konstanten a und b die beiden Gleichungen:

$$n = \frac{1}{a} + \frac{1}{a + b} + \frac{1}{a + 2b} + \ldots + \frac{1}{a + pb},$$

$$L = \frac{\varepsilon}{a + b} + \frac{2\varepsilon}{a + 2b} + \frac{3\varepsilon}{a + 3b} + \ldots + \frac{p\,\varepsilon}{a + pb}.$$

Die direkte Bestimmung der beiden Unbekannten a und b aus diesen Gleichungen wäre äußerst weitschweifig. Etwas schneller würde man wohl in jedem speziellen Falle nach der Regula falsi zum Ziele gelangen, doch habe ich mich auch der Mühe einer derartigen Rechnung nicht unterzogen, sondern will hier nur eine allgemeine Diskussion liefern, wie die zu

erwartenden Lösungen beiläufig beschaffen sein müssen, wobei
jedoch wieder im Auge behalten werden muß, daß die letzt-
entwickelten Gleichungen nur eine angenäherte Lösung des
Problems liefern können, da dieses selbst keine Brüche, sondern
nur eine Lösung in ganzen positiven Zahlen zuläßt. Zunächst
fällt da auf, daß das Problem aufhört einen Sinn zu haben,
sobald das Produkt $p \cdot (p + 1)/2$ größer als L/ε ist. Denn
dann folgt aus den Bedingungsgleichungen notwendig, daß
eines der w, also auch das Produkt B den Wert von Null
haben muß.

Es kann also von einem Maximum der Größe B überhaupt keine Rede sein. Damit also das Problem überhaupt
einen Sinn behalte, dürfen zu große lebendige Kräfte niemals
möglich sein. Ist

$$p \cdot \frac{p + 1}{2} = \frac{L}{\varepsilon},$$

so müssen alle w bis auf w_0 den Wert 1 besitzen, damit B von
Null verschieden sein kann. Eine größere Mannigfaltigkeit
kann natürlich erst eintreten, wenn für p noch kleinere Werte
gewählt werden. Dann werden, sobald n ziemlich groß ist,
die obigen Gleichungen, wenigstens angenähert, verwendbar
sein. Es wird zunächst a noch immer bedeutend kleiner als
b sein, w_0 wird also einen sehr großen, w_1 einen viel kleineren
Wert haben. Der Wert von w_2 wird in der Nähe von $w_1/2$,
der von w_3 in der Nachbarschaft von $2w_2/3$ usw. liegen. Überhaupt wird die Abnahme der Größe w bei wachsendem Index
eine ziemlich unbedeutende sein, ungleich unbedeutender als
früher, wo statt des Maximums von $w_0 \cdot w_1 \; w_2 \ldots$ das Maximum
$w_0^{w_0} w_1^{w_1} w_2^{w_2} \ldots$ gesucht wurde. Werden jetzt dem p noch viel
kleinere Werte erteilt, so wird der Wert von a nicht mehr
kleiner als b sein, dann wird auch w_0 nicht mehr auffallend
größer als die übrigen w sein; es wird dann w_2 entschieden
größer als $w_1/2$, ebenso w_3 größer als $(2/3)w_2$ usw. sein. Die
Abnahme von w bei wachsendem Index ist eine noch geringere.
Bei noch weiter abnehmendem p prävaliert dann die Größe a,
und die w nehmen wenigstens für kleinere Indizes fast gar
nicht mehr ab. Endlich wird b negativ, und der Wert der
Größen w nimmt bei wachsendem Index sogar zu. Beispiele
hierfür liefern folgende Fälle, denen jedesmal sogleich die ganz-

zahligen Werte der Größen w beigefügt sind, für welche B ein Maximum wird.

$$n = 30, \quad L = 30\varepsilon, \quad p = 5, \quad w_0 = 17, \quad w_1 = 5, \quad w_2 = 3, \quad w_3 = 2,$$
$$w_4 = 2, \quad w_5 = 1.$$

$$n = 31, \quad L = 26\varepsilon, \quad p = 4, \quad w_0 = 18, \quad w_1 = 6, \quad w_2 = 3, \quad w_3 = 2,$$
$$w_4 = 2.$$

$$n = 40, \quad L = 40\varepsilon, \quad p = 5, \quad w_0 = 23, \quad w_1 = 7, \quad w_2 = 3, \quad w_3 = 3,$$
$$w_4 = 2, \quad w_5 = 2.$$

$$n = 40, \quad L = 40\varepsilon, \quad p = 6, \quad w_0 = 24, \quad w_1 = 6, \quad w_2 = 3, \quad w_3 = 3,$$
$$w_4 = 2, \quad w_5 = 1, \quad w_6 = 1.$$

$$n = 18, \quad L = 45\varepsilon, \quad p = 5, \quad w_0 = 3, \quad w_1 = 3, \quad w_2 = 3, \quad w_3 = 3,$$
$$w_4 = 3, \quad w_5 = 3.$$

$$n = 23, \quad L = 86\varepsilon, \quad p = 5, \quad w_0 = 1, \quad w_1 = 2, \quad w_2 = 2, \quad w_3 = 3,$$
$$w_4 = 4, \quad w_5 = 11.$$

Gehen wir jetzt zu dem Falle über, wo die Reihe der lebendigen Kräfte eine kontinuierliche ist, und führen zuerst wieder die lebendige Kraft x als maßgebende Variable ein, so geht das Problem gemäß unserer Auffassung in folgendes über:

Es soll der Ausdruck

$$Q = \int_0^P l f(x)\, dx$$

ein Maximum werden, während gleichzeitig

$$n = \int_0^P f(x)\, dx \quad \text{und} \quad L = \int_0^P x f(x)\, dx$$

gegebene Konstanten sind. P ist ebenfalls konstant. Ich setze absichtlich die obere Grenze zuvörderst nicht gleich ∞, sondern gleich P. Man kann dann noch immer leicht zur Limite für immer mehr und mehr wachsende P übergehen.

Verfahren wir wieder nach den Regeln, so ergibt sich:

$$\delta \int_0^P [l f(x) + h f(x) + k x f(x)]\, dx = \int_0^P \left[\frac{1}{f} + h + k x \right] dx\, \delta f = 0,$$

woraus folgt:

$$f = -\frac{1}{h + kx} = \frac{1}{a + bx},$$

wenn wir $h = -a$, $k = -b$ setzen. Zur Bestimmung dieser beiden Konstanten dienen die Gleichungen:

$$n = \int_0^P f(x)\, dx = \frac{1}{b}\, l\, \frac{a + bP}{a},$$

$$L = \int_0^P x f(x)\, dx = \frac{P}{b} - \frac{a}{b^2}\, l\, \frac{a + bP}{a},$$

woraus, wenn man den Quotienten a/b mit α bezeichnet, folgt:

$$L + \alpha n = \frac{P}{b},\ b n = l\left(1 + \frac{P}{\alpha}\right),$$

woraus folgt:

(56) $$(L + \alpha n)\, l\left(1 + \frac{P}{a}\right) = Pn.$$

Aus dieser transzendenten Gleichung muß zuerst α bestimmt werden, woraus dann leicht a und b folgen. Da Pn die lebendige Kraft ist, welche dem ganzen Gase zukäme, wenn jedes Molekül die größte, überhaupt mögliche lebendige Kraft P hätte, so sieht man sofort, daß Pn unendlich groß gegenüber L sein muß. L/n ist die mittlere lebendige Kraft eines Moleküls. Man überzeugt sich dann leicht, daß P/α nicht endlich sein kann, denn dann müßte $Pn/\alpha n$ endlich sein, und im Ausdrucke $L + \alpha n$ könnte L vernachlässigt werden. Dann würde aber aus der Gleichung (56) alles bis auf P/α ausfallen, und nur verschwindend kleine Werte dieser Größe würden ihr genügen, was mit der ursprünglich gemachten Annahme im Widerspruch stünde. Ebensowenig kann P/α verschwindend klein sein, denn dann wäre wieder L verschwindend klein gegenüber αn; ferner könnte

$$l\left(1 + \frac{P}{\alpha}\right)$$

nach Potenzen von P/α entwickelt werden und die Gleichung (56) würde für P/α einen endlichen Wert liefern Es bleibt also nur noch die Möglichkeit, daß P/α sehr groß ist. Da dann

$$\frac{\alpha\, n}{P\, n}\, l\, \frac{P\, n}{\alpha\, n}$$

verschwindet, so liefert die Gleichung (56)

woraus folgt:

$$\alpha = \frac{a}{b} = p\, e^{-\frac{n\, P}{L}},$$

$$b = \frac{P}{L},\quad a = \frac{p^2}{L}\, e^{-\frac{n\, P}{L}}.$$

Aus diesen Gleichungen geht hervor, daß sich bei der in diesem Abschnitte behandelten Fassung des Problems für wachsende p, W, L die Wahrscheinlichkeit der Verschiedenheit der lebendigen Kräfte gar keiner, durch die mittlere lebendige Kraft eines Moleküls bestimmbaren Grenze nähert. Wir wollen nun noch ein zweites Problem betrachten, welches der Wirklichkeit, so weit als möglich, angepaßt ist. Wir nehmen nämlich jetzt drei Geschwindigkeitskomponenten u, v, w parallel den drei Koordinatenrichtungen als maßgebende Variable an, und suchen den Ausdruck

$$Q = \int_{-\infty}^{+\infty} \int_{-\infty}^{+\infty} \int_{-\infty}^{+\infty} l\, f(u, v, w)\, d\, u\, d\, v\, d\, w$$

zu einem Maximum zu machen, während gleichzeitig die beiden Ausdrücke

$$n = \int_{-\infty}^{+\infty} \int_{-\infty}^{+\infty} \int_{-\infty}^{+\infty} f(u, v, w)\, d\, u\, d\, v\, d\, w \quad \text{und}$$

$$L = \int_{-\infty}^{+\infty} \int_{-\infty}^{+\infty} \int_{-\infty}^{+\infty} (u^2 + v^2 + w^2)\, f(u, v, w)\, d\, u\, d\, v\, d\, w$$

gegebene Konstanten sind, führt man für u, v, w die Größe der Geschwindigkeit

$$\omega = \sqrt{u^2 + v^2 + w^2}$$

und zwei deren Richtung bestimmende Winkel ϑ und φ (Länge und Breite) ein, so erhält man bekanntlich:

$$d\, u\, d\, v\, d\, w = \omega\, d\, \omega \sin \vartheta\, d\, \vartheta\, d\, \varphi,$$

daher

(57)
$$Q = 4\, \pi \int_{0}^{P} l\, f(\varrho)\, \varrho^2\, d\, \varrho,$$

$$(58) \qquad n = 4\,\pi \int_0^P \varrho^2 f(\varrho)\,d\varrho,$$

$$(59) \qquad L = 4\,\pi \int_0^P \varrho^4 f(\varrho)\,d\varrho.$$

Denn offenbar ist, wenn keine äußeren Kräfte tätig sind, $f(u, v, w)$ von der Richtung der Geschwindigkeit unabhängig. Statt bis Unendlich haben wir absichtlich wieder bis zum endlichen Werte P integriert. Bestimmen wir hier $f(\varrho)$ geradeso, wie unmittelbar früher $f(x)$, so erhalten wir

$$f(\varrho) = -\frac{1}{h + k\,\varrho^2} = \frac{1}{a^2 + b^2\,\varrho^2},$$

wobei wieder $-h = a^2$ und $-k = b^2$ gesetzt wurde. Die beiden Konstanten a und b sind aus den Gleichungen (58) und (59) zu bestimmen, welche nach Einsetzung des für $f(\varrho)$ gefundenen Wertes lauten:

$$(60) \quad \begin{cases} n = 4\,\pi \displaystyle\int_0^P \frac{\varrho^2\,d\varrho}{a^2 + b^2\,\varrho^2} = 4\,\pi\left(\frac{P}{b^2} - \frac{a}{b^3}\,\mathrm{arctg}\,\frac{b\,P}{a}\right) \\[4mm] L = 4\,\pi \displaystyle\int_0^P \frac{\varrho^4\,d\varrho}{a^2 + b^2\,\varrho^2} = \frac{4\,\pi\,P^3}{3\,b^2} - \frac{a^2}{b^2}\,n. \end{cases}$$

Aus der letzten Gleichung folgt:

$$\frac{4\,\pi}{b^2} = \frac{3}{P^3}\left(L + \frac{a^2}{b^2}\,n\right).$$

Dieser Wert, in die erste der Gleichungen (60) eingesetzt, liefert:

$$(60\,\text{a}) \qquad n = 3\left(\frac{L}{P^2} + \frac{a^2}{b^2\,P^2}\,n\right)\left(1 - \frac{a}{P\,b}\,\mathrm{arctg}\,\frac{b\,P}{a}\right).$$

Wenn dagegen b^2 einen negativen Wert hat, so wollen wir $-b^2$ statt b^2 schreiben, und erhalten:

$$f(\varrho) = \frac{1}{a^2 - b^2\,\varrho^2},$$

$$n = 4\,\pi\left(-\frac{P}{b^2} + \frac{a}{2\,b^3}\,l\,\frac{a + b\,P}{a - b\,P}\right),$$

$$L = -\frac{4\,\pi\,P^3}{3\,b^2} + \frac{a^2}{b^2}\,n,$$

$$(60\,\text{b}) \qquad n = 3\left(\frac{L}{P^2} - \frac{a^2\,n}{b^2\,P^2}\right)\left[1 - \frac{a}{2\,b\,P}\,l\left(\frac{a + b\,P}{a - b\,P}\right)\right].$$

Aus den Gleichungen (60a) und (60b) müßte zunächst der Quotient a/b berechnet werden, und zwar würden dabei zunächst genau dieselben Schlüsse, mittelst welcher die Gleichung (56) diskutiert wurde, Anwendung finden, um zu entscheiden, ob die Größe bP/a, außer welcher in Gleichung (60a) nur die jedenfalls unendlich kleine Größe L/nP^2 vorkommt, unendlich klein, endlich, oder unendlich groß ist. Ich will mich jedoch hierauf nicht weiter einlassen, und nur bemerken, daß man auch hier kein Resultat erhält, welches bei unendlichem Wachsen von n und P einer bestimmten, bloß von der mittleren lebendigen Kraft abhängigen Grenze zueilt. Auch auf die Fälle, wo außer der Gleichung der lebendigen Kraft noch andere Bedingungsgleichungen gegeben sind, will ich mich hier nicht näher einlassen, weil mich dies zu weit führen würde.

Um einen Beweis zu liefern, wie mannigfaltig der Begriff der wahrscheinlichsten Zustandsverteilung unter Gasmolekülen aufgefaßt werden kann, will ich hier noch einer möglichen Definition derselben gedenken. Nehmen wir wieder an, jedes Molekül sei nur fähig, eine diskrete Reihe von lebendigen Kräften 0, ε, 2ε, $3\varepsilon \ldots \infty$ anzunehmen. Die Gesamtsumme der lebendigen Kraft aller Moleküle sei $L = \lambda\varepsilon$. Wir wollen jetzt die lebendige Kraft jedes einzelnen Moleküls in folgender Weise bestimmen: Wir haben in einer Urne genau so viele (n) gleichbeschaffene Kugeln, als Moleküle vorhanden sind. Jedem Moleküle soll eine bestimmte Kugel entsprechen. Wir machen nun λ Züge aus dieser Urne, wobei wir jedoch nach jedem Zuge die gezogene Kugel wieder in die Urne zurückwerfen. Die lebendige Kraft des ersten Moleküls soll nun gleich dem Produkte der Größe ε in die Zahl gemacht werden, welche angibt, wie oft die diesem Moleküle entsprechende Kugel aus der Urne gezogen worden ist. Analog sollen die lebendigen Kräfte aller übrigen Moleküle bestimmt werden. Wir haben so eine Verteilung der lebendigen Kraft L unter die Moleküle (eine Komplexion) gewonnen. Wir machen nun abermals λ Züge aus der Urne, und gewinnen dadurch eine zweite Komplexion, dann eine dritte usw. fort, bis wir im ganzen sehr oftmal (J mal) aus der Urne λ Züge gemacht haben, wodurch wir J Komplexionen gewonnen haben.

Wir können die wahrscheinlichste Zustandsverteilung in zwei-
facher Weise definieren: Erstens wir zählen nach, wie oftmal
in allen J Komplexionen ein Molekül die lebendige Kraft Null,
ferner wie oft eines die lebendige Kraft ε, 2ε usw. hat, und
kommen überein, daß die Verhältnisse dieser Zahlen für den
Fall des Wärmegleichgewichtes die Wahrscheinlichkeiten liefern
sollen, daß ein Molekül die lebendige Kraft 0, ε, 2 ε usw. hat.
Zweitens wir bilden die jeder Komplexion entsprechende Zustandsverteilung. Sei irgend eine Zustandsverteilung so beschaffen, daß $\mathfrak{P}$ Komplexionen in dieselbe übergehen, so bezeichnen wir die Quotienten $\mathfrak{P}/J$ als die Wahrscheinlichkeit
dieser Zustandsverteilung. Es scheint diese Definition der
Wahrscheinlichkeit einer Zustandsverteilung auf den ersten
Blick sehr plausibel; doch werden wir sogleich sehen, daß sie
nicht angewendet werden darf, weil gemäß derselben nicht diejenige Zustandsverteilung, deren Wahrscheinlichkeit am größten
ist, dem Wärmegleichgewichte entsprechen würde. Es ist leicht,
die Hypothese, welche uns gegenwärtig beschäftigt, in Formeln
zu fassen. Wir wollen da zuerst die erste Methode der Wahrscheinlichkeitsbestimmung diskutieren. Fassen wir das erste
Molekül ins Auge, und nehmen wir an, es seien die ersten
λ Züge gemacht worden, die Wahrscheinlichkeit, daß bei dem
ersten Zuge die dem ersten Moleküle entsprechende Kugel
gezogen worden sei, ist $1/n$; die Wahrscheinlichkeit dagegen,
daß eine andere Kugel gezogen worden sei, ist $(n-1)/n$. Es ist
also die Wahrscheinlichkeit, daß auf den 1ten, 2ten, 3ten ... k^{ten}
Zug die dem ersten Moleküle entsprechende Kugel gezogen wor-
den sei, auf jeden folgenden aber eine andere, durch den Ausdruck

$$\left(\frac{1}{n}\right)^k \left(\frac{n-1}{n}\right)^{\lambda-k} = \left(\frac{n-1}{n}\right)^\lambda \cdot \left(\frac{1}{n-1}\right)^k$$

gegeben. Ebenso groß ist die Wahrscheinlichkeit, daß die dem
ersten Moleküle entsprechende Kugel auf den 1ten, 2ten, 3ten...
$(k-1)^{\text{ten}}$ Zug, und dann noch auf den $(k+1)^{\text{ten}}$ gezogen worden
sei usw. Die Wahrscheinlichkeit, daß also überhaupt die dem
ersten Moleküle entsprechende Kugel auf beliebige k Züge
gezogen worden sei, und auf die übrigen nicht, ist

$$w_k = \frac{\lambda!}{(\lambda-k)!\,k!} \left(\frac{n-1}{n}\right)^\lambda \left(\frac{1}{n-1}\right)^k.$$

Genau ebenso groß ist aber diese Wahrscheinlichkeit auch
für jedes andere Molekül. Es ist dies also ganz allgemein die
Wahrscheinlichkeit, daß einem Moleküle die lebendige Kraft
$k\,\varepsilon$ zukomme. Gebraucht man wieder für die Faktorielle die
Annäherungsformel, so ergibt sich

$$w_k = \sqrt{\frac{1}{2\,\pi}} \cdot \left(\lambda\,\frac{n-1}{n}\right)^\lambda \cdot \frac{1}{\sqrt{\left(1-\frac{k}{\lambda}\right)}\,k} \cdot \left[\frac{\lambda-k}{(n-1)\,k}\right]^k \cdot (\lambda-k)^{-\lambda},$$

woraus hervorgeht, daß die Wahrscheinlichkeit der größeren
lebendigen Kräfte eine so unverhältnismäßig bedeutende ist,
daß der ganze Ausdruck mit wachsendem k, λ, $1/\varepsilon$ und n
sich keiner eindeutig bestimmbaren Grenze nähert. Wir wollen
nun zur zweiten möglichen Definition der wahrscheinlichsten
Zustandsverteilung übergehen. Wir müssen da sämtliche J Komplexionen ins Auge fassen, welche wir uns dadurch gebildet
haben, daß wir J mal aus unserer Urne λ Kugeln gezogen
haben. Eine der verschiedenen möglichen Komplexionen wird
darin bestehen, daß die dem ersten Molekül entsprechende
Kugel bei sämtlichen λ Zügen gezogen worden ist. Wir wollen
diese Komplexion symbolisch durch $m_1{}^\lambda . m_2{}^0 . m_3{}^0 \ldots m_n{}^0$ ausdrücken. Eine zweite Komplexion, wobei auf $\lambda-1$ Züge die
dem ersten Moleküle entsprechende Kugel, auf einen Zug
die dem zweiten entsprechende Kugel gezogen wurde, wollen
wir mit

$$m_1{}^{\lambda-1} . m_2{}^1 . m_3{}^0 \ldots m_n{}^0$$

ausdrücken. Wir sehen, daß die verschiedenen möglichen Komplexionen genau durch die verschiedenen Glieder ausgedrückt
werden, als deren Summe die nach dem polynomischen Satze
entwickelte Potenz

(A) $\qquad\qquad (m_1 + m_2 + m_3 + \ldots + m_n)^\lambda$

erscheint, und zwar ist die Wahrscheinlichkeit jeder derartigen
Komplexion genau proportional der Zahl, welche angibt, wie
viele Glieder sich in das betreffende Glied der Potenz verwandeln, wenn man zuerst das Produkt

$$(m_1{}' + m_2{}' + \ldots + m_n{}')(m_1{}'' + m_2{}'' + \ldots + m_n{}'') \ldots$$
$$(m_2{}^{(\lambda)} + m_2{}^{(\lambda)} + \ldots + m_n{}^{(\lambda)})$$

bildet, und zum Schlusse erst in diesem Produkte die oberen
Indizes wegläßt, also genau proportional dem Polynomialkoeffizienten dieses Gliedes. Denn das Symbol $m_1'.m_3''.m_7'''\ldots$
können wir so verstehen, daß auf den ersten Zug die dem
ersten Moleküle entsprechende, auf den zweiten die dem dritten
Moleküle entsprechende, auf den dritten die dem siebenten
Moleküle entsprechende Kugel usw. gezogen wurde. Es stellen
dann alle möglichen Produkte der Größen m_1, m_1'', m_2' usf.
lauter gleich wahrscheinliche Komplexionen dar. Wir wollen
wissen, wie oftmal unter sämtlichen Gliedern der entwickelten
Potenz A, deren Gesamtzahl gleich n^λ ist, wenn man jedes
Glied so oft genommen denkt, als sein Koeffizient Einheiten
enthält, irgend eine Zustandsverteilung enthalten sei. Betrachten wir als Beispiel die Zustandsverteilung, wobei ein
Molekül die gesamte lebendige Kraft hat, alle übrigen die
lebendige Kraft Null haben. Dieser Zustandsverteilung entsprechen offenbar folgende Glieder der entwickelten Potenz (A)

$$m_1^\lambda m_2^0 m_3^0 \ldots, \quad m_1^0 m_2^\lambda m_3^0 \ldots, \quad m_1^0 m_2^0 m_3^\lambda \ldots \text{ usw.}$$

im ganzen λ an der Zahl. Ebenso entsprechen der Zustands-
verteilung, in welcher w_0 Moleküle die lebendige Kraft Null,
w_1 Moleküle die lebendige Kraft ε, w_2 Moleküle die lebendige
Kraft 2ε usw. haben, im ganzen

$$\frac{\lambda!}{w_0!\,w_1!\,w_2!\ldots w_\lambda!}$$

Glieder der entwickelten Potenz (A). Jedes dieser Glieder hat
den nämlichen Polynomialkoeffizienten, und zwar ist derselbe

$$\frac{\lambda!}{(0!)^{w_0}\cdot(1!)^{w_1}(2!)^{w_2}\ldots(\lambda!)^{w_\lambda}}.$$

Im ganzen ist daher nach der jetzt angenommenen Definition
die Wahrscheinlichkeit dieser Zustandsverteilung

$$\frac{(\lambda!)^2}{n^\lambda}\cdot\frac{1}{w_0!\,w_1!\,w_2!\ldots w_\lambda!}\cdot\frac{1}{(0!)^{w_0}\cdot(1!)^{w_1}\cdot(2!)^{w_2}\ldots(\lambda!)^{w_\lambda}}.$$

Die Aufsuchung des Maximalwertes dieser Größe führt
jedoch ebenfalls nicht auf die dem Wärmegleichgewichte entsprechende Zustandsverteilung.

V. Beziehung der Entropie zu derjenigen Größe, welche ich als die Verteilungswahrscheinlichkeit bezeichnet habe.

Wir wollen uns bei Betrachtung dieser Beziehung zunächst wieder mit dem einfachsten und klarsten Falle beschäftigen, indem wir zuerst ein einatomiges Gas der Untersuchung unterziehen, auf welches keinerlei äußere Kräfte wirken. In diesem Falle gilt die Formel (34) des II. Abschnittes. Um jedoch dieser Formel die volle Allgemeinheit zu geben, müssen auch noch die Koordinaten x, y, z des Ortes, wo sich ein Molekül befindet, eingeführt werden. Das Maximum des so verallgemeinerten Ausdruckes (34) liefert dann auch die Verteilung der ganzen Gasmasse in dem sie umschließenden Gefäße, nicht aber nur die Verteilung der Geschwindigkeitskomponenten unter den Gasmolekülen, welche für den dort betrachteten Fall genügte, weil dort als selbstverständlich vorausgesetzt wurde, daß die Gasmasse das Gefäße gleichförmig erfüllt.

Der so verallgemeinerte Ausdruck (34) für das Permutabilitätsmaß kann leicht aus Formel (51) gefunden werden, indem man in dieser Formel statt p_1, p_2 ... q_r substituiert, x, y, z, u, v, w und die Ausdrücke mit den akzentuierten Buchstaben einfach wegläßt. Er lautet folgendermaßen:

$$(61) \quad \Omega = -\int\int\int\int\int\int f(x,y,z,u,v,w) \, l f(x,y,z,u,v,w) \, dx\,dy\,dz\,du\,dv\,dw,$$

wobei $f(x,y,z,u,v,w)\,dx\,dy\,dz\,du\,dv\,dw$ die Anzahl der Gasmoleküle vorstellt, für welche die sechs Variablen x,y,z,u,v,w zwischen den Grenzen x und $x+dx$, y und $y+dy$, z und $z+dz$ usw. ... w und $w+dw$ liegen und die Integration bezüglich der Geschwindigkeitskomponenten von $-\infty$ bis $+\infty$, bezüglich der Koordinaten über das ganze Gefäß zu erstrecken ist, in welchem sich das Gas befindet. Wir wissen, daß, wenn das Gas früher nicht im Wärmegleichgewichte war, und dem Zustande des Wärmegleichgewichtes zueilt, diese Größe notwendig wachsen muß. Wir wollen jetzt den Wert berechnen, welchen diese Größe hat, wenn das Gas den Zustand des Wärmegleichgewichtes erreicht hat.

Sei V das gesamte Volumen des Gases, T die mittlere lebendige Kraft eines Gasmoleküls und N die Gesamtzahl aller Moleküle des Gases, endlich m die Masse eines Gasmoleküls, so ist für den Zustand des Wärmegleichgewichtes

$$f(x, y, z, u, v, w) = \frac{N}{V\left(\frac{4\pi T}{3m}\right)^{\frac{3}{2}}} \cdot e^{-\frac{3m}{4T}(u^2 + v^2 + w^2)}$$

Substituiert man diesen Wert in Gleichung (61), so erhält man

$$(62) \qquad \Omega = \frac{3N}{2} + Nl\left[V\left(\frac{4\pi T}{3m}\right)^{\frac{3}{2}}\right] - NlN.$$

Versteht man nun unter dQ das dem Gase zugeführte Wärmedifferentiale, so ist

$$(63) \qquad dQ = NdT + pdV$$

und

$$(64) \qquad pV = \frac{2N}{3} \cdot T.$$

p ist der Druck, bezogen auf die Flächeneinheit. Die Entropie des Gases ist dann:

$$\int \frac{dQ}{T} = \frac{2}{3} N \cdot l(V \cdot T^{\frac{6}{2}}) + C.$$

Da hier N als eine reine Konstante anzusehen ist, so ist bei passender Bestimmung dieser Konstante

$$(65) \qquad \int \frac{dQ}{T} = \frac{2}{3} \Omega.$$

Hieraus folgt, daß für jede sogenannte umkehrbare Zustandsänderung, d. h. für jede solche, wobei das Gas während der ganzen Zustandsänderung sich im Wärmegleichgewichte befindet, oder wenigstens mit unendlicher Annäherung als darin befindlich betrachtet werden kann, der Zuwachs des mit $\frac{2}{3}$ multiplizierten Permutabilitätsmaßes Ω gleich dem $\int(dQ/T)$ über die ganze Zustandsänderung erstreckt, also gleich dem Zuwachse der Entropie ist. Werde in der Tat dem Gase eine sehr kleine Wärmemenge dQ zugeführt, so daß auch dessen Temperatur und Volumen um dT und dV wachsen. Dann folgt aus den Gleichungen (63) und (64)

$$dQ = NdT + \frac{2N}{3V} \cdot TdV,$$

während man aus der Gleichung (62) findet:

$$d\,\Omega = +\,N\frac{d\,V}{V} + \frac{3\,N}{2}\cdot\frac{d\,T}{T}.$$

Es ist nun bekannt, daß, wenn in einem Systeme von Körpern lauter umkehrbare Veränderungen vor sich gehen, dann die Gesamtsumme der Entropie aller dieser Körper konstant bleibt. Sind dagegen unter den Vorgängen auch nicht umkehrbare, so muß die Gesamtentropie aller Körper notwendig wachsen, wie bekanntlich aus dem Umstande folgt, daß $\int d\,Q\,/\,T$ über einen nicht umkehrbaren Kreisprozeß integriert, negativ ist. Gemäß der Gleichung (65) muß also auch die Summe der Permutabilitätsmaße aller Körper $\Sigma\,\Omega$ oder das gesamte Permutabilitätsmaß derselben zunehmen. Es ist daher das Permutabilitätsmaß eine Größe, welche für den Zustand des Wärmegleichgewichtes bis auf einen konstanten Faktor und Addenden mit der Entropie identisch ist, welche aber auch während des Verlaufes eines nicht umkehrbaren Körpers einen Sinn behält, und auch während eines solchen fortwährend zunimmt.

Es lassen sich also zunächst zwei Sätze aufstellen: der erste bezieht sich auf ein System von Körpern, in welchem verschiedene Zustandsänderungen vorgegangen sind, von denen wenigstens einige nicht umkehrbar sind; d. h. wo wenigstens bei einigen das System der Körper nicht fortwährend im Wärmegleichgewichte war. Wenn dieses System vor und ·nach dem Verlaufe aller dieser Zustandsveränderungen im Wärmegleichgewichte war, so kann die Summe der Entropie aller Körper des Systems vor und nach jenen Zustandsveränderungen ohne weiteres berechnet werden, und ist jedesmal gleich dem mit $\frac{2}{3}$ multiplizierten Permutabilitätsmaße aller dieser Körper. Der erste Satz geht nun dahin, daß die gesamte Entropie nach den Zustandsveränderungen immer größer als vor denselben ist; dasselbe gilt natürlich auch von dem Permutabilitätsmaße. Der zweite Satz bezieht sich auf ein Gas, das eine Zustandsveränderung durchmacht, ohne daß es gerade am Anfang und Ende desselben im Wärmegleichgewichte zu sein braucht. Es läßt sich dann für den Anfangs- und Endzustand des Gases nicht die Entropie, wohl aber noch immer die Größe berechnen, welche wir das Permutabilitätsmaß genannt haben; und zwar wird wieder der Wert derselben nach der Zustandsänderung notwendig größer als vor derselben sein. Wir werden sogleich sehen, daß sich der letztere Satz ohne Schwierigkeit auf ein System von mehreren Gasen, sowie auch auf den Fall ausdehnen läßt, daß die Gasmoleküle mehratomig sind und äußere Kräfte auf dieselben wirken. Bei einem Systeme mehrerer Gase muß als Permutabilitätsmaß des Systems die Summe der Permutabilitätsmaße der einzelnen Gase definiert werden, führt man dagegen die Permutabilität selbst ein, so wäre die Permutabilität eines Systems das Produkt der Permutabilitäten der Bestandteile. Setzen wir die Ausdehnbarkeit des letzteren Satzes für beliebige Körper voraus, so stellen sich die beiden eben besprochenen Sätze nur als spezielle Fälle eines einzigen allgemeinen Satzes heraus, welcher folgendermaßen lautet:

Denken wir uns ein beliebiges System von Körpern gegeben, dasselbe mache eine beliebige Zustandsveränderung durch, ohne daß notwendig der Anfangs- und Endzustand Zustände des Gleichgewichtes zu sein brauchen; dann wird immer das Permutabilitätsmaß aller Körper im Verlaufe der Zustandsveränderungen fortwährend wachsen und kann höchstens konstant bleiben, solange sich sämtliche Körper während der Zustandsveränderung mit unendlicher Annäherung im Wärmegleichgewichte befinden (umkehrbare Zustandsveränderungen).

Um ein Beispiel zu geben, betrachten wir ein Gefäß, welches durch eine unendlich dünne Scheidewand in zwei Hälften geteilt wird. Die übrigen Wände des Gefäßes sollen ebenfalls sehr dünn sein, so daß die Wärme, welche sie aufnehmen, vernachlässigt werden kann, und sollen rings von anderen sehr bedeutenden Gasmassen umgeben sein. Die eine Hälfte des Gefäßes soll mit einem absoluten Gase angefüllt sein, während die andere ursprünglich vollkommen leer ist. Durch plötzliches Hinwegziehen der Scheidewand, was aber keine bemerkbare Arbeitsleistung erfordern soll, wird zunächst bewirkt, daß sich jenes Gas im ganzen Gefäße ausbreitet. Berechnen wir das Permutabilitätsmaß für das Gas, so finden wir, daß dasselbe während dieses Vorganges zunimmt, ohne daß das irgend eines anderen Körpers sich verändert. Nun soll das Gas durch einen schweren Stempel in umkehrbarer Weise auf sein altes Volumen komprimiert werden. Um durchaus mit Gasen zu manipulieren, können wir, wenn wir wollen, annehmen, daß der Stempel ebenfalls durch ein schweres Gas vorgestellt wird, welches rings von unendlich dünnen, festen Wänden umschlossen wird. Mit diesem Gase geschieht weiter nichts, als daß es sich im Raume herabsenkt.

Da das Permutabilitätsmaß von der absoluten Lage im Raume nicht abhängt, so ändert sich das Permutabilitätsmaß des im Stempel eingeschlossenen Gases hierbei nicht; das des Gases, welches sich im Gefäße befindet, sinkt auf den anfänglichen Wert, da ja dieses Gas einen Kreisprozeß durchgemacht hat. Da jedoch derselbe nicht umkehrbar war, so ist $\int dQ/T$ über ihn erstreckt, nicht gleich der Differenz des Anfangs- und Endwertes der Entropie, sondern um die bei der Ausdehnung vorgegangene unkompensierte Verwandlung kleiner. Dagegen ist Wärme an die umgebenden Gasmassen abgegeben worden. Für diese umgebenden Gasmassen hat also das Permutabilitätsmaß zugenommen, und zwar um ebensoviel, als während des ersten Vorganges das Permutabilitätsmaß des im Gefäße eingeschlossenen Gases zunahm. Denn weil letztere Gasmasse einen Kreisprozeß durchmachte, nahm ihre Entropie, nicht aber $\int dQ/T$, während des zweiten Vorganges um ebensoviel ab, als sie während des ersten zunahm; und weil der zweite Vorgang umkehrbar war, nahm während desselben die Entropie des umgebenden Gases um ebensoviel zu, als die des eingeschlossenen abnahm. Das Resultat ist also, wie es auch sein muß, daß die Summe der Permutabilitätsmaße aller vorhandenen Gasarten zugenommen hat. Für ein Gas, welches sich mit einer konstanten Geschwindigkeit in der Richtung der x-Achse fortbewegt, ist

$$(66) \qquad f(x,y,z,u,v,w) = V \frac{N}{\sqrt{\left(\dfrac{4\pi T}{3m}\right)^3}} \cdot e^{-\frac{3m}{4T}[(u-a)^2 + v^2 + w^2]}$$

Substituiert man diesen Wert in die Formel (61), so ergibt sich genau wieder der Ausdruck (62). Die progressive Massenbewegung des Gases vermehrt also dessen Permutabilitätsmaß durchaus nicht, und dasselbe gilt von der lebendigen Kraft jeder anderen sichtbaren Massenbewegung (Molarbewegung), weil dieselbe auf ein Fortschreiten der einzelnen

Volumelemente und eine von höherer Ordnung unendlich kleine, daher ganz einflußlose Deformation und Drehung derselben zurückgeführt werden kann. Hierbei ist natürlich von der Veränderung des Permutabilitätsmaßes ganz abgesehen, welche durch etwa mit jener Molarbewegung verbundene Dichtigkeits- und Temperaturveränderungen bewirkt wird. Unter der Temperatur T des fortschreitenden Gases ist der halbe Mittelwert von $m\ [(u - \alpha)^2 + v^2 + w^2]$ verstanden. Sind also derartige Dichtigkeits- und Temperaturveränderungen nicht vorhanden (z. B. wenn ein Gas samt umschließenden Gefäß frei fällt), so hat eine sichtbare Massenbewegung keinen Einfluß auf das Permutabilitätsmaß, und ihre ganze lebendige Kraft kommt der Vermehrung der Verteilungswahrscheinlichkeit zugute, sobald sich dieselbe in Wärme umsetzt; weshalb auch Molarbewegung als Wärme von unendlicher Temperatur bezeichnet wird.

Gehen wir jetzt zu einem einatomigen Gase über, auf welches die Schwerkraft wirkt. Für dasselbe wird das Permutabilitätsmaß durch die Formel (51) gegeben, wobei jedoch statt der verallgemeinerten Koordinaten wieder x, y, z, u, v, w einzuführen sind. Die Formel (51) liefert uns also für Ω einen Wert, welcher völlig mit dem Ausdrucke (61) identisch ist. Für den Fall des Wärmegleichgewichtes hat man

$$(67) \qquad f(x, y, z, u, v, w) = Ce^{-\frac{3}{2T}\left(gz + \frac{m\omega^2}{2}\right)},$$

wobei $\omega^2 = u^2 + v^2 + w^2$ ist. Die Konstante C wird durch die Dichtigkeit des Gases bestimmt. Hat man z. B. ein prismatisches Gefäß von der Höhe h mit horizontaler Boden- und Gegenfläche, deren Flächeninhalt $= q$ sei. Sei ferner N die Gesamtzahl der Gasmoleküle in diesem Gefäße, und bezeichne z die Höhe eines Gasmoleküls über dem Boden des Gefäßes, so ist

$$(68) \qquad C = \frac{N}{\left(\dfrac{4\pi T}{3m}\right)^{\frac{3}{2}} \cdot q \displaystyle\int_0^h e^{-\frac{3gz}{2T}}\,dz} = \frac{N}{\left(\dfrac{4\pi T}{3m}\right)^{\frac{3}{2}} \cdot q \cdot \dfrac{2T}{3g}\left(1 - e^{-\frac{3gh}{2T}}\right)},$$

woraus sich ergibt:

$$(69) \begin{cases} \Omega = \frac{3N}{2} + Nl\left(\frac{4\pi T}{3m}\right)^{\frac{2}{3}} + Nlq + Nl\frac{2T}{3g}\left(1 - e^{-\frac{3gh}{2T}}\right) \\ + N\left(1 - \frac{3ghe^{-\frac{3gh}{2T}}}{2T\left(1 - e^{\frac{3gh}{2T}}\right)}\right) - NlN. \end{cases}$$

Man sieht aus der letzten Formel sogleich, daß, wenn das schwere Gas ein Stück tiefer herabfällt, ohne sonst im Innern eine Veränderung zu erfahren, die Größe Ω ihren Wert nicht im mindesten ändert. (Selbstverständlich ist dabei die Schwerkraft als konstante vertikal nach abwärts wirkende Kraft vorausgesetzt, und deren Zunahme mit der Annäherung zum Erdmittelpunkt vernachlässigt, was ja bei derartigen wärmetheoretischen Problemen immer gestattet ist.)

Gehen wir jetzt zum ganz allgemeinen Falle eines beliebigen Gases über, auf welches beliebige äußere Kräfte wirken, so haben wir wieder die Formel (51) anzuwenden. Damit jedoch die Formeln nicht zu weitläufig werden, soll nur eine einzige Gasart im Gefäße vorhanden sein. Das Permutabilitätsmaß eines Gasgemisches läßt sich dann ohne Schwierigkeit finden, da es einfach gleich der Summe der Permutabilitätsmaße ist, welche jedem Bestandteile zukämen, wenn er allein im Gefäße vorhanden wäre. Für den Fall des Wärmegleichgewichtes ist dann

$$f = \frac{Ne^{-h(\chi+L)}}{\int\int e^{-h(\chi+L)}\,do\,dw},$$

wobei χ die Kraftfunktion, L die lebendige Kraft eines Moleküls, N die Zahl der Moleküle im Gefäße,

$$do = dp_1\,dp_2\ldots dp_r,\quad dw = dq_1\,dq_2\ldots dq_r\ \text{ist}.$$

Es ergibt sich also:

$$(70) \begin{cases} \Omega = -\int\int fl f\,do\,dw = -NlN + Nl\int\int e^{-h(\chi+L)}do\,dw \\ + h\,N\bar\chi + \frac{rN}{2}. \end{cases}$$

Im vorletzten Gliede bedeutet $\bar\chi$ die mittlere Kraftfunktion eines Moleküls, also die Größe

$$\frac{1}{N}\int\int \chi f\,do\,dw = \frac{\int\int \chi\,e^{-h(\chi+L)}\,do\,dw}{\int\int e^{-h(\chi+L)}\,do\,dw}.$$

Das letzte Glied findet man, indem man berücksichtigt, daß

$$L = \frac{\iint L e^{-h(\chi+L)} \, do \, dw}{\iint e^{-h(\chi+L)} \, do \, dw} = \frac{r}{2h}$$

ist. (Vgl. hierüber und in betreff des folgenden das bereits zitierte Buch Watsons, S. 36 und 37.) Das zweite Glied der rechten Seite der Gleichung (70) kann noch transformiert werden, wenn man statt $q_1, q_2 \ldots q_r$ Variabeln $s_1, s_2 \ldots s_r$ einführt, welche die Eigenschaft haben, daß sich der Ausdruck L auf $s_1^2 + s_2^2 + \ldots + s_r^2$ reduziert. Bezeichnet man dann mit $\varDelta$ die Funktionaldeterminante

$$\varSigma \pm \frac{\partial q_1}{\partial s_1} \frac{\partial q_2}{\partial s_2} \ldots \frac{\partial q_r}{\partial s_r},$$

so ist

$$\iint e^{-h(\chi+L)} \, do \, dw = \left(\frac{\pi}{h}\right)^{\frac{r}{2}} \int \varDelta e^{-h\chi} \, do, \quad \bar{\chi} = \frac{\int \varDelta \chi e^{-h\chi} \, do}{\int \varDelta e^{-h\chi} \, do}$$

und es ergibt sich also

$$(71) \quad \varOmega = Nl \int \varDelta e^{-h\chi} \, do - \frac{Nr}{2} \, lh + hN\bar{\chi} + \frac{rN}{2}(1 + l\pi) - NlN.$$

Um diesen Ausdruck mit dem Ausdrucke (18) meiner Abhandlung „Analytischer Beweis des zweiten Hauptsatzes der mechanischen Wärmetheorie aus den Sätzen über das Gleichgewicht der lebendigen Kraft" [1] oder mit dem Ausdrucke (95) meiner „Weiteren Studien" [2]) vergleichen zu können, muß man $p_1, p_2 \ldots$ mit $x_1, y_1 \ldots$; $q_1, q_2 \ldots$ mit $u_1, v_1 \ldots$; $s_1, s_2 \ldots$ mit

$$\sqrt{\frac{m}{2}} \, u_1, \sqrt{\frac{m}{2}} \, v_1 \ldots,$$

r mit $3r$ vertauschen, wodurch

$$\varDelta = \left(\frac{2}{m}\right)^{\frac{3r}{2}}$$

wird. Man sieht, daß der Ausdruck (71) genau mit dem mit $3N/2$ multiplizierten Ausdrucke (18) der zuerst genannten Abhandlung bis auf eine additive Konstante stimmt, wobei der Faktor N daher stammt, daß der Ausdruck (18) nur für ein Molekül berechnet ist. Der Ausdruck (95) der „Weiteren Studien" ist entgegengesetzt bezeichnet als $\varOmega$, folglich auch

---

[1]) Diese Sammlung, Bd. I, S. 303.
[2]) Diese Sammlung, Bd. I, S. 401.

als die Entropie. Mit negativem Zeichen genommen aber ist er um $N l N$ größer als Ω. Ersteres rührt daher, daß ich in den weiteren Studien eine Größe suchte, die abnehmen muß, letzteres daher, daß ich daselbst die Größe f^* statt f einführte, was jedoch weniger zweckentsprechend ist. Aus dieser Übereinstimmung folgt, daß ganz dasselbe, was wir bei Betrachtung eines einatomigen Gases bezüglich der Beziehung der Entropie zum Permutabilitätsmaße gesagt haben, auch in diesem weit allgemeineren Falle gilt. Bis hierher können die Sätze an der Hand der Gastheorie vollkommen exakt bewiesen werden. Versucht man jedoch eine Verallgemeinerung derselben auf tropfbar-flüssige und feste Körper, so muß auf eine vollkommen exakte Durchführung von vornherein verzichtet werden, da die Natur der letzteren Aggregatzustände viel zu wenig bekannt und deren Theorie noch fast gar nicht mathematisch durchgearbeitet ist. Doch habe ich schon in früheren Abhandlungen die Gründe angeführt, vermöge deren es wahrscheinlich ist, daß auch für diese beiden Aggregatzustände das Wärmegleichgewicht dadurch bestimmt ist, daß der Ausdruck (51) ein Maximum wird, und daß dieser Ausdruck, sobald Wärmegleichgewicht besteht, mit der Entropie identisch ist. Es kann daher als wahrscheinlich bezeichnet werden, daß die Gültigkeit der von mir entwickelten Sätze nicht bloß auf Gase beschränkt ist, sondern daß dieselben ein allgemeines, auch auf feste und tropfbar-flüssige Körper anwendbares Naturgesetz darstellen, wenngleich eine exakte mathematische Behandlung aller dieser Fälle dermalen noch auf außerordentliche Schwierigkeiten zu stoßen scheint.

43.

Über einige Probleme der Theorie der elastischen Nachwirkung und über eine neue Methode, Schwingungen mittels Spiegelablesung zu beobachten, ohne den schwingenden Körper mit einem Spiegel von erheblicher Masse zu belasten.[1]

(Wien. Ber. **76.** S. 815—842. 1877.)

I. Zur Theorie der elastischen Nachwirkung.

Ich glaubte in meiner Abhandlung „Zur Theorie der elastischen Nachwirkung"[2] so deutlich gewesen zu sein, daß ein Mißverständnis nicht mehr möglich sei. Eine im letzten Hefte der Wiedemannschen Annalen erschienene Abhandlung von P. M. Schmidt[3] zwingt mich jedoch, das hier Mitzuteilende mit noch weiteren Erörterungen der dort entwickelten Formeln zu verbinden. Wenn an einem elastischen Drahte ein Gewicht von bedeutendem Trägheitsmomente befestigt ist, so daß das Trägheitsmoment des Drahtes bezüglich seiner Mittellinie gegen das des Gewichtes bezüglich derselben Linie verschwindet und es wird das Gewicht in irgendwelche Schwingungen versetzt, so können zweierlei Schwingungsbewegungen entstehen:

Erstens Schwingungen des Drahtes von sehr kleiner Schwingungsdauer, welche nahezu so verlaufen, als ob das untere Ende des Drahtes, an dem das Gewicht befestigt ist, fix wäre und welche sehr rasch ganz unmerklich werden.

Zweitens eine Schwingungsbewegung des Gewichtes von sehr bedeutender Schwingungsdauer, welche lange andauert und

---

[1] Voranzeige dieser Arbeit Wien. Anz. **14.** S. 238. 22. Nov. 1877.

[2] Diese Sammlung Bd. I. Nr. 30.

[3] Wied. Ann. 2. S. 241.

durch die elastische Nachwirkung und den Luftwiderstand usw. nur langsam gedämpft wird. — Bei Berechnung der ersteren Schwingungen kann man selbstverständlich nicht voraussetzen, daß in den Laméschen Elastizitätsgleichungen

$$\varrho \frac{d^2 u}{d t^2} = \frac{d N_1}{d x} + \frac{d T_3}{d y} + \frac{d T_2}{d z} + X,$$

$$\varrho \frac{d^2 v}{d t^2} = \frac{d T_3}{d x} + \frac{d N_2}{d y} + \frac{d T_1}{d z} + Y,$$

$$\varrho \frac{d^2 w}{d t^2} = \frac{d T_2}{d x} + \frac{d T_1}{d y} + \frac{d N_3}{d z} + Z$$

die Glieder der linken Seite sehr klein gegen die der rechten Seite seien.

Ganz anders dagegen verhält es sich mit den letzteren Schwingungen, welche bisher allein der Beobachtung unterzogen worden sind. Bei diesen letzteren Schwingungen geschieht die Bewegung des Drahtes so langsam, daß in den Laméschen Elastizitätsgleichungen die Werte des Gliedes links verschwinden gegen die Werte eines Gliedes der rechten Seite, d. h. der Draht verhält sich in jedem Augenblicke fast so, als ob er in Ruhe wäre und sein unteres Ende bei der Verdrehung, welche demselben in dem betreffenden Augenblicke zukommt, festgehalten würde. Um die allein zur Beobachtung gelangenden Schwingungen zu berechnen, kann man daher folgende einfachere Methode einschlagen. — Man bezeichne mit ϑ den Winkel, um welchen das angehängte Gewicht und daher auch das untere Ende des Drahtes zur Zeit t gegen seine Ruhelage verdreht ist. Das Drehungsmoment, welches der Draht zur Zeit t auf das Gewicht ausübt, berechnet man aber so, als ob der Draht in Ruhe wäre, sein unteres Ende um den Winkel ϑ verdreht wäre und die Verdrehung jedes anderen Querschnittes des Drahtes der Entfernung des betreffenden Querschnittes vom Aufhängepunkte proportional wäre. Da man in dieser Weise das zu jeder Zeit auf das schwingende Gewicht wirkende Drehungsmoment $(-M)$ berechnen kann, so läßt sich auch die Schwingungsbewegung des Gewichtes mit Leichtigkeit finden, indem man die Gleichung

$$K \frac{d^2 \vartheta}{d t^2} = -M$$

integriert, wobei K das Trägheitsmoment des Gewichtes bezüglich seiner Drehungsachse bezeichnet. Diese Methode, die
Schwingungen von Gewichten, die an Fäden aufgehängt sind,
zu berechnen, hat mit der elastischen Nachwirkung gar nichts
zu schaffen und wird ganz in derselben Weise angewendet,
wenn man die elastische Nachwirkung ganz vernachlässigen zu
können glaubt.

In der Tat ist sie noch jedesmal angewendet worden,
wenn man den Einfluß der Torsion des Aufhängefadens auf
die Bewegung des in irgend einem Magnetometer oder Galvanometer aufgehängten Magnets in Rechnung ziehen will, z. B. von
Gauss in der „Intensitas vis magneticae ad mensuram ab-
solutam revocata". Man pflegt da immer vorauszusetzen, daß
der Einfluß der Eigenschwingungen des Aufhängefadens verschwindet und das Drehungsmoment, welches dieser Aufhängefaden in jedem Augenblicke auf den aufgehängten Magnet
ausübt, immer gerade so groß ist, als ob der Aufhängefaden
bei der momentanen Verdrehung des Magnets in Ruhe wäre.
Daß sich dabei in den Laméschen Elastizitätsgleichungen die
rechte Seite auf Null reduzieren muß, versteht sich von selbst,
wenn man sich die Verschiebung jedes Teilchens des Fadens
als Funktion der Zeit und der Stelle, an welcher sich dieses
Teilchen im Faden befindet, ausgedrückt denkt und diese
Ausdrücke in die rechte Seite der Laméschen Gleichungen
substituiert.

Es besagt dies eben nichts anderes, als daß die Eigenschwingungen des Aufhängefadens vernachlässigt werden können.
Herr Schmidt dagegen folgert aus dem Verschwinden der
rechten Seite der Laméschen Gleichungen, „daß das von mir
erhaltene Resultat natürlich keinen Sinn habe" und „daß des
fehlerhaften theoretischen Resultates wegen von vornhereiu
keine Übereinstimmung zu erwarten sei".

Die Art und Weise, wie ich diese Berechnungsmethode auf
den Fall erweitert habe, wo elastische Nachwirkung auftritt,
glaube ich zwar in meiner Abhandlung „Zur Theorie der
elastischen Nachwirkung" bereits genügend motiviert zu haben.
Teils jedoch um jeden Zweifel zu beheben, teils auch, weil
sich hieran unmittelbar die Entwicklung einiger nicht un-
interessanter Eigenschaften der in meiner Theorie der elastischen

Nachwirkung aufgestellten Formeln anschließen läßt, auf welche ich bisher noch nicht aufmerksam gemacht habe, will ich jetzt das Problem der Torsionsschwingungen auch noch nach der ausführlichen Methode behandeln, indem ich die allgemeinen Lösungen der Laméschen Gleichungen suche und erst später nachweise, daß dieselben, sobald das Trägheitsmoment des angehängten Gewichtes sehr groß ist, in diejenigen Gleichungen übergehen, welche sich nach der von Hrn. Schmidt angezweifelten Methode ergeben. Es empfiehlt sich da, um Weitläufigkeiten der Rechnung zu vermeiden, die semipolaren oder zylindrischen Koordinaten anzuwenden, welche Lamé in seinen „Leçons sur la Théorie Mathématique de l'Élasticité des corps solides" (2. Aufl., S. 179—193) einführt. Ich will mich auch in der Bezeichnungsweise ganz an diejenige anschließen, welche Lamé daselbst anwendet. Vernachlässigen wir zuerst die elastische Nachwirkung gänzlich. Nach der von Hrn. Schmidt angezweifelten Methode müßte man dann die Rechnung so durchführen, als ob sich der Draht in jedem Augenblicke fast in Ruhe befände. Man erhielte also für die Torsionsschwingungen

$$U = 0, \quad V = \frac{r\,\varkappa}{l}\,\vartheta, \quad w = 0,$$

woraus sich sofort ergibt

$$\Phi_3 = \frac{\mu\,r\,\vartheta}{l}.$$

Im Punkte $z = 0$ ist der Draht befestigt, l ist die Länge des Drahtes. ϑ ist die Verdrehung des am Drahte angehängten Gewichtes, also auch des untersten Querschnittes des Drahtes zur Zeit t, woraus folgt, daß ϑ nur Funktion von t ist. Die Bedeutung der übrigen Buchstaben ist die Lamésche.

Diese Werte, in die Bewegungsgleichungen eingesetzt, reduzieren selbstverständlich die rechte Seite derselben auf Null. Trotzdem erhalten wir vollkommen die richtige Lösung, wenn wir die Bewegungsgleichung für das angehängte Gewicht aufstellen. Sei K dessen Trägheitsmoment, so muß die Größe $K\,d^2\,\vartheta/dt^2$ gleich dem Momente aller Kräfte sein, welche auf dasselbe drehend wirken. Die Fläche, in welcher diese Kräfte angreifen, ist der als Kreis vom Radius R vorausgesetzte unterste Querschnitt des tordierten Drahtes. Denken wir uns

aus demselben einen Kreisring herausgeschnitten, welcher von
zwei mit dem ursprünglichen Kreise konzentrischen Kreisen
mit den Radien r und $r + dr$ begrenzt ist, so wird längs der
Flächeneinheit dieses Ringes tangential die elastische Kraft Φ
wirken. Die wirkliche Kraft, welche diesen Kreisring zu
drehen strebt, findet man durch Multiplikation mit dessen
Flächeninhalt, also mit $2\pi r\, dr$ und deren Drehungsmoment
bezüglich der Drehungsachse, indem man noch mit r multipliziert. — Das gesamte Drehungsmoment, welches auf den
untersten Querschnitt des Drahtes wirkt und welches, abgesehen vom Zeichen, identisch ist mit dem auf das Gewicht
wirkenden Drehungsmomente, ist also

$$\int_0^R 2\pi r^2\, dr\ \Phi_3 = \frac{\pi\,\mu\,R^4\,\vartheta}{2\,l}.$$

Die Bewegungsgleichung für das Gewicht verwandelt sich
also in

$$K\frac{d^2\,\vartheta}{d\,t^2} = -\frac{\pi\,\mu\,R^4\,\vartheta}{2\,l},$$

deren Integral folgendes ist:

$$\vartheta = A\sin(n\,t + B),$$

wobei A und B Konstanten sind, und

$$n = \sqrt{\frac{\pi\,\mu\,R^4}{2\,l\,K}}.$$

Nun wollen wir aber die Laméschen Gleichungen für den
ganzen Draht aufstellen, komplett integrieren und erst später
suchen, welcher Limite das Integral für sehr große K zueilt.
Wir müssen das Integral natürlich in folgender Form suchen:

$$U = 0,\quad V = C\,r\,e^{\beta t}\sin\gamma\,z,\quad W = 0,$$

woraus sofort folgt

$$\theta = 0.$$

Für die von Lamé mit A, B, Γ bezeichneten Größen
findet man aus dessen Gleichungen (9) S. 184 die Werte

$$A = C\,r\,e^{\beta t}\,\gamma\cos\gamma\,z,\quad B = 0,\quad \Gamma = -2\,C\,e^{\beta t}\sin\gamma\,z.$$

Von den Laméschen Bewegungsgleichungen (8) S. 184 ist
also die erste und dritte identisch erfüllt; die zweite aber
liefert

$$\varrho\,\beta^2 = -\mu\,\gamma^2.$$

Die Bedingungsgleichung für das obere Ende ist bereits erfüllt, da wir γz unter das Sinuszeichen schrieben; die für das untere Ende dagegen verwandelt sich in folgende:

$$K \frac{d^2 \vartheta}{dt^2} = - \int_0^R 2 \pi r^2 \, \Phi_3 \, dr.$$

Dabei findet man die Verdrehung ϑ des untersten Querschnittes, indem man die Größe V durch r dividiert und darin $z = l$ setzt. Für Φ_3 findet man aus den Laméschen Gleichungen (7) S. 184 den Wert

$$\mu \frac{dV}{dz} = C \mu r \gamma e^{\beta t} \sin \gamma z,$$

in welchem Werte ebenfalls $z = l$ zu setzen ist. Durch Substitution dieser Werte verwandelt sich die Bedingungsgleichung für den untersten Querschnitt des Drahtes in

$$K \beta^2 \operatorname{tg} \gamma l = - \frac{\pi}{2} R^4 \gamma \mu,$$

und weil wir oben fanden

$$\beta^2 = - \frac{\mu}{\varrho} \gamma^2,$$

so folgt

$$l \gamma \operatorname{tg} \gamma l = \frac{\pi R^4 \varrho l}{2 K}.$$

Die allgemeine Lösung für γ ist eine Wurzel dieser bekannten transzendenten Gleichung. Nun ist aber $\pi R^4 \varrho l / 2$ das Trägheitsmoment des Drahtes bezüglich seiner Mittellinie. Sobald dasselbe verschwindend ist gegenüber dem Trägheitsmomente K des angehängten Gewichtes, so liefert die obige transzendente Gleichung für γl einen sehr kleinen Wert, für welchen die Tangente mit dem Bogen verwechselt werden kann, und also folgt

$$\gamma = \sqrt{\frac{\pi R^4 \varrho}{2 K l}}, \quad \beta = i \sqrt{\frac{\pi R^4 \mu}{2 K l}}.$$

Substituiert man diese Werte in den für V angenommenen Ausdruck, so kann man wieder $\sin \gamma z$ mit γz vertauschen, und erhält nach passender Wahl der Konstanten

$$V = C' z r \sin (n t + C''),$$

wobei

$$n = \sqrt{\frac{\pi R^4 \mu}{2 K l}},$$

woraus sich sofort für die Verdrehung des untersten Querschnittes wieder der nach der einfacheren Formel gefundene Wert ergibt.

Es ist auch leicht, sich zu überzeugen, daß in den bisher der Beobachtung unterzogenen Fällen das Trägheitsmoment des an den Draht angehängten Gewichtes wirklich sovielmal größer ist, als das des Drahtes bezüglich seiner Mittellinie, daß der Fehler, den man dadurch begeht, daß man in der transzendenten Gleichung tg γl mit γl verwechselt, geradezu verschwindet gegen die übrigen Fehler, welchen derartige Beobachtungen ausgesetzt sind. Ich bemerke noch, daß die übrigen Wurzeln der transzendenten Gleichung sehr nahe sind: $\gamma l = \pi$, 2π, 3π ... Wäre γl exakt ein Vielfaches von π, so wäre das untere Ende des Drahtes ebenfalls fix; es entsprechen also die übrigen Wurzeln Schwingungen, die fast so geschehen, als ob das untere Ende des Drahtes fix wäre und ich habe schon in meiner Theorie der elastischen Nachwirkung nachgewiesen, daß sie sehr kurze Schwingungsdauer haben, sehr rasch verschwinden und gar nicht zur Beobachtung gelangen.

Ich will jetzt die in meiner Abhandlung „Zur Theorie der elastischen Nachwirkung" entwickelten Formeln ohne alle Vernachlässigung auf die Berechnung der Schwingungen eines mit einem Gewichte belasteten Drahtes anwenden und zeigen, daß deren Resultat wieder, falls das Trägheitsmoment des Drahtes bezüglich seiner Mittellinie gegen das des angehängten Gewichtes verschwindet, mit demjenigen zusammenfällt, welches ich bereits nach der von Schmidt angezweifelten Methode fand. Ich will sogleich wieder Zylinderkoordinaten anwenden. Es ist unmittelbar ersichtlich, daß wir die Gleichungen, welche wir da anwenden müssen, erhalten, wenn wir in den von Lamé, S. 184, gegebenen statt U, V, W, wo diese Größen nach den Koordinaten differentiiert sind, substituieren

$$U(t) - \frac{1}{\mu} \int_0^\infty d\omega \, \psi(\omega) \, U(t - \omega), \quad V(t) - \frac{1}{\mu} \int_0^\infty d\omega \, \psi(\omega) \, V(t - \omega),$$

$$W(t) - \frac{1}{\mu} \int_0^\infty d\omega \, \psi(\omega) \, W(t - \omega).$$

Für die in Rede stehenden Torsionsschwingungen muß das Integral wieder die Form haben

$$U(t) = 0, \quad V(t) = C r e^{\beta t} \sin \gamma z, \quad W(t) = 0.$$

Es ergibt sich also

$$A = C r \gamma e^{\beta t} \cos \gamma z - \frac{C r \gamma}{\mu} \cos \gamma z \int_0^\infty d\omega \, \psi(\omega) \, e^{\beta(t-\omega)},$$

$$B = 0, \quad \Gamma = - 2 C e^{\beta t} \sin \gamma z \left[1 - \frac{1}{\mu} \int_0^\infty d\omega \, \psi(\omega) e^{-\beta t \omega} \right].$$

Die zweite der Bewegungsgleichungen (8) liefert also

$$\varrho \beta^2 = - \mu \gamma^2 + \gamma^2 \int_0^\infty d\omega \, \psi(\omega) \, e^{-\beta \omega}.$$

Ferner ergibt sich

$$\Phi_3 = \mu C r \gamma e^{\beta t} \cos \gamma z - C r \gamma \cos \gamma z \int_0^\infty d\omega \, \psi(\omega) \cdot e^{\beta(t-\omega)}.$$

Um das ganze Drehungsmoment M zu finden, welches auf den untersten Querschnitt des Drahtes wirkt, müssen wir in diesem Ausdrucke $z = l$ setzen, ihn dann mit $2\pi r^2 dr$ multiplizieren und von Null bis R integrieren. Dadurch ergibt sich

$$M = \int_0^R 2\pi r^2 \, dr \, |\Phi_3|_l$$

$$= \frac{\pi \mu C R^4 \gamma}{2} e^{\beta t} \cos \gamma l - \frac{\pi}{2} C R^4 \gamma \cos \gamma l \int_0^\infty d\omega \, \psi(\omega) \, e^{\beta(t-\omega)}.$$

Die Bewegungsgleichung für das angehängte Gewicht tautet nun aber

$$K \frac{d^2 \vartheta}{dt^2} = - M.$$

Dabei ist ϑ die Verdrehung des Gewichtes zur Zeit t und wird gefunden, indem man in dem Werte von V der Größe z den Wert l erteilt und dann V durch r dividiert. Man erhält also $\vartheta = C e^{\beta t} \sin \gamma l$ und die Bewegungsgleichung für das angehängte Gewicht liefert

$$K \beta^2 \sin \gamma l = - \frac{\pi \mu R^4 \gamma \cos \gamma l}{2} + \frac{\pi R^4 \gamma \cos \gamma l}{2} \int_0^\infty d\omega \, \psi(\omega) \, e^{-\beta \omega}.$$

Substituieren wir hier den oben für β^2 gefundenen Wert, so erhalten wir

$$\gamma\, l \operatorname{tg} \gamma\, l = \frac{\pi R^4\, l\varrho}{2K}.$$

Diese transzendente Gleichung für γl ist ganz dieselbe, welche wir erhielten, als keine elastische Nachwirkung vorhanden war. Aus denselben Gründen wie damals liefert sie zunächst eine sehr kleine Wurzel

$$\gamma = \sqrt{\frac{\pi R^4 \varrho}{2Kl}}.$$

Adoptieren wir diese Wurzel, so ist um so mehr γz sehr klein; der für V gefundene Ausdruck geht also, wenn man $C\gamma$ mit C' bezeichnet, über in

$$V = C' r z e^{\beta t}$$

und die Verdrehung des untersten Querschnittes wird

$$\vartheta\,(t) = \frac{|V|\,l}{r} = C'' e^{\beta t},$$

wobei $C'' = C' l$ ist.

Substituieren wir den für γ gefundenen Wert in die Gleichung, durch welche β^2 bestimmt ist, so ergibt sich

$$- K\beta^2 = \frac{\pi R^4}{2l}\left[\mu - \int_0^\infty d\omega\, \psi(\omega)\, e^{-\beta\omega}\right].$$

Identisch dieselbe Gleichung für β erhält man, wenn man in die Gleichung (5) meiner Abhandlung „Zur Tneorie der elastischen Nachwirkung" die Substitution $\vartheta\,(t) = C'' e^{\beta t}$ macht, da aber jene Gleichung (5) nach der von Hrn. Schmidt angezweifelten Methode gefunden wurde, so ist bewiesen, daß jene Methode durchaus das richtige Resultat liefert. Die weitere Behandlung bliebe selbstverständlich dieselbe, welche ich schon damals auf die Gleichung (5) anwandte. Setzen wir

$$n = \sqrt{\frac{\pi\mu R^4}{2Kl}}, \quad \beta = (n + \alpha)\,i - \varepsilon,$$

so ergibt sich zuvörderst:

$$- 2n\alpha - 2n\varepsilon i + (\alpha i - \varepsilon)^2$$
$$= \frac{n^2}{\mu}\int_0^\infty d\omega\, \psi(\omega)\, e^{\varepsilon\omega}\,[\cos(n+\alpha)\,\omega - i\,\sin(n+\alpha)\,\omega].$$

Dies ist die vollkommen exakte Gleichung. Setzen wir, wie ich dies in der Theorie der elastischen Nachwirkung tat, voraus, daß die elastische Nachwirkung nur verhältnismäßig kleine Korrektionsglieder herbeiführt, daß also auch $\psi(\omega)$, α und ε sehr klein sind, so erhalten wir sofort die auch dort gefundenen Formeln

$$\alpha = -\frac{n}{2\mu} \int\limits_0^\infty d\omega\,\psi(\omega)\cos n\,\omega, \quad \varepsilon = \frac{n}{2\mu}\int\limits_0^\infty d\omega\,\psi(\omega)\sin n\omega.$$

Es mag hier noch eines erwähnt werden, worauf ich in meiner Theorie der elastischen Nachwirkung nicht einging, nämlich, daß sich in dem Spezialfalle, wo $\psi(\omega) = \mu a e^{-b\omega}$ ist, welcher aus Neesens Beobachtungen zu folgen schien, auch die allgemeine Gleichung leicht auflösen läßt. Wir können nämlich dann das bestimmte Integral berechnen und erhalten für β die Gleichung dritten Grades

$$\beta^3 + b\beta^2 + n^2\beta + bn^2 - n^2 a = 0.$$

Die beiden komplexen Wurzeln dieser Gleichung liefern jetzt die Schwingungen exakt; die reelle Wurzel, welche nahe gleich $- b$ ist, dagegen ist unbrauchbar, weil sie voraussetzen würde, daß vor Beginn der Zeit unendliche Deformationen vorhanden waren.

Es ist klar, daß die übrigen Wurzeln der für γl gefundenen transzendenten Gleichung sehr nahe gleich ganzen Vielfachen von π sind, also Schwingungen darstellen, welche sehr nahe so geschehen, als ob auch das untere Ende des Drahtes fix wäre. Setzen wir $\gamma l = k\pi$, so erhalten wir für β die Gleichung

$$-\beta^2 = \frac{k^2\pi^2\mu}{\varrho}\left[1 - \frac{1}{\mu}\int\limits_0^\infty d\omega\,\psi(\omega)\,e^{-\beta\omega}\right],$$

während wir für die kleinste Wurzel der transzendenten Gleichung hatten

$$-\beta^2 = \frac{\pi\mu R^4}{2lK}\left[1 - \frac{1}{\mu}\int\limits_0^\infty d\omega\,\psi(\omega)\,e^{-\beta\omega}\right].$$

Es ist also das Gesetz der Schwingungen irgend eines Querschnittes in beiden Fällen ganz dasselbe, nur daß eine

Konstante in beiden Fällen einen sehr verschiedenen Wert besitzt.

Die oben für β gefundene Gleichung dritten Grades hängt zusammen mit einer Behandlungsweise, welche die Gleichungen für die elastische Nachwirkung in dem Spezialfalle zulassen, daß $\psi(\omega) = \mu a e^{-b\omega}$ gesetzt wird. Da diese Behandlungsweise auf Gleichungen führt, die mir von einigem theoretischen Interesse zu sein scheinen, so will ich sie hier kurz auseinandersetzen. Ich setzte in meiner Theorie der elastischen Nachwirkung

$$N_1 = \lambda\,\theta(t) + 2\mu\,\frac{du(t)}{dx} - \int\limits_0^\infty d\omega\left[\varphi(\omega)\theta(t-\omega) + 2\psi(\omega)\frac{du(t-\omega)}{dx}\right].$$

Nehmen wir an, es sei $\varphi(\omega) = \lambda\,a e^{-b\omega}$, $\psi(\omega) = \mu\,a e^{-b\omega}$, so wird

$$N_1 = \lambda\,\theta(t) + 2\mu\,\frac{du(t)}{dx} - a\lambda\int\limits_0^\infty d\omega\,e^{-b\omega}\,\theta(t-\omega)$$

$$- 2a\mu\int\limits_0^\infty d\omega\,e^{-b\omega}\,\frac{du(t\,\omega)}{dx},$$

daher

$$\frac{dN_1}{dt} = \lambda\,\frac{d\theta(t)}{dt} + 2\mu\,\frac{d^2u(t)}{dx\,dt} - a\lambda\int\limits_0^\infty d\omega\,e^{-b\omega}\,\frac{d\theta(t-\omega)}{dt}$$

$$- 2a\mu\int\limits_0^\infty d\omega\,e^{-b\omega}\,\frac{d^2u(t-\omega)}{dx\,dt}.$$

Durch partielle Integration aber wird

$$\int\limits_0^\infty d\omega\,e^{-b\omega}\,\frac{d\theta(t-\omega)}{dt} = -\int\limits_0^\infty d\omega\,e^{-b\omega}\,\frac{d\theta(t-\omega)}{d\omega}$$

$$= \theta(t) - b\int\limits_0^\infty d\omega\,e^{-b\omega}\,\theta(t-\omega).$$

Wenden wir dieselbe partielle Integration auf das zweite Integral an, so folgt

$$\frac{d N_1}{d t} = \lambda \frac{d \theta (t)}{d t} + 2 \mu \frac{d^2 u (t)}{d t d x} - a \lambda \theta (t) - 2 a \mu \frac{d u (t)}{d x}$$

$$+ a b \lambda \int_0^\infty d\omega\, e^{- b \omega}\, \theta (t - \omega) + 2 a b \mu \int_0^\infty d\omega\, e^{- b \omega} \frac{d u (t - \omega)}{d x}.$$

Wir können jetzt aus N_1 und $d N_1 / d t$ die bestimmten Integrale ganz eliminieren und erhalten, indem wir den Index t bei $u(t)$, $\theta (t)$ auslassen,

$$b N_1 + \frac{d N_1}{d t} = \lambda (b - a) \theta + 2 \mu (b - a) \frac{d u}{d x} + \lambda \frac{d \theta}{d t} + 2 \mu \frac{d^2 u}{d x\, d t}.$$

Die Ausdrücke für

$$b N_2 + \frac{d N_2}{d t} \quad \text{und} \quad b N_3 + \frac{d N_3}{d t}$$

ergeben sich hieraus, indem man u mit v und w, x mit y und z vertauscht. Ferner ergibt sich auch

$$b T_1 + \frac{d T_1}{d t} = \mu (b - a) \left(\frac{d v}{d x} + \frac{d w}{d y} \right) + \mu \left(\frac{d^2 v}{d x\, d t} + \frac{d^2 w}{d y\, d t} \right),$$

woraus wieder durch zyklische Vertauschung

$$b T_2 + \frac{d T_2}{d t}, \quad b T_3 + \frac{d T_3}{d t}$$

folgt. Nun verfahre man folgendermaßen: Man bilde aus den Laméschen Bewegungsgleichungen (4) auf Seite 66 die Ausdrücke

$$\varrho \left(b \frac{d^2 u}{d t^2} + \frac{d^3 u}{d t^3} \right), \quad \varrho \left(b \frac{d^2 v}{d t^2} + \frac{d^3 v}{d t^3} \right), \quad \varrho \left(b \frac{d^2 w}{d t^2} + \frac{d^3 w}{d t^3} \right)$$

und substituiere für $b N_1 + (d N_2 / d t)$ usw. die soeben gefundenen Werte. Ferner setze man zur Abkürzung

$$\lambda_1 = \lambda (b - a), \quad \mu_1 = \mu (b - a),$$

was lauter Konstanten des Materiales sind. Dadurch verwandelt sich die erste Bewegungsgleichung in

$$\varrho \left(b \frac{d^2 u}{d t^2} + \frac{d^3 u}{d t^3} \right) = (\lambda_1 + \mu_1) \frac{d \theta}{d x} + \mu_1 \left(\frac{d^2 u}{d x^2} + \frac{d^2 v}{d y^2} + \frac{d^2 w}{d x^2} \right)$$

$$+ (\lambda + \mu) \frac{d^2 \theta}{d x\, d t} + \mu \left(\frac{d^3 u}{d x^2\, d t} + \frac{d^3 v}{d y^2\, d t} + \frac{d^3 w}{d x^2\, d t} \right).$$

Analog gestalten sich die übrigen Bewegungsgleichungen. Diese Gleichungen scheinen mir insofern von Wichtigkeit, weil durch dieselben bewiesen ist, daß Gleichungen, welche bloß Differentialquotienten der Verschiebungen enthalten, doch qualitativ das Phänomen der elastischen Nachwirkung liefern können. Freilich sind zwei Dinge zu beachten: erstens diese Gleichungen enthalten die dritten Differentialquotienten nach der Zeit; zweitens die elastischen Kräfte sind ohne bestimmte Integrale nicht ausdrückbar. Quantitativ dürften übrigens die Gleichungen in dieser Form die elastische Nachwirkung nicht liefern, da der Wert $\psi(\omega) = a\,\mu\,e^{-b\,\omega}$ aus Beobachtungen Neesens abgeleitet ist, welche sich nachher als viel zu wenig umfassend herausgestellt haben, um aus ihnen überhaupt ein Gesetz abzuleiten.

Da diejenigen Gleichungen, welche ich in meiner Theorie der elastischen Nachwirkung als die wahrscheinlichsten bezeichnete, eine besondere Behandlung erfordern, so muß ich noch den Beweis nachtragen, daß auch bei Anwendung dieser Gleichungen die kompletten Laméschen Bewegungsgleichungen dasselbe Resultat liefern, wie die von Hrn. Schmidt angezweifelte Methode. Wir erhalten diese Gleichungen, indem wir in den Ausdrücken Lamés für die elastischen Kräfte statt $\lambda\,U,\ \mu\,U$ schreiben:

$$\lambda\,U + \int\limits_0^\infty [U(t) - U(t - \omega)]\,\frac{F(\omega)}{\omega}\,du, \quad \int\limits_0^\infty [U(t) - U(t - \omega)]\,\frac{f(\omega)}{\omega}\,d\omega,$$

ebenso statt $\lambda\,V,\ \mu\,V,\ \lambda\,W,\ \mu\,W$. Wir wollen wieder setzen:

$$U = 0, \quad V = C\,r\,e^{\beta t}\,\sin\gamma z, \quad W = 0$$

Es ist aber wohl zu bemerken, daß man nicht annehmen darf, der Draht schwinge schon von $t = -\infty$ an; man bekommt sonst ein ganz unbestimmtes Resultat. Meine Formeln liefern also die von Streintz beobachtete Tatsache, daß das Dekrement sich verändert, wenn der Draht lange schwingt. Wir müssen daher annehmen, die obigen Werte für $U,\ V,\ W$ sollen nur für positive Zeiten von $t = 0$ an gelten; für negative t sei $U = V = W = 0$. Da $\theta = \Gamma = 0$ ist, geht die zweite Lamésche Gleichung (8) über in

$$\varrho\,\frac{d^2 V}{d\,t^2} = \int\limits_0^\infty \left[\frac{d^2 V(t)}{d\,x^2} - \frac{d^2 V(t - \omega)}{d\,x^2}\right]\frac{f(\omega)\,d\omega}{\omega}.$$

Substituiert man hier für $V(s)$ den Ausdruck $C\,r\,e^{\beta s}\,\sin\gamma z$, sobald s positiv, den Wert Null, sobald s negativ ist, so folgt

$$\varrho\,\beta^2 = -\,\gamma^2\left[\int\limits_0^\infty \frac{f(\omega)\,d\omega}{\omega} - \int\limits_0^t e^{-\beta\omega}\,\frac{f(\omega)}{\omega}\,d\omega\right].$$

Ferner erhält man

$$\Phi_3 = \int\limits_0^\infty\left[\frac{d\,V(t)}{d\,z} - \frac{d\,V(t-\omega)}{d\,z}\right]\frac{f(\omega)}{\omega}\,d\omega$$

$$= \gamma\,C\,r\,e^{\beta t}\cos\gamma\,z\left[\int\limits_0^\infty \frac{f(\omega)}{\omega}\,d\omega - \int\limits_0^t e^{-\beta\omega}\,\frac{f(\omega)}{\omega}\,d\omega\right].$$

Die Bewegungsgleichung für das angehängte Gewicht geht also über in

$$K\,\beta^2\,\sin\gamma\,l = -\,\frac{\pi\,\gamma\,R^4\cos\gamma\,l}{2}\left[\int\limits_0^\infty \frac{f(\omega)}{\omega}\,d\omega - \int\limits_0^t e^{-\beta\omega}\,\frac{f(\omega)}{\omega}\,d\omega\right].$$

Verbinden wir diese Gleichung mit der früher für $\varrho\,\beta^2$ gefundenen, so erhalten wir für $\gamma\,l$ wieder die schon oft erhaltene transzendente Gleichung. Die eine sehr kleine Wurzel derselben ist wieder $\gamma = \sqrt{\pi\,\varrho\,R^4/2\,K\,l}$. Setzen wir dies in die Gleichung für $\varrho\,\beta^2$ und außerdem $\beta = (2\,\pi/\tau)\,i = \varepsilon$, so ergibt die Gleichsetzung der reellen und imaginären Teile dieser Gleichung:

$$\frac{4\,\pi^2}{\tau^2} - \varepsilon^2 = \frac{\pi\,R^4}{2\,K\,l}\left[\int\limits_0^\infty \frac{f(\omega)}{\omega}\,d\omega - \int\limits_0^t \frac{f(\omega)}{\omega}\,e^{\varepsilon\omega}\cos\frac{2\,\pi\,\omega}{\tau}\,d\omega\right],$$

$$\frac{4\,\pi\,\varepsilon}{\tau} = \frac{\pi\,R^4}{2\,K\,l}\int\limits_0^t \frac{f(\omega)\,d\omega}{\omega}\,e^{\varepsilon\omega}\sin\frac{2\,\pi\,\omega}{\tau}\,d\omega,$$

welche Gleichungen genau mit den nach der von Hrn. Schmidt angezweifelten Methode gefundenen Gleichungen (41) und (42) meiner Theorie der elastischen Nachwirkung übereinstimmen und wie diese zu behandeln sind. Man sieht, daß auch hier durch genau dieselben Gleichungen auch die übrigen Schwingungen bestimmt sind, nur daß an die Stelle der Konstanten $\pi\,R^4/2\,K\,l$ tritt $k^2\,\pi^2/\varrho$, wobei k irgend eine positive ganze Zahl bedeutet.

Ich will zum Schlusse dieser theoretischen Betrachtungen noch ausdrücklich darauf aufmerksam machen, daß ich das Resultat, daß das logarithmische Dekrement eines Drahtes nur vom Materiale desselben abhängig sei, in einem Abschnitte mitgeteilt habe, welcher die Überschrift trägt: „Aufstellung und Diskussion jener Formeln für die elastische Nachwirkung, welche mir als die wahrscheinlichsten erscheinen".[1]) Das Beobachtungsmaterial war viel zu dürftig, als daß ich die unbestimmten Funktionen meiner allgemeinen Theorie vollkommen hätte ausmitteln können. Auch betonte ich schon bei der Veröffentlichung meiner Theorie, daß dieselbe noch vielfach Ergänzungen bedürfen werde, und daß ich dieselbe bloß publiziere, um für weitere Beobachtungen bestimmtere Anhaltspunkte zu bieten und weil sie mir wenigstens in einigen Fällen eine nicht unbedeutende Annäherung an die Wirklichkeit zu bieten schien, so daß meine Formeln jedenfalls einen Teil einer späteren definitiven, alle Erscheinungen umfassenden Theorie ausmachen dürften. Mit großem Behagen verweilt Hr. Schmidt bei einem Fehler in meinen über die Dämpfung der Torsionsschwingungen eines Glasfadens mitgeteilten Zahlen. Hätte jedoch Hr. Schmidt diese Zahlen etwas näher angesehen, so würde er sogleich erkannt haben, daß dies nichts weiter als ein bloßer Schreibfehler ist, der wahrscheinlich beim Abschreiben hineingekommen ist. Ich habe nämlich als die doppelte Amplitude der Torsionsschwingungen in dem Anhange[2]) meiner Abhandlung „Zur Theorie der elastischen Nachwirkung" die Zahlen angegeben, welche ich in der ersten Kolonne der nachfolgenden Tabelle hier nochmals wiederhole.

336	5,817110	0,0870	0,0174
308	5,730099	0,1133	0,0227
275	5,616770	0,0953	0,0191
250	5,521460	0,0834	0,0167
230	5,438079	0,0957	0,0191
209	5,342334	0,0796	0,0159
193	5,262690	0,0922	0,0184
176	5,170483	0,0934	0,0187
160,3	5,077042	0,1003	0,0200
145	4,976733		

In dieser Tabelle steht in der zweiten Kolonne der natürliche Logarithmus jeder Zahl der ersten Kolonne; die dritte Kolonne gibt die Differenz zweier unmittelbar übereinander stehender natürlicher Logarithmen. In dem Anhange zu meiner

---

[1]) Diese Sammlung Bd. I. S. 629.
[2]) Diese Sammlung Bd. I. S. 642.

Abhandlung „Zur Theorie der elastischen Nachwirkung" ist ferner angegeben, daß zwischen je zwei der angeführten doppelten Amplituden zehn Halbschwingungen lagen. (Durch einen Druckfehler heißt es dort Hebschwingungen.)[1]) Um das logarithmische Dekrement für die Dauer τ einer ganzen Schwingung zu erhalten, welches laut der Formeln meiner Abhandlung gemeint ist, muß man daher die Zahlen der dritten Kolonne der obigen Tabelle durch 5 dividieren, wodurch man die Zahlen der vierten Kolonne der Tabelle erhält. Aus diesen Zahlen ist ersichtlich, daß die im Anhange zu meiner Abhandlung „Zur Theorie der elastischen Nachwirkung" als logarithmische Dekremente angeführten Zahlen gerade so gut eine Null nach dem Dezimalpunkte zu viel haben, als die aus der theoretischen Formel (45) berechnete Zahl, von welcher Hr. Schmidt bemerkt, daß sie 0,013 statt 0,0013 heißen sollte. Die Übereinstimmung zwischen Theorie und Erfahrung wird also durch diesen Schreibfehler nicht im mindesten gestört.

Die in der letzten Kolonne der obigen Tabelle enthaltenen Zahlen stimmen auch, abgesehen von diesem Schreibfehler, nicht ganz mit den in der bereits oft zitierten Abhandlung für das logarithmische Dekrement angegebenen Zahlen; doch sind die Unterschiede durchaus unwesentlich und machen die Übereinstimmung durchaus nicht wesentlich schlechter. Die Ursache dieser Unterschiede liegt darin, daß ich außer den mitgeteilten Amplituden noch andere beobachtet habe, welche bei Berechnung der Dekremente mit beigezogen wurden. Es versteht sich wohl von selbst, daß ich alle diese Zahlen nicht in so beiläufiger und ungenügender Weise mitgeteilt haben würde, wenn diese Beobachtungen am Glasfaden einen andern Zweck gehabt hätten als rohe Vorversuche abzugeben, aus denen zu erkennen sei, ob die Theorie überhaupt einer weiteren Prüfung verlohne. Es ist dies von mir ausdrücklich bemerkt worden und auch aus der Unregelmäßigkeit der verschiedenen, für das logarithmische Dekrement gefundenen Werte sogleich zu erkennen. Diese Unregelmäßigkeit rührt von Luftströmungen im Zimmer her, welche leicht durch einen Schutzkasten hätten vermieden werden können. Da aber doch noch der Fehler

---

[1]) In dieser Ausgabe bereits korrigiert.

wegen der Dämpfung durch Luftreibung geblieben wäre, welcher
vielleicht größer ist als jene Unregelmäßigkeiten, und ich
damals keine Gelegenheit hatte, mir die komplizierten Apparate,
welche zur Vermeidung dieses Fehlers notwendig wären, machen
zu lassen, so unterzog ich mich auch nicht der Mühe der Be-
schaffung eines derartigen Kastens. Für solche rohe Vorversuche aber hielt ich die im Anhange zu meiner Theorie
der elastischen Nachwirkung gemachte Mitteilung für hinreichend ausführlich, um so mehr, da die in so roher Weise
ausgeführten Versuche sehr leicht von jedermann nachgemacht
und kontrolliert werden können. Meine Versuche hatten im
ganzen nur die Zeit von einigen Stunden in Anspruch genommen; selbstverständlich hatte ich mich wohl überzeugt,
daß die Übereinstimmung, die ich fand, nicht etwa Folge eines
Rechenfehlers sei und nur die Abschrift und den Druck zu
wenig kontrolliert. Die Stilisierung der Einwürfe des Hrn.
Schmidt kann ich mir nur aus dem Ärger erklären, den
Hr. Oskar Emil Meyer, der ja Hrn. Schmidt in Rat und
Tat unterstützte, darüber empfand, daß ich in meiner Theorie
der elastischen Nachwirkung einiger seiner Irrtümer Erwähnung tat.

II. Über die Methode der Spiegelablesung mit sehr kleinen Spiegeln.[1])

Ich will an dieser Stelle noch einige Beobachtungen mitteilen, welche auf das Innigste mit dem Vorhergehenden zu-
sammenhängen, und welche ich schon vor langer Zeit noch
im physikalischen Institute der Wiener Universität ausgeführt
habe. Ich habe in der von Hrn. Schmidt angezweifelten
Rechnung vorausgesetzt, daß die Eigenschwingungen des Drahtes,
an welchem der Körper hängt, vernachlässigt werden können,
und daß das Drehungsmoment, welches der Draht zu irgend
einer Zeit auf den angehängten Körper ausübt, nahezu dasselbe
ist, als ob der Draht bei derjenigen Verdrehung seines untersten
Querschnittes, welche er zur betrachteten Zeit hat, in Ruhe

---

[1]) Über diese Methode wurde bereits im Tageblatt der Vers. D.
Naturf. u. Ärzte in Graz 1875. S. 209 berichtet.   D. H.

wäre. Damit diese Voraussetzung erlaubt sei, ist natürlich erforderlich, daß die Verdrehung jedes Querschnittes zur betrachteten Zeit dieselbe ist, als ob der Draht in Ruhe wäre und der unterste Querschnitt diejenige Verdrehung hätte, welche er während der Schwingungsbewegung im betrachteten Augenblicke wirklich hat, d. h. wenn l die gesamte Länge des Drahtes, ϑ die Verdrehung des untersten Querschnittes zur betrachteten Zeit, ϑ' diejenige irgend eines Querschnittes, der sich in der Distanz l' vom Aufhängepunkte befindet, zur selben Zeit bedeutet, so muß die Proportion bestehen

$$\vartheta : \vartheta' = l : l'.$$

Da nach der unlängst von Hrn. Oskar Emil Meyer aufgestellten Theorie diese Proportion nicht richtig sein müßte, so machte ich einige Versuche um ihre Richtigkeit zu prüfen. Die Verdrehung des untersten Querschnittes wurde in bekannter Weise mittels eines aufgeklebten Spiegels gemessen. Um auch noch die Verdrehung eines zweiten Querschnittes messen zu können, mußte in der Höhe jenes zweiten Querschnittes ein Spiegel an dem Draht angeklebt werden, dessen Masse gegenüber der Masse des Drahtes vernachlässigt werden kann. Es wurde hierzu ein ganz kleines Stück eines zerbrochenen Spiegels eines Kirchhoffschen Elektrometers benützt, welches nur etwa 3 qmm Oberfläche und 0,3 mm Dicke besaß. Jedes Stück eines versilberten Mikroskopdeckgläschens von gleicher Kleinheit hätte dieselben Dienste getan.

Es versteht sich wohl von selbst, daß in diesem kleinen Spiegelchen nicht ein Skalenbild mit einem Fernrohre nach der gewöhnlichen Weise betrachtet werden konnte. Ich half mir da folgendermaßen: Ich stellte etwa vier Meter vom Spiegel entfernt einen ziemlich engen vertikalen Spalt auf, durch welchen das Licht einer Gasflamme, die sich in einer Dubosqueschen Laterne befand, fiel. Etwa in gleicher Entfernung vom Spiegelchen bildete sich eine Interferenzerscheinung, welche vom Beobachter mit einer Loupe betrachtet wurde. Es wurde zuerst der Spalt um eine horizontale Achse, also um die Verbindungslinie der Spaltmitte mit dem Spiegelchen so lange gedreht, bis die Interferenzerscheinung möglichst deutlich war; dann wurde Spalt und Spiegelchen um dieselbe Achse und ungefähr um denselben

Winkel wieder zurückgedreht, so daß der Spalt wieder vertikal
stand. Wenn nun der Draht, an welchem das Spiegelchen
befestigt war, schwang, so drehte sich das Spiegelchen um
eine vertikale Achse. Die Interferenzerscheinung wanderte
also in der Luft in horizontaler Richtung weiter und der Beobachter mußte mit Kopf und Lupe nachwandern. Um das
Stück, welches die Erscheinung durchwandert hat, genau messen
zu können, war unmittelbar unter dem Wege, welchen die
Erscheinung durchlief, eine horizontale Millimeterskala aufgestellt, deren Teilstriche bis an den oberen Rand gingen
und mit der Lupe gesehen werden konnten. Bei gänzlicher
Dunkelheit des Hintergrundes, von welchem sich die Interferenzerscheinung abhob, und schwacher Beleuchtung der Skala
konnte mit ziemlicher Schärfe fast bis auf einen halben Teilstrich genau abgelesen werden. — Die Interferenzerscheinung
war natürlich nicht sehr regelmäßig, doch ließ sich mit Leichtigkeit in derselben irgend ein besonders heller oder besonders
dunkler Streifen finden, dessen Stellung über der Millimeterskala gut definiert war. Die Ablesung ist freilich ziemlich
unbequem, aber bei einiger Übung durchaus nicht schwierig,
und ich wüßte keine andere Methode mit so leichten Spiegeln
auch nur annähernd dieselbe Genauigkeit zu erzielen. Ich
bemerke noch, daß ich, als ich durch einen Spalt Sonnenlicht
auf den kleinen Spiegel fallen ließ, eine sehr prachtvolle und
auch ziemlich regelmäßige Interferenzerscheinung erhielt, welche
sich sehr gut objektiv auf eine Skala projizieren ließ; freilich
waren die Striche derselben viel dicker.

Wenn ich nun zwei Beobachtungsreihen, von denen übrigens die zuerst mitgeteilte später und sorgfältiger ausgeführt
wurde, hier etwas ausführlicher mitteile, so geschieht dies
weniger um die Richtigkeit der obigen Proportion zu beweisen,
welche ohnehin nur von wenigen dürfte angezweifelt werden,
als vielmehr um eine Probe zu liefern, mit welcher Genauigkeit sich nach meiner Methode mittels so kleiner Spiegel ab-
lesen läßt. Ich glaube nämlich, daß auch bei ganz andern
Problemen es manchesmal wünschenswert sein dürfte, die
Drehung eines Gegenstandes genau zu beobachten, ohne daß
es erlaubt ist, an demselben einen Spiegel von erheblicher
Masse zu befestigen, und daß daher eine etwas ausführlichere

Mitteilung, aus welcher die von mir erzielte Genauigkeit ersichtlich ist, den Physikern nicht unwillkommen sein dürfte. Ich bemerke übrigens, daß sich die Genauigkeit teils durch Auswahl eines Spiegels, welcher eine besonders gute Interferenzerscheinung liefert, also möglichst zweckmäßig geformt und gekrümmt ist, teils durch Anwendung einer möglichst günstigen Beleuchtung (Petroleum, D r u m o n d sches Licht) noch erheblich steigern lassen dürfte. Das Spiegelchen war etwa in der Mitte zwischen dem Aufhängepunkt und dem untern Ende des mit einem ziemlich bedeutenden Gewichte belasteten Drahte angebracht.

In der folgenden Tabelle gebe ich in der ersten Kolonne die am untern Spiegel mittels eines gewöhnlichen Ablesefernrohres direkt abgelesenen sogenannten Umkehrpunkte A, in der zweiten Kolonne die Umkehrpunkte B einer gut markierten Lichtlinie der vom Spiegelchen entworfenen Interferenzerscheinung, welche unmittelbar an der darunter befindlichen Skala abgelesen wurde. Es wurde, so weit es durch bloßes Rufen ohne eine besondere Zeitmeßvorrichtung geschehen konnte, konstatiert, daß die Umkehr beider Bilder immer gleichzeitig erfolgte. Die dritte Kolonne enthält die Differenz der in der ersten Kolonne angegebenen Umkehrpunkte A und der Ruhelage R, um welche das Fadenkreuz des Ablesefernrohres ungefähr $1^1/_4$ Stunde nach dem Ende der Torsion zu schwingen schien. Die vierte Kolonne enthält die Differenz der in der zweiten Kolonne stehenden Umkehrpunkte B und der Ruhelage S, um welche zur selben Zeit die Interferenzerscheinung schwang. R und S sind den definitiven Ruhelagen schon sehr nahe. Bezeichnen wir die letzteren mit R' und S', so müßte, wenn die früher erwähnte Proportion richtig wäre, der Quotient $(S - B)/(R - A)$ gleich einer Konstanten C sein. Da aber auch $(S' - S)/(R' - R)$ gleich derselben Konstanten sein muß, so folgt sofort, daß man auch $(S - B)/(R - A) = C$ erhält.

Berechnet man den Wert dieser Konstanten aus mehreren Beobachtungen, so findet man für dieselbe etwa den Mittelwert 0,626, so daß also sein muß $S - B = 0,626 (R - A)$. Damit man beurteilen könne, inwieweit diese Relation erfüllt sei, und um zugleich ein Maß für die Genauigkeit der Ablesung mit dem kleinen Spiegelchen zu bieten, habe ich in

der fünften Kolonne die nach der letzten Formel berechneten
Werte von $S - B$ zusammengestellt, d. h. also die mit 0,626
multiplizierten Werte von $R - A$. In der letzten Kolonne
habe ich die Differenz der berechneten und beobachteten Werte
von $S - B$ zusammengestellt. Die Einheiten der in dieser Kolonne
stehenden Zahlen bedeuten Verschiebungen der Interferenzerscheinung um 1 mm. Da die Distanz der Interferenzerscheinung vom kleinen Spiegel dabei 4 m betrug, so kann man die
Zahlen leicht in Winkelmaß übertragen. Die Torsion des
Drahtes war um 3 Uhr 10 Minuten begonnen worden und
war das unsere Ende des Drahtes bis 3 Uhr 15 Minuten um
360° tordiert erhalten worden; dann wurde das Gewicht vor-
sichtig freigelassen. Der vierte der nun folgenden Umkehrpunkte wurde um 3 Uhr 17 Minuten 10 Sekunden beobachtet.

A	B	$R-A$	$S-B$ beob.	$S-B$ berechn.	Differ.
200,5	133	108,8	68,5	68,1	0,5
250	164	59,3	37,5	37,1	0,4
209	138	100,3	63,5	62,8	0,7
256,5	168,5	52,8	33,0	33,1	−0,1
216,2	143	93,1	58,5	58,3	0,2
262	171,5	47,3	30,0	29,6	0,4
221,5	147	87,8	54,0	55,0	−0,5
266	175	43,3	26,5	27,1	−0,5
226	149	83,3	52,5	52,1	0,4
271,7	178	37,6	23,5	23,5	0
229	151	80,3	50,4	50,3	0,2
275	180	34,3	21,5	21,5	0
233	154	76,3	47,5	47,8	−0,3
278	181,5	31,3	20,0	19,6	0,4
236,5	156	72,8	45,5	45,6	−0,1
280,5	183	28,8	18,5	18,0	0,5
238,5	157,5	70,8	44,0	44,3	−0,3
283,5	185	25,8	16,5	16,1	0,4
241,5	158,5	67,8	43,0	42,4	0,6
285	186	24,3	15,5	15,2	0,3
243	160	66,3	41,5	41,5	0
286,7	187	22,6	14,5	14,1	0,4
245,5	161	63,8	40,5	39,9	0,6
288,7	188	20,6	13,5	12,9	0,6
246,5	162	62,8	39,5	39,3	0,2

A	B	$R-A$	$S-B$ beob.	$S-B$ berechn.	Differ.
290,5	189,5	18,8	12,5	11,8	0,2
248,5	163	60,8	38,5	38,1	0,4
291	190	18,3	11,5	11,5	0
251	165	58,3	36,5	36,5	0
292,5	191	16,8	10,5	10,5	0
252,2	165,5	57,1	36,0	35,7	0,3
293,5	191,5	15,8	10	9,9	0,1
252,5	165,5	56,8	36,0	35,6	0,4
294,7	192	14,6	9,5	9,1	0,4
555	167	54,3	34,5	34,0	0,5
296	192,5	13,3	9	8,3	0,7
256	168	53,3	33,5	33,4	0,1
296,7	193	12,6	8,5	7,9	0,6
257	168,5	52,3	33	32,7	0,3
297,2	194	12,1	8	7,6	0,4
259	169,5	50,3	32	31,5	0,5
297,5	194	11,8	8	7,4	0,6
259,7	170	49,6	31,5	31,0	0,5
298,7	194,5	10,6	7,5	6,6	0,9
260,2	170,5	49,1	31	30,7	0,3
300	195,5	9,3	6	5,8	0,2
262	171,5	47,3	30	29,6	0,4
300	195,5	9,3	6	5,8	0,2
263,5	173	45,8	28,5	28,7	−0,2
300	195,5	9,3	6	5,8	0,2
265	173,5	44,3	28	27,7	0,3
299,7	195,5	9,6	6	6,0	0
266	174	43,3	27,5	27,1	0,4
300,5	196	8,8	5,6	5,5	0
267	175	42,3	26,5	26,5	0
300,5	196	8,8	5,5	5,5	0
268,5	175,5	40,8	26	25,5	0,5
301	196,5	8,3	5,0	5,2	−0,2
269,2	176	40,1	25,5	25,1	0,4
301,2	186,5	8,0	5	5,0	0
270	177	39,3	24,5	24,6	−0,1
302	197	7,3	4,5	4,6	−0,1
270,7	177	38,6	24,5	24,2	0,3
302	197	7,3	4,5	4,6	−0,1

Der letzte dieser Umkehrpunkte wurde um 3 Uhr 29 Minuten 20 Sekunden beobachtet. Dann wurde etwas ausgesetzt.

Um 3 Uhr 35 Minuten wurden folgende Umkehrpunkte beobachtet:

A	B	$R-A$	$S-B$ beob.	$S-B$ berechn.	Differ.
305,5	199,5	3,8	2,0	2,4	−0,4
279	182	30,3	19,5	19,0	0,5
305,5	199	3,8	1,5	2,4	0,1
280	183	29,3	18,5	16,3	0,2
306	199	3,3	2,5	2,1	0,4
280,2	183	29,1	18,5	18,2	0,3

Die nun folgenden Beobachtungen geschahen 3 Uhr 40 Min.:

309,5	201,5	−0,2	0	−0,1	0,1
282	184	27,3	17,5	17,1	0,4
310	202	−0,7	−0,5	−0,4	0,1
282	184	27,3	17,5	17,1	0,4
310,5	202	−1,2	−0,5	0,7	−0,2
283	184,5	26,3	17,0	16,5	0,5

Hierauf um 3 Uhr 50 Minuten:

310,5	202,5	−1,2	−1,0	−0,7	0,3
290,5	190	18,8	11,5	11,5	0
310,5	202	−1,2	−0,5	−0,7	−0,2
291	190	18,3	11,5	11,5	0

dann um 4 Uhr:

312,5	203	−3,2	−1,5	2,0	−0,5
296	193	13,3	8,5	8,3	−0,2
311,5	203	−2,2	−1,5	1,4	−0,1
296,5	193,5	12,8	8,0	8,0	0
311,5	203	−2,2	−1,5	1,4	0,1
296	193	13,3	8,5	8,3	0,2

dann um 4 Uhr 10 Minuten:

297	194	12,3	7,5	7,7	−0,2
314,7	205	−5,4	−3,5	3,4	0,1
297,2	194	12,1	7,5	7,6	−0,1
314,5	204,5	5,2	−3	3,3	−0,3

um 4 Uhr 20 Minuten:

302,7	197	6,6	4,5	4,1	0,4
312,7	203,5	−3,4	−2	2,1	−0,1
302,7	197,5	6,6	4,0	4,1	−0,1
312,7	203,5	−3,4	−2	2,1	−0,1

um 4 Uhr 30 Minuten

A	B	A	B
315,2	205,5	315,7	205,5
303	197,5	303,2	197,5
315,7	205,5	315,5	205,5
303	197,5	303,2	197,5

daraus: $R = 309,3$
$S = 201,5$

Ich lasse hier noch eine zweite Reihe von Beobachtungen folgen, bei welcher die Torsion wieder 360° betrug und 30 Sekunden vor 3 Uhr 15 Minuten begann, 30 Sekunden nach dieser Zeit endete. Unter R und S verstehe ich hier die Ruhelagen, um welche das Fadenkreuz, bzw. die Lichtlinie der Interferenzerscheinung ¹/₂ Stunde nach der Torsion schwang. Unter der Rubrik $S-B$ berechnet finden sich wieder die mit 0,626 multiplizierten Werte von $R-A$ zusammengestellt:

A	B	$R-A$	$S-B$ beob.	$S-B$ berechn.	Differ.
186	101	69,6	42,9	43,6	−0,7
279	159	−23,4	−15,1	14,6	0,5
191	103	64,6	40,9	40,4	0,5
282	160	−26,4	−16,1	16,5	−0,4
193	105	62,6	38,9	39,2	−0,3
283	160,5	−27,4	−16,6	17,1	−0,5
195	106	60,6	37,9	37,9	0
284	161	−28,4	−17,1	17,8	−0,7
196 5	107	59,1	36,9	37,0	−0,1
284,5	161,5	−28,9	−17,6	−18,1	−0,5
197	107,5	58,6	36,4	36,7	−0,3
285	162	−29,4	−18,1	18,4	−0,3
198	108	57,6	35,9	36,1	−0,2
287	163	−31,4	−19,1	19,7	−0,6
199	108	56,6	35,9	35,4	−0,5
288	163	−32,4	−19,1	20,3	−1,2
200,5	109	55,1	34,9	34,5	0,4
288	163,5	−32,4	−19,6	20,3	−0,7
202	110	53,6	33,9	33,6	0,3
288,5	163	−32,9	−19,1	20,6	−1,5
203,5	110	52,1	33,9	33,6	1,3
288	163	−32,4	−19,1	20,3	−1,2

A	B	$R-A$	$S-B$ beob.	$S-R$ berechn.	Differ.
204	111	51,6	32,9	32,3	0,6
288	163,5	−32,9	−19,6	20,6	−1,0
204,5	111,5	51,1	32,5	32,0	0,5
288,5	163,5	−32,9	−19,6	20,6	−1
205,5	112	50,1	31,9	31,4	0,5
288	163,5	−32,4	−19,6	20,3	−0,7
207	112,5	48,6	31,4	30,4	1,0
287	163,5	−31,4	−19,6	19,7	−0,1
208,5	113	47,1	30,9	29,5	1,4
287	163,5	−31,4	−19,6	19,7	−0,1
209,5	114	46,1	29,9	28,9	1,0
287	163,5	−31,4	−19,6	19,7	−0,1
209,5	115	46,1	28,9	28,9	0
287	163	−31,4	−19,1	19,7	−0,6
211	116	44,6	27,9	27,9	0
287	163	−31,4	−19,1	19,7	−0,6
211,5	116	44,1	27,9	27,6	−0,3
286,5	162,5	−30,9	−18,6	−19,3	−0,7
212,5	116,6	43,1	27,4	27,0	0,4
285,5	162,5	−30,1	−18,6	18,8	−0,2
214,5	117	41,1	26,9	25,7	1,2
285	162	−29,6	−18,1	18,5	−0,4
215	118	40,6	25,9	25,4	0,5
286,5	162	−30,6	−18,1	19,2	−1,1
215	118	40,6	25,9	25,4	0,5
285,5	162	−30,1	−18,1	18,8	−0,7
215	118	40,6	25,9	25,4	0,5
285,5	161,5	−30,1	−17.6	18,8	−1,2
215,5	118	40,1	25,9	25,1	0,8
286,5	162	−30,9	−18,1	−19,3	−1,2
214,5	118	41,1	25,9	25,7	0,2
286,5	163	−30,9	−19,1	−19,3	−0,2
215,5	118	40,1	25,9	25,1	0,8
286,5	163	−30,9	−19,1	−19,3	−0,2

Hier wurde die Beobachtung unterbrochen. Um 3 Uhr 35 Minuten wurden folgende Umkehrpunkte beobachtet:

221,5	123	33,1	20,9	20,7	0,2
284,5	151,5	−28,9	−17,6	−18,1	−0,5
222,5	123	33,1	20,9	20,7	0,2
285	162	29,4	−18,1	18,4	−0,3

Um 3 Uhr 40 Minuten wurde beobachtet:

A	B	R−A	$\dfrac{S-B}{\text{beob.}}$	$\dfrac{S-B}{\text{berechn.}}$	Differ.
226	125	29,6	18,9	18,5	−0,4
283,5	161	−27,9	17,1	17,5	−0,4
226,5	125,5	29,1	18,4	18,2	0,2
284	151	−28,4	17,1	17,8	−0,7

Endlich um 3 Uhr 45 Minuten:

A	B	A	B
227	126,5	227,2	126,5
284	161,5	284	161,5
227	126	227,2	126
284	161,5	284,5	161,5

daraus: $R = 255,6$
$S = 143,9$

Man sieht, daß in der zuerst mitgeteilen Beobachtungsreihe die Differenz selten über $^1/_2$ Teilstrich beträgt. Schlechter
ist die Übereinstimmung in der zuletzt mitgeteilten Beobachtungsreihe, welche übrigens früher angestellt wurde, weil
ich damals noch zu wenig Übung in der Beurteilung der Lage
der Interferenzerscheinung hatte. Es fällt noch auf, daß namentlich in der ersten genaueren
Beobachtungsreihe die beobachteten Werte von S−B größten-
teils kleiner sind als die berechneten. Es hätte daher die
Übereinstimmung noch etwas größer gemacht werden können,
wenn ich für C statt 0,626 einen etwas größeren Wert gewählt
hätte. Vielleicht ist auch die Ruhelage um eine unmerkliche
Größe fehlerhaft. Doch habe ich mich hierauf nicht weiter
eingelassen, da auch so schon durch die Kleinheit der in der
ersten Beobachtungsreihe vorkommenden Fehler die Brauch-
barkeit der Methode zur Genüge erwiesen sein dürfte.

44.

Weitere Bemerkungen über einige Probleme der mechanischen Wärmetheorie.[1])

(Wien. Ber. 78. S. 7—46. 1878.)

I. Zur Beziehung zwischen dem zweiten Hauptsatze und den Sätzen über die Wahrscheinlichkeit der Verteilung der lebendigen Kraft.

Der zweite Hauptsatz der mechanischen Wärmetheorie wurde zuerst von Clausius und Thomson aus experimentellen Grundlagen abgeleitet, indem dieselben von einem bekannten Axiome — welches doch eigentlich nichts anderes ist, als eine experimentell ziemlich feststehende Tatsache — ausgingen und daraus die Gleichungen ableiteten, welche erfüllt sein müssen, wenn dieses Axiom allgemein gültig sein soll. Erst später wurden Versuche gemacht, den umgekehrten Weg einzuschlagen und dieses Axiom selbst aus allgemeinen mechanischen Prinzipien herzuleiten. Will man da den zweiten Hauptsatz in seiner vollen Allgemeinheit ableiten, nicht etwa bloß den Satz, daß für geschlossene Kreisprozesse $\int dQ/T$ gleich Null ist, aus welchem dann doch der Schluß auf ungeschlossene Kreisprozesse nicht mehr in rein analytischer Weise gemacht wird, so darf man, wie ich nachgewiesen zu haben glaube, von keiner anderen Grundlage als der der Wahrscheinlichkeitsrechnung ausgehen. Ich habe daher bereits in der Abhandlung „Über die Beziehung zwischen dem zweiten Hauptsatze der mechanischen Wärmetheorie und der Wahrscheinlichkeitsrechnung, bzw. den Sätzen über das Wärmegleichgewicht"[2]) das Problem, die Wahrscheinlichkeit eines gewissen Zustandes eines Körpers zu finden und dessen Beziehung zum zweiten

---

[1]) Voranzeige dieser Arbeit Wien. Anz. 15. S. 115. 6. Juni 1878.
[2]) Dieser Band Nr. 42.

Hauptsatze eingehend diskutiert. Dabei ist der Begriff „Zustand des Körpers" in der weitesten Bedeutung des Wortes aufzufassen. Es ist darunter der Inbegriff der Werte aller jener Variabeln zu verstehen, durch welche die Position, Geschwindigkeitsgröße und Geschwindigkeitsrichtung jedes Atoms des Körpers bestimmt wird. Ich will hier noch einige neue auf dieses Problem Bezug habende Sätze entwickeln.

In einer Beziehung zu dem Gegenstande meiner früheren Abhandlung, welche mir in mehrfacher Hinsicht bemerkenswert erscheint, steht folgendes Problem: Wenn ein sehr großer, aus sehr zahlreichen Atomen bestehender Körper, z. B. eine sehr große Gasmasse, sich im Wärmegleichgewichte befindet, so ist dadurch nicht ausgeschlossen, daß ein kleinerer Teil derselben eine etwas größere oder etwas kleinere lebendige Kraft besitzt, als dem großen Körper im Durchschnitte zukommt. Es ist die Wahrscheinlichkeit zu suchen, daß, wenn man aus der lebendigen Kraft der Atome jenes kleinen Teiles das Mittel nimmt, dieses Mittel um einen gegebenen Wert über oder unter der mittleren lebendigen Kraft liegt, welche den Atomen des ganzen Körpers zukommt, oder noch allgemeiner, es ist die Wahrscheinlichkeit zu suchen, daß der Zustand jenes kleinen Teiles des Körpers überhaupt um ein Gegebenes von dem mittleren Zustande des gesamten Körpers abweicht. Da nun für einatomige Gase die Verhältnisse genügend klargestellt sind, so will ich mich hier auf diese beschränken. Die Rechnung wird am leichtesten, wenn wir nicht wirkliche physikalische Gase, sondern ein System unendlich vieler elastischer Kreise in Betrachtung ziehen, die sich in einer Ebene bewegen oder, was auf dasselbe hinauskommt, elastischer Kreiszylinder mit parallelen Achsen, die sich im Raume bewegen. Wir wollen in folgendem diese Kreise oder Kreiszylinder ebenfalls mit dem Namen Moleküle bezeichnen, da sie ganz die Rolle der physikalischen Gasmoleküle spielen. Dieser Fall entspricht freilich keinem physikalisch realisierbaren Vorgange, aber diejenigen Punkte, auf die es hier hauptsächlich ankommt, gestalten sich in diesem Falle vollkommen analog, wie bei Betrachtung wirklicher Gase und da die Durchführung der Rechnungen in diesem Falle einfacher ist, so scheint es mir nicht unpassend, ihn der Behandlung der wirklichen Gase

vorauszuschicken. Für derartige, in einer Ebene sich bewegende Moleküle ist die Wahrscheinlichkeit, daß sich die
beiden Geschwindigkeitskomponenten u und v eines derselben
zwischen den Grenzen u und $u + du$, v und $v + dv$ befinden,
nach Maxwells Verteilungsgesetz durch die Formel

$$(1) \qquad \frac{k}{\pi} e^{-k(u^2 + v^2)} du\, dv$$

gegeben; die Wahrscheinlichkeit, daß die Geschwindigkeit eines
Moleküls zwischen c und $c + dc$ und der Winkel der Rich-
tung derselben mit irgend einer fixen Geraden zwischen den
Grenzen φ und $\varphi + d\varphi$ liegt, ist also gleich

$$(2) \qquad \frac{k}{\pi} e^{-kc^2} c\, dc\, d\varphi\,;$$

in der gesamten Gasmasse ist jedenfalls jede Geschwindigkeitsrichtung gleich wahrscheinlich. Wir wollen auch in der
kleineren Gasmenge, welche wir aus der größeren Gasmasse
herausheben und der Betrachtung unterziehen, keine Rücksicht
auf die Geschwindigkeitsrichtung nehmen, sondern bloß nach
der Wahrscheinlichkeit der verschiedenen Größen der Geschwindigkeit fragen. Wir können dann von Null bis 2π
integrieren und erhalten, wenn wir noch statt der Geschwindigkeit die lebendige Kraft einführen, für die Wahrscheinlichkeit,
daß dieselbe zwischen x und $x + dx$ liegt, den Wert

$$(3) \qquad h\, e^{-hx} dx\,.$$

Die herausgehobene kleinere Gasmenge soll nun aus
n Molekülen bestehen, wobei n eine beliebige endliche oder
auch sehr große Zahl ist. Nur setzen wir voraus, daß dieselbe sehr klein ist gegen die Gesamtzahl N der überhaupt
vorhandenen Moleküle. Um weiter gehen zu können, müssen
wir sogleich wieder eine Vorstellungsweise einführen, von
welcher ich auch in der bereits zitierten Abhandlung Gebrauch
gemacht habe. Wir nehmen nämlich an, jedes Molekül sei
nur imstande, eine endliche Reihe von lebendigen Kräften Null,
ε, 2ε, 3ε ... $p\varepsilon$ anzunehmen. Die Wahrscheinlichkeit, daß
eines der Moleküle die lebendige Kraft $a\varepsilon$ hat, wird dann
durch die Formel (3) gegeben, indem man darin $a\varepsilon$ statt x,
ε statt dx setzt. Diese Wahrscheinlichkeit ist also:

$$(4) \qquad h\, e^{-ha\varepsilon}.\varepsilon\,.$$

Wir wollen nun fragen, wie groß die Wahrscheinlichkeit ist, daß von unseren n herausgehobenen Molekülen die w_0 ersten die lebendige Kraft Null, die nächstfolgenden w_1 die lebendige Kraft ε, die dann folgenden w_2 Moleküle die lebendige Kraft $2\varepsilon\ldots$, endlich die letzten w_p Moleküle die lebendige Kraft $p\varepsilon$ haben. Diese Wahrscheinlichkeit ist offenbar gleich dem Produkte der Wahrscheinlichkeiten, daß ein Molekül die lebendige Kraft Null, ein Molekül die lebendige Kraft ε usw. habe, erstere zur Potenz w_0, die zweite zur Potenz w_1 usw. erhoben, sie ist also:

$$(h\,\varepsilon)^n\, e^{-h\,(w_1\,+\,2\,w_2\,+\,\ldots\,+\,p\,w_p)}.$$

Die Wahrscheinlichkeit, daß von den n Molekülen nicht gerade die ersten, sondern beliebige w_0 die lebendige Kraft Null, ebenso beliebige andere w_1 die lebendige Kraft ε usw. besitzen, aber ist:

(5) $$S = (h\,\varepsilon)^n\, e^{-h\,\varepsilon\,(w_1\,+\,2\,w_2\,+\,\ldots\,+\,p\,w_p)}\,\frac{n!}{w_0!\,w_1!\,w_2!\ldots}.$$

Wir wollen nun zunächst alle diejenigen Fälle ins Auge fassen, in denen die Summe der lebendigen Kraft aller n Moleküle eine gegebene Größe etwa gleich $\lambda\,\varepsilon = L$ ist und wollen die relative Wahrscheinlichkeit der verschiedenen Zustandsverteilungen unter den n Molekülen suchen, bei denen die gesamte lebendige Kraft aller Moleküle gleich L ist. Der Exponent von e in der Formel (5) reduziert sich dann auf $-hL$. Die relative Wahrscheinlichkeit der verschiedenen Zustandsverteilungen, welche alle diese gemeinsame Eigenschaft haben, wird also durch die Verhältnisse der Zahlen $n!\,/\,w_0!\,w_1!\ldots$ gemessen. Dies ist aber genau der im ersten Abschnitte meiner bereits zitierten Abhandlung gefundene Ausdruck. Wenn wir also die Wahrscheinlichkeit der verschiedenen Zustandsverteilungen unter den Molekülen, deren Gesamtzahl n und deren gesamte lebendige Kraft L ist, in der Weise definieren, wie es in jenem Abschnitte geschehen ist, so erhalten wir für die Wahrscheinlichkeit der verschiedenen Zustandsverteilungen genau dieselben Ausdrücke, welche wir nach der jetzt befolgten Methode für die relative Wahrscheinlichkeit sämtlicher Zustandsverteilungen bekommen, welche noch der Nebenbedingung genügen, daß die gesamte lebendige Kraft der Moleküle den

Wert L besitzt. Daß die Gültigkeit dieses Satzes nicht bloß auf Kreise beschränkt ist, die sich in der Ebene bewegen, ergibt sich aus dem folgenden und kann übrigens unschwer eingesehen werden. Auch daß diese relative Wahrscheinlichkeit wiederum den größten Wert annimmt, wenn auch die Zustandsverteilung unter den n Molekülen das Maxwellsche Gesetz befolgt, bedarf keiner weiteren Erläuterung.

Nun handelt es sich nur noch um die relative Wahrscheinlichkeit, daß die gesamte lebendige Kraft L aller unserer n Moleküle diesen oder jenen Wert besitzt. Die Wahrscheinlichkeit, daß unsere n Moleküle die lebendige Kraft $\lambda\,\varepsilon = L$ besitzen, bei übrigens beliebiger Verteilung der lebendigen Kraft unter dieselben, ist gleich der Summe aller Ausdrücke, welche man aus dem Ausdrucke (5) erhält, wenn man darin den Größen w_0, w_1, w_2 ... w_p alle möglichen Werte erteilt, welche die beiden Bedingungen

$$(6) \qquad \begin{cases} w_0 + w_1 + \ldots + w_p = n, \\ w_1 + 2w_2 + \ldots + pw_p = \lambda \end{cases}$$

erfüllen. Bezeichnen wir diese Summe mit

$$(7) \qquad (h\,\varepsilon)^n\, e^{-h\lambda\varepsilon} \sum \frac{n!}{w_0!\,w_1!\,w_2!\ldots},$$

so hat sie den Wert[1])

$$(8) \qquad (h\,\varepsilon)^n\, e^{-h\lambda\varepsilon} \begin{pmatrix} \lambda + n - 1 \\ \lambda \end{pmatrix},$$

wobei der letzte Faktor ein Binomialkoeffizient ist. Ich habe bereits in der mehrmals zitierten Abhandlung nachgewiesen, daß, wenn erstens n sehr groß ist und zweitens die mittlere lebendige Kraft $\lambda\,\varepsilon\,/\,n$ eines Moleküles sehr groß gegen das Intervall ε zweier benachbarter möglicher lebendiger Kräfte ist, sich dann dieser Binomialkoeffizient auf

$$\frac{1}{\sqrt{2\pi}} \frac{\lambda^{n-1}\, e^{n-1}}{(n-1)^{n-1/2}}$$

---

[1]) Dieser Wert gilt nur, wenn p gleich oder größer als λ ist, welche Bedingung in meiner früheren Abhandlung vergessen wurde. Für $p > \lambda$ bis $p = \infty$ muß wegen der letzten Gleichung (6) ohnehin $w_{\lambda+1} = w_{\lambda+2} = \ldots = 0$ sein. Für unseren Fall ist es immer erforderlich, so zur Grenze überzugehen, daß man $p \gtreqless \lambda$ voraussetzt oder sogar $p = \infty$.

reduziert. Es geht dann der Ausdruck (8) über in

$$(9) \qquad (h\,\varepsilon)^n\, e^{-h\lambda\varepsilon}\, \frac{1}{\sqrt{2\,\pi}}\, \frac{\lambda^{n-1}\, e^{n-1}}{(n-1)^{n-1/2}}.$$

Wollen wir die Frage beantworten, welche lebendige Kraft $\lambda\varepsilon$ für die n Moleküle am wahrscheinlichsten ist, so müssen wir denjenigen Wert von λ suchen, welcher den Ausdruck (9) oder, da alles übrige konstant ist, den Ausdruck $e^{-h\lambda\varepsilon}\lambda^{n-1}$ auf ein Maximum reduziert. Man findet ihn $\lambda = (n-1)/h\,\varepsilon$, woraus da Eins gegen n verschwindet, $\lambda\varepsilon = n/h$ folgt, wie es sein muß, da $1/h$ die mittlere lebendige Kraft aller N Moleküle ist und es offenbar am wahrscheinlichsten ist, daß die n Moleküle dieselbe lebendige Kraft wie die N besitzen. Integriert man den Ausdruck (9) bezüglich aller möglichen Werte von λ, so muß man die Gewißheit, also Eins bekommen. Wir wollen diese Operation zur Kontrolle unserer Schlüsse durchführen. Wir müssen da etwa wieder x statt $\lambda\varepsilon$, dx statt ε schreiben, wodurch der Ausdruck (9) übergeht in

$$(10) \qquad h^n\, dx\, e^{-hx}\, \frac{1}{\sqrt{2\,\pi}}\, \frac{x^{n-1}\, e^{n-1}}{(n-1)^{n-1/2}}.$$

Dieser Ausdruck gibt also die Wahrscheinlichkeit an, daß die gesamte lebendige Kraft der n aus den N ganz zufällig herausgehobenen Moleküle zwischen den Grenzen x und $x + dx$ liegt. Integrieren wir ihn von Null bis Unendlich und ersetzen in dem Werte des Integrals

$$\int_0^\infty e^{-hx}\, x^{n-1}\, dx = \frac{(n-1)!}{h^n}$$

die Faktorielle $(n-1)!$ wieder durch die Annäherungsformel $\sqrt{2\,\pi}\,(n-1)^{n-1/2}\cdot e^{-n+1}$, so erhalten wir in der Tat Eins.

Wir wollen jetzt vorläufig noch bei demselben Probleme stehen bleiben; aber um den verschiedenen Geschwindigkeitsrichtungen Rechnung zu tragen, wieder die Geschwindigkeitskomponenten u und v einführen. Sei u nur imstande, die Werte Null, ζ, $2\zeta\ldots p\,\zeta$, v nur die Werte Null, η, 2η, $3\eta\ldots q\,\eta$ anzunehmen. Die Wahrscheinlichkeit, daß u und v für ein Molekül die Werte $a\,\zeta$, $b\,\eta$ besitzen, ist nach der Formel (1) gegeben durch

$$\frac{k}{\pi} \zeta \eta \, e^{-k(a^2\zeta^2 + b^2\eta^2)},$$

daher ist wieder die Wahrscheinlichkeit, daß von unseren n aus allen N Molekülen herausgehobenen w_{00} die Geschwindigkeitskomponenten Null, Null, w_{10} die Komponenten ε, Null usw. besitzen, gleich

(11)
$$\left(\frac{k\,\zeta\,\eta}{\pi}\right)^n e^{-kL} \frac{n!}{w_{00}!\, w_{10}!\, \dots},$$

wobei

$$L = w_{10}\,\zeta^2 + w_{01}\,\eta^2 + w_{20}\, 2^2\,\zeta^2 + w_{11}\,(\zeta^2 + \eta^2) + \dots$$

die gesamte lebendige Kraft der n Moleküle bedeutet. Will man in die Formel (5) die Differentiale wieder einführen, so setze man dx statt ε und verstehe unter $w(x)$ die Zahl derjenigen unserer n Moleküle, deren lebendige Kraft zwischen x und $x + dx$ liegt. Die Verteilung der lebendigen Kraft unter den n Molekülen ist dann durch die Form der Funktion w gegeben. Setzen wir die Verhältnisse, unter denen sich die N Moleküle befinden, und auch die Zahl n als ganz unveränderlich voraus, so ist die relative Wahrscheinlichkeit zweier Formen der Funktion w durch die Verhältnisse der Werte gegeben, welche der Ausdruck (7) annimmt, wenn man darin einmal die eine, dann die andere Funktion w substituiert. Dieser Ausdruck aber verwandelt sich, wenn man für die Faktoriellen wieder die Annäherungsformeln benützt und einen unter den gemachten Annahmen konstanten Faktor wegläßt in

(12)
$$e^{-h \int_0^\infty x w \, dx} \cdot e^{-\int_0^\infty w l w \, dx} \cdot e^{-1/2 \int_0^\infty l w \, dx}.$$

Ähnlich gewinnt man aus dem Ausdrucke (11) den folgenden:

(13)
$$e^{-k \int_{-\infty}^{+\infty} \int_{-\infty}^{+\infty} (u^2+v^2) w(u,\,v)\, du\, dv} \cdot e^{-\int_{-\infty}^{+\infty} \int_{-\infty}^{+\infty} w l w \, du\, dv} \cdot e^{-1/2 \int_{-\infty}^{+\infty} \int_{-\infty}^{+\infty} l w \, du\, dv}.$$

Es hat nun gar keine Schwierigkeit mehr, auch auf gewöhnliche Gasmoleküle überzugehen, welche sich in einem Raume von drei Dimensionen bewegen. Wir nehmen an, es seien uns ursprünglich N gegeben, unter denen die Maxwellsche Zustandsverteilung herrscht und aus denen n, ganz vom Zufalle geleitet, herausgegriffen werden. An die Stelle der Formeln (1), (2), (3) und (4) treten dann einfach folgende:

(1^*) $\sqrt{\dfrac{k^3}{\pi^3}}\, e^{-k\,(u^2+v^2+w^2)}\, du\, dv\, dw,$

(2^*) $\sqrt{\dfrac{k^3}{\pi^3}}\, e^{-kc^2}\, c^2\, dc \sin\vartheta\, d\vartheta\, d\varphi,$

(3^*) $\sqrt{\dfrac{h^3}{\pi}}\, \sqrt{x}\, e^{-hx}\, dx,$

(4^*) $\sqrt{\dfrac{h^3}{\pi}}\, \sqrt{a\varepsilon}\, e^{-ha\varepsilon}\cdot\varepsilon.$

Um mathematischen Schwierigkeiten zu entgehen, wollen
wir annehmen, jedes Molekül sei nicht, wie früher, imstande,
als lebendige Kraft der Reihe der Größen Null, ε, 2ε ... $p\varepsilon$
anzunehmen, sondern vielmehr folgende Reihe ε, 2ε, 3ε ... $p\varepsilon$
mit Ausschluß der Null. Da ε unendlich klein ist, liegt hierin
keine Beschränkung der Allgemeinheit. Dann tritt an die
Stelle der Formel (5) die folgende:

(5^*) $S = \left(2\,\varepsilon\sqrt{\dfrac{\varepsilon\,h^3}{\pi}}\right)^n\cdot 1^{\frac{w_1}{2}}\,2^{\frac{w_2}{2}}\,3^{\frac{w_3}{2}}\ldots p^{\frac{w_p}{2}}\cdot e^{-h\varepsilon\,(w_1+2w_2+\ldots)}\cdot\dfrac{n!}{w_1!\,w_2!\ldots}.$

Es ist nicht unwahrscheinlich, daß sich auch die Summe

$$\Sigma\, 1^{\frac{w_1}{2}}\,2^{\frac{w_2}{2}}\ldots p^{\frac{w_p}{2}}\,\dfrac{n!}{w_1!\,w_2!\ldots w_p!},$$

in welcher die Größen w_1, w_2 ... w_p alle ganzen, positiven
Werte einschließlich Null anzunehmen haben, welche mit den
beiden Gleichungen

$$w_1 + 2w_2 + \ldots pw_p = \lambda$$
$$w_1 + w_2 + \ldots w_p = n$$

verträglich sind, in ähnlicher Weise berechnen läßt, wie wir
die analoge Summe für Kreise, die sich in der Ebene bewegen,
berechnet haben. Da mir dies jedoch bisher nicht gelang, so
müssen wir schon in dieser Formel die Differentiale einführen
und erhalten folgendes Resultat: Bei konstantem h und n ist
die relative Wahrscheinlichkeit, daß die Anzahl der Moleküle,
deren lebendige Kraft zwischen x und $x + dx$ liege, durch
$f(x)\, dx$ gegeben sei, proportional dem Ausdrucke

$$e^{\frac{1}{2}\int_0^\infty f(x)\,lx\,dx}\quad e^{-\frac{1}{2}\int_0^\infty lf(x)\,dx}\quad \cdot e^{-\int_0^\infty f(x)\,lf(x)\,dx}\quad \cdot e^{-h\int_0^\infty x f(x)\,dx}.$$

Die Anregung zu einem anderen hierher gehörigen
Probleme[1]) wurde in dem Buche von Hrn. Oskar Emil Meyer
„Die kinetische Theorie der Gase", S. 262 u. d. f., gegeben.
Wenigstens ist die Gestalt der Gleichungen, welche Hr. Meyer
an der zitierten Stelle entwickelt, vielfach eine solche, wie man
sie nur bei Behandlung des Problems erhält, zu welchem ich
jetzt übergehen will. Ich will mich hier bloß auf die Verteilung der lebendigen Kraft unter den Molekülen beschränken
und auch den Fall, wo sich die Moleküle im Raume von zwei
Dimensionen bewegen, nicht diskutieren, im übrigen will ich
aber das Problem in seiner größten Allgemeinheit behandeln.
Seien wieder sehr viele einatomige Gasmoleküle gegeben, die
Verteilung der lebendigen Kraft unter dieselben sei eine ganz
willkürliche; Nf_0 Moleküle sollen die lebendige Kraft Null,
Nf_1 Moleküle die lebendige Kraft ε, Nf_2 die lebendige Kraft
$2\varepsilon, \ldots Nf_p$ die lebendige Kraft $p\varepsilon$ besitzen. Andere lebendige
Kräfte sollen nicht möglich sein. Eine Abstraktion, deren
Erlaubtheit schon im früheren hinlänglich diskutiert wurde.
Wir greifen von diesen N Molekülen, vollkommen vom Zufall
geleitet, n Moleküle heraus. Es frägt sich, wie groß ist die
Wahrscheinlichkeit, daß von den n herausgegriffenen Molekülen
irgend eine andere Zahl, z. B. w_0 die lebendige Kraft Null,
ferner w_1 die lebendige Kraft ε usw. besitzen. f_0 ist die Wahrscheinlichkeit, daß ein aus den N Molekülen willkürlich heraus-
gegriffenes Molekül die lebendige Kraft 0 besitzt; analoge Bedeutung haben die übrigen mit f bezeichneten Größen.

Die Wahrscheinlichkeit, daß von den n herausgegriffenen
die ersten w_0 die lebendige Kraft Null, die nächstfolgenden w_1
die lebendige Kraft ε usw. besitzen, ist also:

$$f_0^{w_0} f_1^{w_1} f_2^{w_2} \cdots f_p^{w_p}.$$

Die Wahrscheinlichkeit, daß beliebige w_0 Moleküle die lebendige
Kraft Null, ebenso beliebige w_1 Moleküle die lebendige Kraft ε
usw. besitzen, aber ist:

(14) $$\Omega = f_0^{w_0} f_1^{w_1} \cdots f_p^{w_p} \cdot \frac{n!}{w_0! w_1! .}.$$

Nun entsteht die Frage, welche Geschwindigkeitsverteilung
unter den n Molekülen die wahrscheinlichste ist. Die Frage

---

[1]) Vgl. für das folgende die Berichtigung in Nr. 53 S. 361 dieses Bandes.

fordert also das Maximum des Ausdruckes (14) unter der einen Nebenbedingung

$$(15) \qquad w_0 + w_1 + \ldots + w_p = n.$$

Gebraucht man für die Faktoren eine Annäherungsformel, welche ich bereits in meiner mehrfach zitierten Abhandlung benützt habe und unterdrückt eine Konstante, welche auf die Maximumeigenschaft der Größe (14) ohne Einfluß ist, so findet man zunächst:

$$(16) \quad l\Omega = w_0\, lf_0 + w_1\, lf_1 + \ldots w_p\, lf_p - w_0\, lw_0 - w_1\, lw_1 - \ldots w_p\, lw_p.$$

Addiert man zu diesem Ausdrucke die linke Seite der Gleichung (15), mit dem konstanten Faktor r multipliziert, so kann man den partiellen Differentialquotienten der so gebildeten Summe nach jeder der Variabeln w_0, w_1, w_2 usw. gleich Null setzen, wodurch sich ergibt

$$lf_k - lw_k + r = 0$$

für einen beliebigen Wert von k. Eliminiert man r, so folgt

oder

$$lf_0 - lw_0 = lf_1 - lw_1 = lf_2 - lw_2 = \ldots$$

$$\frac{w_0}{f_0} = \frac{w_1}{f_1} = \frac{w_2}{f_2} = \ldots$$

Da der gemeinsame Wert dieser Quotienten offenbar gleich n/N ist, so folgt

$$w_0 = f_0\frac{n}{N}, \quad w_1 = f_1 \cdot \frac{n}{N}, \quad w_2 = f_2\frac{n}{N} \ldots,$$

d. h. es ist am wahrscheinlichsten, daß unter den herausgegriffenen n Molekülen dieselbe Verteilung der lebendigen Kraft, wie unter den N Molekülen besteht. Dies Resultat war vorauszusehen. Interessanter wird das Problem, wenn man noch die Bedingung hinzufügt, daß die mittlere lebendige Kraft der n Moleküle eine gegebene, im allgemeinen von der der N Moleküle verschiedene sein soll. Wir wollen also jetzt aus den N Molekülen sehr oftmal n Moleküle ganz zufällig herausgreifen, wobei wir nach jedem Zuge das herausgegriffene Molekül wieder hineingeben. Je n herausgegriffene Moleküle nennen wir eine Komplexion und setzen voraus, daß n noch immer sehr groß, der Quotient n/N aber sehr klein ist. Wenn die Summe der lebendigen Kraft aller Moleküle einer Komplexion gleich $\lambda\varepsilon$ ist, so behalten wir die betreffende Komplexion bei; alle übrigen Komplexionen verwerfen wir. Auf diese Weise sollen nur M Komplexionen übrig bleiben, von denen m so beschaffen sein sollen, daß für dieselben w_0 Moleküle die lebendige Kraft Null, w_1 die lebendige Kraft ε usw. besitzen. Wir wollen dann sagen, m/M ist die Wahrscheinlichkeit, daß in einer der übrig gebliebenen Komplexionen w_0 Moleküle die lebendige Kraft Null, w_1 die lebendige Kraft ε usw. besitzen. Wir können auch fragen, welche Verteilung der lebendigen Kraft $\lambda\varepsilon$ bei bloßer Berücksichtigung der übrig gebliebenen Komplexionen die größte Wahrscheinlichkeit für sich hat. Das letztere Problem reduziert sich dann darauf, das Maximum des Ausdruckes (14) oder (16) zu suchen, wobei aber zur Nebenbedingung (15) noch folgende andere hinzukommt:

$$(17) \qquad w_1 + 2w_2 \ldots + p\,w_p = \lambda.$$

Schlagen wir dasselbe Verfahren wie früher ein und bezeichnen die Konstanten, mit denen die linken Seiten der Gleichungen (15) und (17) multipliziert werden mit r und s, so ergibt sich

$$l f_k - l w_k + r + k s = 0,$$

woraus nach Elimination der beiden Konstanten r und s folgt:

$$l\,\frac{f_k}{w_k} - l\,\frac{f_{k-1}}{w_{k-1}} = l\,\frac{f_1}{w_1} - l\,\frac{f_0}{w_0}.$$

Wir wollen nun zur Abkürzung die Größen

$$\frac{w_0}{f_0},\ \frac{w_1}{f_1},\ \frac{w_2}{f_2}$$

der Reihe nach mit ω_0, ω_1, ω_2 ... bezeichnen, so geht die letzte Gleichung über in

$$\omega_k = \omega_{k-1}\cdot\frac{\omega_1}{\omega_0}$$

und wenn man noch den Quotienten

$$\frac{\omega_1}{\omega_0} = \frac{w_1\,f_0}{w_0\,f_1}$$

mit x bezeichnet, so erhält man

$$\omega_k = x^k\,\omega_0,$$

wodurch alle übrigen ω durch zwei Unbekannte, nämlich ω_0 und x ausgedrückt erscheinen. Diese beiden letzten Unbekannten müssen natürlich aus den beiden Gleichungen (15) und (17) gefunden werden, welche nach Substitution der von uns gefundenen Werte lauten:

$$\omega_0 (f_0 + f_1 x + \ldots + f_p x^p) = n$$
$$\omega_0 (f_1 x + 2f_2 x^2 + \ldots + pf_p x^p) = \lambda.$$

Eliminiert man aus beiden Gleichungen ω_0, so erhält man folgende Bestimmungsgleichung:

$$(18) \quad \left\{ \begin{array}{l} (pn - \lambda)f_p x^p + (pn - n - \lambda)f_{p-1} x^{p-1} + \ldots \\ + (2n - \lambda)f_2 x^2 + (n - \lambda)f_1 x - f_0 = 0. \end{array} \right.$$

Das Gleichungspolynom dieser Gleichung ist für $x = 0$ negativ, für $x = +\infty$ positiv und kann nach dem Cartesiusschen Satze nicht mehr als eine reelle positive Wurzel besitzen, welche also die einzig mögliche Lösung des Problems liefert.

Aus den entwickelten Gleichungen ergeben sich also ohne Schwierigkeit folgende Sätze:

Erstens, wenn die mittlere lebendige Kraft unter den n Molekülen denselben Wert besitzt wie die unter den N Molekülen, so ist die Verteilung der lebendigen Kraft dieselbe wie unter den N Molekülen.

Zweitens, wenn die mittlere lebendige Kraft der n Moleküle einen gegebenen Wert besitzt, der von dem der N Moleküle verschieden ist, so unterscheidet sich die Wahrscheinlichkeit, daß eins der n Moleküle irgend eine lebendige Kraft $k\varepsilon$ besitzt (also die Größe w_k / n) von der Wahrscheinlichkeit, daß irgend eins der N Moleküle dieselbe lebendige Kraft besitzt, also von f_k bloß durch einen Exponentialfaktor von der Form $ae^{hk\varepsilon}$, welcher im Exponenten die betreffende lebendige Kraft, multipliziert mit einer Konstanten h enthält. Es ist also:

$$(19) \qquad w_k = \frac{an}{N} f_k e^{hk\varepsilon};$$

dabei ist selbstverständlich die Konstante h positiv, wenn die mittlere lebendige Kraft der n Moleküle größer ist, dagegen negativ, wenn sie kleiner ist, als die der N. Man begreift sofort, daß das Problem, welches ich im ersten Abschnitte meiner schon früher zitierten Abhandlung behandelt habe, nur ein spezieller Fall dieses allgemeinen Problems ist, der entsteht, wenn man $f_0 = f_1 = f_2$ usw. setzt; ferner, daß sich aus dem vorhergehenden die Lösung des Problems ableiten läßt, welches ich auf S. 10[1]) meiner zitierten Abhandlung in folgenden Worten aussprach: „Es sei unter sehr vielen (N) Gasmolekülen irgend eine Geschwindigkeitsverteilung $F(uvw)$. Wir ziehen aus demselben, ganz vom Zufalle geleitet, n Moleküle heraus, wobei n klein gegen N, aber noch immer sehr groß ist. Bei welcher Wahl von $F(uvw)$ ist es am wahrscheinlichsten, daß unter den n Molekülen wieder dieselbe Geschwindigkeitsverteilung wie unter den N Molekülen besteht?"

Diese Frage läßt sich nach dem eben Entwickelten folgendermaßen beantworten. Wenn man bezüglich der mittlleren lebendigen Kraft der n Moleküle entweder gar keine oder die Bedingung stellt, daß sie gleich sein muß der mittleren lebendigen Kraft der N Moleküle, so besitzt jede beliebige Funktion diese Eigenschaft. Wenn dagegen die Bedingung gestellt ist, daß die mittlere lebendige Kraft der n Moleküle einen gegebenen anderen Wert haben soll, so können selbstverständlich beide Wahrscheinlichkeiten nicht durch genau dieselbe Funktion gegeben sein. Man kann dagegen dann das Problem auch so auffassen, die Wahrscheinlichkeit, daß die lebendige Kraft eines der N Moleküle zwischen x und $x + dx$ liegt, sei durch eine Funktion gegeben, welche außer x auch noch einen Parameter h enthält, also z. B. durch

$$\frac{f(xh)\,dx}{\int\limits_0^\infty f(xh)\,dx}.$$

Durch Veränderung dieses Parameters kann man bewirken, daß die mittlere lebendige Kraft der N Moleküle einen beliebigen Wert hat. Wenn z. B. h den Wert h_1 annimmt, sollen die n Moleküle die mittlere lebendige Kraft l_1 haben, wogegen dem Werte h_2 des Parameters der Wert l_2 der lebendigen Kraft entsprechen soll. Es sei nun die Wahrscheinlichkeit, daß die lebendige Kraft eines der N Moleküle zwischen den Grenzen x und $x + dx$ liegt, gleich

---

[1]) Dieser Band S. 173.

$$\frac{f(x h_1)\, dx}{\int\limits_0^\infty f(x h_1)\, dx}$$

und es sollen aus diesen N Molekülen n im übrigen ganz zufällig herausgegriffen werden, nur unter der Bedingung, daß deren mittlere lebendige Kraft l_2 sei.

Wann wird es am wahrscheinlichsten sein, daß die Anzahl derjenigen unserer n Moleküle, für welche die lebendige Kraft zwischen den Grenzen x und $x + dx$ liegt, durch

$$\frac{f(x h_2)\, dx}{\int\limits_0^\infty f(x h_2)\, dx}$$

ausgedrückt wird. Nach dem früher Bewiesenen (nach Formel (19)) ist diese letztere Anzahl jedenfalls gleich

$$\frac{a f(x h_1)\, e^{b x}\, dx}{\int\limits_0^\infty f(x h_1)\, dx}.$$

Es muß also

$$(20) \qquad \frac{f(x h_2)\, dx}{\int\limits_0^\infty f(x h_2)\, dx} = \frac{a f(x h_1)\, e^{b x}\, dx}{\int\limits_0^\infty f(x h_1)\, dx}$$

sein, und zwar für jeden beliebigen Wert von x, h_1 und h_2. a und b sind dabei bezüglich x konstant, können also h_1 und h_2 enthalten. Dasselbe gilt von A, wenn mit A der Ausdruck

$$\frac{a \int\limits_0^\infty f(x h_2)\, dx}{\int\limits_0^\infty f(x h_1)\, dx}$$

bezeichnet wird. Nehmen wir von Gleichung (20) den Logarithmus, so erhalten wir

$$l A + b x + l f(x h_1) = l f(x h_2),$$

deren partielle Differentiation nach x liefert:

$$b + \frac{\partial l f(x h_1)}{\partial x} = \frac{\partial l f(x h_2)}{\partial x}.$$

Differentiiert man nochmals partiell nach h_2, so ergibt sich

$$\frac{\partial^2 l f(x h_2)}{\partial x \, \partial h_2} = \frac{\partial b}{\partial h_2},$$

woraus folgt

$$l f(x h_2) = x H + H^1 + l \xi,$$

wobei ξ bloß Funktion von x, H und H^1 bloß Funktionen von h_2, also Konstante bezüglich x sind. Schreibt man statt $f(x h_2)$ wieder einfach $f(x)$ und bezeichnet die bezüglich x konstante Größe H wieder einfach mit h, so folgt $f(x) = \varphi(x) e^{h x}$, welches die einzig mögliche Form der Funktion f ist, die die geforderten Bedingungen erfüllt, und zwar sieht man sofort, daß jede Funktion von dieser Form, wie immer $\varphi(x)$ beschaffen sein mag, derselben genügt.

II. Über das Wärmegleichgewicht in einem schweren Gase.

Es hat Loschmidt neuerdings in einer Abhandlung „Über den Zustand des Wärmegleichgewichtes eines Systems von Körpern mit Rücksicht auf die Schwerkraft IV" (Wien. Ber. 76) Bedenken gegen die von mir in bezug auf diesen Gegenstand gefundenen Resultate erhoben, und es scheint mir geboten, wenigstens auf einige derselben zu replizieren. Auf Seite 6 des Separatabdruckes bemerkt Loschmidt, daß ich nur ein einziges der von ihm konstruierten Atomsysteme betrachtet habe, eine Reihe anderer von ihm herrührender Konstruktionen aber anzuführen vergessen habe, welche geeignet seien, mein allgemeines Theorem zu widerlegen.

Ich habe jene Konstruktionen absichtlich nicht angeführt, weil mir Loschmidt nirgends auch nur einen Schatten eines Beweises zu liefern scheint, daß bei diesen weiteren Konstruktionen eine Ungleichheit der mittleren lebendigen Kraft in verschiedener Höhe stattfinden müsse. Nur für die erste von mir angeführte Konstruktion liefert er diesen Beweis, während er bei den übrigen ohne weitere Begründung bloß bemerkt, es sei leicht einzusehen, daß auch in diesen Systemen die mittlere lebendige Kraft nicht dieselbe sein könne. Die Gründe, weshalb ich glaube, daß aus der Ungleichheit der lebendigen Kraft in den verschiedenen Schichten des ersten Systems noch

durchaus kein Schluß auf dieselbe Ungleichheit in den verschiedenen Schichten der übrigen Systeme erlaubt sei, habe
ich schon in meiner früheren Abhandlung über die Aufstellung
und Integration der Gleichungen, welche die Molekularbewegung
in Gasen bestimmen, Seite 18[1]), angedeutet. Kehren wir zunächst zur ersten Konstruktion zurück. Beliebig viele (unendlich viele oder eine endliche Anzahl) gleich beschaffener absolut
elastischer Kugeln von sehr kleinem Durchmesser bewegen
sich zwischen zwei horizontalen absolut elastischen Wänden
(Decke und Boden) vertikal auf und nieder. Außer dem Einflusse der elastischen Kräfte sind sie noch dem der Schwere
ausgesetzt. Da beim elastischen Stoße einfach die Geschwindigkeiten ausgetauscht werden und wir die Durchmesser der
Kugeln als sehr klein voraussetzen, so wird bei jedem Zusammenstoß das untere der stoßenden Moleküle sich nach dem
Zusammenstoße genau in derselben Weise weiter bewegen, wie
sich das obere weiter bewegt hätte, wenn es mit keinem
anderen Moleküle zum Zusammenstoße gelangt wäre. Es ist
also die Sache gerade so, als ob die Moleküle ganz ungehindert
durcheinander hindurchgingen, denn daß dabei die beiden
Moleküle die Rollen vertauschen, ist für unsere Betrachtungen
ganz unwesentlich. Nehmen wir an, jedes einzelne Molekül
habe zu Anfang der Zeit eine Geschwindigkeit, die mindestens
so groß ist, als die Geschwindigkeit, welche das Molekül erlangen würde, wenn es ohne Anfangsgeschwindigkeit von der
Decke bis zu demjenigen Punkte frei herabgefallen wäre, an
dem es sich zurzeit befindet. Dann ist unmittelbar klar,
daß die mittlere lebendige Kraft der Moleküle unten größer
als oben sein wird, und zwar bleibt sie das zu allen Zeiten,
da bei der Reflexion an Decke und Boden nichts weiter stattfindet, als eine Umkehrung der Geschwindigkeitsrichtung der
Moleküle. Daß daraus noch nicht geschlossen werden darf,
daß auch in schweren Gasen die mittlere lebendige Kraft
eines Moleküls unten größer sei als oben, kann man schon
aus folgenden Betrachtungen ersehen. In dem Systeme von
Kugeln, welches wir soeben konstruiert haben, wird die Anzahl
der Moleküle, welche sich durchschnittlich auf einer gewissen

---

[1]) Dieser Band S. 72.

vertikalen Strecke, z. B. innerhalb einer Strecke von der Länge eines Millimeters befinden und welche eine gewisse Analogie mit der Dichte des Gases hat, unten kleiner als oben sein, denn wir können die Sache so ansehen, als ob die Kugeln ungehindert durcheinander hindurchgingen, als ob also jede Kugel, ohne sich um die übrigen zu kümmern, sich zwischen Decke und Boden auf und ab bewegte. Betrage z. B. die Distanz zwischen Decke und Boden 100 Millimeter, welche wir von der Decke bis gegen den Boden zählen wollen, so wird jedes Molekül den ersten dieser 100 Millimeter am langsamsten, den zweiten etwas schneller, den dritten noch schneller usw. zurücklegen; daraus folgt, daß sich im ersten dieser 100 Millimeter durchschnittlich am meisten Moleküle befinden, weniger in dem unmittelbar darunter liegenden, noch weniger in noch größerer Tiefe, daß also die Dichte der Kugeln nach unten abnimmt. Wie falsch aber wäre es, hieraus zu schließen, daß in einem schweren Gase die Dichte nach unten abnähme. Zu Resultaten, welche den bei den wirklichen Gasen auftretenden Verhältnissen viel näher kommen, gelangen wir, wenn wir voraussetzen, daß zwischen Decke und Boden auch solche Moleküle vorhanden waren, die an jeder Stelle eine kleinere Geschwindigkeit haben, als diejenige wäre, welche sie durch den freien Fall von der Decke bis zu jener Stelle erhalten hätten, wenn dieser freie Fall mit der Anfangsgeschwindigkeit Null begonnen hätte. Solche Kugeln werden gar nicht bis zur Decke emporfliegen, sondern an irgend einer Stelle zwischen Decke und Boden umkehren. Wir wollen diese Kugeln kurz als diejenigen bezeichnen, deren Energie unter dem kritischen Punkte liegt. Dieselben werden, da sie sich nur in den tieferen Schichten aufhalten, bewirken, daß die Dichte daselbst größer als in den höheren Schichten sein kann. Sie werden aber auch, da ihre lebendige Kraft sehr klein ist, vermindernd auf die mittlere lebendige Kraft der unteren Schicht einwirken und können je nach ihrer Zahl bewirken, daß die mittlere lebendige Kraft in den unteren Schichten ebensogroß oder sogar kleiner als in den oberen Schichten ist.

Von der Wahrheit dieser Behauptung sich durch ein numerisches Beispiel zu überzeugen, ist sehr leicht. Aus der unendlichen Mannigfaltigkeit, die da möglich ist, will ich, um

möglichst deutlich zu sein, wenigstens ein Beispiel herauszugreifen.
Sei die Distanz zwischen Decke und Boden gleich $8g$, im
ganzen seien N Kugeln vorhanden, von gleicher Masse; $N/3$
davon sollen so beschaffen sein, daß sie, wenn sie sich fort-
bewegten, ohne sich um die übrigen zu kümmern, gerade an
der Decke die Geschwindigkeit Null erhalten würden. Ihre
Energie liegt also noch nicht unter dem kritischen Punkte;
wir wollen sie die Kugeln mit der größten Energie nennen.
Andere $N/3$ unserer Kugeln (die Kugeln mit der minderen
Energie) seien so beschaffen, daß sie schon in der Distanz $6g$
von der Decke umkehren; die letzten $N/3$ Kugeln dagegen
(die Kugeln mit der kleinsten Energie)
sollen schon in der Distanz $7\,^1/_2\,g$ von der
Decke umkehren; g sei hierbei die Beschleunigung der Schwere, m die Maße einer
der Kugeln. In der nebenstehenden Fig. 1
seien CD und AB Decke und Boden; EF
sei die Gerade, in welcher sich die Zentra
der Kugeln bewegen. EG sei gleich $g/2$,
GH gleich $3g/2$, HF gleich $6g$. Wir
wollen die mittlere lebendige Kraft der
Kugeln auf der Strecke FH, ferner diejenige auf der Strecke GH und endlich auch
die auf der Strecke EG aufsuchen. Nur
die $N/3$ Kugeln mit der größten Energie
werden überhaupt in die Strecke FH gelangen. Um die mittlere lebendige Kraft,
welche sie auf dieser Strecke besitzen, zu
berechnen, wollen wir folgende Betrachtungen anstellen. Irgend ein schwerer Kör-

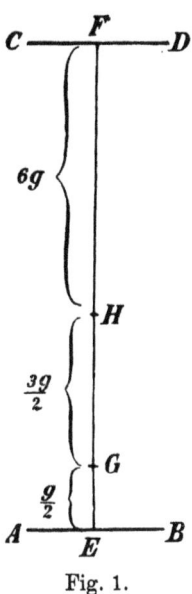

Fig. 1.

per habe ohne Anfangsgeschwindigkeit frei zu fallen begonnen. Wir wollen ihn während derjenigen Zeit betrachten,
welche in dem Momente beginnt, wo er den Weg s_1 zurückgelegt hat und in dem Momente endigt, wo er den Weg s_2
zurückgelegt hat. Die mittlere lebendige Kraft während dieses
Zeitraumes ist offenbar durch folgende Formel gegeben:

$$L = \frac{\int \frac{m v^2}{2}\, dt}{\int dt},$$

oder da

$$\frac{m\,v^2}{2} = m\,g\,s, \quad t = \sqrt{\frac{2\,s}{g}}, \quad d\,t = d\,s\,\sqrt{\frac{1}{2\,g\,s}}$$

ist, so hat man

$$L = \frac{m\,g}{3} \cdot \frac{s_2^{3/2} - s_1^{3/2}}{\sqrt{s_2} - \sqrt{s_1}}.$$

Um diese Formel auf die Kugeln anzuwenden, welche die Strecke FH durchwandern, hat man zu setzen $s_1 = 0$, $s_2 = 6g$ und erhält

$$L^{FH} = \frac{m\,g^3}{6} \cdot 12$$

Wir wollen jetzt die mittlere lebendige Kraft der Kugeln aufsuchen, welche sich auf der Strecke GH befinden. Auf dieser Strecke werden sich sowohl Kugeln von der größten, als auch von minderer Energie, nicht aber solche von der kleinsten Energie befinden. Es fragt sich jetzt zunächst, wie viele Moleküle von der größten und wie viele von minderer Energie befinden sich durchschnittlich auf der Strecke GH? Die ersten Kugeln brauchen die Zeit

$$t_1 = \sqrt{\frac{2\,E\,F}{g}} = 4 \text{ sec}$$

um von der Decke bis zum Boden zu gelangen. Die Zeit, während welcher sie sich im Verlaufe des Weges von der Decke bis zum Boden innerhalb der Strecke GH befinden, ist

$$t_2 = \sqrt{\frac{2\,F\,G}{g}} - \sqrt{\frac{2\,F\,H}{g}} = \sqrt{15} - \sqrt{12}.$$

Wie leicht begreiflich, verhält sich die Zahl n_1 der Kugeln mit der größten Energie, welche sich durchschnittlich innerhalb der Strecke GH befinden, zur Gesamtzahl $N/3$ der Kugeln mit der größten Energie, welche überhaupt existieren wie t_2 zu t_1, woraus folgt:

$$n_1 = \frac{N}{3} \cdot \frac{\sqrt{15} - \sqrt{12}}{4}.$$

Für die Kugeln mit minderer Energie hat die Zeit t_1, welche sie brauchen, um von H bis E zu gelangen, den Wert 2 sec, die Zeit t_2 aber, welche sie brauchen, um von H bis G zu gelangen, den Wert $\sqrt{3}$ sec. Die Anzahl dieser Kugeln, welche sich im Mittel innerhalb der Strecke GH befinden, ist also:

$$n_2 = \frac{N}{3} \cdot \frac{\sqrt{3}}{2}.$$

Die mittlere lebendige Kraft, welche die n_1 Moleküle auf der Strecke GH haben, findet man, indem man in der Formel setzt $s_1 = 6\,g$, $s_2 = 15\,g/2$; sie ist also

$$L_1^{GH} = \frac{m\,g^2}{6} \cdot \frac{15\,\sqrt{15} - 12\,\sqrt{12}}{\sqrt{15} - \sqrt{12}}.$$

Aus derselben Formel findet man für die mittere lebendige Kraft, welche die n_2 Kugeln auf der Strecke GH besitzen, indem man setzt $s_1 = 0$, $s_2 = 3\,g/2$, den Wert

$$L_2^{GH} = \frac{m\,g^2}{6} \cdot 3.$$

Die gesamte mittlere lebendige Kraft aller überhaupt auf der Strecke GH durchschnittlich befindlichen Kugeln ist also:

$$L^{GH} = \frac{n_1 L_1^{GH} + n_2 L_2^{GH}}{n_1 + n_2} = \frac{m\,g^2}{6} \cdot \frac{15\,\sqrt{15} - 12\,\sqrt{12} + 6\,\sqrt{3}}{\sqrt{15} - \sqrt{12} + 2\,\sqrt{3}}$$

$$= \frac{m\,g^2}{6} \cdot 6{,}95 \ldots$$

Es ist also in der Tat die mittlere lebendige Kraft der auf der Strecke GH befindlichen Moleküle weit kleiner, als die der Kugeln, welche sich auf der Strecke FH befinden.

Es erübrigt noch die mittlere lebendige Kraft derjenigen Kugeln zu suchen, welche sich durchschnittlich in der Strecke GE aufhalten. Die Kugeln mit der höchsten Energie brauchen, um diese Strecke einmal zu durchlaufen, die Zeit $\left(4 - \sqrt{15}\right)$ sec, während sie von der Decke bis zum Boden in der Zeit 4 sec gelangen. Von ihnen befinden sich also auf der Strecke EG durchschnittlich

$$n_1 = \frac{N}{3} \cdot \frac{4 - \sqrt{15}}{4}$$

Kugeln. Die Zahl der Kugeln mit minderer Energie, welche sich auf dieser Strecke befinden, ist

$$n_2 = \frac{N}{3} \cdot \frac{2 - \sqrt{3}}{2}$$

und die Zahl der Kugeln von kleinster Energie, welche sich

auf dieser Strecke befinden, ist gleich der Gesamtanzahl jener Kugeln, also gleich $n_3 = N/3$.

Um die mittleren lebendigen Kräfte L_1^{EG}, L_2^{EG}, L_3^{EG} dieser drei Kugelgattungen auf dieser Strecke zu finden, hat man in Formel zu setzen:

$$s_1 = \frac{15\,g}{2}, \quad s_2 = 8\,g,$$

bzw.

$$s_1 = \frac{3\,g}{2}, \quad s_2 = 2\,g, \quad s_1 = 0, \quad s_2 = \frac{g}{2}$$

und erhält:

$$L_1^{EG} = \frac{m\,g^2}{6} \cdot \frac{64 - 15\,\sqrt{15}}{4 - \sqrt{15}}, \quad L_2^{EG} = \frac{m\,g^2}{6} \cdot \frac{8 - 3\,\sqrt{3}}{2 - \sqrt{3}}, \quad L_3^{EG} = \frac{m\,g^2}{6}.$$

Die gesamte mittlere lebendige Kraft aller auf der Strecke EG durchschnittlich befindlichen Kugeln ist also:

$$L^{EG} = \frac{n_1 L_1^{EG} + n_2 L_2^{EG} + n_3 L_3^{EG}}{n_1 + n_2 + n_3} = \frac{m\,g^2}{6} \cdot \frac{64 - 15\,\sqrt{15} + 16 - 6\,\sqrt{3} + 4}{4 - \sqrt{15} + 4 - 2\,\sqrt{3} + 4}$$

$$= \frac{m\,g^2}{6} \cdot 3{,}327 \,.$$

Es ist also die mittlere lebendige Kraft der in dem untersten Stücke befindlichen Kugeln neuerdings wieder viel kleiner als auf dem mittleren Stücke. Freilich ist die Abnahme der mittleren lebendigen Kraft von oben nach unten keine kontinuierliche, allein es ist ja auch das Verteilungsgesetz der Kugeln kein kontinuierliches. Würde man annehmen, daß zu Anfang der Zeit nicht bloß Kugelsysteme von drei verschiedenen Energien, sondern Kugeln von allen möglichen Energien vorhanden wären, so könnte man mit Leichtigkeit auch Systeme von vertikal übereinander sich bewegenden schweren elastischen Kugeln konstruieren, in denen die mittlere lebendige Kraft in allen Schichten konstant wäre oder nach unten nach einem beliebigen Gesetze abnähme. Ich glaube jedoch, daß ich den Leser ermüden würde, wenn ich auch hierfür numerische Beispiele anführen würde und begnüge mich mit der Bemerkung, daß der Fall, wo die mittlere lebendige Kraft in allen Höhen dieselbe ist, gerade mit dem Falle zusammenfällt, wo die Dichte nach unten ebenso wie in einem schweren Gase zunimmt.

Das Resultat dieser Betrachtungen kann daher folgendermaßen zusammengefaßt werden: Sobald in einer Reihe vertikal übereinander sich bewegender schwerer elastischer Kugeln keine einzige eine Energie hat, die unter dem kritischen Punkte liegt, ist allerdings die mittlere lebendige Kraft in der Nähe des Bodens größer als in den höheren Schichten, aber es ist alsdann auch die Dichte in der Nähe des Bodens kleiner als oben. Dieser Fall wird immer eintreten, wenn zu Anfang der Zeit die Energie keiner der Kugeln unter dem kritischen Punkte lag und *wenn das System der Kugeln durch die Decke oder Bodenplatte hindurch mit keinem anderen Systeme in Wechselwirkung steht*, weil dann auch im Verlaufe der Zeit die Energie keiner der Kugeln unter den kritischen Punkt sinken kann. Wenn dagegen das Kugelsystem auch mit anderen Systemen in Wechselwirkung steht,[1] wie dies bei den übrigen Konstruktionen Loschmidts der Fall ist, die vergessen zu haben er mich beschuldigt, dann kann aus dem Umstande, daß zu Anfang der Zeit die Energie keiner Kugel unter dem kritischen Punkte lag, noch durchaus nicht geschlossen werden, daß die mittlere lebendige Kraft auch im Verlaufe der Zeit unten größer bleibt als oben. Im Gegenteile, durch den Austausch der lebendigen Kraft mit den anderen Systemen wird notwendig bewirkt werden, daß die Energie mehrerer Kugeln zeitweise unter den kritischen Punkt sinkt. Dadurch werden die Verhältnisse in dem Systeme der vertikal auf- und abwärts sich bewegenden Kugeln total verändert; es wird einzig hierdurch z. B. bewirkt, daß die Dichte unten größer als oben ist und ich sehe nicht, daß Loschmidt irgendwo einen Beweis geliefert hätte, daß hierdurch nicht auch bewirkt werden könne, daß die mittlere lebendige Kraft im Kugelsysteme oben und unten dieselbe sei. Dasselbe gilt auch, wenn zwischen Decke

---

[1] Wenn jene anderen Systeme bloß überhalb der Decke sich befänden, dann wäre die Verteilung der lebendigen Kraft wiederum vom Anfangszustande abhängig; wären zu Anfang der Zeit keine Kugeln vorhanden gewesen, deren Energie unter dem kritischen Punkte lag, so würde dies auch für alle Zeiten gelten, aber ganz ohne Einfluß sein auf die Wechselwirkung zwischen der Kugelreihe und den anderen Systemen, weil ja jene Kugeln ohnehin nie zu den anderen Systemen hinaufgelangen können.

und Boden sich nur eine einzige schwere elastische Kugel befindet. Sobald dieselbe mit anderen unter dem Boden befindlichen Systemen in Wechselwirkung ist, wird sie manchmal
eine so kleine lebendige Kraft annehmen, daß sie gar nicht
bis zur Decke gelangt, und ihre mittlere lebendige Kraft wird
oben und unten gleich groß sein. Ich sehe also nicht, warum
sich Loschmidt aus seinen folgenden Konstruktionen zum
Schlusse berechtigt glaubt, daß in einem schweren Gase nicht
die mittlere lebendige Kraft eines Moleküles in allen Schichten
dieselbe sein könne. Ich glaube kaum, daß man ohne Anwendung meines allgemeinen Prinzips überhaupt imstande sei,
die Verteilung der lebendigen Kraft in einer derartigen vertikalen Kugelreihe zu bestimmen, sobald dieselbe auch noch
mit anderen Systemen in Wechselwirkung steht, was doch notwendig wäre, wenn man dieses Beispiel als Gegengrund gegen
die allgemeine Anwendbarkeit meines Prinzips benützen wollte.
Unter Anwendung meines Prinzips dagegen würde sich natürlich sofort ergeben, daß das Gleichgewicht der lebendigen
Kraft stattfinden kann, während die mittlere lebendige Kraft
in der vertikalen Reihe der elastischen Kugeln an allen Stellen
dieselbe ist, welche Rechnung ich jedoch ebenfalls hier nicht
weiter ausführen will.

Ich habe im ersten Abschnitte meiner Abhandlung über
die Aufstellung und Integration der Gleichungen, welche die
Molekularbewegung in Gasen bestimmen, den Beweis geliefert,
daß die daselbst gefundene Zustandsverteilung eine mögliche
ist, d. h. daß sie, wenn einmal hergestellt, sich stabil erhält;
dann erst suchte ich zu beweisen, daß sie die einzig mögliche
ist. Den ersten Beweis habe ich in zwei Teile geteilt. Zuerst
habe ich bewiesen, daß das betreffende Verteilungsgesetz durch
die Wirkung der Schwere nicht gestört, dann, daß es auch
durch die Zusammenstöße der Moleküle nicht gestört wird.
Loschmidt dagegen hielt diesen zweiten Teil für einen bloßen
Vernunftschluß, woran allerdings die Stilisierung des betreffenden
Teiles meiner Abhandlung schuld ist und wendet ein, daß man
ebensogut schließen könne, daß, wenn die Schwerkraft weg-
genommen würde, die Zustandsverteilung ebenfalls nicht gestört
würde. Besser würde meine Schlußweise folgendermaßen
stilisiert: Erstens, wenn keine äußeren Kräfte und keine Zu-

sammenstöße vorhanden sind und unter Gasmolekülen zu Anfang der Zeit die Maxwellsche Zustandsverteilung hergestellt wurde, so erhält sich dieselbe auch im Verlaufe der Zeit. Da die Maxwellsche Zustandsverteilung durch die Zusammenstöße nicht gestört wird, so erhält sie sich auch in einem Gase, auf das keine äußeren Kräfte wirken, in welchem aber Zusammenstöße der Moleküle stattfinden. Zweitens, wenn die Schwerkraft, nicht aber Zusammenstöße vorhanden sind, und es wurde zu Anfang der Zeit unter den Gasmolekülen die hier in Rede stehende Zustandsverteilung hergestellt, so erhält sich dieselbe ebenfalls. Da sie aber wieder durch die Zusammenstöße nicht gestört wird, so erhält sie sich auch in einem schweren Gase, in welchem Zusammenstöße stattfinden.

Daß die hier in Rede stehende Zustandsverteilung so wenig als die Maxwellsche durch die Zusammenstöße gestört wird, glaubte ich, in der zitierten Abhandlung nicht in extenso beweisen zu sollen, da einerseits der Beweis ganz in analoger Weise geführt werden muß, wie ihn Maxwell geführt hat, und da er andererseits mit unmittelbarer Notwendigkeit aus den Sätzen meiner früheren Abhandlungen sich ergibt. Am klarsten tritt dies hervor, wenn man jene Sätze in diejenige Form faßt, welche Watson in seinem Buche „A treatise on the kinetic theory of gases" S. 12 und 27 u. d. f. angewendet hat, an welcher Stelle Watson übrigens auch einiges Neue beigefügt hat.

Wir nehmen an, wir hätten in einem Raume sehr viele gleich beschaffene Moleküle; die absolute Lage sämtlicher Bestandteile irgend eines der Moleküle sei durch l generalisierte Koordinaten $p_1, p_2 \ldots p_l$ bestimmt; die dazu gehörigen Momente seien $q_1, q_2 \ldots q_l$ (die mit reinen, übrigens ganz beliebigen Konstanten multiplizierten Ableitungen der lebendigen Kraft des gesamten Moleküls nach den Argumenten $dp_1/dt, dp_2/dt \ldots dp_l/dt$). Wir nehmen zuerst an, die Kräfte, welche auf ein Molekül wirken, seien zu allen Zeiten nur Funktionen von $p_1 p_2 \ldots p_l$, wodurch sowohl die inneren Kräfte im Molekül, als auch etwa vorhandene äußere Kräfte, nicht aber die während eines Zusammenstoßes tätigen Kräfte zusammengefaßt sind. Sind uns die Kräfte als Funktionen von $p_1 p_2 \ldots p_l$ gegeben, so können

die Bewegungsgleichungen für irgend ein Molekül aufgestellt
werden.

$$X_1(p_1, p_2 \ldots q_l) = c_1, \quad X_2(p_1, p_2 \ldots q_l) = c_2, \ldots$$

seien die durch Elimination der Zeit aus den Integralen jener
Bewegungsgleichungen entstehenden Gleichungen, d. h. die
Funktionen $X_1, X_2 \ldots$ sollen während der ganzen Bewegung
irgend eines Moleküls unter dem Einflusse der äußeren Kräfte
für dieses Molekül unveränderliche Werte haben, solange
dieses Molekül mit keinem anderen zusammenstößt. Für
schwere einatomige Gasmoleküle würde zu setzen sein

$$x\,y\,z \quad \text{statt} \quad p_1\,p_2 \ldots p_l, \quad u\,v\,w \quad \text{statt} \quad q_1\,q_2 \ldots q_l.$$

Die Ausdrücke

$$u, \quad v, \quad \frac{w^2}{2} - g\,z, \quad x\,v - y\,u, \quad u\,w - g\,x$$

würden den Funktionen $X_1\,X_2$ usw. entsprechen. Die Zustandsverteilung unter den Molekülen zu Anfang der Zeit ist bestimmt, wenn man die Zahl

$$(1) \qquad F(p_1, p_2 \ldots q_l)\,d\,p_1\,d\,p_2 \ldots d\,q_l$$

derjenigen Moleküle kennt, für welche im Zeitmomente $t = 0$
die Variabeln

$$(A) \qquad\qquad p_1\,p_2 \ldots q_l$$

zwischen den Grenzen

(B) p_1 und $p_1 + d\,p_1$, p_2 und $p_2 + d\,p_2 \ldots q_l$ und $q_l + d\,q_l$

liegen. Wir nehmen an, daß F die Variabeln $p_1, p_2 \ldots q_l$ nur
insoweit enthält, als dieselben in $X_1, X_2 \,.\,,.$ vorkommen, setzen
also

$$F(p_1, p_2 \ldots q_l) = F[X_1, X_2 \ldots].$$

Wir lassen jetzt eine beliebige Zeit t vergehen. Diejenigen
und nur diejenigen Moleküle, für welche die Variabeln A zu
Anfang der Zeit zwischen den Grenzen B lagen, mögen nach
Verlauf der Zeit t so beschaffen sein, daß für dieselben die
Variabeln A zwischen den Grenzen

(C) P_1 und $P_1 + d\,P_2$, P_2 und $P_2 + d\,P_2 \ldots P_l$ und $P_l + d\,P_l$

liegen. Dann ist nach dem zuerst von mir bewiesenen und
dann von Maxwell verallgemeinerten Satze

$$(2) \qquad d\,p_1\,d\,p_2 \ldots d\,q_l = d\,P_1\,d\,P_2 \ldots d\,Q_l$$

die Zahl der Moleküle, für welche nach der Zeit t die Variabeln A zwischen den Grenzen C liegen, ist also gleich der Zahl der Moleküle, für welche zu Anfang der Zeit die Variabeln A zwischen den Grenzen B liegen, also gleich

$$(3) \qquad F(p_1, p_2 \ldots q_l) \, dp_1 \, dp_2 \ldots dq_l.$$

Um zu beweisen, daß sich die Zustandsverteilung während der Zeit t nicht verändert hat, brauchen wir bloß zu beweisen, daß zu Anfang der Zeit die Zahl der Moleküle, für welche die Variabeln A zwischen den Grenzen C liegen, genau ebenso groß war; denn sowohl t als auch die Werte der generalisierten Koordinaten unterliegen gar keiner Beschränkung; die Formeln gelten für alle möglichen Werte dieser Größen. Die letztere Zahl ist aber nach Formel (1)

$$(4) \qquad F(P_1, P_2 \ldots Q_l) \, dP_1 \, dP_2 \ldots dQ_l.$$

Da in der Funktion F die Variabeln A nur insoweit enthalten sind, als dieselben in den Integralen $X_1 X_2 \ldots$ vorkommen, diese letzteren aber konstant sind, so folgt für jedes der X

$$X(p_1, p_2 \ldots q_l) = X(P_1, P_2 \ldots Q_l),$$

daher auch für die Funktion F

$$F(p_1, p_2 \ldots q_l) = F(P_1, P_2 \ldots Q_l).$$

Beachtet man noch die Gleichung (2), so findet man in der Tat, daß die Ausdrücke (3) und (4) genau denselben Wert haben. Zur Zeit Null liegen also für genau ebenso viele Moleküle wie zur Zeit t die Variabeln A zwischen den Grenzen C, und da die Allgemeinheit der Grenzen C durch gar nichts beschränkt ist, so folgt, daß überhaupt die Zustandsverteilung zur Zeit t dieselbe wir zur Zeit Null ist. Daß also weder durch die inneren Kräfte in den Molekülen noch durch die äußeren die Zustandsverteilung, welche wir vorausgesetzt haben, gestört wird. Es gibt also unendlich viele Zustandsverteilungen, welche alle die Eigenschaft haben, durch jene beiden Ursachen nicht gestört zu werden. Man sieht sofort, daß ein schweres Gas mit einatomigen Molekülen nur einen ganz speziellen Fall hiervon bildet. Sei $f \cdot dx \, dy \, dz \, du \, dv \, dw$ die Anzahl der Moleküle, für welche die Koordinaten und Geschwindigkeitskomponenten zwischen den Grenzen x und $x + dx$,

y und $y + dy$, z und $z + dz$, u und $u + du$, v und $v + dv$, w und $w + dw$ liegen, so wird die Zustandsverteilung durch die Schwerkraft nicht gestört, sobald f lediglich eine Funktion der X ist, an deren Stelle in unserem Spezialfalle die sechs Ausdrücke u, v, $(w^2/2) - gz$, $xv - yu$, $uw - gx$ treten. Setzt man daher

$$f = A e^{-hgz - h \frac{u^2 + v^2 + w^2}{2}},$$

so erhält man eine Zustandsverteilung, welche durch die Schwerkraft nicht gestört wird. Die bisher angestellten Betrachtungen, welche allerdings einstweilen nur einen schon feststehenden Satz neuerdings verifiziert haben, den Satz nämlich, daß die von mir aufgestellte Zustandsverteilung in einem schweren Gase durch den Einfluß der Schwere nicht gestört wird, waren notwendig, um Sätze von jener Allgemeinheit zu erhalten, wie wir sie zur Lösung unserer eigentlichen Aufgabe brauchen, nämlich zum Nachweise, daß der Satz, daß diese Zustandsverteilung auch durch die Zusammenstöße nicht gestört wird, nicht etwa durch einen Syllogismus von zweifelhaftem Werte erschlossen zu werden braucht, sondern daß er eine notwendige Konsequenz der von mir schon früher aufgestellten Sätze ist.

Die Sätze, welche wir jetzt benötigen werden, hat Hr. Watson in der Proposition VII des bereits zitierten Buches durch einen analytischen Kunstgriff so sehr vereinfacht, daß man fast ohne alle algebraische Rechnung dazu gelangen kann, indem man nämlich voraussetzt, daß die den Beginn eines Zusammenstoßes charakterisierende Funktion die zu eliminierende Variable als Addenden enthält. Es beschränkt diese Voraussetzung allerdings die Allgemeinheit durchaus nicht und kann daher über ihre Erlaubtheit kein Zweifel sein. Trotzdem will ich in dieser Beziehung lieber dem von mir früher eingeschlagenen Rechnungsgange folgen, teils weil man bei Anwendung der Methode Watsons auf spezielle Fälle zu etwas unnatürlichen Transformationen gezwungen ist, teils weil lästige Nebenbetrachtungen notwendig wären, um nachzuweisen, daß eine mögliche Mehrdeutigkeit der Funktion Φ ohne störenden Einfluß auf das Resultat ist. In allem übrigen dagegen will ich mich der Darstellungsweise Watsons anschließen und

namentlich wieder von den generalisierten Koordinaten Gebrauch machen, da ihre Anwendung alle Rechnungen so bedeutend einfacher und übersichtlicher gestaltet.

Um sogleich die größte Allgemeinheit zu erzielen, nehmen
wir mit Watson an, es seien zwei Gattungen von mehratomigen Gasmolekülen in unserem Gefäße vorhanden, die
Gattungen M und N. Die generalisierten Koordinaten eines
Moleküls der Gattung M sollen dieselben wie früher sein.
Die eines Moleküls der Gattung N dagegen seien $r_1, r_2 \ldots r_n$
und die entsprechenden Momente seien $s_1, s_2 \ldots s_n$.

Von der Gattung M seien in unserem Gefäße

$$f_l(p_1, p_2 \ldots q_l)\, d p_1\, d p_2 \ldots d q_l$$

im Zustande B befindliche Moleküle vorhanden (so will ich
mich kürzer ausdrücken, statt zu sagen: Moleküle, für welche
die Variabeln A zwischen den Grenzen B liegen). Von der
Gattung N sollen in unserem Gefäße

$$f_n(r_1, r_2 \ldots s_n)\, d r_1\, d r_2 \ldots d s_n$$

Moleküle vorhanden sein, für welche die Variabeln

(D) $\qquad r_1, r_2 \ldots r_n, \quad s_1, s_2 \ldots s_n$

zwischen den Grenzen

(E) r_1 und $r_1 + d r_1$, r_2 und $r_2 + r_2 + d r_2 \ldots s_n$ und $s_n + d s_n$
liegen, welche sich also, wie wir kürzer sagen wollen, im Zu-
stande E befinden. Der Moment des Beginnes des Zusammenstoßes eines Moleküls der Gattung M mit einem Moleküle der
Gattung N sei dadurch charakterisiert, daß eine Funktion der
Koordinaten beider Moleküle

$$\vartheta(p_1 p_2 \ldots p_l r_1 r_2 \ldots r_n)$$

gleich irgend einer Konstanten a wird. Vor dem Stoße habe
diese Funktion z. B. einen kleineren Wert, d. h. solange $\vartheta < a$
ist, soll eine Wechselwirkung der beiden Moleküle nicht statt-
haben, erst in dem Momente, wo ϑ gleich a wird, soll die
Wechselwirkung zwischen beiden Molekülen beginnen. Dieselbe
soll fortdauern, solange $\vartheta > a$ ist und erst in dem Momente
wieder aufhören, wo ϑ neuerdings gleich a geworden ist. Bezüglich der während des Zusammenstoßes der beiden Moleküle
tätigen Kräfte setzen wir weiter gar nichts voraus, als daß für

sie das Prinzip der Erhaltung der lebendigen Kraft gilt. Es
handelt sich jetzt darum, zu bestimmen, wieviel Molekülpaare,
deren eines der Gattung M, deren anderes der Gattung N angehört, in unserem Gefäße während der Zeiteinheit so zusammenstoßen, daß dabei die Variabeln

(F) $p_2, p_3 \cdots q_l$

zwischen den Grenzen

(G) p_2 und $p_2 + dp_2$, p_3 und $p_3 + dp_3 \ldots q_l$ und $q_l + dq_l$,

die Variabeln D dagegen im Momente des Zusammenstoßes
zwischen den Grenzen E liegen; die eine Variable p_1 ist dabei
durch die Gleichung $\vartheta = a$ entweder eindeutig oder mehr-
deutig bestimmt.

Es ist zunächst unmittelbar klar, daß die Anzahl der
Molekülpaare, deren eines der Gattung M angehört und den
Zustand B hat, während das andere der Gattung N angehört
und den Zustand E hat, gleich

(5) $f_l(p_1, p_2 \cdots q_l) dp_1 dp_2 \ldots dq_l \cdot f_n(r_1, r_2 \ldots s_n) dr_1 dr_2 \ldots ds_n$

ist. — Dieser Ausdruck wird, wie begreiflich, im allgemeinen
keine größere Zahl von Einheiten enthalten, sondern vielmehr
ein verschwindend kleiner echter Bruch sein. Obwohl nun
derartige Fälle in der Gastheorie nicht selten sind, so halte
ich es doch nicht für überflüssig, hier noch zu bemerken, wie
in diesem Falle die Tatsache aufzufassen ist, daß die Anzahl
von Molekülpaaren in Form eines echten Bruches erscheint.

Betrachten wir die Bewegung der gesamten in unserem
Gefäße befindlichen Gasmoleküle während einer sehr langen
Zeit T und suchen aus der ganzen Zeit T alle jene Zeitmomente heraus, während welcher gleichzeitig ein Molekül von
der Gattung M sich im Zustande B und ein Molekül von der
Gattung N im Zustande E befand, die Summe aller dieser
Zeitmomente, in welcher jedoch diejenigen Zeitmomente, während
welcher sich etwa μ Moleküle von der Gattung M sich im Zustande B und gleichzeitig ν Moleküle von der Gattung N sich
im Zustande E befinden, $\mu\nu$ mal zu zählen wären, bezeichnen
wir mit τ. Dann ist der Ausdruck (5) gleichbedeutend mit dem
Quotienten τ / T. Wir wollen nun in dem Ausdrucke (5) statt
der Variabeln p die Variable ϑ einführen, wir erhalten dann

$$f_l(p_1, p_2 \ldots q_l) f_n(r_1, r_2 \ldots s_n) \frac{1}{\dfrac{\partial \vartheta}{\partial p_1}} \, d\vartheta \, dp_2 \, dp_3 \ldots ds_n$$

als die Anzahl der in unserem Gefäße befindlichen Molekülpaare, von denen eines der Gattung M, das andere der Gattung N angehört, für welche die Variabeln D und F zwischen den Grenzen E und G und außerdem nach ϑ zwischen ϑ und $\vartheta + d\vartheta$ liegt, wodurch p_1 bestimmt ist.

Sei nun $d\vartheta / dt$ der komplette Differentialquotient von ϑ nach der Zeit, wobei alle in ϑ enthaltenen Variabeln als Funktionen der Zeit anzusehen sind, so ist offenbar

$$(6) \qquad \Omega = f_l(p_1, p_2 \ldots q_l) f_n(r_1, r_2 \ldots s_n) \frac{1}{\dfrac{\partial \vartheta}{\partial p_1}} \frac{d\vartheta}{dt} \, dp_2 \, dp_3 \ldots ds_n$$

die Zahl der Molekülpaare, für welche während der Zeiteinheit ϑ irgend einen beliebigen Wert überschreitet, während zugleich die Variabeln D und F zwischen den Grenzen E und G liegen. Setzt man daher in dem letzteren Ausdrucke ϑ gleich a — oder mit anderen Worten — denkt man sich den Variabeln solche Werte erteilt, für welche die Funktion ϑ gleich a wird, so erhält man die Zahl der Zusammenstöße, welche in der Zeiteinheit zwischen einem Moleküle der Gattung M und einem der Gattung N so erfolgen, daß im Momente des Beginnes des Zusammenstoßes die Variabeln D und F zwischen den Grenzen E und G liegen. Wir wollen dies als die Zusammenstöße von der Gattung H bezeichnen, die Dauer jedes dieser Zusammenstöße kann unendlich klein oder endlich sein und soll mit $\varDelta$ bezeichnet werden; sie kann auch eine andere für Zusammenstöße sein, bei denen im Momente des Beginnes die Variabeln zwischen anderen Grenzen liegen. Die Grenzen, zwischen denen die Variabeln D und F für unsere Zusammenstöße von der Gattung H im Momente des Endes derselben, also im Momente, wo ϑ wieder gleich a geworden ist, sollen mit

(K) P_2 und $P_2 + dP_2$, P_3 und $P + dP_3 \ldots S_n$ und $S_n + dS_n$

bezeichnet werden. Den Wert, welchen p_1 im Moment des Endes des Zusammenstoßes besitzt, wollen wir mit P_1 bezeichnen. Was ist also durch unsere Zusammenstöße von der Gattung H bewirkt worden? Durch dieselben wurden Ω Mole-

küle von der Gattung M und ebenso viele von der Gattung N
aus einem Zustande, in welchem die Variabeln zwischen den
Grenzen E und G lagen, in einen Zustand übergeführt, wo
dieselben zwischen den Grenzen K liegen. Der Beweis, daß
unsere Zustandsverteilung durch die Zusammenstöße nicht gestört
wird, ist geliefert, wenn es uns gelingt, zu beweisen, daß in
der Zeiteinheit genau ebenso viele Molekülpaare so zum Zusammenstoße gelangen, daß umgekehrt im Momente des Beginnes des Zusammenstoßes die Variabeln zwischen den Grenzen K liegen, denn es ist klar, daß sie dann im Momente des
Endes zwischen den Grenzen E und G liegen müssen. Wir
müssen also jetzt zuerst aufsuchen, wie groß die Zahl Ω' derjenigen Molekülpaare ist, für welche im Momente des Beginnes
des Zusammenstoßes die Variabeln zwischen den Grenzen K
liegen. Genau durch dieselben Betrachtungen, durch welche
wir die Formel (6) erhalten haben, ergibt sich zunächst

$$(7) \quad \Omega' = f_l(P_1, P_2 \ldots Q_l) \cdot f_n(R_1, R_2 \ldots S_n) \frac{1}{\dfrac{\partial \Theta}{\partial P_1}} \cdot \frac{d\Theta}{dt} \, dP_2 \, dP_3 \ldots dS_n,$$

wobei Kürze halber Θ anstatt $\vartheta(P_1, P_2 \ldots R_n)$ geschrieben wurde.
Nun läßt sich leicht beweisen, daß

$$(8) \quad \frac{1}{\dfrac{\partial \Theta}{\partial P_1}} \cdot \frac{d\Theta}{dt} \, dP_2 \, dP_3 \ldots dS_n = \frac{1}{\dfrac{\partial \vartheta}{\partial p_1}} \cdot \frac{d\vartheta}{dt} \, dp_2 \, dp_3 \ldots ds_n$$

sein muß, und zwar kann dieser Beweis folgendermaßen geführt werden. Betrachten wir jetzt nicht bloß die Moleküle,
für welche die Variabeln D und F zwischen den Grenzen E
und G liegen und exakt $\vartheta = a$ ist, sondern berechnen wir
aus $\vartheta = a$ denjenigen Wert von p_1, welcher zu den angenommenen
Werten der übrigen Variabeln gehört; er soll, wie es ja schon
früher geschah, auch ferner mit dem Buchstaben p_1 bezeichnet
werden und ihm soll ein unendlich kleiner Zuwachs dp_1 erteilt
werden. Nun wollen wir sämtliche Molekülpaare betrachten,
für welche nicht nur die Variabeln D und F zwischen den
Grenzen E und G liegen, sondern auch noch p_1 zwischen p_1
und $p_1 + dp_1$ liegt.

Auf jedes dieser Molekülpaare sollen außer den äußeren
Kräften und den inneren Kräften jedes einzelnen Moleküles

auch noch die Kräfte des Zusammenstoßes wirksam sein. Nach der Zeit $\varDelta$, welche, wie ich es schon öfters betont habe, als keiner Variation fähig aufzufassen ist, sollen die Variabeln D und F zwischen den Grenzen H und p_1 zwischen P_1 und $P_1 + dP_1$ liegen. Dann ist zunächst nach dem von mir bewiesenen allgemeinen Satze

$$dp_1\, dp_2 \ldots ds_n = dP_1\, dP_2 \ldots dS_n,$$

führt man hier ϑ statt p_1 ein, so erhält man zunächst

$$\frac{1}{\dfrac{\partial\, \vartheta}{\partial\, p_1}}\, d\,\vartheta \cdot dp_2\, dp_3 \ldots ds_n = \frac{1}{\dfrac{\partial\, \Theta}{\partial\, P_1}}\, d\,\Theta\, dP_2\, dP_3 \ldots dS_n.$$

Da nun diese Gleichung ganz allgemein für alle möglichen Werte der Variabeln Θ, und zwar bei Invariabeln aber beliebigen $\varDelta$ gilt, so folgt hieraus sofort durch Division mit dt die Gleichung (8). Damit also die Gleichung (7) erfüllt sei ist bloß noch erforderlich, daß

$$f_l(p_1, p_2 \ldots q_l) f_n(r_1, r_2 \ldots s_n) = f_l(P_1, P_2 \ldots Q_l) f_n(R_1, R_2 \ldots S_n)$$

sei. Ob die letzte Gleichung nur in einer Weise oder auf mehrere Arten erfüllt werden kann, interessiert uns im gegenwärtigen Augenblicke nicht. So viel ist gewiß, daß sie erfüllt ist, wenn

$$f_l = A\, e^{-hL}, \quad f_n = B\, e^{-hA}$$

ist, wobei L die gesamte im Moleküle von der Gattung M enthaltene lebendige Kraft und Arbeit darstellt. Die gleiche Bedeutung hat A für das Molekül der Gattung N.

Die Anwendung auf ein einziges einatomiges der Schwere unterworfenes Gas liegt auf der Hand. In diesem Falle sind die Gasarten M und N als identisch aufzufassen. Unter p_1, $p_2 \ldots q_l$ sind die rechtwinkligen Koordinaten x_1, y_1, z_1 und die Geschwindigkeitskomponenten u_1, v_1, w_1 des ersten der zusammenstoßenden Moleküle; unter r_1, $r_2 \ldots s_n$ sind die Koordinaten und Geschwindigkeitskomponenten des zweiten Moleküls zu verstehen, welche mit x_2, y_2, z_2, u_2, v_2, w_2 bezeichnet werden sollen. Die gesamte in einem Moleküle enthaltene Kraft und Arbeit, also die Größe, welche wir früher mit L bezeichnet haben, ist

$$m g z_1 + \frac{m}{2} \left(u_1{}^2 + v_1{}^2 + w_1{}^2 \right).$$

Es ergibt sich also

$$f_i = A\, e^{-h\,m\,\left(g\,z_1 + \frac{u_1{}^2 + v_1{}^2 + w_1{}^2}{2}\right)}$$

und es ist ganz allgemein bewiesen, daß die durch diesen Ausdruck dargestellte Zustandsverteilung weder durch die Wirkung der Schwerkraft noch durch die Zusammenstöße der Moleküle untereinander verändert wird. Dabei kann die Wechselwirkung der Moleküle während eines Zusammenstoßes ganz beliebig sein: auch kann die Zeitdauer eines Zusammenstoßes endlich oder unendlich klein sein; nur haben wir bei der Ableitung des Satzes vorausgesetzt, daß die Fälle, wo mehr als zwei Moleküle gleichzeitig miteinander in Wechselwirkung treten, vernachlässigt werden können. Wir haben also auch vorausgesetzt, daß bei Berechnung der Wahrscheinlichkeit, daß ein Molekül mit anderen zusammenstößt, nicht darauf Rücksicht genommen werden muß, daß von jenen anderen einige gerade mit einem dritten Molekül im Zusammenstoße begriffen sind. Diese Annahme haben wir ebenfalls bloß behufs Erleichterung des Beweises gemacht, zur Gültigkeit des Satzes ist sie nicht einmal notwendig, sobald man nur in dem Ausdrucke für die Anzahl der Moleküle, die zu einer gegebenen Zeit auch einen gegebenen Zustand haben, auch diejenigen Moleküle berücksichtigt, welche zur gegebenen Zeit gerade im Zusammenstoße begriffen sind. Die Rechnungen, welche wir hier ganz allgemein durchgeführt haben, können natürlich, sobald die Kräfte während eines Zusammenstoßes tätig sind, spezialisiert worden sind, sofort auf den betreffenden Spezialfall übertragen werden. Der allereinfachste Fall wird offenbar der sein, wo die Moleküle schwere elastische Kugeln sind, die aneinander nach den Gesetzen des elastischen Stoßes abprallen. Ist b der Durchmesser derselben, so kann man etwa unter ϑ den Ausdruck

$$- (x_1 - x_2)^2 - (y_1 - y_2)^2 - (z_1 - z_2)^2,$$

unter a den Ausdruck $- b^2$ verstehen, und muß annehmen, daß, sobald ϑ nur im mindesten größer als $- b^2$ geworden ist, zwischen beiden zusammenstoßenden Molekülen eine unendlich starke Abstoßung auftritt. $d\vartheta/dt$ ist dann, wie man sieht, die relative Geschwindigkeit der beiden Moleküle und die Anwendung der allgemeinen Formel hat weiter keine Schwierigkeit. Man könnte natürlich auch eine andere Annahme machen über die während eines Zusammenstoßes tätigen Kräfte, z. B. eine solche, welche für die Zeitdauer eines Zusammenstoßes einen endlichen Wert liefert. Nur wäre es dann nicht ganz leicht, ein Gesetz aufzufinden, für welches sich die Spezialrechnungen alle durchführen lassen. Hiermit ist also in sehr großer Allgemeinheit der Beweis geliefert, daß die in Rede stehende Zustandsverteilung, bei welcher die mittlere lebendige Kraft eines Moleküles an allen Stellen des Gases dieselbe ist, weder durch die Wirkung der Schwerkraft, noch durch die Zusammenstöße der Moleküle, noch durch deren Fortbewegung verändert wird, daß sie also eine mögliche ist. Daß die in der Natur vorkommenden Gase in der Tat den hier gemachten Voraussetzungen genügen, kann natürlich nicht mathematisch bewiesen werden, muß jedoch, wenn die Gastheorie überhaupt eine begründete ist, zum mindesten als höchst wahrscheinlich bezeichnet werden. Ich bemerke noch, daß man sehr häufig bei Auflösung physikalischer Probleme den Beweis, daß die gefundene Lösung die einzig mögliche ist, ganz übergeht und sich mit dem Nachweise begnügt, daß sie überhaupt eine mögliche ist, indem man gewissermaßen als selbstverständlich, oder richtiger gesagt, als sehr wahrscheinlich annimmt, daß es nicht mehrere Lösungen geben und also bloß vom Zufalle (d. h. den Anfangsbedingungen) abhängen kann, welche der Lösungen eintritt. Mit demselben Rechte kann man auch hier als sehr wahrscheinlich hinstellen, daß, wenn Temperatur und Dichte des schweren Gases gegeben sind, dadurch die Zustandsverteilung im Gase bereits eindeutig bestimmt ist und nicht in einem Gase von derselben Dichte und Temperatur, welche in demselben Gefäße unter denselben Umständen eingeschlossen ist, auch noch eine andere Zustandsverteilung herrschen kann, wenn das letztere Gas in einer anderen Weise zur selben Temperatur und Dichte übergeführt worden ist.

Es ist mir bisher noch nicht gelungen, den Beweis, daß die in Rede stehende Zustandsverteilung die einzig mögliche ist, in derselben Allgemeinheit durchzuführen.

Unter den von mir gemachten Voraussetzungen sind die Resultate, zu welchen ich bei dem Versuche jenes Beweises gelangte, strenge gültig, geradeso, wie z. B. niemand bezweifeln

wird, daß eine Flächeninhaltsbestimmung durch die Integral-
rechnung trotz der Vernachlässigung der unendlich Kleinen
höherer Ordnung, welche dabei vorkommt, ebenfalls strenge
richtig ist. Dagegen hat Loschmidt allerdings vollkommen
recht, wenn er behauptet, daß die von mir gemachten Voraussetzungen bei den natürlichen Gasen niemals anders als angenähert erfüllt sind; doch gilt dasselbe auch von allen Voraussetzungen, unter denen je ein Resultat der Gastheorie auf
theoretischem Wege abgeleitet wurde. Der strenge Beweis,
daß keine andere Zustandsverteilung als eine solche möglich
ist, bei welcher die mittlere lebendige Kraft in allen Schichten
dieselbe ist, ist von mir freilich nur für ein ideales schweres
Gas geliefert worden, bei welchem die Zeitdauer des Zusammenstoßes zweier Moleküle verschwindend klein ist. Dagegen glaube
ich nicht, daß der Einwand Loschmidts, man dürfe die
Grenzen für die Geschwindigkeitskomponenten nicht mit $-\infty$
und $+\infty$ ansetzen, eine Berechtigung hat. Dies ist selbstverständlich nicht erlaubt, wenn nur sehr wenige Moleküle
vorhanden sind, allein wenn die Zahl der Moleküle nur einigermaßen groß ist, so ist bereits die Möglichkeit vorhanden, daß
jedes einzelne Molekül eine Geschwindigkeit annimmt, die
dessen mittlere bei weitem übertrifft; um so weniger ist bei
den in der Natur vorkommenden Gasen, die ja sicher im
kleinsten Raume bereits eine enorme Anzahl von Molekülen
enthalten, denkbar, daß man einen erheblichen Fehler machen
sollte, wenn man die größte mögliche Geschwindigkeit eines
Moleküls als sehr groß gegenüber der mittleren voraussetzt.
Wenn es übrigens Loschmidt als eine merkwürdige Divergenz
bezeichnet, daß für der Schwere nicht unterworfene Gase der
Satz auch bei wenigen Molekülen gültig sei, so kann ich dem
nicht beipflichten. Denn bis auf den ganz selbstverständlichen
Satz, daß, wenn sich sämtliche Moleküle in ganz denselben
Verhältnissen befinden, die mittlere lebendige Kraft eines jeden
dieser Moleküle ebenfalls dieselbe ist, behält auch bei Gasen,
die der Schwere nicht unterworfen sind, kein einziger Satz
seine Gültigkeit, wenn die Molekülzahl endlich ist; ja selbst
dieser Satz wird sogleich ungültig, wenn Moleküle von ungleicher Masse vorhanden sind und erfährt sogar bei Molekülen von gleicher Masse seine Einschränkung. Seien z. B.

zwischen zwei vertikalen ebenen Wänden AB und CD zwei nicht schwere Gasmoleküle vorhanden, deren Zentra zu Anfang der Zeit in einer horizontalen Geraden lagen   Das eine M habe eine bedeutende ebenfalls horizontal gerichtete Geschwindigkeit, das andere N, welches sich sehr nahe an der Wand CD befindet, habe die Geschwindigkeit Null. Man sieht sofort, daß die mittlere lebendige Kraft dieser beiden Moleküle ganz verschieden sein wird. Ähnliche Ausnahmen treten überall für schwere und nicht schwere Gase bei unendlicher und endlicher Molekülzahl ein, sobald die Anfangsbedingungen

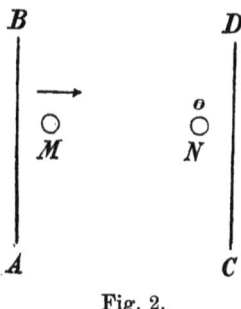

Fig. 2.

so spezialisiert sind, daß von den verschiedenen Molekülen nicht alle möglichen Geschwindigkeiten und Geschwindigkeitsrichtungen angenommen werden können.

Ich kann hier nicht unterlassen, noch über eine Anmerkung, welche Loschmidt seiner Abhandlung beigefügt, einige Bemerkungen zu machen. Diese Anmerkung enthält zunächst den Einwurf, daß ich mich um die Vorgänge, welche zwischen zwei aneinanderstoßenden Volumelementen stattfinden, bei Ableitung meiner Differentialgleichung nicht kümmere; dagegen will ich nur bemerken, daß ich in der Abhandlung über das Wärmegleichgewicht zwischen Gasen, auf welche äußere Kräfte wirken, im § 1 sämtliche Moleküle betrachtet habe, welche durch die sechs Seitenwände eines unendlich kleinen im Gase konstruierten Elementarparallelopipeds ein- und austreten. Damit glaube ich die Veränderung, welche in den Volumelementen durch den Einfluß der sämtlichen benachbarten Volumelemente oder, besser gesagt, durch die umgebende Gasmasse überhaupt hervorgebracht werden, nicht nur in genügender, sondern sogar in der einzig möglichen Weise berücksichtigt zu haben. Es wird auch dieselbe Methode in allen anderen Fragen der mathematischen Physik, sowie auch von Maxwell in seinen neuen gastheoretischen Arbeiten angewendet. Weit schwerwiegender dagegen ist der Einwand Loschmidts, daß möglicherweise die Zahl der Zusammenstöße nicht durch das Produkt ff_1 ausgedrückt sein könnte, indem die lebendige Kraft der Moleküle nicht voneinander unabhängig sein könnte. Loschmidt behauptet zwar, daß sie voneinander abhängig sein müßte, da, wenn ein Molekül eine besonders große lebendige Kraft besitze, bald durch Wärmeleitung die umgebenden ebenfalls eine das Mittel übersteigende lebendige Kraft annehmen müßten. Allein diese Behauptung scheint mir zu weit zu gehen; mit demselben Rechte könnte man behaupten, daß, wenn ein Molekül eine besonders große lebendige Kraft angenommen habe, dies nur dadurch bewirkt worden sein könne, daß durch einen besonders günstigen Zufall beim Zusammenstoße die umgebenden Moleküle auffallend viel lebendige Kraft an dieses eine abgegeben haben, daß also die umgebenden Moleküle nicht, wie Loschmidt schließt, ebenfalls eine besonders große, sondern im Gegenteile eine besonders kleine lebendige Kraft besitzen müssen. Ja, ich glaube sogar, daß gerade darin der charakteristische Unterschied besteht, ob ein kleiner Teil des Gases eine höhere Temperatur als die übrige Gasmasse besitzt, oder ob bloß infolge der Wärmebewegung selber ein Molekül zufällig eine höhere lebendige Kraft angenommen hat, wie ja aus dem Maxwellschen Gesetze der Zustandsverteilung unmittelbar folgt, daß immer einzelne Moleküle immer eine die mittlere bedeutend übersteigende lebendige Kraft haben müssen. Man könnte sagen, daß der erste Fall eintritt, wenn auch die das eine Molekül umgebenden Moleküle durchschnittlich eine größere lebendige Kraft als die mittlere haben; wenn dagegen die höhere lebendige Kraft dieses einen Moleküls ohne Einfluß ist auf die Verteilung der lebendigen Kraft unter die unmittelbar benachbarten Moleküle, so müßte man behaupten, daß man es mit dem zweiten Falle zu tun hat.

Dagegen läßt sich nicht leugnen, daß hiermit noch kein exakter Beweis geliefert ist, daß nicht auch im Falle des

Wärmegleichgewichtes die mittlere lebendige Kraft der Umgebung eines Moleküls in gewisser Weise von dem Zustande
jenes Moleküls selbst beeinflußt sein könne. Bei Gasen freilich
wird dieser Einfluß schon dadurch unschädlicher gemacht, daß
jedes Molekül von einem Zusammenstoße bis zum nächsten
einen Weg zurücklegt, welcher durchschnittlich sehr groß
gegen den mittleren Abstand zweier Moleküle ist; dadurch
wird bewirkt, daß sich jedes Molekül bereits sehr weit von
derjenigen Stelle, wo es zum letzten Male zusammenstieß,
entfernt hat, bis es durch einen neuen Zusammenstoß wieder
wirkend auftritt. Auch hat dieser Einwand durchaus keine
Kraft gegen den Beweis, daß die in Rede stehende Zustandsverteilung eine mögliche ist. Denn dadurch, daß ich die Zahl
der Moleküle, für welche x, y, z, u, v, w zwischen den Grenzen

$$x \text{ und } x + dx \ldots w \text{ und } w + dw$$

liegen, gleich einer von der Zeit unabhängigen Funktion

$$f(x, y, z, u, v, w) \, dx \, dy \, dz \, du \, dv \, dw$$

setze, habe ich bereits angenommen, daß die Zustandsverteilung
in der Umgebung eines Moleküls zu Anfang der Zeit nicht
von dem Zustande jenes Moleküls beeinflußt ist und dadurch,
daß ich nachgewiesen habe, daß sich die angenommene Zustandsverteilung im Verlaufe der Zeit nicht verändert, habe
ich den Beweis geliefert, daß eine solche Beeinflussung der
Umgebung eines Moleküls durch den Zustand desselben auch
im weiteren Verlaufe der Zeit sich nicht einstellt. Dagegen
scheint mir Loschmidt hier einen Umstand aufgedeckt zu
haben, welcher den Beweis, daß es die einzig mögliche Zustandsverteilung ist, noch bedeutend erschwert, indem man auch
noch beweisen müßte, daß es nicht möglich ist, daß für den
stationären Zustand die die Zustandsverteilung bestimmende
Funktion noch immer von der Zeit abhängig ist, daß aber
ganz unregelmäßig bald da bald dort im Gase eine kleine
Temperaturerhöhung oder Erniedrigung eintritt, die durch die
Molekularbewegung selbst hervorgerufen wird und wieder rasch
durch die Molekularbewegung selbst verschwindet. So wenig
ich nun auch glaube, daß es gerechtfertigt wäre, sich durch
derlei Einwände die Freude an dem in der Gastheorie bereits
Errungenen verkümmern zu lassen, so haben doch die Ein-

wände auch ihren großen Nutzen, indem der mathematischen
Analysis wieder ein neues Feld eröffnet wird und durch das
Bestreben, sie zu widerlegen, neue Tatsachen zutage gefördert
oder doch die bereits bestehenden gefestigt werden. [1])

[1]) Ich sehe mich noch zu einer Erwiderung auf eine Bemerkung
veranlaßt, welche Loschmidt auf Seite 13 des Separatabdruckes seiner
Abhandlung „Über den Zustand des Wärmegleichgewichtes eines Systems
von Körpern mit Rücksicht auf die Schwerkraft" macht. Er sagt nämlich daselbst:
    „Ist die Wärmeleitung ausgeschlossen, so kann man den Satz auf-
stellen, daß für jeglichen Zusammenstoß ein zweiter, denselben in umgekehrter Richtung darstellender gleich wahrscheinlich sei. Dadurch
tilgt sich der Einfluß der Zusammenstöße von selbst, und das letzte
Glied der linken Seite der Gleichung (2) reduziert sich auf Null. Boltzmann gelangt durch eine weitläufige ebenso subtile als scharfsinnige
Analyse zu dieser Vereinfachung."
    Diese letzte Bemerkung klingt wie Spott; denn, wenn der eben
angeführte Schluß Loschmidts bereits strenge beweisend wäre, so
würde dies nichts weniger als für den Scharfsinn meiner Analyse
sprechen. Daß der angeführte Schluß Loschmidts nicht strenge beweisend ist, folgt am einfachsten daraus, daß er in dieser Stylisierung
nicht einmal richtig ist. Denn das letzte Glied der linken Seite der
Gleichung (2) reduziert sich auch in dem Falle, wo innere Reibung ohne
Wärmeleitung stattfindet, nicht auf Null. Übrigens ist mir gar nicht
erinnerlich, daß meine Analyse den Zweck gehabt hätte, zu beweisen,
daß sich das letzte Glied der linken Seite der Gleichung (2) auf Null
reduzieren müsse. Die Weitläufigkeit derselben erklärt sich vielmehr
daher, daß ich mir dort die Aufgabe gestellt hatte, alle Molekular-
bewegungen zu diskutieren, welche mit dem Verschwinden jener rechten
Seite vereinbar sind.

45.

Über die Beziehung der Diffusionsphänomene zum zweiten Hauptsatze der mechanischen Wärmetheorie.[1])

(Wien. Ber. 78. S. 733—763. 1878.)

Die genaue Präzisierung des zweiten Hauptsatzes der
mechanischen Wärmetheorie ist zwar bereits der Gegenstand
vieler Abhandlungen gewesen, viele Mißverständnisse, welche
auf die wahre Bedeutung dieses Satzes Bezug haben, wurden
bereits, besonders von Clausius aufgeklärt. Daß trotzdem
diese Untersuchungen noch nicht als völlig abgeschlossen betrachtet werden können, beweist eine unlängst erschienene
Abhandlung von Hrn. Tolver Preston.[2]) Obwohl die Tatsache, daß bei Mischung zweier Körper Wärme in Arbeit verwandelt werden kann, schon längere Zeit bekannt ist,[3]) so ist
die Abhandlung Prestons doch von großer Wichtigkeit für
die mechanische Wärmetheorie, weil daselbst zuerst die Mischung
zweier Gase der Betrachtung unterzogen wird.

Die bevorzugte Rolle aber, welche die Gase teils vermöge
der einfacheren Gesetze, die ihr Verhalten bestimmen, teils
weil wir uns über die Molekularvorgänge im Innern derselben
noch am ersten eine Vorstellung bilden können, in der Wärmetheorie spielen, läßt es begreifen, daß die Diffusion der Gase
für die Theorie viel mehr Ausbeute gewährt als jeder andere
Mischungsvorgang.

---

[1]) Eine Notiz über einen Teil des Inhalts dieser Arbeit Wien. Anz.
15. S. 115. 6. Juni 1878 und Phil. Mag. (5) **6.** S. 236; die Voranzeige
Wien. Anz. **15.** S. 177. 10. Oktober 1878.

[2]) „Nature" **17.** S. 202. Januar 1878; vgl. Beiblätter 2.

[3]) Vgl. Loschmidt, Der zweite Satz der mechanischen Wärmetheorie Wien. Ber. **59.**

Hr. Preston glaubt, daß der von ihm ersonnene Prozeß mit dem zweiten Hauptsatze im Widerspruch stünde. Es wird sehr häufig, namentlich in den Lehrbüchern, der zweite Hauptsatz in einer Form ausgesprochen, in welcher nur von zwei Gattungen von Verwandlungen die Rede ist: der von Wärme in Arbeit und der von Wärme höherer in solche niederer Temperatur. Es wird etwa gesagt: Wärme kann nie in Arbeit verwandelt werden, ohne daß gleichzeitig Wärme höherer in solche niederer Temperatur übergeht. Eine derartige Formulierung des zweiten Hauptsatzes wird nun allerdings durch den von Preston ersonnenen Prozeß widerlegt. Man hat in demselben durchaus keinen Übergang von Wärme höherer in solche niederer Temperatur; es geht im Gegenteile noch die Wärme von der kälteren zur heißeren Gasmasse über; auch leisten weder äußere noch Molekularkräfte irgend eine Arbeit und trotzdem wird ein Teil der in den Gasen enthaltenen Wärme in Arbeit verwandelt. Dagegen widerspricht der Prozeß Prestons durchaus nicht der Fassung, welche Clausius dem zweiten Hauptsatze gegeben hat, wie letzterer selbst bereits nachwies. [1]

Clausius formuliert nämlich das Prinzip, aus welchen alle, den zweiten Hauptsatz betreffenden Gleichungen abgeleitet werden können, folgendermaßen: Es kann nie Wärme aus einem kälteren in einen wärmeren Körper übergehen, wenn nicht gleichzeitig eine andere damit zusammenhängende Änderung eintritt. [2]

Man sieht sofort, daß der Prozeß Prestons nichts an sich hat, was diesem Satze widerspräche. Denn daselbst wird allerdings Wärme von einem kälteren zu einem wärmeren Körper übergeführt, ohne daß irgend eine Arbeit geleistet wird, aber es tritt doch noch eine andere Zustandsänderung der ins Spiel kommenden Körper auf. Es mischen sich nämlich zwei Gase, welche früher unvermischt waren. Und diese Zustandsveränderung kann nicht rückgängig gemacht werden, ohne daß man gleichzeitig wieder Arbeit aufwendet, oder Wärme von einem heißeren zu einem kälteren Körper überführt.

Überhaupt hat sich, soviel mir bekannt ist, das allgemeine

---

[1] Wied. Ann. 4. S. 341.

[2] Clausius' gesammelte Abhandlungen 1. Aufl. S. 134.

Prinzip in dieser Fassung bisher überall als richtig erwiesen.
Der Grund, warum diese Fassung desselben nicht in die Lehr-
bücher übergegangen ist, scheint mir darin zu liegen, daß
dieselbe sehr abstrakt ist, namentlich der Passus „wenn nicht
gleichzeitig eine andere damit zusammenhängende Änderung
eintritt", läßt nicht erkennen, welche Art von Änderung dabei
gemeint ist. Sobald man dagegen die Natur der hier in Betracht kommenden Änderungen genau zu definieren suchte,
wurde jedesmal die Allgemeingültigkeit des Satzes aufgehoben.
Ich habe nun in der Abhandlung „Über die Beziehung zwischen
dem zweiten Hauptsatze der mechanischen Wärmetheorie und
der Wahrscheinlichkeitsrechnung, respektive den Sätzen über das
Wärmegleichgewicht"[1]) den Versuch gemacht, von einem ganz
neuen Gesichtspunkte aus, nämlich dem der analytischen
Mechanik, die allgemeine Natur der hier in Betracht kommenden
Änderungen zu charakterisieren, und ich will in folgendem
nachweisen, daß der von Preston ersonnene Vorgang den
Resultaten jener Abhandlung nicht nur nicht widerspricht,
sondern daß aus den dort gefundenen Formeln sofort ersichtlich
ist, warum die Diffusion zweier Gase notwendig ein Vorgang
sein muß, der den gleichzeitigen Übergang von Wärme in
Arbeit, oder von Wärme niederer in solche höherer Temperatur ermöglicht.

Man kann das oben erwähnte allgemeine Prinzip Clausius'
mit wenig veränderten Worten auch folgendermaßen aus-
sprechen: *Wenn mit beliebigen Körpern beliebige Veränderungen
vor sich gehen,*[2]) *welche sich zum Teile wieder aufheben, so kann
das schließliche Resultat aller dieser Veränderungen niemals darin
bestehen, daß sonst jeder Körper zu seinem alten Zustande (Position
im Raume, Geschwindigkeit, Aggregationszustand, chemische Zusammensetzung usw.) zurückgekehrt ist, bis auf zwei Körper, von
denen der kältere noch kälter, der wärmere noch wärmer geworden ist.*[3])

---

[1]) Wien. Ber. 76. (diese Sammlung Nr. 42.)

[2]) Dabei darf selbstverständlich auch nicht ein Vorgang, der an
irgend einem mit diesen Körpern in Wechselwirkung stehenden Körper
stattfindet, von der Betrachtung ausgeschlossen werden.

[3]) Statt des Schlußsatzes könnte man auch sagen: „Bis auf eine
Verwandlung von Wärme in Arbeit."

Dagegen könnte ein solcher Übergang von Wärme von einem kälteren zum wärmeren sofort stattgefunden haben, wenn gleichzeitig noch ein Wärmeübergang von einem wärmeren zu einem kälteren Körper nicht rückgängig gemacht worden wäre, oder wenn gleichzeitig irgend ein schwerer Körper zum Schluß an einen tieferen Ort gelangt wäre, oder sonst irgend eine Arbeit geleistet, und zwar nicht zu einer anderen Arbeitsleistung verwendet, sondern in Wärme verwandelt worden wäre, z. B. auch durch eine chemische Verbindung zweier Körper, welche vorher unverbunden waren, oder durch eine Auflösung usw. Mit Rücksicht auf den von Preston ersonnenen Vorgang muß man hierher auch die Diffusion zweier Gase rechnen. Jeder derartige Vorgang, dessen gleichzeitiges Vorkommen einen Übergang von Wärme von einem kälteren zu einem heißeren Körper ermöglicht, wird von Clausius eine Kompensation oder positive Verwandlung genannt. Eine jede positive Verwandlung kann, soweit dies bisher bekannt ist, in umkehrbarer Weise rückgängig gemacht werden, und zwar kann dies geschehen, ohne daß hierbei irgend ein Körper eine Veränderung erfährt, als daß eine gewisse Arbeit in Wärme verwandelt wird.

Machen wir die Hypothese, daß dies überhaupt von jeder möglichen positiven Verwandlung gelte, und sei Q die aus dieser Arbeit entstandene Wärmemenge, T die absolute Temperatur, bei welcher sie entsteht, so nennt Clausius den Quotienten Q/T, an dessen Stelle $\int dQ/T$ treten muß, sobald die Wärme nicht bei konstanter Temperatur sich entwickelt, den Verwandlungswert der betreffenden Zustandsänderung oder Verwandlung. Unter der eben erwähnten Hypothese beweist nun Clausius, daß, wenn ein beliebiges System von Körpern beliebige Zustandsänderungen (Verwandlungen) durchmacht, die algebraische Summe aller Verwandlungswerte derselben immer negativ, oder höchstens = 0 ist, sobald man nur alle Zustandsänderungen in Betracht zieht, welche von irgend welchen, mit diesen Körpern in Wechselwirkung stehenden Körpern durchgemacht wurden.[1] (Der Verwandlungswert ist dabei immer

---

[1] Aus diesem Satze folgt wieder, daß, wenn ein Körper einen vollständigen Kreisprozeß durchmacht und wenn man unter dQ das ihm zugeführte Wärmedifferential versteht, das über den ganzen Kreisprozeß

negativ zu setzen, wenn die Verwandlung im umgekehrten
Sinne, also so geschieht, wie sie nicht ohne Aufwendung von
Arbeitsleistung stattfinden kann.) Der Gang dieses Beweises
ist etwa folgender:

Man kann alle positiven Verwandlungen durch Überführung
von Wärme von einem wärmeren zu einem kälteren Körper
(oder Verwandlung von Arbeit in Wärme), die negativen dagegen durch Überführung von Wärme von einem kälteren zu
einem wärmeren Körper rückgängig machen. Wäre daher die
Summe der Verwandlungen negativ, so würde, nachdem alle

erstreckte Integrale $\int dQ/T$ positiv oder höchstens gleich Null ist.
Wenn nämlich der betreffende Körper noch andere Zustandsänderungen
erfahren hat, als daß er Wärme aufgenommen oder Arbeit geleistet hat,
so müssen dieselben jedenfalls schon während des Prozesses wieder
rückgängig gemacht worden sein, da der Körper in den Anfangszustand
zurückgekehrt ist, ihre Verwandlungswerte müssen sich also getilgt
haben. Auch bei den Körpern, welche mit unserem Körper in Wechselwirkung stehen, können wir uns alle übrigen Veränderungen durch
Arbeitsleistungen oder Wärmeübergänge von heißeren zu kälteren Körpern
wieder rückgängig gemacht denken, so daß jene anderen Körper keine
sonstigen Veränderungen erfahren haben, als daß sie Wärme an unseren
Körper entweder abgegeben oder von ihm aufgenommen haben. Wenn
unser Körper Arbeit geleistet hat, so kann derselbe, da er einen vollständigen Kreisprozeß durchgemacht hat, nur aus Wärme entstanden
sein, die er aufgenommen hat, und da dies eine negative Verwandlung
ist, so ist, wenn man mit dQ das dabei vom Körper aufgenommene
Wärmedifferential bezeichnet, ihr Verwandlungswert $= -\int dQ/T$;
wenn dagegen der Körper Arbeit in Wärme umgewandelt hat, so ist
der Verwandlungswert hiervon positiv. Hierbei gibt aber der Körper
ab, und da wir abgegebene Wärme mit negativem Vorzeichen bezeichnen,
so ist der Verwandlungswert einer derartigen Verwandlung wieder
$-\int dQ/T$.

Man überzeugt sich leicht, daß dieselbe Formel auch den Verwandlungswert angibt, wenn unser Körper von einem heißeren Körper
Wärme aufgenommen und an einen kälteren abgegeben hat, oder umgekehrt. Dabei ist angenommen, daß die umgebenden Körper, wenn sie
Wärme aufnehmen oder abgeben, immer dieselbe Temperatur wie unser
Körper haben. Wäre dies nicht der Fall, so sieht man sofort ein, daß
jedes positive Glied des Integral $\int dQ/T$, wenn dQ eine unserem
Körper zugeführte Wärmemenge bezeichnet, dem Zahlenwerte nach
kleiner, jedes negative Glied dagegen dem Zahlenwerte nach größer ist,
als wenn es eine den umgebenden Körpern entzogene bedeutet, daß
also um so mehr $\int dQ/T$ über den Kreisprozeß erstreckt, negativ
sein muß.

rückgängig gemacht worden sind, nur mehr eine Überführung
von Wärme von kälteren zu einem wärmeren Körper übrig
geblieben sein, was eben jenem Satze widerspricht. Obwohl
durch diese Sätze und die daraus hergeleiteten Gleichungen
das Wesen des zweiten Hauptsatzes in einer Weise bestimmt
ist, welche allen bisher beobachteten Erscheinungen entspricht,
so scheint es doch von Interesse, zu erforschen, was alle jene
Vorgänge gemein haben, welche von Clausius als positive
Verwandlungen bezeichnet werden, und warum dieselben einander vertreten können, und eine allgemeine Definition der
positiven Verwandlung aufzustellen, aus welcher hervorgeht,
welche Zustandsänderungen etwa noch denkbar sind, die den
Charakter positiver Verwandlungen an sich haben, und in
welcher Weise der Verwandlungswert irgend einer Zustandsänderung berechnet werden kann.

Seit dem Erscheinen der Abhandlung Prestons sind drei
Gattungen positiver Verwandlungen bekannt. Die erste besteht
darin, daß Arbeit oder lebendige Kraft sichtbarer Bewegung
in Wärme verwandelt wird. Hierher gehört natürlich auch
die Wärmeentwickelung bei chemischen Prozessen, bei Mischung
von Wasser und Schwefelsäure usw. Die zweite Gattung wird
durch den Temperaturausgleich zwischen verschieden warmen
Körpern dargestellt. Die dritte Gattung positiver Verwandlung
bildet die Mischung vollkommen indifferenter Gasmoleküle.

Da nach unserer gegenwärtigen Vorstellung die Moleküle
von Gasen keine erheblichen Kräfte aufeinander ausüben, so
kann die dritte Gattung positiver Verwandlungen keineswegs
als eine Arbeitsleistung der Molekularkräfte aufgefaßt werden,
wie etwa eine chemische Verbindung oder die Mischung von
Wasser und Schwefelsäure, sondern sie bildet eine besondere
Gattung positiver Verwandlungen für sich. Dagegen muß berücksichtigt werden, daß eine chemische Verbindung oder
Mischung tropfbarer Körper, oder Auflösung fester in tropfbaren, der ersten und dritten Gattung gleichzeitig angehört.
Diese Vorgänge sind gewissermaßen aus zwei Ursachen positive
Verwandlungen: 1. weil dabei chemische Arbeit in Wärme verwandelt wird, und 2. weil früher unvermischte Körper sich
mischen. Ja es können sogar beide Ursachen einander ent-
gegenwirken, wie dies der Fall ist, wenn durch die Mischung

nicht Wärme, sondern Kälte erzeugt wird. Daraus wird klar,
warum in der Natur Auflösungen auch von selbst stattfinden
können, bei denen Wärme gebunden wird. Es wird dies jedesmal der Fall sein, wenn der positive Verwandlungswert der
Mischung größer ist als der negative Verwandlungswert der
Verwandlung von Wärme in Arbeit der Molekularkräfte.

Um nun zu finden, was allen positiven Verwandlungen
gemeinsam ist und die Ursache ihrer gegenseitigen Ersetzbar-
keit bildet, habe ich in meiner Abhandlung „Über die Beziehung
zwischen dem zweiten Hauptsatze der mechanischen Wärmetheorie und der Wahrscheinlichkeitsrechnung resp den Sätzen
über das Wärmegleichgewicht" folgende Betrachtung angestellt:
Wir fassen einen Körper als ein System materieller Punkte
im Sinne der analytischen Mechanik auf, wobei übrigens natürlich unentschieden gelassen wird, ob nicht das, was wir gegenwärtig ein Atom nennen, noch immer aus vielen materiellen
Punkten besteht. Sei uns nun Zahl und Beschaffenheit sämtlicher materieller Punkte gegeben, welche einen Körper (oder
ein System von Körpern) bilden; ebenso seien uns die inneren
oder äußeren Kräfte, welche auf dieselben wirken, und der
gesamte Inhalt an lebendiger Kraft und Arbeit, d. h. die gesamte Energie gegeben, welche in demselben enthalten ist.
Wir sagen dann kurz, die Natur und der Wärmeinhalt unseres
Körpers (Körpersystems) sei gegeben. Es kann alsdann der
Zustand dieses Körpers noch ein sehr verschiedener sein. Die
materiellen Punkte können in verschiedener Weise im Raume
verteilt sein, sie können die verschiedensten Geschwindigkeiten
und Geschwindigkeitsrichtungen haben.

Es ist nun kein Zweifel, daß den verschiedenen Zuständen
des Körpers verschiedene Wahrscheinlichkeit zukommen wird.
Um dies an einem einfachen Beispiele zu erläutern, mag der
Körper die Beschaffenheit haben, welche man in der Wärmetheorie einem einatomigen vollkommenen Gase zuschreibt, das
in einem absolut starren Gefäße von bestimmter Gestalt eingeschlossen ist, und dessen Wärmeinhalt gegeben ist. Es wird
dann offenbar höchst unwahrscheinlich sein, daß alle Gasmoleküle in einer Ecke des Gefäßes zusammengedrängt sind und
das ganze übrige Gefäß leer ist. Ebenso wird es unwahrscheinlich sein, daß die in der einen Hälfte des Gefäßes be-

findlichen Moleküle gar keine lebendige Kraft haben, und die
gesamte lebendige Kraft nur in den Molekülen der andern
Hälfte des Gefäßes enthalten ist. Aber es wird auch sehr
unwahrscheinlich sein, daß alle Moleküle genau die gleiche
lebendige Kraft haben; am wahrscheinlichsten ist es, daß die
Verteilung der lebendigen Kraft unter den Molekülen das bekannte von Maxwell gefundene Gesetz befolgt.

In der bereits zitierten Abhandlung habe ich nun versucht, ganz allgemein für beliebige Körpersysteme die Wahrscheinlichkeit ihrer verschiedenen Zustände zu finden und habe
gezeigt, daß, wie es auch zu erwarten steht, jede Zustandsänderung, durch welche der Zustand des betreffenden Körpers
(Körpersystems) wahrscheinlicher wird, eine positive Verwandlung ist, welche also von selbst vor sich gehen kann. Wird
dagegen der Zustand des Körpersystems unwahrscheinlicher,
so ist die betreffende Verwandlung eine negative. So ist es
z. B. sehr unwahrscheinlich, daß in der Geschwindigkeitsrichtung
aller materiellen Punkte des Körpers eine bestimmte Richtung
vorherrschend ist oder daß gar diese materiellen Punkte sich
alle nach derselben Richtung bewegen (d. h. daß der Körper
eine sichtbare fortschreitende Bewegung nach jener Richtung
hat). Ebenso ist es unwahrscheinlich, daß in der einen Hälfte
eines Körpers eine größere, in der andern eine kleinere mittlere
lebendige Kraft der Molekularbewegung herrscht (d. h. daß
beide Hälften verschieden warm sind). Der Übergang von
sichtbarer in unsichtbare oder Wärmebewegung bei deren Ver-
nichtung durch Reibung usw., sowie der Wärmeausgleich sind
also Übergänge von einem unwahrscheinlicheren zu einem
wahrscheinlicheren Zustande, also positive Verwandlungen,
welche von selbst eintreten. Ebenso ist es, wenn zwei verschiedene Gase in einem Raume vorhanden sind, sehr unwahrscheinlich, daß in einem Teile des Raumes sich nur Moleküle
der einen, im andern nur Moleküle der anderen Gasart befinden. Die Mischung der beiden Gase stellt daher ebenfalls
einen Übergang von einem unwahrscheinlichen zu einem wahrscheinlicheren Zustande dar. Sie muß daher eine positive
Verwandlung darstellen, welche nicht nur von selbst geschieht,
sondern auch das gleichzeitige Eintreten einer negativen Verwandlung, z. B. einer Verwandlung von Wärme in Arbeit,

oder von Wärme niedriger in solche von höherer Temperatur ermöglicht. Man sieht hieraus, daß nach den Gesichtspunkten meiner Abhandlung wirklich alle positiven Verwandlungen in eine eigene Gattung zusammengefaßt erscheinen, und auch mit Leichtigkeit vorauszusehen war, daß auch die Mischung zweier Gase eine positive Verwandlung sein muß. Allein ich bin in jener Abhandlung noch weiter gegangen. Ich habe auch eine Formel für das Maß aufgestellt, um wie viel der Zustand eines Körpersystems wahrscheinlicher als ein anderer ist, und habe gezeigt, wie sich die von Clausius als Verwandlungswert bezeichnete Größe berechnen läßt, welche dann das Maximum der Arbeit bestimmt, die gelegentlich irgend einer positiven Verwandlung als Wärme gewonnen werden kann. Da dieser Verwandlungswert für die Diffusion zweier Gase ineinander noch nicht berechnet worden ist, so will ich denselben aus den Formeln jener Abhandlung berechnen. Er läßt sich übrigens ohne Schwierigkeit auch finden, indem man von ganz anderen rein empirischen Daten ausgeht, und da sich nach jener anderen Methode genau dieselbe Formel ergibt, so ist darin eine Bestätigung jener Anschauungsweise zu erblicken, welche ich meiner Abhandlung „Über die Beziehung des zweiten Hauptsatzes zur Wahrscheinlichkeitsrechnung" zugrunde gelegt habe.

Für den Fall, daß ein Körper keine andere Zustandsänderung erleidet als eine Wärmezufuhr und Arbeitsleistung, also keine Mischung oder chemische Verbindung mit anderen Körpern, und daß er im Anfange und am Ende dieser Zustandsänderung sich im Wärmegleichgewichte befindet, hat bereits Clausius eine Funktion aufgestellt, deren Zuwachs bei irgend einer Zustandsänderung jedesmal den Verwandlungswert dieser Zustandsänderung angibt. Er hat dieser Funktion den Namen Entropie gegeben. In der Abhandlung „Über die Beziehung zwischen dem zweiten Hauptsatze der mechanischen Wärmetheorie und der Wahrscheinlichkeitsrechnung respektive den Sätzen über das Wärmegleichgewicht", habe ich auf einem ganz anderen Wege ebenfalls eine Größe von dieser Eigenschaft aufgestellt, welche aber ganz allgemein anwendbar ist und habe auch nachgewiesen, daß sie in allen jenen Fällen, in denen die Clausiussche Entropie zur Anwendung kommen

kann, mit derselben übereinstimmt. Es ist dies die Größe,
welche man erhält, wenn man den durch die Gleichung (51)
jener Abhandlung definierten Ausdruck Ω mit $^2/_3$ multipliziert
und welche wir, um nicht neue Benennungen einführen zu
müssen, ebenfalls mit dem Worte Entropie bezeichnen wollen.
Wollen wir nun aus jener Gleichung (51) den Verwandlungswert der Diffusion zweier Gase berechnen, so brauchen
wir bloß den Zuwachs zu berechnen, welchen die Entropie,
deren Wert wir mit dem Buchstaben E bezeichnen wollen,
durch die Diffusion erfährt. Um den Verwandlungswert zu
finden, welcher dem Diffusionsvorgange für sich mit Ausschluß
jedes andern Vorganges zukommt, muß dabei jede Temperaturveränderung und Druckveränderung ausgeschlossen werden.
Wir nehmen also an, wir hätten ursprünglich zwei Gase, die
Gewichtsmenge des ersten sei g_1, dessen Volumen V_1, die
entsprechenden Größen für das zweite Gas sollen mit g_2 und
V_2 bezeichnet werden. Der Druck p auf die Flächeneinheit
und die absolute Temperatur T sollen für beide Gase denselben
Wert haben.

Wir denken uns beide Gase zu Anfang durch eine Scheidewand voneinander getrennt, plötzlich wird die Scheidewand
hinweggezogen und so die Diffusion eingeleitet. Die Diffusion
soll so langsam vor sich gehen, daß dabei weder Temperatur-
noch Druckschwankungen eintreten. Nach geschehener Diffusion
haben wir ein Gasgemisch, welches das Volumen $V_1 + V_2$ ein-
nimmt, wieder die absolute Temperatur T hat und den Druck p
auf die Flächeneinheit ausübt. Die Entropie E eines einfachen
Gases ist bekannt. Der Wert derselben ist, wenn man die
additive Konstante so bestimmt, daß er sich ver-n-facht, wenn
bei sonst gleichbleibenden Umständen die Menge des Gases
sich ver-n-facht,

$$g\,cl\,T + g\,A\,Rl\,V - g\,A\,Rl\,g.$$

Dabei bezeichnen g, V, T, p, c Gewicht, wirkliches Volumen,
absolute Temperatur, Druck auf die Flächeneinheit, spezifische
Wärme der Gewichtseinheit bei konstantem Volum für unser
Gas. A ist der reziproke Wert des mechanischen Wärme-
äquivalentes, l bedeutet den natürlichen Logarithmus, R ist eine
bekannte Konstante des Gases, welche den Wert $p\,V/g\,T$ besitzt.
(Vgl. Clausius' gesammelte Abhandlungen, 1. Aufl., II. Abt.,

S. 37.) Wäre die spezifische Wärme c nicht konstant, sondern eine Funktion der Temperatur T, so hätte statt clT zu stehen: $\int c\, dT/T$, was die folgenden Rechnungen durchaus nicht alterieren würde. Von anderen Variablen als T kann aber die spezifische Wärme nicht abhängen, wenn das Gas mit genügender Annäherung den Charakter eines vollkommenen Gases im Sinne der mechanischen Wärmetheorie haben soll. Es kann nämlich dann höchstens die auf innere Bewegung der Moleküle verwendete Arbeit Funktion der Temperatur sein. Das Produkt AR ist bekanntlich gleich der Differenz der beiden spezifischen Wärmen des Gases bei konstantem Drucke und bei konstantem Volumen. Führen wir für R seinen oben angegebenen Wert ein, so erhalten wir für die Entropie eines einfachen Gases den Wert

(1) $$E = g\, c\, l\, T + \frac{ApV}{T}(l\,V - lg).$$

Bezeichnen wir die Entropien unserer beiden Gase mit E_1 und E_2, und ebenso alle auf diese beiden Gase bezüglichen Größen mit entsprechenden Indizes, so können wir also schreiben:

$$E_1 = g_1 c_1 l\,T + \frac{ApV_1}{T}(l\,V_1 - lg_1),$$

$$E_2 = g_2 c_2 l\,T + \frac{ApV_2}{T}(l\,V_2 - lg_2).$$

Die Entropie des aus beiden Gasen entstandenen Gemisches ist nach Formel (51) meiner bereits zitierten Abhandlung zu berechnen. Darin bezeichnet f die Funktion, welche die Verteilung des einen, f' die Funktion, welche die Verteilung des andern Gases in dem Raume $V_1 + V_2$ bestimmt.

Bekanntlich verteilt sich jedes Gas in diesem Raume nach denselben Gesetzen, als ob es allein daselbst vorhanden wäre. Es sind also die verschiedenen Summanden der Formel (51) vollkommen voneinander unabhängig und die Gesamtentropie eines Gemisches mehrerer Gase ist gleich der Summe der Entropien, welche jedem einzelnen Gase zukäme, wenn dasselbe allein, bei ungeändertem Partialdrucke in demselben vorhanden wäre. Unser erstes Gas aber würde, wenn es allein in dem Raume $V_1 + V_2$ vorhanden wäre, den Druck $p\,V_1/(V_1 + V_2)$ auf die Flächeneinheit ausüben. Die Entropie, welche ihm

dann zukäme, findet man also, indem man in der Formel (1)
$V_1 + V_2$ statt V und $p V_1 / (V_1 + V_2)$ statt p schreibt, die Größen g
und c aber einfach mit dem Index 1 versieht, wodurch sich
ergibt:

$$g_1 c_1 l T + \frac{A p V_1}{T} [l(V_1 + V_2) - l g_1].$$

Der analoge Wert für das zweite der beiden Gase ist

$$g_2 c_2 l T + \frac{A p V_2}{T} \cdot [l(V_1 + V_2) - l g_2].$$

Die Summe dieser beiden Werte liefert uns die Entropie des
Gasgemisches. Bezeichnen wir dieselbe mit E_{12}, so ist also

$$E_{12} = g_1 c_1 l T + g_2 c_2 l T + \frac{A p (V_1 + V_2)}{T} \cdot l(V_1 + V_2).$$

Den Verwandlungswert des Vorganges der Diffusion beider
Gase finden wir also, indem wir von der Entropie des Gemisches die Summe der Entropien beider Gase vor der Diffusion
subtrahieren, wodurch wir erhalten:

$$(2) \quad W = E_{12} - E_1 - E_2 = \frac{A p}{T} [(V_1 + V_2) l(V_1 + V_2) - V_1 l V_1 - V_2 l V_2].$$

Wir wissen ferner, daß, wenn die Arbeit L in die Wärme Q
von der absoluten Temperatur T verwandelt wird, der Verwandlungswert dieses Vorganges

$$W = \frac{Q}{T} = \frac{A L}{T}$$

ist, woraus folgt

$$L = \frac{W T}{A}$$

Das Maximum einer Arbeitsleistung, welches bei Gelegenheit irgend einer positiven Verwandlung möglich ist, wird also
gefunden, indem man deren Verwandlungswert mit T multipliziert und durch A dividiert. Für die Diffusion der beiden
Gase hat also gemäß der Formel (2) dieses Maximum, wenn
es bei der konstanten Temperatur T gewonnen wird, den Wert:

$$(3) \quad M = p [(V_1 + V_2) l(V_1 + V_2) - V_1 l V_1 - V_2 l V_2].$$

Da der ganze Diffusionsvorgang sich bei konstanter Temperatur abspielt (oder wenigstens abspielen kann), da ferner
Molekularkräfte dabei keine Rolle spielen, so bietet er uns ein
gutes Beispiel eines Vorganges, welcher bei verschiedenen

Temperaturen, aber unter sonst ganz gleichbleibenden Verhältnissen vor sich gehen kann. Wenn ganz dieselben Gasmoleküle in ganz denselben Gefäßen, aber bei verschiedenen Temperaturen diffundieren, so ist in der rechten Seite der Gleichung (3) nur p variabel, und zwar ist es der absoluten Temperatur proportional; es liefert uns also die Gleichung (3) eine neue Bestätigung des Clausiusschen Satzes, daß die Arbeit M, welche die Wärme bei verschiedenen Temperaturen im Maximo leisten kann, der absoluten Temperatur proportional ist.

Die Arbeit M kann selbstverständlich nicht gewonnen werden, wenn man die Gase direkt ineinander diffundieren läßt, so wenig als man Arbeit gewinnen kann, wenn man einen heißeren und einen kälteren Körper direkt miteinander in Berührung bringt, so daß sich ihre Temperaturdifferenz unmittelbar ausgleicht. Es handelt sich also jetzt darum, welche Vorrichtung man anbringen muß, um den Diffusionsvorgang zur Leistung der vollen Arbeit M auszunützen.

Auch das von Preston ersonnene Verfahren der Diffusion durch eine poröse Scheidewand ist nur geeignet, einen Teil, nicht aber die ganze Arbeit M zu gewinnen, da es, so viel mir wenigstens scheint, nicht in umkehrbarer Weise ausgeführt werden kann. Dagegen liefert der Vorgang der chemischen Verbindung unter partieller Dissoziation ein Mittel der Überführung des einen Gases in das andere, welches allen Anforderungen entspricht.

Am einfachsten gestaltet sich die Rechnung, wenn man die Absorption von Wasserdampf durch hygroskopische Körper, z. B. Salzlösungen zur Überführung benutzt, weil man da die Temperatur vollkommen konstant erhalten kann. Freilich kann man da nicht, wie es meine bisherigen Formeln voraussetzen, von einem Anfangszustande ausgehen, in welchem beide Gase vollkommen voneinander getrennt sind, sondern es muß vorausgesetzt werden, daß schon zu Anfang der Zeit die Gase teilweise gemischt sind, während sie zum Schlusse vollständig gemischt sind.

Nach den aufgestellten allgemeinen Formeln ist es jedoch sehr leicht, auch den Verwandlungswert dieses allgemeinen Falles zu finden. Sei im ersten Gefäße vom Volumen V_1 zu Anfang ein reines Gas, und zwar von der Gewichtsmenge g_1

und dem Drucke p; im zweiten Gefäße vom Volumen V_2 dagegen sei zu Anfang eine Gewichtsmenge g_2 von derselben Gasart (wir wollen sie die erste Gasart nennen), welche den Partialdruck p_2 ausüben soll. Außerdem sei zu Anfang im zweiten Gefäße noch von einer anderen Gasart (der zweiten Gasart) eine Gewichtsmenge h mit dem Partialdrucke q. Da zu Anfang keine Druckdifferenz bestehen darf, so muß

$$p_2 + q = p$$

sein. Es sollen sich wieder beide Gasarten vollkommen vermischen, so daß zum Schlusse sowohl die Gewichtsmenge $g_1 + g_2$ der ersten als auch die Gewichtsmenge h der zweiten Gasart in dem Raume von Volumen $V_1 + V_2$ gemischt vorhanden sind. Es frägt sich um den Verwandlungswert jener Mischung. Nach den früher aufgestellten Formeln ist zu Anfang die Entropie der Gasmengen g_1, g_2 und h bzw. gleich

$$c_1 g_1 \, l \, T + \frac{A p}{T} V_1 (l V_1 - l g_1), \quad c_1 g_2 \, l \, T + \frac{A p_2}{T} V_2 (l V_2 - l g_2),$$

$$c_2 h \, l \, T + \frac{A q}{T} V_2 (l V_2 - l h).$$

Nach der Diffusion übt die Gasmenge $g_1 + g_2$ der ersten Gasart den Partialdruck $(p V_1 + p_2 V_2)/(V_1 + V_2)$ aus, ihre Entropie ist also

$$c_1 (g_1 + g_2) \, l \, T + \frac{A}{T} (p V_1 + p_2 V_2) \cdot [l(V_1 + V_2) - l(g_1 + g_2)].$$

Die Gasmenge h der zweiten Gasart dagegen übt den Partialdruck $q V_2 / (V_1 + V_2)$ aus und hat die Entropie

$$c_2 h \, l \, T + \frac{A q V_2}{T} \cdot [l(V_1 + V_2) - l h].$$

Nach den im früheren auseinandergesetzten Sätzen ist also die Differenz der Gesamtentropie aller Gase vor und nach geschehener Diffusion

$$\frac{A p}{T} [(V_1 + V_2) l(V_1 + V_2) - V_1 l V_1 - V_2 l V_2]$$

$$- \frac{A p V_1}{T g_1} [(g_1 + g_2) l(g_1 + g_2) - g_1 l g_1 - g_2 l g_2].$$

Das Maximum der Arbeit also, welche man ohne andere

Kompensation als die jener Mischung bei der Temperatur T gewinnen kann, ist

(4)
$$\begin{cases} M_1 = p\left[(V_1+V_2)\,l(V_1+V_2) - V_1\,l\,V_1 - V_2\,l\,V_2\right] \\ \quad - \dfrac{p\,V_1}{g_1}\left[(g_1+g_2)\,l(g_1+g_2) - g_1\,l\,g_1 - g_2\,l\,g_2\right]. \end{cases}$$

Man findet beide Formeln leicht, wenn man bedenkt, daß $p\,V_1/g_1 = p_2\,V_2/g_2$ ist. Am besten ist es, dabei anfangs die Werte den Konstanten R für beide Gase in den Formeln zu belassen. Würde man den noch allgemeineren Fall behandeln, daß zu Anfang die erste Gasart im ersten Gefäße den Partialdruck p_1, im zweiten den Partialdruck p_2, die zweite Gasart dagegen im ersten Gefäße den Partialdruck q_1, im zweiten den Partialdruck q_2 ausgeübt hätte, so müßte man haben $p_1 + q_1 = p_2 + q_2$ und der Verwandlungswert der völligen Mischung beider Gasarten erhielte den Wert

(5)
$$\begin{cases} \dfrac{A}{T}\{p\left[(V_1+V_2)\,l(V_1+V_2) - V_1\,l\,V_1 - V_2\,l\,V_2\right] \\ \quad -(p_1V_1+p_2V_2)l(p_1V_1+p_2V_2)+p_1V_1l(p_1V_1)+p_2V_2l(p_2V_2) \\ \quad -(q_1V_1+q_2V_2)l(q_1V_1+q_2V_2)+q_1V_1l(q_1V_1)+q_2V_2l(q_2V_2)\} \\ = \dfrac{A}{T}\left[p(V_1+V_2)\,l(V_1+V_2) - (p_1V_1+p_2V_2)\,l(p_1V_1+p_2V_2)\right. \\ \quad -(q_1V_1+q_2V_2)l(q_1V_1+q_2V_2) + V_1(p_1\,l\,p_1 + q_1\,l\,q_1) \\ \qquad\qquad\qquad\qquad \left.+ V_2(p_2\,l\,p_2 + q_2\,l\,q_2)\right]. \end{cases}$$

Sind g_1, g_2 wieder die Gewichtsmengen der ersten, und h_1, h_2 die der zweiten Gasart, welche zu Anfang in beiden Gefäßen waren, so ist selbstverständlich

$$\frac{p_1V_1}{g_1} = \frac{p_2V_2}{g_2} \quad \text{und} \quad \frac{q_1V_1}{h_1} = \frac{q_2V_2}{h_2}.$$

Um zunächst die Richtigkeit der Formel (4) zu prüfen, nehmen wir an, die bei Entwicklung dieser Formel als die erste Gasart bezeichnete sei Wasserdampf, die zweite Gasart dagegen kann eine beliebige, z. B. trockene atmosphärische Luft sein. p_2 sei größer (vielleicht nur unendlich wenig größer)· als der Maximaldruck des Wasserdampfes, welcher sich aus einer gesättigten Salzlösung, z. B. aus einer gesättigten Chlorcalciumlösung entwickelt, wobei selbstverständlich alles bei einer und derselben Temperatur (der Temperatur der Umgebung) zu verstehen ist. Es wird vorausgesetzt, daß alle Vorgänge so langsam vorgenommen werden, daß die Gase Zeit haben, ihre Temperatur fortwährend mit der der Umgebung auszugleichen, welche als konstant angenommen wird. Außerdem wird vorausgesetzt, daß die Drucke p und p_2 schon zu Anfang so klein waren, daß der Druck der ersten Gasart (also des Wasserdampfes) nie größer als der des gesättigten Wasserdampfes wird, weil sonst eine Störung einträte. Wir wenden hier die Gleichungen auf den Wasserdampf an, welche streng nur für ideale Gase gelten. Es ist dies insofern erlaubt, daß ja auch ein ideales Gas denkbar wäre, welches sich irgend einem Salze gegenüber so verhielte wie der Wasserdampf dem Chlorcalcium gegenüber; übrigens dürften bei den geringen Drucken, welche wir hier voraussetzen können, die Abweichungen des Wasserdampfes vom Gay Lussac-Mariotteschen Gesetze nicht allzugroß sein. Um den Wasserdampf und die atmosphärische Luft zu mischen, bedienen wir uns folgender Vorrichtung:

Wir denken uns ein sehr kleines Stück Chlorcalcium in einem sehr großen Raume, der im übrigen bloß Wasserdampf enthält und welchen wir das dritte Gefäß nennen wollen. Wir haben nun folgende Operationen auszuführen: Zuerst vergrößern wir das Volumen des ersten Gefäßes, bis der Druck des darin enthaltenen Wasserdampfes nur mehr um eine sehr kleine Größe den Partialdruck des Wasserdampfes im zweiten Gefäße übertrifft. Diese Volumvergrößerung des ersten Gefäßes wollen wir als den ersten Prozeß bezeichnen. Hierauf beginnt der zweite Prozeß. Das Volumen des dritten Gefäßes wird so lange verkleinert, bis sich etwas Wasser niedergeschlagen und eine Chlorcalciumlösung gebildet hat und zwar soll die entstandene Chlorcalciumlösung so nahe der Sättigung sein, daß der Druck des darüberstehenden Wasserdampfes (vielleicht genau) in der Mitte liegt zwischen dem Partialdrucke des Wasserdampfes im zweiten Gefäße und dem Drucke im ersten Gefäße. Nun bringen wir die entstandene Chlorcalciumlösung in das erste Gefäß und lassen von ihr eine verschwindende Wassermenge aufnehmen. Nachdem dies geschehen, bringen wir die etwas verdünntere Lösung in das zweite Gefäß, wo der Partialdruck des Wasserdampfes ein wenig kleiner ist und lassen sie daselbst wieder genau dieselbe Wassermenge, die

sie früher aufgenommen hatte, wieder abgeben; nun wird die
Chlorcalciumlösung wieder in das dritte Gefäß gebracht, wo
sie also genau in demselben Zustande anlangt, in welchem
sie das dritte Gefäß verließ. Nun beginnt genau dieselbe Reihe
an Operationen wieder von vorne. Der Raum des ersten Gefäßes wird wieder verkleinert, bis der Druck des daselbst enthaltenen Wasserdampfes vielleicht genau um ebensoviel größer
ist als der jetzige Partialdruck des Wasserdampfes im zweiten
Gefäße, wie unmittelbar vor Einführung der Chlorcalciumlösung
in das erste Gefäß. Dann wird im dritten Gefäße wieder etwas
Wasser kondensiert, vielleicht wieder bis der Druck des über
der Chlorcalciumlösung stehenden Wasserdampfes genau die
Mitte hält zwischen dem gegenwärtigen Partialdrucke des
Wasserdampfes im zweiten Gefäße und dem Drucke im ersten
Gefäße. Durch Einführung der so entstandenen wieder etwas
verdünnteren Chlorcalciumlösung zuerst in das erste, dann in
das zweite Gefäß wird wieder eine sehr kleine Menge Wasserdampf von dem ersten in das zweite Gefäß geschafft und die
Chlorcalciumlösung, nachdem sie im zweiten Gefäße genau soviel Wasser abgegeben als im ersten aufgenommen hat, wieder
in das dritte Gefäß gebracht; man sieht leicht, daß man diese
Reihe von Operationen so lange fortsetzen kann, bis aller
Wasserdampf in das dritte Gefäß geschafft ist. Dabei muß
das Volumen des ersten Gefäßes immer mehr verkleinert, also
der Wasserdampf daselbst immer mehr komprimiert werden,
und zwar so, daß sein Druck bis auf Verschwindendes immer
gleich ist dem Partialdrucke des Wasserdampfes im zweiten
Gefäße. Es ist klar, daß man so allen Wasserdampf in das
zweite Gefäß schaffen kann. Aber bis auf eine unmerkliche
Modifikation (daß nämlich dann der Partialdruck des Wasserdampfes im zweiten Gefäße um unmerkliches größer sein muß
als der Druck im ersten Gefäße) kann man denselben Vorgang
auch wieder in umgekehrter Weise ausführen und den Wasserdampf von der atmosphärischen Luft auch wieder trennen,
und diesem Umstande ist es zu danken, daß man nach dieser
Methode wirklich das Maximum von Arbeitsleistung gewinnt.
Die Arbeit, welche man umgekehrt brauchen würde, um die
gemischten Gase wieder zu trennen, könnte zwar nicht vollständig aber mit beliebiger Annäherung gleich der Arbeit

gemacht werden, welche man bei ihrer Vereinigung gewann. Man kann sich auch noch anders ausdrücken, man kann nämlich sagen: *es sind in jedem Augenblicke die Abweichungen vom Wärmegleichgewichte im Systeme nur unendlich klein.* Wir wollen den nun geschilderten Vorgang als den zweiten Prozeß bezeichnen. Am Ende desselben sind beide Gase im zweiten Gefäße vermischt. Der Partialdruck des Wasserdampfes daselbst ist $p_2 + (p\, V_2/V_1)$; damit derselbe niemals den Druck des gesättigten Wasserdampfes übertreffe, genügt es, daß dieser Ausdruck und die Größe p kleiner sei als der Druck des gesättigten Wasserdampfes bei der Temperatur der Umgebung. Es beginnt nun der dritte Prozeß, welcher darin besteht, daß man die gemischten Gase so lange sich ausdehnen läßt, bis ihr Volumen wieder den Wert $V_1 + V_2$ hat und der vierte Prozeß, worunter ich die Ausdehnung des dritten Gefäßes auf sein ursprüngliches Volumen verstehe, wobei natürlich darin wieder alles Wasser verdampft und das Chlorcalcium wieder fest wird.

Es sind jetzt alle Zustandsveränderungen wieder rückgängig gemacht worden bis auf die eine, daß die Gase, welche früher teilweise getrennt waren, jetzt vollkommen vermischt sind. Wir werden sogleich sehen, daß in der Tat Wärme der Umgebung entnommen und in Arbeit verwandelt worden ist, und es handelt sich jetzt darum, ob die Menge der gewonnenen Arbeit mit dem Ausdrucke (4) übereinstimmt.

Da will ich zuerst bemerken, daß der Wasserdampf im dritten Gefäße durchaus keine Arbeit geleistet hat, denn er hat während des vierten Prozesses dieselben Zustände aber in umgekehrter Reihenfolge als während des zweiten Prozesses durchlaufen, da ja während des zweiten Prozesses die Chlorcalciumlösung immer in demselben Zustande wieder in das Gefäß zurückgebracht wurde, in welchem sie dasselbe vorher verlassen hatte, was denselben Effekt gibt, als ob die Chlorcalciumlösung das dritte Gefäß gar nie verlassen hätte. Es kommt also nur auf die Arbeitsleistung der im ersten und zweiten Gefäße befindlichen Gase an. Der erste Prozeß, welchen wir vorgenommen haben, bestand darin, daß wir das erste Gefäß vom Volumen V_1 bis auf ein größeres ausdehnten, welches wir etwa mit Ω bezeichnen wollen. Der Druck des Wasserdampfes daselbst hatte zu Anfang also beim Volumen V_1

den Wert p. Bezeichnen wir den Druck zu irgend einer Zeit mit P, das Volumen zur selben Zeit mit u, so ist also

$$p : P = u : V_1.$$

Die vom Gase geleistete Arbeit L_1 ist $\int_{V_1}^{\Omega} P du$, also wenn man für P seinen Wert aus obiger Proportion einführt

$$p V_1 (l\,\Omega - l V_1).$$

Nun gehört aber zum Volumen Ω der Druck p_2 (wie wir mit Vernachlässigung des sehr kleinen Unterschiedes annehmen können). Es ist also

$$\Omega = \frac{p V_1}{p_2},$$

daher

$$L_1 = p V_1 (l\,p V_1 - l p_2 V_1).$$

Nun gehen wir zur Betrachtung des zweiten Prozesses über. Während desselben wird der Wasserdampf im ersten Gefäße fortwährend zusammengepreßt und mittels der Chlorcalciumlösung allmählich in das zweite Gefäß übergeführt, bis er sich schließlich ganz im zweiten Gefäße befindet und das Volumen des ersten Gefäßes auf Null zusammengeschrumpft ist. Sei zu irgend einer Zeit G_1 die Gewichtsmenge Wasserdampfes, die sich noch im ersten Gefäße befindet, G_2 diejenige, die sich im ganzen im zweiten Gefäße befindet, so ist offenbar zunächst:

$$G_1 + G_2 = g_1 + g_2.$$

Sei ferner zur selben Zeit P_1 der Druck, welcher im ersten Gefäße herrscht, und u dessen Volumen, so ist klar, daß der Druck im direkten Verhältnisse der Gewichtsmengen, aber im verkehrten der Volumina des Gases steht (solange wir nämlich das Mariottesche Gesetz als zulässig annehmen). Es ist also

$$P_1 : p = G_1 V_1 : g_1 u.$$

Dieselbe Proportion gilt auch für das zweite Gefäß, für welches P_2 den Partialdruck des Wasserdampfes zur selben Zeit bezeichnen soll, während das Volumen des zweiten Gefäßes bei diesem Prozesse noch konstant gleich V_2 bleibt. Man hat also noch die Proportion

$$P_2 : p = G_2 V_1 : g_1 V_2.$$

Bedingung ist nun, daß der Partialdruck des Wasserdampfes bis auf eine verschwindende Größe in beiden Gefäßen
immer derselbe, daß also $P_1 = P_2$ ist, welche Gleichung mit
Berücksichtigung der obigen Proportionen so geschrieben
werden kann:

$$u\,G_2 = G_1\,V_2,$$

und da außerdem

$$G_1 + G_2 = g_1 + g_2$$

ist, so folgt

$$G_1 = \frac{(g_1 + g_2)\,u}{u + V_2},$$

und daher aus der für P_1 gefundenen Proportion

$$P_1 = \frac{p\,(g_1 + g_2)\,V_1}{g_1\,(u + V_2)}.$$

Die während des zweiten Prozesses geleistete Arbeit ist
also

$$L_2 = \int_{\Omega}^{0} P_1\,du = \frac{p\,V_1\,(g_1 + g_2)}{g_1}\cdot[lp_2\,V_2 - l(p_2\,V_2 + p\,V_1)].$$

Dieselbe ist natürlich negativ, weil ja während dieses
Prozesses das Gas zusammengedrückt wurde. Im Momente
des Endes des zweiten Prozesses ist $u = 0$, daher

$$P_1 = \frac{p\,(g_1 + g_2)\,V_1}{g_1\,V_2}.$$

Ebenso groß ist auch der Partialdruck des Wasserdampfes
im zweiten Gefäße, was übrigens auch daraus hervorgeht, daß
jetzt daselbst die Gewichtsmenge $g_1 + g_2$ auf das Volumen V_2
zusammengedrängt ist, während früher die Gewichtsmenge g_1
im Volumen V_1 den Druck p ausübte. Im zweiten Gefäße ist
außerdem die atmosphärische Luft, welche den Partialdruck
$q = p - p_2$ ausübt. Der gesamte Druck, welcher im zweiten
Gefäße im Momente des Endes des zweiten, also auch des
Anfangs des dritten Prozesses herrscht, ist also

$$\frac{p\,(g_1 + g_2)\,V_1}{g_1\,V_2} + p - p_2,$$

oder da die Drucke p und p_2 sich wieder direkt wie die zugehörigen Gewichtsmengen Wasserdampfes g_1 und g_2, aber
verkehrt wie die zugehörigen Volumina V_1 und V_2 verhalten,

$$\frac{p\,(V_1 + V_2)}{V_2},$$

welche Formel übrigens selbstverständlich ist, da die Gasmasse, welche früher im Volumen $V_1 + V_2$ gleichmäßig den Druck p ausübte, jetzt in den Raum V_2 zusammengedrängt ist. Nun beginnt der dritte Prozeß. Die gesamte Gasmasse dehnt sich dabei vom Volumen V_2 auf das Volumen $V_1 + V_2$ wieder aus. Sei dabei P und u Druck und Volumen zu irgend einer Zeit, so ist

$$P : p\,\frac{V_1 + V_2}{V_2} = V_2 : u$$

und daher ist die während des dritten Prozesses geleistete Arbeit

$$L_3 = \int\limits_{V_2}^{V_1 + V_2} P\,du = p\,(V_1 + V_2)\,[l\,(V_1 + V_2) - l\,V_2].$$

Die gesamte geleistete Arbeit ist daher

$$L_1 + L_2 + L_3 = p\,[(V_1 + V_2)\,l\,(V_1 + V_2) - V_1\,l\,V_1 - V_2\,l\,V_2]$$

$$- \frac{p\,V_1}{g_1}\,(g_1 + g_2)\,l\,(p_1\,V_1 + p_2\,V_2) + p\,V_1\,l\,(p\,V_1) + \frac{p\,V_1\,g_2}{g_1}\,l\,(p_2\,V_2),$$

was mit Rücksicht auf die Beziehung

$$\frac{p\,V_1}{g_1} = \frac{p_2\,V_2}{g_2}$$

vollkommen mit dem Ausdrucke (4) übereinstimmt. Natürlich könnte man auch bei diesen Betrachtungen anfangs mit der Konstanten R rechnen.

Es bestätigt sich also, daß wir in der Tat, wenn die Überführung des einen Gases in das andere in umkehrbarer Weise bewerkstelligt wird die gesamte durch Formel (4) gegebene Arbeit gewinnen können.

Da der gesamte Wärmeinhalt beider Gase nach geschehener Mischung genau derselbe ist als vor derselben, so kann diese Arbeit nur durch Wärme geleistet worden sein, welche der Umgebung entnommen worden ist; gelegentlich der Mischung zweier Gase kann also in der Tat Wärme der Umgebung in Arbeit verwandelt werden, geradeso wie gelegentlich des Wärmeausgleiches zwischen zwei ungleich warmen Körpern. Da in dem von uns betrachteten Falle die Umgebung immer die konstante Temperatur T hat, so ist die Formel (4) ohne weiteres anwendbar.

Die eben auseinandergesetzte Überführungsmethode eines
Gases in ein anderes hat außer den schon erwähnten Übel-
ständen noch den, daß die Lösung niemals gegen das andere
Gas (also in unserem Falle gegen die atmosphärische Luft)
vollkommen neutral ist, sondern daß sie davon etwas absorbiert. Wenn nun auch die durch diese absorbierte Luftmenge
hervorgerufene Störung in erster Annäherung vernachlässigt
werden kann, so ist sie doch vorhanden. Will man also wirklich die ganze berechnete Arbeit nach dieser Methode gewinnen, so müßte man sich idealer Körper bedienen, welche
gewisse Eigenschaften der Naturkörper in höherem Maße an
sich haben, z. B. eine Lösung, welche ein Gas gar nicht absorbiert, wogegen die daraus sich entwickelnden Dämpfe genau
dem Gay-Lussac-Mariotteschen Gesetze gehorchen. Ich
bemerke hier noch, daß die Überführung des einen Gases in
das andere sehr einfach würde, wenn man einen Körper
fingieren würde, welcher nur eines der beiden Gase absorbiert
oder auch einen kleinen Raum, welcher mit einer Membran
verschlossen ist, die für eines der beiden Gase durchlässig ist,
für das andere nicht. Dieser Körper könnte dem Gase, welches
er absorbiert, gegenüber genau so angewendet werden, wie
im früheren die Chlorcalciumlösung, nur daß dann zu Anfang
auch beide Gase vollständig getrennt sein könnten; man könnte
also die vorhergehenden Formeln anwenden, in denen aber

$$p_2 = g_2 = o, \quad q = p, \quad g_1 = g, \quad \Omega = \infty$$

zu setzen wäre.

Es gelang mir bisher nicht, eine Methode zu finden, nach
welcher man bei konstanter Temperatur, ohne Anwendung
solcher idealer Körper jene Arbeit wirklich vollständig gewinnen könnte. Wir müssen uns daher jetzt auf Prozesse
einlassen, bei denen die Temperatur sich verändert. Es wird
dadurch die Rechnung zwar etwas komplizierter, indem jetzt
nicht die gesamte Arbeit summiert werden darf, sondern jedes
Arbeitsdifferential durch die Temperatur dividiert werden muß,
bei welcher es geleistet wird; dagegen kann jetzt wirklich das
Maximum von Arbeitsleistung erzielt werden, ohne daß man
den Körpern irgendwie andere Eigenschaften beizulegen braucht,
als welche sie wirklich besitzen. Daß das Mariotte-Gay-

Lussacsche Gesetz als strenge gültig vorausgesetzt werden
muß, kann natürlich nicht vermieden werden, weil ja unsere
ganze Rechnung auf der Annahme idealer Gase beruht.
Wir nehmen wieder zwei Gefäße, welche anfangs die
Volumina V_1 und V_2 haben. Im ersten sei anfangs Kohlensäure vom Drucke p und der absoluten Temperatur T, die
Gewichtsmenge derselben sei g. Im zweiten Gefäße sei anfangs
ein anderes Gas, z. B. Stickstoff, und zwar heiße die Gewichtsmenge desselben h, Druck und absolute Temperatur seien dieselben wie bei der Kohlensäure. Der erste Prozeß, welchen
wir vornehmen, besteht wieder darin, daß wir die Kohlensäure
bei der konstanten absoluten Temperatur T sich auf ein sehr
großes Volumen Ω ausdehnen lassen. Gehöre hierbei zu
irgend einem Volumen u der Druck P, so ist $P = p\, V_1 / u$
und der Verwandlungswert dieser Verwandlung ist

$$ W_1 = \frac{A}{T} \int\limits_{V_1}^{\Omega} P\, du = \frac{A\, p\, V_1}{T} \cdot (l\,\Omega - l\, V_1). $$

Nun beginnt der zweite Prozeß. Wir erwärmen beide Gase
bei konstantem Volumen so lange, bis sie eine Temperatur
haben, bei welcher die Dissoziationsspannung des kohlensauren
Kalkes zwischen Null und derjenigen Spannung liegt, welche
die Kohlensäure im Gefäße vom Volumen Ω bei derselben Temperatur hat. Am besten ist es, wenn die Erwärmung so lange
fortgesetzt wird, bis die Dissoziationsspannung genau in der
Mitte zwischen diesen beiden Grenzen liegt. Jetzt nimmt man
ein unendlich kleines Stück Ätzkalks, welches anfangs etwa
ebenfalls die Temperatur T gehabt haben mag und erwärmt
es bis zur selben Temperatur, bis zu welcher wir die beiden
Gase erwärmt haben. Dieses Stückchen Ätzkalk führen wir
jetzt in die Kohlensäure ein, wo es etwas Kohlensäure auf-
nimmt und dann in den Stickstoff, wo es die aufgenommene
Kohlensäure wieder abgibt. Darauf komprimieren wir die im
ersten Gefäße befindliche Kohlensäure, erwärmen wieder die
beiden Gase und das Stückchen Ätzkalk ein wenig und führen
es dann wieder zuerst in das erste, dann in das zweite Gefäß
ein. Diesen Vorgang setzen wir so lange fort, bis das Volumen
des ersten Gefäßes auf Null zusammengeschrumpft ist und alle
Kohlensäure in das zweite Gefäß übergeführt und mit dem

Stickstoff vermischt ist. Das Volumen des ersten Gefäßes und
die Temperatur beider Gase ist dabei in jedem Augenblicke
so zu bestimmen, daß der Partialdruck der Kohlensäure im
zweiten Gefäße nur unendlich wenig kleiner ist als der Druck
im ersten Gefäße und daß die Dissoziationsspannung des kohlensauren Kalkes immer noch in der Mitte zwischen jenen beiden
unendlich nahen Größen liegt. Wenn alle Kohlensäure in das
zweite Gefäß übergeführt ist, so ist der zweite Prozeß zu Ende.
Zu irgend einer Zeit soll während desselben T' die absolute
Temperatur, u das Volumen des ersten Gefäßes, G_1 und P_1
Gewichtsmenge und Partialdruck der Kohlensäure im ersten
Gefäße, P_2 und G_2 dieselben Größen für das zweite Gefäß
sein. Dann ist

$$G_1 + G_2 = g,$$

ferner nach dem Gay-Lussac-Mariotteschen Gesetz

$$\frac{P_1 u}{G_1} = R T', \quad \frac{P_2 V_2}{G_2} = R T', \quad \frac{p V_1}{g} = R T;$$

da wir immer mit unendlicher Annäherung $P_2 = P_1$ setzen
können, so folgt

$$G_1 = \frac{P_1 u T}{p V_1 T'} g, \quad G_2 = \frac{P_1 V_2 T}{p V_1 T'} g,$$

was, in die obige Gleichung substituiert, liefert

$$P_1 = \frac{p V_1 T'}{T (u + V_2)}.$$

Der Verwandlungswert des zweiten Prozesses ist daher

$$W_2 = A \int_{\Omega}^{0} \frac{P_1 d u}{T'} = \frac{A p V_1}{T} [l V_2 - l(\Omega + V_2)].$$

Am Schlusse des zweiten Prozesses ist die gesamte Kohlensäure und der gesamte Stickstoff in dem zweiten Gefäße miteinander vermengt; die Temperatur ist uns unbekannt.

Nun beginnt der dritte Prozeß. Wir kühlen das Gemenge
bei konstantem Volumen bis zur absoluten Temperatur T ab,
in welchem Momente dann dem Stickstoffe wieder der Partialdruck p, die Kohlensäure aber den Partialdruck $p V_1 / V_2$ ausübt.
Der gesamte Druck des Gasgemisches ist also $p(V_1 + V_2) / V_2$;
hierauf lassen wir das Gasgemenge bei konstanter Temperatur
vom Volumen V_2 bis auf das Volumen $V_1 + V_2$ sich ausdehnen;
die hierbei geleistete Arbeit hat den Wert

$$L_3 = p(V_1 + V_2)[l(V_1 + V_2) - l\,V_2],$$

deren Verwandlungswert W_3' also

$$W_3 = \frac{A\,p}{T}(V_1 + V_2)[l(V_1 + V_2) - l\,V_2].$$

Zum Schlusse kann auch noch das Stückchen Ätzkalk zu seiner alten Temperatur abgekühlt werden, obwohl die ihm zugeführte Wärmemenge ohnedies verschwindend klein ist, da das Stückchen Ätzkalk selbst verschwindend klein ist. Da die den Gasen zugeführte Wärmemenge keine innere Arbeit zu leisten hat, so ist der Verwandlungswert des Inbegriffes aller drei Prozesse einfach gleich $W_1 + W_2 + W_3$, also gleich

$$\frac{A\,p}{T}[V_1\,l\Omega - V_1\,l\,V_1 - V_2\,l\,V_2 - V_1\,l(\Omega + V_2) + (V_1 + V_2)l(V_1 + V_2)].$$

Da Ω eine unendliche Größe ist, so liefern die beiden Glieder

$$- V_1\,l(\Omega + V_2) + V_1\,l\,\Omega = - V_1\,l\Big(1 + \frac{V_2}{\Omega}\Big)$$

zusammen verschwindendes. Es stimmt als der zuletzt gefundene Ausdruck vollkommen mit dem Ausdrucke (2). Es scheint mir hiermit genügend bewiesen zu sein, daß die aus meiner in der Abhandlung „Über die Beziehung des zweiten Hauptsatzes der mechanischen Wärmetheorie zur Wahrscheinlichkeitsrechnung" entwickelten Theorie abgeleiteten Ausdrücke für den Verwandlungswert der Vermischung zweier Gase in der Tat der Wirklichkeit entsprechen. Noch eine andere Gattung von Prozessen kann zur Bestätigung derselben dienen. Denken wir uns ein Gasgemisch, welches irgend einer äußeren Kraft unterworfen ist, wie z. B. die Erdatmosphäre der Schwerkraft, so ist bekanntlich die Zusammensetzung des Gemisches nicht an allen Stellen dieselbe. Um sogleich einen ganz bestimmten Fall vor uns zu haben, betrachten wir die Erdatmosphäre und vernachlässigen die Abnahme der Schwere mit wachsender Höhe. Die Temperatur soll, wie es dem Falle des Wärmegleichgewichtes entspricht, überall dieselbe sein. Wir schließen ein gewisses Luftquantum an der Erdoberfläche vom Volumen V in ein Gefäß mit festen Wänden ein, ohne aber dessen Dichte und Zusammensetzung irgendwie zu verändern. Dieses Luftquantum bringen wir bei konstantem Volumen in irgend eine Höhe h über der Erdoberfläche und lassen es jetzt so lange bei konstanter Temperatur sich ausdehnen, bis es die Dichte hat, welche der Luft in der Höhe h zukommt. Die Arbeit L_2, welche es bei dieser Ausdehnung leistet, ist nicht so groß als die Arbeit L_1, welche zur Hebung des Luftquantums notwendig war (das Gefäß kann als schwerlos betrachtet werden). Dafür hat aber jenes Luftquantum zwar gleichen Druck, aber eine etwas andere Zusammensetzung als die übrige Luft, welche sich in der Höhe h befindet, und durch Mischung eines Luftquantums mit der Luft der Umgebung kann noch weitere Arbeit L_3 gewonnen werden. Nehmen wir an, es gebe ein Mittel, um jene Mischung in umkehrbarer Weise zu bewerkstelligen (wie wir Stickstoff und Kohlensäure mittels Ätzkalk mischten), so sieht man aus dem Umstande, daß auch die Hebung und Ausdehnung jener Luftmasse umkehrbare Prozesse sind, sofort, daß ein thermisches Perpetuum möglich wäre, wenn nicht

$$L_3 = L_1 - L_2$$

wäre. Wir nehmen an, daß sämtliche Prozesse so langsam geschehen, daß wir die Temperatur immer gleich der als konstant vorausgesetzten Temperatur T der Umgebung setzen können.

Sei p, q der Partialdruck des Sauerstoffs und Stickstoffs, r, s die spezifischen Gewichte dieser Gase in der Höhe z über dem Erdboden, die Werte derselben Größen am Erdboden sollen mit dem Index Null, in der Höhe h mit dem Index Eins versehen werden. Dann ist nach den Formeln für das barometrische Höhenmessen:

$$p = p_0 e^{-\frac{r_0}{p_0} z}, \quad q = q_0 e^{-\frac{s_0}{q_0} z}, \quad r = r_0 e^{-\frac{r_0}{p_0} z}, \quad s = s_0 e^{-\frac{s_0}{q_0} z}.$$

Die mit dem Index Eins versehenen Größen findet man, indem man $z = h$ setzt. Die Hebungsarbeit ist

$$L_1 = (r_0 + s_0) V h$$

$$- \int_0^h (r + s) V \, dz = (r_0 + s_0) V h - p_0 V - q_0 V + p_1 V + q_1 V.$$

Nun dehnt sich unser Luftquantum aus, bis es denselben Druck ausübt, wie die Luft in der Höhe h, also den Druck $p_1 + q_1$. Bezeichnen wir das Volumen, bis zu welchem sich dabei die Luftmasse ausdehnen muß, mit V_2, so ist also

$$V_2 = V \frac{p_0 + q_0}{p_1 + q_1}.$$

Der Druck, welchen das Luftquantum bei irgend einem Volumen u ausübt, ist

$$p = \frac{V}{u}(p_0 + q_0),$$

der Gegendruck, welchen die umgebende Luft ausübt, aber ist $p_1 + q_1$, daher findet man für die Ausdehnungsarbeit den Wert

$$L_2 = \int\limits_{V}^{V_2}(p - p_1 - q_1)\,du$$

$$= V(p_0 + q_0)[l(p_0 + q_0) - l(p_1 + q_1)] - V(p_0 + q_0) + V(p_1 + q_1).$$

Wegen $p_1 = p_0 e^{-\frac{r_0}{p_0}h}$ haben wir $r_0 h = p_0 (l p_0 - l p_1)$, ebenso $s_0 h = q_0 (l q_0 - l q_1)$; es ist also

$$(6) \quad \left\{ \begin{aligned} L_1 - L_2 &= V[p_0 l p_0 + q_0 l q_0 - p_0 l p_1 - q_0 l q_1 \\ &\quad - (p_0 + q_0) l (p_0 + q_0) + (p_0 + q_0) l (p_1 + q_1)]. \end{aligned} \right.$$

Die Arbeit L_3 dagegen können wir aus Formel (5) berechnen, indem wir mit T/A multiplizieren und dann $V_1 = \infty$ setzen. p_1 und q_1 bedeuten dann die Partialdrücke von Sauerstoff und Stickstoff im freien Raume in der Höhe h über dem Erdboden, also dieselben Größen, welche wir auch im früheren mit p_1 und q_1 bezeichnet haben; ebenso bedeutet V_2 dieselbe Größe, welche schon früher mit diesem Buchstaben bezeichnet wurde; p_2 und q_2 dagegen sind die Partialdrucke von Sauerstoff und Stickstoff unseres Luftquantums, wenn dasselbe den gleichen Druck ausübt, welcher in der Höhe h in der Atmosphäre herrscht, also nachdem dasselbe auf das Volumen V_2 ausgedehnt worden ist. Man hat also

$$(7) \qquad \frac{p_2}{p_0} = \frac{V}{V_2} = \frac{p_1 + q_1}{p_0 + q_0}, \quad \frac{q_2}{q_0} = \frac{p_1 + q_1}{p_0 + q_0}.$$

Läßt man zunächst in Formel (5) V_1 ins Unendliche wachsen und vernachlässigt Verschwindendes, so ergibt sich, nachdem man mit T/A multipliziert hat,

$$L_3 = V_2 [p_2 l p_2 + q_2 l q_2 - p_2 l p_1 - q_2 l q_1].$$

Substituiert man hier für V_2, p_2 und q_2 ihre Werte aus den Gleichungen (7), so sieht man, daß L_3 genau gleich ist der durch Formel (6) gegebenen Differenz $L_1 - L_2$. Es wäre nicht ohne Interesse, dieselben Rechnungen auch in dem allgemeineren Falle durchzuführen, daß beliebige Kräfte auf das

Gasgemenge wirken; doch kann ich mich an dieser Stelle hierauf nicht weiter einlassen.

Die Formel (2) gibt die Arbeit, welche bei konstanter Temperatur geleistet werden kann, wenn als Kompensation sich zwei verschiedene Gase, die ursprünglich die Volumina V_1 und V_2 hatten und unter demselben Drucke p standen, vermischen. Genau dieselbe Arbeit würde man gewinnen, wenn man jedes der beiden Gase bei konstanter Temperatur ohne Vermischung mit dem anderen von seinem alten auf sein neues Volumen sich ausdehnen ließe. Analoges gilt von der Formel (5). Mit T/A multipliziert, gibt sie die Arbeit, deren Gewinnung aus Wärme von der Temperatur T durch die vollständige Mischung der dort betrachteten Gase kompensiert werden kann. Wir können uns für einen Augenblick das zweite Gas ganz hinwegdenken, ohne den Prozeß, der mit dem ersten Gase vorgenommen wird, im mindesten zu verändern. Wir haben dann zu Anfang in einem Gefäße vom Volumen V_1 Gas vom Drucke p_1 und in einem zweiten vom Volumen V_2 Gas vom Drucke p_2, zum Schlusse haben wir im Volumen $V_1 + V_2$ Gas vom Drucke $(p_1 V_1 + p_2 V_2)/(V_1 + V_2)$. Diesen Übergang können wir uns auch dadurch bewerkstelligt denken, daß wir die Gasmasse, welche sich ursprünglich im ersten Gefäße befand, auf das Volumen

$$\frac{p_1 V_1 (V_1 + V_2)}{p_1 V_1 + p_2 V_2}$$

ausdehnen, dasjenige dagegen, welches sich ursprünglich im zweiten Gefäße befand, auf das Volumen

$$\frac{p_2 V_2 (V_1 + V_2)}{p_1 V_1 + p_2 V_2}$$

komprimieren. Dadurch finden wir, daß die Arbeit, welche geleistet wird, wenn das erste Gas bei hinweggedachtem zweiten, unverändert seine Zustandsänderung erfährt, den Wert

$$p_1 V_1 \, l \, p_1 + p_2 V_2 \, l \, p_2 + (p_1 V_1 + p_2 V_2) [l (V_1 + V_2) - l (p_1 V_1 + p_2 V_2)]$$

besitzt. Ganz analog findet man die Arbeit, welche gewonnen wurde, wenn das zweite Gas bei hinweggedachtem ersten, seine Zustandsveränderungen durchmachen würde. und es zeigt sich, daß die Summe dieser beiden Arbeiten genau gleich dem mit T/A multiplizierten Ausdrucke (5) ist, dessen Bedeutung wir soeben angegeben haben. Es folgt dies übrigens unmittelbar aus dem Satze, daß die Entropie eines Gemisches gleich der Summe der Entropien ist, welche den Bestandteilen zukämen, wenn sie allein vorhanden wären, woraus z. B. folgen würde, daß, wenn zwei Gase von gleichem Drucke und Volumen ineinander diffundieren und nachher das Volumen des Gemisches auf die Hälfte reduziert wird, dieser ganze Vorgang den Verwandlungswert Null hat. Dies hängt zusammen mit einer sehr einfachen Überführungsmethode des einen Gases in das andere, welche aber nur möglich ist, wenn man einen Körper (etwa eine Membran) fingiert, welche nur das eine, nicht aber das andere Gas durchläßt. Beschränken wir uns auf den Fall, wo die Gase anfangs in den Gefäßen von den Voluminhalten V_1 und V_2 getrennt vorhanden waren. Wir dehnen das erste Gas, welches von der Membran durchgelassen wird, unendlich aus, bringen es dann so mit dem zweiten in Verbindung, daß es nur durch jene Membran davon getrennt wird, und lassen es jetzt langsam in das zweite Gas sich verbreiten. Dabei soll das Volumen des ersten Gefäßes immer so verkleinert werden, daß der Druck daselbst nur unendlich wenig größer ist als der Partialdruck des ersten Gases im zweiten Gefäße; das Volum des zweiten Gefäßes dagegen soll fortwährend so vergrößert werden, daß der Gesamtdruck des Gemisches daselbst konstant gleich p bleibt. Es ist klar, daß das zweite Gas jetzt unmittelbar vom Volumen V_2 auf $V_1 + V_2$ ausgedehnt worden ist; das erste Gas aber erfuhr dieselbe Veränderung, als ob es zuerst unendlich ausgedehnt und dann wieder auf das Volumen $V_1 + V_2$ komprimiert worden wäre. Es ist klar, daß es dabei dieselbe Arbeit geleistet hat, als ob es einfach vom Volum V_1 auf das Volum $V_1 + V_2$ ausgedehnt worden wäre; man sieht also unmittelbar, daß die geleistete Arbeit dieselbe ist, als ob beide Gase ohne Mischung dieselbe Volumvermehrung erfahren hätten.

Ein interessantes hierher gehöriges Problem wäre die Beantwortung der Frage, wieviel von der Maximalarbeit gewonnen werden kann, wenn man die Gase durch einen Körper ineinander überführt, welcher beide in ungleicher Menge absorbiert, oder wenn man sie durch eine kleine Öffnung, ein poröses Diaphragma oder eine Membran ineinander diffundieren läßt, durch welche sie mit ungleicher Geschwindigkeit hindurchströmen.

46.

Zur Theorie der elastischen Nachwirkung.

(Wied. Ann. 5. S. 430—432. 1878.)

Hr. Oskar Emil Meyer erhebt gegen die Formeln, welche ich in meiner Abhandlung „Zur Theorie der elastischen Nachwirkung"[1]) aufgestellt habe, den Einwand, daß dieselben im Widerspruche ständen mit den bisher allgemein verbreiteten Anschauungen der Atomtheorie.[2]) Jene Formeln könnten nämlich mit diesen Anschauungen nur dann in Einklang gebracht werden, wenn man voraussetzt, daß sich die Nachwirkung jedes vorhergegangenen Zustandes nur auf eine unendlich kurze Zeit erstreckt, in welchem Falle sie aber aufhören, den beobachteten Phänomenen der elastischen Nachwirkung auch nur qualitativ zu entsprechen. Um Mißverständnisse zu vermeiden, will ich hierauf nur kurz bemerken, daß ich mich bei Aufstellung meiner Theorie der elastischen Nachwirkung absichtlich nicht auf die Betrachtung der zwischen den Atomen wirksamen Kräfte, deren Natur noch so vielfach dunkel ist, eingelassen habe; wie man auch seit Lamés und Clebschs Vorgang Wert darauf legt, die Gleichungen der gewöhnlichen Elastizitätslehre unabhängig von allen atomistischen Hypothesen zu begründen. Dagegen muß ich entschieden bestreiten, daß die von mir aufgestellten Gleichungen selbst in ihrer größten Allgemeinheit etwas enthielten, was mit dem bisher über die Wirksamkeit der Molekularkräfte gangbaren Ansichten in Widerspruch stände.

Wenn ich annehme, daß die in einem elastischen Körper wirkenden Kräfte nicht bloß von dem momentanen Zustande, sondern auch von den vorangegangenen Zuständen desselben abhängen, so habe ich nie daran gedacht, annehmen zu wollen, daß die zwischen den einzelnen Atomen wirkenden Kräfte

---

[1]) Diese Sammlung Bd. I Nr. 30.
[2]) Wied. Ann. 4. S. 249.

durch bereits vergangene Positionen derselben beeinflußt
würden, so daß die Atome gewissermaßen eine Erinnerung an
ihre bereits vergangenen Zustände hätten. Ich dachte mir das
vielmehr niemals anders, als daß die Gruppierung der Atome
im Innern des Körpers nicht bloß von dem momentanen,
sondern auch von den vorhergegangenen Zuständen desselben
abhängt. Wird z. B. ein elastischer Draht plötzlich gedehnt,
und dann längere Zeit bei konstanter Länge erhalten, so kann
man sich etwa vorstellen, daß durch die Dehnung an einzelnen
Stellen ungewöhnlich große Lücken zwischen den Molekülen
entstehen; sobald nun ein einer solchen Lücke benachbartes,
besonders günstig gelegenes Molekül infolge seiner Molekularbewegung zufällig gerade nach jener Lücke hin schwingt,
stürzt es dauernd in dieselbe hinein, wodurch wieder in der
Nähe eine andere Lücke entsteht, welche nach einiger Zeit
in anderer Weise ausgefüllt wird usw. Obwohl daher der
Zustand des Drahtes sich nicht in sichtbarer Weise verändert,
so verändert sich doch die Gruppierung der Moleküle im Draht
fortwährend. Es hängt daher die Gruppierung der Moleküle
nicht bloß von dem augenblicklichen Zustande des Körpers,
sondern auch von dessen vorangegangenen Zuständen ab, und
es ist begreiflich, warum dasselbe auch von den elastischen
Kräften gilt. Der elastische Körper ist gewissermaßen nicht
absolut fest. Dies ist übrigens keineswegs die einzig mögliche
Art, sich den Vorgang zu denken. Mit dem gleichen Erfolge
könnte man mit Weber, Kohlrausch und Warburg annehmen, daß in dem plötzlich gedehnten Drahte die Moleküle
sich allmählich drehen, oder daß die Drehungsachse ihrer
Wärmeschwingungen sich allmählich verändert, und eben weil
man über diese Veränderung der Gruppierung der Moleküle,
welche die elastische Nachwirkung bedingt, noch so wenig
Zuverlässiges weiß, zog ich es vor, keine darauf bezügliche
Hypothese zum Ausgangspunkte der Theorie der elastischen
Nachwirkung zu machen. Ich basierte vielmehr meine Formeln
bloß auf die Annahme, daß die durch verschiedene Deformationen bewirkten langsamen Veränderungen der Gruppierung
der Moleküle sich einfach superponieren, wenigstens in ihrem
Einflusse auf die elastischen Kräfte. So sicher nun durch
die neueren Beobachtungen konstatiert ist, daß diese Annahme

nicht allgemein gültig ist, so scheint sie in einzelnen Fällen
wenigstens angenähert zuzutreffen, und in diesen Fällen dürften
meine Formeln nicht ohne Wert sein, solange es an einer
besseren, alle Formen der elastischen Nachwirkung (Nachwirkung, welche auf Dehnung, Torsion oder Biegung folgt,
Dämpfung von Schwingungen durch Nachwirkung usw.) gleichmäßig umfassenden Theorie fehlt. Daß ich übrigens niemals
daran gedacht habe, durch meine Formeln eine auf molekular-
theoretische Betrachtungen gegründete Theorie der elastischen
Nachwirkungen überflüssig zu machen, ist wohl selbstverständlich.

47.

Remarques au sujet d'une Communication de M. Maurice Lévy, sur une loi universelle relative à la dilatation des corps.

(C. R. 87. S. 593. 1878.)

Dans un Mémoire lu à la séance du 23 septembre, M. Maurice Lévy propose la formule

$$\sum m\,m'\,f(r)\,d\,r = E\frac{d\,U}{d\,v}\cdot d\,v\,.$$

Cette formule, et toutes les conséquences que l'ingénieux auteur en déduit, seraient vraies si, dans un corps chaud, chaque molécule était en repos et si, par suite, deux molécules avaient une distance r indépendante de la température, seulement dépendante du volume du corps. Malheureusement les molécules sont en mouvement, leur distance r prend, en chaque état du corps, une infinité de valeurs.

La force *moyenne* qui agit entre deux molécules ne dépend pas seulement de la distance *moyenne* de ces deux molécules, mais elle est une fonction tout à fait inconnue de toutes les distances que prennent ces molécules pendant leur mouvement de chaleur; et comme la série de ces distances diverses que parcourent les molécules pendant leur mouvement dépend non-seulement du volume, mais aussi de la température, l'expression

$$E\frac{d\,U}{d\,v}\,d\,v$$

doit aussi être fonction, non-seulement du volume, mais aussi de la température.

En exemple expérimental, en contradiction avec le théorème énoncé par M. Lévy, à savoir que., *si l'on échauffe un corps, quel qu'il soit, sous volume constant, la pression qu'il exerce sur les parois immobiles de l'enceinte qui le renferme ne peut que croître, en toute rigueur, proportionnellement à sa température*, se rencontre dans l'eau fluide. Si l'on a exactement 1 gramme d'eau, occupant exactement 1 centimètre cube, et qu'on échauffe cette quantité d'eau sous volume constant de zéro C., jusqu'à une température plus élevée de 4 degrés C., la pression deminue au commencement jusqu'à ce que l'eau atteigne la température d'à peu près 4 degrés C.: à ce moment, la pression est une atmosphère; en échauffant l'eau davantage, la pression monte de nouveau.

48.

Nouvelles remarques au sujet des Communications de M. Maurice Lévy, sur une loi universelle relative à la dilatation des corps.

(C. R. 87. S. 773. 1878.)

Mes objections s'appliquent aussi bien à la Note de M. Lévy lue à la séance du 30 septembre, que je ne connaissais pas lorsque j'ai adressé à l'Académie mes premières remarques.[1]) Dans cette Note, M. Lévy propose la formule

$$\Sigma T_e f = \Sigma_i (X_i \, d \, x_i + Y_i \, d \, y_i + Z_i \, d \, z_i).$$

Si x_i, y_i, z_i sont simplement les coordonnées d'une molécule à un certain état du corps, cette formule manque de sens; car, dans chaque état du corps, chaque molécule est en mouvement continu, et ses coordonnées ont, par conséquent, une infinité de valeurs.

Si au contraire, x_i, y_i, z_i sont les valeurs *moyennes* des coordonnées, la formule n'est pas exacte; car, en général, les forces mutuelles des molécules ne dépendent pas seulement des coordonées *moyennes*.

---

[1]) Nr. 47 dieses Bandes.

49.

Notiz über eine Arbeit des Hrn. Oberbeck über induzierten Magnetismus.

(Wien. Anz. 15. S. 203—205. 7. Nov. 1878.)

In einer unlängst erschienenen Abhandlung prüfte Hr. Oberbeck den im weichen Eisen induzierten Magnetismus nach folgender Methode: Er wand um einen eisernen Ring von kreisförmiger Mittellinie zwei Drähte an zwei verschiedenen Stellen, jeden in mehreren senkrecht auf der Mittellinie des Ringes stehenden Windungen. Durch einen derselben schickte er einen Strom und beobachtete die Induktionsströme, die beim Schließen und Öffnen dieses Stromes in dem zweiten Drahte entstanden. Es ergab sich, daß die Intensität dieser Induktionsströme nur um wenige Prozente sich änderte, wenn bei gleichbleibender Lage der induzierenden Spirale die Induktionsspirale über die verschiedenen Stellen des Ringes geschoben wurde. Er schloß daraus, daß das Eisen auch dort magnetisch wird, wo keine magnetisierenden Kräfte wirken, und daß daher die von Kirchhoff modifizierte Poissonsche Magnetisierungstheorie falsch sei. Aus dieser Magnetisierungstheorie folgt nun allerdings, falls die Magnetisierungskonstante der Substanz sehr klein ist, daß magnetische Momente in der Substanz nur dort auftreten, wo eine magnetisierende Kraft von außen einwirkt. Es steht dagegen vollkommen mit ihr im Einklange, wenn beim Eisen, dessen Magnetisierungskonstante groß gegen die Einheit ist, durch die Wirkung der von der äußeren magnetisierenden Kraft angegriffenen Eisenmoleküle auf die benachbarten und durch die Wirkung der letzteren wieder auf die ihnen benachbarten der Magnetismus an Stellen des Eisenkörpers übertragen wird, wo längst schon die äußeren magnetisierenden Kräfte verschwinden, nicht aber die von der magnetisierten Eisenmasse herrührenden; daß letztere viel größer sein können

als die äußeren magnetisierenden Kräfte, beweist die Bemerkung
Oberbecks, daß die strominduzierende Kraft des Eisenringes
viel größer war, als die des primären Stromes. Unter Anwendung der von Kirchhoff (Crelles Journ. 48) entwickelten
Formel, und unter Zuziehung des Prinzips, welches ich bei
Berechnung der Strömung der Elektrizität auf einer Zylinderfläche anwendete, gelang es mir, den von Oberbeck experimentell geprüften Fall nach der Poissonschen Theorie zu
berechnen. Folgendes ist das Resultat. Sei eine einzige
induzierende Windung vom Radius s und eine einzige, in der
induziert wird, vom Radius r um den Eisenring geschlungen.
Jede sei ein senkrecht auf der Mittellinie des Ringes stehender
Kreis dessen Zentrum in jene Mittellinie fällt. g sei der Radius
eines Querschnittes des Eisenringes senkrecht zur Mittellinie.
Die kreisförmig gedachte Mittellinie habe den Radius R.
ϑ sei der Winkelabstand der induzierenden und Induktionswindung (d. h. der Winkel der Ebenen beider Windungen). Wird
in der induzierenden Windung ein Strom von der Intensität i
erzeugt, so soll durch die Wirkung des Eisenringes in der
Induktionswindung ein Strom entstehen, für welchen $\int i\,dt = p$
sei. Beide Stromintensitäten müssen in demselben Maße gemessen sein. Der gesamte Widerstand, welchen dieser Induktionsstrom zu durchfließen hat (in elektromagnetischem Maße gemessen) sei w. Es ist dann p als Funktion von ϑ zu suchen.
Das Mittel der zu den verschiedenen Werten von ϑ gehörigen
Werte dieser Funktion sei q. Ich finde dann, wenn ich sogleich die Reihenentwicklung anwende:

$$\frac{p}{q} = 1 + 2 \sum_{n=1}^{n=\infty} \frac{\left[1 + (a+l\sigma-1)\sigma + (a+l\sigma-\frac{5}{2})\frac{\sigma^2}{2}\cdots\right]}{1 + \frac{wn^2 q}{8\pi i R}\left[-a-l\gamma+\left(2-\frac{3a}{2}-\frac{3l\gamma}{2}\right)\gamma+\left(\frac{7}{4}-\frac{5a}{6}-\frac{5l\gamma}{6}\right)\gamma^2+\cdots\right|}$$

$$\cdot\left[1+(a+l\varrho-1)\varrho+(a+l\varrho-\tfrac{5}{2})\frac{\varrho^2}{2}\cdots\right]\cdot\left[1+\frac{3\gamma}{2}+\frac{5\gamma^2}{6}\cdots\right]\cos n\vartheta.$$

Dabei ist

$$\gamma = \left(\frac{ng}{2R}\right)^2, \qquad \varrho = \left(\frac{nr}{2R}\right)^2, \qquad \sigma = \left(\frac{ns}{2R}\right)^2,$$

$$a = 2\cdot 0{,}5772157 = 1{,}1544314.$$

l bedeutet den natürlichen Logarithmus. Für die praktische
Anwendung dürften, wenn R einigermaßen groß gegen g, r

und s ist, selbst die Glieder mit γ^2, ϱ^2 und σ^2 vernachlässigt werden können und es dürfte genügen, von der Summe die beiden Glieder, für welche $n = 1$ und $n = 2$ ist, beizubehalten, in welchem Falle die numerische Rechnung nach der Formel gar nicht allzu weitläufig sein dürfte. Die Formel gilt, wenn man die Bedeutung von ϑ entsprechend modifiziert, auch angenähert für nichtkreisförmige Mittellinien und ist leicht auf den Fall zu übertragen, wo mehrere induzierende und Induktionswindungen sind. In erster Annäherung braucht man dann nur im Nenner die Größe $w\,n^2\,q\,/\,8\,\pi\,i\,R$ noch durch das Produkt der Anzahl der induzierenden und der Anzahl der Induktionswindungen zu dividieren. Es würde sich also darum handeln, zu prüfen, ob diese Formel mit den Versuchen in Einklang steht.

50.

Über das Mitschwingen eines Telephons mit einem anderen.

(Wien. Anz. 16. S. 71—73. 13. März. 1879.)

Das Mitschwingen eines Telephons mit einem anderen wird durch Induktionsströme erzeugt; die Intensität derselben ist nicht der Ausweichung, sondern der Geschwindigkeit der schwingenden Eisenplatte proportional. Da nun die „Kurve der Geschwindigkeiten" um ein Viertel der Ganzschwingungsdauer gegen die „Kurve der Ausweichungen" verschoben ist (d. h. da die größte Geschwindigkeit eintritt, wenn die Ausweichung Null ist), so schloß Dubois-Reymond, daß sämtliche Sinusschwingungen im mitschwingenden Telephon um ein Viertel Ganzschwingungsdauer gegen die des empfangenden verschoben sein müssen. Aus Herwigs Experimenten (Wiedemanns Annalen) dagegen geht in kaum anfechtbarer Weise hervor, daß eine solche Verschiebung nicht existiere. Es zeigte nun Helmholtz (ebendort) durch Rechnung, daß die Schlüsse Dubois-Reymonds nur bedingt anwendbar sind. Denken wir uns plötzlich eine magnetisierende Kraft auf den Telephonkern wirkend, welche dessen Magnetismus zu schwächen strebt, so wird eine gewisse Zeit notwendig sein, bis die dadurch erzeugten Induktionsströme abgelaufen sind. Wenn nun diese Zeit verschwindet gegen die Schwingungsdauer des ins Telephon gesungenen Tones, so sind die Schlüsse Dubois-Reymonds anwendbar, wenn sie dagegen umgekehrt groß gegenüber jener Schwingungsdauer ist, so tritt keine Phasenverschiebung ein. (Eine ähnliche Rolle spielt die Zeit, die zur Bildung und zum Verschwinden des Magnetismus jedes Telephons nötig ist, deren doppelte Wirksamkeit aber stören könnte.) Man kann sich das Helmholtzsche Resultat veranschaulichen, wenn man statt des erregenden Tones z. B. die Bewegung des Mondes, statt des

mitschwingenden Telephons die dadurch erzeugte Ebbe und
Flut setzt. Könnte das Meer der Mondanziehung augenblicklich folgen, so würde die Flut genau zur Zeit der Mond-
kulmination und um 12 Stunden später stattfinden. Wäre
dagegen die Zeit, welche das Meer braucht, um dieser Anziehung zu folgen, sehr groß gegen die scheinbare Umlaufszeit
des Mondes, so müßte das Meer fast so lange steigen als der
Mond aufwärts zieht, also fast bis 3 Stunden nach der Kulmination. Die Wirklichkeit liegt bekanntlich zwischen beiden
Fällen. Ähnlich verhält sich das Telephon. Könnte der
Induktionsstrom den magnetisierenden Kräften augenblicklich
folgen, so würde das Maximum des Magnetismus des mitschwingenden Telephons und die größte Änderung des Magnetismus im empfangenden Telephone gleichzeitig mit der größten
Änderung der magnetisierenden Kraft, welche die durch den
Schall erregte Eisenplatte auf das Telephon ausübt, statt-
finden. — Im entgegengesetzten Falle müssen die Maxima und
Minima des Induktionsstromes wenigstens annähernd zur Zeit
der Maxima und Minima der magnetisierenden Kraft, welche
die durch den Schall erregte Eisenplatte auf den Telephonkern ausübt, stattfinden. Da man die Schwingungen der
Telephonplatten nicht direkt sehen kann, so veranlaßte ich
Hrn. Klemenčič behufs direkter Beobachtung telephonischer
Schwingungen vor dem einen Telephon eine magnetisierte
Stahlfeder, vor dem andern aber eine magnetisierte Zinke einer
elektromagnetischen Stimmgabel aufzustellen. Beide Telephone
hatten weiche Eisenkerne, welche auf ihrer ganzen Länge mit
feinem Drahte überwickelt waren. Die Feder wurde einmal
direkt durch die Fernwirkung der Stimmgabelzinke, dann durch
das Telephon ins Mitschwingen versetzt; endlich wurde noch
zwischen beide Telephone eine Induktionsrolle eingeschaltet,
so daß erst Induktionsströme zweiter Ordnung das Mitschwingen
bewirkten. In allen drei Fällen zeigte sich das Maximum des
Mitschwingens, sobald die Feder die Phasendifferenz einer
Viertelganzschwingung gegen die Stimmgabelzinke hatte. Die
Stimmgabel machte dabei 25 bis etwa 60 Ganzschwingungen
in der Sekunde; soweit bisher die Genauigkeit der Beobachtung
reicht, müßte also selbst bei so langsamen Schwingungen die
Magnetisierungszeit groß gegen die Schwingungsdauer sein.

Die Beobachtungsmethode, welche Herr Klemenčič dabei einschlug, war die stroboskopische, und zwar in der von Ettingshausen bei seinen Beobachtungen über Stimmgabelschwingungen angewandten Form. Er hofft dieselbe noch bedeutend verfeinern zu können, um den jedenfalls kleinen Unterschied der Phasenverschiebungen von einer Viertelganzschwingung nachzuweisen. Schließlich sei noch folgende Bemerkung erlaubt. Sei die magnetisierende Stimmgabelzinke und die Feder ein Nordpol; der Draht sei um beide Telephonkerne im selben Sinne gewickelt. Nach Helmholtz' Theorie wächst im ersten Telephonkerne fast so lange der Südmagnetismus, als die augenblickliche Lage der Zinke ihm näher ist als die Ruhelage der Zinke. Während dieser Zeit erzeugen also die Induktionsströme im wirkenden Ende des zweiten Telephonkernes einen Nordpol, welcher die Feder abstößt. Für den Fall des Maximums des Mitschwingens wird also die Feder sich während dieser ganzen Zeit vom Telephon wegbewegen. Diese Konsequenz der Theorie stimmt ebenfalls mit den Beobachtungen des Hrn. Klemenčič.

51.

Über die auf Diamagnete wirksamen Kräfte.

(Wien. Ber. 80. S. 687—714. 1879.)

1. Allgemeine Betrachtungen.

Sogleich nachdem ich die Abhandlung von Toepler und Ettingshausen „Messungen über diamagnetisch - elektrische Induktionsströme" (Pogg. Ann. 160) durchgelesen hatte, machte ich den letzteren darauf aufmerksam, daß unsere Kenntnis über den Diamagnetismus durch eine direkte von einer Vergleichung mit dem Eisenmagnetismus unabhängige numerische Berechnung der sogenannten Diamagnetisierungskonstante weit mehr gefördert werden dürfte, als durch Vergleich der Intensität des Wismut-Diamagnetismus mit der des Eisenmagnetismus. Erstere Berechnung aber ist meines Wissens bisher noch nicht versucht worden. Verschiedene ungünstige Umstände erschweren nämlich außerordentlich die exakte Bestimmung der Magnetisierungszahl des Eisens. Erstens ist dieselbe keine Konstante, sondern eine komplizierte Funktion der magnetisierenden Kraft selbst; ferner ist ihr Wert für die verschiedenen Eisensorten sehr verschieden, und zwar nicht nur von der chemischen Beschaffenheit, sondern fast mehr noch von der Molekularstruktur des Eisens abhängig; so daß sie für ein und dasselbe Eisenindividuum und ein und dieselbe Scheidekraft total verschiedene Werte annehmen kann, wenn man dasselbe einige Zeit vorher der Wirkung stärkerer oder schwächerer magnetisierender Kräfte ausgesetzt hat. (Vgl. Ettingshausen „Über die Magnetisierung von Eisenringen", Wien. Anz. vom 17. Juli 1879.) Dazu kommt noch, daß für das Eisen die Berechnung der Magnetisierungszahl durch den

---

[1] Voranzeige dieser Arbeit Wien. Anz. 16. S. 250. 23. Okt. 1879.

überwiegenden Einfluß der Wirkung der Eisenteilchen auf sich selbst erschwert wird. Freilich haben Weber, Toepler und Ettingshausen dabei ein mit Magnetismus nahezu gesättigtes Eisenstück zugrunde gelegt, in welchem Zustande das Eisen sich verhältnismäßig regelmäßig verhält. Doch weichen auch die Angaben bezüglich des magnetischen Momentes eines Milligramms gesättigten Eisens nicht unerheblich voneinander ab. Weber findet dafür aus seinen Versuchen in den bekannten Gaussschen Einheiten die Zahl 2325. (Elektro-dynamische Maßbestimmungen S. 573.) Stefan dagegen findet in seiner Abhandlung „Theorie der magnetischen Kräfte", Wien. Ber. **64**. S. 206, den Wert 1810, während Wiedemann aus den Weberschen Versuchen den Wert 1808 ableitet. (Vgl. dessen Lehre von den Wirkungen des galvanischen Stromes in die Ferne, 1. Abt., 2. Aufl. S. 405.) Von den Werten von β, welche Waltenhofen, Pogg. Ann. **137**. S. 529, zusammenstellt, liefert der kleinste für das magnetische Moment eines Milligramms gesättigten Eisens die Zahl 1872, der größte die Zahl 2538; der Wert von β, den Waltenhofen eben dort auf S. 523 zitiert, liefert sogar den Wert 2616. Zudem ist keiner dieser Werte direkt bestimmt, sondern alle sind aus mehr oder weniger hypothetischen Formeln hergeleitet, und die Formel, nach welcher Weber, Toepler und Ettingshausen die Abweichung ihrer Eisenstücke vom vollkommen gesättigten Zustande berechnen, ist erst recht hypothetisch; deshalb schien es mir wahrscheinlich, daß sich, weil beim Wismut die eben angeführten ungünstigen Umstände größtenteils entfallen, die Diamagnetisierungszahl des Wismut, trotz ihrer außerordentlichen Kleinheit mit ungleich größerer Schärfe müsse bestimmen lassen, als selbst das Moment des gesättigten Eisens bisher bekannt ist. Sollte diese Vermutung gerechtfertigt sein, so müßte es selbstverständlich höchst unvorteilhaft erscheinen, den Diamagnetismus des Wismut mit dem Magnetismus des Eisens zu vergleichen und dann erst indirekt aus irgendwelchen an anderen Eisenstücken ausgeführten absoluten Messungen, vielleicht sogar unter Beiziehung von Formeln, die nur angenähert richtig sind, die Diamagnetisierungszahl des Wismuts zu berechnen. Die Möglichkeit der direkten absoluten Bestimmung der Diamagnetisierungszahl des Wismuts schien mir am sichersten

daraus hervorzugehen, daß die bereits eingangs zitierte, mit
außerordentlicher Sorgfalt durchgeführte Experimentalunter-
suchung von Toepler und Ettingshausen alle zu dieser
Bestimmung notwendigen Angaben bis auf einige wenige enthält, und daß eine bloße Wiederholung dieser Versuche oder
vielleicht selbst eine bloße direkte Bestimmung des magnetischen Momentes, welches dieses Eisenstäbchen gerade unter
diesen Umständen annimmt, schon eine independente Bestimmung der Diamagnetisierungszahl liefern würde. Prof.
Ettingshausen entschloß sich auch sofort, sowohl nach dieser
als auch nach einer auf dem von Weber, Pogg. Ann. 73.
S. 241, beschriebenen Verfahren beruhenden Methode derartige
absolute Bestimmungen auszuführen. Es sind jedoch diese
Methoden keineswegs die einzigen, nach welchen die Diamagnetisierungszahl bestimmt werden kann.

Eine andere Methode der direkten Bestimmung der Diamagnetisierungszahl, welche eine ebenso große, vielleicht noch
größere Genauigkeit zulassen dürfte, wäre die der Messung der
Kraft, welche auf diamagnetische Körper im nicht homogenen
magnetischen Felde ausgeübt wird. Da also diese Methode
für die Praxis von großer Wichtigkeit zu sein scheint und
auch von theoretischem Interesse sein dürfte, indem sie meines
Wissens das erste Beispiel einer Anwendung der allgemeinen
Theorie des Diamagnetismus auf einen speziellen für die experimentelle Beobachtung geeigneten Fall liefert, so will ich
an dieser Stelle die ziemlich komplizierte Theorie derselben
entwickeln. Früher jedoch will ich die allgemeinen für diamagnetische Medien geltenden Gleichungen in eine Form
bringen, welche für den erwähnten Zweck am geeignetsten zu
sein scheint.

Die Theorie der diamagnetischen Influenz fällt fast vollständig zusammen mit der der magnetischen und dielektrischen;
nur daß die Diamagnetisierungszahl negativ ist, während die
entsprechende Zahl für die Magnetisierung und Dielektrisierung
positiv ist. Man könnte daher wohl glauben, daß sie zu gar
keinen besonderen Betrachtungen Veranlassung geben könnte.
Es ist auch weniger diese Abnormität im Zeichen der Konstante,
welche die Theorie der Diamagnetisierung in mathematischer
Beziehung charakterisiert, als vielmehr die außerordentliche

Kleinheit der Diamagnetisierungskonstante. Letztere bewirkt
nämlich, daß die Wechselwirkung der Teilchen des diamagnetischen Körpers vernachlässigt werden kann, und daß das auf
die Volumeneinheit bezogene magnetische Moment des diamagnetischen Körpers an jeder Stelle und nach jeder Richtung
gleich ist der Intensität der von außen auf den Körper wirkenden
magnetisierenden Kraft an jener Stelle und in jener Richtung
multipliziert mit der bereits oben besprochenen Diamagnetisierungszahl k. Das Produkt ist mit negativen Zeichen zu
nehmen, wenn man ein magnetisches Moment als positiv bezeichnet, sobald die Koordinate des nordmagnetischen Fluidums
größer ist als die des südmagnetischen. Bezeichnen daher
α, β und γ die nach den Koordinatenachsen geschätzten, auf
die Volumeneinheit bezogenen magnetischen Momente an irgend
einer Stelle des diamagnetischen Körpers, ferner X, Y, Z die
Komponenten der äußeren magnetisierenden Kraft auf die
Einheit des magnetischen Fluidums, so ist:

(1) $$\alpha = -kX, \quad \beta = -kY, \quad \gamma = -kZ.$$

Das magnetische Moment des Volumelementes $dx\,dy\,dz$ bezüglich der X-Achse kann man sich dadurch entstanden denken,
daß die beiden Endflächen des Volumelementes, welche senkrecht auf der X-Achse stehen, mit den Magnetismen $+\alpha\,dy\,dz$
und $-\alpha\,dy\,dz$ bedeckt sind. Die Endflächen des nächstfolgenden Volumelementes, welches sich von dem vorhergehenden dadurch unterscheidet, daß $x+dx$ an die Stelle von x
tritt, sind dann mit den Magnetismen

$$+\left(\alpha+\frac{d\alpha}{dx}dx\right)dy\,dz \quad \text{und} \quad -\left(\alpha+\frac{d\alpha}{dx}dx\right)dy\,dz$$

bedeckt. Es bleibt daher auf der Trennungsfläche beider
Volumelemente der freie Magnetismus $-(d\alpha/dx)dx\,dy\,dz$ und
man kann, wenn man unendlich Kleines höherer Ordnung vernachlässigt, bezüglich der Fernwirkung desselben annehmen,
er sei gleichförmig im ganzen ersten Volumelemente verbreitet.
Dehnt man dieselben Betrachtungen auf die beiden anderen
Koordinatenachsen aus, so erhält man für den gesamten freien
Magnetismus im Volumelemente $dx\,dy\,dz$ den hinlänglich bekannten Wert:

(2) $$-\left(\frac{d\alpha}{dx}+\frac{d\beta}{dy}+\frac{d\gamma}{dz}\right)dx\,dy\,dz.$$

Genau denselben Wert würde man auch für die Wärmemenge erhalten, welche sich in der Zeiteinheit im Volumelemente $dx\,dy\,dz$ ansammelt, wenn α, β, γ die nach den
Koordinatenachsen geschätzten Komponenten des Wärmestromes
wären. Substituiert man in den Ausdruck (2) die Werte (1)
und nimmt an, daß k konstant ist, und daß die äußeren Kräfte
eine Potentialfunktion φ haben, für welche

$$\frac{d^2\varphi}{dx^2} + \frac{d^2\varphi}{dy^2} + \frac{d^2\varphi}{dz^2} = 0$$

ist, so findet man, daß im Innern des diamagnetischen Körpers
nirgends freier Magnetismus auftritt, was übrigens auch schon
daraus folgt, daß auch gemäß der allgemeineren Poissonschen
Magnetisierungstheorie bei konstanter Magnetisierungszahl im
Innern des magnetischen Körpers nirgends freier Magnetismus
auftreten kann.

Wir wollen ferner mit N_i diejenige Komponente der äußeren
magnetisierenden Kräfte an irgend einer Stelle der Oberfläche
des diamagnetischen Körpers bezeichnen, welche in der Richtung der daselbst nach innen zur Oberfläche errichteten Normalen wirkt, so ist $- k\,N_i$ das magnetische Moment des Volumelementes, welches daselbst unmittelbar der Oberfläche anliegt.
Wir können uns dasselbe als einen Zylinder denken, dessen
Basis das Oberflächenelement do und dessen Höhe etwa dn
sei. Das magnetische Moment dieses Zylinders in der Richtung
der nach innen gerichteten Normalen ist dann $- k\,N_i\,do\,dn$
und man kann sich dasselbe dadurch erzeugt denken, daß auf
dem Oberflächenelemente do die Quantität $k\,N_i\,do$, auf der
Gegenfläche die entgegengesetzte Quantität magnetischen Fluidums vorhanden ist. Da wir bereits wissen, daß der in das
Innere fallende Magnetismus durch die entgegengesetzten
Magnetismen der benachbarten Volumelemente neutralisiert
wird, so bleibt bloß auf jedem Oberflächenelemente der freie
Magnetismus $k\,N_i\,do$ übrig, auf den in der Richtung der Koordinatenachsen die Kräfte

(3) $k\,N_i\,X\,do,\quad k\,N_i\,Y\,do,\quad k\,N_i\,Z\,do$

wirken. Integriert man diese Ausdrücke über die ganze Oberfläche, so erhält man die Kräfte, welche auf den diamagnetischen Körper in der Richtung der Koordinatenachsen wirken;

sucht man die Momente der drei auf ein Oberflächenelement
wirkenden Kräfte und integriert wieder über die ganze Oberfläche, so erhält man die Momente, welche auf den diamagnetischen Körper wirken. Die Kräfte, welche auf diamagnetische
Körper wirken, wurden schon von van Rees und Thomson
einer speziellen Untersuchung unterzogen. (Ersterer Pogg.
Ann. 90. S. 434, letzterer Cambridge and Dublin math. Journal 2.
1847, S. 230, Phil. Mag. (3) 37. S. 241, 1851, (4) 9. S. 246,
Pogg. Ann. 82. S. 245, Report of the british association for
the advancement of science held in august 1848, London 1849,
S. 8.) Dieselben hatten aber hauptsächlich nur das Ziel vor
Augen, zu zeigen, daß kleine magnetische oder diamagnetische
Körper nach der Richtung der stärksten Kraftzunahme bzw.
Abnahme getrieben werden und gelangten nicht zu den hier
entwickelten Formeln.

Die bisher entwickelten Ausdrücke lassen noch eine Um-
formung zu, zu welcher wir jetzt übergehen wollen und welche
eine Formel liefert, die gerade für unsere Zwecke ganz besonders bequem ist. Um diese Formel zu erhalten, müssen
wir die sämtlichen Magnetismen der Betrachtung unterziehen,
welche an der Oberfläche eines Volumelementes $do = dx\,dy\,dz$
eines diamagnetischen Körpers vermöge der magnetischen
Momente des Volumelementes aufgehäuft sind und dann die
äußeren Kräfte suchen, welche auf alle diese Magnetismen
wirken. Die drei nach den Koordinatenachsen geschätzten
magnetischen Momente des Volumelementes sind durch die
Formeln (1) gegeben, und wir sahen bereits, daß wir uns an
den beiden Endflächen, welche senkrecht auf der x-Achse
stehen, die Magnetismen $k\,X\,dy\,dz$ und $-\,k\,X\,dy\,dz$ angehäuft
denken können, wovon der positive Magnetismus auf der Seite
der negativen x-Achse liegt. Die Gesamtkraft, welche die
äußeren Kräfte auf diese beiden Magnetismen in der Richtung
der Koordinatenachsen ausüben, ist:

$$-\,k\,X\,\frac{dX}{dx}\,do\,,\quad -\,k\,X\,\frac{dY}{dx}\,do\,,\quad -\,k\,X\,\frac{dZ}{dx}\,do\,,$$

die Drehungsmomente derselben Kräfte um die y- und z-
Achse sind

$$-k\,XZ\,do\,,\quad +\,k\,XY\,do\,.$$

Stellt man dieselben Betrachtungen für die vier anderen Endflächen des Volumelementes do auf, so erhält man für die Drehungsmomente, welche dasselbe durch die äußeren Kräfte erfährt, den Wert Null, für die Komponenten $\xi\,do$, $\eta\,do$, $\zeta\,do$ aber, welche darauf in der Richtung der Koordinatenachsen wirken, ergeben sich die Werte:

$$\xi\,do = -k\left(X\frac{dX}{dx} + Y\frac{dX}{dy} + Z\frac{dX}{dz}\right)do,$$

$$\eta\,do = -k\left(X\frac{dY}{dx} + Y\frac{dY}{dy} + Z\frac{dY}{dz}\right)do,$$

$$\zeta\,do = -k\left(X\frac{dZ}{dx} + Y\frac{dZ}{dy} + Z\frac{dZ}{dz}\right)do.$$

Wir können auf diese Ausdrücke nun ganz dieselben Betrachtungen anwenden, welche Thomson in der ersten der zitierten Abhandlungen auf die Kräfte anwendet, die auf eine kleine Kugel wirken. Wenn die äußeren Kräfte ein Potential haben, so ist:

$$\frac{dX}{dy} = \frac{dY}{dx}, \quad \frac{dX}{dz} = \frac{dZ}{dx}, \quad \frac{dY}{dz} = \frac{dZ}{dy},$$

daher

$$\xi\,do = -k\left(X\frac{dX}{dx} + Y\frac{dY}{dx} + Z\frac{dZ}{dx}\right) = -\frac{k}{2}\frac{d(R^2)}{dx},$$

$$\eta\,do = -k\left(X\frac{dX}{dy} + Y\frac{dY}{dy} + Z\frac{dZ}{dy}\right) = -\frac{k}{2}\frac{d(R^2)}{dy},$$

$$\zeta\,do = -k\left(X\frac{dX}{dz} + Y\frac{dY}{dz} + Z\frac{dZ}{dz}\right) = -\frac{k}{2}\frac{d(R^2)}{dz},$$

wobei R die Gesamtintensität der äußeren Kraft ist, welche auf die Einheit des Magnetismus wirken würde, wenn letztere im Volumelemente do konzentriert wäre.

Erfährt nun jedes Volumelement in der Richtung der Koordinatenachsen drei unendlich kleine Verschiebungen δx, δy, δz, so ist die gesamte dabei geleistete Arbeit:

$$\int(\xi\,\delta x + \eta\,\delta y + \zeta\,\delta z)\,do.$$

Substituieren wir hier die obigen Werte, so ergibt sich unmittelbar:

$$(4)\qquad \int(\xi\,\delta x + \eta\,\delta y + \zeta\,\delta z)\,do = -\frac{k}{2}\,\delta\int do\,R^2.$$

Ist der diamagnetische Körper fest, so will ich lieber die drei Verschiebungen, welche er parallel den drei Koordinatenrichtungen erfährt, mit δx, δy, δz, die drei Drehungen aber um die Koordinatenachsen mit $\delta\lambda$, $\delta\mu$, $\delta\nu$ bezeichnen. Ferner wollen wir mit ξ, η, ζ die nach den Koordinatenachsen geschätzten Komponenten der Resultierenden aller auf den diamagnetischen Körper wirkenden Kräfte und mit L, M, N die Momente aller dieser Kräfte bezeichnen. Dann tritt an die Stelle von

$$\int (\xi\,\delta x + \eta\,\delta y + \zeta\,\delta z)\,do$$

bekanntlich der Ausdruck

$$\xi\,\delta x + \eta\,\delta y + \zeta\,\delta z + L\,\delta\lambda + M\,\delta\mu + N\,\delta\nu$$

und wir erhalten daher

$$(5) \quad \xi\delta x + \eta\delta y + \zeta\delta z + L\delta\lambda + M\delta\mu + N\delta\nu = -\frac{k}{2}\,\delta\int R^2\,do.$$

Diese Formel ist gerade bei Berechnung der auf einen diamagnetischen Körper wirkenden Kräfte von sehr großem Vorteil, da der Wert der Größe R an einer bestimmten Stelle des Raumes durch die Variation nicht verändert wird, weshalb man die Variation des Integrals auch in dieser Form schreiben kann:

$$(6) \quad \delta\int R^2\,dv = \int R^2\,dw - \int R^2\,d\omega,$$

wobei $\int dw$ den Inbegriff der Volumelemente bezeichnet, welche nach, nicht aber vor der virtuellen Verschiebung mit Materie des diamagnetischen Körpers erfüllt waren, $\int d\omega$ aber bezeichnet umgekehrt den Inbegriff der Volumelemente, welche vor, nicht aber nach der virtuellen Verschiebung vom diamagnetischen Körper erfüllt wurden. Es steht dies in vollkommener Übereinstimmung mit dem längst bekannten Satze, daß die Arbeit, welche zur Magnetisierung eines Körpers notwendig ist, gleich $(k/2)\int R^2\,do$ ist (vgl. z. B. Maxwell a dynamical theorie of the magnetical field, London Philos. transactions 155. part 1, S. 487. Die daselbst mit μ bezeichnete Konstante hat den Wert $4\pi k$). Es kann dieser Satz übrigens unmittelbar in folgender Weise eingesehen werden. Denken wir uns ein Volumelement dv als Zylinder, dessen Achse parallel R ist, dessen Basis die Fläche do hat. Denken wir uns das magnetische Moment dadurch entstanden, daß der Südmagnetismus $-m$ unbeweglich bleibt, der Nordmagnetismus $+m$ aber anfangs mit dem Südmagnetismus vereinigt war und allmählich mit wachsender magnetisierender Kraft fortrückt. Wenn die magnetisierende Kraft noch nicht ihren Endwert, sondern erst den Wert R' erreicht hat, betrage die Fortrückung f', beim Endwerte R sei sie f, die beim Fortrücken geleistete Arbeit ist dann $\int_0^f m R' df'$. Ferner ist mf'' das magnetische Moment des Volumelementes gleich $k R' dv$, daher $m df = dv\, d(k R')$. Für die Magnetisierungsarbeit erhalten wir also den Wert $\int_0^R dv\, R'\, d(k R')$ und wenn k konstant ist $(k R^2/2)\, dv$. Ich will nunmehr zur Anwendung dieser allgemeinen Gleichungen auf diejenigen Probleme schreiten, welche mir für die experimentelle Beobachtung am geeignetsten erscheinen.

2. Wirkung einer zylindrischen Spirale auf einen koaxialen diamagnetischen Zylinder.

Um die obigen Formeln auf diesen Fall anzuwenden, müssen wir zunächst die Kräfte aufsuchen, welche die Spirale auf die in irgend einem Punkte des Raumes konzentriert gedachte Einheit nordmagnetischen Fluidums ausübt. Man erhält diese Kraft durch Integration aus der Kraft, welche ein kreisförmiger Stromleiter ausübt. Die Wirkung eines Kreisstromes

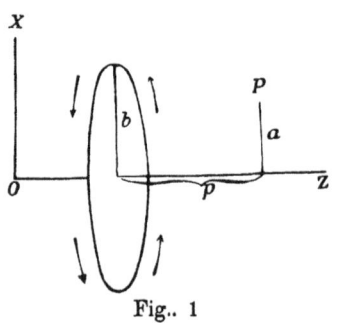

Fig.. 1

aber auf irgend einen Magnetpol ist schon wiederholt berechnet worden. (Vgl. Wiedemann, Die Lehre von der Wirkung des galvanischen Stromes in der Ferne, 2. Aufl., 1. Abt., S. 182.) Ich kann daher hier sofort von diesen Formeln Gebrauch machen, und zwar will ich dabei größtenteils die Bezeichnungen anwenden, welche auch Wiedemann l. c. anwendet. Der Kreisstrom vom Radius b befinde sich in der XY-Ebene, senkrecht darauf durch seinen Mittelpunkt geht die Z-Achse, und zwar scheine

der Strom dem auf der Seite der positiven Z-Achse befindlichen Beobachter dem Uhrzeiger entgegengesetzt zu fließen,
der Magnetpol P (Fig. 1), von dem wir voraussetzen, daß
er die Einheit nordmagnetischen Fluidums enthalte, habe
die Distanz p von der Ebene des Kreisstromes, den Abstand a von der Z-Achse und liege in der XZ-Ebene; i ist
die Stromintensität, gemessen in elektromagnetischem Maße.
Dann wirken in den Richtungen der X- und Z-Achse auf den
Magnetpol folgende Kräfte:

$$X = 2\,i\,b\,p \int\limits_0^\pi \frac{\cos\varphi\,d\varphi}{r^3}, \quad Z = 2\,i\,b \int\limits_0^\pi \frac{b - a\cos\varphi}{r^3}\,d\varphi,$$

wobei

$$r^2 = a^2 + b^2 + p^2 - 2\,a\,b\,\cos\varphi.$$

Um hieraus die Wirkung einer zylindrischen Spirale zu
berechnen, welche N Windungen auf der Längeneinheit enthalte, brauchen wir bloß mit $N\,d\,p$ zu multiplizieren und über
die ganze Spirale zu integrieren. Wir erhalten, wenn wir die
Integration nach p zuerst ausführen:

(7) $$X = \varphi\,(p_2) - \varphi\,(p_1),$$

wobei

(8) $$\begin{cases} \varphi(p) = 2\,N\,i\,b \int\limits_0^\pi \cos\varphi\,d\varphi \int \frac{p\,d\,b}{r^3} = -\,2\,N\,i\,b \int\limits_0^\pi \frac{\cos\varphi\,d\varphi}{r} \\[2mm] = -\,2\,\pi\,N\,i\,a\,b^2 \left[\frac{1}{1}\cdot\frac{1}{2}\cdot\frac{1}{s^3} + \frac{1\,.\,3\,.\,5}{1\,.\,2\,.\,3}\cdot\frac{1\,.\,3}{2\,.\,4}\,\frac{a^2\,b^2}{s^7} + \cdots \right. \\[2mm] \left. \frac{1\,.\,3\,.\,5\,.\,.\,(4\,n + 1)}{1\,.\,2\,.\,3\,.\,.\,(2\,n + 1)}\,\frac{1\,.\,3\,.\,.\,(2\,n + 1)}{2\,.\,4\,.\,.\,(2\,n + 2)}\,\frac{a^{2\,n}\,b^{2\,n}}{s^{4\,n + 3}} + \cdots \right], \end{cases}$$

(9) $$s^2 = a^2 + b^2 + p^2$$

ist. Es muß noch bemerkt werden, daß sich, weil wir $d\,p$
positiv setzten, p_1 auf dasjenige Ende der Spirale bezieht, von
dem aus gesehen der Strom dem Uhrzeiger entgegen fließt
und welches wir das positive (gegen die positiven z gelegene)
bezeichnen wollen. p_2 bezieht sich auf das andere Ende. Die
Entfernung p ist mit positivem Zeichen zu versehen, wenn der
Magnetpol gegen diejenige Seite zu liegt, gegen welche auch
die z-Komponente der Kraft positiv gezählt wird (also gegen
die positive z-Richtung), das betreffende Ende der Spirale

aber gegen diejenige Seite zu, gegen welche die z-Komponente negativ gerechnet wird. Sonst ist p mit negativen Zeichen zu versehen. Für die Kraft, welche auf den Magnetpol, der wie immer die Einheit nordmagnetischen Fluidums erhalten soll, in der Richtung der z-Achse wirkt, erhalten wir:

(10) $$Z = \psi(p_2) - \psi(p_1),$$

wobei

$$\psi(p) = 2Nib \int_0^\pi (b - a \cos\varphi)\, d\varphi \int \frac{dp}{r^3}$$

$$= 2Nibp \int_0^\pi \frac{b - a \cos\varphi}{a^2 + b^2 - 2ab\cos\varphi} \cdot \frac{d\varphi}{r}.$$

Entwickelt man $1/r$ nach Potenzen von $\cos\varphi$, so erhält man zunächst

(11) $$\frac{1}{r} = \frac{1}{s} + \frac{2ab\cos\varphi}{2s^3} + \frac{1\cdot3}{2\cdot4}\frac{4a^2b^2\cos^2\varphi}{s^5} + \dots,$$

daher

$$\psi(p) = 2Nibp\left[\frac{1}{s}B_0 + \frac{1}{2s^3}B_1 + \frac{1\cdot3}{2\cdot4s^5}B_2 + \dots \frac{1^{n/2}}{2^{n/2}}\frac{B_n}{s^{2n+1}} + \dots\right],$$

wobei

$$B_n = 2^n a^n b^n \int_0^\pi \frac{\cos^n\varphi\,(b - a\cos\varphi)\,d\varphi}{a^2 + b^2 - 2ab\cos\varphi},$$

unter $a^{b/c}$ ist das b Faktoren enthaltende Produkt $a(a+c)$ $(a+2c)(a+3c)\dots[a+(b-1)c]$ zu verstehen. Der Wert dieses bestimmten Integrals wird am schnellsten in folgender Weise gefunden. Setzen wir $a/b = q$, so ist $q < 1$ und man hat

$$B_n = 2^n a^n b^{n-1} \int_0^\pi \frac{(1 - q\cos\varphi)\cos^n\varphi\,d\varphi}{1 + q^2 - 2q\cos\varphi}$$

$$= 2^{n-1} a^n b^{n-1} \int_0^\pi \cos^n\varphi\,d\varphi + a^n b^{n-1}(1 - q^2)\int_0^\pi \frac{2^{n-1}\cos^n\varphi\,d\varphi}{1 + q^2 - 2q\cos\varphi}.$$

Nun ist für ungerade n

$$\int_0^\pi \cos^n\varphi\,d\varphi = 0,$$

$$2^{n-1}\cos^n\varphi = \binom{n}{0}\cos n\,\varphi + \binom{n}{1}\cos(n-2)\,\varphi$$

$$+ \binom{n}{2}\cos(n-4)\,\varphi \ldots + \binom{n}{\frac{n}{n-1}}\cos\varphi,$$

dagegen für gerade n

$$\int_0^\pi \cos^n\varphi\,d\varphi = \frac{1^{\frac{n}{2}\big|2}}{2^{\frac{n}{2}\big|2}}\,\pi = \frac{1}{2^n}\binom{n}{\frac{n}{2}}\pi,$$

$$2^{n-1}\cos^n\varphi = \binom{n}{0}\cos n\,\varphi + \binom{n}{1}\cos(n-2)\,\varphi .. + \binom{n}{\frac{n}{n-1}}\cos 2\,\varphi + \frac{1}{2}\binom{n}{\frac{n}{2}}.$$

Ferner ist

$$\int_0^\pi \frac{\cos n\varphi\,d\varphi}{1+q^2-2q\cos\varphi} = \frac{\pi\,q''}{1-q^2}.$$

Vgl. Exposition de la théorie des propriétés, des formules, des transformations et des méthodes de l'evaluation des intégrales défines par D. Bierens de Haan S. 276. Substituiert man alle diese Werte, so ergibt sich für ungerade n

$$B_n = a^n b^{n-1}\pi\left[\binom{n}{0}q^n + \binom{n}{1}q^{n-2} + \binom{n}{2}q^{n-4}\ldots\binom{n}{\frac{n}{n-1}}q\right]$$

und für gerade n

$$B_n = \frac{1}{2}\binom{n}{\frac{n}{2}}a^n b^{n-1}\pi$$

$$+ a^n b^{n-1}\pi\left[\binom{n}{0}q^n + \binom{n}{1}q^{n-2} + \ldots\binom{n}{\frac{n}{n-1}}q^2 + \frac{1}{2}\binom{n}{\frac{n}{2}}\right]$$

oder

$$B_n = \frac{\pi}{b}\,C_n,$$

wobei

$$(12)\ C_n = a^{2n} + \binom{n}{1}a^{2n-2}b^2 + \binom{n}{2}a^{2n-4}b^4 .. + \binom{n}{\frac{n}{n-1}}a^{n+1}b^{n-1}, \binom{n}{\frac{n}{2}}a^n b^n,$$

wobei das erste Schlußglied für ungerade, das zweite für gerade n gilt.

Es ist also

$$(13) \quad \psi(p) = 2\pi N i p \left[\frac{1}{s} + \frac{1}{2} \frac{a^2}{s^3} + \frac{1 \cdot 3}{2 \cdot 4} \frac{a^4 + 2 a^2 b^2}{s^5} + \dots \frac{1^{n/2}}{2^{n/2}} C_n + \dots \right].$$

Wir wollen jetzt zur Betrachtung eines Wismutzylinders vom Radius ϱ und der Länge $m + n$ übergehen, welcher sich an dem als positiv bezeichneten Ende der Spirale koaxial mit derselben befindet und von dem das Stück m in die Spirale hinein-, das Stück n aus derselben herausragen soll (s. Fig. 2), woselbst die gefiederten Pfeile die Stromrichtung, die ungefiederten die der Kraftlinien der vom Strome ausgehenden elektromagnetischen Kräfte angeben. Die Oberflächenstücke

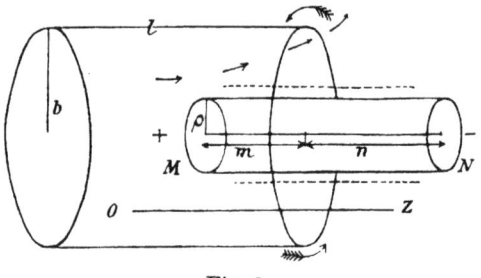

Fig. 2.

des Wismutzylinders sind mit $+$ oder $-$ bezeichnet, je nachdem sich auf denselben Nord- oder Südmagnetismus angesammelt hat. $O Z$ ist die Richtung der positiven Kraft. Nichts würde uns hindern, mit Hilfe der Formel (3) direkt die Gesamtkraft zu suchen, welche den diamagnetischen Zylinder aus der Spirale herauszutreiben sucht; allein es wäre dabei eine Integration über die beiden Endflächen des Zylinders und außerdem eine über die ganze Mantelfläche erforderlich, was die Rechnung ungemein erschwert. Viel leichter führt uns die Formel (5) zum Ziele. Da wir bloß die Kraft in der Richtung der z-Achse suchen, so genügt es, dem diamagnetischen Zylinder eine unendlich kleine Verschiebung δz in der Richtung der z-Achse zu erteilen. Die linke Seite der Gleichung (5) reduziert sich daher auf $\zeta \delta z$. Die in Formel (6) mit dw bezeichneten Volumelemente liegen daher sämtlich an der rechten Endfläche N des diamagnetischen Zylinders. Denken wir uns aus dieser kreisförmigen Endfläche einen konzentrischen Kreisring vom innern

Radius a und der Breite da, also vom Flächeninhalte $2\pi\,a\,d\,a$ herausgeschnitten, so kann $dw = 2\pi\,a\,da\,\delta z$ gesetzt werden. Denken wir uns einen genau gleichbeschaffenen Ring aus der entgegengesetzten Endfläche M des Zylinders herausgeschnitten, so ist $d\omega = 2\pi\,a\,da\,\delta z$. Die Gleichung (5) reduziert sich daher, nachdem man durch δz dividiert hat, auf

$$(14) \qquad \zeta = k \int_0^\varrho \pi\,a\,da\,(R_m^2 - R_n^2),$$

hierbei bezeichnet R_m die resultierende magnetisierende Kraft der Spirale in einem Punkte der Endfläche M, R_n dieselbe Kraft in einem Punkte der Endfläche N, beide in der Distanz a von der Achse. Um bequemer nach a integrieren zu können, empfiehlt es sich, die negativen Potenzen von s nach Potenzen von a^2 zu entwickeln, wodurch sich ergibt:

$$\frac{1}{s} = \frac{1}{g} - \frac{1}{2}\frac{a^2}{g^3} + \frac{1\cdot3}{2\cdot4}\frac{a^4}{g^5} - \cdots,$$

$$\frac{1}{s^3} = \frac{1}{g^3} - \frac{3\,a^2}{2\,g^5} + \frac{3\cdot5}{2\cdot4}\frac{a^4}{g^7} - \cdots \text{ usw.,}$$

wobei
$$g^2 = b^2 + p^2$$

ist. Es wird also

$$\psi(p) = 2\pi N i p \left[\frac{1}{g} + \frac{3\,a^2 b^2}{4\,g^5} - \frac{15\,a^4\,b^2}{16\,g^7} + \frac{35\,(2\,a^6\,b^2 + 3\,a^4 b^4)}{64\,g^9} + \cdots\right]$$

$$\varphi(p) = -\pi N i a b^2 \left[\frac{1}{g^3} - \frac{3\,a^2}{2\,g^5} + \frac{15\,(a^4 + a^2\,b^2)}{8\,g^7} - \cdots\right].$$

Setzen wir diese Werte ein, so erhalten wir

$$(13\,a)\begin{cases} Z = -2\pi N i \left[\dfrac{p_1}{g_1} - \dfrac{p_2}{g_2} + \dfrac{3\,a^2\,b^2}{4}\left(\dfrac{p_1}{g_1^5} - \dfrac{p_2}{g_2^5}\right) - \dfrac{15\,a^4\,b^2}{16}\left(\dfrac{p_1}{g_1^7} - \dfrac{p_2}{g_2^7}\right) \right. \\ \qquad\qquad \left. + \dfrac{35\,(2\,a^6\,b^2 + 3\,a^4\,b^4)}{64}\left(\dfrac{p_1}{g_1^9} - \dfrac{p_2}{g_2^9}\right)\cdots\right] \\[2mm] X = \pi N i a b^2 \left[\dfrac{1}{g_1^3} - \dfrac{1}{g_2^3} - \dfrac{3\,a^2}{2}\left(\dfrac{1}{g_1^5} - \dfrac{1}{g_2^5}\right) \right. \\ \qquad\qquad \left. + \dfrac{15\,(a^4 + a^2\,b^2)}{8}\left(\dfrac{1}{g_1^7} - \dfrac{1}{g_2^7}\right)\cdots\right]. \end{cases}$$

Man sieht hieraus, daß Z und um so mehr R in demselben auf der x-Achse senkrechten Querschnitte von der Mitte gegen die Wand der Spirale zunimmt. Setzen wir daher

$$(15) \qquad f(p_1, p_2) = k \int_0^{\varrho} \pi \, a \, d a. R^2 = k \int_0^{\varrho} \pi \, a \, d a \, (X^2 + Z^2),$$

so erhalten wir nach Substitution der eben gefundenen Werte für X und Z

$$(16) \left\{ \begin{aligned} f(p_1, p_2) &= 2 \pi^3 k N^2 i^2 \varrho^2 \left\{ \frac{p_1^2}{g_1^2} + \frac{p_2^2}{g_2^2} - \frac{2\, p_1\, p_2}{g_1\, g_2} \right. \\ &\quad + \frac{3\,\varrho^2 b^2}{4} \left(\frac{p_1^2}{g_1^6} + \frac{p_2^2}{g_2^6} - \frac{p_1\, p_2}{g_1\, g_2^5} - \frac{p_1\, p_2}{g_1^5\, g_2} \right) \\ &\quad - \frac{5\,\varrho^4 b^2}{8} \left(\frac{p_1^2}{g_1^8} + \frac{p_2^2}{g_2^8} - \frac{p_1\, p_2}{g_1\, g_2^7} - \frac{p_1\, p_2}{g_1^7\, g_2} \right) \\ &\quad + \frac{3\,\varrho^4 b^4}{16} \left(\frac{p_1^2}{g_1^{10}} + \frac{p_2^2}{g_2^{10}} - \frac{2\, p_1\, p_2}{g_1^5\, g_2^5} \right) \\ &\quad + \frac{35\,(\varrho^6 b^2 + 2\varrho^4 b^4)}{64} \left(\frac{p_1^2}{g_1^{10}} + \frac{p_2^2}{g_2^{10}} - \frac{p_1\, p_2}{g_1\, g_2^9} - \frac{p_1\, p_2}{g_1^9\, g_2} \right) \\ &\quad + \frac{\varrho^2 b^4}{8} \left(\frac{1}{g_1^6} + \frac{1}{g_2^6} - \frac{2}{g_1^3\, g_2^3} \right) - \frac{\varrho^4 b^4}{4} \left(\frac{1}{g_1^8} + \frac{1}{g_2^8} - \frac{1}{g_1^3\, g_2^5} - \frac{1}{g_1^5\, g_2^3} \right) \\ &\quad + \frac{5\,(3\varrho^6 b^4 + 4\varrho^4 b^6)}{64} \left(\frac{1}{g_1^{10}} + \frac{1}{g_2^{10}} - \frac{1}{g_1^3\, g_2^7} - \frac{1}{g_1^7\, g_2^3} \right) \\ &\quad + \left. \frac{9\,\varrho^6 b^4}{64} \left(\frac{1}{g_1^{10}} + \frac{1}{g_2^{10}} - \frac{2}{g_1^5\, g_2^5} \right) + \cdots \right\}. \end{aligned} \right.$$

Dieser Ausdruck enthält noch alle Glieder, die bezüglich ϱ und b von einer kleineren als der 12. Dimension sind: er enthält auch alle, die bezüglich ϱ von einer kleineren als der 6. Dimension sind, aber nur einige von der 6. Dimension. Man sieht sofort, daß man $\int_0^{\varrho} \pi \, a \, d a \, R_m^2$ erhält, wenn man in diesem

Ausdrucke $p_1 = -m$, $p_2 = l - m$ setzt, dagegen $\int_0^{\varrho} \pi \, a \, d a \, R_n^2$,

wenn man $p_1 = +n$, $p_2 = l + n$ setzt. Nach Gleichung (14) ist also

$$(17) \qquad \xi = f(-m, \, l - m) - f(n, \, l + n),$$

welcher Ausdruck sofort hingeschrieben werden kann, da die Funktion f durch die Gleichung (16) definiert ist. Für die Praxis dürfte jedoch dieser Ausdruck noch einer erheblichen Vereinfachung fähig sein. Sei zunächst $m = n$ und betrachten wir zuvörderst nur die Glieder von der niedrigsten Ordnung,

d. h. nehmen wir an, es sei die Spirale so lang, daß $l = \infty$ gesetzt werden kann, und das Wismutstäbchen so dünn, daß nur die niedrigsten Glieder bezüglich ϱ beibehalten zu werden brauchen. Dann erhalten wir für ξ den Wert

$$(18) \qquad \xi_1 = \frac{8\pi^3 k N^2 i^2 \varrho^2 m}{\sqrt{b^2 + m^2}} = \frac{4\pi^2 k N^2 i^2 v}{\sqrt{b^2 + m^2}}$$

Hierbei ist $v = \pi \varrho^2 2m$. Kann der zylindrische Stab nicht als unendlich dünn vorausgesetzt werden, so ist hierzu noch folgendes Korrektionsglied zu addieren:

$$(19) \qquad \xi_2 = \xi_1 \left[\frac{3\varrho^2 b^2}{8(b^2 + m^2)^2} - \frac{5\varrho^4 b^2}{16(b^2 + m^2)^3} + \frac{35(2\varrho^4 b^4 + \varrho^6 b^2)}{128(b^2 + m^2)^4} \cdots \right],$$

von dem bezüglich der Genauigkeit das von der Formel (10) Gesagte gilt, d. h die Glieder von der Ordnung

$$\xi_1 \frac{\varrho^6 b^4}{(b^2 + m^2)^5}$$

und aufwärts sind vernachlässigt. Kann außerdem auch die Länge der Spirale nicht als unendlich groß betrachtet werden, so kommt hierzu, wenn man die Glieder von der Ordnung

$$\xi_1 \frac{b^6}{l^6} \quad \text{und} \quad \xi_1 \frac{\varrho^2 b^6}{l^4 (b^2 + m^2)^2}$$

vernachlässigt, noch das Korrektionsglied

$$(20) \quad \begin{cases} \xi_3 = \xi_1 \left[-\dfrac{b^2(l^2 + m^2)}{2(l^2 - m^2)^2} - \dfrac{l b^2 \sqrt{b^2 + m^2}}{(l^2 + m^2 + b^2)^2 - 4 l^2 m^2} \right. \\[2ex] \left. \quad + \dfrac{3 b^4 (l^4 + 6 l^2 m^2 + m^4)}{8(l^2 - m^2)^4} - \dfrac{3 \varrho^2 b^4 (l^2 + m^2)}{16(l^2 - m^2)^2 (b^2 + m^2)^2} \right]. \end{cases}$$

Wenn m und n nicht einander gleich sind, so werden die Formeln zwar etwas komplizierter, doch läßt sich auch in diesem Falle die Formel (16) noch erheblich vereinfachen, erstens wenn die Länge der Spirale sehr groß, und zweitens wenn m und n nicht sehr viel verschieden sind; doch will ich mich hierauf nicht weiter einlassen, weil es von den Dimensionen der angewandten Apparate abhängen wird, in diesen Fällen die passendsten Vereinfachungen zu finden. Ich bemerke hier nur noch, daß es gar keine Schwierigkeit hat, die Formeln zu entwickeln, welche für den Fall gelten, daß der Wismutstab kein Kreiszylinder, sondern ein Parallelepiped, oder irgend ein anderer der Spirale koaxialer Zylinder ist. Wenn dq ein Element der Endfläche ist, so wird es immer nur auf Berechnung der Integrale $\int a^{2n} dq$ über die ganze Endfläche ankommen, die z. B. für rechteckige Endflächen sofort berechnet werden können.

Um mit Hilfe dieser Formeln die Diamagnetisierungszahl k experimentell zu bestimmen, hätte man selbstverständlich folgendermaßen zu verfahren. man bestimmt ξ experimentell in absolutem Maße; alle anderen in dem Ausdrucke, den wir für ξ gefunden haben, vorkommenden Größen kann man ebenfalls messen und daher die einzige unbekannte k bestimmen.

3. Abstoßung, welche eine Kugel an der Grenze einer zylindrischen Spirale erfährt.

Nach Aufstellung der obigen Formel ist es nicht schwer, auch die Abstoßung zu berechnen, welche irgendwie anders gestaltete Körper erfahren; man braucht nur dem Körper eine virtuelle Verschiebung δz in der Richtung der z-Achse zu erteilen, den Raum aufzusuchen, welchen der Körper nach, nicht aber vor der Verschiebung erfüllte, sowie den, welchen er vor, nicht aber nach der Verschiebung erfüllte, und das Integral $R^2 dv$ über den ersteren erstreckt mit $\int R^2 dw$, über den letzteren mit $\int R^2 d\omega$ zu bezeichnen. Man hat dann allgemein

$$(21) \qquad \xi = \frac{-k}{2}\left(\int R^2 \frac{dw}{\delta z} - \int R^2 \frac{d\omega}{\delta z} \right),$$

der allgemeine Ausdruck für R^2 ist hierbei

$$(22) \left\{ \begin{aligned}
R^2 &= F(p_1, p_2, a) = 4\pi^2 N^2 i^2 \left\{ \frac{p_1^2}{g_1^2} + \frac{p_2^2}{g_2^2} - \frac{2p_1 p_2}{g_1 g_2} \right.\\
&+ \frac{3a^2 b^2}{2}\left(\frac{p_1^2}{g_1^6} + \frac{p_2^2}{g_2^6} - \frac{p_1 p_2}{g_1^5 g^2} - \frac{p_1 p_2}{g_1 g_2^5} \right)\\
&- \frac{15a^4 b^2}{8}\left(\frac{p_1^2}{g_1^8} + \frac{p_2^2}{g_2^8} - \frac{p_1 p_2}{g_1^7 g_2} - \frac{p_1 p_2}{g_1 g_2^7} \right)\\
&+ \frac{9a^4 b^4}{16}\left(\frac{p_1^2}{g_1^{10}} + \frac{p_2^2}{g_2^{10}} - \frac{2p_1 p_2}{g_1^5 g_2^5} \right)\\
&+ \frac{35(2a^6 b^2 + 3a^4 b^4)}{32}\left(\frac{p_1^2}{g_1^{10}} + \frac{p_2^2}{g_2^{10}} - \frac{p_1 p_2}{g_1^9 g_2} - \frac{p_1 p_2}{g_1 g_2^9} \right)\\
&+ \frac{a^2 b^4}{4}\left(\frac{1}{g_1^6} + \frac{1}{g_2^6} - \frac{2}{g_1^3 g_2^3} \right) - \frac{3a^4 b^4}{4}\left(\frac{1}{g_1^8} + \frac{1}{g_2^8} - \frac{1}{g_1^3 g_2^5} - \frac{1}{g_1^5 g_2^3} \right)\\
&+ \frac{15(a^4 + a^2 b^2)}{16}\left(\frac{1}{g_1^{10}} + \frac{1}{g_2^{10}} - \frac{1}{g_1^3 g_2^7} - \frac{1}{g_1^7 g_2^3} \right)\\
&\left. + \frac{9a^6 b^4}{16}\left(\frac{1}{g_2^{10}} + \frac{1}{g_2^{10}} - \frac{2}{g_1^5 g_2^5} \right) + \cdots \right\}
\end{aligned} \right.$$

und es ist

$$g_1^2 = b^2 + p_1^2, \quad g_2^2 = b^2 + p_2^2.$$

Um nur noch ein Beispiel zu geben, wollen wir eine Kugel vom Radius ϱ betrachten, deren Zentrum in der Achse der Spirale liegen und von der als positiv bezeichneten Endfläche derselben den Abstand σ, von der anderen den Abstand $l + \sigma$ haben soll. Zeichnen wir den Radius der Kugel, welcher der positiven z-Achse parallel ist und zwei Parallelkreise der Kugel, welche von diesem Radius um die Winkel ϑ und $\vartheta + d\vartheta$ abstehen, so liegt zwischen diesen Parallelkreisen ein Ring vom Flächeninhalte $2\pi\varrho^2 \sin\vartheta\, d\vartheta$, welcher bei der virtuellen Verschiebung der Kugel den Raum

$$2\pi\varrho^2 \cos\vartheta \sin\vartheta\, d\vartheta\, \delta z$$

durcheilt. Wir haben also

$$\frac{dw}{\delta z} = 2\pi\varrho^2 \cos\vartheta \sin\vartheta.\, d\vartheta\,;$$

ferner haben wir im Ausdrucke für R^2 zu setzen

$$a = \varrho \sin\vartheta, \quad p_1 = \sigma + \varrho \cos\vartheta, \quad p_2 = l + \sigma + \varrho \cos\vartheta$$

und wir erhalten:

$$(23) \quad \begin{cases} \xi = -k\,\pi\varrho^2 \displaystyle\int_0^{\pi} F(\sigma + \varrho \cos\vartheta,\, l + \sigma + \varrho \cos\vartheta,\, \varrho \sin\vartheta) \\ \qquad\qquad\qquad\qquad\qquad\qquad \cos\vartheta \sin\vartheta\, d\vartheta. \end{cases}$$

Da wir von Null bis π integriert haben, so sind hier alle sowohl mit $d\omega$ als auch mit dw bezeichneten Volumelemente schon einbegriffen. Für $\sigma = 0$ lassen sich alle Glieder der Funktion F durch gewöhnliche Funktionen integrieren; sonst muß man zu elliptischen Funktionen greifen oder für jedes Glied nochmals eine passende Reihenentwicklung suchen, was nicht schwer ist, wenn die Spirale lang und der Radius der Kugel klein ist.

Übrigens ist es für diesen Fall vorteilhafter, sich der Reihen (8) und (13) zu bedienen, welche liefern

$$R^2 = F(p_1 p_2 a) = 4\pi^2 N^2 i^2 \left\{ \frac{p_1^2}{s_1^2} + \frac{p_2^2}{s_2^2} - \frac{2 p_1 p_2}{s_1 s_2} \right.$$

$$+ a^2 \left(\frac{p_1^2}{s_1^4} + \frac{p_2^2}{s_2^4} - \frac{p_1 p_2}{s_1 s_2^3} - \frac{p_1 p_2}{s_1^3 s_2} \right)$$

$$+ \frac{3(a^4 + 2a^2 b^2)}{4} \left(\frac{p_1^2}{s_1^6} + \frac{p_2^2}{s_2^6} - \frac{p_1 p_2}{s_1 s_2^5} - \frac{p_1 p_2}{s_1^5 s_2} \right)$$

$$+ \frac{a^4}{4} \left(\frac{p_1^2}{s_1^6} + \frac{p_2^2}{s_2^6} - \frac{2 p_1 p_2}{s_1^3 s_2^3} \right)$$

$$+ \frac{5(a^6 + 3a^4 b^4)}{8} \left(\frac{p_1^2}{s_1^8} + \frac{p_2^2}{s_2^8} - \frac{p_1 p_2}{s_1 s_2^7} - \frac{p_1 p_2}{s_1^7 s_2} \right)$$

$$+ \frac{3(a^6 + 2a^4 b^2)}{8} \left(\frac{p_1^2}{s_1^8} + \frac{p_2^2}{s_2^8} - \frac{p_1 p_2}{s_1^3 s_2^5} - \frac{p_1 p_2}{s_1^5 s_2^3} \right)$$

$$- \frac{35}{32} \frac{(2a^6 b^2 + 3a^4 b^4) p_1 p_2}{s_1^9 s_2} - \frac{315}{64} \frac{a^6 b^4 p_1 p_2}{s_1^{11} s_2} - \frac{1155 a^6 b^6 p_1 p_2}{128 s_1^{13} s_2}$$

$$+ \frac{a^2 b^4}{4} \left(\frac{1}{s_1^6} + \frac{1}{s_2^6} - \frac{2}{s_1^3 s_2^3} \right) + \cdots \right\}$$

Hier sind in den letzten beiden Zeilen nur diejenigen Glieder beibehalten, welche später nicht ausfallen. Für die Kugel ist

$$a = \varrho \sin \vartheta, \quad p_1 = \sigma + \varrho \cos \vartheta, \quad p_2 = l + \sigma + \varrho \cos \vartheta,$$
$$s_1^2 = b^2 + \sigma^2 + \varrho^2 + 2\sigma\varrho \cos \vartheta,$$
$$s_2^2 = (l + \sigma)^2 + b^2 + \varrho^2 + 2(l + \sigma)\varrho \cos \vartheta.$$

Die in der Formel (23) angedeuteten Integrationen lassen sich jetzt durchweg durch gewöhnliche Funktionen durchführen. Wir wollen hier nur den Fall betrachten, wo σ gleich Null ist, und Glieder, welche bezüglich des größten von der Ordnung ϱ^8/b^8, $\varrho^6/b^4 l^2$, ϱ^4/l^4, $b^2 \varrho^2/l^4$, b^6/l^6 sind, vernachlässigen. Alle Glieder der Formel (24), welche nur gerade Potenzen von $\cos \vartheta$ enthalten, liefern Verschwindendes in die Formel (23). Setzen wir daher $k^2 = l^2 + b^2 + \varrho^2$ und behalten in den Ausdrücken p_2/s_2 und p_3/s_2^3 nur die geraden Potenzen von $\cos \vartheta$ bei, so ergibt sich

$$\frac{p_2}{s_2} = \frac{l + \varrho \cos \vartheta}{k} \left[1 + \frac{2l \cos \vartheta}{k^2} \right]^{-\frac{1}{2}} = \frac{l}{k} - \frac{l \varrho^2 \cos^2 \vartheta}{k^3}$$

$$+ \frac{3 l^3 \varrho^2 \cos^2 \vartheta}{k^5}, \quad \frac{p_2}{s_2^3} = \frac{l}{k^3}.$$

Im Ausdrucke p_2^2/s_2^2 sind nur die ungeraden Potenzen von $\cos \vartheta$ beizubehalten, daher wird

$$\frac{p_2^2}{s_2^2} = \left[1 + \frac{b^2 + \varrho^2 \sin^2 \vartheta}{(l + \varrho \cos \vartheta)^2}\right]^{-1} = \frac{2\,b^2\,\varrho \cos \vartheta}{l^3}$$

$$+ \frac{2\,\varrho^3 \sin^2 \vartheta \cos \vartheta}{l^3} - \frac{4\,b^4\,\varrho \cos \vartheta}{l^5}.$$

Setzen wir den oben für R^2 gefundenen Ausdruck in die Gleichung (23) ein und behalten nur die Glieder, die später nicht ausfallen, so erhalten wir zunächst, wenn wir $\cos\vartheta = x$ setzen

$$\xi = 8\,\pi^3\,k\,N^2\,i^2\,\varrho^2 \int\limits_0^1 x\,dx \left\{ \frac{2\,p_1\,p_2}{s_1\,s_2} - \frac{p_2^2}{s_2^2} + \frac{a^2\,p_1\,p_2}{s_1\,s_2^3} \right.$$

$$+ \frac{a^2\,p_1\,p_2}{s_1^3\,s_2}\left(1 + \frac{3\,b^2}{2\,s^2}\right) + \frac{a^4\,p_1\,p_2}{s_1^5\,s_2}\left(\frac{3}{4} + \frac{15\,b^2}{8\,s_1^2} + \frac{105\,b^4}{32\,s_1^4}\right)$$

$$\left. + \frac{a^6\,p_1\,p_2}{s_1^7\,s_2}\left(\frac{5}{8} + \frac{35\,b^2}{16\,s_1^2} + \frac{315\,b^4}{64\,s^4} + \frac{1155\,b^6}{128\,s^6}\right)\right\}$$

und indem wir jetzt jedes Glied integrieren, folgt:

$$\xi = 8\,\pi^3\,k\,N^2\,i^2\,\varrho^3 \left\{ \frac{2\,l}{3\,s\,k} - \frac{2\,l\,\varrho^2}{5\,s\,k^3} + \frac{6\,l^3\,\varrho^2}{5\,s\,k^5} - \frac{2\,b^2}{3\,l^3} - \frac{4\,\varrho^3}{15\,l^3} + \frac{4\,b^4}{3\,l^5} \right.$$

$$+ \frac{2\,\varrho^2\,l}{15\,s\,k^3} + \left(1 + \frac{3\,b^2}{2\,s^2}\right)\frac{\varrho^2}{s^3}\left(\frac{2\,l}{15\,k} - \frac{2\,l\,\varrho^2}{35\,k^3} + \frac{6\,l^3\,\varrho^2}{35\,k^5}\right)$$

$$+ \left(\frac{3}{4} + \frac{15\,b^2}{8\,s^2} + \frac{105\,b^4}{32\,s^4}\right)\frac{\varrho^4\,l}{s^5\,k}\frac{6}{35}$$

$$\left. + \frac{16}{315}\left(\frac{5}{8} + \frac{35\,b^2}{16\,s^2} + \frac{315\,b^4}{64\,s^4} + \frac{1155\,b^6}{128\,s^6}\right)\frac{\varrho^6\,l}{s^7\,k}\right\}.$$

Dabei ist $s^2 = b^2 + \varrho^2$, $k^2 = l^2 + b^2 + \varrho^2$. Mehrere Glieder von der Ordnung der Vernachlässigten, welche hier noch beibehalten sind, könnten leicht ebenfalls weggelassen werden.

Wenn die Spirale sehr lang ist, und wenn, wie dies im letzten Beispiele der Fall war, sämtliche Dimensionen des diamagnetischen Körpers und dessen Entfernung von einer Endfläche der Spirale sehr klein sind, so ist übrigens die Abstoßung, welche er erfährt, in erster Annäherung immer gleich $4\,\pi^2\,k\,N^2\,i^2\,v/b$, wobei v das Volumen des Körpers, b der Radius der Spirale ist. In diesem Falle könnte noch eine andere Art der Reihenentwicklung angewendet werden. Es könnten nämlich, sogleich nachdem die Integration nach p ausgeführt ist, in den Formeln (7) und (10) nur die Funktionen $\varphi(p_2)$ und $\psi(p_2)$ nach fallenden Potenzen von l, die Funktionen

$\varphi(p_1)$ und $\psi(p_1)$ dagegen nach fallenden Potenzen von b, wobei a und p_1 als klein von derselben Ordnung vorauszusetzen wären, entwickelt werden. Es hätte dies den Vorteil, daß man die Glieder gleich anfangs in besserer Anordnung erhielte.

4. Drehungsmoment, welches eine Spirale auf einen zylindrischen diamagnetischen Stab um eine vertikale Achse ausübt.

Wir denken uns einen zylindrischen Stab aus einer diamagnetischen Substanz. Die Achse des Zylinders sei horizontal und er sei um eine vertikale durch seine Mitte gehende Gerade drehbar, λ sei die Länge, ϱ der Radius des Zylinders. Der Mittelpunkt des Zylinders liege auch in der Achse der Spirale,

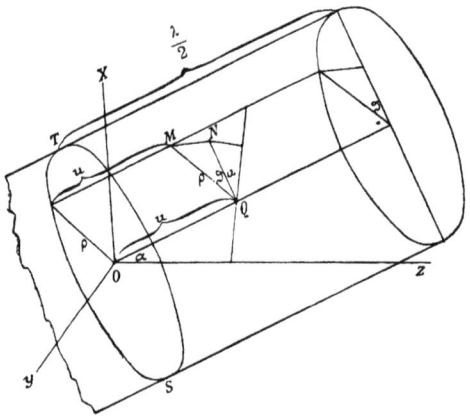

Fig. 3.

habe von den Endflächen derselben die Abstände m und $l+m$ (das Zeichen der Abstände denken wir uns ganz wie früher bestimmt) und werde als Koordinatenanfangspunkt gewählt. Die z-Achse habe bezüglich der Spirale dieselbe Lage wie früher, die x-Achse sei horizontal (obwohl sie in der Figur vertikal gezeichnet ist), die y-Achse sei vertikal. Die Achse des Zylinders sei um den Winkel α gegen die z-Achse geneigt. Für irgend einen Punkt M der Zylinderoberfläche sei der Abstand von der durch den Zylindermittelpunkt zur Zylinderachse senkrecht gelegten Ebene u, der Winkel der auf der Zylinderachse senkrechten MQ mit der xz-Ebene sei ϑ, MN sei die von M auf die xz-Ebene gefällte Senkrechte. Dann sind die Koordinaten des Punktes M:

$$x = u\sin\alpha + \varrho\cos\vartheta\cos\alpha,$$
$$y = \varrho\sin\vartheta,$$
$$z = u\cos\alpha - \varrho\cos\vartheta\sin\alpha;$$

ferner erhalten wir unter Beibehaltung der schon früher angewendeten Bezeichnungen für diesen Punkt:

$$a^2 = x^2 + y^2 = u^2\sin^2\alpha + 2u\varrho\sin\alpha\cos\alpha\cos\vartheta$$
$$+ \varrho^2(\cos^2\vartheta\cos^2\alpha + \sin^2\vartheta),$$
$$p_1 = m + z = m + u\cos\alpha - \varrho\cos\vartheta\sin\alpha,$$
$$p_2 = l + m + z = l + m + u\cos\alpha - \varrho\sin\alpha\cos\vartheta.$$

Setzen wir zunächst voraus, der Mittelpunkt des Zylinders falle mit dem Mittelpunkte der Spirale zusammen und setzen die halbe Länge der Spirale $l/2$ gleich h, so haben wir $p_1 = -h + z$, $p_2 = +h + z$; ferner wollen wir annehmen, $\sqrt{b^2 + h^2}$ sei groß gegen die Dimensionen des Zylinders; dann wird

$$\frac{p_1}{g_1} = -\frac{h-z}{\sqrt{b^2+h^2-2hz+z^2}}$$
$$= -\frac{h-z}{\sqrt{b^2+h^2}}\left(1 + \frac{hz}{b^2+h^2} - \frac{z^2}{2(b^2+h^2)} + \frac{3h^2z^2}{2(b^2+h^2)^2}\right),$$
$$\frac{p_1}{g_1} - \frac{p_2}{g_2} = -\frac{2h}{\sqrt{b^2+h^2}}\left[1 - \frac{3b^2z^2}{2(b^2+h^2)^2}\right],$$
$$\frac{p_1}{g_1^5} = -\frac{h-z}{\sqrt{b^2+h^2-2hz+z^2}^{\,5}}$$
$$= -\frac{h-z}{\sqrt{b^2+h^2}^{\,5}}\left[1 + \frac{5hz}{b^2+h^2} - \frac{5z^2}{2(b^2+h^2)} + \frac{35h^2z^2}{2(b^2+h^2)^2}\cdots\right],$$
$$\frac{p_1}{g_1^5} - \frac{p_2}{g_2^5} = -\frac{2h}{\sqrt{b^2+h^2}^{\,5}}\left[1 + \frac{(20h^2-15b^2)z^2}{(b^2+h^2)^2}\cdots\right],$$
$$\frac{1}{g_1^3} = \frac{1}{\sqrt{b^2+h^2}^{\,3}} - \frac{3hz}{\sqrt{b^2+h^2}^{\,5}}, \quad \frac{1}{g_1^3} - \frac{1}{g_2^3} = -\frac{6hz}{\sqrt{b^2+h^2}^{\,5}}.$$

Man erhält also gemäß der Formeln (13a)

$$Z^2 + X^2 = 4\pi^2N^2i^2\frac{4h^2}{b^2+h^2}\left(1 - \frac{3b^2z^2}{(b^2+h^2)^2} + \frac{3a^2b^2}{2(b^2+h^2)^2}\right).$$

Alle übrigen Glieder sind bezüglich des letzten von der Ordnung $d^2/(b^2 + h^2)$, wobei d eine Dimension des Zylinders bedeutet, und sollen im folgenden vernachlässigt werden. Lassen wir u um du und ϑ um $d\vartheta$ wachsen, so entsteht auf der Oberfläche des Zylinders ein Element von der Fläche $\varrho\, d\vartheta . du$, welches, sobald man dem Winkel α den virtuellen Zuwachs $\delta\alpha$ erteilt, den Raum $\varrho\, d\vartheta\, du . u\, \delta\alpha . \cos\vartheta$ durchsetzt. Um die Formeln möglichst zu vereinfachen, wollen wir jetzt annehmen, der diamagnetische Zylinder sei an beiden Enden nicht von Ebenen, sondern von Stücken von Zylinderflächen begrenzt, welche die y-Achse als Achse und den Radius $\lambda/2$ haben. Dann verschieben sich diese Endflächen bloß in sich selbst, die Integrationsgrenzen sind für ϑ Null und 2π für u aber

$$- \sqrt{\frac{\lambda^2}{4} - \varrho^2 \cos^2\vartheta} \quad \text{und} \quad + \sqrt{\frac{\lambda^2}{4} - \varrho^2 \cos^2\vartheta}\,;$$

die Formel (6) bekommt also, wenn man wieder sogleich die Integration über die positiven mit den über die negativen Raumelemente in eine einzige Integration zusammenfaßt, die Gestalt:

$$\delta\!\int R^2 dv = \frac{16\,\pi^2\,N^2\,i^2\,h^2\,\varrho\,\delta\,\alpha}{(b^2 + h^2)^3}$$

$$\times \int\limits_0^{2\pi} \cos\vartheta\, d\vartheta \int\limits_{-\sqrt{\frac{\lambda^2}{4} - \varrho^2 \cos^2\vartheta}}^{+\sqrt{\frac{\lambda^2}{4} - \varrho^2 \cos^2\vartheta}} u\, du \left[(b^2 + h^2)^2 - 3\,b^2\,z^2 + \frac{3}{2}\,b^2\,a^2\right].$$

Setzt man für z seinen Wert ein und bedenkt, daß alle Glieder mit ungeraden Potenzen von u und $\cos\vartheta$ ausfallen, so bleibt:

$$\delta\!\int R^2 dv = + \frac{144\,\pi^2\,N^2\,i^2\,h^2\,\varrho^2\,b^2\,\cos\alpha\,\sin\alpha\,\delta\,\alpha}{(b^2 + h^2)^3}$$

$$\int\limits_0^{2\pi} \cos^2\vartheta\, d\vartheta \int\limits_{-\sqrt{\frac{\lambda^2}{4} - \varrho^2 \cos^2\vartheta}}^{+\sqrt{\frac{\lambda^2}{4} - \varrho^2 \cos^2\vartheta}} u^2\, du.[1]$$

Setzt man auch noch ϱ klein gegen λ voraus, so ist das nach u zu nehmende Integral gleich

$$\frac{\lambda^3}{12} - \frac{\lambda\,\varrho^2 \cos^2\vartheta}{2}\,;$$

[1] In dieser und einigen der späteren Gleichungen ist ein unrichtiges Vorzeichen verbessert. (Siehe S. 565 dieses Bandes). D. H.

führt man noch die Integration nach ϑ durch, so ergibt sich

$$\frac{\pi \lambda^3}{12} - \frac{3 \pi \lambda \varrho^2}{8}$$

und folglich

$$\delta \int R^2 \, d\,v = + \frac{6 \, \pi^3 \, N^2 \, i^2 \, h^2 \, \varrho^2 \, b^2 \lambda^3 \sin 2\,\alpha \; \delta\,\alpha}{(b^2 + h^2)^3} \left(1 - \frac{9 \, \varrho^2}{2 \, \lambda^2} \right).$$

Dieser Ausdruck mit $- (k/2)$ multipliziert und durch $\delta\,\alpha$ dividiert, liefert das Drehungsmoment M, welches die Spirale auf den Wismutzylinder ausübt. Das positive Zeichen des Moments drückt aus, daß sich die Achse des Zylinders mit der der Spirale parallel zu stellen sucht.[1]) Denkt man sich das Produkt $b\,h$, also etwa die Länge des auf der Spirale aufgewundenen Drahtes gegeben, so bekommt man das Maximum des Drehungsmomentes, wenn man $b = h$ macht. Denken wir uns den anfangs betrachteten aus der Spirale herausgestoßenen Zylinder an einer Drehwage vom Hebelarme A befestigt, so wird das Drehungsmoment

$$\zeta \, A = \frac{4 \, \pi^3 \, k \, N^2 \, i^2 \, \varrho^2 \, \lambda \, A}{\sqrt{b^2 + \dfrac{\lambda^2}{4}}},$$

wobei λ wieder die Länge des Zylinders ist. Es ist also

$$\frac{M}{\zeta \, A} = \frac{3 \, h^2 \, b^2 \, \lambda^2 \sin 2\,\alpha \; \sqrt{b^2 + \dfrac{\lambda^2}{4}}}{2 \, A \, (b^2 + h^2)^3},$$

d. h. das Drehungsmoment ist im zweiten Falle weit kleiner als im ersten, was von vornherein zu erwarten war, da ja der Wismutkörper im zweiten Falle sich nahe im homogenen Felde befindet. Trotzdem hat auch der zuletzt betrachtete Fall für des Experiment gewisse Vorteile, und es wäre im Falle des Bedarfs leicht, den speziellen Bedingungen des Apparates angepaßt, die weiteren Annäherungsglieder auszurechnen.

Ich will noch kurz des Falles Erwähnung tun, daß der Mittelpunkt des Zylinders sich in der Mitte zweier gleichbeschaffener, nach der anderen Seite sich ins Unendliche erstreckender Spiralen befindet. Beide Spiralen sollen von einem unendlich entfernten Punkte gesehen entgegengesetzt,

---

[1]) Vgl. hierzu die Berichtigung auf S. 565 dieses Bandes. D. H.

vom Zylinder aus gesehen aber beide dem Uhrzeiger entgegen
vom Strome durchflossen werden; h sei die Entfernung des
Zylindermittelpunktes von den Endflächen der Spiralen; dann
ist bei Berechnung der einen Spirale

$$p_1 = h + z, \quad p_2 = + \infty,$$

bei der andern

$$p_1 = -(h - z), \quad p_2 = - \infty$$

zu setzen. Daher wird:

$$Z = - 2\pi Ni \left[\frac{h+z}{\sqrt{b^2 + (h+z)^2}} - \frac{h-z}{\sqrt{b^2 + (h-z)^2}} \right.$$

$$\left. + \frac{3 a^2 b^2}{4} \left(\frac{h+z}{\sqrt{b^2 + (h+z)^2}\,^5} - \frac{h-z}{\sqrt{b^2 + (h-z)^2}\,^5} \right) \cdots \right]$$

$$X = \pi N i a b^2 \left[\frac{1}{\sqrt{b^2 + (h+z)^2}\,^3} + \frac{1}{\sqrt{b^2 + (h-z)^2}\,^3} \cdots \right]$$

$$Z = - \frac{4\pi N i b^2 z}{\sqrt{b^2 + h^2}\,^3}, \quad X = \frac{2\pi N i a b^2}{\sqrt{b^2 + h^2}\,^3}.$$

Verfährt man genau so früher, so erhält man daher für das
Drehungsmoment in erster Annäherung:

$$M = + \frac{\pi^3 N^2 i^2 \varrho^2 b^4 \lambda^3 k \sin 2\alpha}{2 (b^2 + h^2)^3} \left(1 - \frac{9 \varrho^2}{2 \lambda^2} \right)$$

die Achse des Zylinders sucht sich hier auf die der Spiralen
senkrecht zu stellen.

Schließlich sei hier noch bemerkt, daß sich auch eine
Reihenentwicklung nach aufsteigenden Potenzen der mit a bezeichneten Größe, also der Dicke des Zylinders anwenden läßt,
ohne daß man vorauszusetzen braucht, daß die Länge des
Zylinders klein gegen die Distanz der Mitte desselben von den
Endflächen der Spirale ist, sobald man annimmt, daß der Ab-
lenkungswinkel α von der Parallellage nur unendlich klein ist
und das Moment aufsucht, welches den Zylinder in die Parallellage zurückzuführen oder weiter von derselben zu entfernen
sucht, welcher Fall, besonders wenn der Mittelpunkt des Zylinders sich mitten zwischen zwei entgegengesetzt gewickelten mit
den Endflächen sehr nahe stehenden Spiralen befindet, verhältnismäßig leicht der Beobachtung zugänglich sein dürfte.

Erwiderung
auf die Bemerkung des Hrn. Oskar Emil Meyer.[1]

(Wied. Ann. 8. S. 653—655. 1879.)

In § 120 seines Buches „Kinetische Theorie der Gase"
stellt Hr. Meyer folgende Betrachtungen an. Es seien $N\mathfrak{N}$
Teilchen gegeben. Die Wahrscheinlichkeit, daß eins derselben
die Geschwindigkeitskomponenten $u\,v\,w$ hat, sei $F(u\,v\,w)$. Man
greife willkürlich ein Teilchen heraus; die Wahrscheinlichkeit,
daß es bestimmte Geschwindigkeitskomponenten $u_1 v_1 w_1$ besitze,
ist $F(u_1 v_1 w_1)$; man greife ein zweites Teilchen heraus; die
Wahrscheinlichkeit, daß letzteres die Geschwindigkeitskomponenten $u_2 v_2 w_2$ besitze, ist $F(u_2 v_2 w_2)$. Das Produkt $F(u_1 v_1 w_1)$
$\cdot F(u_2 v_2 w_2)$ gibt die Wahrscheinlichkeit, daß von zwei herausgegriffenen Teilchen das erste die Geschwindigkeitskomponenten
$u_1 v_1 w_1$, das zweite $u_2 v_2 w_2$ besitzt, wovon, wie allbekannt ist,
die Wahrscheinlichkeit, daß von zwei herausgegriffenen Teilchen eins die Geschwindigkeitskomponenten $u_1 v_1 w_1$, das andere
$u_2 v_2 w_2$ besitze, das Doppelte ist. Ebenso ist die Wahrscheinlichkeit, daß unter N Teilchen die Werte $u_1 v_1 w_1$, $u_2 v_2 w_2 \ldots$
$u_N v_N w_N$ vertreten sind, durch $N!\,P$ gegeben, wenn die Ternen
$u_1 v_1 w_1$, $u_2 v_2 w_2 \ldots u_N v_N w_N$ alle voneinander verschieden sind,
dagegen durch $N!\,P\,/(k_1!\,k_2!\ldots)$, wenn unter diesen Ternen k_1
identisch sind, ebenso k_2 usw. Hierbei wurde zur Abkürzung
P für $F(u_1 v_1 w_1) \cdot F(u_2 v_2 w_2)\ldots F(u_N v_N w_N)$ geschrieben. Hr.
Meyer hingegen setzt diese Wahrscheinlichkeit einfach gleich P.
Der Zähler $N!$ ist freilich konstant, allein der Nenner bedürfte
notwendig der Diskussion. Nun gehe ich zu meinem Haupt-
einwurfe über. Hr. Meyer stellt sich nämlich jetzt die Aufgabe, zu bewirken, daß P ein Maximum wird, d. h. daß es
vermindert wird, wenn man darin $u_1 + \delta u_1$, $v_1 + \delta v_1 \ldots w_N + \delta w_N$

---

[1] Wied. Ann. 7. S. 317. 1879.

statt $u_1 v_1 \ldots w_N$ setzt. Anfangs freilich, S. 264, behauptet er,
er wolle die Werte der Variabeln $u_1 v_1 \ldots w_N$ so bestimmen, daß
dies bewirkt werde; allein faktisch bestimmt er nicht $u_1 v_1 \ldots w_N$,
sondern er wählt die Funktion F so, daß die drei Gleichungen
auf S. 265 identisch erfüllt sind. Wenn aber diese Gleichungen
identisch erfüllt sind, so ist, wie man sofort sieht, $\delta P = 0$,
was immer $u_1 v_1 \ldots w_N$ für Werte haben mögen, wenn nur diese
und die variierten Werte $v_1 + \delta u_1$, $v_1 + \delta v_1 \ldots w_N + \delta w_N$ mit
den Bedingungsgleichungen auf S. 261 oben vereinbar sind.
Da aber unmöglich P für alle Werte der Variabeln gleichzeitig
sein Maximum haben kann, so kann das Verschwinden von
δP nicht ein Maximum anzeigen, sondern es muß die Bedeutung haben, daß P sich gar nicht ändert, wenn die Variabeln
$u_1 v_1 \ldots w_N$ unter Einhaltung der Bedingungsgleichungen von
beliebigen Werten zu beliebigen anderen übergehen. Daß die
von Hrn. Meyer gefundene Funktion

$$F(u\,v\,w) = C\,e^{-k\,m\,[(u-\alpha)^2 + (v-\beta)^2 + (w-\gamma)^2]}$$

in der Tat die letztere Eigenschaft hat, sieht man sofort. Denn
setzt man diesen Wert von F in das Produkt P ein und berücksichtigt die Bedingungsgleichungen S. 261, so ergibt sich:

$$P = C^N\,e^{-2kNE + 2k(\alpha a + \beta b + \gamma c)\Sigma m - k(\alpha^2 + \beta^2 + \gamma^2)\Sigma m},$$

welcher Ausdruck nur mehr Größen enthält, die laut der Bedingungsgleichungen konstant sind. Infolgedessen ist freilich
$\delta P = 0$. Allein es ist nicht, wie Hr. Meyer behauptet, die
zweite Variation von P negativ, sondern auch sie und alle
folgenden Variationen verschwinden. Obwohl dies schon daraus
mit Notwendigkeit folgt, daß P die Variabeln nur in solchen
Verbindungen enthält, welche zufolge der Bedingungsgleichungen
konstant sein müssen, so will ich doch hier noch $\delta^2 \log P$ berechnen. Nach Meyer, S. 263, ist:

$$\delta \log P = \Sigma \left(\frac{d \log F_n}{d u_n} \delta u_n + \frac{d \log F_n}{d v_n} \delta v_n + \frac{d \log F_n}{d w_n} \delta w_n \right),$$

oder wegen der drei Gleichungen auf S. 265:

$$\delta \log P = -2k\Sigma m_n [(u_n - \alpha) \delta v_n + (v_n - \beta) \delta v_n + (w_n - \gamma) \delta w_n].$$

Betrachten wir etwa $u_1 v_1 w_1 u_2$ als durch die vier Bedingungsgleichungen bestimmt, die übrigen Variabeln als independent, so erhalten wir:

$$\delta^2 \log P = - 2\, k \sum m_n (\delta\, u_n^2 + \delta\, v_n^2 + \delta\, w_n^2)$$
$$- 2\, k\, m_1 [(u_1 - \alpha)\, \delta^2 u_1 + (v_1 - \beta)\, \delta^2 v_1 + (w_1 - \gamma)\, \delta^2 w_1]$$
$$- 2\, k\, m_2 (u_2 - \alpha)\, \delta^2 u_2 .$$

Nun folgt aber durch Variation der Gleichungen Meyers auf
S. 262 ganz oben:

$$m_1\, \delta^2 u_1 + m_2\, \delta^2 u_2 = \delta^2 v_1 = \delta^2 w_1 = 0,$$
$$\sum m_n (\delta\, u_n^2 + \delta\, v_n^2 + \delta\, w_n^2) + m_1\, u_1\, \delta^2 u_1 + m_2\, u_2\, \delta^2 u_2 = 0,$$

wodurch sich sofort der obige Ausdruck für $\delta^2 \log P$ auf Null
reduziert, woraus natürlich auch $\delta^2 P = 0$ folgt, und ebenso
verschwinden alle höheren Variationen von P. Ich glaube
hiermit bewiesen zu haben, daß man nach Hrn. Meyers
Methode gar nicht das Maximum von P findet. Damit das
Problem einen Sinn habe, muß man vielmehr den Wert, welchen
P für die Maxwellsche Funktion F annimmt, mit demjenigen
vergleichen, den P für andere (unendlich wenig verschiedene)
Funktionen F annimmt. Will man aber diese Vergleichung
ausführen, so muß man notwendig gerade die Funktion F der
Variation unterwerfen.

53.

Erwiderung auf die Notiz des Hrn. O. E. Meyer: „Über eine veränderte Form" usw.[1]

(Wied. Ann. 11. S. 529—534. 1880.)

Meine ursprüngliche Behauptung[2] ging dahin, daß Hr. Meyer das Problem, welches er sich in seinem Buche: „Die kinetische Theorie der Gase", S. 259 stellte, daselbst vollkommen unrichtig aufgelöst hat. Die im Titel zitierte letzte Notiz gibt dies indirekt insofern zu, als sich Hr. Meyer daselbst ein vollkommen anderes Problem stellt. In allen Punkten, auf welche sich meine Einwürfe bezogen, wird das Problem jetzt geändert.

1. Anstatt der Wahrscheinlichkeit, „daß unter den herausgegriffenen Teilchen die Geschwindigkeitskomponenten u_1, v_1, w_1, dann u_2, v_2, w_2, ferner u_3, v_3, w_3 usf., endlich u_N, v_N, w_N vertreten seien",[3] (welche ich als die Wahrscheinlichkeit mit willkürlicher Reihenfolge bezeichnen will), sucht er vielmehr jetzt die Wahrscheinlichkeit, daß das erste der herausgegriffenen Teilchen die Geschwindigkeitskomponenten u_1, v_1, w_1, das zweite u_2, v_2, w_2 usw. besitzt (Wahrscheinlichkeit mit gegebener Reihenfolge) und findet dafür natürlich den richtigen Wert:

$$(1) \qquad P = F(u_1, v_1, w_1), \; F(u_2, v_2, w_2) \ldots F(u_N, v_N, w_N)$$

Warum aber beim Beweise des Maxwellschen Gesetzes gerade die Wahrscheinlichkeit bei gegebener, nicht vielmehr die bei willkürlicher Reihenfolge gesucht werden müsse, dafür hat er keinen andern Grund als den, daß man nur im ersten Falle zur gewünschten Formel gelangt.

2. Die Gleichungen der Bewegung des Schwerpunktes und

---

[1] O. E. Meyer, Wied. Ann. 10. S. 296. 1880.
[2] Boltzmann, Wien. Ber. 76. 2. Abt. Okt. 1877. (Dieser Band Nr. 42.)
[3] Wörtlich nach Meyers Buch S. 262.

der lebendigen Kraft faßte er früher als Bedingungsgleichungen
auf, denen die Werte der Variabeln sowohl für den gesuchten
Maximumwert, als auch für die übrigen kleineren Werte, die
mit dem Maximumwerte verglichen werden, genügen müssen;[1])
ich will solche Bedingungsgleichungen künftig immer als Bedingungsgleichungen im gewöhnlichen Sinne der Maximalrechnung bezeichnen. Da ich aber nachwies, daß in diesem
Falle gar kein Maximum existiert, so legt er jetzt diesen
Gleichungen eine ganz andere Bedeutung bei; sie sollen bloß
für den Maximumwert gelten, nicht aber für die damit ver-
glichenen kleineren Werte. Von Bedingungsgleichungen im
oben definierten gewöhnlichen Sinne der Maximalrechnung ist
also jetzt nirgends mehr eine Rede.

3. Er fordert von dem gesuchten Werte keineswegs, daß
er ein wirkliches Maximum sei, sondern bloß, daß er abnehme,
wenn man allen Geschwindigkeitskomponenten in der Richtung
der x-Achse gleichzeitig einen gleichen und gleichbezeichneten
Zuwachs erteilt, und daß derselbe auch für die y- und z-Achse
gelte. Von der gefundenen Größe:

$$(2) \qquad P = C^N \cdot e^{-km\Sigma[(u_n - a)^2 + (v_n - b)^2 + (w_n - c)^2]}$$

beweist er auf S. 302 der im Titel zitierten letzten Notiz
wieder bloß, daß sie diese Eigenschaft[2]) besitzt. Wenn er

---

[1]) S. 261 seines Buches sagt er wörtlich: Dieselben Gleichungen
gelten mit den gleichen Werten der vier Konstanten, ebenso wie für
den gesuchten wahrscheinlichsten, auch für jeden andern möglichen Zustand der Bewegung, bei welchem jedes Teilchen veränderte Werte der
Geschwindigkeiten besitzt.

[2]) Nicht unerwähnt kann ich lassen, daß der von Hrn. Meyer gefundene, hier im Texte mit (2) bezeichnete Ausdruck diese Eigenschaft
nicht bloß, wie Hr. Meyer behauptet, besitzt, wenn die Variabeln den
vier Bedingungsgleichungen $0 = \Sigma(u_n - a)$, $0 = \Sigma(v_n - b)$, $0 = \Sigma(w_n - c)$,
$0 = \Sigma\left|\frac{m}{2}\left(u_n^2 + v_n^2 + w_n^2\right) - E\right|$ genügen, sondern auch ebensogut, wenn
sie bloß den drei ersten dieser Gleichungen, aber nicht der letzten
genügen. Da aber gerade die letzte Gleichung die der Energie ist, so
findet die von Hrn. Meyer geforderte Eigenschaft nicht bloß statt, wenn
in dem herausgegriffenen Teile des Gases derselbe mittlere Zustand der
Bewegung und Energie wie in der gesamten Gasmasse besteht, sondern
auch wenn ein ganz anderer Zustand der Energie (andere mittlere lebendige Kraft eines Teilchens) herrscht, sobald nur die mittlere Geschwindigkeit in den drei Koordinateneinrichtungen dieselbe ist. In der Tat

auch wieder ab und zu behauptet (S. 297, 1. und 2. Zeile und S. 302 der letzten Notiz), bewiesen zu haben, daß sie ein Maximum sei, so überzeugt man sich doch leicht vom Gegenteile. Man braucht da bloß irgend einem der u einen mit solchen Vorzeichen versehenen Zuwachs zu erteilen, daß der Zahlenwert von $u - a$ abnimmt, während alle anderen u, v und w unverändert bleiben. Dadurch und noch in der mannigfaltigsten Weise kann sogleich der durch die Gleichung (2) gegebene Wert der Größe P noch weiter vergrößert werden. Da also die Größe P noch keineswegs ein Maximum ist, so ist schwer einzusehen, welche Bedeutung die von Hrn. Meyer bewiesene Eigenschaft derselben für den Beweis des Maxwellschen Gesetzes haben soll.

Wenn die Variabeln u_1, v_1 ... w_N gar keinen Bedingungsgleichungen im gewöhnlichen Sinne der Maximalrechnung unterworfen sind, wie dies bei Hrn. Meyer jetzt der Fall ist (die von ihm beliebte Änderung, daß er alle u um dieselbe Größe wachsen läßt, verletzt ja ebenfalls die Gleichung $\Sigma(u_n - a) = 0$ und die Gleichung der lebendigen Kraft), so hat vielmehr der durch die Gleichung (2) gegebene Wert von P offenbar sein Maximum, wenn sämtliche u gleich a, sämtliche v gleich b, sämtliche w gleich c sind, weil dann jeder Faktor des Produktes (1) seinen größten Wert hat.

Von dem von Hrn. Meyer auf S. 296 als dem Kernpunkt des Streites bezeichneten Probleme läßt sich nun folgendes sagen. Sei eine sehr große Zahl M von Teilchen gegeben, zwischen denen eine ganz beliebige Zustandsverteilung Z besteht. Aus ihnen werde eine kleinere Anzahl N von Teilchen

---

setzt Hr. Meyer auf S. 300 seiner letzten Notiz die Koeffizienten $A, B...$ nachher gleich Null, benutzt also die Gleichung der Energie gar nicht, sowie auch die Schlußformel den Wert von E gar nicht enthält.

Auch Hrn. Meyers Schluß auf S. 301 der letzten Notiz, daß $l = 0$ sein müsse, weil der Ausdruck $-km[(u - a)^2 + (v - b)^2 + (w - c)^2]$ $- lm[(u - a)(v - b) + (v - b)(w - c) + (w - c)(u - a)]$ für alle reellen Werte von $u - a$, $v - b$, $w - c$ negativ sein muß, ist falsch. Nach den wohlbekannten Regeln, die z. B. auch bei Beantwortung der Frage in Anwendung kommen, welche Flächengattung eine Gleichung 2. Grades darstellt, folgt hieraus nicht $l = 0$, sondern bloß, daß l zwischen $-k$ und $+2k$ liegt. Doch lege ich hierauf kein Gewicht, da man das Verschwinden von l leicht auf andere Art beweisen könnte.

willkürlich herausgegriffen. Bestimmt man die Wahrscheinlichkeit ohne Rücksicht auf die Reihenfolge, so wird es immer
am wahrscheinlichsten sein, daß unter den N-Teilchen wieder
dieselbe Zustandsverteilung wie unter den M besteht, daß also
auch mittlere lebendige Kraft, Bewegungsgröße nach einer
Richtung usw. für die N-Teilchen denselben Wert wie für die
M-Teilchen haben. Dies ist richtig, wenn die Zustandsverteilung Z mit dem Maxwellschen Gesetze identisch ist; bleibt
aber ebenso richtig, wenn die Zustandsverteilung Z irgend eine
andere ist, [1] so daß hieraus kein Schluß auf die Richtigkeit
des Maxwellschen Gesetzes möglich ist. Bei Wahrscheinlichkeitsbestimmung mit Rücksicht auf die Reihenfolge dagegen
gilt dies weder für die Maxwellsche noch für irgend eine
andere Zustandsverteilung. In diesem Falle ist vielmehr die
Wahrscheinlichkeit am größten, daß sämtliche Faktoren des
Produktes (1) ihren größten Wert haben, also daß jedes der
N-Moleküle dieselbe Geschwindigkeit und Geschwindigkeitsrichtung (die wahrscheinlichste) hat. Da ich den ersteren Satz
schon früher bewiesen habe, [2] der letztere aber unmittelbar
klar ist, will ich hier keine Rechnungen, sondern ein erläutern-
des Beispiel geben.

Setzen wir an die Stelle der M-Teilchen eine Urne mit
100 weißen, 200 roten und 300 schwarzen Kugeln. Aus dieser
Urne sollen 6 Kugeln gezogen werden, welche den N-Teilchen
entsprechen. Bestimmt man die Wahrscheinlichkeit ohne Rücksicht auf die Reihenfolge, so ist es offenbar am wahrscheinlichsten, daß unter den gezogenen Kugeln eine weiße, 2 rote
und 3 schwarze sich befinden, daß also unter ihnen dieselbe
Farbenverteilung wie in der Urne herrsche. Es ist dies z. B.
viel wahrscheinlicher, als daß man lauter schwarze Kugeln
gezogen habe. Bestimmt man dagegen die Wahrscheinlichkeit
mit Rücksicht auf die Reihenfolge, so ist es am wahrscheinlichsten, daß jede der gezogenen Kugeln eine schwarze sei,

---

[1] Wenn die Zustandsverteilung Z darin bestand, daß alle M-Teil-
chen dieselbe Geschwindigkeit und Geschwindigkeitsrichtung besitzen,
so ist sogar die Wahrscheinlichkeit, daß zwischen den N-Teilchen dieselbe Zustandsverteilung besteht, gleich Eins.

[2] Boltzmann, Wien. Ber. 78. 2. Abt. Juni 1878 (Nr. 44 S. 258
dieses Bandes), wo übrigens statt n/N überall einfach n stehen soll.

d. h. es ist dies wahrscheinlicher, als daß z. B. die erste·weiß, die beiden darauf gezogenen rot und die 3 zuletzt gezogenen schwarz seien. Ebenso ist der Zug von 6 schwarzen Kugeln wahrscheinlicher, als daß auf den ersten und letzten Zug eine rote, auf den dritten eine weiße und auf die übrigen Züge eine schwarze Kugel getroffen wurde usw. Würde man also die Wahrscheinlichkeit mit Rücksicht auf die Reihenfolge bestimmen, so würde das Produkt P bloß dadurch zu einem Maximum gemacht werden können, daß schon unten den M-Teilchen alle die mittlere Geschwindigkeit und Geschwindigkeitsrichtung oder möglichst wenige verschiedene Geschwindigkeitsrichtungen hätten. Denn im ersten Falle hätten im Ausdrucke (1) alle F den Wert Eins; es wäre also auch $P = 1$.

Ich glaube hiermit bewiesen zu haben, daß die Lösung des neuen Problems, welches Hr. Meyer in seiner letzten Notiz sich stellt, durchaus keinen Beweis des Maxwellschen Gesetzes enthält; ja sowohl die Art der Wahrscheinlichkeitsbestimmung als auch sämtliche übrigen Veränderungen, welche er vornimmt, scheinen mir ein bedeutender Rückschritt zu sein.

54.

Über die Magnetisierung eines Ringes.
Über die absolute Geschwindigkeit der Elektrizität im elektrischen Strome.

(Wien. Anz. 17. S. 12—13. 15. Jänner 1880 und Phil. Mag. (5). 9. S. 308—309.)

Hr. Boltzmann bemerkt, daß sich die Magnetisierung eines Ringes unter Einführung der Carl Neumannschen Koordinaten am leichtesten berechnen läßt und daß aus den unlängst publizierten so ungemein interessanten Versuchen von E. H. Hall der Absolutwert der Geschwindigkeit der Elektrizität im elektrischen Strome berechnet werden kann. Befindet sich das von Hall verwendete Goldblatt von der Länge l und Breite b in einem homogenen magnetischen Felde von der Intensität m in absolutem Gaussschen Maße gemessen, so hat die elektromagnetische Kraft, welche es senkrecht gegen die magnetischen Kraftlinien zu treiben sucht, die Intensität

$$k = m\,l\,J_m = \frac{m\,l\,J_e}{v},$$

worin J_m die Stärke des Stromes ist, welcher das Goldblatt in der Richtung der Länge durchfließt, in magnetischem Maße gemessen, J_e ist dieselbe Stromstärke gemessen in Weberschem elektrostatischen oder mechanischem Maße, v ist gleich $31 \cdot 10^7$ m/sec. Geht in der Zeit t durch den Querschnitt des Goldblattes die Elektrizitätsmenge e mit der Geschwindigkeit c, so ist

$$J_e = \frac{e}{t} = \frac{e\,c}{l} \quad \text{daher} \quad k = \frac{m\,e\,c}{v}$$

Wenn nun an zwei Stellen eines Leiters, welche voneinander die Distanz b haben, die Potentialdifferenz p herrscht, so wirkt im Innern desselben auf die Elektrizitätsmenge Eins die Kraft p/b, auf die Elektrizitätsmenge e die Kraft $p\,e/b$. Wenn daher die oben mit k bezeichnete Kraft auf die im Goldblatte

bewegliche Elektrizität selbst wirkt und die dadurch zwischen
den beiden Rändern des Goldblattes erzeugte Potentialdifferenz
mit p bezeichnet wird, so ist

$$k = \frac{p\,e}{b}, \quad p = \frac{k\,b}{e} = \frac{m\,b\,c}{v}.$$

Nun sollen die beiden Ränder des Goldblattes mit einem
Galvanometer verbunden werden. Der gesamte Widerstand
dieses Schließungskreises (Goldblatt, Galvanometer und Zu-
leitungsdrähte) soll mit w, die daselbst durch den Magnet erzeugte Stromintensität mit i bezeichnet werden, wobei wieder
der Index m magnetisches, der Index e mechanisches Strom-
maß bedeutet. Dann ist

$$i_e = \frac{p}{w_e} = \frac{m\,b\,c}{v\,w_e}, \quad i_m = \frac{m\,b\,c}{w_m}, \quad \text{woraus folgt} \quad c = \frac{i_m\,w_m}{m\,b}.$$

Aus dieser Formel kann die absolute Geschwindigkeit c der
Elektrizität im elektrischen Strome J bestimmt werden. Sie
ist genau gleich der Geschwindigkeit, mit welcher ein Draht
von der Länge b senkrecht zu sich selbst durch das magnetische
Feld bewegt werden muß, damit er in einem Schließungskreise
vom Widerstande w den Strom i erzeugt. Der Draht ist dabei
parallel der Länge, seine Bewegungsrichtung parallel der Breite
des Goldblattes gedacht. Setzt man $i_m\,w_m = e_m$, so ist e_m die
in magnetischem Maße gemessene elektromotorische Kraft,
welche im selben Stromkreise denselben Strom i_m erzeugen
würde. Ihre Messung genügt zur Berechnung von c. Um die
allgemeine Theorie des Hallschen Phänomens zu erhalten,
müßte man die von Kirchhoff, Weber, Helmholtz, Maxwell, Stefan usw. für die Bewegung der Elektrizität in körper-
lichen Leitern aufgestellten Gleichungen dadurch erweitern,
daß man zum elektrostatischen Potentiale und der Induktions-
wirkung noch ein Glied addiert, welches die elektrodynamische
Wirkung ausdrückt und welches leicht berechnet werden kann,
indem man den Strom im Volumelemente, welches wirkt und
auf welches gewirkt wird, in drei rechtwinklige Komponenten
zerlegt und deren Wechselwirkung nach irgend einem elektrodynamischen, z. B. dem Ampèreschen Gesetze berechnet.

55.

Zur Theorie der sogenannten elektrischen Ausdehnung oder Elektrostriktion I.[1])

(Wien. Ber. **82.** S. 826—839. 1880.)

In neuerer Zeit ist die Frage über die Erklärung der Volumvergrößerung aufgeworfen worden, welche Thermometerkugeln erfahren, wenn ihre Innen- und Außenfläche nach Art einer Leydener Flasche entgegengesetzt geladen wird. Um einen Beitrag zur Beantwortung dieser Frage zu liefern, will ich im folgenden diese Volumvergrößerung unter der Voraussetzung berechnen, daß dabei keine anderen Kräfte tätig sind, als die gewöhnlichen elektrischen Fernwirkungen und die Elastizität des Glases.[2])

I. Theorie des Kugelkondensators.

Seien zwei leitende konzentrische Kugelschalen von den Radien a und b gegeben $(a < b)$. Fig. 1 gibt einen Zentralschnitt. Die erstere sei mit dem Potentiale p positiv geladen, die letztere zur Erde abgeleitet. Der Zwischenraum mit einem Dielektrikum erfüllt. Dann tritt[3]) auf der ganzen ersten Fläche die Elektrizitätsmenge $+ e$, auf der ganzen letzteren $- e$ auf.

Das elektrische Moment des Dielektrikums kann man sich dadurch ersetzt denken, daß man dasselbe in $(b - a) / \delta$ konzentrische Kugelschalen von der sehr kleinen Dicke δ zerlegt denkt, deren jede an ihrer ganzen Innenfläche mit $- \varepsilon$, an der Außenfläche mit $+ \varepsilon$ geladen ist. Sei k das durch die

---

[1]) Vorläufiger Bericht über diese Arbeit Wien. Anz. **17.** S. 211. 4. November 1880. Phil. Mag. (5) **11.** S. 75. 1881.

[2]) Auf eine interessante Abhandlung Kortewegs über denselben Gegenstand werde ich später ausführlich zurückkommen.

[3]) Wüllner, 4. 3. Aufl. S. 255; Gordon, 1. S. 135.

elektrisierende Kraft Eins in der Volumeinheit erzeugte elektrische Moment, so ist

(1) $$\varepsilon = \frac{4\,\pi\,k\,e}{1+4\,\pi\,k}, \quad e - \varepsilon = \frac{e}{1+4\,\pi\,k},$$

(2) $$p = \frac{e}{1+4\,\pi\,k} \cdot \left(\frac{1}{a} - \frac{1}{b}\right).$$

Die ponderomotorischen Kräfte dieser Elektrizitätsmengen auf die Massenteilchen des Dielektrikums, welches wir jetzt als fest und elastisch voraussetzen, ergeben sich wie folgt:

Wir bezeichnen die innere leitende Kugelfläche als die Fläche 1, die innere Begrenzungsfläche des Dielektrikums als

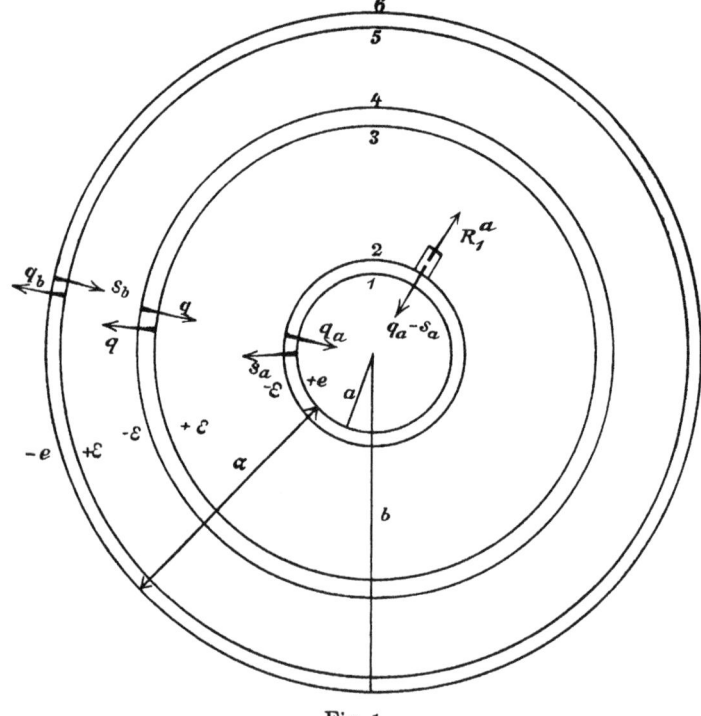

Fig. 1.

Fläche 2, die Außenfläche irgend einer der früher besprochenen konzentrischen Kugelschalen als Fläche 3, die Innenfläche der auf sie nach außen zu folgenden Kugelschale als Fläche 4, die äußere Begrenzungsfläche des Dielektrikums als Fläche 5, und endlich die äußere leitende Kugelfläche als Fläche 6.

Diese Flächen sind der Reihe nach geladen mit

$$+ e, \quad - \varepsilon, \quad + \varepsilon, \quad - \varepsilon, \quad + \varepsilon, \quad - e.$$

Ein Elektrizitätsteilchen der Fläche 1 ist bezüglich aller andern ein inneres, erfährt also nur von den übrigen Elektrizitätsteilchen σ der Fläche 1 eine Wirkung; dieselbe ist unbestimmt, da σ gerade auf der wirkenden Fläche liegt, sie wäre $\sigma e / a^2$, wenn es nach außen, Null, wenn es bereits innen läge; das Mittel ist $\sigma e / 2 a^2$. Um nun die Kraft s_a zu finden, die auf die Flächeneinheit der Fläche 1 nach außen wirkt, bedenke man, daß diese Flächeneinheit die Elektrizitätsmenge $e / 4 \pi a^2$ enthält, und daß sie keine mathematische Fläche, sondern eine Kugelschale von sehr kleiner Dicke sein wird, auf der ein Elektrizitätsteilchen außen, eines in der Mitte, eines ganz innen usw. liegt.

Man muß also in dem oben gefundenen Mittelwert $\sigma e / 2 a^2$ setzen $\sigma = e / 4 \pi a^2$ und erhält

$$(3) \qquad s_a = \frac{e^2}{8 \pi a^4}.$$

Auf der Flächeneinheit der Fläche 2 liegt die Elektrizitätsmenge $- \varepsilon / 4 \pi a^2$. Durch dieselben Betrachtungen, die wir soeben anstellten, findet man, daß sie von der gesamten Elektrizität der Fläche 2 mit der Kraft $\varepsilon^2 / 8 \pi a^4$ nach außen, von der Elektrizität der Fläche 1 aber mit der Kraft $e \varepsilon / 4 \pi a^4$ nach innen gezogen wird.

Sie wird also im ganzen mit der Kraft

$$(4) \qquad q_a = \frac{\varepsilon (2 e - \varepsilon)}{8 \pi a^4} = \frac{k (1 + 2 \pi k) e^2}{(1 + 4 \pi k)^2 a^4} = \frac{\varkappa e^2}{8 \pi a^4}$$

nach innen gezogen.

Hierbei ist

$$(5) \qquad \varkappa = \frac{8 \pi k (1 + 2 \pi k)}{(1 + 4 \pi k)^2} = 1 - \frac{1}{D^2},$$

wenn $D = 1 + 4 \pi k$ die Dielektrizitätskonstante ist.

Auf die Elektrizität der Flächeneinheit der Fläche 3 wirkt die Gesamtelektrizität der Fläche 3 mit der Kraft $\varepsilon^2 / 8 \pi r^4$ nach außen, die der Fläche 2 mit $\varepsilon^2 / 4 \pi r^4$ nach innen, die der Fläche 1 mit $e \varepsilon / 4 \pi r^4$ nach außen. Die Wirkungen aller übrigen dielektrischen Schichten heben sich auf.

Darauf wirkt also nach außen die Gesamtkraft

(6) $$q = \frac{\varepsilon\,(2\,e - \varepsilon)}{8\,\pi\,r^4} = \frac{\varkappa\,e^2}{8\,\pi\,r^4}.$$

Dabei ist r der Radius der Fläche 3. Ebenso groß ist bei gleichem Radius die Gesamtkraft, welche auf die Einheit der Fläche 4 nach innen wirkt, da sich auf dieselbe die Wirkungen der Flächen 2 und 3 und ebenso aller dazwischen liegenden dielektrischen Schichten aufheben. 1 übt $e\,\varepsilon/4\,\pi\,r^4$ nach innen, 4 aber $\varepsilon^2/8\,\pi\,r^4$ nach außen. q_b, die Kraft auf die Flächeneinheit der Fläche 5, erhält man, indem man in (6) setzt $r = b$.

Es ist also

(7) $$q_b = \frac{\varkappa\,e^2}{8\,\pi\,b^2}.$$

Endlich heben sich die Wirkungen aller dielektrischen Schichten auf die Flächeneinheit der Fläche 6 auf, während darauf 6 selbst mit der Kraft $e^2/8\,\pi\,b^2$ nach außen, 1 mit $e^2/4\,\pi\,b^2$ nach innen wirkt.

Es bleibt also darauf nach innen

(8) $$s_b = \frac{e^2}{8\,\pi\,b^2}.$$

Denken wir uns daher die beiden leitenden Flächen selbst ohne Festigkeit, aber fest mit dem dielektrischen Körper verbunden, so wirkt vermöge der vorhandenen Elektrizitäten und dielektrischen Polarisation auf das Flächenelement $d\,\omega_1$ der inneren Begrenzungsfläche (Fläche 1 und 2) die Kraft

$$(q_a - s_a)\,d\,\omega_1 = -\,\frac{e^2\,(1 - \varkappa)}{8\,\pi\,a^4}\,d\,\omega_1\,,$$

auf ein Flächenelement $d\,\omega_2$ der äußeren Begrenzungsfläche die Kraft

$$(q_b - s_b)\,d\,\omega_2 = -\,\frac{e^2\,(1 - \varkappa)}{8\,\pi\,b^4}\,d\,\omega_2\,,$$

beide der Richtung der ins Innere des Körpers eindringenden Normalen entgegen, also erstere gegen das Kugelzentrum, letztere vom Kugelzentrum weg. Konstruieren wir im Innern des dielektrischen Körpers ein Flächenelement $d\,\omega_3$ parallel dem Kugelradius, so wirken darauf keine elektrischen Kräfte, ist es dagegen senkrecht auf dem Kugelradius in der Distanz r vom Zentrum, so wirkt darauf die Kraft

$$q\, d\omega_3 = \frac{\varkappa\, e^2\, d\omega_3}{8\pi\, a^4},$$

und zwar wirkt diese Kraft normal und auf die Elektrizitätsteilchen, welche der gegen das Kugelzentrum gekehrten Seite anliegen, nach außen, auf die Elektrizitätsteilchen, welche der andern Fläche anliegen, gegen das Kugelzentrum zu. Die Deformation, welche der feste elastische, dielektrische Körper erfährt, kann keine andere sein, als daß jeder Punkt eine Verschiebung in der Richtung des Kugelradius erfährt. Zu den oben aufgezählten elektrischen Kräften kommen noch die durch jene Deformation geweckten elastischen Kräfte.

Wir erhalten also, wenn wir die Buchstaben Lamés[1]) anwenden, für das Innere des Körpers

(9)
$$\begin{cases} R_1 = (\lambda + 2\mu)\,\frac{dU}{dr} + \frac{2\lambda U}{r} + \frac{\varkappa e^2}{8\pi r^4}, \\[2mm] \Phi_2 = \Psi_3 = \lambda\,\frac{dU}{dr} + \frac{2(\lambda+\mu)U}{r}, \\[2mm] \Phi_3 = \Psi_2 = \Psi_1 = R_3 = R_2 = \Phi_1 = 0. \end{cases}$$

Hierbei ist U eine Verschiebung vom Kugelzentrum weg. Die von der Elastizität stammende Kraft

$$(\lambda + 2\mu)\,\frac{dU}{dr} + \frac{2\lambda U}{r}$$

ist eine Zugkraft, d. h. eine Anziehung der Moleküle zu beiden Seiten irgend eines Flächenelementes, und da auch die elektrische Kraft $\varkappa e^2/8\pi r^4$ die Moleküle zu beiden Seiten eines Flächenelementes gegeneinander zieht, so ist es zum erstern Ausdruck zu addieren.

Um die Oberflächenbedingungen zu finden, denken wir uns einen unendlich kleinen Zylinder im Dielektrikum konstruiert, dessen Basis $d\omega_1$ ein Flächenelement der Innenfläche des Dielektrikums ist. Auf dieselbe wirkt daher die Kraft $(q_a - s_a)\,d\omega_1$ gegen das Kugelzentrum. Die Gegenfläche des Zylinders liegt schon im Innern des Dielektrikums, weshalb auf die im Innern des Zylinders ihr anliegenden Moleküle die Kraft $R_1^a\, d\omega_1$ wirkt. Die Gleichsetzung beider Kräfte liefert $R_1^a = q_a - s_a$ oder

(10)
$$(\lambda + 2\mu)\left(\frac{dU}{dr}\right)_{r=a} + 2\lambda\,\frac{U_a}{a} = -\frac{e^2}{8\pi a^4}.$$

---

[1]) Lamé, Leçons sur la théorie de l'elasticité, 2. édition, p. 195.

Ebenso findet man für Außenfläche

(11) $$(\lambda + 2\mu)\left(\frac{dU}{dr}\right)_{r=b} + 2\lambda\frac{U_b}{b} = -\frac{e^2}{8\pi b^4}.$$

Die Bedingung des Gleichgewichtes für das Innere ist

$$\frac{dR_1}{dr} + \frac{2R_1 - \Phi_2 - \Psi_3}{r} = 0,$$

also

$$\frac{d^2U}{dr^2} + \frac{2}{r}\frac{dU}{dr} - \frac{2U}{r} = \frac{\varkappa e^2}{4\pi(\lambda+2\mu)r^5},$$

woraus folgt

(12) $$\begin{cases} U = mr + \frac{n}{r^2} + \frac{\varkappa e^2}{16\pi(\lambda+2\mu)r^3}, \\ (\lambda+2\mu)\frac{dU}{dr} + \frac{2\lambda U}{r} = (3\lambda+2\mu)m - \frac{4\mu n}{r^3} - \frac{(\lambda+6\mu)\varkappa e^2}{16\pi(\lambda+2\mu)r^4}. \end{cases}$$

Aus den Gleichungen (10) und (11) folgen für die Konstanten m und n die Werte

(13) $$\begin{cases} n = \frac{e^2}{32\pi\mu}\left[1 - \frac{(\lambda+6\mu)\varkappa}{2(\lambda+2\mu)}\right]\frac{b^4-a^4}{ab(b^3-a^3)}, \\ m = \frac{e^2}{8(3\lambda+2\mu)\pi}\left[1 - \frac{(\lambda+6\mu)\varkappa}{2(\lambda+2\mu)}\right]\frac{b-a}{ab(b^3-a^3)}. \end{cases}$$

Die Substitution dieser Werte in die Gleichung (12) liefert U, wodurch die Deformation des Dielektrikums vollständig bestimmt ist.

Ich will hier die Formeln nur für den Fall anschreiben, daß die Dicke α der dielektrischen Schichte sehr klein ist. Die Formel (12) zeigt sofort, daß dann $U_{r=a}$ nahe gleich $U_{r=b}$ ist, daß also das innere und äußere Volumen der Kugel nahezu dieselbe Vergrößerung erfahren, was Quincke durch Versuche bestätigt fand.

Setzen wir $b = a + \alpha$, so folgt

$$m = \frac{e^2}{24\pi(3\lambda+2\mu)a^4}\cdot\left[1 - \frac{(\lambda+6\mu)\varkappa}{2(\lambda+2\mu)}\right],$$

$$n = \frac{e^2}{24\pi\mu a}\left[1 - \frac{(\lambda+6\mu)\varkappa}{2(\lambda+2\mu)}\right],$$

$$U = \frac{e^2[2\lambda + 2\mu - \varkappa(\lambda+2\mu)]}{16\pi a^3\mu(3\lambda+2\mu)}.$$

Nun ist aber in diesem Falle

$$p = \frac{e\alpha}{(1+4\pi k)a^2},$$

daher

$$(14) \qquad U = \frac{a\,p^2\,(1 + 4\pi k)^2\,[2\lambda + 2\mu - \varkappa(\lambda + 2\mu)]}{16\,\pi\,\mu\,(3\lambda + 2\mu)\,a^2}.$$

Sei v das ursprüngliche Volum der Kugel, $\varDelta v$ der Zuwachs, so ist

$$v = \frac{4\,\pi\,a^3}{3}, \qquad \varDelta v = 4\pi a^2\,U,$$

also

$$(15) \qquad \frac{\varDelta v}{v} = \frac{3\,p^2\,(1 + 4\pi k)^2\,[2\lambda + 2\mu - \varkappa(\lambda + 2\mu)]}{16\,\pi\,\mu\,(3\lambda + 2\mu)\,a^2}.$$

Es ist also $\varDelta v/v$ unabhängig vom Kugelradius, direkt proportional dem Quadrate des Potentials und verkehrt dem Quadrate der Dicke, welche Gesetze ebenfalls Quincke bestätigt fand. Aus der Formel (15) kann übrigens die elektrische Ausdehnung auch quantitativ berechnet werden, wenn p und e in absolutem mechanischen Maße bekannt sind, da aus der Gleichung

$$p = \frac{e\,a}{a^2\,(1 + 4\pi k)}$$

die Größen k und $\varkappa$ berechnet werden können; λ und μ können wenigstens angenähert aus dem Elastizitätskoeffizienten des dielektrischen Materiales berechnet werden.

II. Theorie des Zylinder- und Plattenkondensators.

Wir wollen jetzt annehmen, das Dielektrikum habe die Gestalt eines geraden Kreiszylinders mit konaxialer Höhlung, von dem ein Querschnitt wieder in Fig. 1 dargestellt sei. Die als sehr groß vorausgesetzte Länge des Zylinders sei λ. Die Dimensionen der Figur seien dieselben wie früher. e und ε seien die Elektrizitätsmengen, die auf den ganzen Umfang des Zylinders aber auf die Längeneinheit entfallen. Das Potential des Zylinders 1 (analoge Bezeichnung wie früher) auf einem Punkt im mittleren Querschnitte und in der Distanz r von der Achse ist dann, wenn derselbe im Innern liegt, $2\,e \log(\lambda/a)$, sonst $2\,e \log(\lambda/r)$, also sehr groß und ändert sich nur um Endliches, wenn der Punkt nicht einem Endquerschnitte sehr nahe kommt. Die Kraft auf eine daselbst befindliche elektrische Masse Eins ist Null im Innern, $2\,e/r$ außen.

24*

Es ist also das Gesamtpotential der freien Elektrizität und der dielektrischen Polarisation auf einen Punkt im Innern des Zylinders 1 gleich dem Potentiale aller Elektrizitätsmengen der Figur gleich

(16)
$$\left\{ \begin{aligned} p &= 2\,(e - \varepsilon)\left(\log\frac{\lambda}{a} - \log\frac{\lambda}{b}\right) = 2\,(e - \varepsilon)\log\frac{b}{a} \\ &= \frac{2\,(e - \varepsilon)\,\alpha}{a} = \frac{2\,e\,\alpha}{a\,(1 + 4\pi k)}, \end{aligned} \right.$$

wobei die letzte Gleichung gilt, wenn b um eine kleine Größe α von a verschieden ist.

Die Gesamtkraft aller Elektrizitäten auf die Elektrizitätsmenge Eins zwischen Zylinder 2 und 5 ist

$$K = \frac{2\,(e - \varepsilon)}{r},$$

das dielektrische Moment der Volumeinheit daselbst aber ist $M = \varepsilon / 2\pi r$; man findet also wegen $M = k\,K$

(17)
$$\varepsilon = \frac{4\pi k e}{1 + 4\pi k}, \qquad e - \varepsilon = \frac{e}{1 + 4\pi k}.$$

Bezeichnen wieder s und q die Kräfte, welche auf die die Flächeneinheit bedeckenden Elektrizitätsmengen wirken, so ist jetzt

$$s_a = \frac{e^2}{2\pi a^2}, \quad s_b = \frac{e^2}{2\pi b^2}, \quad q = \frac{\varkappa e^2}{2\pi r^2}.$$

Die Summe der im Innern wirkenden elastischen und elektrischen Kräfte wollen wir wieder so bezeichnen, wie Lamé die elastischen Kräfte allein bezeichnet; dann ist (Lamé, S. 179)

(18)
$$\left\{ \begin{aligned} R_1 &= (\lambda + 2\mu)\frac{dU}{dr} + \frac{\lambda U}{r} + \frac{\varkappa e^2}{2\pi r^2} + \lambda\frac{dW}{dz}, \\ \Phi_2 &= \lambda\frac{dU}{dr} + (\lambda + 2\mu)\frac{U}{r} + \lambda\frac{dW}{dz}, \\ Z_3 &= \lambda\left(\frac{dU}{dr} + \frac{U}{r}\right) + (\lambda + 2\mu)\frac{dW}{dz}, \\ \Phi_3 &= Z_2 = Z_1 = R_3 = R_2 = \Phi_1 = 0. \end{aligned} \right.$$

Für das Innere erhalten wir

$$\frac{dR_1}{dr} + \frac{R_1 - \Phi_2}{r} = 0,$$

also

$$(\lambda + 2\,\mu)\left(\frac{d^2 U}{dr^2} + \frac{1}{r}\frac{dU}{dr} - \frac{U}{r^2}\right) = \frac{\varkappa\,e^2}{2\,\pi\,r^3},$$

$$U = m\,r + \frac{1}{r}\left[n - \frac{\varkappa\,e^2\,\log r}{4\,\pi\,(\lambda + 2\,\mu)}\right],$$

$$R_1 = 2\,(\lambda + \mu)\,m + \frac{2\,\mu}{r^2}\left[-\,n + \frac{\varkappa\,e^2\,\log r}{4\,\pi\,(\lambda + 2\,\mu)}\right] + \frac{\varkappa\,e^2}{4\,\pi\,r^2} + \lambda\,c.$$

dW/dz, also die Verlängerung der Längeneinheit, wurde hierbei mit c bezeichnet.

Denken wir uns wieder einen unendlich kleinen Zylinder aus dem Dielektrikum herausgeschnitten, dessen Basis $d\omega$ in die Innenfläche des Hohlzylinders (Fläche 1 oder 2) fällt, dessen Gegenfläche sich aber schon im Innern des Dielektrikums befindet, so wirkt auf die Basis die Kraft $(q_a - s_a)\,d\omega$ in der Richtung gegen die Achse des Zylinders, auf die Gegenfläche die Kraft $R_1^q\,d\omega$ in der entgegengesetzten Richtung. Die Gleichsetzung beider Kräfte liefert

$$(\lambda + 2\,\mu)\left(\frac{dU}{dr}\right)_{r=a} + \frac{\lambda\,U_a}{a} + \frac{\varkappa\,e^2}{2\,\pi\,a^2} + \lambda\,c = \frac{\varkappa\,e^2}{2\,\pi\,a^2} - \frac{e^2}{2\,\pi\,a^2}$$

und ebenso findet man für die Außenfläche

$$(\lambda + 2\,\mu)\left(\frac{dU}{dr}\right)_{b=r} + \frac{\lambda\,U_b}{b} + \lambda\,c = -\,\frac{e^2}{2\,\pi\,b^2}.$$

Es ist dabei wieder angenommen, daß die leitenden Belegungen für sich selbst keine Steifigkeit besitzen, aber fest mit dem dielektrischen Hohlzylinder verbunden sind.

Aus diesen beiden Gleichungen folgt

$$2\,(\lambda + \mu)\,m + \lambda\,c - \frac{2\,\mu}{a^2}\left[n - \frac{\varkappa\,e^2\,\log a}{4\,\pi\,(\lambda + 2\,\mu)}\right] = \frac{\varkappa\,e^2}{4\,\pi\,a^2} - \frac{e^2}{2\,\pi\,a^2},$$

$$2\,(\lambda + \mu)\,m + \lambda\,c - \frac{2\,\mu}{b^2}\left[n - \frac{\varkappa\,e^2\,\log b}{4\,\pi\,(\lambda + 2\,\mu)}\right] = \frac{\varkappa\,e^2}{4\,\pi\,b^2} - \frac{e^2}{2\,\pi\,b^2},$$

also wenn wieder $b = a + \alpha$ und α sehr klein ist

$$2\,\mu\left[n - \frac{\varkappa\,e^2\,\log a}{4\,\pi\,(\lambda + 2\,\mu)}\right] = \frac{e^2}{2\,\pi} - \frac{\varkappa\,e^2\,(\lambda + 3\,\mu)}{4\,\pi\,(\lambda + 2\,\mu)},$$

$$2\,(\lambda + \mu)\,m + c\,\lambda = -\,\frac{\varkappa\,e^2\,\mu}{4\,\pi\,a^2\,(\lambda + 2\,\mu)}$$

Wenn auf Basis und Gegenfläche des Hohlzylinders keine Kraft wirkt, so kommt hierzu noch die Bedingung

$$Z_3 = \lambda\left[2\,m - \frac{\varkappa\,e^2}{4\,\pi\,(\lambda + 2\,\mu)\,a^2}\right] + (\lambda + 2\,\mu)\,c = 0,$$

wobei übrigens bemerkt werden muß, daß, während unsere
Lösung des Hohlkugelproblems vollkommen exakt war, dies
hier nicht mehr der Fall ist; nioht bloß, weil wir die Wirkungen
in der Nähe der Enden des Zylinders vernachlässigt haben,
sondern auch, weil wir c als konstant voraussetzten, was nicht
strenge richtig ist. Sobald aber c von r abhängig ist, verschwinden auch Z_1 und R_3 nicht mehr.

Aus den beiden letzten Gleichungen ergibt sich

(19)
$$m = - c \cdot \frac{\lambda^2 + \lambda \mu + 2\mu^2}{2\lambda(\lambda + 2\mu)},$$
$$c = \frac{\varkappa e^2 \lambda}{4\pi a^2 (3\lambda + 2\mu)\mu} = \frac{p^2 \varkappa \lambda (1 + 4\pi k)^2}{16\pi\mu(3\lambda + 2\mu)a^2}.$$

Alle bisherigen Beobachter fanden für Glas $D = 1 + 4\pi k$
sehr groß (7 bis 10, wenn die Ladungszeit länger als $1/_{10}$ sec
war), was $\varkappa$ nahe gleich Eins liefern würde.

In diesem Falle würde aus Formel (15) und (19) folgen:

(20)
$$\frac{\varDelta v}{v} = 3c,$$

was ebenfalls Quincke experimentell bestätigt fand. Es
scheint hiernach wohl unzweifelhaft, daß Röntgen recht hat,
wenn er behauptet, aus der Unabhängigkeit des $\varDelta v/v$ und c
von a, sowie aus der angenäherten Richtigkeit der Gleichung (20)
könne nicht geschlossen werden, daß die sogenannte elektrische
Ausdehnung oder Elektrostriktion aus den gewöhnlichen Gesetzen der elektrischen Fernwirkung und Elastizität unerklärbar
sei. Versuche, wobei alle Größen in absolutem mechanischen
Maße gemessen wären, sind jedenfalls sehr schwierig. Dazu
wäre zudem erforderlich, daß das Dielektrikum so wenig
Leitungsfähigkeit, bzw. dielektrische Nachwirkung besäße, daß
bei Entladung des Kondensators wieder nahezu dieselbe Elektrizitätsmenge abflöße, welche beim Laden zugeführt wurde,
sowie daß störende Einflüsse, wie Reibung, Kapillarität, Erwärmung eliminiert oder separat bestimmt werden könnten.

Wäre die Elektrostriktion aus den gewöhnlichen Gesetzen
der Elastizitätslehre und elektrischen Fernwirkung erklärbar,
so würde sie ein Mittel bieten, zwischen Elektrizitätsleitung
und dielektrischer Nachwirkung zu entscheiden.

Wir wollen nun noch einen Kondensator mit ebenen
Platten in der Distanz a betrachten, deren Zwischenraum mit

dem Dielektrikum erfüllt ist. Eine Platte sei mit dem Potentiale p geladen, die andere zur Erde abgeleitet. Die elektrische Dichtigkeit ist dann auf beiden Platten

$$f = \frac{p(1 + 4\pi k)}{4\pi\alpha},$$

auf den beiden Begrenzungsflächen des Dielektrikums

$$\varphi = \frac{kp}{\alpha}.$$

Man findet dies, indem man in dem früher behandelten Kugel- oder Zylinderprobleme den Radius unendlich setzt. Im ersten Falle ist

$$f = \frac{e}{4\pi r^2}, \quad \varphi = \frac{\varepsilon}{4\pi r^2},$$

im letzteren

$$f = \frac{e}{2\pi r}, \quad \varphi = \frac{\varepsilon}{2\pi r}.$$

Wir wollen die den früher behandelten sechs Flächen analogen Ebenen unterscheiden und α sehr klein voraussetzen. Die Wirkung einer ebenen mit Elektrizität von der Dichte f belegten Fläche auf die sehr nahe befindliche elektrische Masse Eins ist $2\pi f$.[1]) Bezüglich der Wirkung auf die Fläche 1 heben sich die Flächen 2, 3, 4, 5 auf; 6 aber wirkt auf die Flächeneinheit der Fläche 1 anziehend mit der Kraft

$$s = 2\pi f^2 = \frac{p^2(1 + 4\pi k)^2}{8\pi\alpha^2}$$

anziehend. Ebenso groß ist die Kraft, welche die Flächeneinheit von 6 ins Innere des Dielektrikums zieht. Bezüglich der Wirkung auf die Flächeneinheit von 3 summieren sich die Wirkungen der Flächen 1 und 6, während sich alle dielektrischen Schichten bis auf Fläche 2 aufheben. Dieselbe ist also

$$q = 4\pi f\varphi - 2\pi\varphi^2 = \frac{\varkappa p^2(1 + 4\pi k)^2}{8\pi\alpha^2}.$$

Mit dieser Kraft werden je zwei Schichten des Dielektrikums gegeneinander gezogen, sowie auch die beiden Schichten 2 und 5 nach auswärts gezogen. Ziehen wir jetzt die x-Achse senkrecht zu den Kondensatorplatten und setzen

$$\frac{dU}{dx} = a, \quad \frac{dV}{dy} = \frac{dW}{d\varkappa} = b,$$

_____

[1]) Stefan, Über die Tragkraft der Magnete, Wien. Ber. 81.

so ist die Gesamtkraft, mit welcher die Moleküle gegeneinander gezogen werden, welche zu beiden Seiten einer zur yz-Ebene parallelen Ebene vom Flächeninhalte Eins anliegen

$$N_1 = (\lambda + 2\mu)a + 2\lambda b + \frac{\varkappa p^2 (1 + 4\pi k)^2}{8\pi \alpha^2}.$$

Dieselbe muß gleich sein der Kraft $q - s$, welche eine der Endflächen nach außen zieht, sobald die leitende Belegung fest am Dielektrikum haftet.

Es ist also

$$(\lambda + 2\mu)a + 2\lambda b = - \frac{p^2 (1 + 4\pi k)^2}{8\pi \alpha^2}.$$

Die elastischen Kräfte auf ein der x-Achse paralleles Flächenelement müssen verschwinden, was liefert:

$$\lambda a + 2(\lambda + \mu)b = 0,$$

woraus folgt

(21) $$a = - \frac{(\lambda + \mu) p^2 (1 + 4\pi k)^2}{8\pi \alpha^2 \mu (3\lambda + 2\mu)} = - \frac{2\pi (\lambda + \mu) f^2}{\mu (3\lambda + 2\mu)}$$

Genau dieselbe Deformation würde durch die auf die Flächeneinheit wirkende komprimierende Kraft

$$\frac{p^2 (1 + 4\pi k)^2}{8\pi \alpha^2}$$

erzeugt. Mit der durch diese Kraft erzeugten Doppelbrechung wäre also die durch die Elektrizität hervorgerufene Doppelbrechung zu vergleichen, wobei $1 + 4\pi k$ aus der Gleichung

(22) $$f = \frac{e}{Q} = \frac{p (1 + 4\pi k)}{4\pi \alpha}$$

zu finden wäre. Dabei ist e die Elektrizitätsmenge auf einer der Kondensatorplatten, Q deren Flächeninhalt. Es scheint hier die Theorie mit Quinckes Versuchen nicht in Übereinstimmung zu stehen.

56.

Zur Theorie der sogenannten elektrischen Ausdehnung oder Elektrostriktion II.[1]

(Wien. Ber. 82. S. 1157—1168. 1880.)

III. Berechnung des Absolutwertes der Elektrostriktion.

Die Angaben Hrn. Quinckes über seine so überaus sorgfältigen und mannigfachen Beobachtungen sind so vollständig, daß sich dieselben auch dem Absolutwerte nach mit der im I. Abschnitte entwickelten Formel vergleichen lassen. Zu diesem Zwecke wollen wir die Beobachtungen wählen, welche Hr. Quincke an seinem Kondensator Nr. 17 angestellt hat. Wir müssen da zuerst nach der bekannten Formel

$$(23) \qquad D = \frac{c_e \, \alpha}{a^2}$$

(welche auch Quincke in seiner Abhandlung, S. 188, anführt) die Dielektrizitätskonstante D des Kondensators, welcher als Kugelschale vom Radius a und der kleinen Dicke α betrachtet wird, berechnen.

Die Kapazität c des Kondensators ist dabei natürlich im sogenannten elektrostatischen Maße zu messen, worauf der Index e hindeutet. Quincke gibt dieselbe auf S. 187 zu $^{1}/_{400}$ Mikrofarad an.

Behufs Umrechnung in elektrostatisches Maß sollen

$$P, \ J, \ W, \ E, \ C, \ T, \ L, \ M$$

die Einheit der elektromotorischen Kraft (des Potentials), der Stromstärke, des Widerstandes, der Elektrizitätsmenge, der Kapazität, der Zeit, der Länge und Masse bezeichnen, und zwar

---

[1] Voranzeige dieser Arbeit Wien. Anz. 17. S. 237. 2. Dezember 1880.

soll der Index m immer elektromagnetisches, der Index e elektrostatisches Maß andeuten.

Dann ist für jedes Maß

$$J = \frac{E}{T}, \quad C = \frac{E}{P} = \frac{JT}{P} = \frac{T}{W},$$

daher

$$\frac{C_e}{C_m} = \frac{W_m}{W_e} = v^2,$$

wobei v nach den neueren Beobachtungen etwa

$$\frac{29 \cdot 10^{10} \text{ mm}}{\text{sec}}$$

ist. (Vgl. Wiedemann, Galvanismus, 2. Aufl., 2. Abt., S. 457,
462, 463, 464.)

Die Kapazität Farad ist

$$\frac{(\text{sec})^2}{10^{10} \text{ mm}},$$

also Mikrofarad

$$\frac{(\text{sec})^2}{10^{16} \text{ mm}}.$$

(Ebendort, S. 443 u. 444.) Da dieselbe in elektromagnetischem
Maße gemessen ist, wollen wir sie mit C_m bezeichnen.

Dann liefert die obige Formel

$$C_e = \text{Mikrofarad}_e = v^2 C_m = (2900)^2 \text{ mm}.$$

Daher war die Kapazität von Quinckes Kondensator
Nr. 17

$$c_e = \frac{1}{400} \text{Mikrofarad}_e = (1,45)^2 \text{ mm}.$$

Ferner gibt Quincke an

$$2a = 47,1 \text{ mm}, \quad \alpha = 0,346 \text{ mm}.$$

(S. 187), woraus ich nach Formel (23) finde:

$$D = 13,1.$$

Hr. Quincke gibt auf S. 187 in der Tabelle für diesen
Kondensator $D = 1$ und für andere Kondensatoren $D < 1$ an,
was wir nur dann erklärlich ist, wenn er nicht, wie dies sonst
allgemein üblich ist, als Einheit der Dielektrizitätskonstante
die der Luft wählt. Freilich ist wiederum die obige Zahl auffallend groß (vgl. in Gordons Elektrizitätslehre die auf 134
folgende Tabelle) und muß jedenfalls als sehr unsicher bezeichnet werden.

Der obige Wert würde liefern

$$x = 0,9942.$$

Um das Potential p zu schätzen, womit die Innenfläche von Quinckes Kondensator geladen war, benützen wir dessen Angaben (S. 168), daß 10 Funken der Maßflasche in der Batterie von 6 Flaschen dem Potentiale von 5000 Daniell entsprechen.

Bei den auf S. 169 angegebenen Versuchen verteilten sich 20 Maßflaschenfunken in drei Leydener Flaschen und dem Kugelkondensator Nr. 17, welcher nach S. 188 die Kapazität einer Leydener Flasche hatte.

Es war also die Elektrizitätsmenge, und daher auch deren Potential auf die Einheit der Elektrizitätsmenge $2 \cdot 6/4$ mal so groß, also

$$15000 \text{ Daniell.}$$

Es ist das Verhältnis der Maße der elektromotorischen Kräfte

$$\frac{P_e}{P_m} = \frac{1}{v}$$

(vgl. Wiedemann, S. 464). Ferner ist die elektromotorische Kraft eines Daniell in magnetischem Maße

$$\text{Daniell}_m = 11.10^{10} \frac{(\text{mm})^{3/2} (\text{mgmasse})^{1/2}}{(\text{sec})^2}.$$

(Vgl. Wiedemann, S. 451, wo übrigens die Dimensionen unrichtig angegeben sind.)

Daraus folgt

$$\text{Daniell}_c = \frac{11}{29} \frac{(\text{mm})^{1/2} (\text{mg})^{1/2}}{\text{sec}}$$

und das Potential p im Inneren des Kugelkondensators von 15000 Daniell wird

$$p = \frac{11.15000}{29} \frac{(\text{mm})^{1/2} (\text{mg})^{1/2}}{\text{sec}} = 5620 \frac{(\text{mm})^{1/2} (\text{mg})^{1/2}}{\text{sec}}$$

Nun ist noch λ und μ für Glas zu bestimmen, eine Bestimmung, die sicher nur als eine rohe Schätzung aufgefaßt werden kann, geradeso wie auch alle übrigen, bisher bestimmten Größen nur geschätzt werden konnten.

Wir wollen den Elastizitätskoeffizienten des bleifreien Glases gleich

$$7300 \, \frac{\text{Kilogewicht}}{(\text{mm})^2} = \frac{1}{E}$$

(vgl. Moussons Physik, 1, 2. Aufl., S. 204) und nach Poisson die Querkontraktion gleich $^1/_4$ der Längendilatation setzen, da Versuche, welche Wertheim in der Längsrichtung von Stäben angestellt hat, wegen der wahrscheinlichen Anisotropie des Glases jedenfalls auf dünne Lamellen, wie sie hier zur Anwendung kommen, keine Anwendung haben.

Dann ist (Lamé, Leçons, 2ième édition, S. 76) $\lambda = \mu$,

$$\frac{5\,\lambda}{2} = \frac{1}{E} = 7300 \, \frac{\text{Kilogewicht}}{(\text{mm})^2} = \frac{7300 \cdot 10^6 \, \text{mg Masse } 9810}{\text{mm (sec)}^2}$$

$$= \frac{716 \cdot 10^{11} \, \text{mg}}{\text{mm. (sec.)}^2}.$$

Setzt man $\mu = \lambda$, so geht die Formel (15) über in

$$\frac{\varDelta v}{v} = \frac{3 \, (4 - 3 \, \varkappa) \, D^2 \, p^2}{32 \, \pi \, a^2 \left(\dfrac{5 \, \lambda}{2} \right)}.$$

Die Substitution der angenommenen numerischen Werte in diesem Ausdrucke liefert

$$\frac{\varDelta v}{v} = 0{,}000019,$$

während Quinckes Experimente ergaben

$$\frac{\varDelta v}{v} = 0{,}000010$$

Trotz der großen Verschiedenheit dieser beiden Werte glaube ich doch, daß eine bessere Übereinstimmung gar nicht zu erwarten war, wenn man bedenkt, wie viele nur ungenau bekannte Größen in der Rechnung benützt wurden (Elastizitätsmodul des Glases, Verhältniszahl zwischen Länge und Querkontraktion, Umrechnungszahl des magnetischen und elektrostatischen Maßes, des Daniell in das erstere Maß, Dielektrizitätskonstante des Glases, welch letztere sicher für verschiedene Stärke und Dauer der Ladung verschieden ist usw.). Dazu kommt noch, daß manche Größen der Natur der Sache nach nur angenähert bestimmt werden konnten, so die Kapazität des Kondensators in Mikrofaraden, das Potential der Leydenerflaschenladung in Daniell, endlich namentlich die Glasdicke, welche in unseren Formeln als konstant vorausgesetzt wurde, während Quincke auf S. 171 anführt, daß sie an einem Kondensator, dessen mittlere Dicke er zu 0,22 mm in der Tabelle angibt, nach dem Zerbrechen zwischen 0,082 und 0,18 mm schwankend gefunden wurde. Die Wanddicke, sowie viele andere so unsicher bestimmbare Größen kommen zudem in unserer Formel im Quadrate vor, so daß ihre Fehler sehr bedeutenden Einfluß auf das Resultat haben. Endlich geht aus Quinckes ausgezeichneten und vielseitigen Beobachtungen unzweifelhaft hervor, daß außer den oben der Rechnung unterzogenen Ursachen jedenfalls noch andere, Erwärmungen, Änderung der Kapillarkraft, Reibung usw. im Spiele sein müssen. Dies beweist die Verschiedenheit der Elektrostriktion bei Füllung mit verschiedenen Flüssigkeiten, die Änderung der Dehnungs- und Torsionselastizität durch elektrische Ladung und noch manches, worauf ich hier nicht näher eingehen kann.

Ich habe diese Berechnung des Absolutwertes mehr durchgeführt, um an einem Beispiele zu zeigen, wie die Formeln numerisch zu behandeln sind, als weil ich glaubte, daß jetzt schon eine numerische Vergleichung möglich sei.

Da die Elektrostriktion hauptsächlich nur von dem Produkte $p D / \alpha$, also von der Elektrizitätsmenge abhängt, mit welcher der Kondensator geladen wird, so wäre es vorteilhaft, direkt diese und zwar sowohl die zur Ladung notwendige, als auch die bei der Entladung zum Vorschein kommende, nicht aber das Potential in elektrostatischem Maße zu messen.

Übrigens werde ich noch einmal auf die Formeln zurückkommen, welche man nach Maxwells Theorie erhält, nach welcher schon der leere Raum eine sehr große Dielektrizitätskonstante hat.

Die Möglichkeit einer Entscheidung zwischen beiden Theorien gerade aus der Elektrostriktion wäre nicht ausgeschlossen.

IV. Aufstellung der allgemeinen Gleichungen für die Elektrostriktion.

Ich will zum Schlusse noch die allgemeinen Gleichungen entwickeln, welche für die Deformation eines beliebigen festen elastischen Körpers durch Magnetisierung oder Dielektrisierung gelten.

Die (magnetischen oder dielektrischen) nach den Koordinaten-richtungen geschätzten Momente der Volumeinheit im Punkte x, y, z des Körpers sollen

$$k\frac{d\varphi}{dx}, \quad k\frac{d\varphi}{dy}, \quad k\frac{d\varphi}{dz}$$

sein. Der Körper wirkt dann nach außen genau so, als ob bloß seine Oberfläche mit Fluidum von der Flächendichte

$$-k\frac{d\varphi}{dN_i}$$

belegt wäre. (Vgl. hierüber: Kirchhoff, „Über den induzierten Magnetismus eines unbegrenzten Zylinders von weichem Eisen", Crelles Journal, 48, dessen Bezeichnung ich auch folge.) Es ist also das Potential, dessen negative Ableitungen nach x, y, z die auf die im Punkte x, y, z konzentrierte Einheit positiven Fluidums wirkenden Kräfte liefern, des ganzen im Körper und auf dessen Oberfläche angehäuften Fluidums

$$(24) \qquad U = -k\int\frac{ds}{\varepsilon}\cdot\frac{d\varphi}{dN_i},$$

wobei ds das Oberflächenelement des Körpers, ε dessen Entfernung vom Punkte x, y, z ist.

Ist noch V das Potential der äußeren magnetisierenden oder dielektrisierenden Kräfte, so hat man für den Fall, daß keine Koerzitivkräfte vorhanden sind, nach Poissons Theorie

$$k\frac{d\varphi}{dx} = -k\frac{dV}{dx} - k\frac{dU}{dx}$$

und ebenso für x und y, wofür man schreiben kann

$$\varphi + V + U = 0.$$

Nach einem bekannten Satze folgt aus der Gleichung (24)

$$\frac{dU}{dN_i} + \frac{dU}{dN_a} = 4\pi k\frac{d\varphi}{dN_i} = -4\pi k\frac{d(U+V)}{dN_i},$$

also wenn V inner und außer der Körperfläche kontinuierlich ist

$$(1 + 4\pi k)\frac{d(U+V)}{dN_i} + \frac{d(U+V)}{dN_a} = 0,$$

eine ebenfalls allgemein bekannte Gleichung.

Ich will nur noch bemerken, daß die Größe V bei Kirchhoff eine etwas andere Bedeutung hat als hier. Im Innern des Körpers stimmen beide überein; außerhalb desselben aber bedeutet V bei Kirchhoff das Potential einer Oberflächen-belegung, deren Potential im Innern mit dem der äußern Kräfte übereinstimmt, also das negative Potential der Ladung, welche der Körper, wenn er leitend und mit der Erde ver-bunden wäre, unter dem Einflusse jener Kräfte annähme. (Einfach zusammenhängende Räume vorausgesetzt.)

Wir wollen jetzt zur Bestimmung der magnetischen bzw. elektrischen Kräfte übergehen, welche die Teilchen im Innern des Körpers aneinanderpressen. Legen wir durch den Punkt x, y, z des Körpers eine Schnittebene, welche mit den Koordi-natenebenen Winkel bildet, deren Cosinus λ, μ, ν sich wie

$$\frac{d\varphi}{dx} : \frac{d\varphi}{dy} : \frac{d\varphi}{dz}$$

verhalten, so werden wir auf der einen Seite dieser Ebene positives, auf der andern negatives Fluidum angehäuft finden.

Beider Dichte in der Nähe des Punktes x, y, z wird sein

$$k\left(\lambda \frac{d\varphi}{dx} + \mu \frac{d\varphi}{dy} + \nu \frac{d\varphi}{dz}\right) = k\sqrt{\left(\frac{d\varphi}{dx}\right)^2 + \left(\frac{d\varphi}{dy}\right)^2 + \left(\frac{d\varphi}{dz}\right)^2}.$$

Suchen wir die Wirkung auf irgend ein Fluidumteilchen von der elektrischen Masse ε in der Nähe des Punktes x, y, z, so können wir die Wirkung vernachlässigen, welche von der Fluidummasse herrührt, die jenen Teilen der Schnittebene an-liegt, welche nicht sehr nahe am Punkte x, y, z liegen.

Wir brauchen also nur den Teil der Schnittebene zu be-trachten, welcher sehr nahe an x, y, z liegt.

Er ist auf beiden Seiten mit Fluidum belegt, und zwar wird die Belegung, welche auf derselben Seite, wie das Teil-chen ε liegt, im Durchschnitt keine, die auf der entgegen-gesetzten Seite aber die Anziehung

$$2\pi\varepsilon k\sqrt{\left(\frac{d\varphi}{dx}\right)^2 + \left(\frac{d\varphi}{dy}\right)^2 + \left(\frac{d\varphi}{dz}\right)^2}$$

(vgl. die bereits zitierte Abhandlung Stefans) auf dieses Teil-chen ausüben.

Hieraus ergibt sich für die Gesamtkraft, mit welcher die beiden Fluidummassen, welche beiderseits der Flächeneinheit der Schnittfläche anliegen, sich anziehen, der Ausdruck

$$(25) \qquad 2\pi k^2\left[\left(\frac{d\varphi}{dx}\right)^2 + \left(\frac{d\varphi}{dy}\right)^2 + \left(\frac{d\varphi}{dz}\right)^2\right]$$

Hiermit ist die Wirkung der im Innern des Körpers befindlichen Fluide erschöpft, da an allen Stellen in endlicher Entfernung von x, y, z gleichviel positives als negatives Fluidum sich befindet, deren Wirkung sich aufhebt.

Die äußeren Kräfte, sowie die an der Oberfläche des Körpers angehäuften Fluide üben auf die im Punkte x, y, z gedachte Einheit des Fluidums die Kraftkomponenten

$$-\frac{d(V+U)}{dx} = \frac{d\varphi}{dx}, \quad -\frac{d(V+U)}{dy} = \frac{d\varphi}{dy}, \quad -\frac{d(V+U)}{d\imath} = \frac{d\varphi}{d\imath}$$

aus, deren Resultierende

$$\sqrt{\left(\frac{d\varphi}{dx}\right)^2 + \left(\frac{d\varphi}{dy}\right)^2 + \left(\frac{d\varphi}{d\imath}\right)^2}$$

senkrecht auf der oben betrachteten Schnittfläche steht und die Fluide zu beiden Seiten derselben einander zu nähern strebt.

Substituiert man an Stelle der Einheit Fluidums jene Menge, welche der Flächeneinheit der Schnittfläche anliegt, so erhält man für die Intensität, mit welcher infolge der Wirksamkeit jener äußeren Kräfte, die durch die Einheit der Schnittfläche getrennten Körperstücke gegeneinander gezogen werden, den Wert

(26) $$k\left[\left(\frac{d\varphi}{dx}\right)^2 + \left(\frac{d\varphi}{dy}\right)^2 + \left(\frac{d\varphi}{d\imath}\right)^2\right]$$

Die Summe von (25) und (26)

$$S = k(1 + 2\pi k)\left[\left(\frac{d\varphi}{dx}\right)^2 + \left(\frac{d\varphi}{dy}\right)^2 + \left(\frac{d\varphi}{d\imath}\right)^2\right]$$

gibt also die Gesamtkraft, mit welcher die eben genannten Körperstücke, d. h. also die Moleküle des Körpers, welche zu beiden Seiten der Einheit der Schnittfläche anliegen, durch die magnetischen, bzw. elektrischen Kräfte gegeneinander gezogen werden.

Die Kraft S hat offenbar ganz die Natur der elastischen Zugkräfte; wir wollen sie die magnetische Zugkraft nennen, denn auch eine elastische Zugkraft besteht in einer Anziehung der Moleküle zu beiden Seiten einer Schnittfläche.

Aus S können die magnetischen Zugkräfte, die auf die Flächeneinheit eines Flächenelementes wirken, das parallel einer der Koordinatenebenen durch den Punkt x, y, z gelegt wird, genau nach den Regeln gefunden werden, welche Lamé in seinen Leçons sur la théorie mathématique de l'elasticité, 2ième édition, S. 48, gibt. Bezeichnen

$$N'_1, \quad N'_2, \quad N'_3, \quad T'_1, \quad T''_2, \quad T'_3$$

die magnetischen Zugkräfte, welche genau auf dieselben Flächenelemente genau in derselben Weise wirken, wie die gleich bezeichneten Kräfte Lamés, nur daß sie nicht von elastischen Deformationen, sondern von elektrischen oder magnetischen Kräften herrühren, so erhalten wir die Werte dieser Größen aus Lamés Formel (11), indem wir Lamés Richtungen von x', y', z' identifizieren mit unseren Koordinatenachsen, Lamés Richtung der x mit der Normalen unserer Schnittebene und außerdem setzen

$$N_1 = S, \quad N_2 = N_3 = T_1 = T_2 = T_3 = 0.$$

Es wird dann

$$m_1 = \frac{1}{\varrho}\frac{d\varphi}{dx}, \qquad m_2 = \frac{1}{\varrho}\frac{d\varphi}{dy}, \qquad m_3 = \frac{1}{\varrho}\frac{d\varphi}{dz},$$

wobei

$$\varrho = \sqrt{\left(\frac{d\varphi}{dx}\right)^2 + \left(\frac{d\varphi}{dy}\right)^2 + \left(\frac{d\varphi}{dz}\right)^2}$$

und man findet

$$N'_1 = k\,(1 + 2\,\pi\,k)\left(\frac{d\varphi}{dx}\right)^2, \qquad N'_2 = k\,(1 + 2\,\pi\,k)\left(\frac{d\varphi}{dy}\right)^2,$$

$$N'_3 = k\,(1 + 2\,\pi\,k)\left(\frac{d\varphi}{dz}\right)^2,$$

$$T'_1 = k\,(1 + 2\,\pi\,k)\frac{d\varphi}{dy}\frac{d\varphi}{dz}, \qquad T'_2 = k\,(1 + 2\,\pi\,k)\frac{d\varphi}{dx}\frac{d\varphi}{dz},$$

$$T'_3 = k\,(1 + 2\,\pi\,k)\frac{d\varphi}{dx}\frac{d\varphi}{dy}.$$

Zu diesen Kräften kommen noch die gewöhnlichen Elastizitätskräfte, welche wir mit N''_1, N''_2 usw. bezeichnen wollen und welche genau so wie bei Lamé durch die Deformation des Körpers ausgedrückt sind.

In die Gleichung (4) Lamés, S. 66, ist dann statt N_1, $N_2 \ldots$ zu substituieren $N'_1 + N''_1$, $N'_2 + N''_2 \ldots$ Dadurch erhält man die Bedingungsgleichungen, welche für das Innere des Körpers erfüllt sein müssen. Bedenken wir, daß auf irgend einem Oberflächenelemente ds das freie Fluidum $- k(d\varphi/dN_1)ds$

vorhanden ist und daß die Wirkung der Oberflächenladung auf dasselbe so gefunden wird, als ob es halb noch im Innern, halb schon außen wäre, so findet man für die elektrischen Kräfte, welche auf die Flächeneinheit von ds in den Koordinatenrichtungen wirken

$$X' = k \frac{d\varphi}{dN_i} \cdot \left[\frac{dV}{dx} + \frac{dU_i}{2dx} + \frac{dU_a}{2dx} \right],$$

$$Y' = k \frac{d\varphi}{dN_i} \cdot \left[\frac{dV}{dy} + \frac{dU_i}{2dy} + \frac{dU_a}{2dy} \right],$$

$$Z' = k \frac{d\varphi}{dN_i} \cdot \left[\frac{dV}{dz} + \frac{dU_i}{2dz} + \frac{dU_a}{2dz} \right]$$

Bezeichnet man noch andere, etwa auf ds wirkende Kräfte mit X'', Y'', Z'', so hat man, gemäß Lamé, S. 20, für jedes Oberflächenelement

$$X' + X'' = m(N'_1 + N''_1) + n(T'_3 + T''_3) + p(T'_2 + T''_2),$$

$$Y' + Y'' = m(T'_3 + T''_3) + n(N'_2 + N''_2) + p(T'_1 + T''_1),$$

$$Z' + Z'' = m(T'_2 + T''_2) + n(T'_1 + T''_1) + p(N'_3 + N''_3).$$

Ist die x-Achse senkrecht zu ds nach außen gerichtet, so wird

$$X' = -k \frac{d\varphi}{dN_i} \cdot \left[\frac{dV}{dx} + \frac{dU_i}{2dx} + \frac{dU_a}{2dx} \right] = \frac{k}{2} \frac{d\varphi}{dN_i} \left[\frac{d\varphi}{dN_a} - \frac{d\varphi}{dN_i} \right],$$

$$Y' = -k \frac{d\varphi}{dN_i} \cdot \frac{d\varphi}{dy}, \qquad Z' = -k \frac{d\varphi}{dN_i} \cdot \frac{d\varphi}{dz}.$$

Bei dielektrischen Körpern wird häufig der Fall eintreten, daß Oberflächenelemente mit einem damit fest verbundenen, an sich nicht starren leitenden Überzug versehen sind. Ist dann h die auf der Flächeneinheit des Überzugs befindliche Elektrizitätsmenge, V' deren Potential, während $V'' = V - V'$ das Potential der übrigen äußeren Kräfte ist, so hat man für solche Flächenelemente

$$X = k \frac{d\varphi}{dN_i} \cdot \left[\frac{dV_i}{dx} + \frac{dU_i}{2dx} + \frac{dU_a}{2dx} \right] - h \left[\frac{dV_i'}{2dx} + \frac{dV_a'}{2dx} + \frac{dV''}{dx} + \frac{dU_a}{dx} \right],$$

$$Y' = k \frac{d\varphi}{dN_i} \cdot \left[\frac{dV_i}{dy} + \frac{dU_i}{2dy} + \frac{dU_a}{2dy} \right] - h \left[\frac{dV_i'}{2dy} + \frac{dV_a'}{2dy} + \frac{dV''}{dy} + \frac{dU_a}{dy} \right],$$

$$Z' = k \frac{d\varphi}{dN_i} \cdot \left[\frac{dV_i}{dz} + \frac{dU_i}{2dz} + \frac{dU_a}{2dz} \right] - h \left[\frac{dV_i'}{2dz} + \frac{dV_a'}{2dz} + \frac{dV''}{dz} + \frac{dU_a}{dz} \right].$$

Ich bin im Vorhergehenden absichtlich von der (namentlich in Deutschland) üblichen Vorstellung von der Magneti-

sierung und Dielektrisierung als einer Trennung zweier ent-
gegengesetzter Fluide ausgegangen, um zu zeigen, daß die
Berechnung der Deformation vollkommen unabhängig ist von
der Vorstellung, die man sich von der Natur der Magnetisierung oder Dielektrisierung macht. Natürlich würden sich
dieselben Resultate und zwar noch leichter aus der Maxwellschen Theorie ergeben, worauf ich vielleicht noch zurückkommen
werde.

Es erübrigt mir noch, wenige Worte über zwei sehr interessante Abhandlungen Kortewegs [1]) zu sagen, wo ebenfalls
die Elektrostriktion eines Kugelkondensators auf ganz anderem
Wege berechnet wird. Korteweg findet $\Delta v/v$ denselben Potenzen des Potentiales und der Dimensionen des Kondensators
proportional wie ich, so daß er unter anderen die später von
Quincke experimentell gefundene Unabhängigkeit des $\Delta v/v$ vom
Kugelvolum schon voraus berechnet hat.

Im übrigen jedoch stimmt seine Formel nicht mit der
meinigen. Da er aber ganz andere Größen einführt, so wäre
die gleichzeitige Richtigkeit beider Formeln nicht ausgeschlossen,
in welchem Falle sich dann eine interessante Gleichung für
die Veränderung der Dielektrizitätskonstante durch Druck er-
gäbe, wobei aber vielleicht noch die Veränderung des Elastizitätskoeffizienten durch Dielektrisierung berücksichtigt werden
müßte.

---

1) C. R. 88. S. 1262; Wied. Ann. 9. S. 48.

57.

Zur Theorie der Gasreibung I.[1])

(Wien. Ber. 81. S. 117—158. 1880.)

I. Bemerkungen
über die bisherigen Bestimmungen der Reibungskonstante. namentlich über die neuere Maxwellsche Theorie.

Bekanntlich haben nach der dynamischen Gastheorie die verschiedenen Moleküle eines Gases nicht durchaus dieselbe Geschwindigkeit und Geschwindigkeitsrichtung, sondern es sind unter denselben die verschiedensten Geschwindigkeiten und Geschwindigkeitsrichtungen vertreten. Wir wollen mit N die Anzahl der Gasmoleküle in der Volumeneinheit bezeichnen. (Bei ungleichförmiger Verteilung der Moleküle ist hierunter der Quotient des Volumens eines Volumelementes in die darinnen enthaltene Molekülzahl zu verstehen.) Ferner wollen wir mit $A\,d\xi\,d\eta\,d\zeta$ die Anzahl derjenigen Moleküle in der Volumeneinheit bezeichnen, für welche die nach den drei Koordinatenrichtungen geschätzten Geschwindigkeitskomponenten zwischen den Grenzen

$$\xi \text{ und } \xi + d\xi, \quad \eta \text{ und } \eta + d\eta, \quad \zeta \text{ und } \zeta + d\zeta$$

liegen, wobei bei ungleichförmiger Verteilung wieder die in einem Volumelement enthaltene Anzahl durch dessen Volumen zu dividieren ist. Wir können dann A bezeichnen als die Größe, welche die Verteilung der Geschwindigkeiten und Geschwindigkeitsrichtungen oder kürzer die Geschwindigkeitsverteilung unter den Molekülen bestimmt.

Wir setzen im allgemeinen

(1) $$A = f(\xi, \eta, \zeta)$$

und können dann auch f als diejenige Funktion bezeichnen,

---

[1]) Voranzeige dieser Arbeit Wien. Anz. 17. S. 11. 15. Januar 1880.

welche die Geschwindigkeitsverteilung unter den Molekülen bestimmt.

Wir denken uns ferner durch irgend einen Punkt im Innern des Gases, dessen Koordinaten mit x, y, z bezeichnet werden sollen, ein unendlich kleines Flächenelement vom Flächeninhalte du senkrecht zur Y-Achse konstruiert und bezeichnen die in der Richtung der X-Achse geschätzte Bewegungsgröße, welche während der unendlich kleinen Zeit dt durch dieses Flächenelement mehr in der Richtung der positiven Y-Achse als in der der negativen hindurchgeht, mit $M\,du\,dt$, dann kann die Größe M bekanntlich sehr leicht berechnet werden.

Während der unendlich kleinen Zeit dt werden von sämtlichen Gasmolekülen, deren Geschwindigkeitskomponenten zwischen den Grenzen A liegen, durch unser Flächenelement diejenigen hindurchgehen, welche zu Anfang der Zeit dt in einem schiefen Zylinder enthalten waren, dessen Basis unser Flächenelement du, dessen Höhe gleich $\eta\,dt$ ist und dessen Achse parallel der Geschwindigkeitsrichtung der betrachteten Moleküle liegt.

Das Volumen dieses schiefen Zylinders ist $dv = \eta\,du\,dt$. Die Anzahl der zu Anfang unseres Zeitelementes darin enthaltenen Moleküle ist daher

$$A\,d\xi\,d\eta\,d\zeta\,\eta\,du\,dt.$$

Wenn die Masse eines Moleküls mit m bezeichnet wird, so trägt jedes dieser Moleküle die Bewegungsgröße $m\xi$ hindurch; die gesamte von den soeben betrachteten Molekülen hindurchgetragene Bewegungsgröße ist also

$$m\xi\,A\,d\xi\,d\eta\,d\zeta\,\eta\,du\,dt,$$

welcher Ausdruck positiv ist, wenn die Bewegung in der Richtung der positiven Y-Achse, negativ hingegen, wenn sie in der Richtung der negativen Y-Achse hindurchgetragen wird.

Durch Integration dieses Ausdruckes bezüglich ξ, η, ζ von $-\infty$ bis $+\infty$ ergibt sich die oben mit $M\,du\,dt$ bezeichnete Größe. Es ist also

$$(2) \qquad M = m \int\!\!\!\int\!\!\!\int_{-\infty}^{+\infty} \xi\,\eta\,A\,d\xi\,d\eta\,d\zeta.$$

Betrachten wir zunächst irgend ein Gas, welches sich in Ruhe befindet, d. h. in dem weder sichtbare Massenbewegung noch wahrnehmbare Wärmebewegung stattfindet. Den Wert, welchen die Funktion f in diesem Falle annimmt, wollen wir mit f_1 bezeichnen, so daß also jetzt

$$A = f_1(\xi, \eta, \zeta)$$

ist. Wenn das Gas sich sonst genau wie im früher betrachteten Falle verhält, nur daß es sich mit einer konstanten Geschwindigkeit u in der Richtung der X-Achse fortbewegt, so wird sich offenbar auch die Funktion, welche die Verteilung der Geschwindigkeiten und Geschwindigkeitsrichtungen bestimmt, von der mit f_1 bezeichneten nur dadurch unterscheiden, daß an die Stelle von ξ der Ausdruck $\xi - u$ tritt. Man wird also haben·

$$A = f_1(\xi - u, \eta, \zeta).$$

Natürlich muß auch in diesem letzteren Falle $M = 0$ sein. Die Funktion f_1 muß also jedenfalls so beschaffen sein, daß

(3)
$$\int\!\!\!\int\!\!\!\int\limits_{-\infty}^{+\infty} \xi\, \eta\, f_1(\xi - u, \eta, \zeta)\, d\xi\, d\eta\, d\zeta = 0$$

ist. — Sei nun u nicht konstant, sondern eine lineare Funktion von y, so daß etwa $u = a\,y$ gesetzt werden kann, so hätte man ein Gas, dessen verschiedene Schichten mit verschiedenen Geschwindigkeiten längs einander hingleiten. Die einfachste Annahme wäre in diesem Falle wieder zu setzen

(4) $$A = f_1(\xi - a\,y, \eta, \zeta)\, d\xi\, d\eta\, d\zeta,$$

wodurch sich ergeben würde

$$M = m \int\!\!\!\int\!\!\!\int\limits_{-\infty}^{+\infty} \xi\, \eta\, f_1(\xi - a\,y, \eta, \zeta)\, d\xi\, d\eta\, d\zeta.$$

Bei Ausführung der Integrationen ist y als eine Konstante anzusehen, da die Integration nur nach $\xi\,\eta\,\zeta$ zu geschehen hat. Es ergibt sich also sofort aus der durch die Gleichung (3) ausgedrückten Eigenschaft der Funktion f_1, daß die Größe M auch in dem zuletzt betrachteten Falle den Wert Null besitzt, d. h. es findet keine Mitteilung von Bewegungsgröße, also auch keine innere Reibung statt. Daraus folgt, daß in dem zuletzt betrachteten Falle die Geschwindigkeitsverteilung unter den

Molekülen nicht durch die einfache Formel (4) gegeben sein
kann, sondern es würde diese einfache Geschwindigkeitsverteilung, wenn sie von Anfang unter den Molekülen bestanden
hätte, sofort durch die Vermischung der Moleküle gestört
werden, und nur dieser Vermischung ist das Phänomen der
inneren Reibung zu danken. Alle Schwierigkeiten bei Berechnung der Geschwindigkeitsverteilung übertragen sich daher
auch auf die Berechnung der inneren Reibung und etwas Ähnliches gilt auch von der Diffusion zweier Gase und der Wärmeleitung.

Maxwell[1]) war nun der erste, der trotz dieser Schwierigkeiten die Berechnung der inneren Reibung ermöglichte, indem
er bei Berechnung der Moleküle, welche durch ein Flächenelement du hindurchgehen, nicht wie wir dies taten, bloß die
Moleküle betrachtete, welche in einem Zylinder von unendlich
kleiner Höhe $\eta\,dt$ liegen, sondern indem er jedes hindurchgehende Molekül darauf untersuchte, in welcher Schicht es zum
letzten Male mit einem anderen zusammengestoßen war (von
welcher Schicht es ausgesandt wurde, um mit Clausius zu
sprechen), und dann den von jeder Schicht ausgesandten
Molekülen in der Richtung der X-Achse die mittlere Geschwindigkeit dieser Schicht zuschrieb.

Schlägt man dieses von Maxwell in die Gastheorie ein-
geführte Verfahren ein, so erhält man für die Reibungskonstante
einen von Null verschiedenen Wert, man mag im übrigen
was immer für eine Voraussetzung über die Geschwindigkeitsverteilung machen. Nach diesem Verfahren wurde auch von
Maxwell[2]) und anderen, namentlich aber von O. E. Meyer[3]),
die Reibungskonstante berechnet. Nach derselben Methode
wurde auch die Wärmeleitungs- und Diffusionskonstante wiederholt berechnet. Es war diese Methode von dem größten Werte
für die Gastheorie zu einer Zeit, wo es noch keine andere
Berechnungsmethode aller dieser Größen gab, weil man dadurch jedenfalls wenigstens die Größenordnung der Reibungs-,

---

[1]) Phil. Mag. 19. S. 37—40.
[2]) l. c.
[3]) Pogg. Ann. 125. S. 589—598, dann dessen „Kinetische Theorie
der Gase" S. 317—323.

Diffusions- und Wärmeleitungskonstante kennen lernte, und man auch voraussetzen konnte, daß der numerische Wert, den man so erhielt, wenigstens nicht allzuweit von dem numerischen Werte abweichen dürfte, welchen eine exakte Rechnung liefern würde. Allein eine exakte Bestimmung der in Rede stehenden Konstanten ist nach dieser Methode nicht möglich. Setzt man, wie dies von den meisten Bearbeitern der Theorie geschehen ist, entweder gleich vom Anfang an voraus, daß die Geschwindigkeiten aller Moleküle untereinander gleich sind oder berechnet man, ohne von vornherein diese Voraussetzung zu machen, dann im Verlaufe des Kalküls den einen oder den anderen Wert so, als ob die Geschwindigkeiten aller Moleküle untereinander gleich wären, so liegt es auf der Hand, daß das Resultat nur ein beiläufiges sein kann. Am nächsten wird man jedenfalls der Wahrheit kommen, wenn man, wie dies Herr Meyer in seinem Buche an der zuletzt zitierten Stelle tut, voraussetzt, daß in jeder Schicht des Gases die bekannte, von Maxwell gefundene Geschwindigkeitsverteilung des Gases herrscht, mit welcher sich die sichtbare Bewegung des Gases einfach superponiert. Allein auch nach dieser Methode kann kein exakter Wert für die Reibungskonstante gefunden werden, da die wirklich während des Vorganges der Reibung im Gase herrschende Geschwindigkeitsverteilung nachweisbar eine andere ist. Ihre Abweichung von der durch jene Superposition modifizierten Maxwellschen ist freilich nur gering, wenn die sichtbare Bewegung des Gases klein ist; allein die durch die Flächeneinheit hindurchgehende Bewegungsgröße ist dann klein von derselben Ordnung und aus dem folgenden wird am deutlichsten ersichtlich werden, daß, wenn an die Stelle der tatsächlichen Geschwindigkeitsverteilung jene modifizierte Maxwellsche gesetzt wird, bei Berechnung der Reibungskonstante Glieder von derselben Ordnung vernachlässigt werden, wie diejenigen sind, welche eben die Reibungskonstante liefern. Ähnliches gilt natürlich auch von der Diffusions- und Wärmeleitungskonstante. Die Folge dieses Mangels an Exaktheit der Rechnung macht sich vor allem bei Berechnung der Wärmeleitungskonstante dadurch geltend, daß für den numerischen Koeffizienten derselben von den verschiedenen Physikern die mannigfaltigsten Werte gefunden wurden.

Ich stelle hier nur einige derselben zusammen, ohne behaupten zu wollen, daß damit alle für die Wärmeleitungskonstante berechneten Werte erschöpft wären. Bezeichnen wir mit c die spezifische Wärme bei konstantem Volumen, mit μ die Reibungskonstante, so findet Maxwell aus seiner älteren Theorie für die Wärmeleitungskonstante den Wert $\frac{3}{2} c \mu$ [1]), Clausius findet $\frac{5}{4} c \mu$ [2]), Stefan $\frac{2\frac{1}{2}}{12} c \mu$ [3]), Maxwell aus seiner neueren Theorie $\frac{5}{3} c \mu$ [4]), Lang in seiner ersten Abhandlung $\frac{1}{2} c \mu$ [5]), in seiner zweiten $\frac{3}{2} c \mu$ [6]), Boltzmann $\frac{5}{2} c \mu$ [7]), Rühlmann $\frac{10}{3\pi} c \mu$ [8]), O. E. Meyer $\frac{\pi^2}{8} c \mu$ [9]) und $1,53\, c \mu$.[10])

Im Jahre 1868 lieferte Maxwell den Beweis, daß ein besonders günstiger, die Rechnung sehr vereinfachender Umstand eintritt, wenn man annimmt, daß die Gasmoleküle während des Zusammenstoßes nicht wie elastische Kugeln aufeinander wirken, sondern daß sie eine Abstoßung aufeinander ausüben, welche der fünften Potenz der Entfernung ihrer Centra verkehrt proportional ist.

Dieser günstige Umstand bewirkt, daß man die Reibungs-, Diffusions- und Wärmeleitungskonstante exakt berechnen kann, ohne das Gesetz der Geschwindigkeitsverteilung im Gase kennen zu müssen, und es wurden diese Konstanten von Maxwell in der Tat unter der Voraussetzung des Wirkungsgesetzes der fünften Potenzen berechnet, ohne daß derselbe die Modifikation bestimmt hätte, welche das Gesetz der Geschwindigkeitsverteilung im Falle der inneren Reibung, Diffusion und Wärmeleitung erfährt.

Diese Abhandlung Maxwells scheint vielfach unrichtig aufgefaßt worden zu sein. Man hat dagegen eingewendet, daß nach dem Wirkungsgesetz der fünften Potenzen in jedem Zeitmomente alle Gasmoleküle auf alle anderen wirken

---

[1]) Phil. Mag. (4) **19.**
[2]) Pogg. Ann. **100.**
[3]) Wien. Ber. Januar 1863.
[4]) Phil. Mag. (4). **35.**
[5]) u. [6]) Wien. Ber. **64.** S. 485; **65.** S. 415.
[7]) Wien. Ber. **66.** Oktober 1872. (Bd. I, Nr. 22 dieser Sammlung.)
[8]) Rühlmann, „Handbuch der mechanischen Wärmetheorie" S. 198.
[9]) u. [10]) O. E. Meyer, „Kinetische Theorie der Gase" S. 187 u. 188.

würden und daß dies den Grundprinzipien der Gastheorie
widerspreche. Das erste ist allerdings richtig, nicht aber das letztere;
denn eine Abstoßuug mit der fünften Potenz der Entfernung
nimmt mit wachsender Entfernung so ungemein rasch ab, daß
die Wirkung je zweier Moleküle aufeinander vollständig vernachlässigt werden kann, wenn deren Entfernung nur einigermaßen beträchtlich ist. Das Maxwellsche Wirkungsgesetz ist
so beschaffen, daß eine erhebliche gegenseitige Beeiuflussung
der Bewegung, d. h. eine bemerkbare Ablenkung von der geradlinigen Bewegung nur dann eintritt, wenn zwei Moleküle sich
ganz ungewöhnlich nahe kommen, so daß also jedes Molekül
sich während des größten Teiles der Zeit fast vollständig in
einer Geraden bewegt, nur wenn es zufällig einem andern
Moleküle ungewöhnlich nahe kommt, wird es beträchtlich von
der geradlinigen Bahn abgelenkt. Dies entspricht aber vollständig den Anschauungen der modernen Gastheorie von der
Natur der Gasmoleküle; denn es ist höchstwahrscheinlich,
daß auch die in der Natur vorkommenden Gasmoleküle fortwährend eine gewisse, wenn auch sehr schwache Wirkung aufeinander ausüben, so daß sich deren Schwerpunkte niemals in
mathematischen Geraden bewegen. Der Zusammenstoß besteht
dann darin, daß bei sehr bedeutender Annäherung die Einwirkung plötzlich sehr stark zunimmt, so daß die Abweichung
von der geradlinigen Bahn bemerkbar wird.

Man hat ferner gegen die Maxwellsche Theorie eingewendet, daß dieselbe dem bekannten Joule-Thomsonschen
Versuche widerspreche, wonach im ganzen keine erhebliche
Temperaturveränderung eintritt, wenn ein Gas in einen früher
vollkommen leeren Raum einströmt. Da hierbei keine andere
Veränderung eintritt, als daß die mittleren Abstände der Gasmoleküle wachsen, so kann hierbei von keinen anderen Kräften
Arbeit geleistet werden, als von denen, welche die Gasmoleküle
in ihren mittleren Abständen aufeinander ausüben. Es beweist also dieser Versuch, daß die Gasmoleküle in ihren
mittleren Abständen keine erheblichen Kräfte aufeinander
ausüben. Ja die kleine Temperaturveränderung, welche beim
Joule-Thomsonschen Versuch auftritt, beweist sogar, daß
die Moleküle in ihren mittleren Abständen anziehend auf-

einander einwirken. Die erstere Tatsache ist in voller Übereinstimmung mit dem Maxwellschen Wirkungsgesetze. Obwohl man über die mittleren Abstände der Luftmoleküle
nichts Sicheres angeben kann, so kann man dieselben doch
beiläufig schätzen. Nimmt man an, daß die Moleküle der tropfbaren Flüssigkeiten sich ungefähr in derselben Distanz befinden, wie die
Gasmoleküle im Momente eines Zusammenstoßes (in der Maxwellschen Theorie tritt an die Stelle eines Zusammenstoßes ein
so nahes Zusammentreffen, daß die Moleküle erheblich aus den
geradlinigen Bahnen abgelenkt werden), nimmt man ferner an,
die Dichte der Luft im tropfbaren Zustande wäre 1,5,[1]) so
wäre die gasförmige Luft etwa tausendmal weniger dicht als
die tropfbare; der mittlere Abstand zweier benachbarten Luftmoleküle im gasförmigen Zustande wäre also etwa zehnmal so
groß, als im tropfbaren Zustande, d. h. in der gasförmigen Luft
wäre der mittlere Abstand zweier benachbarter Moleküle etwa
zehnmal so groß, als der Abstand während eines Zusammenstoßes; wenn also die abstoßende Kraft der Moleküle der
fünften Potenz ihrer Entfernung verkehrt proportional ist, so
wäre die Kraft, welche zwei benachbarte Moleküle in ihrem
mittleren Abstande aufeinander ausüben, 100 000 mal so klein,
als die durchschnittliche abstoßende Kraft, während eines Zusammenstoßes, d. h. als diejenige abstoßende Kraft, welche zu
einer erheblichen Veränderung der geradlinigen Bewegung der
Moleküle notwendig ist. Man begreift daher leicht, daß die
Arbeit einer so kleinen Kraft beim Joule-Thomsonschen
Versuche sich der Beobachtung entzieht. Natürlich ist der
hier berechnete numerische Wert nichts weniger als zuverlässig;
es handelt sich aber hier auch gar nicht um eine genaue
quantitative Bestimmung des numerischen Wertes, sondern
bloß um die Größenordnung der Arbeit, welche das Maxwellsche Wirkungsgesetz unter den Bedingungen des Joule-
Thomsonschen Versuches liefern würde. Auch müßte bei
Berechnung der obigen Zahlen ins Auge gefaßt werden, daß in
verdünnten Gasen die Zusammenstöße seltener werden und

---

[1]) Lohschmidt, „Zur Größe der Luftmoleküle", Wien. Ber. 52.
Okt. 1865.

daher die Arbeitsleistung während eines Zusammenstoßes sich
weniger oft wiederholt, was aber wieder, wie eine ähnliche
Rechnung zeigt, wegen der geringen Zeitdauer eines einzelnen
Zusammenstoßes Verschwindendes liefert.

Wir kommen nun zur zweiten der oben erwähnten Tatsachen, daß nämlich der Joule-Thomsonsche Versuch auf
eine kleine Anziehung der Gasmoleküle in ihren mittleren
Distanzen hinweist. Diese letztere Tatsache zeigt freilich
unwidersprechlich, daß das Maxwellsche Wirkungsgesetz zwischen zwei Gasmolekülen nicht das absolut richtige sein kann.
Allein es ist eine vollkommen falsche Auffassung der neueren
Maxwellschen Theorie, wenn man glaubt, Maxwell habe in
derselben ein Naturgesetz aufstellen wollen, welches für die
Wirksamkeit der Molekularkräfte ebenso allgemein gilt, wie
etwa das Newtonsche Gravitationsgesetz für die Kräfte, die
zwischen den Weltkörpern wirksam sind. Daß das tatsäch-
liche Wirkungsgesetz der Molekularkräfte sehr erheblich von
dem Maxwellschen abweichen muß, wird durch viele Tatsachen noch weit evidenter bewiesen, als durch den Joule-
Thomsonschen Versuch, so durch die Mehratomigkeit der
meisten Gasmoleküle, welche es als sehr unwahrscheinlich
erscheinen läßt, daß dieselben wie mathematische Kraftcentra
in die Ferne wirken, ferner durch die Kohäsions- und Adhäsions-
erscheinungen der festen und tropfbaren Körper, welche die
Existenz anziehender Molekularkräfte neben den abstoßenden
fast bis zur Evidenz beweisen, da man doch nicht annehmen
kann, daß das Wirkungsgesetz der Molekularkräfte ein ganz
anderes in festen und tropfbaren Körpern, als in Gasen ist,
endlich durch das Gesetz der Abhängigkeit der Reibungs-,
Wärmeleitungs- und Diffusionskonstante von der Temperatur.
Allein alle diese Einwände treffen ebenso wie die neuere
Maxwellsche, so auch die alte Gastheorie, welche in den
Molekülen feste elastische Kugeln sieht, ja eine Erscheinung,
nämlich die Kompressibilität der tropfbaren Flüssigkeiten,
weist sogar geradezu darauf hin, daß die Wechselwirkung
zweier Moleküle, welche mit so bedeutenden Kräften gegeneinander gedrückt werden, wie dies beim Zusammenstoße
zweier Gasmoleküle der Fall sein muß, mehr Ähnlichkeit mit
der aus dem Gesetz der fünften Potenzen als mit der aus dem

Gesetz der elastischen Kugeln folgenden haben muß.[1]) Was
den Joule-Thomsonschen Versuch betrifft, so gilt dasselbe
auch von ihm, daß nämlich die molekularen Anziehungskräfte,
auf welche er hinweist, ebensowohl mit der Hypothese der
elastischen Kugeln, wie mit der neueren Maxwellschen
Theorie in Widerspruch stehen.

Beide Hypothesen müssen also als solche angesehen werden, welche das Verhalten der Gasmoleküle nur so lange angenähert darstellen, als sich dieselben so nahe sind, daß durch
ihre Wechselwirkung eine erhebliche Veränderung ihrer geradlinigen Bewegung hervorgerufen wird. Für größere Abstände,
namentlich für die mittleren Abstände der Moleküle in Gasen,
können beide nicht gültig sein; aber auch für das Verhalten
während des Zusammenstoßes liefern beide nur ein ungefähres
Bild, ohne daß sich, wie mir scheint, gegenwärtig entscheiden
ließe, ob die eine oder die andere ein getreueres liefert.

So wenig es aber gegenwärtig jemandem ernstlich einfallen
wird, die Arbeiten, welche unter der Hypothese der elastischen
Kugeln gemacht worden sind, für verfehlt zu halten, weil diese
Hypothese den Molekülen ein Verhalten zuschreibt, von dem
deren wirkliches Verhalten jedenfalls erheblich abweicht, so
wenig schiene es mir zweckmäßig, die neuere Maxwellsche
Hypothese zu verwerfen, weil auch sie in demselben Falle ist.
Wir haben also in der Hypothese der elastischen Kugeln und in
der neueren Maxwellschen Hypothese zwei verschiedene Anschauungen, von denen jede nur ein beiläufiges Bild von dem
Verhalten der Gasmoleküle zu geben sucht. Die erstere hat den
Vorteil, daß ihre Grundlage anschaulicher und gewissermaßen
populärer ist; die Grundlage der letzteren ist zwar etwas ab-
strakter, wenn auch durchaus nicht schwer verständlich, da sie
ja nur auf den bekannten Gesetzen der Zentralbewegung basiert;
sie hat aber einen großen Vorzug, der, wie mir scheint, der
neueren Maxwellschen Hypothese ihre Bedeutung in der Gastheorie für immer sichert. Es lassen sich nämlich unter ihrer
Annahme alle Rechnungen mit Leichtigkeit durchführen, deren

---

[1]) Vgl. Boltzmann, „Über das Wirkungsgesetz der Molekularkräfte". Wien. Ber. **66**. II. Abt., Juli 1872. (Nr. 21 des I. Bandes
dieser Sammlung.)

exakte Durchführung unter Annahme der Hypothese der
elastischen Kugeln auf fast unüberwindliche Schwierigkeiten
stoßen würde.

Übrigens ist der physikalische Unterschied beider Hypothesen bei weitem nicht so groß, als man sich denselben gewöhnlich gedacht zu haben scheint. Um dies zu versinnlichen
hat Maxwell seiner Abhandlung eine sehr anschauliche Figur
beigegeben, in welcher die Bahnen der Centra einer Anzahl
von Molekülen gezeichnet sind, die in parallelen Richtungen
gegen ein festgehaltenes Molekül anfliegen und von demselben
nach seinem Gesetze abgestoßen werden.[1]) Um diese Bahnen
mit den Bahnen zu vergleichen, welche aus dem Gesetze der
elastischen Kugeln folgen, kann man folgendermaßen verfahren:
Man denkt sich in die Maxwellsche Figur einen Kreis eingezeichnet, dessen Zentrum S ist und dessen Radius die von
Maxwell punktierte Linie, also die kleinste Distanz ist, bis
zu welcher sich die Centra zweier Moleküle nach seinem Gesetze nähern, von denen das eine festgehalten wird, das andere
mit der mittleren Geschwindigkeit der Moleküle darauf zufliegt.
Wären jetzt die Moleküle elastische Kugeln, deren Durchmesser jene kleinste Distanz ist, und würde man sich wieder
eines festgehalten, die andern in parallelen Richtungen darauf
zugeschleudert denken (natürlich nicht gleichzeitig, sondern
nacheinander, damit sie sich nicht untereinander stören), so
würde die Maxwellsche Figur folgende Modifikation erfahren.
Das Zentrum des festgehaltenen wäre wieder in S. Die
Centra der beweglichen würden aus denselben Richtungen
kommen, wie in Maxwells Figur, aber gleich sehr kleinen
elastischen Kugeln von dem eingezeichneten Kreise reflektiert
werden.

Man sieht, daß die aus dem Gesetze der elastischen Kugeln
sich ergebenden Bahnen zwar quantitativ, aber nicht wesentlich
qualitativ von den aus dem neuen Maxwellschen folgenden
abweichen.

Der Hauptunterschied besteht natürlich darin, daß nach
dem Maxwellschen Wirkungsgesetz selbst ziemlich entfernte
Molekülbahnen noch eine kleine Einbiegung zeigen; wogegen

---

[1]) Phil. Mag. [4] 35. S. 145.

die anderen Bahnen absolut gerade Linien sind, sobald kein Zusammenstoß mehr stattfindet. Da nach dem Maxwellschen Wirkungsgesetze die Wechselwirkung der Moleküle nicht bei einer gewissen Entfernung plötzlich vollkommen aufhört, so lassen sich natürlich auch die Begriffe des Zusammenstoßes, der Zahl der Zusammenstöße in der Zeiteinheit, der mittleren Weglänge usw. nicht mehr so scharf fassen als bei der Hypothese der elastischen Kugeln. Wenn man aber gerade wollte, so könnte man auch diese Begriffe in die Maxwellsche Theorie einführen; man brauchte z. B. bloß als einen Zusammenstoß den Vorgang zu bezeichnen, wo sich zwei Moleküle so nahe kommen, daß die Richtung ihrer relativen Geschwindigkeit um mehr als einen Grad verändert wird. Man würde dann für die Zahl der Zusammenstöße in der Sekunde, für die mittlere Weglänge usw. Größen von derselben Größenordnung erhalten, wie unter Voraussetzung der Hypothese der elastischen Kugeln. Den Effekt aller Annäherungen der Moleküle, bei denen die Richtung ihrer relativen Geschwindigkeiten um weniger als einen Grad verändert wird, würde man vernachlässigen. Es ist kaum zu befürchten, daß durch diese Vernachlässigung eine größere Ungenauigkeit entstünde, als dadurch, daß man an Stelle der natürlichen Moleküle elastische Kugeln setzt.

Ja selbst der Begriff der Größe eines Moleküls ist der Maxwellschen Theorie nicht vollkommen fremd und über diesen letzten Punkt will ich hier noch einige Bemerkungen machen. Setzt man voraus, daß die Gasmoleküle elastische Kugeln sind, so muß man annehmen, daß das Minimum der Distanz ihrer Centra bei jedem Zusammenstoße dasselbe ist, mag der Zusammenstoß nun zentral oder schief, mit größerer oder kleinerer relativer Geschwindigkeit erfolgen. Dieses Minimum ist gleich dem doppelten Radius eines Moleküls, wenn beide zusammenstoßenden Moleküle gleichartig sind; dagegen der Summe der Radien beider Moleküle wenn sie verschiedenartig sind. Unter Voraussetzung des Maxwellschen Wirkungsgesetzes dagegen, ist das Minimum der Distanz zweier aufeinander treffender Moleküle veränderlich. Die Centra der Moleküle kommen sich um so näher, mit je größerer Geschwindigkeit sich dieselben vor dem Stoße aufeinander zu bewegten; sie kommen sich weniger nahe, wenn der Stoß ein schiefer ist, weil dann die Komponente der relativen Geschwindigkeit in der Richtung der Entfernung beider Moleküle eine kleinere ist. Allein bei denjenigen Stößen, bei denen die Bahnen der Moleküle sehr bedeutend verändert werden, welche also gerade für die Diffusion, innere Reibung, Wärmeleitung usw. von dem hauptsächlichsten Einflusse sind, ist diese Veränderlichkeit nicht sehr bedeutend; wollte man also in der neueren Maxwellschen Theorie von der Größe eines Moleküls sprechen, so müßte man eigentlich untersuchen, welches das Minimum der Distanz zweier Moleküle bei den verschiedenartigen Zusammenstößen ist und den Mittelwert dieses Minimums mit der Summe der Radien der zusammenstoßenden Moleküle identifizieren. Es wäre dies insofern schwierig, als man dabei den verschiedenen Zusammenstößen ein verschiedenes Gewicht zuschreiben müßte, je nachdem durch dieselben die Richtung der zusammenstoßenden Moleküle mehr oder weniger verändert wird. Wir wollen uns hier auf so komplizierte Betrachtungen nicht einlassen, sondern die Definition möglichst einfach machen. Wir denken uns nämlich das eine der Moleküle festgehalten, das andere aber mit dem mittleren Geschwindigkeitsquadrate aller Moleküle zentral auf das Festgehaltene zufliegend. Das Minimum der Distanz, bis zu welcher sich das Zentrum dieses Moleküls dem des festgehaltenen nähert, also den Radius des Kreises, den wir soeben in die Maxwellsche Figur eingezeichnet haben, definieren wir dann als doppelten Radius der zusammenstoßenden Moleküle, wenn beide gleichartig sind; als Summe der Radien derselben, wenn sie nicht gleichartig sind. Sobald man an dieser Definition festhält, ergibt sich auch aus der Maxwellschen Theorie eine Beziehung zwischen der Diffusionskonstante zweier Gase und den Reibungskonstanten der einzelnen Gase, sowie auch zwischen der Reibungskonstante eines Gasgemisches und den Reibungskonstanten der Bestandteile. Ich will hier nur die erstere Beziehung entwickeln.

Maxwell setzt die bewegende Kraft, welche zwischen zwei Molekülen wirkt, gleich K/r^5. Wird ein Molekül festgehalten, während sich das andere mit der mittleren lebendigen Kraft l aller Moleküle zentral darauf zubewegt, so nähern sich beide so lange, bis die ganze lebendige Kraft aufgezehrt ist.

Bezeichnen wir also das Minimum der Distanz, welche sie erreichen, mit δ, so ist die Arbeit, welche bei der Annäherung bis zur Distanz δ geleistet wurde

$$\int_\delta^\infty \frac{K\,dr}{r^5} = \frac{K}{4\,\delta^4}$$

und da dieselbe gleich der lebendigen Kraft l sein muß, so erhält man

$$\delta = \sqrt[4]{\frac{K}{4\,l}}.$$

Gehören beide Moleküle der ersten Gasart an, so stellt uns δ die Größe dar, welche an die Stelle des doppelten Radius der Moleküle der ersten Gasart tritt, und welche wir mit $2\varrho_1$ bezeichnen wollen.

Die Größe K soll in diesem Falle ebenfalls den Index 1 bekommen. Wir haben also

$$2\varrho_1 = \sqrt[4]{\frac{K_1}{4\,l}}.$$

Ebenso erhalten wir

$$2\varrho_2 = \sqrt[4]{\frac{K_2}{4\,l}}.$$

Gehört das eine Molekül der ersten, das andere der zweiten Gasart an, so bedeutet δ diejenige Größe, welche an die Stelle von $\varrho_1 + \varrho_2$ tritt. Der Größe K wollen wir dann, wie es auch Maxwell tat, keinen Index beisetzen. Es ist also

$$\varrho_1 + \varrho_2 = \sqrt[4]{\frac{K}{4\,l}}.$$

Die mittlere lebendige Kraft l ist für die Moleküle beider Gasarten dieselbe. Dies führt uns sofort auf die Beziehung

(5) $$2\sqrt[4]{K} = \sqrt[4]{K_1} + \sqrt[4]{K_2}$$

Diese Beziehung zwischen dem Wirkungsgesetz der Moleküle der einen Gasart untereinander, der anderen Gasart untereinander, und eines Moleküls der einen auf ein Molekül der anderen Gasart, ist freilich nicht recht verständlich, wenn man an eine direkte Fernwirkung ihrer Centra glaubt; sie wird jedoch sogleich viel verständlicher, sobald man sich mit Stefan [1])

---

[1]) Wien. Ber. 65. II. Abt. S. 340. 1872.

die Abstoßung durch Ätherhüllen bewirkt denkt, welche die
Centra der Moleküle umhüllen, und welche nicht absolut starr
sind, sondern beim Zusammenstoße entweder verdichtet oder
deformiert werden; dann wird es auch begreiflich, daß zwei
Moleküle sich mehr einander nähern, wenn sie heftiger aufeinander stoßen, oder mit anderen Worten, daß der Radius
eines Moleküls kleiner als bei niedriger relativer Geschwindigkeit erscheint. Die Gleichung (5) setzt uns sofort in den Stand,
die Beziehung zwischen den Reibungskonstanten beider Gase
und ihrer Diffusionskonstanten aufzustellen. Bezeichnen wir mit
μ_1 und μ_2 die Reibungskonstanten, so haben wir, uns ganz an
die Bezeichnungen Maxwells haltend,

$$\mu_1 = \frac{p_1}{3\,A_2\,k\,\varrho_1} = \frac{p_1}{3\,A_2\,\varrho_1\,\sqrt{\dfrac{K_1}{2\,M_1^3}}},$$

woraus folgt

(6)
$$\sqrt{K_1} = \frac{p_1\,\sqrt{2\,M_1^3}}{3\,A_2\,\varrho_1\,\mu_1}$$

und ebenso

(7)
$$\sqrt{K_2} = \frac{p_2\,\sqrt{2\,M_2^3}}{3\,A_2\,\varrho_2\,\mu_2}.$$

Für die Diffusionskonstante im Sinne Loschmidts[1]) und
meiner „Weiteren Studien usw."[2]) aber findet Maxwell
den Wert

$$D = \frac{p_1\,p_2}{A_1\,\varrho_1\,\varrho_2\,(p_1 + p_2)\,k} = \frac{p_1\,p_2}{A_1\,\varrho_1\,\varrho_2\,(p_1 + p_2)\,\sqrt{\dfrac{K}{M_1\,M_1\,(M_1 + M_2)}}}.$$

Man erhält also unter Benützung der Gleichung (5)

$$D = \frac{4\,p_1\,p_2\,\sqrt{M_1\,M_2\,(M_1 + M_2)}}{A_1\,\varrho_1\,\varrho_2\,(p_1 + p_2)\,(\sqrt[4]{K_1} + \sqrt[4]{K_2})^2}.$$

Bezeichnen wir mit M mit dem Index w die Masse eines
Moleküls irgend eines Normalgases, z. B. des Wasserstoffes,
mit ϱ_w die Dichte dieses Normalgases bei irgend einem Druck p_w,
so ist bekanntlich unter Voraussetzung gleicher Temperatur
der Gase

(8)
$$\frac{p_w\,M_w}{\varrho_w} = \frac{p_1\,M_1}{\varrho_1} = \frac{p_2\,M_2}{\varrho_2}.$$

---

[1]) Wien. Ber. **61.** II. Abt. März 1870.
[2]) Wien. Ber. **66.** II. Abt. Oktober 1872, III. Abschnitt (Nr. 22 des
I. Bandes dieser Sammlung).

Die Gleichungen (6) und (7) gehen also über in

$$\sqrt{K_1} = \frac{\sqrt{2}\,p_w\,M_w\,\sqrt{M_1}}{3\,A_2\,\varrho_w\,\mu_1},$$

$$\sqrt{K_2} = \frac{\sqrt{2}\,p_w\,M_w\,\sqrt{M_2}}{3\,A_2\,\varrho_w\,\mu_2},$$

$$D = \frac{4\,p_w^2\,M_w^2\,\sqrt{\dfrac{M_1+M_2}{M_1\,M_2}}}{A_1\,\varrho_w^2\,(p_1+p_2)\,(\sqrt[4]{K_1}+\sqrt[4]{K_2})^2}$$

$$= \frac{6\,\sqrt{2}\,A_2\,p_w\,M_w}{A_1\,\varrho_w\,(p_1+p_2)}\sqrt{\frac{M_1+M_2}{M_1\,M_2}}\;\frac{1}{\left[\sqrt[4]{\dfrac{M_1}{\mu_1^2}}+\sqrt[4]{\dfrac{M_2}{\mu_2^2}}\right]^2}.$$

Da diese Formel bezüglich der-mit M bezeichneten Größen von der Dimension Null ist, so braucht man darunter nicht die wirklichen Massen eines Moleküls zu verstehen, sondern man kann dafür die ihnen proportionalen sogenannten Molekulargewichte der Chemie setzen. Es sind also alle in der Formel vorkommenden Größen unmittelbar experimentell bestimmbar.

Diese Formel stimmt bis auf einen sehr unbedeutenden Unterschied im numerischen Koeffizienten überein mit der von Stefan[1]) gefundenen Formel

(9) $$D = \frac{3\,\pi\,\sqrt{2}}{8}\sqrt{\frac{M_1+M_2}{M_1\,M_2}}\;\frac{v\,\sqrt{m}}{\left(\dfrac{1}{\sqrt{\lambda_1}}+\dfrac{1}{\sqrt{\lambda_2}}\right)^2}.$$

Aus der Gleichung Stefans, welche in der zitierten Abhandlung zwei Zeilen vor dessen Gleichung (6) zu finden ist, folgt nämlich

$$v\,\sqrt{m} = \sqrt{\frac{8\,p_0}{\pi\,N_0}}.$$

Da die Zahl der Moleküle in der Volumeinheit für alle Gase gleich ist, kann unter N_0 auch die Anzahl der Wasserstoffmoleküle in der Volumeinheit bei derselben Temperatur verstanden werden. p_0 ist dann der Druck, unter dem die betreffende Wasserstoffmasse steht, und soll daher an seine Stelle p_w geschrieben werden.

---

[1]) Über die dynamische Theorie der Diffusion der Gase. Wien. Ber. 65. II. Abt. April 1872.

Ferner wollen wir rechts unter dem Wurzelzeichen mit der Masse M_w eines Wasserstoffmoleküls multiplizieren und für $N_0 M_w$ wieder ϱ_w schreiben. Wir erhalten dann

$$(10) \qquad v \sqrt{m} = \sqrt{\frac{8\, p_w\, M_w}{\pi\, \varrho_w}}.$$

Da diese Formel für jede beliebige Gasart gilt, so erhalten wir, wenn wir mit M_1, v_1, M_2, v_2 Molekülmasse und mittlere Geschwindigkeit unserer beiden Gasarten bezeichnen, die weiteren Formeln

$$(11) \qquad v_1 = \sqrt{\frac{8\, p_w\, M_w}{\pi\, \varrho_w\, M_1}}; \quad v_2 = \sqrt{\frac{8\, p_w\, M_w}{\pi\, \varrho_w\, M_2}}.$$

Bei Berechnung der mittleren Weglängen ist vor allem zu beachten, daß dies nicht etwa die mittleren Weglängen sind, welche den Gasen im diffundierenden Gemische zukommen, sondern diejenigen, welche sie bei ihrem normalen Zustande hätten.

Sollen die Formeln Stefans nicht bloß für eine bestimmte Normaltemperatur und einen bestimmten Normaldruck gelten, so braucht man darunter bloß die Temperatur und den Druck zu verstehen, welcher dem gesamten diffundierenden Gasgemische zukommt, also $p_1 + p_2$ statt des Stefanschen Normaldruckes zu setzen. — Will man also von den von Stefan ganz zum Schlusse seiner Abhandlung entwickelten Formeln Gebrauch machen, so muß man darin unter ϱ die unter diesen Umständen geltende Dichte verstehen, so daß wieder wenn ϱ_1 sich auf das erste, ϱ_2 auf das zweite Gas bezieht, analog den Formeln (8) zu setzen ist

$$(12) \qquad \frac{(p_1 + p_2)\, M_1}{\varrho_1} = \frac{(p_1 + p_2)\, M_2}{\varrho_2} = \frac{p_w\, M_w}{\varrho_w}$$

und die von Stefan zum Schlusse seiner Abhandlung entwickelten Formeln liefern mit Berücksichtigung der Formeln (11) und (12).

$$(13) \qquad \lambda_1 = \frac{8\, \mu_1}{\pi\, \varrho\, v_1} = \frac{8\, \mu_1}{\pi\, (p_1 + p_2)\, v_1} \cdot \frac{p_w\, M_w}{\varrho_w\, M_1} = \frac{\mu_1}{p_1 + p_2} \sqrt{\frac{8\, p_w\, M_w}{\pi\, \varrho_w\, M_1}},$$

$$(14) \qquad \lambda_2 = \frac{\mu_2}{p_1 + p_2} \sqrt{\frac{8\, p_w\, M_w}{\pi\, \varrho_w\, M_2}}.$$

Die Substitution der Werte (10), (13) und (14) in die Formel (9) liefert endlich

$$D = \frac{3\sqrt{2}\,p_w\,M_w}{\varrho_w\,(p_1 + p_2)} \sqrt{\frac{M_1 + M_2}{M_1\,M_2}} \cdot \frac{1}{\left(\sqrt[4]{\frac{M_1}{\mu_1^2}} + \sqrt[4]{\frac{M_2}{\mu_2^2}}\right)^2}.$$

Bezeichnet man also den aus der Maxwellschen Formel folgenden Wert für D mit D_m, den aus der Stefanschen Formel folgenden mit D_s, so ergibt sich

$$\frac{D_m}{D_s} = \frac{2\,A_2}{A_1} = 1{,}029\,;$$

ein Unterschied, welcher offenbar ganz unbedeutend ist.

Ich hoffe durch diese Betrachtungen genügend nachgewiesen zu haben, daß die neuere Maxwellsche Theorie neben der Hypothese der elastischen Kugeln ihre Berechtigung und große Wichtigkeit für die Gastheorie hat; daß sie aber doch nicht allen Erscheinungen Rechnung tragen kann. Es erscheint mir daher wichtig, auch die alte Hypothese der elastischen Kugeln neben der neueren Maxwellschen Theorie weiter zu entwickeln; denn nur durch einen möglichst vollkommenen Ausbau beider Theorien kann die Grundlage gelegt werden zu weiteren Forschungen auf diesem Gebiete und ich will im folgenden einen Beitrag zur Weiterentwicklung der alten Theorie der elastischen Kugeln zu liefern suchen, der übrigens mutatis mutandis auch bei Voraussetzung jedes anderen vom neuen Maxwellschen verschiedenen Wirkungsgesetzes seine Anwendung finden dürfte.

II. Einführung der die Zusammenstöße charakterisierenden Variablen.

Eine Methode zur exakten Bestimmung der Reibungskonstante unter der Hypothese der elastischen Kugeln ohne Berücksichtigung des Gesetzes der Geschwindigkeitsverteilung ist gegenwärtig nicht bekannt. Wir müssen daher vor allem zur Bestimmung der Geschwindigkeitsverteilung übergehen. Die allgemeine Gleichung, welche von der die Geschwindigkeitsverteilung bestimmenden Funktion erfüllt werden muß, habe ich und zwar meines Wissens zuerst in meiner Abbandlung

„Weitere Studien über das Wärmegleichgewicht unter Gasmolekülen"[1]) aufgestellt und dort als Gleichung (44) bezeichnet,
an deren Stelle für ein Gasgemisch die Gleichung (44*) tritt.
Eine ausführlichere Ableitung dieser Gleichung habe ich in
meiner Abhandlung „Über das Wärmegleichgewicht von Gasen,
auf welche äußere Kräfte wirken"[2]) geliefert. Von dieser
Gleichung wurde außer von mir nur noch von Maxwell[3]) eine
Anwendung gemacht und zwar von letzterem zur Berechnung
der Druckkräfte, die in sehr verdünnten Gasen unter dem Einflusse der Wärmeleitung auftreten.

Leider ist die Auflösung dieser Gleichung gerade für das
neue Maxwellsche Wirkungsgesetz eine leichte, in welchem
Falle man ihrer zur Berechnung der inneren Reibung, Diffusion
und Wärmeleitung nicht bedarf. Für alle anderen Fälle,
namentlich für die Hypothese der elastischen Kugeln, stößt die
Auflösung der Gleichung auf große Schwierigkeiten.

Ich habe schon in der ersten der soeben zitierten Abhandlungen einen Weg angedeutet, welcher zur Auflösung
dieser Gleichung für den letzteren Fall eingeschlagen werden
kann und zu einer Reihenentwicklung führt.

Die Reihenentwicklung würde aber, wenn man das dort
angedeutete Verfahren einschlagen würde, ohne daran weitere
Vereinfachungen anzubringen, eine äußerst weitläufige sein, so
daß man an der Durchführbarkeit der Rechnung fast ver-
zweifeln müßte. Es ist mir aber seitdem gelungen, durch einige
Kunstgriffe die Gleichung bedeutend zu vereinfachen und ich
will in dieser Abhandlung die Methode auseinandersetzen,
welche mir gegenwärtig nach vielen vergeblichen Versuchen
als die relativ einfachste erscheint.

Die Gleichung (44) der ersten meiner zitierten Abhandlung
lautet folgendermaßen:

$$(15) \quad \begin{cases} \dfrac{\partial f}{\partial t} + \xi \dfrac{\partial f}{\partial x} + \eta \dfrac{\partial f}{\partial y} + \zeta \dfrac{\partial f}{\partial z} + X \dfrac{\partial f}{\partial \xi} + Y \dfrac{\partial f}{\partial \eta} + Z \dfrac{\partial f}{\partial \zeta} \\ \quad + \iiint d\xi_1 \, d\eta_1 \, d\zeta_1 \int p \, dp \int d\varphi \cdot r \, (f f_1 - f' f'_1) = 0. \end{cases}$$

---

[1]) Wien. Ber. 66. II. Abt. Oktober 1872. (Nr. 22 d. I. Bd. dieser
Sammlung.)
[2]) Wien. Ber. 72. II. Abt. Oktober 1875. (Nr. 32 dieses Bandes.)
[3]) On stresses in rarefied gases arising from inequalities of tempera-
ture. Phil. Transact. I. 1879.

In dieser Gleichung bezeichnen: ξ, η, ζ und ξ_1, η_1, ζ_1 die Geschwindigkeitskomponenten zweier beliebiger zusammenstoßender Moleküle,

$$r = \sqrt{(\xi_1 - \xi)^2 + (\eta_1 - \eta)^2 + (\zeta_1 - \zeta)^2},$$

deren relative Geschwindigkeit (alles vor dem Zusammenstoße), p die kleinste Entfernung, in welche sie gelangen würden, wenn sie, ohne aufeinander zu wirken, die geradlinige und gleichförmige Bewegung beibehalten würden, welche sie vor dem Stoße besaßen (ich ziehe es vor r und p statt der von Maxwell angewendeten Buchstaben V und b zu schreiben),

φ den Winkel zwischen der Ebene, welche der X-Achse und der relativen Geschwindigkeit vor dem Stoße parallel ist, und der Bahnebene, d. h. der Ebene, welche die beiden relativen Geschwindigkeiten vor und nach dem Stoße enthält,

x, y, z die Koordinaten irgend einer Stelle im Innern des Gases,

X, Y, Z die Komponenten der daselbst herrschenden beschleunigenden Kraft, welche übrigens in unserem Falle den Wert Null hat,

f, welche Größe behufs Andeutung der Variablen, von denen es abhängt, auch mit $f(\xi, \eta, \zeta, x, y, z, t)$ bezeichnet werden soll, ist die die Geschwindigkeitsverteilung bestimmende Funktion, so daß zur Zeit t die Anzahl der Moleküle, für welche die Koordinaten des Zentrums zwischen den Grenzen

(B) x und $x + dx$, y und $y + dy$, z und $z + dz$.

die Geschwindigkeitskomponenten aber zwischen den Grenzen

(A) ξ und $\xi + d\xi$, η und $\eta + d\eta$, ζ und $\zeta + d\zeta$

liegen, den Wert

$$f(\xi, \eta, \zeta, x, y, z, t)\, dx\, dy\, dz\, d\xi\, d\eta\, d\zeta$$

besitzt,

endlich sind f_1, f' und f_1' die Werte, welche die Funktion f annimmt, wenn darin $\xi_1 \eta_1 \zeta_1$, $\xi' \eta' \zeta'$ bzw. $\xi_1' \eta_1' \zeta_1'$ an Stelle von $\xi \eta \zeta$ substituiert wird, wobei $\xi' \eta' \zeta'$ und $\xi_1' \eta_1' \zeta_1'$ die Geschwindigkeitskomponenten beider Moleküle nach dem Stoße, also Funktionen von $\xi \eta \zeta$, $\xi_1 \eta_1 \zeta_1$, p und φ sind.

Die Größen $\xi \eta \zeta$ und $\xi_1 \eta_1 \zeta_1$ bedürfen keiner weiteren Veranschaulichung und ich will hier nur bemerken, daß ich das Molekül mit den ersteren Geschwindigkeitskomponenten immer als das erste, das andere immer als das zweite der zusammenstoßenden Moleküle bezeichnen will. Die Bedeutung der Größen p und φ für den Fall des Zusammenstoßes elastischer Kugeln können wir uns am leichtesten durch die Fig. 1 veranschaulichen.

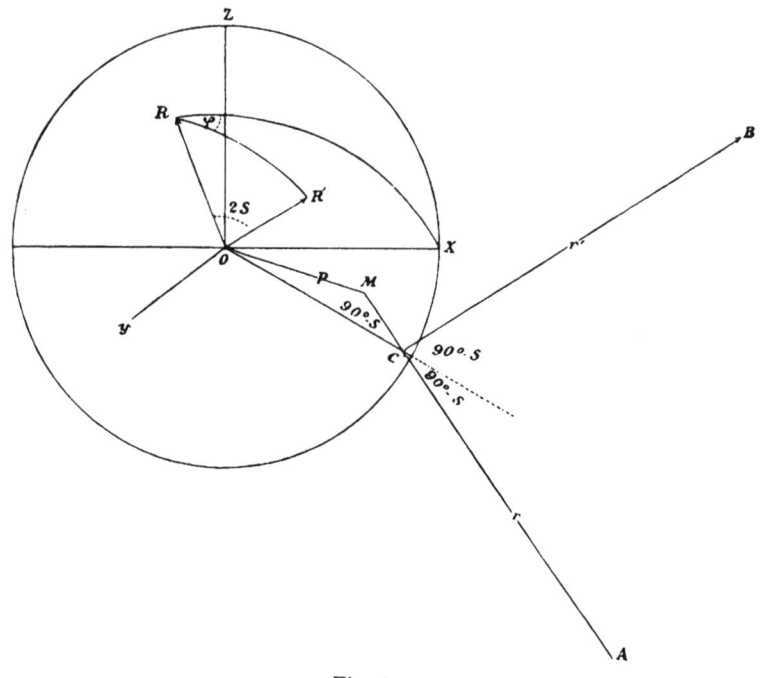

Fig. 1.

In dieser Figur bedeutet O den Ort des Mittelpunktes des ersten Moleküls; der Kreis entspricht der Oberfläche einer Kugel, deren Radius gleich dem Durchmesser δ eines Moleküls ist, und welche sich so bewegt, daß ihr Zentrum immer mit dem Zentrum des ersten Moleküls zusammenfällt, also vor dem Stoße mit der Geschwindigkeit des ersten Moleküls vor dem Stoße, nach demselben mit der Geschwindigkeit des ersten Moleküls nach dem Stoße. Ich will dieser Kugel den Namen der gezeichneten Kugel beilegen.

OX, OY, OZ sind drei Koordinatenachsen, welche den fixen Koordinatenachsen parallel sind und immer durch das

Zentrum der gezeichneten Kugel, also auch durch das Zentrum des ersten Moleküls gehen. Wenn zwei materielle Punkte irgend eine gegenseitige Zentralbewegung machen, so kann man immer von einem beweglichen Koordinatensysteme Gebrauch machen, dessen Achsen sich parallel bleiben und fortwährend durch den einen materiellen Punkt gehen. Die Bewegung des anderen relativ gegen dieses Koordinatensystem ist dann immer geometrisch ähnlich der Bewegung jedes der materiellen Punkte relativ gegen den gemeinsamen Schwerpunkt, welcher Satz bekanntlich bei Berechnung der Bewegung eines Planeten relativ gegen das Sonnenzentrum benutzt wird. Da der elastische Stoß ein Spezialfall der Zentralbewegung ist, so bewegt sich das Zentrum des zweiten Moleküls relativ gegen die oben eingeführten Koordinatenachsen OX, OY, OZ geradeso, als ob es eine unendlich kleine elastische Kugel wäre, welche an der als fix gedachten gezeichneten Kugel reflektiert wird. C sei der Punkt, wo es auf die gezeichnete Kugel auftrifft. $AC = r$ sei die relative Geschwindigkeit der zweiten Kugel gegen die erste vor dem Stoße (die Geschwindigkeit, welche die zweite Kugel erhält, wenn man zu ihrer wirklichen Geschwindigkeit noch die der ersteren Kugel entgegengesetzte superponiert). $CB = r'$ stelle in Größe und Richtung die relative Geschwindigkeit nach dem Stoße dar, welche nach dem Gesetze des elastischen Stoßes ebenso groß ist wie r, und mit der Geraden OC denselben Winkel bildet wie r, da ja OC die Zentrallinie der beiden zusammenstoßenden Kugeln im Momente des Zusammenstoßes ist. Wir ziehen durch O zwei Gerade parallel mit r und r', deren Durchschnittspunkte mit der gezeichneten Kugel wir mit R und R' bezeichnen; der Winkel dieser beiden Geraden ist dann derjenige, um welchen die relative Geschwindigkeit durch den Zusammenstoß gedreht wurde und welchen Maxwell mit 2Θ bezeichnet, wofür wir aber lieber $2S$ schreiben wollen. Der Winkel der Ebenen ROR' und ROX ist der von Maxwell mit φ bezeichnete Winkel. Die Größe p endlich finden wir, wenn wir die Linie r verlängern und vom Punkte O darauf eine Senkrechte OM fällen; die Länge dieser Senkrechten ist gleich p und es ergibt sich sofort aus der Fig. 1

(16)
$$p = OC \cos S = \delta \cos S.$$

Ebenso sieht man, daß p alle Werte von Null bis δ, S alle Werte von Null bis $\pi/2$, φ alle von Null bis 2π durchlaufen kann.

Betrachtungen, welche den Maxwellschen ähnlich sind, wurden zuerst von Stefan[1]) auf die Bewegung von elastischen Kugeln angewendet und außer zur Berechnung der Diffusion und inneren Reibung, welche jedoch wegen der Unbekanntschaft mit dem Geschwindigkeitsverteilungsgesetz natürlich ebenfalls nicht vollkommen exakt ist, zu einem äußerst einfachen und vollkommen exakten Beweise des Avogadroschen Satzes benützt. Später hat Maxwell, S. 240, Gleichung (17) der eben zitierten Abhandlung aus den Londoner Transactions gezeigt, welchen Wert die von ihm mit b bezeichnete Größe im Falle der Voraussetzung elastischer Kugeln annimmt.

Da sich die von Stefan angewendete Konstruktion etwas von der Maxwellschen unterscheidet, so glaube ich, daß es die Übersicht fördern wird, wenn wir die Stefansche Konstruktion ebenfalls einer näheren Betrachtung unterziehen. Dieselbe ist in Fig. 2 dargestellt. Daselbst haben gleiche Buchstaben dieselbe Bedeutung wie in Fig. 1, was auch von allen folgenden Figuren gilt. Stefan legt zuerst durch O eine Ebene $E\,E'E''$, welche senkrecht auf OR, also auf der relativen Geschwindigkeit der Moleküle vor dem Stoße steht, und welche von der Ebene ROX in der Geraden OX', von der Bahnebene $R\,R'C$ in der Geraden OC' geschnitten wird (unter der Bahnebene verstehen wir hier wieder die Ebene, welche die beiden relativen Geschwindigkeiten vor und nach dem Stoße, also auch die Zentrallinie enthält. Mit λ bezeichnet Stefan den Winkel MCO zwischen der Zentrallinie und der relativen Geschwindigkeit vor dem Stoße, also den Winkel $90 - S$, mit φ den Winkel $X'OC'$, also denselben Winkel, den auch Maxwell mit φ bezeichnet.

Es wird sich jedoch später zeigen, daß es sehr zur Vereinfachung der Rechnung beiträgt, wenn man statt dieses Winkels φ den Winkel O zwischen der Bahnebene und einer Ebene, welche den Richtungen der beiden Geschwindigkeiten

---

[1]) Über die dynamische Theorie der Diffusion der Gase. Wien. Ber. 65. II. Abt. April 1872.

der Moleküle vor dem Stoße parallel ist, einführt. Ich will im folgenden unter Gestalt des Zusammenstoßes die Größe der Geschwindigkeiten, sowie die relative Lage ihrer Richtungen vor dem Stoße und der Richtung der Zentrallinie verstehen, gewissermaßen die Gestalt der Figur, welche von diesen Linien gebildet wird; unter Lage des Zusammenstoßes dagegen, will

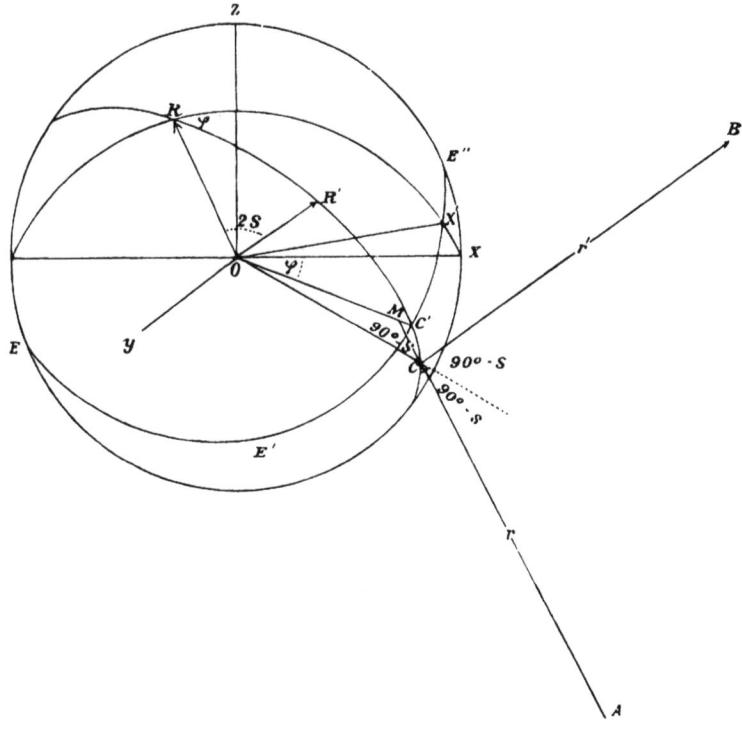

Fig. 2.

ich die Lage dieser Linien gegen die Koordinatenachsen verstehen.

Es ist nun klar, daß der Winkel φ sowohl von der Gestalt als auch von der Lage, der Winkel O hingegen nur von der Gestalt des Zusammenstoßes abhängt, und dies ist der Vorteil, den der letztere Winkel gegenüber dem ersteren bietet. Außerdem wollen wir die Richtungen der Geschwindigkeit des ersten Moleküls vor und der relativen Geschwindigkeit

vor dem Stoße durch je zwei Winkel charakterisieren, wie sie
beim Gebrauch räumlicher Polarkoordinaten verwendet werden.
Wir können uns diese Winkel durch die Fig. 3 versinnlichen.
In derselben sind OV und OV_1 vom Koordinatenanfangspunkte
aus gezogene Linien, welche gleich lang und gleich gerichtet
sind, wie die Geschwindigkeiten der beiden Moleküle vor dem

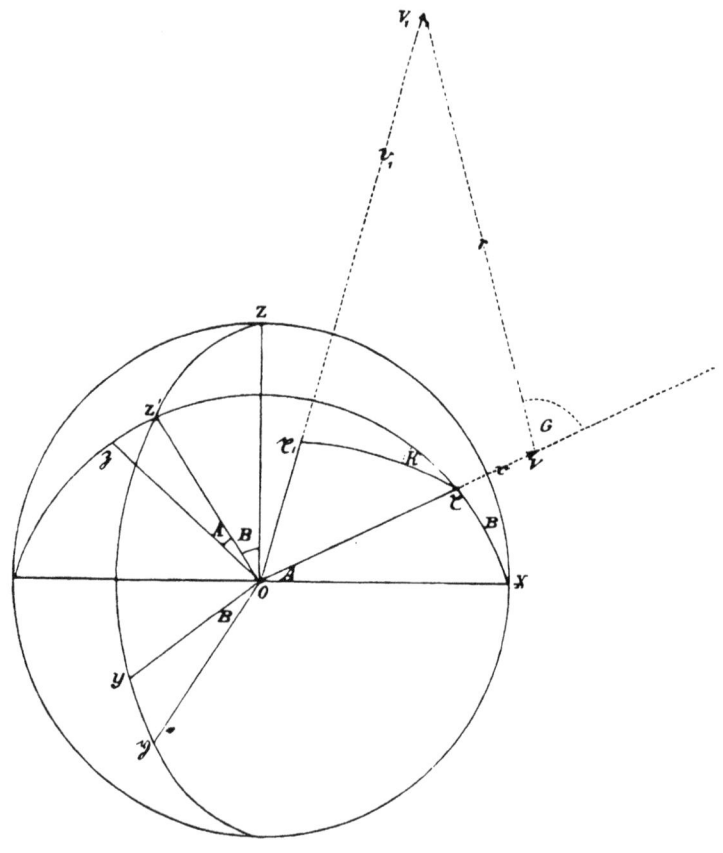

Fig. 3.

Stoße. VV_1 gibt also in Größe und Richtung die relative Geschwindigkeit der Moleküle vor dem Zusammenstoße, und zwar
im Sinne des Pfeiles, wenn man das erste Molekül als ruhend
denkt. Der Kreis der Fig. 3 versinnlicht eine Kugel von be-
liebigem Radius, welche wir wieder die gezeichnete Kugel

nennen wollen. Am einfachsten wird es sein, ihr denselben
Radius wie in den früheren Figuren zuzuschreiben. Die Durchschnittspunkte der verschiedenen Geraden mit der gezeichneten
Kugel wollen wir dadurch ersichtlich machen, daß wir bei allen
Geraden denjenigen Teil, welcher im Innern der Kugel liegt,
ausziehen, denjenigen aber, welcher aus der Kugel herausragt,
punktieren. Die Durchschnittspunkte der Koordinatenachsen
mit der gezeichneten Kugel bezeichnen wir speziell mit $X Y Z$,
die Durchschnittspunkte der Geraden $O V$ und $O V_1$ mit der
gezeichneten Kugel bezeichnen wir mit χ und χ_1. Z' endlich
ist ein später näher zu bezeichnender Punkt auf dem größten
Kreise $X\chi$. Wir bezeichnen nun den Winkel zwischen der
positiven X-Achse und der positiven Richtung von v mit A,
den Winkel zwischen den positiven Richtungen von v und r
mit G, den Winkel der Ebenen $V O X$ und $Z O X$, also der
größten Kreise χX und $Z X$ mit B, den der Ebenen $V_1 O V$
und $Z' O \chi$, also der größten Kreise $\chi_1 \chi$ und $Z' \chi$ mit K. Bei
dieser Figur ist es vollständig gleichgültig, ob man sich den
Koordinatenanfangspunkt ruhend oder vor und nach dem Stoße
mit der Geschwindigkeit des ersten Moleküls fortschreitend
denkt, nur muß man sich im letzten Falle alle Linien mit
derselben Geschwindigkeit parallel zu sich selbst mitbewegt
denken. Daher ist es wohl am einfachsten, wenn wir uns in
dieser Figur den Koordinatenanfangspunkt ruhend denken und
alle Linien von dem ruhenden Koordinatenanfangspunkte aus
in der beschriebenen Größe und Richtung auftragen.

Dasselbe gilt von der Fig. 4, in welcher wir zur größeren
Übersicht dieselbe Kugel wie in Fig. 3 zeichnen und von deren
Mittelpunkte aus alle in unseren Konstruktionen vorkommenden
Geraden vereinigt auftragen wollen. Sowohl die Endpunkte
dieser Geraden, als auch ihre Durchschnittspunkte mit der
Kugel bezeichnen wir mit denselben Buchstaben, wie in den
übrigen Figuren. So sollen die Punkte, in welchen die Kugel
der Reihe nach von den der x-Achse, der Geschwindigkeit des
ersten Moleküls vor dem Stoße, der relativen Geschwindigkeit
der Moleküle vor und nach dem Stoße parallelen Geraden,
getroffen wird, mit X, χ, R, R' bezeichnet werden. Ziehen
wir auf der Kugel die größten Kreisbogen $R\chi$ und $R R'$, so
ist ihr Winkel O derjenige, den wir an Stelle des Maxwell-

schen φ einführen wollen.   Ziehen wir auch noch den in der
Figur nicht gezeichneten größten Kreisbogen $R\,X$, so ist φ der

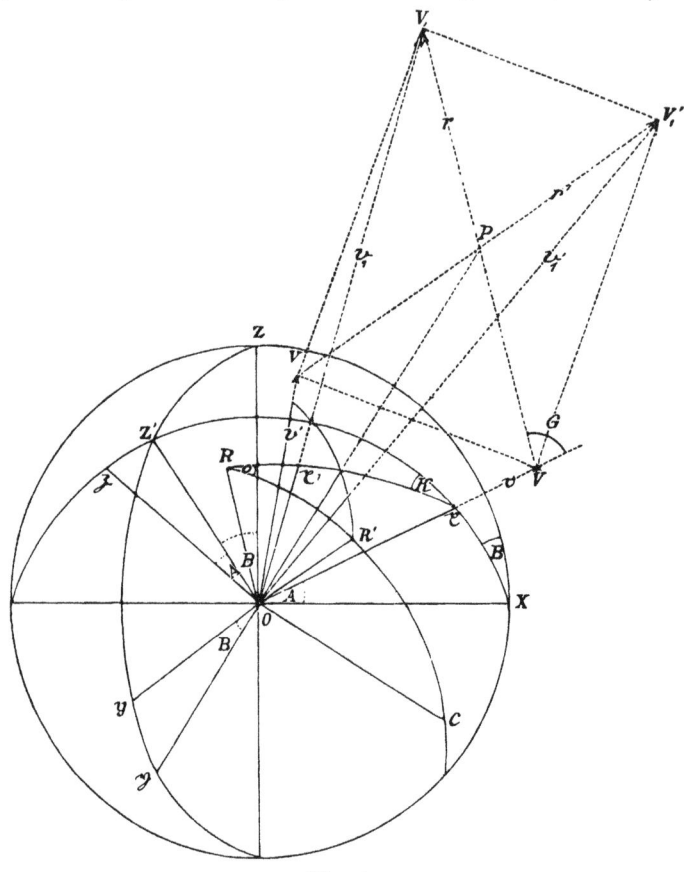

Fig. 4.

Winkel zwischen $R\,X$ und $R\,R'$ und es ist, wenn der Winkel
zwischen $R\,X$ und $R\,\chi$ mit λ bezeichnet wird

(17) $\qquad\qquad\qquad O = \varphi + \lambda.$

Der Punkt C in Fig. 4 ist natürlich auch nicht mehr der
Punkt, wo sich das Zentrum des zweiten Moleküls im Momente
des Zusammenstoßes wirklich befindet, sondern es ist der
Durchschnittspunkt der Kugel mit einer Geraden, welche vom
Koordinatenursprunge aus parallel der Zentrallinie der Moleküle
im Momente des Zusammenstoßes gezogen wird.

III. Vereinfachung der Gleichung (15).

Wir wollen jetzt zur Substitution aller dieser Werte in die Fundamentalgleichung (15) schreiten, und zwar wollen wir der daselbst vorkommenden Funktion f aus leicht einzusehenden Gründen folgende Form erteilen:

$$(18) \quad f(\xi, \eta, \zeta, x, y, z. \; t) = C\left[1 + 2\,h\,q\,y\,\xi + \xi\,\eta\,\varphi\,(v^2)\right] e^{-h\,v^2}.$$

In diesem Ausdrucke sind C, h, q Konstanten, v ist $\sqrt{\xi^2 + \eta^2 + \zeta^2}$, φ eine noch zu bestimmende Funktion von v^2. Es ist dann die Funktion f von der Zeit unabhängig. Wir haben es also mit einem sogenannten stationären Zustande zu tun. Die mit der xz-Ebene zusammenfallende Gasschicht hat keine sichtbare Bewegung (Molarbewegung). Diejenige der xz-Ebene parallele Gasschicht, deren Abstand von dieser Koordinatenebene y ist, hat parallel zur x-Achse die konstante Molargeschwindigkeit $q\,y$. Wenn man irgendwo parallel zur xz-Ebene ein ebenes Flächenstück vom Flächeninhalte Eins konstruiert und die in der Zeiteinheit durch dieses Flächenstück *mehr* in der Richtung der positiven als der negativen y-Achse hindurchgehende parallel der x-Achse geschätzte Bewegungsgröße mit M bezeichnet, so erhält man die Formel:

$$(19) \quad M = m \int\limits_{-\infty}^{+\infty}\!\!\int\!\!\int \xi\,\eta\,f\,d\,\xi\,d\,\eta\,d\,\zeta.$$

Für den Reibungskoeffizienten aber ergibt sich der Wert

$$(20) \quad \mu = -\frac{M}{q}.$$

Ferner erhalten wir, wenn wir die Bedeutung der von uns eingeführten Winkel ins Auge fassen

$$(21) \quad d\,\xi_1\,d\,\eta_1\,d\,\zeta_1 = r^2\,\gamma\,d\,r\,d\,G\,d\,K,$$

$$(22) \quad p = \delta\,s,$$

$$(23) \quad \xi = v\,a; \quad \eta = v\,\alpha\,\beta; \quad \zeta = v\,\alpha\,b.$$

Wir haben die Winkel immer mit großen lateinischen Buchstaben bezeichnet, die entsprechenden kleinen lateinischen Buchstaben sollen immer den Cosinus, die griechischen den Sinus des Winkels bedeuten, so daß $g = \cos G$, $\gamma = \sin G$, usw.

ist. Wir erhalten ferner aus dem Dreiecke VOV_1 der Fig. 3 die Beziehung

$$(24) \qquad v_1^2 = v^2 + r^2 + 2\,v\,r\,g.$$

Endlich ist bei der Integration nach φ offenbar sowohl ξ, η, ζ als auch ξ_1, η_1, ζ_1, daher auch die Richtungen von $O\,\xi$, OR und OX und endlich auch der Winkel $XR\,\xi = \lambda$ als konstant zu betrachten. Es folgt daher aus der Gleichung (17)

$$(25) \qquad d\varphi = d\,O.$$

Man sieht übrigens, daß man direkt genau dieselben Betrachtungen, welche ich bei Ableitung der Gleichung (15) auf den Winkel φ angewendet habe, auch auf den Winkel O hätte anwenden und dadurch in die Gleichung (15) unmittelbar $d\,O$ an Stelle von $d\varphi$ erhalten können. Die Differentiation des Ausdruckes (18) liefert ferner

$$(26) \qquad \eta\,\frac{df}{dy} = 2\,h\,C\,q\,\xi\,\eta\,e^{-h\,v^2} = 2\,h\,C\,q\,v^2\,a\,\alpha\,\beta\,e^{-h\,v^2}.$$

Alle übrigen Glieder der Gleichung (15) verschwinden mit Ausnahme des mehrfachen Integrals. Um letzteres zu berechnen, setzen wir zunächst voraus, daß die Geschwindigkeit der Molarbewegung des Gases gegen die mittlere Geschwindigkeit der Molekularbewegung verschwindet, oder mit anderen Worten, daß in dem Ausdrucke (18) die Größen $2\,h\,q\,y\,\xi$ und $\xi\,\eta\,\varphi\,(v^2)$ gegenüber der Einheit verschwinden. Man könnte glauben, daß wir dadurch ebenfallls auf die Exaktheit der Rechnung verzichten. Allein wir vernachlässigen hier nicht Größen, welche von derselben Größenordnung sind, wie das Resultat, sondern solche, welche sicher um so mehr gegen die auf das Resultat Einfluß nehmenden verschwinden, je kleiner die Molarbewegung des Gases gegen die Molekularbewegung ist. Ihre Vernachlässigung ist also theoretisch gerechtfertigt; sie ist es auch praktisch, da ja bei allen Experimenten, aus denen bisher die Reibungskonstante von Gasen bestimmt wurde, sicher das Verhältnis der Geschwindigkeit der Molarbewegung zur mittleren Geschwindigkeit der Molekularbewegung ein ganz außerordentlich kleines ist. Durch diese Vernachlässigung erhalten wir zunächst, wenn wir auch noch die Gleichungen

$$(27) \qquad v^2 + v_1'^2 = v^2 + v_1^2 \quad \text{und} \quad \xi' + \xi_1' = \xi + \xi_1,$$

welche aus den Prinzipien der Erhaltung der lebendigen Kraft
und der Bewegung des Schwerpunktes folgen, berücksichtigen:

$$(28) \quad \begin{cases} f'' f'_1 - f f_1 = C^2 e^{-h(v^2 + v_1{}^2)} [\xi' \eta' \varphi(v'^2) + \xi_1' \eta_1' \varphi(v'^2_1) \\ \qquad\qquad - \xi \eta \varphi(v^2) - \xi_1 \eta_1 \varphi(v_1^2)]. \end{cases}$$

Die Gleichung (15) geht also, nachdem sie durch den Aus-
druck $C v^2 a \alpha \beta e^{-hv^2}$ dividiert worden ist und nachdem der für
die Integrationen als konstant zu betrachtende Faktor $1/a \alpha \beta$
unter die Integralzeichen gesetzt worden ist, über in folgende:

$$(29) \quad \begin{cases} 2 h q = \dfrac{C \delta^2}{v^2} \displaystyle\int_{v_1}^{\infty} r^3 \, d r \int_0^\pi \gamma \, d \, G \, e^{-h(v^2 + r^2 + 2vrg)} \int_0^{\pi/2} s \, \sigma \, d S \int_0^{\pi/2} d \, O \\[3mm] \qquad \times \left[\varphi(v'^2) \displaystyle\int_0^{2\pi} \dfrac{\xi' \eta' \, d K}{a \alpha \beta} + \varphi(v'^2_1) \int_0^{2\pi} \dfrac{\xi_1' \eta_1' \, d K}{a \alpha \beta} \right. \\[3mm] \qquad\quad \left. - \varphi(v^2) \displaystyle\int_0^{2\pi} \dfrac{\xi \eta \, d K}{a \alpha \beta} - \varphi(v_1^2) \int_0^{2\pi} \dfrac{\xi_1 \eta_1 \, d K}{a \alpha \beta} \right]. \end{cases}$$

Hierbei wurde berücksichtigt, daß v' und v'_1 für die Integration nach K als Konstante zu betrachten sind, daß sie also
die Variable K nicht enthalten, was in der Tat aus den später
zu entwickelnden Ausdrücken unmittelbar hervorgeht. Es folgt
dies übrigens schon auch aus dem Umstande, daß die Werte
der Variabeln v' und v'_1 offenbar nur von dem abhängen, was
wir die Gestalt eines Zusammenstoßes genannt haben und
daher den Winkel K, welcher bloß die Lage des Zusammenstoßes gegen die Koordinatenachsen bestimmt, nicht enthalten
können.

Wir haben hier nur noch die Größen ξ_1, η_1, ζ_1, ξ, η', ζ',
ξ_1', η_1', ζ_1', v' und v'_1 als Funktionen der Integrationsvariabeln
auszudrücken. Es geschieht dies am einfachsten durch eine
Koordinatentransformation.

Wir denken uns das in Fig. 3 verwendete Koordinatensystem zuerst um die x-Achse um den Winkel B gedreht, also
so lange, bis die xz-Ebene die Richtung $O V$ enthält, dabei
soll auf dem größten Kreise $Z Y$ der Durchschnittspunkt Z der
z-Achse mit der Kugel nach Z', der Durchschnittspunkt Y der
y-Achse mit der Kugel nach $\mathfrak{y}$ wandern. Hernach drehen wir

das Koordinatensystem nochmals um die Gerade $O\mathfrak{y}$ um den Winkel A, bis die x-Achse mit der Richtung $O\,V$ zusammenfällt, dadurch soll die Gerade $O\,Z'$ in die Lage $O\,\mathfrak{z}$ kommen. Die Richtungen $O\,\mathfrak{x}$, $O\,\mathfrak{y}$, $O\,\mathfrak{z}$, welche die Koordinatenachsen durch beide Drehungen angenommen haben, bezeichnen wir als die neuen Koordinatenachsen. Es werden dann die Cosinusse der Winkel zwischen den alten und neuen Koordinatenachsen durch folgendes Schema ausgedrückt:

(30)

	X	Y	Z
$\mathfrak{x}$	a	$\alpha\beta$	αb
$\mathfrak{y}$	o	b	$-\beta$
$\mathfrak{z}$	$-\alpha$	$a\beta$	ab

Dabei dient das spharische Dreieck, dessen Ecken $\mathfrak{x}\,Z'\,Y$ sind, zur Bestimmung von cos $(\mathfrak{x}, Y)$, das sphärische Dreieck $\mathfrak{z}\,Z'\,Y$ zur Bestimmung von cos $(\mathfrak{z}, Y)$, das Dreieck $\mathfrak{x}\,Z'\,Z$ für cos $(\mathfrak{x}, Z)$, endlich das Dreieck $\mathfrak{z}\,Z'\,Z$ für cos $(\mathfrak{z}, Z)$.

Es sind ferner ξ, η, ζ die Projektionen von v, ebenso ξ_1, η_1, ζ_1, die Projektionen von v_1 auf die alten Koordinatenachsen. Bezeichnen wir mit $x, y, z, \mathfrak{x}, \mathfrak{y}, \mathfrak{z}, x', y', z', \mathfrak{x}', \mathfrak{y}', \mathfrak{z}'$ die Projektionen der beiden Relativgeschwindigkeiten r und r' vor und nach dem Stoße auf die alten und neuen Koordinatenachsen, so ist zunächst:

$$(31) \qquad x = \xi_1 - \xi, \quad y = \eta_1 - \eta, \quad z = \zeta_1 - \zeta,$$

$$(32) \qquad x' = \xi'_1 - \xi', \quad y' = \eta'_1 - \eta', \quad z' = \zeta'_1 - \zeta'.$$

Ferner hat man nach den bekannten Formeln für Polarkoordinaten

$$(33) \qquad \xi = va, \quad \eta = v\alpha\beta, \quad \zeta = v\alpha b,$$

$$(34) \qquad \mathfrak{x} = rg, \quad \mathfrak{y} = r\gamma\varkappa, \quad \mathfrak{z} = r\gamma k,$$

$$(35) \begin{cases} x = \mathfrak{x}\cos(\mathfrak{x}, x) + \mathfrak{y}\cos(\mathfrak{y}, x) + \mathfrak{z}\cos(\mathfrak{z}, x) = r\,ag - r\,\alpha\gamma k \\ y = r\,\alpha\beta g + r\,b\gamma\varkappa + r\,a\beta\gamma k, \\ z = r\,\alpha b g - r\,\beta\gamma\varkappa + r\,a b\gamma k, \end{cases}$$

woraus sofort mittels der Gleichungen (31) und (33) folgt

$$(36) \begin{cases} \xi_1 = v\,a \ + r\,ag \ - r\,\alpha\gamma k, \\ \eta_1 = v\,\alpha\beta + r\,\alpha\beta g + r\,b\gamma\varkappa + r\,a\beta\gamma k, \\ \zeta_1 = v\,\alpha b + r\,\alpha b g - r\,\beta\gamma\varkappa + r\,a b\gamma k. \end{cases}$$

Um die Projektionen $\mathfrak{x}'$, $\mathfrak{y}'$, $\mathfrak{z}'$ der relativen Geschwindigkeit r' nach dem Stoße auf die neuen Koordinatenachsen zu finden, wollen wir noch eine Figur betrachten (Fig. 5). Die Kugel dieser Figur ist dieselbe, welche auch in den beiden vorhergehenden Figuren angewendet wurde. R und R' sind ihre Durchschnittspunkte mit den beiden relativen Geschwindigkeiten, welche miteinander den Winkel $2S$, und deren Ebene mit der Ebene $\mathfrak{x}\,O\,R$ den Winkel O einschließt. Wir be-

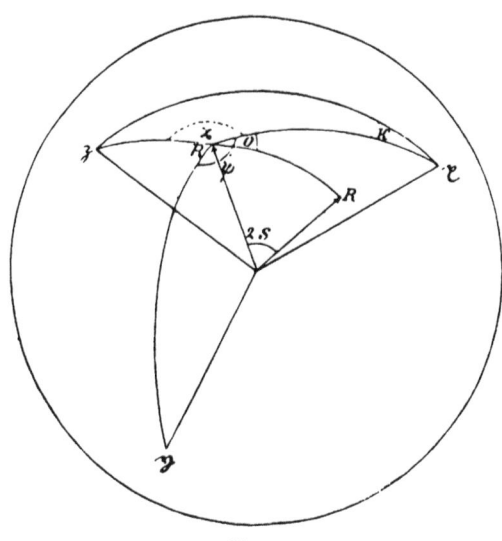

Fig. 5.

zeichnen die sphärischen Winkel $\mathfrak{z}\,R\,\mathfrak{x}$ und $\mathfrak{y}\,R\,\mathfrak{x}$ mit χ und ψ und erhalten aus dem sphärischen Dreieck $\mathfrak{x}\,R\,R'$ (dessen eine Seite übrigens in Fig. 5 nicht gezeichnet ist)

$$\cos(r'\,\mathfrak{x}) = \cos(R\,\mathfrak{x})\cos(R\,R') + \sin(R\,\mathfrak{x})\sin(R\,R')\cos O,$$

daher wegen $r = r'$

(37) $$\mathfrak{x}' = r'\cos(r'\,\mathfrak{x}) = r\,(g\,s_2 + \gamma\,\sigma_2\,o),$$

wobei s_2 und σ_2 für cos $2S$ und sin $2S$ geschrieben wurde. Ähnlich erhält man durch Betrachtung der beiden sphärischen Dreiecke $\mathfrak{y}\,R\,R'$ und $\mathfrak{z}\,R\,R'$

$$\cos(r'\,\mathfrak{y}) = \cos(R,\mathfrak{y})\cos(R,R') + \sin(R,\mathfrak{y})\sin(R,R')\cos(\psi - O),$$
$$\cos(r'\,\mathfrak{z}) = \cos(R,\mathfrak{z})\cos(R,R') + \sin(R,\mathfrak{z})\sin(R,R')\cos(\chi + O).$$

27*

Nun liefert das sphärische Dreieck $R\mathfrak{x}\mathfrak{z}$

$$\sin(R\mathfrak{z})\cdot\sin\chi = \sin(\mathfrak{x},\mathfrak{z})\sin K = \varkappa,$$
$$\cos(\mathfrak{x}\mathfrak{z}) = \cos(\mathfrak{x}R)\cos(\mathfrak{z}R) + \sin(\mathfrak{x}R)\sin(\mathfrak{z}R)\cos\chi,$$

woraus folgt

$$\sin(\mathfrak{z}R)\cos\chi = -gk,$$

und ebenso liefert das sphärische Dreieck $R\mathfrak{x}\mathfrak{y}$

$$\sin(R\mathfrak{y})\sin\psi = \sin(\mathfrak{x},\mathfrak{y})\cos K = k,$$
$$\sin(R\mathfrak{y})\cos\psi = -g\varkappa,$$

woraus sich ergibt

$$(38)\quad \left\{\begin{array}{l} \mathfrak{y}' = r'\cos(r'\mathfrak{y}) = r(\gamma\varkappa s_2 - g\varkappa\sigma_2 o + k\sigma_2\omega),\\ \mathfrak{z}' = r'\cos(r'\mathfrak{z}) = r(\gamma k s_2 - gk\sigma_2 o - \varkappa\sigma_2\omega). \end{array}\right.$$

Hieraus findet man nun durch Koordinatentransformation

$$x' = \mathfrak{x}'\cos(\mathfrak{x}X) + \mathfrak{y}'\cos(\mathfrak{y}X) + \mathfrak{z}'\cos(\mathfrak{z}X) = a\mathfrak{x}' - \alpha\mathfrak{z}',$$
$$y' = \alpha\beta\mathfrak{x}' + b\mathfrak{y}' + a\beta\mathfrak{z}', \quad z' = \alpha b\mathfrak{x}' - \beta\mathfrak{y}' + ab\mathfrak{z}'$$

und hieraus durch Substitution der obigen Werte

$$(39)\quad \left\{\begin{array}{l} x' = r(ags_2 - \alpha\gamma k s_2 + a\gamma\sigma_2 o + \alpha g k\sigma_2 o + \alpha\varkappa\sigma_2\omega),\\ y' = r(\alpha\beta g s_2 + b\gamma\varkappa s_2 + \alpha\beta\gamma k s_2 + \alpha\beta\gamma\sigma_2 o - b\gamma\varkappa\sigma_2 o\\ \qquad\qquad - \alpha\beta g k\sigma_2 o + b k\sigma_2\omega - \alpha\beta\varkappa\sigma_2\omega),\\ z' = r(\alpha b g s_2 - \beta\gamma\varkappa s_2 + ab\gamma k s_2 + \alpha b\gamma\sigma_2 o + \beta g\varkappa\sigma_2 o\\ \qquad\qquad - abg k\sigma_2 o - \beta k\sigma_2\omega - ab\varkappa\sigma_2\omega). \end{array}\right.$$

Wir haben nun wegen der Erhaltung der Bewegung des Schwerpunktes

$$(40)\quad \xi' + \xi_1' = \xi + \xi_1, \quad \eta' + \eta_1' = \eta + \eta_1, \quad \zeta' + \zeta_1' = \zeta + \zeta_1.$$

Aus diesen und den Gleichungen (31) und (32) folgt

$$(41)\quad \xi' = \xi + \frac{x - x'}{2}, \quad \eta' = \eta + \frac{y - y'}{2}, \quad \zeta' = \zeta + \frac{z - z'}{2},$$

$$(42)\quad \xi_1' = \xi + \frac{x + x'}{2}, \quad \eta_1' = \eta + \frac{y + y'}{2}, \quad \zeta_1' = \zeta + \frac{z + z'}{2}.$$

Es ist wichtig zu bemerken, daß man $\xi_1'\,\eta_1'\,\zeta_1'$ aus $\xi'\,\eta'\,\zeta'$ erhält, indem man die Zeichen von $x'\,y'\,z'$ umkehrt, also, wenn man sich für ξ, η, ζ, x, y, z, x', y', z' die Werte (33), (35) und (39) substituiert denkt, indem man $90^0 + S$ statt S substituiert. Hat man daher $\xi'\,\eta'\,\zeta'$ durch die Variabeln v, r,

A, B, G, K, S, O ausgedrückt, so erhält man $\xi_1' \eta_1' \zeta_1'$ als Funktionen derselben Variabeln, indem man $90^0 + S$ statt S oder $-\sigma$ statt s und s statt σ substituiert.

Wir wollen zuvörderst den Ausdruck v'^2 bilden. Wir haben wegen $r^2 = r'^2 = x^2 + y^2 + z^2 = x'^2 + y'^2 + z'^2$

$$v'^2 = \xi'^2 + \eta'^2 + \zeta'^2 = v^2 + \frac{r^2}{2} + \xi x + \eta y + \zeta z$$

$$- \xi x' - \eta y' - \zeta z' - \frac{xx' + yy' + zz'}{2};$$

ferner

$$\xi x + \eta y + \zeta z = vr \cos(v, r) = vrg,$$

$$\xi x' + \eta y' + \zeta z' = vr \cos(v, r') = vr \cos(\xi r') = vr(gs_2 + \gamma\sigma_2 o),$$

[letzteres gemäß der Gleichung (37)] endlich

$$xx' + yy' + zz' = r^2 \cos(r, r') = r^2 s_2.$$

Substituiert man dies in den obigen Ausdruck für v'^2, so folgt

$$v'^2 = v^2 + r^2 \frac{1 - s_2}{2} + vrg(1 - s_2) - vr\gamma\sigma_2 o,$$

oder wenn man für s_2 und σ_2 Cosinus und Sinus des einfachen Winkels einführt

$$(43) \qquad v'^2 = v^2 + 2vr(g\sigma^2 - \gamma s\sigma o) + r^2\sigma^2$$

und endlich durch Vertauschung von s mit $-\sigma$ und σ mit s

$$(44) \qquad v_1'^2 = v^2 + 2vr(gs^2 + \gamma s\sigma o) + r^2 s^2.$$

Man sieht, daß v' und v_1' in der Tat den Winkel K nicht enthalten, wovon bereits Gebrauch gemacht murde.

Wir haben jetzt in der Gleichung (29) nur noch die Produkte $\xi' \eta'$ und $\xi_1' \eta_1'$ durch die Integrationsvariabeln auszudrücken. Wir erhalten nach (41)

$$\xi'\eta' = \xi\eta + \xi\frac{y - y'}{2} + \eta\frac{x - x'}{2} + \frac{(x - x')(y - y')}{4}$$

ferner ist $\xi = va$, $\eta = va\beta$ und nach (35) und (39)

$$(45) \quad x - x' = 2r(ag\sigma^2 - a\gamma k\sigma^2 - a\gamma s\sigma o - agks\sigma o - axs\sigma\omega),$$

$$(46) \quad \left\{ \begin{array}{l} y - y' = 2r(a\beta g\sigma^2 + b\gamma\varkappa\sigma^2 + a\beta\gamma k\sigma^2 - a\beta\gamma s\sigma o. \\ \qquad + bg\varkappa s\sigma o + a\beta gks\sigma o - bks\sigma\omega + a\beta\varkappa s\sigma\omega). \end{array} \right.$$

Um nicht allzulange Ausdrücke anschreiben zu müssen, wollen wir uns nicht das Produkt $\xi'\eta'$, sondern sogleich den

Ausdruck $\dfrac{1}{\pi a \alpha \beta} \displaystyle\int_0^{2\pi} \xi'\eta' dK$ bilden. Wir haben wegen

$$(47) \quad \int_0^{2\pi} k^2 dK = \int_0^{2\pi} \varkappa^2 dK = \pi, \quad \int_0^{2\pi} k\, dK = \int_0^{2\pi} \varkappa\, dK = \int_0^{2\pi} k\varkappa\, dK = 0,$$

$$(48) \qquad\qquad \frac{1}{\pi a \alpha \beta} \int_0^{2\pi} \xi\eta\, dK = 2v^2,$$

$$(49) \quad
\begin{cases}
\dfrac{1}{\pi a \alpha \beta} \displaystyle\int_0^{2\pi} \xi \frac{y-y'}{2}\, dK = 2vr(g\sigma^2 - \gamma s\sigma o), \\[2.2em]
\dfrac{1}{\pi a \alpha \beta} \displaystyle\int_0^{2\pi} \eta \frac{x-x'}{2}\, dK = 2vr(g\sigma^2 - \gamma s\sigma o), \\[2.2em]
\dfrac{1}{\pi a \alpha \beta} \displaystyle\int_0^{2\pi} \frac{(x-x')(y-y')}{4}\, dK = r^2 \Big[2(g\sigma^2 - \gamma s\sigma o)^2 \\[1.5em]
\qquad - (\gamma\sigma^2 + g s\sigma o)\Big(\gamma\sigma^2 + g s\sigma o - \dfrac{b s\sigma\omega}{a\beta}\Big) \\[1.5em]
\qquad - s\sigma\omega \Big(\dfrac{b\gamma\sigma^2}{a\beta} + \dfrac{bg s\sigma o}{a\beta} + s\sigma\omega\Big) \Big],
\end{cases}$$

ferner muß noch bemerkt werden, daß der in der letzten Gleichung erscheinende Ausdruck in der Gleichung (29), wofern nur φ eine rationale Funktion ist, bloß mit einer rationalen Funktion von $o = \cos O$ multipliziert und dann bezüglich O von 0 bis 2π integriert erscheint. Wir können also darin alle Glieder mit ungeraden Potenzen von $\omega = \sin O$ weglassen und erhalten, wenn wir den so reduzierten Ausdruck in eine eckige Klammer einschließen:

$$(50) \quad
\begin{cases}
\dfrac{1}{\pi a \alpha \beta} \displaystyle\int_0^{2\pi} \frac{(x-x')(y-y')}{4}\, dK \\[1.8em]
= r^2 [2(g o^2 - \gamma s\sigma o)^2 - (\gamma\sigma^2 + g s\sigma o)^2 - s^2\sigma^2\omega^2] \\[0.8em]
= r^2\sigma^2 [\sigma^2(2g^2 - \gamma^2) - 6 s\sigma o g\gamma + s^2 o^2(2\gamma^2 - g^2) - s^2\omega^2] \\[0.8em]
= r^2\sigma^2 [\sigma^2(3g^2 - 1) + s^2(3\gamma^2 o^2 - 1) - 6 s\sigma o g\gamma].
\end{cases}$$

Faßt man dies alles zusammen, so kann jetzt die Gleichung (29) folgendermaßen geschrieben werden:

$$(51) \quad \begin{cases} 2hq = \dfrac{\pi C \delta^2 e^{-hv^2}}{v^2} \int\limits_0^\infty r^3\,dr \int\limits_0^{\cdot\pi} \gamma\,dG e^{-h(r^2 + 2vrg)} \int\limits_0^{\pi/2} s\,\sigma\,dS \int\limits_0^{2\pi} dO \\[2mm] \times \{\varphi(v'^2)\cdot J + \varphi(v_1'^2) J_1 - 2v^2 \varphi(v^2) - [2v^2 + 4vrg \\[1mm] \quad + r^2(3g^2 - 1)] \times \varphi(v^2 + r^2 + 2vrg)\}, \end{cases}$$

worin

$$(52) \qquad v'^2 = v^2 + 2vr(g\sigma^2 - \gamma s o) + r^2\sigma^2,$$

$$(53) \qquad v_1'^2 = v^2 + 2vr(gs^2 + \gamma s o) + r^2 s^2,$$

$$(54) \quad \begin{cases} J = 2v^2 + 4vr(g\sigma^2 - \gamma s o) + r^2\sigma^2[\sigma^2(3g^2 - 1) \\[1mm] \quad + s^2(3\gamma^2 o^2 - 1) - 6 s\sigma o g\gamma] = 2v^2 + 4vr\sigma(g\sigma - \gamma s o) \\[1mm] \quad + r^2\sigma^2[3(g\sigma - \gamma s o)^2 - 1], \end{cases}$$

$$(55) \quad \begin{cases} J_1 = 2v^2 + 4vr(gs^2 + \gamma s\sigma o) + r^2 s^2[s^2(3g^2 - 1) \\[1mm] \quad + \sigma^2(3\gamma^2 o^2 - 1) + 6 s\sigma o g\gamma] = 2v^2 + 4vrs(gs + \gamma\sigma o) \\[1mm] \quad + r^2 s^2[3(gs + \gamma\sigma o)^2 - 1]. \end{cases}$$

Die Aufgabe ist also vollständig gelöst, wenn es gelingt, die Funktion φ so zu bestimmen, daß die Gleichung (51) erfüllt wird. Die Funktion φ darf außerdem keine solchen Irrationalitäten erhalten, daß

$$\int\limits_0^{2\pi} \varphi(v'^2)\cdot\omega\,dO \quad \text{oder} \quad \int\limits_0^{2\pi} \varphi(v_1'^2)\cdot\omega\,dO$$

von Null verschieden ausfiele. Obwohl die Gleichung auch in dieser Form an Kompliziertheit nichts zu wünschen übrig läßt, so ist dieselbe doch schon weit übersichtlicher, als die Gleichung (44) meiner weiteren Studien.

Es ist mir bisher noch nicht gelungen, die Funktion φ in geschlossener Form zu bestimmen. Doch hat es keine Schwierigkeit, die Reihenentwicklung derselben nach Potenzen von v^2 aus der Gleichung (51) zu finden, indem man setzt

$$(56) \qquad \varphi(v^2) = \sum_{n=0}^{n=\infty} c_n v^{2n}$$

und die Koeffizienten der Reihe nach berechnet, und ich will diese Rechnung, welche zwar weitläufig, aber durchaus nicht

unausführbar erscheint, sowie auch die Anwendung der eben
entwickelten Prinzipien auf die Diffusion zweier Gase und die
Wärmeleitung einer nächsten Abhandlung vorbehalten. Hat
man einmal die Funktion φ bestimmt, so findet man nach
Gleichung (2)

$$
(57) \quad
\begin{cases}
M = m \displaystyle\int\!\!\!\int\!\!\!\int_{-\infty}^{+\infty} d\xi\, d\eta\, d\zeta \cdot \xi\,\eta\, C\,[1 + 2\,h\,q\,y\,\xi + \xi\,\eta\,\varphi]\, e^{-h v^2} \\[2ex]
= C m \displaystyle\int\!\!\!\int\!\!\!\int_{-\infty}^{+\infty} d\xi\, d\eta\, d\zeta \cdot \xi^2\,\eta^2\, \varphi(v^2) \cdot e^{-h v^2} \\[2ex]
= C m \displaystyle\int_0^{\infty} v^2\, d v \int_0^{\pi} \alpha\, d A \int_0^{2\pi} d B \cdot v^4\, a^2\, \alpha^2\, \beta^2 \cdot e^{-h v^2} \cdot \varphi(v^2) \\[2ex]
= \dfrac{4\,\pi}{15}\, C m \displaystyle\int_0^{\infty} v^6\, e^{-h v^2} \cdot \varphi(v^2)\, d v \\[2ex]
= \dfrac{4\,\pi}{15}\, C m \cdot \displaystyle\sum_{n=0}^{n=\infty} c_n \int^{\infty} v^{2n+6}\, e^{-h v^2}\, d v \\[2ex]
= \dfrac{2\,\pi^{3/2}}{15}\, \dfrac{C m}{\sqrt{h}} \displaystyle\sum_{n=0}^{n=\infty} \dfrac{1.3.5\ldots(2\,n+5)}{2^{n+3}\, h^{n+3}} \cdot c_n,
\end{cases}
$$

woraus folgt

$$
(58) \quad \mu = -\,\frac{M}{q} = -\,\frac{2\,\pi^{3/2}}{15}\, \frac{C m}{q \sqrt{h}} \sum_{n=0}^{n=\infty} \frac{1.3.5\ldots(2\,n+5)}{2^{n+3}\, h^{n+3}} \cdot c_n,
$$

wobei freilich die Konvergenz der Reihe noch nicht bewiesen ist.

Um ein Beispiel zu geben, wie die obigen Formeln auf
synthetischem Wege gefunden werden können, will ich die
Formeln (51) und (53) auch auf letzterem Wege berechnen.

Stelle in Fig. 4 $O P$ in Größe und Richtung die Geschwindigkeit des Schwerpunktes des von beiden Molekülen
gebildeten Systems dar, welche durch den Zusammenstoß nicht
verändert wird, so ist, weil die Massen beider Moleküle gleich
sind

$$
P V = P V' = P V_1 = P V_1' = \frac{r}{2} = \frac{r'}{2};
$$

daher ist die Figur $V V_1\, V' V_1'$ ein Rechteck, in welchem

$$V V_1' = r \cos (V V_1' \, V') = r \, s,$$
$$V V' = r \sin (V V_1' \, V') = r \, \sigma$$

ist. Nun findet man aus dem Dreiecke $V O V_1'$

$$O V_1'^2 = O V^2 + V V_1'^2 + 2 O V \cdot V V_1' \cos (O V, V V_1').$$

Bezeichnet man den Halbierungspunkt des größten Kreisbogens $R R'$ mit H, so ist $V V_1'$ parallel mit $O H$, daher kann die obige Gleichung folgendermaßen geschrieben werden:

(59) $$v_1'^2 = v^2 + r^2 s^2 + 2 v r s \cos (O V, O H)$$

(der letztere Winkel ist das Supplement zum Winkel $O V V_1'$).

Diese Formel geht sofort in die Formel (53) über, wenn man $\cos (O V, O H)$ aus dem sphärischen Dreiecke $H R \mathfrak{x}$ der Fig. 4 berechnet, welches liefert

$$\cos (O V, O H) = s \, g + \sigma \gamma o.$$

Ähnlich liefert das Dreieck $V O V'$

$$O V'^2 = O V^2 + V V'^2 - 2 O V \cdot V V' \cos (O V V'),$$

wobei der Winkel $O V V'$ wieder das Supplement zu $\mathrm{arc}(O V, V V')$ ist. Zieht man von O aus eine Gerade $O H_1$ parallel und gleichgerichtet mit $V' V$, so ist $\mathrm{arc} (O \mathfrak{x}, O H_1) = \mathrm{arc} (O V V')$, daher

(60) $$v'^2 = v^2 + r^2 \sigma^2 - 2 v r \sigma \cos (O V, O H_1)$$

und da der größte Kreisbogen $R H_1$ offenbar gleich $90^0 + S$ ist, so folgt aus dem sphärischen Dreiecke $\mathfrak{x} R H_1$

$$\cos (V, H_1) = - g \, \sigma + \gamma \, s \, o,$$

woraus man sofort die Formel (52) erhält.

In ähnlicher Weise findet man

(61) $$\begin{cases} \xi' = v \, a - r \, \sigma \cos (H_1, X), & \eta' = v \, \alpha \, \beta - r \, \sigma \cos (H_1, Y), \\ \zeta' = v \, \alpha \, b - r \, \sigma \cos (H_1, Z), & \\ \xi_1' = v \, a + r \, s \cos (H, X), & \eta_1' = v \, \alpha \, \beta + r \, s \cos (H, Y), \\ \zeta_1' = v \, \alpha \, b + r \, s \cos (H, Z), & \end{cases}$$

woraus man wieder leicht $\xi'^2 + \eta'^2 + \zeta'^2$ und $\xi_1'^2 + \eta_1'^2 + \zeta_1'^2$ bilden kann. Ferner kann man die Ausdrücke für J und J_1 auch so schreiben

(62) $$\begin{cases} J = 2 v^2 + 4 v r \sigma \cos (H_1, V) + r^2 \sigma^2 [3 \cos^2 (H_1, V) - 1], \\ J_1 = 2 v^2 + 4 v r s \cos (H, V) + r^2 s^2 [3 \cos^2 (H, V) - 1]. \end{cases}$$

IV. Behandlung desselben Problems in der Ebene.

Bei neuartigen Problemen, wo die zweckmäßigste Behandlungsweise noch nicht gefunden ist, wie dies bei dem hier behandelten der Fall ist, scheint mir eine möglichst vielseitige Beleuchtung jeder neuen möglichen Auflösungsmethode wünschenswert. Ich habe deshalb dasselbe Problem in der Ebene behandelt, d. h. die Bewegung der elastischen Kreise in einer unendlichen Ebene oder elastischer Kreiszylinder im Raume, deren Achsen zu Anfang parallel und deren darauf senkrechte Endflächen ursprünglich in je einer Ebene lagen. Wenn auch dieses

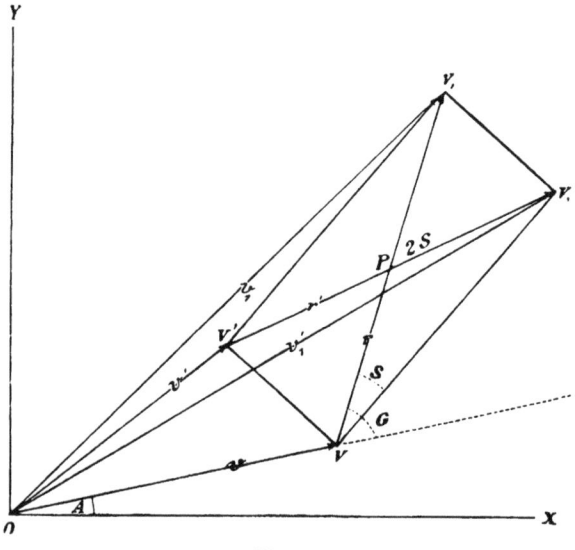

Fig. 6.

Problem keine physikalische Bedeutung hat, so glaube ich doch meine diesbezüglichen Rechnungen mitteilen zu sollen wegen der engen Beziehung, in welcher dieses Problem mit dem früher behandelten steht. Man sieht leicht, daß in diesem Falle die Gleichung (15) folgende Form annimmt:

$$(63) \quad \begin{cases} \dfrac{df}{dt} + \xi\dfrac{df}{dx} + \eta\dfrac{df}{dy} + X\dfrac{df}{d\xi} + Y\dfrac{df}{d\eta} \\[2mm] = \displaystyle\int\limits_{-\infty}^{+\infty}\!\!\int d\xi_1\, d\eta_1 \int\limits_{-\delta}^{+\delta} r\,(f'f_1' - ff_1)\,dp\,. \end{cases}$$

Wir setzen wieder $X = Y = 0$,

(64) $$f = C[1 + 2\,h\,q\,\xi\,y + \xi\,\eta\,\varphi\,(v^2)]\,e^{-h v^2},$$

wobei die beiden neben der Einheit in der eckigen Klammer stehenden Größen als sehr klein vorausgesetzt werden sollen. Wir bezeichnen ferner, wie früher, die Geschwindigkeiten der beiden Moleküle vor und nach dem Stoße (Fig. 6) mit

$$v = O\,V, \quad v_1 = O\,V_1, \quad v' = O\,V', \quad v_1' = O\,V_1',$$

die relativen Geschwindigkeiten vor und nach dem Stoße mit $r = V\,V_1$ und $r' = V'\,V_1'$. A, G und $2\,S$ sind die Winkel $(O\,X, O\,V)$, $(O\,V,\ V\,V_1)$, $(V'\,V_1',\ V\,V_1)$.

Die Richtung der Zentrallinie der Moleküle im Momente des Zusammenstoßes halbiert daher das Supplement $V\,P\,V_1'$

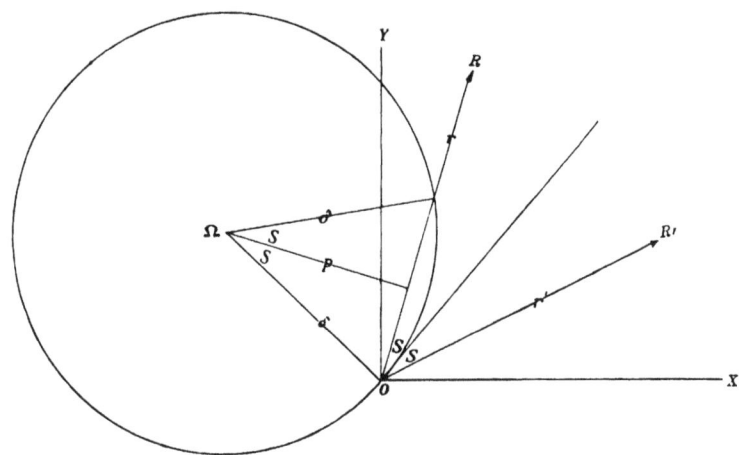

Fig. 7.

des Winkels $2\,S$. Der Punkt P halbiert beide Relativgeschwindigkeiten. In Fig. 7 ist die Relativbewegung beider Kreise dargestellt, bei welcher das Zentrum des ersten Kreises im Punkte Ω ruht; das des zweiten kommt aus der Richtung $O\,R$ und schlägt nach dem Stoße die Richtung $O\,R'$ ein; $\Omega\,O$ ist die Lage und Länge der Verbindungslinie der Centra beider Kreise im Momente des Zusammenstoßes, also gleich lang, wie der Durchmesser δ eines der Kreise.

Man hat $p = \delta \cos S$, $d\xi_1 \, d\eta_1 = r \, dr \, dG$, $\xi = va$, $\eta = v\alpha$. Die Gleichung (63) verwandelt sich daher zunächst in folgende:

$$\frac{df}{dt} + v \, a \frac{df}{dx} + v \, \alpha \frac{df}{dy} = \delta \int_0^\infty r^2 \, dr \int_{-\pi}^{+\pi} dG \int_0^\pi \sigma \, dS (f' f_1' - f f_1).$$

Substituiert man hier den für f angenommenen Wert und dividiert die Gleichung durch $C e^{-hv^2} \cdot v^2 a \alpha$, so ergibt sich, weil wieder $\xi' + \xi_1' = \xi + \xi_1$ ist

$$(65) \begin{cases} 2hq = \dfrac{C\delta}{v^2} \displaystyle\int_0^\infty r^2 \, dr \int_{-\pi}^{+\pi} dG \int_0^\pi \sigma \, dS \\[2mm] \times \left[\dfrac{\xi' \eta'}{a\alpha} \varphi(v'^2) + \dfrac{\xi_1' \eta_1'}{a\alpha} \varphi(v_1^{2\prime}) - \dfrac{\xi \eta}{a\alpha} \varphi(v^2) - \dfrac{\xi_1 \eta_1}{a\alpha} \varphi(v_1^2) \right] \cdot e^{-hv_1^2}, \end{cases}$$

Nun findet man unter Anwendung derselben Bezeichnungen wie früher

$$(66) \begin{cases} \xi_1 - \xi = x = r \cos(A + G), \quad \eta_1 - \eta = y = r \sin(A + G), \\[1mm] \xi_1' - \xi' = x' = r \cos(A + G - 2S) = x s_2 + y \sigma_2, \\[1mm] \eta_1' - \eta' = y' = r \sin(A + G - 2S) = y s_2 - x \sigma_2, \\[1mm] \xi_1' + \xi' = \xi_1 + \xi = x + 2\xi, \quad \eta_1' + \eta' = \eta_1 + \eta = y + 2\eta, \\[1mm] \xi' = \xi + \dfrac{x - x'}{2} = \xi + x \sigma^2 - y s \sigma, \\[1mm] \eta' = \eta + \dfrac{y - y'}{2} = \eta + y \sigma^2 + x s \sigma, \\[1mm] \xi_1' = \xi + \dfrac{x + x'}{2} = \xi + x s^2 + y s \sigma, \\[1mm] \eta_1' = \eta + \dfrac{y + y'}{2} = \eta + y s^2 - x s \sigma. \end{cases}$$

Man findet also wieder ξ_1' und η_1' aus ξ' und η', indem man darin $-\sigma$ für s und s für σ setzt.

Es ergibt sich jetzt leicht aus dem Dreiecke $O V V_1'$ der Fig. 6

$$(67) \quad v_1'^2 = v^2 + r^2 s^2 + 2 v r s \cos(G - S) = v^2 + r^2 s^2 + 2 v r s^2 g + 2 v r s \gamma \sigma$$

und aus dem Dreiecke $O V V'$ derselben Figur

$$(68) \quad v'^2 = v^2 + r^2 \sigma^2 - 2 v r \sigma \sin(G - S) = v^2 + r^2 \sigma^2 + 2 v \sigma^2 r g$$
$$- 2 v r s \sigma \gamma.$$

Endlich findet man

$$(69) \begin{cases} \xi'\,\eta' = \frac{r^2}{2}\sin 2\,A + v\,r\sin S\cos\left(2\,A + G - S\right) - \frac{r^2\sin^2 S}{2} \\[2mm] \sin 2\,(A + G - S) \end{cases}$$

$$(70) \begin{cases} \xi_1'\,\eta_1 = \frac{v^2}{2}\sin 2\,A + v\,r\cos S\sin\left(2\,A + G - S\right) + \frac{r^2\cos^2 S}{2} \\[2mm] \sin 2\,(A + G - S). \end{cases}$$

Es sind nämlich ξ' und η' die Summen der Projektionen von $O\,V$ und $V\,V' = r\sin S$ auf die x- bzw. y-Achse, ξ_1' und η_1' die entsprechenden Projektionen von $O\,V$ und $V\,V_1' = r\cos S$, also

$$(71) \begin{cases} \xi' = v\cos A - r\sin S\sin\left(A + G - S\right), \\ \eta' = v\sin A + r\sin S\cos\left(A + G - S\right), \end{cases}$$

$$(72) \begin{cases} \xi_1' = v\cos A + r\cos S\cos\left(A + G - S\right), \\ \eta_1' = v\sin A + r\cos S\sin\left(A + G - S\right), \end{cases}$$

ξ_1, η_1, v_1 erhält man, indem man in ξ_1', η_1', v_1' setzt $S = o$

Wenn wir nun das Integral der Gleichung (65) in zwei Teile zerlegen und die Größe in der eckigen Klammer mit E bezeichnen, so kann dieses dreifache Integral auch so geschrieben werden:

$$\int_0^\infty r^2\,d\,r \int_0^\pi d\,G \int_0^\pi \sigma\,d\,S \cdot E \cdot e^{-h\,v_1^2} + \int_0^\infty r^2\,d\,r \int_0^{-\pi} d\,G \int_\pi^0 \sigma\,d\,S\,E \cdot e^{-h\,v_1^2}.$$

Jedes Glied des zweiten Integrals unterscheidet sich von dem entsprechenden des ersten nur dadurch, daß $d\,G$, $d\,S$, γ und s das entgegengesetzte Zeichen haben. Es haben also v_1^2, v'^2, $v_1'^2$, σ, g und das Produkt $d\,G \cdot d\,S$ in beiden Integralen dasselbe Zeichen. Faßt man beide Integrale in eins zusammen, so werden alle Glieder von $\xi'\,\eta'$, $\xi_1'\,\eta_1'$ usw., welche bezüglich der beiden Größen γ und s von gerader Dimension sind, doppelt auftreten, die von ungerader dagegen verschwinden. Es nimmt also die Gleichung (65) folgende Gestalt an

$$(73) \begin{cases} q\,h = \dfrac{C\,\delta\,e^{-h\,v^2}}{v^2} \cdot\int\limits_0^\infty r^2\,d\,r \int\limits_0^\pi d\,G \int\limits_0^\pi \sin S\cdot d\,S\cdot e^{-h\,r^2-2h\,r\cos G} \\[2mm] \times\{[v^2-2\,v\,r\sin S\sin(G-S)-r^2\sin^2 S\cos(2\,G-2\,S)]\varphi(v'^2) \\[1mm] +[v^2+2\,v\,r\cos S\cos(G-S)+r^2\cos^2 S\cos(2\,G-2\,S)]\,\varphi'(v_1'^2) \\[1mm] -[v^2+2\,v\,r\cos G+r^2\cos^2 S\cos 2\,G]\varphi(v_1^2)-v^2\varphi(v^2)\}. \end{cases}$$

Man kann behufs der Integration die Produkte der Sinus in Summen von Sinus vielfacher Winkel, die Potenzen der Sinus in Sinus mehrfacher Winkel auflösen oder die früheren Bezeichnungen wieder einführen, nach welchen die in den eckigen Klammern stehenden Faktoren von $\varphi(v'^2)$ und $\varphi(v_1'^2)$ die Werte

$$(74) \begin{cases} v^2+2\,v\,r(g\,\sigma^2-\gamma\,s\,\sigma)-r^2\sigma^2[(g^2-\gamma^2)(s^2-\sigma^2)-4\,g\,\gamma\,s\,\sigma] \\[1mm] v^2+2\,v\,r\,s(g\,s+\gamma\,\sigma)+r^2 s^2[(g^2-\gamma^2)(s^2-\sigma^2)-4\,g\,\gamma\,s\,\sigma] \end{cases}$$

haben.

58.

Zur Theorie der Gasreibung II.[1]

(Wien. Ber. **84.** S. 40—135. 1881.)

V. Beweis, daß bisher bei Berechnung der Reibungskonstante Größen von der Ordnung der ausschlaggebenden vernachlässigt wurden.

Sämtliche bisher ausgeführten Berechnungen der Reibungskonstante geschahen nach einer Methode, deren Prinzip von Maxwell angegeben wurde. Dasselbe wurde später von vielen Forschern, z. B. Stefan, Lang, namentlich aber von Oskar Emil Meyer verbessert, indem teils die Integration vereinfacht wurde, teils verschiedene Umstände berücksichtigt wurden, welche Maxwell außer acht gelassen hatte.

Diese Methode besteht in folgendem:

Man denkt sich ein Gas. Jede der xz-Ebene parallele Schicht desselben habe eine konstante Geschwindigkeit in der Richtung der y-Achse, deren Größe gleich qy sei, wobei q eine Konstante, y aber die y-Koordinate der Schichte ist. Man konstruiert in der xz-Ebene ein Flächenstück vom Flächeninhalte Eins. Jedes durch dieses Flächenstück hindurchgehende Molekül wird nun darauf geprüft, in welcher zur xz-Ebene parallelen Gasschicht es vor dem Durchgange zum letzten Male mit irgend einem andern Gasmoleküle zum Zusammenstoße gelangt war, und hieraus wird dann das in der Richtung der x-Achse geschätzte Bewegungsmoment berechnet, welches das betreffende Molekül durch die Fläche hindurchträgt. Um ein Urteil darüber fällen zu können, welche Größen bei dieser Methode mit Recht vernachlässigt werden dürfen, will ich die oben angedeutete Rechnung zunächst ganz allgemein durch-

---

[1] Vorläufiger Bericht über diese Arbeit und Voranzeige derselben Wien. Anz. **17.** S. 213. 4. November 1880 und **18.** S. 148. 17. Juni 1881.

führen, ohne irgend eine andere spezielle Voraussetzung über die Zustandsverteilung im Gase zu machen, als daß dieselbe von t, x und z unabhängig ist.

Wir denken uns im Gase eine zur xz-Ebene parallele Schicht MN von der Dicke dy, dem Flächeninhalte Eins und der y-Koordinate y, wobei y einen negativen Wert haben soll. Die Anzahl der Moleküle, welche in dieser Schicht in der Zeiteinheit so mit anderen zum Zusammenstoße gelangen (so von ihr ausgesandt werden), daß ihre Geschwindigkeitskomponenten nach dem Stoße zwischen den Grenzen

(A) ξ und $\xi + d\xi$, η und $\eta + d\eta$, ζ und $\zeta + d\zeta$

liegen, ist

(1) $n_1 = dy\, d\xi\, d\eta\, d\zeta \int d\omega_1 \int p\, dp \int r\, d\varphi\, f'(y) \cdot f_1'(y)$.

Über die Bedeutung der daselbst vorkommenden Größen vgl. Formel (15) meiner Abhandlung „Zur Theorie der Gasreibung I",[1] über die Ableitung der Formel auch meine Abhandlung „Über das Wärmegleichgewicht von Gasen, auf welche äußere Kräfte wirken".[2] Ich will nur bemerken, daß

$$f'(y) = f(x, y, z, \xi', \eta', \zeta'), \quad f_1'(y) = f(x, y, z, \xi_1', \eta_1', \zeta_1'),$$
$$d\omega_1 = d\xi_1\, d\eta_1\, d\zeta_1$$

ist.

Von diesen n_1 Molekülen werden nicht alle bis zur xz-Ebene gelangen, ohne mit anderen zusammenzustoßen. Denken wir uns jetzt eine zweite der xz-Ebene parallele Gasschicht, PQ von der Dicke $d\mathfrak{y}$, der y-Koordinate $\mathfrak{y}$ (ebenfalls negativ, von kleinerem Zahlenwerte als y) und der Fläche Eins. Durch dieselbe sollen ν Moleküle, deren Geschwindigkeitskomponenten zwischen den Grenzen (A) liegen, hindurchgehen. Jedes braucht dazu die Zeit $d\mathfrak{y}/\eta$, es werden also von diesen ν Molekülen in der Schicht PQ

(2) $\dfrac{d\mathfrak{y}}{\eta}\, \nu \cdot \int d\omega_1 \int p\, dp \int r\, d\varphi \cdot f_1(\mathfrak{y}) = \nu \cdot \mu$

Moleküle zum Zusammenstoße gelangen.

[1] Wien. Ber. 81. Januar 1880 (dieser Band Nr. 57).
[2] Wien. Ber. 72. Okt. 1875 (dieser Band Nr. 32).

Von unseren v-Molekülen werden

$$v\,e^{-\frac{d\mathfrak{h}}{\eta}}\int d\,\omega_1 \int p\,dp \int r\,d\varphi\,f_1(\mathfrak{v})$$

die Schicht PQ passieren, ohne daselbst zum Zusammenstoße gelangt zu sein. Daraus findet man jetzt leicht für die Anzahl der Moleküle, welche so von der Schicht MN ausgesandt werden, daß ihre Geschwindigkeitskomponenten zwischen den Grenzen (A) liegen, und welche dann ohne noch einmal zusammenzustoßen, bis zur xy-Ebene gelangen, den Wert

$$(3)\quad \left\{ \begin{aligned} n_2 = e^{-\frac{1}{\eta}\int_y^0 d\,\mathfrak{y}\int d\omega_1 \int p\,dp\int r\,d\varphi\,f_1(\mathfrak{v})} &\cdot d\xi\,d\eta\,d\zeta\,dy \\ &\times \int d\omega_1\int p\,dp\int r\,d\varphi\,f''(y)f_1'(y). \end{aligned}\right.$$

Ebenso ergibt sich für die Anzahl der Moleküle von gleicher Beschaffenheit, welche von einer Schicht vom Flächeninhalte Eins, der Dicke dy und der positiven y-Koordinate y ausgesandt, bis zur xz-Ebene gelangen, der Wert

$$(4)\quad \left\{ \begin{aligned} n_3 = e^{\frac{1}{\eta}\int_0^y d\,\mathfrak{y}\int d\omega_1 \int p\,dp\int r\,d\varphi\,f_1(\mathfrak{v})} &\cdot d\xi\,d\eta\,d\zeta\,dy \\ &\times \int d\omega_1\int p\,dp\int r\,d\varphi\,f''(y)f_1'(y), \end{aligned}\right.$$

wobei aber η negativ sein muß. Die einfachste Behandlung dieser Gleichungen ist folgende:

Die im Gase herrschende Geschwindigkeitsverteilung wird mit der in einem ruhenden Gase herrschenden verwechselt; also

$$f_1(\mathfrak{v}) = C\,e^{-h(\xi_1^2 + \eta_1^2 + \zeta_1^2)},$$

$$f''(-y)\cdot f_1'(-y) = C^2\,e^{-h(\xi^2 + \eta^2 + \zeta^2 + \xi_1^2 + \eta_1^2 + \zeta_1^2)}$$

gesetzt. Ferner wird angenommen, daß jedes dieser n_2-Moleküle, weil von der Schicht y ausgesandt, die mittlere Geschwindigkeit $q\,y$, also das mittlere Bewegungsmoment $m\,q\,y$ in der Richtung der x-Achse habe, woraus für die ganze von diesen Molekülen durch die xz-Ebene hindurchgetragene Bewegungsgröße der Wert

$$(5)\qquad\qquad dM_1 = n_2\,m\,q\,y$$

folgt. Hieraus folgt durch Integration für die gesamte Bewegungsgröße, welche in der Zeiteinheit durch die Flächeneinheit der xz-Ebene von der Seite der negativen nach der Seite der positiven y hindurchgeht, der Wert

$$(5\,\mathrm{a}) \quad
\begin{aligned}
M_1 = m\,C^2 q \iint\limits_{-\infty}^{+\infty} d\xi\,d\zeta \int\limits_0^0 d\eta \int\limits_{-\infty}^{\infty} y\,dy\,e^{-\frac{1}{\eta}\int\limits_y^0 d\eta \int d\omega_1 \int p\,dp \int r\,d\varphi\,C e^{-h v_1^2}} \\
\times \int d\omega_1 \int p\,dp \int r\,d\varphi\,e^{-h(v^2+v_1^2)}.
\end{aligned}$$

Ebenso findet man für die Bewegungsgröße, welche in der umgekehrten Richtung hindurchgeht, den Wert

$$(5\,\mathrm{b}) \quad
\begin{aligned}
M_2 = m\,C^2 q \iint\limits_{-\infty}^{+\infty} d\xi\,d\zeta \int\limits_{-\infty}^0 d\eta \int\limits_0^\infty y\,dy\,e^{\frac{1}{\eta}\int\limits_0^y d\eta \int d\omega_1 \int p\,dp \int r\,d\varphi\,C e^{-h v_1^2}} \\
\times \int d\omega_1 \int p\,dp \int r\,d\varphi\,e^{-h(v^2+v_1^2)}.
\end{aligned}$$

Man sieht leicht, daß $M_1 = -\,M_2$ ist. Es ist also die in der letzteren Richtung mehr als in der ersteren hindurchgehende Bewegungsgröße $M_2 - M_1 = 2\,M_2$ und der Reibungskoeffizient:

$$(6) \quad
\begin{aligned}
\mu = \frac{2\,M_2}{q} = 2\,m\,C^2 \iint\limits_{-\infty}^{+\infty} d\xi\,d\zeta \int\limits_0^\infty d\eta \int\limits_0^\infty y\,dy\,e^{-\frac{1}{\eta}\int\limits_0^y d\eta \int d\omega_1 \int p\,dp \int r\,d\varphi\,C e^{-h v_1^2}} \\
\times \int d\omega_1 \int p\,dp \int r\,d\varphi\,e^{-h(v^2+v_1^2)}.
\end{aligned}$$

Führt man nun die Variabeln ein, von denen ich in meiner Abhandlung „Zur Theorie der Gasreibung" Gebrauch gemacht habe, so erhält man

$$\int d\varphi = \int\limits_0^{2\pi} dO, \quad \int p\,dp = \int\limits_0^{\pi/2} \delta^2 s\,\sigma\,dS,$$

$$v_1^2 = v^2 + r^2 + 2vrg, \quad \int d\omega_1 = \int\limits_0^\infty r^2\,dr \int\limits_0^\pi \gamma\,dG \int\limits_0^{2\pi} dK.$$

Daher wird

$$C \int d\omega_1 \int p\,dp \int r\,d\varphi\,e^{-h v_1^2} = \delta^2 C e^{-h v^2} \int\limits_0^\infty e^{-h r^2} r^3\,dr \int\limits_0^\pi e^{-2h r g v} \gamma\,dG.$$

$$(7) \quad \begin{cases} \int\limits_0^{2\pi} dK \int\limits_0^{\pi/2} s\,\sigma\,dS \int\limits_0^{2\pi} dO = 2\pi^2 C\,\delta^2 e^{-hv^2}\int\limits_0^{\infty} e^{-hr^2} r^3\,dr \int\limits_0^{\pi} e^{-2hryv}\gamma\,dG \\[4mm] = \dfrac{\pi^2 C\,\delta^2}{hv} e^{-hv^2}\int\limits_0^{\infty} e^{-hr^2} r^2\,dr \cdot (e^{2hvr} - e^{-2hvr}) = B. \end{cases}$$

Es steht diese Größe in einer einfachen Beziehung zur Anzahl der Stöße, welche ein Molekül, das sich fortwährend mit der Geschwindigkeit v im Gase bewegen würde, in der Zeiteinheit erführe. Analog wie die Formel (2) gefunden wurde, ergibt sich, daß dieses Molekül in der Zeiteinheit genau B-Zusammenstöße erführe, daß also dessen mittlerer Weg $l = v/B$ wäre. Man sieht auch leicht, daß die Formel (7) identisch ist mit der schon von O. E. Meyer in dessen Buche S. 295, gefundenen. Es ist nämlich

$$e^{-hv^2}\int\limits_0^{\infty} e^{-hr^2} r^2\,dr\,(e^{2hvr} - e^{-2hvr}) = \int\limits_0^{\infty} r^2\,dr\,(e^{-h(r-v)^2} - e^{-h(r+v)^2})$$

$$= \int\limits_{-v}^{\infty} (s+v)^2 e^{-hs^2}\,ds - \int\limits_v^{\infty} (s-v)^2 e^{-hs^2}\,ds$$

$$= \int\limits_{-v}^{+v} (s^2+v^2) e^{-hs^2}\,ds + \int\limits_v^{\infty} 4vs\,e^{-hs^2}\,ds$$

$$= \left(\frac{2v^2}{\sqrt{h}} + \frac{1}{h\sqrt{h}}\right)\int\limits_0^{v\sqrt{h}} e^{-\mu^2}\,d\mu + \frac{v\,e^{-hv^2}}{h},$$

daher

$$(8) \quad B = \frac{\pi^2 C\,\delta^2}{h\sqrt{h}}\left[\frac{1}{\sqrt{h}} e^{-hv^2} + \left(2v + \frac{1}{hv}\right)\right]\int\limits_0^{v\sqrt{h}} e^{-\mu^2}\,d\mu,$$

was mit Meyers Formel übereinstimmt, wenn man

$$h = km, \quad C = N\sqrt{\frac{h^3}{\pi^3}}, \quad \delta = \sigma$$

setzt. Führt man diese Größe in die Formel (6) ein, so erhält man

$$\int_0^\infty y\,dy\,e^{-\frac{B}{\eta}y} = \frac{\eta^2}{B^2},$$

daher

$$\mu = 2mC\int\!\!\!\int_{-\infty}^{+\infty}d\xi\,d\zeta\int_0^\infty \eta^2\,d\eta\cdot\frac{1}{B}e^{-hv^2} = mC\int\!\!\!\int\!\!\!\int_{-\infty}^{+\infty}\eta^2\,d\xi\,d\eta\,d\zeta\frac{1}{B}e^{-hv^2}$$

Führt man hier für ξ, η, ζ wieder Polarkoordinaten

$$\eta = v\cos A, \quad \xi = v\sin A\cos B, \quad \zeta = v\sin A\sin B;$$

$$\int\!\!\!\int\!\!\!\int d\xi\,d\eta\,d\zeta = \int_0^\infty v^2\int_0^\pi \sin A\,dv\,dA\int_0^{2\pi}dB$$

ein, so folgt

$$(9)\quad
\begin{cases}
\mu = \dfrac{4\pi}{3}\,mC\displaystyle\int_0^\infty \frac{1}{B}v^4\,e^{-hv^2}\,dv \\[3mm]
\quad = \dfrac{4}{3\pi}\,\dfrac{m}{\delta^2\sqrt{h}}\displaystyle\int_0^\infty \frac{x^4\,e^{-z^2}\,dx}{e^{-z^2} + \left(2x + \dfrac{1}{x}\right)\displaystyle\int_0^z e^{-z^2}\,dx} \\[6mm]
\quad = 0{,}088942636\,\dfrac{m}{\delta^2\sqrt{h}}\,.
\end{cases}$$

Man könnte die Methode, welche ich hier eingeschlagen habe, als eine Verallgemeinerung der Methode Stefans bezeichnen, welche derselbe in seiner „dynamischen Theorie der Diffusion der Gase" anwendete. Dagegen stimmt der obige Wert nicht ganz mit dem von Hrn. O. E. Meyer in seinem Buche gefundenen überein. Um den von Hrn. O. E. Meyer gefundenen Wert zu erhalten, muß man folgendermaßen verfahren:

Man setzt für $f_1(\mathfrak{y})$, $f'(y)$, $f_1'(y)$ diejenigen Geschwindigkeitsverteilungen, welche nach dem Maxwellschen Gesetze herrschen würden, wenn sich die ganze Gasmasse mit den Geschwindigkeiten dieser Schichten $q\mathfrak{y}$, qy parallel der x-Achse bewegen würde, also

$$(9a)\quad
\begin{cases}
f_1(\mathfrak{y}) = Ce^{-hv_1^2 + 2h\xi_1 q\mathfrak{y} - hq^2\mathfrak{y}^2} = C(1 + 2hq\mathfrak{y}\,\xi_1)e^{-hv_1^2}, \\[2mm]
f'(y)\cdot f_1'(y) = C^2 e^{-h(v^2 + v_1^2)}[1 + 2hqy(\xi + \xi_1)],
\end{cases}$$

q^2 vernachlässigen wir. Dann wird $\int d\omega_1 \int p\,dp \int r\,d\varphi f_1$ (9) gleich derselben Größe, welche wir oben mit B bezeichneten. Jedes der n_2 Moleküle trägt die Bewegungsgröße $m\,\xi$ in der positiven y-Richtung durch die xz-Ebene. Daher ist die ganze in dieser Richtung durchgetragene Bewegungsgröße

$$M_1 = \int m\,\xi n_2 = \int\!\!\int_{-\infty}^{+\infty} d\xi\,d\zeta \int_0^\infty d\eta \int_{-\infty}^0 dy \times e^{+\frac{y}{\eta}B}$$

$$\times BC e^{-hv^2} m\xi\,[1 + 2h\,q y\,\xi]$$

$$= -\,m \int\!\!\int_{-\infty}^{+\infty} d\xi\,d\zeta \int_0^\infty d\eta \cdot 2h\,q\,\frac{C}{B}\,\xi^2\,\eta^2.$$

Die in der entgegengesetzten Richtung hindurchgehende Bewegungsgröße aber ist:

$$M_2 = \int m\,\xi n_3 = \int\!\!\int_{-\infty}^{+\infty} d\xi\,d\zeta \int_{-\infty}^0 d\eta \int_0^\infty dy\, e^{-\frac{y}{\eta}B}\, BC e^{-hv^2} \times m\xi\,[1 + 2h\,q y\,\xi]$$

$$= \int\!\!\int_{-\infty}^{+\infty} d\xi\,d\zeta \int_{-\infty}^0 d\eta\, 2mhq\,\frac{C}{B}\,\xi^2\,\eta^2,$$

daher wird der Reibungskoeffizient

(10)
$$\begin{cases} \mu = \dfrac{M_2 - M_1}{q} = 2mhC \int\!\!\int\!\!\int_{-\infty}^{+\infty} d\xi\,d\eta\,d\zeta\, e^{-hv^2}\,\dfrac{\xi^2\,\eta^2}{B} \\[2mm] = \dfrac{8\pi m h C}{15} \int_0^\infty \dfrac{v^6}{B}\, e^{-hv^2}\,dv. \end{cases}$$

Substituiert man hier

$$C = N\sqrt{\frac{h^3}{\pi^3}}, \qquad h = km,$$

so ergibt sich sofort Meyers Formel auf S. 320. Um die Formel (9) mit der Meyers zu vergleichen, benutzen wir die Formel, welche Meyer, S. 320, ganz unten gibt

$$\mu = \varkappa\,m\,\Omega\,L\,N.$$

Substituiert man für L und Ω ihre Werte von S. 296 und 272 in Meyers Buch, so folgt

$$\mu = \varkappa \sqrt{\frac{2}{\pi^3}} \cdot \frac{m}{\delta^2 \sqrt{h}} = 0{,}0808 \frac{m}{\delta^2 \sqrt{h}},$$

welcher Wert sehr nahe mit dem Werte (9) übereinstimmt. Der Unterschied beider Formeln besteht darin, daß bei Ableitung der Formel (9) angenommen wurde, daß jedes Molekül eine Bewegungsgröße hindurchträgt, welche gleich der mittleren Bewegungsgröße $m\,q\,y$ aller Moleküle der Schicht ist. Berechnet man dagegen nach Formel (9a) die mittlere Bewegungsgröße aller Moleküle, deren Geschwindigkeit zwischen v und $v + dv$ liegt, so ergibt sich dieselbe gleich $\frac{2}{3} h\,m\,q\,y\,v^2$; man müßte also statt der Formel (5) schreiben: $d\,M_1 = \frac{2}{3} n_2\,h\,m\,q\,y\,v^2$, um zum Meyerschen Ausdrucke zu gelangen. Wenn sich ein Gas mit konstanter Geschwindigkeit parallel der x-Achse bewegt, so ist die mittlere Geschwindigkeit in dieser Richtung größer für Moleküle von größerer Geschwindigkeit, Null für die Moleküle von der Geschwindigkeit Null.

Wir wollen aber jetzt in die Formeln (3) und (4) den exakten Wert

$$f(x\,y\,z\,\xi\,\eta\,\zeta) = C e^{-h\,v^2}[1 + 2h\,q\,y\,\xi + \xi\,\eta\,\varphi\,(v^2)]$$

einführen, wobei $q\,y\,/\,v$ und $v^2\,\varphi\,(v^2)$ als klein von derselben Ordnung zu betrachten sind.

Dann erhalten wir $\int d\,\omega_1 \int p\,d\,p \int r\,d\,\varphi f_1\,(\mathfrak{y})$ wieder gleich der mit B bezeichneten Größe, indem alle Zusatzglieder bei der Integration ausfallen; daher

$$e^{-\frac{1}{\eta}\int d\,\mathfrak{y}\int d\,\omega_1 \int p\,d\,p \int r\,d\,\varphi f_1(\mathfrak{y})} = e^{-\frac{y\,B}{\eta}}.$$

Ferner erhalten wir

$$\int d\,\omega_1 \int p\,d\,p \int r\,d\,\varphi\,f'\,f_1' = 2h\,q\,\xi\,\eta\,C e^{-h\,v^2}$$

$$+ f \int d\,\omega_1 \int p\,d\,p \int r\,d\,\varphi\,f_1 = 2h\,q\,\xi\,\eta\,C e^{-h\,v^2} + B f$$

nach der Fundamentalgleichung (15) meiner Abhandlung „Zur Theorie der Gasreibung I“.[1] Es wird daher, wenn wir auch noch für f seinen Wert setzen:

$$n_2 = C e^{-h\,v^2} d\,\xi\,d\,\eta\,d\,\zeta\,d\,y\,e^{-\frac{y\,B}{\eta}} \times [2h\,q\,\xi\,\eta + B + 2B\,h\,q\,y\,\xi + B\,\xi\,\eta\,\varphi(v^2)].$$

---

[1] Dieser Band Nr. 57.

Die Bewegungsgröße, welche alle Moleküle in der positiven y-Richtung hindurchtragen, aber wird:

$$M_1 = \int m\,\xi\,n_2 = \iint d\xi\,d\zeta \int_0^\infty d\eta\,Ce^{-hv^2}\cdot m\,\xi \int_{-\infty}^0 e^{-\frac{yB}{\eta}}$$

$$\times\, [2\,h\,q\,\xi\,\eta + B + 2\,B\,h\,q\,y\,\xi + B\,\xi\,\eta\,\varphi\,(v^2)]$$

$$= \iint_{-\infty}^{+\infty} d\xi\,d\zeta \int_0^\infty d\eta\,Ce^{-hv^2}\,m\,\xi^2\,\eta^2\,\varphi\,(v^2),$$

ebenso findet man

$$M_2 = -\iint_{-\infty}^{+\infty} d\xi\,d\zeta \int_{-\infty}^0 d\eta\,Ce^{-hv^2}\,m\,\xi^2\,\eta^2\,\varphi\,(v^2).$$

Es ist also

(11) $\quad \mu = \dfrac{M_2 - M_1}{q} = -\iiint_{-\infty}^{+\infty} d\xi\,d\eta\,d\zeta\,Ce^{-hv^2}\,m\,\xi^2\,\eta^2\,\varphi\,(v^2).$

Dieses Resultat läßt am besten erkennen, wie außerordentlich unsicher die bisherigen Methoden der Berechnung des Reibungskoeffizienten sind. Berücksichtigt man die Glieder, welche in jenen Methoden vernachlässigt worden sind, so erhält man zum Werte des Reibungskoeffizienten nicht nur Glieder von derselben Größenordnung dazu, sondern die Glieder, welche früher die ausschlaggebenden waren, fallen jetzt sogar vollständig weg, und der Wert des Reibungskoeffizienten wird durch ein vollständig neues Glied dargestellt. Selbstverständlich hätte man die Formel (11) auch auf viel einfacherem Wege gewinnen können, da jetzt ein Widerspruch zwischen den beiden auf der zweiten Seite meiner Abhandlung „Zur Theorie der Gasreibung I" angedeuteten Methoden der Berechnung des Reibungskoeffizienten nicht mehr besteht.

Die Formel (11) beweist, daß es zur Berechnung des Reibungskoeffizienten keinen anderen Weg, als den der Bestimmung der Funktion φ gibt und ich will daher im folgenden verschiedene Reihenentwicklungen derselben geben. Wenn auch dieser Weg zur Bestimmung des Reibungskoeffizienten, solange man keine Mittel hat, die Konvergenz der Reihen zu prüfen, nicht frei von Unsicherheit ist, so scheint er mir doch der einzig mögliche zu sein, nachdem nachgewiesen ist, daß auch

die Maxwell-Meyersche Methode, sobald man nur alle
Glieder, welche von derselben Größenordnung sind, gleichmäßig
berücksichtigt, zu keiner anderen als der Formel (11) führt,
und daher keine Bestimmung des Reibungskoeffizienten ohne
Berechnung der Funktion φ ermöglicht.

Zur Bestimmung der Funktion φ dient die Gleichung (51)
meiner Abhandlung „Zur Theorie der Gasreibung I", an welcher
ich zunächst einige Vereinfachungen vornehmen will. Setzen
wir in $\int\limits_0^{\pi/2} s\,\sigma\,dS \int\limits_0^{2\pi} dO \cdot J\varphi\,(v'^2)$

$$S = \frac{\pi}{2} - S', \quad O = \pi - O',$$

so erhalten wir

$$\int\limits_0^{\pi/2} s\,\sigma\,dS \int\limits_{-\pi}^{+\pi} dO\,J_1\,\varphi\,(v_1'^2),$$

wobei wir nach geschehener Substitution wieder S und O statt
S' und O' geschrieben haben. Setzen wir jetzt nochmals
$O = O' - 2\pi$, so finden wir

$$\int\limits_{-\pi}^0 dO\,J_1\,\varphi\,(v_1'^2) = \int\limits_\pi^{2\pi} dO\,J_1\,\varphi\,(v_1'^2),$$

es ist also

$$\int\limits_0^{\pi/2} s\,\sigma\,dS \int\limits_0^{2\pi} dO\,J \cdot \varphi\,(v'^2) = \int\limits_0^{\pi/2} s\,\sigma\,dS \int\limits_0^{2\pi} dO\,J_1\,\varphi\,(v_1'^2).$$

Führen wir noch statt φ die Funktion

$$\psi(x) = -\frac{\pi^2\,C\,\delta^2}{q\,h^3}\,\varphi\left(\frac{x}{h}\right)$$

ein, und schreiben statt $v\sqrt{h}$ und $r\sqrt{h}$ wieder v und r, so
geht die Gleichung (51) über in folgende:

$$(12)\quad
\begin{cases}
v^2\,e^{v^2} + \dfrac{1}{2\pi} \displaystyle\int\limits_0^\infty e^{-r^2}\,r^3\,dr \int\limits_0^\pi \gamma\,dG\,e^{-2vrg} \int\limits_0^{\pi/2} s\,\sigma\,dS \\[2ex]
\times \displaystyle\int\limits_0^{2\pi} dO\,[2J\,\psi\,(v'^2) - J_0\,\psi\,(v_1^2) - 2v^2\,\psi\,(v^2)] = 0,
\end{cases}$$

wobei

$$(13) \begin{cases} v_1^2 = v^2 + r^2 + 2vrg, \\ v'^2 = v^2 + 2vr(g\sigma^2 - \gamma s\sigma o) + r^2\sigma^2, \\ J_0 = 2v^2 + 4vrg + r^2(3g^2 - 1), \\ J = 2v^2 + 4vr\sigma(g\sigma - \gamma so) + r^2\sigma^2[3(g\sigma - \gamma so)^2 - 1] \end{cases}$$

ist. r, G, S und O sind nur mehr Integrationsvariable. (Über ihre geometrische Bedeutung vgl. meine Abhandlung „Zur Theorie der Gasreibung I", wobei aber zu bemerken ist, daß die Geschwindigkeiten jetzt nicht mehr v und r, sondern $\frac{v}{\sqrt{h}}$ und $\frac{r}{\sqrt{h}}$ sind.)

Hat man aus dieser Gleichung $\psi(x)$ bestimmt, so ist die Anzahl der Moleküle, deren Koordinaten und Geschwindigkeitskomponenten zwischen den Grenzen x und $x + dx$, y und $y + dy$, z und $z + dz$, $\frac{\xi}{\sqrt{h}}$ und $\frac{1}{\sqrt{h}}(\xi + d\xi)$, $\frac{\eta}{\sqrt{h}}$ und $\frac{1}{\sqrt{h}}(\eta + d\eta)$, $\frac{\zeta}{\sqrt{h}}$ und $\frac{1}{\sqrt{h}}(\zeta + d\zeta)$ liegen

$$(14) \quad C[1 + 2qy\xi - \frac{q\xi\eta}{\pi^2 C\delta^3}\psi(v^2)]e^{-v^2}dx\,dy\,dz\,d\xi\,d\eta\,d\zeta.$$

Auch die Molargeschwindigkeit der Schicht mit der y-Koordinate y ist jetzt nicht mehr qy, sondern $qy/\sqrt{h}$. Der Reibungskoeffizient aber ist

$$(15) \quad \mu = \frac{4p}{15\pi\delta^2\sqrt{h}}\int_0^\infty v^6 e^{-v^2}\psi(v^2)\,dv.$$

Hierbei ist m die Masse, δ der Durchmesser eines Moleküls; h, C sind Konstanten, deren Werte dadurch bestimmt sind, daß das mittlere Geschwindigkeitsquadrat und die Anzahl der Moleküle in der Volumeinheit die Werte $2/3h$ und $C\sqrt{\pi^3}$ haben.

Ehe wir an die Auflösung der Gleichung (12) schreiten können, sind noch bedeutende Vorarbeiten notwendig, deren erste sein soll, daß wir den Wert U_p suchen, welchen das mehrfache Integral der Gleichung (12) annimmt, wenn daselbst $\psi(x) = x^p$ gesetzt wird. Es sei also

$$(16) \quad U_p = \frac{1}{2\pi}\int_0^\infty e^{-r^2}r^3\,dr\int_0^\pi \gamma dG e^{-2vrg}\int_0^{\pi/2} s\sigma\,dS\int_0^{2\pi}dO$$
$$\times [2Jv'^{2p} - 2v^{2p+2} - J_0 v_1^{2p}].$$

VI. Entwicklung der eben mit U_p bezeichneten Größe unter Anwendung des Polynomialsatzes.

Wir wollen zunächst die Größe v'^{2p} nach dem Polynomialsatze entwickeln. Setzen wir

$$g\,\sigma^2 - \gamma\,s\,\sigma\,o = \varrho,$$

so erhalten wir

$$v'^{2p} = [v^2 + 2\,v\,r\,\varrho + r^2\,\sigma^2]^p$$

Man erhält nach der Formel

$$(A + B + C)^p = \sum_{a,\,b,\,c}^{p} A^a\,B^b\,C^c \cdot \frac{p!}{a!\,b!\,c!},$$

worin $\sum\limits_{a,\,b,\,c}^{p}$ eine Summe bezeichnet, in welcher a, b, c alle möglichen positiven Werte, einschließlich Null, anzunehmen haben, welche mit der Gleichung

$$a + b + c = p$$

verträglich sind.

$$v'^{2p} = \sum_{a,\,b,\,c}^{p} 2^b\,v^{2a+b}\,r^{b+2c}\,\varrho^b\,\sigma^{2c}\,\frac{p!}{a!\,b!\,c!}$$

$$J\,v'^{2p} = \sum_{a,\,b,\,c}^{p} \frac{p!\,2^{b+1}}{a!\,b!\,c!}\,v^{2a+b+2}\,r^{b+2c}\,\varrho^b\,\sigma^{2c}$$

$$+ \sum_{a,\,b,\,c}^{p} \frac{p!\,2^{b+2}}{a!\,b!\,c!}\,v^{2a+b+1}\,r^{b+2c+1}\,\varrho^{b+1}\,\sigma^{2c}$$

$$+ \sum_{a,\,b,\,c}^{p} \frac{p!}{a!\,b!\,c!}\,2^b\,v^{2a+b}\,r^{b+2c+2}\,\varrho^b\,\sigma^{2c}(3\,\varrho^2 - \sigma^2).$$

Setzen wir in der ersten Summe $a + 1 = \alpha$, so erhalten wir

$$\sum \frac{p!\,\alpha}{a!\,b!\,c!}\,2^{b+1}\,v^{2a+b}\,r^{b+2c}\,\varrho^b\,\sigma^{2c}$$

In dieser Summe hat zwar jetzt α alle positiven Werte ausschließlich der Null anzunehmen, welche der Gleichung

$$\alpha + b + c = p + 1$$

genügen. Da aber, wenn man $\alpha = 0$ setzt, ohnedies das betreffende Glied verschwindet, so kann man dem α auch alle positiven Werte einschließlich der Null erteilen und kann, indem man den Buchstaben α wieder mit a vertauscht, schreiben:

$$\sum_{a,\,b,\,c}^{p+1} \frac{p!\,a}{a!\,b!\,c!}\,2^{b+1}\,v^{2a+b}\,r^{b+2c}\,\varrho^b\,\sigma^{2c}.$$

Setzt man ebenso in der zweiten und dritten Summe $b + 1 = \beta$ und $c + 1 = \gamma$, so kann man diese Summen in gleicher Weise transformieren und erhält, wenn man das Summenzeichen und alles, was gemeinsamer Faktor ist, voransetzt:

$$J v'^{2p} = \sum_{a,\,b,\,c}^{p+1} \frac{p!}{a!\,b!\,c!}\,2^b v^{2a+b}\,r^{b+2c}\varrho^b\sigma^{2c}\Big[2a + 2b + \Big(\tfrac{3\,\varrho^2}{\sigma^2} - 1\Big)c\Big]$$

und daraus, indem man $\sigma = 1$, $\varrho = g$ setzt,

$$J_0\,v_1^{2p} = \sum_{a,\,b,\,c}^{p+1} \frac{p!}{a!\,b!\,c!}\,2^b\,v^{2a+b}\,r^{b+2c}\,g^b\,[2a + 2b + (3g^2 - 1)c]\,.$$

Es ergibt sich also weiter:

$$2J v'^{2p} - 2v^{2p+2} - J_0\,v_1^{2p} = -2v^{2p+2}$$

$$+\sum_{a,\,b,\,c}^{p+1} \frac{p!}{a!\,b!\,c!}\,2^b\,v^{2a+b}\,r^{b+2c}.[(2a + 2b - c)(2\,\varrho^b\,\sigma^{2c} - g^b)$$

$$+ 3c(2\,\varrho^{b+2}\,\sigma^{2c-2} - g^{b+2})]\,.$$

Um nun die Integrationen auszuführen, entwickeln wir zunächst

$$\frac{1}{2\pi}\int_0^{2\pi} \varrho^b\,dO = \frac{1}{2\pi}\int_0^{2\pi} dO \sum_{\lambda=0}^{\lambda \leqq \frac{b}{2}} \binom{b}{2\lambda} g^{b-2\lambda}\,\gamma^{2\lambda}\,s^{2\lambda}\,\sigma^{2b-2\lambda}\,o^{2\lambda}\,dO$$

$$= \sum_{\lambda=0}^{\lambda \leqq \frac{b}{2}} \frac{1\,^2\,(2\lambda - 1)}{2\,^2\,2\lambda}\binom{b}{2\lambda} g^{b-2\lambda}\,\gamma^{2\lambda}\,s^{2\lambda}\,\sigma^{2b-2\lambda}$$

Hier bedeutet $m \underset{n}{\cdots} p$ ein Produkt von Faktoren, deren erster m, deren letzter p ist und von denen jeder folgende um n größer als der vorhergehende ist. Es ist also

(17) $\qquad m \underset{n}{\cdots} p = m(m + n)(m + 2n)(m + 3n) \ldots (p - n)p$

eine Bezeichnung, die mir übersichtlicher als die bekannte
Krampsche scheint.

Für $m = p$ soll $m \underset{n}{\cap} p$ den Wert m, für $m = p + n$ den
Wert Eins haben. In der obern Grenze der Summen gilt das
Gleichheitszeichen für gerade b, für ungerade ist die Summe
bis zur größten Zahl zu erstrecken, welche kleiner als $b/2$ ist.
Man findet weiter

$$\frac{1}{2\pi} \int_0^{\frac{\pi}{2}} s\sigma\, dS \int_0^{2\pi} dO\, \varrho^b \sigma^{2c} = \sum_{\lambda=0}^{\lambda \leq \frac{b}{2}} \frac{1\underline{\,2}\,(2\lambda - 1)}{2\underline{\,2}\,2\lambda} \binom{b}{2\lambda} g^{b-2\lambda} \gamma^{2\lambda}$$

$$\times \int_0^{\pi/2} s\sigma\, dS\, s^{2\lambda}\, \sigma^{2(b+c-\lambda)}$$

$$= \frac{1}{(b+c+1)!} \sum_{\lambda=0}^{\lambda \leq \frac{b}{2}} \frac{1\underline{\,2}\,(2\lambda - 1)}{2^{\lambda+1}} \binom{b}{2\lambda} (b+c-\lambda)!\, g^{b-2\lambda} \gamma^{2\lambda}.$$

Die letzte Relation findet man, wenn man in das bestimmte
Integrale $x = \sigma^2$, $dx = 2s\sigma\, dS$ einführt. Da ferner

$$\frac{1}{2\pi} \int_0^{\pi/2} s\sigma\, dS \int_0^{2\pi} dO = \frac{1}{2},$$

ist, so folgt

$$Y_p = \frac{1}{2\pi} \int_0^{\pi/2} s\sigma\, dS \int_0^{2\pi} dO\, [2J v'^{2p} - J_0 v_1^{2p} - 2 v^{2p+2}]$$

$$= -v^{2p+2} + \sum_{a,b,c}^{p+1} \frac{p!\, 2^b}{a!\, b!\, c!}\, v^{2a+b}\, r^{b+2c}.$$

$$\left\{ (2a+2b-c)\left[-\frac{g^b}{2} + \sum_{\lambda=0}^{\lambda \leq \frac{b}{2}} \frac{1\underline{\,2}\,2(\lambda - 1)}{2^\lambda} \binom{b}{2\lambda} \frac{(b+c-\lambda)!}{(b+c+1)!} g^{b-2\lambda} \gamma^{2\lambda} \right] \right.$$

$$\left. + 3c\left[-\frac{g^{b+2}}{2} + \sum_{\lambda=0}^{\lambda \leq \frac{b}{2}} \frac{1\underline{\,2}\,(2\lambda - 1)}{2^\lambda} \binom{b+2}{2\lambda} \frac{(b+c+1-\lambda)!}{(b+c+2)!} g^{b+2-2\lambda} \gamma^{2\lambda} \right] \right\}$$

Weiter haben wir

$$e^{-2vrg} = \sum_{\mu=0}^{\mu=\infty} \frac{\varepsilon^{\mu} g^{\mu}}{\mu!},$$

wobei $\varepsilon = -2vr$. Daher

$$\int_0^{\pi} \gamma \, dG \, e^{-2vrg} Y_p = -v^{2p+2} \sum_{\mu=0}^{\mu=\infty} \frac{\varepsilon^{\mu}}{\mu!} \int_0^{\pi} g^{\mu} \gamma \, dG$$

$$+ \sum_{a,b,c}^{p+1} \frac{p! \, 2^b}{a! \, b! \, c!} v^{2a+b} r^{b+2c} \left\{ (2a+2b-c) \left[-\sum_{\mu=0}^{\mu=\infty} \frac{\varepsilon^{\mu}}{\mu!} \int_0^{\pi} \frac{g^{\mu+b} \gamma \, dG}{2} \right. \right.$$

$$+ \sum_{\lambda=0}^{\lambda \leq b/2} \frac{1 \underline{3} (2\lambda-1)}{2^{\lambda}} \binom{b}{2\lambda} \frac{(b+c-\lambda)!}{(b+c+1)!} \sum_{\mu=0}^{\mu=\infty} \frac{\varepsilon^{\mu}}{\mu!} \int_0^{\pi} g^{\mu+b-2\lambda} \gamma^{2\lambda+1} \, dG \bigg]$$

$$+ 3c \left[-\sum_{\mu=0}^{\mu=\infty} \frac{\varepsilon^{\mu}}{\mu!} \int_0^{\pi} \frac{g^{b+2+\mu} \gamma \, dG}{2} \right.$$

$$+ \sum_{\lambda=0}^{\lambda \leq (b/2)+1} \frac{1 \underline{3} (2\lambda-1)}{2^{\lambda}} \binom{b+2}{2\lambda} \frac{(b+c+1-\lambda)!}{(b+c+2)!}$$

$$\sum_{\mu=0}^{\mu=\infty} \frac{\varepsilon^{\mu}}{\mu!} \int_0^{\pi} g^{\mu+b+2-2\lambda} \gamma^{2\lambda+1} \, dG \bigg] \bigg\} = 2 v^{2p+2} \sum_{\mu=0}^{\mu=\infty} \frac{\varepsilon^{2\mu}}{(2\mu+1)!}$$

$$+ \sum_{\mu=0}^{\mu=\infty} \frac{\varepsilon^{\mu}}{\mu!} \, \underset{a,b,c}{S} \, \frac{n! \, 2^b}{a! \, b! \, c!} v^{2a+b} r^{b+2c} \left\{ (2a+2b-c) \left[-\frac{1}{\mu+b+1} \right. \right.$$

$$+ \sum_{\lambda=0}^{\lambda \leq b/2} \frac{1 \underline{3} (2\lambda-1)}{2^{\lambda}} \binom{b}{2\lambda} \frac{(b+c-\lambda)!}{(b+c+1)!} \frac{2^{\lambda+1} . \lambda!}{(\mu+b-2\lambda+1) \underline{3} (\mu+b+1)} \bigg]$$

$$+ 3c \left[-\frac{1}{b+\mu+3} \sum_{\lambda=0}^{\lambda \leq (b/2)+1} \frac{1 \underline{3} (2\lambda-1)}{2^{\lambda}} \binom{b+2}{2\lambda} \frac{(b+c+1-\lambda)!}{(b+c+2)!} \right.$$

$$\times \frac{2^{\lambda+1} \lambda!}{(\mu+b-2\lambda+3) \underline{3} (\mu+b+3)} \bigg] \bigg\}$$

Vgl. Bierens de Haan Tables des integrals, S. 1. Hier

bedeutet $\overset{a,\,b,\,c}{S}$ eine Summe, worin a, b, c alle ganzen positiven Werte durchlaufen, einschließlich Null, für welche

$$a + b + c = p + 1$$

und $b + \mu$ gerade ist. Führt man nun noch die Integration nach r durch, so folgt:

$$
(18)\;\left\{
\begin{aligned}
U_p &= \int_0^\infty e^{-r^2} r^3 \, dr \int_0^\pi \gamma \, dG \, Y_p = - v^{2p+2} \sum_{\mu=0}^{\mu=\infty} \frac{(2\,v)^{2\,\mu}}{(\mu+2)\underline{\perp}(2\,\mu+1)} \\
&+ \sum_{\mu=0}^{\mu=\infty} \frac{(-2\,v)^\mu}{\mu!} \, \overset{a,\,b,\,c}{S} \frac{p!\,2^{b-1}}{a!\,b!\,c!} \, v^{2a+b} \left(\frac{\mu+b}{2} + c + 1\right)! \left\{(2\,a+2\,b-c)\right. \\
&\times \left[-\frac{1}{\mu+b+1} + 2 \sum_{\lambda=0}^{\lambda \leq b/2} \binom{b}{2\lambda} \frac{(b+c-\lambda)!}{(b+c+1)!} \cdot \frac{\lambda!\,1\,\underline{2}(2\,\lambda-1)}{(\mu+b-2\,\lambda+1)\underline{2}(\mu+b+1)}\right] \\
&+ 3\,c\left[-\frac{1}{\mu+b+3} + 2 \sum_{\lambda=0}^{\lambda \leq (b/2)+1} \binom{b+2}{2\lambda} \frac{(b+c+1-\lambda)!}{(b+c+2)!}\right. \\
&\qquad\qquad \left.\left.\frac{\lambda!\,1\,\underline{2}(2\,\lambda-1)}{(\mu+b-2\,\lambda+3)\underline{2}(\mu+b+3)}\right]\right\} = - v^{2p+2} \sum_{\mu=0}^{\mu=\infty} \frac{(2\,v)^{2\,\mu}}{(\mu+2)\underline{\perp}(2\,\mu+1)} \\
&+ \sum_{\mu=0}^{\mu=0} \frac{(-2\,v)^\mu}{\mu!} \, \overset{a,\,b,\,c}{S} \frac{p!\,2^{b-1}}{a!\,b!\,c!} \, v^{2a+b} \left(\frac{\mu+b}{2} + c + 1\right)! \\
&\times \left\{-\frac{2\,a+2\,b-c}{\mu+b+1} - \frac{3\,c}{\mu+b+3}\right. \\
&+ 2 \sum_{\lambda=0}^{\lambda \leq b/2} \frac{(b-2\,\lambda+3)\underline{\perp}(b+2)}{2^\lambda(b+c-\lambda+1)\underline{\perp}(b+c+1)\cdot(\mu+b+3-2\,\lambda)\underline{2}(\mu+b+1)} \\
&\times \left[\frac{(2\,a+2\,b-c)(b-2\,\lambda+2)(b-2\,\lambda+1)}{(b+1)(b+2)(\mu+b+1-2\,\lambda)} + \frac{3\,c(b+c+1-\lambda)}{(b+c+2)(\mu+b+3)}\right] \\
&+ \left.\frac{6\,c\left(\frac{b}{2} + \frac{1}{1^{1/}_{2}}\right)!\,1\,\underline{2}\left(b + \frac{1}{2}\right)}{\left(\frac{b}{2} + c + \frac{1}{1^{1/}_{2}}\right)\underline{\perp}(b+c+2)\cdot\left(\mu + \frac{1}{2}\right)\underline{2}(\mu+b+3)}\right\}.
\end{aligned}
\right.
$$

Für gerade b gelten hier die Zahlen über, für ungerade jene unter dem Zeichen .... Will man diese beiden Fälle in zwei verschiedenen Formeln ausdrücken, so ergibt sich:

$$(19)\begin{cases}
U_p = -\,v^{2p+2}\sum_{\mu=0}^{\mu=\infty}\frac{(2v)^{2\mu}}{(\mu+2)!\,(2\mu+1)} \\[2ex]
+\sum_{\mu=0}^{\mu=\infty}\frac{(2v)^{2\mu}}{(2\mu)!}\mathop{S}_{=p+1}^{a+2b+c=}\frac{p!\,2^{2b-1}}{a!\,(2b)!\,c!}\,v^{2(a+b)}(\mu+b+c+1)! \\[2ex]
\times\Bigg\{-\frac{2a+4b-c}{2\mu+2b+1}-\frac{3c}{2\mu+2b+3} \\[2ex]
\quad +\frac{6c(b+1)!\,1!\,(2b+1)}{(b+c+1)!\,(2b+c+2)\cdot(2\mu+1)!\,(2\mu+2b+3)} \\[2ex]
+2\sum_{\lambda=0}^{\lambda=b}\frac{(2b+3-2\lambda)!\,(2b+2)}{2^{\lambda}(2b+c-\lambda+1)!\,(2b+c+1)\cdot(2\mu+2b+3-2\lambda)!\,(2\mu+2b+1)} \\[2ex]
\times\Bigg[\frac{(2a+4b-c)(2b-2\lambda+2)(2b-2\lambda+1)}{(2b+2)(2b+1)(2\mu+2b+1-2\lambda)}+\frac{3c(2b+c+1-\lambda)}{(2b+c+2)(2\mu+2b+3)}\Bigg]\Bigg\} \\[2ex]
-\sum_{\mu=0}^{\mu=\infty}\frac{(2v)^{2\mu+1}}{(2\mu+1)!}\mathop{S}_{=p}^{a+2b+c}\frac{p!\,2^{2b}}{a!\,(2b+1)!\,c!}\,v^{2a+2b+1}\cdot(\mu+b+c+2)! \\[2ex]
\times\Bigg\{-\frac{2a+4b-c+2}{2\mu+2b+3}-\frac{3c}{2\mu+2b+5} \\[2ex]
\quad +\frac{6c(b+1)!\,1!\,(2b+3)}{(b+c+2)!\,(2b+c+3)\cdot(2\mu+3)!\,(2\mu+2b+5)} \\[2ex]
+2\sum_{\lambda=0}^{\lambda=b}\frac{(2b+4-2\lambda)!\,(2b+3)}{2^{\lambda}(2b+c-\lambda+2)!\,(2b+c+2)\cdot(2\mu+2b+5-2\lambda)!\,(2\mu+2b+3)} \\[2ex]
\times\Bigg[\frac{(2a+4b-c+2)(2b-2\lambda+3)(2b-2\lambda+2)}{(2b+2)(2b+3)(2\mu+2b+3-2\lambda)}+\frac{3c(2b+c+2-\lambda)}{(2b+c+3)(2\mu+2b+5)}\Bigg]\Bigg\}
\end{cases}$$

VII. Sukzessive Berechnung von U_p.

Aus den zuletzt entwickelten Formeln kann durch bloße explizite Berechnung der Summenformeln der Wert der Größe U_p für jeden Index gefunden werden. Es scheint jedoch dieser Weg sehr weitläufig zu sein, und ich habe vorgezogen, den Wert von U_p sukzessive zuerst für $p = 0$, dann $p = 1, 2$ usw. zu berechnen. Es geschieht dies folgendermaßen. Man bildet aus

$$J = 2v^2 + 4vr\varrho + r^2(3\varrho^2 - l)$$

durch fortgesetzte Multiplikation mit

$$v'^2 = v^2 + 2vr\varrho + r^2 l$$

zunächst die Ausdrücke Jv'^2, Jv'^4, Jv'^6 ..., dabei ist

$$l = \sigma^2, \quad \lambda = s^2, \quad \varrho = g\,l - \gamma\,o\,\sqrt{l\lambda}.$$

Wir wollen in dem Ausdrucke

$$X_p = \frac{1}{2\pi}\int\limits_0^{2\pi} d\,O\,J v'^{2p}$$

den Koeffizienten von $v^b\,r^{2p+2-b}$ mit A_p^b bezeichnen. Derselbe wird gebildet, indem man den Koeffizienten von $v^b\,r^{2p+2-b}$ im Ausdrucke Jv'^{2p} sucht und darin verwandelt

(20) ϱ^a in $g^a l^a + \binom{a}{2}\frac{1}{2} g^{a-2}\gamma^2 l^{a-1}\lambda + \binom{a}{4}\frac{1\cdot 3}{2\cdot 4} g^{a-4}\gamma^4 l^{a-2}\lambda^2 + ..$,

also

$$\varrho \text{ in } gl, \quad \varrho^2 \text{ in } g^2 l^2 + \frac{1}{2}\gamma^2 l\lambda,$$

$$\varrho^3 \text{ in } g^3 l^3 + \frac{3}{2} g\gamma^2 l^2\lambda,$$

$$\varrho^4 \text{ in } g^4 l^4 + 3 g^2\gamma^2 l^3\lambda + \frac{3}{8}\gamma^4 l^3\lambda^2,$$

$$\varrho^5 \text{ in } g^5 l^5 + 5 g^3\gamma^2 l^4\lambda + \frac{15}{8} g\gamma^4 l^3\lambda^2,$$

$$\varrho^6 \text{ in } g^6 l^6 + \frac{15}{2} g^4\gamma^2 l^5\lambda + \frac{45}{8} g^2\gamma^4 l^4\lambda^2 + \frac{5}{16}\gamma^6 l^3\lambda^3$$

. . . .

Den Koeffizienten Y_p^b von $v^b\,r^{2p+2-b}$ im Ausdrucke

$$Y_p = \frac{1}{2\pi}\int\limits_0^{\pi/2} s\,\sigma\,dS \int\limits_0^{2\pi} d\,O\cdot[2Jv'^{2p} - J_0 v_1^{2p} - 2 v^{2p+2}]$$

findet man aus X_p^b, indem man verwandelt

(21) $\qquad l^a \text{ in } \dfrac{1}{a+1} - \dfrac{1}{2}, \quad l^a\lambda^c \text{ in } \dfrac{c!}{(a+1)\underline{\cdot}(a+c+1)}$,

wobei aber l^0 eine Ausnahme macht, indem dafür nicht der Wert $\frac{1}{2}$, sondern Null zu substituieren ist und dann überall $1 - g^2$ für γ^2 schreibt. So ist zu verwandeln:

l^0 und l^1 in Null

$$l^2 \text{ in } -\frac{1}{6}, \quad l\lambda \text{ in } \frac{1}{6}, \quad l^2\lambda^2 \text{ in } \frac{1}{30},$$

$$l^3 \text{ in } -\frac{1}{4}, \quad l^2\lambda \text{ in } \frac{1}{12}, \quad l^3\lambda^2 \text{ in } \frac{1}{60},$$

$$l^4 \text{ in } -\frac{3}{10}, \quad l^3\lambda \text{ in } \frac{1}{20}, \quad l^4\lambda^2 \text{ in } \frac{1}{105},$$

$$l^5 \text{ in } -\frac{1}{3}, \quad l^4 \lambda \text{ in } \frac{1}{30}, \quad l^5 \lambda^2 \text{ in } \frac{1}{168},$$

$$l^6 \text{ in } -\frac{5}{14}, \quad l^5 \lambda \text{ in } \frac{1}{42}, \quad l^3 \lambda^3 \text{ in } \frac{1}{140},$$

. . . .

Dabei ist noch zu bemerken, daß Y_p^{2p+1} und Y_p^{2p+2} immer den Wert Null besitzen, da für l^1 und l^0 Null zu substituieren ist.

Endlich wollen wir mit U_p^b den Ausdruck bezeichnen, welcher entsteht, indem man in Y_p^b für g^a substituiert:

$$(22) \qquad \sum_{\substack{\mu \lessgtr b/2}}^{\mu=\infty} \frac{2^{2\mu-b} v^{2\mu} (\mu+p-b+2)!}{(2\mu-b)!} \cdot \frac{(-1)^b}{(2\mu-b+a+1)} \cdot$$

Dann ist der Ausdruck

$$U_p = \frac{1}{2\pi} \int_0^\infty e^{-r^2} r^3 dr \int_0^\pi \gamma\, dG e^{-2vrg} \int_0^{\pi/2} s\,\sigma\, dS \cdot \int_0^{2\pi} dO\, [2\, Jv'^{2p}$$

$$- J_0\, v^{2p} - 2\, v^{2p+2}]$$

gegeben durch die Summe $U_p^0 + U_p^1 + U_p^2 + \ldots U_p^{2p}$, da gemäß dem Gesagten auch U_p^{2p+1} und U_p^{2p+2} verschwinden. So erhalten wir, wenn wir zuvörderst nur die Glieder mit v^0, v^1 und v^2 beibehalten

$$v'^{2p} = r^{2p} l^p + 2pvr^{2p-1} \varrho\, l^{p-1} + v^2 r^{2p-2} \cdot [p\, l^{p-1}$$

$$+ 2(p^2-p) l^{p-2} \varrho^2] + \cdots$$

$$Jv'^{2p} = r^{2p+2}(- l^{p+1} + 3 \varrho^2 l^p) + vr^{2p+1}[(4-2p)\varrho\, l^p$$

$$+ 6n\varrho^3 l^{p-1}] + v^2 r^{2p}[(2-p) l^p + (13p-2p^2)\varrho^2 l^{p-1}$$

$$+ 6(p^2-p)\varrho^4 l^{p-2}] + \cdots$$

Wir erhalten dann durch die Vertauschung (20)

$$X_p^0 = - l^{p+1} + 3g^2 l^{p+2} + \frac{3}{2}\gamma^2 l^{p+1} \lambda,$$

$$X_p^1 = (-2p+4)g\, l^{p+1} + 6pg^3 l^{p+2} + 9pg\gamma^2 l^{p+1} \lambda,$$

$$X_p^2 = (-p+2) l^p + (-2p^2+13p)\left(g^2 l^{p+1} + \frac{1}{2}\gamma^2 l^p \lambda\right)$$

$$+ 6(p^2-p)\left(g^4 l^{p+2} + 3g^2\gamma^2 l^{p+1} \lambda + \frac{3}{8}\gamma^4 l^p \lambda^2\right).$$

Hieraus folgt dann weiter durch die Vertauschung (21)

$$Y_p^0 = \frac{1}{2} - \frac{1}{p+2} - \frac{3g^2}{2} + \frac{3g^2}{p+3} + \frac{3\gamma^2}{2(p+2)} - \frac{3\gamma^2}{2(p+3)}$$

$$= \frac{1}{2} + \frac{1}{2(p+2)} - \frac{3}{2(p+3)} - \frac{3g^2}{2} - \frac{3g^2}{2(p+2)} + \frac{9g^2}{2(p+3)},$$

$$Y_p^1 = (p-4)g - \frac{10g}{p+2} + \frac{27g}{p+3} + \left(6 - 3p + \frac{18}{p+2} - \frac{45}{p+3}\right)g^3,$$

$$Y_p^2 = -3 + \frac{p}{2} - \frac{10}{p+2} + \frac{27}{p+3} + \left(p^2 - \frac{17}{2}p + 36 - \frac{3}{2(p+1)}\right.$$

$$+ \left.\frac{111}{p+2} - \frac{270}{p+3}\right)g^3 + \left(-3p^2 + 9g - 42 + \frac{9}{2(p+1)}\right.$$

$$- \left.\frac{135}{p+2} + \frac{315}{p+3}\right)p^4,$$

die letzte Formel gilt für $p = 0$ nicht, indem $Y_0^2 = 0$ ist.
Hieraus aber findet man durch die Vertauschung (22)

$$U_p^0 = \sum_{\mu=1}^{\mu=\infty} \frac{2^\mu \cdot v^{2\mu}(\mu + p + 2)!}{(2\mu)!} \left[\left(\frac{1}{2} + \frac{1}{2(p+2)} - \frac{3}{2(p+3)}\right) \cdot \frac{1}{2\mu+1}\right.$$

$$+ \left.\left(-\frac{3}{2} - \frac{3}{2(p+2)} + \frac{9}{2(p+3)}\right)\frac{1}{2\mu+3}\right],$$

$$U_p^1 = \sum_{\mu=1}^{\mu=\infty} \frac{2^{2\mu-1}v^{2\mu}(\mu+p+1)!}{(2p-1)!} \left[\left(-p + 4 + \frac{10}{p+2} - \frac{27}{p+3}\right)\frac{1}{2\mu+3}\right.$$

$$+ \left.\left(3p - 6 - \frac{18}{p+2} + \frac{45}{p+3}\right)\frac{1}{2\mu+3}\right],$$

$$U_p^2 = \sum_{\mu=1}^{\mu=\infty} \frac{2^{2\mu-2}v^{2\mu}(\mu+p)!}{(2\mu-2)!} \left[\left(-3 + \frac{p}{2} - \frac{10}{p+2} + \frac{27}{p+3}\right)\frac{1}{2\mu-1}\right.$$

$$+ \left(p^2 - \frac{17p}{2} + 36 - \frac{3}{2(p+1)} + \frac{111}{p+2} - \frac{270}{p+3}\right)\frac{1}{2\mu+1}$$

$$+ \left.\left(-3p^2 + 9p - 42 + \frac{9}{2(p+1)} - \frac{135}{p+2} + \frac{315}{p+3}\right)\frac{1}{7\mu+3}\right],$$

U_0^2 ist wieder gleich Null.

Da die niedrigste Potenz von v, welche in U_p^3 und U_p^4 vorkommt, die vierte, die niedrigste in U_p^5 und U_p^6 die sechste usw. ist, so erhält man das mit v^2 multiplizierte Glied von U_p, welches wir mit $U_p^{v^2}$ bezeichnen wollen, indem man in $U_p^0 + U_p^1 + U_p^2$ substituiert $\mu = 1$. Man findet so

$$U_p^{v^2} = -\frac{p!(p-1)v^2}{5}, \qquad U_0^{v^2} = -\frac{4v^2}{5}.$$

Faktor des vorigen	Vertauschung	zu machen durch	Ergänzung
$2(\mu + p + 2)$	$-\dfrac{(2\mu+1)(2\mu+3)}{2\mu+a}$	Y_p	$\displaystyle\sum_1 \frac{2^{2\mu-1}v^{2\mu}(\mu+p+1)!}{(2\mu-1)!(2\mu+1)(2\mu+3)}$
$2(\mu + p + 1)$	$\dfrac{(2\mu-1)(2\mu+1)(2\mu+3)}{2\mu+a-1}$	Y_p^2	$\displaystyle\sum_1 \frac{2^{2\mu-2}v^{2\mu}(\mu+p)!}{(2\mu-1)!(1)(2\mu+3)}$
$2(\mu + p)$	$-\dfrac{(2\mu-2)(2\mu-1)(2\mu+1)(2\mu+3)}{2\mu+a-2}$	Y_p^3	$\displaystyle\sum_1 \frac{2^{2\mu-3}v^{2\mu}(\mu+p-1)!}{(2\mu-1)!(2\mu+1)(2\mu+3)}$
. . .	. . .	. . .	. . .
$2(\mu - b + p + 3)$	$\dfrac{(-1)^b(2\mu-b+1)!(2\mu-1)(2\mu+1)(2\mu+3)}{2\mu+a-b+1}$	Y_p^b	$\displaystyle\sum_{b-p-2}^{<\frac{b+1}{2}} \frac{2^{2\mu-b}v^{2\mu}(\mu+p+2-b)!}{(2\mu-1)!(2\mu+1)(2\mu+3)}$
. . .	. . .	. . .	. . .
$2(\mu - p + 3)$	$\dfrac{(2\mu-2p+1)!(2\mu-1)(2\mu+1)(2\mu+3)}{2\mu+a-2p+1}$	Y_p^{2p}	$\displaystyle\sum_{p-2}^{\infty} \frac{2^{2\mu-2p}v^{2\mu}(\mu-p+2)!}{(2\mu-1)!(2\mu+1)(2\mu+3)}$

Wir wollen jetzt zur Berechnung sämtlicher Potenzen von v^2 im Ausdrucke U_p übergehen und dabei die Rechnung dadurch abkürzen, daß wir zuerst den Ausdruck U_p^0 bilden, dann dazu den Ausdruck U_p^1 addieren und wieder möglichst reduzieren usw., zu welchem Behufe vorstehendes Schema (auf S. 451) dienen kann.

Dieses Schema wird folgendermaßen angewendet: Der erste Faktor der ersten Kolumne wird mit

$$- \frac{p^2 + 3p + 3}{(p + 2)(p + 3)}$$

multipliziert. Dazu wird Y_p^1 addiert, worin jedoch g^a mit dem ersten Ausdrucke der zweiten Kolumne zu vertauschen ist. Die so erhaltene Summe bezeichnen wir mit Z_p^1. Würde der erste Ausdruck der letzten Kolumne von Z_p^1 gesetzt, so würde daraus eine Größe entstehen, die wir mit V_p^1 bezeichnen wollen, und welche sich von der früher mit U_p^1 bezeichneten nur dadurch unterscheidet, daß Zähler und Nenner mit $(2\mu + 1)(2\mu + 3)$ multipliziert sind. Wir unterlassen dies jedoch und multiplizieren Z_p^1 mit dem zweiten Faktor der ersten Kolumne und addieren dazu wieder V_p^1, nachdem g^a mit dem betreffenden Ausdrucke der zweiten Kolumne vertauscht worden ist. Die Summe heiße Z_p^2. Würde man vor Z_p^2 die zweite Größe der letzten Kolumne setzen, so würde man V_p^2 erhalten, was wieder mit U_p^2 identisch ist, nur daß im Zähler und Nenner noch der Faktor $(2\mu - 1)(2\mu + 1)(2\mu + 3)$ dazu gekommen ist. Multipliziert man Z_p^2 wieder mit dem Faktor der dritten Kolumne und addiert dazu Y_p^3 mit der entsprechenden Vertauschung usf., so kommt man endlich zu Z_p^b und V_p^2, welches für $\mu \lessgtr (b/2)$ gleich

$$U_p^b \times \frac{(2\mu - b + 1)\bot(2\mu - 1)(2\mu + 1)(2\mu + 3)}{(2\mu - b + 1)\bot(2\mu - 1)(2\mu + 1)(2\mu + 3)} \quad \text{ist.}$$

Nach Formel (22) ist in U_p^b die Summe von $\mu \lessgtr (b/2)$ bis unendlich zu erstrecken. Dank der bei V_p^b im Zähler hinzugetretenen Faktoren darf die Summierung auch von kleineren Werten des μ angefangen werden; aber nicht von einem μ, welches kleiner als $b - p - 2$ wäre, weil sonst in Y der Ausdruck $(-1)!$ aufträte. Es kann daher, solange $\mu < p$ ist, das $v^{2\mu}$ enthaltende Glied $U_p^{v^{2\mu}}$ aus allen V von $V_n^{2\mu}$ bis $V_n^{\mu + p + 2}$ inklusive gebildet werden. Ist $\mu \lessgtr p$, so muß V_p^{2p} verwendet werden. Will man daher möglichst wenige V ausrechnen, so bilde man V_p^{2p}, welches von $\mu = \infty$ bis inklusive $\mu = p - 2$ verwendbar ist, dann V_p^{2p-6} von $\mu = p - 3$ bis $p - 8$ verwendbar, dann V_p^{2p-18} von $p - 9$ bis $p - 20$ verwendbar usf. Will man dagegen zur jeweiligen Berechnung von $U_p^{v^{2\mu}}$ das einfachste V in Anwendung bringen, so berechne man alle V mit geradem Index und suche $U_p^{v^{2\mu}}$ immer aus $V_p^{2\mu}$. Die dem Summenzeichen des Schemas oben und unten angefügten Grenzen bedeuten immer die Werte von μ, für welche das betreffende V noch brauchbar ist. Man findet in dieser Weise:

$$
(24)\begin{cases}
J v'^0 = \quad 2v^2 + 4vr\varrho + r^2(3\varrho^2 - l) \\[2mm]
X_0^0 = \quad 3g^2 l^2 + \dfrac{3}{2}\gamma^2 l\lambda - l \\[2mm]
Y_0^0 = -\dfrac{g}{2} + \dfrac{\gamma^2}{4} = \dfrac{1}{4} - \dfrac{3g^2}{4} \\[2mm]
U_0 = -\displaystyle\sum_{\mu=1}^{\mu=\infty} \dfrac{2^{2\mu-1} v^{2\mu}(\mu+2)!}{(2\mu-1)!\,(2\mu+1)\,(2\mu+3)}
\end{cases}
$$

letzteres nach Formel (22). Eine Anwendung des Schemas wäre hier überflüssig.

$$
(25)\begin{cases}
J v'^2 = r^4(-l^2 - 3\varrho^2 l) + v r^3(2\varrho l + 6\varrho^3) \\[1mm]
\qquad\quad + v^2 r^2(l + 11\varrho^2) + 8\varrho r v^3 + 2v^4 \\[2mm]
X_1^0 = -l^2 + 3g^2 l^3 + \dfrac{3}{2}\gamma l^2\lambda \\[2mm]
X_1^1 = 2g l^2 + 6g^3 l^3 + 9g\gamma^2 l^2\lambda \\[2mm]
X_1^2 = l + 11g^2 l^2 + \dfrac{11}{2}\gamma^2 l\lambda \\[2mm]
Y_1^0 = \dfrac{7}{24} - \dfrac{7}{8}g^2 \\[2mm]
Y_1^1 = \dfrac{5g}{12} - \dfrac{9g^3}{4} \\[2mm]
Y_1^2 = \dfrac{11}{12} - \dfrac{33}{12}g^2 \\[2mm]
Z_1^1 = \dfrac{5}{2}(\mu - 1) \\[2mm]
Z_1^2 = \dfrac{1}{3}(-\mu + 1)(7\mu + 3) \\[2mm]
V_1^2 = U_1 = -\displaystyle\sum_{\mu=2}^{\mu=\infty} \dfrac{2^{2\mu-3} v^{2\mu}(\mu+1)!\,(7\mu+3)}{3\cdot(2\mu-3)!\,(2\mu-1)(2\mu+1)(2\mu+3)}
\end{cases}
$$

Da V_1^2 zur Berechnung aller U dienen kann, so ist es einfach mit U_1 zu identifizieren. Die Summation kann mit $\mu = 2$ beginnen, da $U_1^{v^2}$ verschwindet.

$$Jv'^4 = r^6(-l^3 + 3\varrho^2 l^2) + v r^5 . 12 \varrho^3 l + v^2 r^4 . (18 \varrho^2 l + 12 \varrho^4)$$
$$+ v^3 r^3 (12 \varrho l + 28 \varrho^3) + v^4 r^2 (3l + 27 \varrho^2) + 12 \varrho n^5 r + 2 v^6.$$

Wir wollen jetzt die Größen X_p^0, Y_p^0 nicht mehr aufschreiben, da sie bei Anwendung des Schemas nicht gebraucht werden und ihre Werte schon früher allgemein für jedes p entwickelt wurden.

$$X_2^1 = 12 g^3 l^4 + 18 g \gamma^2 l^3 \lambda$$

$$X_2^2 = 18 g^2 l^3 + 9 \gamma^2 l^2 \lambda + 12 g^4 l^4 + 36 g^2 \gamma^2 l^3 \lambda + \frac{9}{2} \gamma^4 l^2 \lambda^2$$

$$X_2^3 = 12 g l^2 + 28 g^3 l^3 + 42 g \gamma^2 l^2 \lambda$$

$$X_2^4 = 3l + 27 g^2 l^2 + \frac{27}{2} \gamma^2 l \lambda$$

$$Y_2^1 = \frac{9}{10} g - \frac{45}{10} g^3$$

$$Y_2^2 = \frac{9}{10} - \frac{15}{4} g^2 - \frac{21}{4} g^4$$

$$Y_2^3 = \frac{3}{2} g - \frac{21}{2} g^3$$

$$Y_2^4 = \frac{9}{4} - \frac{27}{4} g^2$$

$$V_2^4 = U_2 = \sum_{\mu = 1}^{\mu = \infty} \frac{2^{2\mu - 3} \cdot v^{2\mu} \mu! (\mu - 2)(- 26\mu^3 + 18\mu^2 + 101\mu - 33)}{5 (2\mu - 1)! (2\mu + 1)(2\mu + 3)}$$

$$Jv'^6 = r^8(-l^4 + 3\varrho^2 l^3) + v r^7 (- 2\varrho l^3 + 18 \varrho^3 l^2) + v^2 r^6(-l^3 + 21 \varrho^2 l^2$$
$$+ 36 \varrho^4 l) + v^3 r^5 (12 \varrho l^2 + 76 \varrho^3 l + 24 \varrho^5) + v^4 r^4 (3l^2 + 69 \varrho^2 l$$
$$+ 68\varrho^4) + v^5 r^3 (30 \varrho l + 82 \varrho^3) + v^6 r^2 (5l + 51\varrho^2) + 16 \varrho v^7 r + 2 v^8.$$

$$X_3^1 = - 2 g l^4 + 18 g^3 l^5 + 27 g \gamma^2 l^4 \lambda$$

$$X_3^2 = - l^3 + 21 g^2 l^4 + \frac{21}{2} \gamma^2 l^3 \lambda + 36 g^4 l^5 + 108 g^2 \gamma^2 l^4 \lambda + \frac{27}{2} \gamma^4 l^3 \lambda^2$$

$$X_3^3 = 12 g l^3 + 76 g^3 l^4 + 114 g \gamma^2 l^3 \lambda + 24 g^5 l^5 + 120 g^3 \gamma^2 l^4 \lambda + 45 g \gamma^4 l^3 \lambda^2$$

$$X_3^4 = 3 l^2 + 69 g^2 l^3 + \frac{69}{2} \gamma^2 l^2 \lambda + 68 g^4 l^4 + 204 g^2 \gamma^2 l^3 \lambda + \frac{51}{2} \gamma^4 l l \lambda$$

$$X_3^5 = 30 g l^2 + 82 g^3 l^3 + 123 g \gamma^2 l^2 \lambda$$

$$X_3^6 = 5 l + 51 g^2 l^2 + \frac{51}{2} \gamma^2 l \lambda$$

$$Y_3^1 = \frac{3}{2}g - \frac{69}{10}g^3$$

$$Y_3^2 = 1 - \frac{147}{40}g^2 - \frac{615}{40}g^4$$

$$Y_3^3 = \frac{69}{20}g - 26g^3 - \frac{45}{4}g^5$$

$$Y_3^4 = \frac{129}{40} - \frac{93}{8}g^2 - \frac{119}{4}g^4$$

$$Y_3^5 = \frac{21}{4}g - \frac{123}{4}g^3$$

$$Y_3^6 = \frac{17}{4} - \frac{51}{4}g^2$$

$$Z_3^1 = \frac{1}{5}(47\mu - 23)$$

$$Z_3^2 = \frac{1}{10}(-534\mu^2 + 593\mu - 74)$$

$$Z_3^3 = \frac{1}{5}(818\mu^3 - 1597\mu^2 - 55\mu + 779)$$

$$Z_3^4 = \frac{1}{5}(-1416\mu^4 + 4242\mu^3 - 227\mu^2 - 7783\mu + 4824)$$

$$Z_3^5 = \frac{1}{5}(1248\mu^5 - 5388\mu^4 + 1730\mu^3 + 13740\mu^2 - 11978\mu - 792)$$

$$Z_3^6 = \frac{4}{5}(-56\mu^6 + 366\mu^5 - 325\mu^4 - 1035\mu^3 + 471\mu^2 + 1389\mu - 1530)$$

$$V_3^6 = U_3 = \sum_{\mu=1}^{\mu=\infty} \frac{2^{2\mu-4} \, v^{2\mu} \, (\mu-1)!}{5(2\mu-1)! \, (2\mu+1)(2\mu+3)}$$

$$\times [-56\mu^6 + 366\mu^5 - 325\mu^4 - 1035\mu^3 + 471\mu^2 + 1389\mu - 1530].$$

Auch hier fällt V_3^6 noch unbedingt mit U_3 zusammen. Für $p = 4$ finden wir:

$$Jv'^8 = r^{10}(-l^5 + 3\varrho^2 l^4) + vr^9(-4\varrho l^4 + 24\varrho^3 l^3) + v^2 r^8(-2l^4$$
$$+ 20\varrho^2 l^3 + 72\varrho^4 l^2) + v^3 r^7(8\varrho l^3 + 136\varrho^3 l^2 + 96\varrho^5 l) + v^4 r^6(2l^3$$
$$+ 114\varrho^2 l^2 + 256\varrho^4 l + 48\varrho^6) + v^5 r^5(48\varrho l^2 + 296\varrho^3 l + 160\varrho^5)$$
$$+ v^6 r^4(8l^2 + 180\varrho^2 l + 232\varrho^4) + v^7 r^3(56\varrho l + 184\varrho^3)$$
$$+ v^8 r^2(7l + 83\varrho^2) + v^9 r \cdot 20\varrho + 2v^{10}.$$

$$X_4^0 = \frac{1}{3} + 3g^2 l^6 + \frac{3}{2}\gamma^2 l^5 \lambda,$$

$$X_4^1 = -4g l^5 + 24g^3 l^6 + 36g\gamma^2 l^5 \lambda,$$

$$X_4^2 = \frac{6}{10} + 20g^2 l^5 + 10\gamma^2 l^4 \lambda + 72g^4 l^6 + 216g^2\gamma^2 l^5 \lambda + 27\gamma^4 l^4 \lambda^2,$$

$$X_4^3 = 8g l^4 + 136g^3 l^5 + 204g\gamma^2 l^4 \lambda + 96g^5 l^6 + 480g^3\gamma^2 l^5 \lambda + 180g\gamma^4 l^4 \lambda^2,$$

$$X_4^4 = -\frac{1}{2} + 114g^2 l^4 + 57\gamma^2 l^3 \lambda + 256g^4 l^5 + 768g^2\gamma^2 l^4 \lambda + 96\gamma^4 l^3 \lambda^2 + 48g^6 l^6 + 360g^4\gamma^2 l^5 \lambda + 270g^2\gamma^4 l^4 \lambda^2 + 15\gamma^6 l^3 \lambda^3,$$

$$X_4^5 = 48g l^3 + 296g^3 l^4 + 444g\gamma^2 l^3 \lambda + 160g^5 l^5 + 800g^3\gamma^2 l^4 \lambda + 300g\gamma^4 l^3 \lambda^2,$$

$$X_4^6 = -\frac{4}{3} + 180g^2 l^3 + 90g^2 l^2 \lambda + 232g^4 l^4 + 696g^2\gamma^2 l^3 \lambda + 87\gamma^4 l^2 \lambda^2,$$

$$X_4^7 = 56g l^2 + 184g^3 l^3 + 276g\gamma^2 l^2 \lambda,$$

$$X_4^8 = 83g^2 l^2 + \frac{83}{2}\gamma^2 l \lambda,$$

$$Y_4^0 = \frac{31}{84}(1 - 3g^2)$$

$$Y_4^1 = \frac{1}{21}(46g - 198g^3),$$

$$Y_4^2 = \frac{1}{105}(125 - 249g^2 - 3213g^4),$$

$$Y_4^3 = \frac{1}{105}(642g - 4634g^3 - 4620g^5),$$

$$Y_4^4 = \frac{1}{420}(1704 - 5208g^2 - 44345g^4 - 9765g^6).$$

$$Y_4^5 = \frac{1}{15}(228g - 1415g^3 - 1125g^5),$$

$$Y_4^6 = \frac{1}{30}(272 - 705g^2 - 3045g^4),$$

$$Y_4^7 = \frac{1}{3}(41g - 207g^3),$$

$$Y_4^8 = \frac{83}{12}(1 - 3g^2).$$

$$Z_4^1 = \frac{1}{7}(91\mu - 42),$$

$$Z_4^2 = \frac{1}{105}(-10618\mu^2 + 12394\mu - 1965),$$

$$Z_4^3 = \frac{2}{105}(23830\,\mu^3 - 51126\,\mu^2 + 13763\,\mu + 12588),$$

$$Z_4^4 = \frac{2}{105}(-67568\,\mu^4 + 229500\,\mu^3 - 125755\,\mu^2 - 215925\,\mu$$
$$+ 172188),$$

$$Z_4^5 = \frac{4}{105}(61904\,\mu^5 - 305084\,\mu^4 + 308437\,\mu^3 + 447563\,\mu^2$$
$$- 852912\,\mu + 317412),$$

$$Z_4^6 = \frac{8}{105}(-35480\,\mu^6 + 239232\,\mu^5 - 403865\,\mu^4 - 327075\,\mu^3$$
$$+ 1223110\,\mu^2 - 550662\,\mu - 190620),$$

$$Z_4^7 = \frac{16}{105}(11000\,\mu^7 - 97608\,\mu^6 + 252035\,\mu^5 - 10185\,\mu^4$$
$$- 702730\,\mu^3 + 540288\,\mu^2 + 249120\,\mu - 287280),$$

$$Z_4^8 = \frac{8}{105}(\mu - 1)(-2480\,\mu^7 + 27888\,\mu^6 - 84140\,\mu^5 + 28980\,\mu^4$$
$$+ 184135\,\mu^3 - 392343\,\mu^2 + 316710\,\mu - 521640).$$

Gemäß des Schemas findet man V_4^8, indem man vor diesen Ausdruck setzt.

$$\sum_2^\infty \frac{2^{2\,\mu-8}\,v^{2\,\mu}(\mu - 2)!}{(2\mu - 1)!\,(2\mu + 1)(2\mu + 3)}.$$

Da diese Summe für $\mu = 1$ ungültig wird, also nicht mehr geeignet ist, das mit v^2 behaftete Glied von U_4 zu finden, so muß dieses Glied aus solchen Z_4 berechnet werden, deren oberer Index kleiner als acht ist. Z_4^2 bis Z_4^7 inklusive sind dazu geeignet. Am einfachsten wird die Rechnung, wenn man Z_4^2 verwendet. Setzt man die Größe, welche in der letzten Kolumne der Tabelle neben Y_p^2 steht, zu Z_4^2 und substituiert $p = 4$, so findet man

$$(27)\quad \sum \frac{2^{2\,\mu-2}\,v^{2\,\mu}(\mu + 4)!}{(2\mu - 1)!\,(2\mu + 1)(2\mu + 3)} \cdot \frac{1}{105}(-10618\,\mu^2 + 12394\,\mu - 1965).$$

Diese Formel liefert nur für $\mu = 1$ einen richtigen Wert, nämlich $-72\,v^2/5$. Dies ist also das mit v^2 behaftete Glied von U_4 in Übereinstimmung mit dem früher gefundenen. Es ist also:

$$(28)\quad \begin{cases} U_4 = -\frac{72\,v^2}{5} + \sum_{\mu=2}^{\mu=\infty} \frac{2^{2\,\mu-5}(\mu-1)!\,v^{2\,\mu}}{105\,(2\mu-1)!\,(2\mu+1)(2\mu+3)}\cdot(-2480\,\mu^7 \\ \qquad + 27888\,\mu^6 - 84140\,\mu^5 + 28980\,\mu^4 + 184135\,\mu^3 \\ \qquad - 392343\,\mu^2 + 316710\,\mu - 521640). \end{cases}$$

Diese Formeln finden eine doppelte Anwendung; erstens

können sie dazu dienen, um $\psi(x)$ in eine nach Potenzen von x oder $x\,e^{-x}$ fortschreitende Reihe zu entwickeln.

Im ersten Falle setze man $\psi(x) = \sum\limits_{p=0}^{p=\infty} c_p\,x^p$, wodurch sich

die Gleichung (12) verwandelt in $v^2\,e^{v^2} + \sum\limits_{p=0}^{p=\infty} c_p\,U_p = 0$. Wird

diese Gleichung nach Potenzen von v^2 geordnet, so kann man die q ersten der Koeffizienten c, also $c_0, c_1 \ldots c_{q-1}$ so bestimmen, daß die q ersten Glieder der Gleichung, also die mit $v^2, v^4 \ldots v^{2q}$ behafteten verschwinden. Macht man q größer und größer, so kann man in dieser Weise mehr und mehr Koeffizienten c bestimmen. Im zweiten Falle bestimmt man die c wie früher, setzt aber dann

$$(29)\quad \begin{cases} \psi(x) = \sum\limits_{m=0}^{m=\infty} a_m\,x^m\,e^{-x} = a_0 + a_1\,x + \left(a_2 - \dfrac{a_1}{1!}\right)x^2 \\[2mm] \qquad + \left(a_3 - \dfrac{a_2}{1!} + \dfrac{a_1}{2!}\right)x^3 + \left(a_4 - \dfrac{a_3}{1!} + \dfrac{a_2}{2!} - \dfrac{a_1}{3!}\right)x^4 + \cdots \end{cases}$$

und bestimmt, nachdem die c gefunden sind, aus den Gleichungen

$$(30)\qquad a_0 = c_0,\quad a_1 = c_1,\quad a_2 - \frac{a_1}{1!} = c_2 \ldots$$

die Koeffizienten a; doch sind die betreffenden Reihenentwicklungen wenig konvergent. Eine zweite Anwendung finden diese Formeln, indem sie eine wichtige Kontrolle der späteren Rechnungen liefern, in denen ψ als eine unbestimmt gelassene Funktion aufgefaßt wird. Man braucht dann nur $\psi = x^b$ zu setzen, so müssen die allgemeinen Formeln in die jetzt entwickelten übergehen. Zu diesem Behufe stelle ich hier noch folgende numerische Werte zusammen:

$$(31)\quad \begin{cases} U_0 = -\dfrac{4\,v^2}{5} - \dfrac{32\,v^4}{5\cdot 7} - \dfrac{32\,v^6}{7\cdot 9} - \dfrac{128\,v^8}{7\cdot 9\cdot 11} - \dfrac{64\,v^{10}}{9\cdot 11\cdot 13} - \cdots \\[3mm] U_1 = \qquad\quad -\dfrac{4\cdot 17\,v^4}{3\cdot 5\cdot 7} - \dfrac{8\cdot 32\,v^6}{5\cdot 7\cdot 9} - \dfrac{32\cdot 31\,v^8}{3\cdot 7\cdot 9\cdot 11} - \dfrac{256\cdot 19\,v^{10}}{3\cdot 7\cdot 9\cdot 11\cdot 13} - \cdots \\[3mm] U_2 = -\dfrac{2\,v^2}{5} \qquad\quad -\dfrac{12\,v^6}{5\cdot 7} - \dfrac{32\cdot 67\,v^8}{5\cdot 7\cdot 9\cdot 11} - \dfrac{64\cdot 97\,v^{10}}{3\cdot 5\cdot 7\cdot 11\cdot 13} - \cdots \\[3mm] U_3 = -\dfrac{12\,v^2}{5} - \dfrac{74\,v^4}{5\cdot 7} + \dfrac{16\,v^6}{3\cdot 5\cdot 7} + \dfrac{4\cdot 251\,v^8}{5\cdot 7\cdot 9\cdot 11} - \dfrac{128\cdot 97\,v^{10}}{5\cdot 7\cdot 9\cdot 11\cdot 13} - \cdots \\[3mm] U_4 = -\dfrac{72\,v^2}{5} - \dfrac{16\cdot 37\,v^4}{5\cdot 7} - \dfrac{20\,v^6}{3} + \dfrac{64\,v^8}{7\cdot 9} + \dfrac{72668\,v^{10}}{5\cdot 7\cdot 9\cdot 11\cdot 13} + \cdots \end{cases}$$

$$(32) \begin{cases} U_0\, e^{-v^2} = -\dfrac{4\,v^2}{5} - \dfrac{4\,v^4}{5\cdot 7} + \dfrac{2\,v^6}{5\cdot 7\cdot 9} - \dfrac{2\,v^8}{5\cdot 7\cdot 9\cdot 11}\cdots \\[2ex] U_1\, e^{-v^2} = \qquad\quad\; -\dfrac{68\,v^4}{3\cdot 5\cdot 7} - \dfrac{52\,v^6}{5\cdot 7\cdot 9} + \dfrac{122\,v^8}{3\cdot 5\cdot 7\cdot 9\cdot 11}\cdots \\[2ex] U_2\, e^{-v^2} = -\dfrac{2\,v^2}{5} + \dfrac{2\,v^4}{5} - \dfrac{19\,v^6}{5\cdot 7} - \dfrac{725\,v^8}{5\cdot 7\cdot 9\cdot 11}\cdots \\[2ex] U_3\, e^{-v^2} = -\dfrac{12\,v^2}{5} + \dfrac{10\,v^4}{5\cdot 7} + \dfrac{112\,v^6}{3\cdot 5\cdot 7} - \dfrac{1801\,v^8}{5\cdot 7\cdot 9\cdot 11}\cdots \end{cases}$$

Ich will jetzt sogleich zur Entwicklung des mehrfachen Integrals der Gleichung (12) für den Fall übergehen, daß über die Form der Funktion ψ keine spezielle Voraussetzung gemacht wird.

VIII. Einführung der Geschwindigkeiten beider Moleküle vor dem Stoße und deren Winkel als Integrationsvariable und Berechnung von ψ für große Argumente.

Für gewisse Betrachtungen ist es besser, die im Titel zitierten Variabeln statt der relativen Geschwindigkeit einzuführen. Wir schreiben zu diesem Zwecke die Gleichung (12) wie folgt:

$$(33) \qquad\qquad v^2 + P - Q - R = 0,$$

wobei

$$(34) \quad \left\{ P = \frac{e^{-v^2}}{2\,\pi} \int\limits_0^\infty e^{-r^2} r^3\, dr \int\limits_0^\pi \gamma\, dG\, e^{-2vrg} \int\limits_0^{\pi/2} s\,\sigma\, dS \int\limits_0^{2\pi} dO \cdot 2\,J\,\psi(v'^2) \right.$$

$$(35) \quad \left\{ Q = \frac{e^{-v^2}}{2\,\pi} \int\limits_0^\infty e^{-r^2} r^3\, dr \int\limits_0^\pi \gamma\, dG\, e^{-2vrg} \int\limits_0^{\pi/2} s\,\sigma\, dS \int\limits_0^{2\pi} dO \cdot J_0\,\psi(v_1^2) \right.$$

$$(36) \quad \left\{ R = \frac{e^{-r^2}}{2\,\pi} \int\limits_0^\infty e^{-r^2} r^3\, dr \int\limits_0^\pi \gamma\, dG\, e^{-2vrg} \int\limits_0^{\pi/2} s\,\sigma\, dS \int\limits_0^{2\pi} dO \cdot 2\,v^2\,\psi(v^2) \right.$$

und J, J_1, v', v_1 durch die Gleichungen (13) gegeben sind. Bezeichnen wir die wirklichen Geschwindigkeiten der Moleküle vor dem Stoße mit v^w und v_1^w und die wirkliche Relativgeschwindigkeit r^w, so ist

$$(37) \qquad\qquad v = v^w \sqrt{h}, \quad v_1 = v_1^w \sqrt{h}, \quad r = r^w \sqrt{h}.$$

Bezeichnen wir den Winkel zwischen v^w und v_1^w mit T, dessen Kosinus mit t, dessen Sinus τ, so finden wir aus der nebenstehenden Figur sofort die Gleichungen

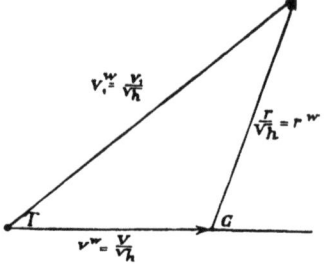

$$(38) \quad \begin{cases} v + r\,g = v_1\,t \\ r\,\gamma = v_1\,\tau \\ r^2 = v^2 + v_1^2 - 2\,v\,v_1\,t \\ v_1^2 = v^2 + r^2 + 2\,v\,r\,g. \end{cases}$$

Bestimmen wir das Flächenelement der Ebene (v^w, v_1^w, r) einmal durch die Polarkoordinaten r^w, G, dann durch die Polarkoordinaten v_1^w, T, so ergibt sich

$$(39) \qquad\qquad r\,dr\,dG = v_1\,dv_1\,dT.$$

(Die Betrachtung von Volumelementen liefert

$$r^2\,\gamma\,dr\,dG\,dK = v_1^2\,\tau\,dv_1\,dT\,dK.)$$

Führen wir diese Werte in die obigen bestimmten Integrale ein, so ergibt sich:

$$(40) \quad P = \frac{1}{2\pi} \int_0^\infty e^{-v_1^2}\,v_1^2\,dv_1 \int_0^\pi r\,\tau\,dT \int_0^{\pi/2} s\,\sigma\,dS \int_0^{2\pi} dO\,2J\psi(v'^2),$$

$$(41) \quad Q = \frac{1}{2\pi} \int_0^\infty e^{-v_1^2}\,v_1^2\,dv_1 \int_0^\pi r\,\tau\,dT \int_0^{\pi/2} s\,\sigma\,dS \int_0^{2\pi} dO\,J_0\,\psi(v_1^2),$$

$$(42) \quad R = \frac{1}{2\pi} \int_0^\infty e^{-v_1^2}\,v_1^2\,dv_1 \int_0^\pi r\,\tau\,dT \int_0^{\pi/2} s\,\sigma\,dS \int_0^{2\pi} dO\,2v^2\,\psi(v^2),$$

wobei

$$r = \sqrt{v^2 + v_1^2 - 2\,v\,v_1\,t}.$$

Ferner findet man durch Einführung derselben Variabeln in die Ausdrücke

$$(43) \quad v'^2 = v^2 s^2 + v_1^2\,\sigma^2 - 2\,v\,v_1\,s\,\sigma\,\tau\,o,$$

$$(44) \quad J_0 = v_1^2(3t^2 - 1)$$

$$(45) \quad \begin{cases} J = v^2 s^2(3s^2 - 1) + v\,v_1[6s^2\,\sigma^2\,t - 2\,s\,\sigma\,\tau\,o(3s^2 - 1)] \\ \qquad + v_1^2[-\sigma^2 + 3t^2\,\sigma^4 + 3s^2\,\sigma^2\,\tau^2\,o^2 - 6s\,\sigma^3\,t\,\tau\,o]. \end{cases}$$

Wir wollen zuerst die Integrale (41) und (42) berechnen. $v^2 \psi(v^2)$ kann vor alle Integralzeichen gesetzt werden; $v_1^2 \psi(v_1^2)$ vor alle bis auf das nach v_1.

$$\frac{1}{2\pi} \int\limits_0^{\pi/2} s\, \sigma\, dS \int\limits_0^{2\pi} dO \quad \text{ist gleich} \quad \frac{1}{2}.$$

Führen wir statt T die Variable r ein, so ist

$$\tau\, dT = \frac{r\, dr}{v\, v_1}, \quad 3t^2 - 1 = \frac{3r^4 - 6(v^2 + v_1^2) r^2 + 3v^4 + 2v^2 v_1^2 + 3v_1^4}{4v^2 v_1^2},$$

daher

$$\int\limits_0^\pi r\, \tau\, dT = 2v + \frac{2v_1^2}{3v} \quad \text{oder} \quad 2v_1 + \frac{2v^2}{3v_1},$$

$$\int\limits_0^\pi (3t^2 - 1) r\, \tau\, dT = \frac{4v_1^2}{5v^3} \left(\frac{v_1^2}{7} - \frac{v^2}{3} \right) \quad \text{oder} \quad \frac{4v^2}{5v_1^3} \left(\frac{v^2}{7} - \frac{v_1^2}{3} \right),$$

je nachdem $v > v_1$ oder $v < v_1$ Es ist also

(46) $\qquad R = v^2 \psi(v^2) \left[\frac{1}{2} e^{-v^2} + \left(v + \frac{1}{2v} \right) \int\limits_0^v dx\, e^{-x^2} \right],$

(47)
$$\begin{cases} Q = \dfrac{2}{5v^3} \int\limits_0^v e^{-v_1^2} \psi(v_1^2) v_1^6\, dv_1 \left[\dfrac{v_1^2}{7} - \dfrac{v^2}{3} \right] \\[3ex] \qquad + \dfrac{2v^2}{5} \int\limits_v^\infty e^{-v_1^2} \psi(v_1^2) v_1\, dv_1 \left[\dfrac{v^2}{7} - \dfrac{v_1^2}{3} \right]. \end{cases}$$

Eine ähnliche Vereinfachung von P wäre nur möglich, wenn man v' samt passenden Winkeln als Integrationsvariabeln einführen würde, was ich bisher noch nicht versucht habe.

Die entwickelten Gleichungen geben uns ein Mittel in die Hand, zwar noch nicht die Funktion ψ vollständig, wohl aber die Grenze zu bestimmen, welcher dieselbe für sehr große Werte des v zueilt. Die Gleichung (46) liefert

$$R = v^2 \psi(v^2) \left[\left(v + \frac{1}{2v} \right) \int\limits_0^\infty dx\, e^{-x^2} + \frac{1}{2} e^{-v^2} - \left(v + \frac{1}{2v} \right) \int\limits_v^\infty dx\, e^{-x^2} \right].$$

Nun ist

$$\int\limits_0^\infty dx\, e^{-x^2} = \int\limits_0^\infty dx\, e^{-(x+v)^2} < e^{-v^2} \int\limits_0^\infty dx\, e^{-x^2}.$$

Es ist also, wenn man Glieder von der Ordnung $v\,e^{-v^2}$ und geringerer vernachlässigt

(48) $$R = \frac{\sqrt{\pi}}{2}\, v^2\, \psi(v^2) \cdot \left(v + \frac{1}{2\,v}\right)$$

Die hier vernachlässigten Glieder könnte man auch noch durch eine Reihenentwicklung ausgedrückt hinzunehmen, wenn man von der semikonvergenten Reihe Gebrauch machte:

$$\int_v^\infty e^{-x^2} x^{2n}\,dx = \frac{v^{2n-1}}{2}\, e^{-v^2} + \left(n - \frac{1}{2}\right)\int_v^\infty e^{-x^2} x^{2n-2}\,dx$$

$$= \frac{v^{2n-1}\,e^{-v^2}}{2}\left[1 + \frac{n - \frac{1}{2}}{v^2} + \frac{\left(n - \frac{1}{2}\right)\left(n - \frac{3}{2}\right)}{v^4}\right.$$

$$\left. + \frac{\left(n - \frac{1}{2}\right)\left(n - \frac{3}{2}\right)\left(n - \frac{5}{2}\right)}{v^6}\cdots\right],$$

wodurch man findet:

(49) $$\begin{cases} R = \dfrac{v^2}{2}\,\psi(v^2)\left\{\sqrt{\pi}\left(v + \dfrac{1}{2\,v}\right) + e^{-v^2}\left[1 - \left(1 + \dfrac{1}{2\,v^2}\right)\right.\right. \\[2mm] \left.\left(1 - \dfrac{1}{2\,v^2} + \dfrac{1\cdot 3}{4\,v^4} - \dfrac{1\cdot 3\cdot 5}{8\,v^6} + \cdots\right)\right]\Big\} \\[2mm] = \dfrac{v^2}{2}\sqrt{\pi}\,\psi(v^2)\left[\left(v + \dfrac{1}{2\,v}\right)\right. \\[2mm] \left. - \dfrac{e^{-v^2}}{\sqrt{\pi}}\left(\dfrac{1\cdot 2}{4\,v^4} - \dfrac{1\cdot 3\cdot 4}{8\,v^6} + \dfrac{1\cdot 3\cdot 5\cdot 6}{16\,v^8} - \cdots\right)\right]. \end{cases}$$

Wir erhalten weiter aus Formel (47)

(50) $$\begin{cases} Q = \dfrac{2}{5\,r^3}\displaystyle\int_0^\infty e^{-v_1^2}\,\psi(v_1^2)\,v_1^6\,dv_1\left(\dfrac{r_1^2}{7} - \dfrac{v^2}{3}\right) \\[3mm] + \dfrac{2}{5}\displaystyle\int_v^\infty e^{-v_1^2}\,\psi(v_1^2)\,v_1\,dv_1\left(\dfrac{v^4}{7} - \dfrac{v_1^2\,v^2}{3} + \dfrac{v_1^5}{3\,v} - \dfrac{v_1^7}{7\,v^3}\right) \end{cases}$$

Wenn nun $\psi(v^2)$ für große v unendlich klein, endlich oder höchstens unendlich groß wie eine endliche Potenz von v wird, so ist die zweite Zeile unendlich klein wie eine endliche Potenz von v multipliziert mit e^{-v^2}. Es ist also mit Vernachlässigung derartiger Glieder

$$(51) \quad Q = -\frac{2}{15v}\int_0^\infty e^{-v_1^2}\,\psi(v_1^2)\,v_1^6\,dv_1 + \frac{2}{35v^3}\int_0^\infty e^{-v_1^2}\,\psi(v_1^2)\,v_1^8\,dv_1\,,$$

wobei natürlich zu bemerken ist, daß dies nicht mehr gültig wäre, wenn $\psi(v^2)$, dividiert durch jede endliche Potenz von v unendlich groß für wachsende v würde.

Berechnet man aus Gleichung (14) die Zahl N' der Moleküle in der Volumeinheit, für welche ξ, η und ζ zwischen Null und $+\infty$ liegen, so findet man:

$$(52) \quad N' = C\,\frac{\pi\sqrt{\pi}}{8} + C\,\frac{\pi}{2}\,qy - \frac{q}{6\pi^2\delta^2}\int_0^\infty v^4\,e^{-v^2}\,\psi(v^2)\,dv\,,$$

wobei $C\sqrt{\pi^3}$ die Anzahl der Moleküle in der Volumeinheit überhaupt ist. Da nun N' notwendig endlich ist, so muß auch

$$\int_0^\infty v^4\,e^{-v^2}\,\psi(v^2)\,dv$$ endlich sein. Aus der Gleichung (15) folgt

übrigens sofort, daß auch $\int_0^\infty v^6\,e^{-hv^2}\,\psi(v^2)\,dv$ endlich sein muß.

Es ist nur noch der Wert der Größe P zu ermitteln, zu welchem Behufe ich die Formel (40) benutzen will.

In dieser Formel soll statt S die Variable $x = s^2$ eingeführt werden und soll die Größe P in zwei Summanden P_1 und P_2 zerlegt werden, wovon in ersterem die Integration bezüglich x von ε bis 1, in letzterem von Null bis ε erstreckt werden soll. Die Größe ε soll eine sehr kleine Größe sein, welche wir so wählen können, wie es uns nachher am besten paßt. Wir machen nun wieder die Annahme, daß $\psi(x)$ für endliche Werte von x gar nicht, für wachsende x aber höchstens wie eine endliche Potenz von x unendlich wird. Dann liefert derjenige Teil des Integrals P, in welchem v_1 Werte hat, die nicht gegen v verschwinden, wegen des Faktors $e^{-v_1^2}$ nur einen Gesamtbetrag, welcher kleiner ist, als jede endliche Potenz von $1/v$. Wenn wir derartige Größen vernachlässigen, so können wir daher in P, daher sowohl in P_1 als auch in P_2, voraussetzen, daß v_1 klein gegen v ist.

Wir wollen nun ε klein gegen eins, aber groß gegen v_1^2/v^2 wählen und über die Funktion ψ noch die weitere Annahme machen, daß sich $\psi(a + \alpha)$ nach dem Taylorschen Lehrsatze entwickeln läßt, sobald a sehr groß, α dagegen klein ist. Dann können wir in P_1 die Funktion ψ durchgehends nach dem Taylorschen Lehrsatze entwickeln, wodurch wir erhalten:

$$(53) \begin{cases} \psi(v'^2)\,\psi_s = -2\,vv_1\,\tau s\sigma o\,\psi_s' + v_1^2\,(\sigma^2\,\psi_s' + 2v^2s^2\sigma^2\tau^2 o^2\,\psi_s'') \\[4pt] \quad + v_1^3\left(-2vs\,\sigma^3\tau o\,\psi_s'' - \dfrac{4}{3}\,v^3 s^3\,\sigma^3\tau^3 o^3\,\psi_s'''\right) \\[4pt] \quad + v_1^4\left(\dfrac{\sigma^4}{2}\,\psi_s'' + 2v^2 s^2\sigma^4\tau^2 o^2\,\psi_s''' + \dfrac{2}{3}\,v^4 s^4\sigma^4\tau^4 o^4\,\psi_s^{IV}\right)\ldots \end{cases}$$

$$\frac{1}{2\pi}\int_0^{2\pi} J.\,\psi(v'^2)\,dO = v^2\,\psi_s\,s^2(3s^2 - 1) + 6\,vv_1\,s^2\sigma^2 t\,\psi_s$$

$$+ v_1^2\left[\left(-\sigma^2 + 3\sigma^4 t^2 + \frac{3}{2}s^2\sigma^2\tau^2\right)\psi_s + v^2 s^2\sigma^2(3s^2 - 1)\right.$$

$$\left.(1 + 2\tau^2)\psi_s' + v^4 s^4\sigma^2(3s^2 - 1)\tau^2\psi_s''\right]$$

$$+ v_1^3\left[6vs^2\sigma^4 t(1 + \tau^2)\psi_s' + 6v^3 s^4\sigma^4 t\tau^2\psi_s''\right]$$

$$+ v_1^4\left[\left(-\sigma^4 + 3\sigma^6 t^2 + \frac{3}{2}s^2\sigma^4\tau^2\right)\psi_s' + \left\{\frac{s^2\sigma^4}{2}(3s^2 - 1)(1 + 4\tau^2)\right.\right.$$

$$\left. - s^2\sigma^4\tau^2 + 3s^2\sigma^6 t^2\tau^2 + \frac{9}{4}s^4\sigma^4\tau^4\right\}v^2\psi_s''$$

$$\left. + v^4 s^4\sigma^4(3s^2 - 1)\tau^2(1 + \tau^2)\psi_s''' + \frac{1}{4}v^6 s^6\sigma^4(3s^2 - 1)\tau^4\psi_s^{IV}\right] + \cdots,$$

wobei der Index s anzeigt, daß unter dem betreffenden Funktionszeichen $v^2 s^2$ stehen soll. Es ist weiter

$$(54) \begin{cases} r = v\left(1 - \dfrac{2v_1 t}{v} + \dfrac{v_1^2}{v^2}\right)^{\frac{1}{2}} \\[6pt] \quad = v - v_1 t + \dfrac{v_1^2\tau^2}{2v} + \dfrac{v_1^3 t\tau^2}{2v^2} + \dfrac{v_1^4(4\tau^2 - 5\tau^4)}{8v^3} + \cdots, \end{cases}$$

daher:

$$\int_0^\pi \frac{r\tau\,dT}{2\pi}\int_0^{2\pi} J\,\psi(v'^2)\,dO = 2v^3\,\psi_s(3s^4 - s^2) + r_1^2\left\{v\psi_s\left(6s^4 - \frac{14}{3}s^2\right)\right.$$

$$+ \frac{14}{3}v^3\psi_s'\,s^2\sigma^2(3s^2 - 1) + \frac{4}{3}v^5\psi_s''\,s^4\sigma^2(3s^2 - 1)\Big\}$$

$$+ r_1^4\left\{\frac{2}{15v}\psi_s\,\sigma^2(9s^2 - 2) + v\psi_s'\,s^2\sigma^2\left(\frac{52}{15} - \frac{54\sigma^2}{5}\right)\right.$$

$$+ v^3\psi_s''\left[-\frac{8}{15}s^2\sigma^4 + \frac{s^2\sigma^2}{15}(3s^2 - 1)(8 + 27\sigma^2)\right]$$

$$+ v^5\psi_s'''\,\frac{12}{5}s^4\sigma^4(3s^2 - 1) + v^7\psi_s^{IV}\cdot\frac{4}{15}s^6\sigma^4(3s^2 - 1)\Big\} + \cdots,$$

$$\frac{1}{2\pi}\int_0^\infty e^{-v_1^2}v_1^2\,dv_1\int_0^\pi \frac{r\iota\,dT}{2\pi}\int_0^{2\pi} J\,\psi\,(v'^2)\,dO = \frac{\sqrt{\pi}\,v^3}{2}\,\psi_s(3\,s^4 - s^2)$$

$$+ \frac{3\sqrt{\pi}}{4}\,v\,\psi_s\left(3\,s^4 - \frac{7}{3}\,s^2\right) + \frac{7\sqrt{\pi}}{4}\,v^3\,\psi_s'\,s^2\,\sigma^2(3\,s^2 - 1)$$

$$+ \frac{\sqrt{\pi}}{2}\,v^5\,\psi_s''\,s^4\,\sigma^2(3\,s^2 - 1) + \frac{\sqrt{\pi}}{8\,v}\,\psi_s'\,\sigma^2(9\,s^2 - 2)$$

$$+ \frac{\sqrt{\pi}}{8}\,v\,\psi_s'\,s^2\,\sigma^2(81\,s^2 - 55)$$

$$+ \sqrt{\pi}\,v^3\,\psi_s''\left[-\frac{s^2\,\sigma^4}{2} + \frac{s^2\,\sigma^2}{16}(3\,s^2 - 1)(8 + 29\,\sigma^2)\right]$$

$$+ \frac{9\sqrt{\pi}}{4}\,v^5\,\psi_s'''\,s^4\,\sigma^4(3\,s^2 - 1) + \frac{\sqrt{\pi}}{4}\,v^7\,\psi_s^{\mathrm{IV}}\,s^6\,\sigma^4(3\,s^2 - 1) + \dots,$$

$$(55)\begin{cases}
P_1 = \sqrt{\pi}\,v^3\int_\varepsilon^1 s\,(3\,s^4 - s^2)\,\psi\,(v^2\,s^2)\,ds \\[2mm]
\quad + \frac{\sqrt{\pi}}{2}\,v\int_\varepsilon^1 s\,[(9\,s^4 - 7\,s^2)\psi(v^2 s^2) + 7(1 - s^2)(3\,s^4 - s^2)v^2\psi'(v^2 s^2) \\[2mm]
\quad + 2\,s^4(1 - s^2)(3\,s^2 - 1)v^4\,\psi''\,(v^2\,s^2)]\,ds \\[2mm]
\quad + \frac{\sqrt{\pi}}{4\,v}\int_\varepsilon^1 s\,[(1 - s^2)(9\,s^2 - 2)\,\psi\,(v^2\,s^2) \\[2mm]
\quad + s^2(1 - s^2)(81\,s^2 - 55)\,v^3\,\psi'\,(v^2\,s^2) \\[2mm]
\quad + \frac{s^2(1 - s^2)}{2}(-16 + 3\,s^2 + 87\,s^4)\,v^4\,\psi''\,(v^2\,s^2) \\[2mm]
\quad + 18\,s^4(1 - s^2)^2(3\,s^2 - 1)\,v^6\,\psi'''\,(v^2\,s^2) \\[2mm]
\quad + 2\,s^6(1 - s^2)^2(3\,s^2 - 1)\,v^8\,\psi^{\mathrm{IV}}(v^2\,s^2)]\,ds + \dots
\end{cases}$$

Dagegen bleibt es noch zweifelhaft, ob in P_2 die Entwicklung nach dem Taylorschen Lehrsatze gestattet ist, wir müssen also schreiben:

$$(56)\begin{cases}
P_2 = \frac{1}{\pi}\int_0^\infty e^{-v_1^2}v_1\,dv_1\int_0^\varepsilon s\,ds\int_0^\pi r\,\tau\,dT\int_0^{2\pi} dO\ \{v^2\,s^2(3\,s^2 - 1) \\[2mm]
\quad + 6\,v\,v_1\,s^2(1 - s^2)\,t - 2\,s\,\sqrt{1 - s^2}\,\tau\,o\,(3\,s^2 - 1)\,v\,v_1 \\[2mm]
\quad + v_1^2\,[-1 + s^2 + (1 - s^2)^2\,3\,t^2 + 3\,s^2(1 - s^2)\,\tau^2\,o^2 \\[2mm]
\quad - 6\,(1 - s^2)\,s\,\sqrt{1 - s^2}\,t\,\tau\,o]\}\cdot\psi\,[v^2\,s^2 + v_1^2\,(1 - s^2) \\[2mm]
\quad - 2\,v\,v_1\,\tau\,o\,s\,\sqrt{1 - s^2}].
\end{cases}$$

Es sind nun zwei Fälle möglich: Erstens, die Funktion ψ ist auch für unendliche Werte des Arguments endlich oder verschwindend; dann enthält P_2 wegen den unendlich nahen Integrationsgrenzen lauter Glieder, welche schon im Vergleich mit v^2, also um so mehr im Vergleich mit dem ersten Gliede von P_1 unendlich klein sind. Zweitens, die Funktion ψ wird für unendliche Werte des Arguments unendlich. Dann sieht man sofort, daß um so mehr das erste Glied von P_1 unendlich groß gegen P_2 wird, da letzteres zwischen unendlich nahen Grenzen integriert ist und außerdem bis auf ein unendlich kleines Intervall (von $v^2 \varepsilon^2$ bis $v^2 \varepsilon^2 + v_1^2$) die Größe unter dem Zeichen ψ in P_1 durchweg größere Werte als in P_2 hat, also auch ψ selbst, weil es mit wachsendem Argumente unendlich wächst, in P_1 größer als in P_2 ist. Betrachten wir daher nur die Größen von der höchsten Ordnung, so reduziert sich P auf das erste Glied von P_1, wozu aber wieder nur Verschwindendes hinzukommt, wenn wir in der unteren Grenze wieder Null für ε substituieren. Es wird also

$$ P = \sqrt{\pi}\, v^3 \int_0^1 s\,(3\,s^4 - s^2)\, \psi\,(v^2 s^2)\, ds . $$

Es enthält Q kein Glied, R aber das Glied $(\sqrt{\pi}\,/\,2)\, v^3\, \psi\,(v^2)$ von derselben Größenordnung. Betrachten wir daher nur die Glieder von der höchsten Größenordnung, so erhalten wir aus der Gleichung (33)

$$ (57) \qquad - 2 \int_0^1 s\,(3\,s^4 - s^2)\, \psi\,(v^2 s^2)\, ds + \psi\,(v^2) = \frac{2}{v\sqrt{\pi}} . $$

Die rechte Seite kann hier von derselben Größenordnung wie die linke oder von geringerer sein. Im letzteren Falle müßte die linke Seite dieser Gleichung verschwinden und erst die Glieder von geringerer Größenordnung in P, Q und R müßten zusammen das Glied $2\,/\,v\sqrt{\pi}$ liefern. Beide Fälle können wir daher in die eine Gleichung

$$ - 2 \int_0^1 s\,(3\,s^4 - s^2)\, \psi\,(v^2 s^2)\, ds + \psi\,(v^2) = \frac{a}{v} $$

zusammenfassen; im ersten Falle (er soll der Fall F heißen) ist $a = 2/\sqrt{\pi}$, im letzten (dem Falle G) Null. Setzen wir $v^2 = u$, $v^2 s^2 = y$, so geht die letzte Gleichung über in

$$-\frac{3}{u^3}\int_0^u y^2\,\psi(y)\,dy + \frac{1}{u^2}\int_0^u y\,\psi'(y)\,dy + \psi(u) = \frac{a}{\sqrt{u}}.$$

Multipliziert man mit u^3 und differentiiert nach u, so folgt

$$u^2\,\psi(u) + u^3\,\psi'(u) + \int_0^u y\,\psi(y)\,dy = \frac{5}{2}\,a\,u^{3/2}.$$

Differentiiert man nochmals nach u, so folgt

$$3\,u\,\psi(u) + 4\,u^2\,\psi'(u) + u^3\,\psi''(u) = \frac{15}{4}\,a\sqrt{u}.$$

Die Integration dieser Differentialgleichung liefert:

$$\psi(u) = \frac{15\,a}{7\sqrt{u}} + \frac{C_1}{\sqrt{u^3}}\cos\left(\frac{\sqrt{3}}{2}\,l\,u\right) + \frac{C_2}{\sqrt{u^3}}\sin\left(\frac{\sqrt{3}}{2}\,l\,u\right),$$

wobei l der natürliche Logarithmus, C_1 und C_2 die beiden Integrationskonstanten sind. Nun sind aber hier durch die Natur der Sache Funktionen, welche wie $\cos(\sqrt{3}\,l\,u/2)$ oder $\sin(\sqrt{3}\,l\,u/2)$ in der Unendlichkeit unendlich viele Maxima und Minima haben, ausgeschlossen. Man kann übrigens auch auf andere Art nachweisen, daß für die beiden Integrationskonstanten hier der Wert Null zu wählen ist. Im Falle G ist nämlich $a = o$, es würde sich also $\psi(u)$ bloß auf die beiden mit den Integrationskonstanten behafteten Glieder reduzieren, und es würde die Bedingung, daß die linke Seite der Gleichung groß gegen deren rechte Seite ist, gar nicht erfüllt, was die Grundbedingung des Falles G ist.

Im Falle F dagegen ist $a = (2/\sqrt{\pi})$ und daher das erste Glied von $\psi(u)$ unendlichmal ($u = v^2$mal) größer als die mit den Integrationskonstanten behafteten, weshalb letztere ebenfalls wegzulassen sind, da wir ja jetzt bloß die Glieder von der höchsten Größenordnung berechnen. Es ist also für große u jedenfalls

$$\psi(u) = \frac{30}{7\sqrt{\pi u}},$$

wozu noch Ergänzungsglieder kommen, welche aber für große Argumente gegen dieses verschwinden. Es ist leicht, die An-

näherung um eine Stufe weiter zu treiben. Es müssen da in
P und R die nächstfolgenden Glieder ebenfalls berücksichtigt
werden; da dieselben von der Ordnung des ersten dividiert
durch $v^2 = u$ sind, so muß auch ψ von der Form

$$(58) \qquad \psi(u) = \frac{30}{7\sqrt{\pi\,u}} \left(1 + \frac{b}{u}\right)$$

vorausgesetzt werden. v und v_1 sind keine wirklichen Geschwindigkeiten, sondern bloß deren Verhältnisse zur wahrscheinlichsten Geschwindigkeit $1/\sqrt{h}$, welche $\sqrt{\pi/2}$ mal so
groß als die mittlere oder $\sqrt{2/3}$ mal so groß als die Wurzel aus
dem mittleren Geschwindigkeitsquadrat ist. Wir wollen jetzt ε
(welches übrigens für verschiedene v_1 möglicherweise verschieden sein kann) von der Größenordnung $v^{\alpha-1}$ wählen, wobei
$0 < \alpha < (1/4)$ ist.

Wir nehmen an, daß die Funktion ψ für endliche Argumente nicht unendlich wird, die Formel (58) zeigt, daß sie es
auch für unendliche Argumente nicht wird. Da außerdem r
von der Ordnung v oder einer niedrigeren unendlich wird, so
ist das größte in P_2 vorkommende Glied höchstens von der
Ordnung

$$4\int_0^\varepsilon v^3 s^3\, ds = \underline{\underline{v^3 \varepsilon^4}},$$

verschwindet also gemäß der über ε gemachten Annahme. Ebenso
verschwindet Q mit wachsendem v gemäß der Formel (51).
Wir wollen nun die Größenordnung der Glieder diskutieren,
welche von der untern Grenze ε des Integrals (55) herrühren,
wenn daselbst für ψ der Wert (58) gesetzt wird. Da ε klein
ist, brauchen wir bloß die niedrigsten Potenzen der Integrationsvariabeln s beizubehalten. Substituieren wir das erste Glied
der Formel (58) in (55), so wird

$$\psi = \frac{1}{v\,s}, \quad \psi' = \frac{1}{v^3 s^3}, \quad \psi'' = \frac{1}{v^5 s^5}.$$

Es liefert also die untere Grenze des ersten bestimmten Integrals der Formel (55) $v^2 \varepsilon^3$, die des zweiten bestimmten Integrals
derselben Formel ε^3, ε, ε die des dritten bestimmten Integrales

$$\frac{\varepsilon}{v^2}, \quad \frac{\varepsilon}{v^2}, \quad \underline{\underline{\frac{1.}{v^2\,\varepsilon}}}, \quad \frac{1}{v^2\,\varepsilon}, \quad \frac{1}{v^2\,\varepsilon}.$$

Setzen wir dagegen das zweite Glied der Formel (58) ein, so wird

$$\psi = \frac{1}{v^3 s^3}, \quad \psi' = \frac{1}{v^5 s^5}, \quad \psi'' = \frac{1}{v^7 s^7}, \quad \psi''' = \frac{1}{v^9 v^9}, \quad \psi^{IV} = \frac{1}{v^{11} s^{11}}$$

und es liefert die untere Grenze des ersten bestimmten Integrals der Formel (55) ε die des zweiten

$$\frac{\varepsilon}{v^2}, \quad \frac{1}{v^2 \varepsilon}, \quad \frac{1}{v^2 \varepsilon},$$

die des dritten

$$\frac{1}{v^4 \varepsilon}, \quad \frac{1}{v^4 \varepsilon}, \quad \frac{1}{v^4 \varepsilon^3}, \quad \frac{1}{v^4 \varepsilon^3}, \quad \frac{1}{v^4 \varepsilon^3}.$$

Alle diese Größen verschwinden ebenfalls zufolge der über ε gemachten Annahme. Wenn wir daher in der Gleichung (33) Glieder von der Ordnung v^2, sowie endliche beibehalten, dagegen alle verschwindenden wegwerfen; so erhalten wir

$$v^2 + P - R = 0,$$

wobei

$$R = \frac{15\,v}{7}\left(1 + \frac{b}{v^2}\right)\left(v + \frac{1}{2\,v}\right) = \frac{25}{7}\left(v^2 + \frac{1}{2} + b\right)$$

$$P = \frac{30\,v^2}{7}\int_0^1 (3\,s^4 - s^2)\left(1 + \frac{b}{v^2 s^2}\right)d\,s$$

$$+ \frac{15}{7}\int_0^1 [(9\,s^4 - 7\,s^2) - \frac{7}{2}(1 - s^2)(3\,s^2 - 1) + \frac{3}{2}(1 - s^2)(3\,s^2 - 1)]d\,s$$

$$= \frac{8\,v^3}{7}$$

Die obige Gleichung fordert daher $b = -(1/2)$, wodurch sich die Formel (58) verwandelt in

(59)
$$\psi(u) = \frac{30}{7\sqrt{\pi\,u}}\left(1 - \frac{1}{2\,u}\right).$$

Diese Formel hat das Unbequeme, daß sie für $u = 0$ unendlich wird. Wir sind aber natürlich berechtigt, anstatt ihrer jede beliebige andere zu substituieren, welche sich für große u von ihr nur durch Glieder unterscheidet, die von einer höheren Ordnung unendlich klein sind als $u^{-3/2}$. So können wir setzen:

$$(60) \qquad \psi(u) = \cfrac{30}{7 \cdot \cfrac{2u+1}{\sqrt{u}} \displaystyle\int_0^{\sqrt{u}} dx\, e^{-x^2}}$$

oder auch

$$(61) \qquad \psi(u) = \cfrac{30}{7\left(e^{-u} + \cfrac{2u+1}{\sqrt{u}} \displaystyle\int_0^{\sqrt{u}} dx\, e^{-x^2}\right)}$$

Die beiden letzten Formeln bleiben für alle positiven u endlich und geben für große u die Funktion ψ mit demselben Grade der Genauigkeit, wie die Formel (59).

IX. Berechnung der Funktion ψ für kleine Werte des Arguments.

Wir wollen da wieder von den Integrationsvariabeln der Gleichung (12) Gebrauch machen, welche wir in der Form:

$$v^2 e^{v^2} + P e^{v^2} - Q e^{v^2} - R e^{v^2} = 0$$

schreiben. Die Größen P, Q und R sind identisch mit den durch die Gleichungen (34), (35) und (36) gegebenen. Wir wollen jetzt voraussetzen, v sei eine kleine Größe und demgemäß $\psi(v'^2)$ nach Potenzen von v zu entwickeln. Wir haben nach Gleichung (13)

$$v'^2 = r^2 l + 2 v r \varrho + v^2, \quad J = r^2(3\varrho^2 - l) + 4 v r \varrho + 2 v^2,$$

wobei

$$l = \sigma^2, \quad \varrho = g\sigma^2 - \gamma s \sigma o = g l - \gamma o \sqrt{l(1-l)}.$$

Setzen wir daher

$$A_n = J(2 v r \varrho + v^2)^n,$$

so haben wir zunächst

$$J \varphi(v'^2) = \sum_{n=0}^{n=\infty} A_n \frac{\psi^{(n)}(r^2 l)}{n!}.$$

Die mit A bezeichneten Größen bildet man am leichtesten, indem man zuerst A_0 mit $(2 v r \varrho + v^2)$, dann das Produkt wieder mit demselben Faktor usw. multipliziert. Bezeichnen wir in A_n das mit $v^m r^{2n-m+2}$ multiplizierte Glied mit

$$A_n^m \, v^m \, r^{2n-m+2},$$

so ist

$$A_n = \sum_{m=n}^{m=2n+2} A_n^m, \quad J\,\varphi\,(v'^{2n}) = \sum_{n=0}^{n=\infty} \sum_{m=n}^{m=2n+2} A_n^m \, \frac{\psi^{(n)}(r^2\,l)}{n!} \, v^m \, r^{2n-m+2}.$$

Setzen wir weiter

$$\frac{1}{2\,\pi} \int_0^{2\,\pi} J\,\varphi\,(v'^m)\,d\,O = \sum_{n=0}^{n=\infty} \sum_{m=n}^{m=2n+2} B_n^m \, \frac{\psi^{(n)}(r^2\,l)}{n!} \, v^m \, r^{2n-m+2},$$

so wird B_n^m aus A_n^m gebildet, indem man in letzterem statt ϱ^a schreibt

$$\frac{1}{2\,\pi} \int_0^{2\,\pi} \varrho^a\,d\,O$$

$$= g^a\,l^a + \frac{1}{2} \binom{a}{2} g^{a-2}(1-g^2)\,l^{a-1}\,(1-l)$$

$$+ \frac{1\cdot3}{2\cdot4} \binom{a}{4} g^{a-4}(1-g^2)^2\,l^{a-2}(1-l)^2$$

$$+ \frac{1\cdot3\cdot5}{2\cdot4\cdot6} \binom{a}{6} g^{a-6}(1-g^2)^3\,l^{a-3}(1-l)^3 + \cdots .$$

Da übrigens später alle Glieder, bei denen die Potenz von l größer als halb so groß ist als die von r wegfallen, so ist es für die praktische Rechnung wichtig, vorher zu überlegen, wie viele Glieder dieses Ausdruckes später notwendig sein werden.

Wir wollen nun die Integration nach G ausführen, und setzen:

$$(62) \quad \frac{1}{2\,\pi} \int_0^{\pi} e^{-2vrg}\,\gamma\,d\,G \int_0^{2\,\pi} J\,\psi\,(v'^{2n})\,d\,O = \sum_{n=0}^{n=\infty} \sum_{m=n}^{m=2n+2} C_n^m \, \frac{\psi^{(n)}(r^2\,l)}{n!} \cdots$$

so entsteht C_n^m aus B_n^m, indem man in letzterem statt g^a schreibt

$$\int_{-1}^{+1} d\,g \sum_{\nu=0}^{\nu=\infty} \frac{(-2vrg)^\nu}{\nu!} \, g^{\nu+a} \, v^m \, r^{2n-m+2},$$

was für gerade a den Wert

$$\sum_{\nu=0}^{\nu=\infty} \frac{(4\,v^2\,r^2)^\nu}{(2\,\nu)!} \cdot \frac{2}{a+2\,\nu+1} \, v^m \, r^{2n-m+2},$$

für ungerade a aber den Wert

$$-\frac{1}{n\,r}\sum_{\nu=1}^{\nu=\infty}\frac{(4\,v^2\,r^2)^\nu}{(2\,\nu-1)!}\cdot\frac{1}{a+2\,\nu}\,v^m\,r^{2n-m+2}$$

besitzt. Man löst jetzt die nach ν zu nehmende Summe auf; dann bildet jedes C_n^m eine unendliche nach Potenzen von $v^2\,r^2$ fortschreitende Reihe, welche für gerade m mit $v^m\,r^{2n+2-m}$ für ungerade mit $v^{m+1}\,r^{2n+3-m}$ beginnt, deren jedes folgende Glied sowohl bezüglich v als auch r um zwei Dimensionen höher ist. Wieviel Glieder dieser Reihe man beizubehalten hat, hängt davon ab, welche Potenz von v die höchste ist, die man noch berücksichtigen will.

Wir haben nun nach Gleichung (34)

$$P\,e^{v^2}=2\int_0^\infty e^{-r^2}\,r^3\,d\,r\int_0^{\pi/2}s\,\sigma\,d\,S\int_0^7\gamma\,d\,G\,e^{-2\,v\,r\,g}\cdot\frac{1}{2\,\pi}\int_0^{2\,\pi}d\,O\,J\,\psi\,(v'^2).$$

Setzen wir daher

$$P\,e^{v^2}=\sum_{n=0}^{n=\infty}\ \sum_{m=n}^{m=2n+2}E_n^m,$$

so erhalten wir E_n^m aus C_n^m, indem wir in diesem Ausdruck $r^a\,l^b$ vertauschen mit

$$2\int_0^\infty e^{-r^2}\,r^3\,d\,r\int_0^{\pi/2}s\,\sigma\,d\,S\,r^a\,l^b\,\frac{\psi^{(n)}\,(r^2\,l)}{n!}$$

$$=\frac{1}{n!}\int_0^\infty e^{-x}\,x^{\frac{a}{2}-1}\,d\,x\int_0^1\frac{d\,l}{2}\,l^b\,\psi^{(n)}\,(x\,l)$$

$$=\frac{1}{n!\,2}\int_0^\infty e^{-x}\,x^{\frac{a}{2}-b}\,d\,x\int_0^x y^b\,\psi^{(n)}\,(y)\,d\,y.$$

Letzterer Ausdruck aber ist gleich $-\dfrac{1}{n!\,2}\displaystyle\int_0^\infty u\,d\,v$, wenn

$$u=\int_0^x y^b\,\psi^{(n)}\,(y)\,d\,y,\qquad v=-\int_x^\infty e^{-y}\,y^{\frac{a}{2}-b}\,d\,y.$$

ist. Integriert man das Integral $\int_0^\infty u\, dv$ per partes und bedenkt, daß u für $x = 0$, dagegen v für $x = \infty$ verschwindet[1], so findet man, daß letzterer Ausdruck gleich

$$\frac{1}{n!\,2}\int_0^\infty x^b\, \varphi^{(n)}(x)\, dx \int_x^\infty e^{-y}\, y^{\frac{a}{2}-b}\, dy$$

$$= \frac{1}{n!\,2}\int_0^\infty \psi^{(n)}(x)\cdot x^b\, dx \cdot e^{-x}\left(\frac{a}{2}-b\right)!\left[1+\frac{x}{1!}+\frac{x^2}{2!}+\cdots\frac{x^{\frac{a}{2}-b}}{\left(\frac{a}{2}-b\right)!}\right]$$

Mit diesem Ausdrucke hat man in C_n^m die Größe $r^a\, l^b$ zu vertauschen, um E_n^m zu erhalten. Diese Vertauschung macht man am besten in zwei Absätzen.

Man vertauscht in C_n^m zuerst $r^a\, l^b$ mit

$$\left(\frac{a}{2}-b\right)!\, x^b\left[1+\frac{x}{1}+\frac{x^2}{2!}+\cdots\frac{x^{\frac{a}{2}-b}}{\left(\frac{a}{2}-b\right)!}\right]$$

und bezeichnet die so gewonnene Größe mit D_n^m. In dieser vertauscht man dann noch einmal x^a mit

$$\frac{1}{n!\,2}\int_0^\infty \psi^{(n)}(x)\cdot e^{-x}\, x^a\, dx,$$

wodurch E_n^m entsteht. Die fortgesetzte partielle Integration liefert zunächst:

$$\frac{1}{n!\,2}\int_0^\infty \psi^{(n)}(x)\, e^{-x}\, x^u\, dx = \frac{1}{n!\,2}\left| x^a e^{-x}\, \psi^{(n-1)}(x) - \psi^{(n-2)}(x)\, D(x^a\, e^{-x})\cdots\right.$$

$$+ (-1)^k\, \psi^{(n-k-1)}(x)\, D^k(x^a\, e^{-x})\cdots(-1)^{n-1}\psi(x)\, D^{n-1}(x^a\, e^{-x})\left.\vphantom{\int}\right|_0^\infty$$

$$+ \frac{(-1)^n}{n!\,2}\int_0^\infty \psi(x)\, dx\, D^n(x^a\, e^{-x}),$$

---

[1] Für $x = 0$ wird v nicht unendlich, da, wie sich zeigen wird, stets $(a/2) - b \lessgtr 0$ ist. Damit für $x = \infty$ das Produkt $u\,v$ verschwinde, ist bloß erforderlich, daß $\psi(x)$ mit wachsendem x nicht von höherer Ordnung unendlich werde, als eine endliche Potenz von x.

wobei D^k die k^{te} Ableitung nach x bedeutet. Ferner ist

$$D^k(x^a\,e^{-x}) = (-1)^k\,e^{-x}\left[\binom{k}{0}x^a - \binom{k}{1}a\,x^{a-1} + \binom{k}{2}(a)(a-1)x^{a-2}\ldots\right.$$

$$+ (-1)^l\binom{k}{l}a^{-1}(a-l+1)x^{a-l}\ldots(-1)^a\binom{k}{a}a!$$

oder $\ldots (-1)^k\binom{k}{k}a^{-1}(a-k+1)x^{a-k}\Big]$,

wobei das erste Endglied für $a \leqq k$, das letzte für $a \geqq k$ gilt.

Es verschwinden also, wofern $\psi(\infty)$ nicht von höherer Ordnung als eine endliche Potenz unendlich wird, alle Glieder, worin $x = \infty$ zu setzen ist, und man hat

$$|\,D^k(x^a\,e^{-x})\,_{x=0} = 0 \text{ für } k < a$$

$$= (-1)^{k-a}\binom{k}{k-a}a! \text{ für } k \gtrless a,$$

daher ist für $a \gtrless n$

$$\frac{1}{n!\,2}\int\limits_0^\infty \psi^{(n)}(x)\,e^{-x}\,x^a\,dx = \frac{1}{n!\,2}\int\limits_0^\infty \psi(x)\,dx\left[\binom{n}{0}x^a - \binom{n}{1}a\,x^{a-1}\right.$$

$$+ \binom{n}{2}a(a-1)x^{a-2}\ldots(-1)^n\binom{n}{n}a^{-1}(a-n+1)x^{a-n}\Big],$$

für $a < n$ kommt hierzu noch

$$\frac{-1}{n!\,2}\sum_{k=a}^{k=n-1}(-1)^k\,\psi^{n-k-1}(0)\cdot(-1)^{k-a}\binom{k}{k-a}a!$$

$$= \frac{(-1)^{a+1}}{n!\,2}\sum_{k=a}^{k=n-1}\binom{k}{a}a!\,\psi^{n-k-1}(0),$$

dabei ist

$$a^{-1}b = a(a-1)(a-2)\ldots(b+1)b.$$

Setzen wir noch zur Abkürzung

$$\psi^{(c)}(0) = \tau_c,\qquad \int\limits_0^\infty x^c\,e^{-x}\,\varphi(x)\,dx = \sigma\,x^c,$$

wobei σ natürlich ein bloßes Operationszeichen ist, so wird E_n^m aus D_n^m gebildet, indem man für x^a schreibt

$$(63)\quad \left\{\begin{array}{l} \dfrac{\sigma}{n!\,2}\left[\binom{n}{0}x^u - \binom{n}{1}a\,x^{a-1}\right. \\[2ex] + \binom{n}{2}a(a-1)x^{a-2}\ldots(-1)^n\binom{n}{n}a^{-1}(a-n+1)x^{a-n}\Big], \end{array}\right.$$

sobald $a \gtreqless n$ ist. Für $a < n$ dagegen

$$(64) \begin{cases} \dfrac{\sigma}{n!\,2}\left[\binom{n}{0}x^a - \binom{n}{1}a\,x^{a-1} + \binom{n}{2}a(a-1)x^{a-1}\ldots(-1)^a\binom{n}{a}a!\right] \\[2mm] \qquad + \dfrac{(-1)^{a+1}a!}{n!\,2}\left[\tau_{n-a-1} + \binom{a+1}{1}\tau_{n-a-2}\right. \\[2mm] \qquad \left. + \binom{a+2}{2}\tau_{n-a-3} + \ldots\binom{n-1}{n-a-1}\tau_0\right]. \end{cases}$$

Nachdem man in dieser Weise E_n^m gebildet hat, ergibt sich einfach

$$P\,e^{v^2} = \sum_{n=0}^{n=\infty}\ \sum_{m=n}^{m=2n+2} E_n^m.$$

Die Werte von $R\,e^{v^2}$ und $Q\,e^{v^2}$ für kleine v ergeben sich am leichtesten aus den Gleichungen (46) und (47). Die erstere Gleichung liefert:

$$R\,e^{v^2} = \left[v^2\tau_0 + \frac{v^4}{1!}\tau_1 + \frac{v^6}{2!}\tau_2 + \cdots\right]$$
$$\left[\frac{1}{2} + \left(\frac{1}{2}+v^2\right)e^{v^2}\left(1 - \frac{v^2}{1!\,3} + \frac{v^4}{2!\,5} - \frac{v^6}{3!\,7}\cdots\right)\right]$$
$$= \left[v^2\tau_0 + \frac{v^4}{1!}\tau_1 + \cdots\right]$$
$$\left[\frac{1}{2} + \left(\frac{1}{2}+v^2\right)\left(1 + \frac{v^2}{1!}\left(1-\frac{1}{3}\right) + \frac{v^4}{2!}\left(1-\frac{2}{3}+\frac{1}{5}\right)+\cdots\right)\right]$$
$$= \left[v^2\tau_0 + \frac{v^4}{1!}\tau_1 + \cdots\right]$$
$$\left[\frac{1}{2} + \left(\frac{1}{2}+v^2\right)\left(1 + \frac{v^2\,2^2}{2\cdot 3} + \frac{v^4\cdot 2^4}{3\cdot 4\cdot 5} + \frac{v^6\,2^6}{4\cdot 5\cdot 6\cdot 7}+\cdots\right)\right]$$
$$= \left[v^2\tau_0 + \frac{v^4}{1!}\tau_1 + \cdots\right]\sum_{n=0}^{n=\infty}\frac{(2v)^{2n}}{(n+2)!\,(2n+1)}$$
$$= \left(v^2\tau_0 + \frac{v^4}{1!}\tau_1 + \frac{v^6}{2!}\tau_2\cdots\right)\left(1 + \frac{4v^2}{3} + \frac{4v^4}{5} + \frac{32\,v^6}{3\cdot 5\cdot 7} + \frac{16\,v^8}{3\cdot 7\cdot 9}\cdots\right),$$

die letztere liefert:

$$\frac{5}{2}\,Q = v^2 \int_0^{\infty} e^{-v_1^2}\,\psi(v_1^2)\,v_1\,dv_1\left(-\frac{v_1^2}{3} + \frac{v^2}{7}\right) + J$$
$$= -\frac{v^2\,\sigma\,x}{6} + \frac{v^4\,\sigma}{14} + J.$$

Hierbei ist

$$J = \int_0^v e^{-v_1^2} \psi(v_1^2)\, v_1^6\, dv_1 \left(-\frac{1}{3v} + \frac{v_1^2}{7v^3} \right)$$

$$- \int_0^v e^{-v_1^2} \psi(v_1^2)\, v_1\, dv_1 \left(\frac{v^4}{7} - \frac{v_1^2 v^2}{3} \right)$$

$$= \int_0^v \left[\tau_0 + \frac{v_1^2}{1!}(\tau_1 - \tau_0) + \frac{v_1^4}{2!}(\tau_2 - 2\tau_1 + \tau_0) \right.$$

$$\left. + \frac{v_1^6}{3!}(\tau_3 - 3\tau_2 - 3\tau_1 + \tau_0)\cdots \right] \left(-\frac{v_1^6}{3v} + \frac{v_1^8}{7v^3} - \frac{v_1 v^4}{7} + \frac{v_1^3 v^2}{3} \right) dv_1$$

$$= -\frac{5 v^6}{2} \left[\frac{\tau_0}{1\cdot 2\cdot 7\cdot 9} + \frac{v^2(\tau_1 - \tau_0)}{1!\, 2\cdot 3\cdot 9\cdot 11} + \frac{v^4}{2!}\frac{(\tau_2 - 2\tau_1 + \tau_0)}{3\cdot 4\cdot 11\cdot 13} \right.$$

$$\left. + \frac{v^6}{3!}\frac{(\tau_3 - 3\tau_2 + 3\tau_1 - \tau_0)}{4\cdot 5\cdot 13\cdot 15}\cdots \right].$$

Man hat also

$$Q\, e^{v^2} = \left(-\frac{v^2 \sigma x}{15} + \frac{v^4 \sigma}{35} \right) e^{v^2} - v^6 e^{v^2} \left[\frac{\tau_0}{1\cdot 2\cdot 7\cdot 9} + \frac{v^2(\tau_1 - \tau_0)}{1!\, 2\cdot 3\cdot 9\cdot 11} \right.$$

$$\left. + \frac{v^4}{2!}\frac{(\tau_2 - 2\tau_1 + \tau_0)}{3\cdot 4\cdot 11\cdot 13} + \frac{v^6}{3!}\frac{(\tau_3 - 3\tau_2 + 3\tau_1 - \tau_0)}{4\cdot 5\cdot 13\cdot 15} + \cdots \right].$$

Zur Kontrolle der behufs Berechnung von $P e^{v^2}$ aus-
zuführenden Rechnungen ist es willkommen, daß man auch aus
jenen Rechnungen sowohl $R e^{v^2}$ als auch $Q e^{v^2}$ bestimmen kann.

Aus der Gleichung (62) folgt nämlich, indem man $l = 0$
setzt

$$\frac{1}{2\pi} \int_0^\pi e^{-2vrg} \gamma\, dG \int_0^{2\pi} dO . 2v^2 \psi(v^2) = \sum_{n=0}^{n=\infty} \sum_{m=n}^{m=2n+2} \frac{\tau_n}{n!}\, C_n^m \Big|_{l=0},$$

folglich nach Gleichung (36)

$$R\, e^{v^2} = \int_0^\infty e^{-r^2} r^3\, dr \int_0^{\pi/2} s\, \sigma\, dS \sum_{n=0}^{n=\infty} \sum_{m=n}^{m=2n+2} \frac{\tau_n}{n!}\, C_n^m \Big|_{l=0}$$

Man hat also in C_n^m erst $\sigma^2 = l = 0$, dann für r^a zu setzen
$\left(\frac{a}{2} + 1 \right)! \frac{\tau_n}{n!}$. Das so erhaltene Resultat nenne man H_n^m.
Dann ist

$$R\,c^{v^2} = \sum_{n=0}^{n=\infty} \sum_{m=n}^{m=2n+2} H_n^m,$$

welcher Wert mit dem oben erhaltenen verglichen, eine allerdings nur sehr unvollständige Kontrolle für die Richtigkeit des C_n^m bildet.

Ferner erhält man aus der Gleichung (62), indem man $\sigma^2 = l = 1$ setzt

$$\frac{1}{2\pi}\int_0^\pi e^{-2r\,g\,v}\,\gamma\,dG\int_0^{2\pi}dO\,J_1\,\psi(v_1^2) = \sum_{n=0}^{n=\infty}\sum_{m=n}^{m=2n+2}\frac{\psi^{(n)}(r^2)}{n!}\,\Big|\,C_n^m\,\Big|_{l=1},$$

daher ist nach Gleichung (35)

$$Q\,e^{v^2} = \int_0^\infty e^{-r^2}r^3\,dr\int_0^{\pi/2}s\,\sigma\,dS\sum_{n=0}^{n=\infty}\sum_{m=n}^{m=2n+2}\frac{\psi^{(n)}(r^2)}{n!}\,\Big|\,C_n^m\,\Big|_{l=1}.$$

Man setze also in C_n^m zuerst $l = 1$, dann $r^2 = x$, dann multipliziere man mit $x\,/\,2$. Das Resultat bezeichnet man mit F_n^m; darin macht man dann für x^a die Substitutionen (63) oder (64) und bezeichnet das Resultat mit G_n^m; dann ist

$$Q\,e^{v^2} = \sum_{n=0}^{n=\infty}\sum_{m=n}^{m=2n+2} G_n^m.$$

Vergleicht man das Resultat mit dem oben für $Q\,e^{v^2}$ erhaltenen, so erhält man eine ziemlich vollständige Kontrolle für die Richtigkeit der C_n^m. Eine noch bessere Kontrolle kann man auf das Schlußresultat selbst anwenden. Wir wollen den Ausdruck, den man aus $P\,e^{v^2}$ erhält, wenn man daselbst $\psi(v^2) = (v^2)^p$ setzt, mit $P_p\,e^{v^2}$ bezeichnen. Ebenso mit $Q_p\,e^{v^2}$ und $R_p\,e^{v^2}$ die Ausdrücke, die in gleicher Weise aus $Q\,e^{v^2}$ und $R\,e^{v^2}$ entstehen. Hat man einmal $P\,e^{v^2}$ berechnet, so ergibt sich daraus $P_p\,e^{v^2}$, indem man setzt $p!$ für σ, $(p+1)$ für σx. Ferner $p!$ für τ_p, Null für alle übrigen τ. Dieselben Substitutionen hat man in $Q\,e^{v^2}$ und $R\,e^{v^2}$ zu machen, um $Q_p\,e^{v^2}$ und $R_p\,e^{v^2}$ zu erhalten. Die Gleichungen (16), (34), (35), (36) zeigen aber sofort, daß $P_p\,e^{v^2} - Q_p\,e^{v^2} - R_p\,e^{v^2}$ vollkommen identisch mit der in den Gleichungen (31) mit U_p bezeichneten Größe ist. Beide müssen also für jeden ganzen positiven Wert von p identisch gleich sein.

Behufs der numerischen Berechnung der Geschwindigkeitsverteilung unternahm Herr Hammer die wirkliche Auswertung der hier zusammengestellten Größen. Welche Größen noch berechnet werden müssen, wenn man bei einer gegebenen Potenz von v abbrechen will (das Resultat enthält übrigens nur gerade Potenzen von v), ist aus folgendem Schema ersichtlich:

$$A_0 = A_0^0\, r^2 + A_0^1\, v\, r + A_0^2\, v^2,$$
$$A_1 = A_1^1\, v\, r^3 + A_1^2\, v^2 r^2 + A_1^3\, v^3\, r + A_1^4\, v^4,$$
$$A_2 = A_2^2\, v^2 r^4 + A_2^3\, v^3 r^3 + A_2^4\, v^4 r^2 + A_2^5\, v^5\, r + A_2^6\, v^6,$$
$$A_3 = A_3^3\, v^3 r^5 + A_3^4\, v^4 r^4 + A_3^5\, v^5 r^3 + A_3^6\, v^6 r^2 + A_3^7\, v^7\, r + A_3^8\, v^8,$$
$$A_4 = A_4^4 v^4 r^6 + A_4^5 v^5 r^5 + A_4^6 v^6 r^4 + A_4^7 v^7 r^3 + A_4^8 v^8 r^2 + A_4^9 v^9 r + A_4^{10} v^{10},$$
$$A_5 = A_5^5 v^5 r^7 + A_5^6 v^6 r^6 + A^7 v^7 r^5 + A_5^8 v^8 r^4 + A_5^9 v^9 r^3 + A_5^{10} v^{10} r^2 \dots,$$
$$A_6 = A_6^6\, v^6 r^8 + A_6^7\, v^7 r^7 + A_6^8\, v^8 r^6 + A_6^9\, v^9 r^5 + A_6^{10}\, v^{10} r^4 \dots,$$
$$A_7 = A_7^7\, v^7 r^9 + A_7^8\, v^8 r^8 + A_7^9\, v^9 r^7 + A_7^{10}\, v^{10} r^6 + \dots,$$
$$A_8 = A_8^8\, v^8 r^{10} + A_8^9\, v^9 r^9 + A_8^{10}\, v^{10} r^8 + \dots,$$
$$A_9 = A_9^9\, v^9 r^{11} + A_9^{10}\, v^{10} r^{10} + \dots,$$
$$A_{10} = A_{10}^{10}\, v^{10} r^{12} + \dots$$

Im folgenden sind zunächst die Größen zusammengestellt, welche erforderlich sind, wenn die Potenzen des v, die höher als die 10 sind, vernachlässigt werden.

$$A_0 = v^2 (3\varrho^2 - l) + 4\varrho \cdot v\, r + 2\, v^2,$$
$$A_0^0 = 3\varrho^2 - l;\ A_0^1 = 4\varrho;\ A_0^2 = 2.$$

$$A_1 = \begin{array}{c|c|c|c}
v\, r^3 & r^2 v^2 & v^3 r & r^4 \\
\hline
6\varrho^3 - 2\varrho l & 8\varrho^2 & 4\varrho & 2 \\
& 3\varrho^2 - l & 4\varrho & \\
\hline
6\varrho^3 - 2\varrho l & 11\varrho^2 - l & 8\varrho & 2
\end{array}$$

$$A_1^1 = 6\varrho^3 - 2\varrho l;\ A_1^2 = 11\varrho^2 - l,\ A_1^3 = 8\varrho;\ A_1^4 = 2.$$

$$A_2 = \begin{array}{c|c|c|c|c}
v^2 r^4 & v^3 r^3 & v^4 r^2 & v^5 r & v^6 \\
\hline
12\varrho^4 - 4\varrho^2 l & 22\varrho^3 - 2\varrho l & 16\varrho^2 & 4\varrho & 2 \\
& 6\varrho^3 - 2\varrho l & 11\varrho^2 - l & 8\varrho & \\
\hline
12\varrho^4 - 4\varrho^2 l & 28\varrho^3 - 4\varrho l & 27\varrho^2 - l & 12\varrho & 2 \\
= A_2^2 & = A_2^3 & = A_2^4 & = A_2^5 & = A_2^6
\end{array}$$

$$A_2^2 = 12\varrho^4 - 4\varrho^2 l;\ A_2^3 = 28\varrho^3 - 4\varrho l;\ A_2^4 = 27\varrho^2 - l;\ A_2^5 = 12\varrho;\ A_2^6 = 2.$$

Auf gleiche Weise wurden die folgenden Größen gefunden:

$$A_3^3 = 24\varrho^5 - 8\varrho^3 l; \quad A_3^4 = 68\varrho^4 - 12\varrho^2 l; \quad A_3^5 = 82\varrho^3 - 6\varrho l;$$
$$A_3^6 = 51\varrho^2 - l; \quad A_3^7 = 16\varrho; \quad A_3^8 = 2.$$

$$A_4^4 = 48\varrho^6 - 16\varrho^4 l; \quad A_4^5 = 160\varrho^5 - 32\varrho^3 l; \quad A_4^6 = 232\varrho^4 - 24\varrho^2 l;$$
$$A_4^7 = 184\varrho^3 - 8\varrho l; \quad A_4^8 = 83\varrho^2 - l; \quad A_4^9 = 20\varrho; \quad A_4^{10} = 2.$$

$$A_5^5 = 96\varrho^7 - 32\varrho^5 l; \quad A_5^6 = 368\varrho^6 - 80\varrho^4 l; \quad A_5^7 = 624\varrho^5 - 80\varrho^3 l;$$
$$A_5^8 = 600\varrho^4 - 40\varrho^2 l; \quad A_5^9 = 350\varrho^3 - 10\varrho l; \quad A_5^{10} = 123\varrho^2 - l;$$
$$A_5^{11} = 24\varrho; \quad A_5^{12} = 2.$$

$$A_6^6 = 192\varrho^8 - 64\varrho^6 l; \quad A_6^7 = 832\varrho^7 - 192\varrho^5 l; \quad A_6^8 = 1616\varrho^6 - 240\varrho^4 l;$$
$$A_6^9 = 1824\varrho^5 - 160\varrho^3 l; \quad A_6^{10} = 1300\varrho^4 - 60\varrho^2 l;$$
$$A_6^{11} = 596\varrho^3 - 12\varrho l; \quad A_6^{12} = 171\varrho^2 - l; \quad A_6^{13} = 28\varrho; \quad A_6^{14} = 2.$$

$$A_7^7 = 384\varrho^9 - 128\varrho^7 l; \quad A_7^8 = 1856\varrho^8 - 448\varrho^6 l; \quad A_7^9 = 4064\varrho^7 - 672\varrho^5 l;$$
$$A_7^{10} = 5264\varrho^6 - 560\varrho^4 l; \quad A_7^{11} = 4424\varrho^5 - 280\varrho^3 l;$$
$$A_7^{12} = 2492\varrho^4 - 84\varrho^2 l; \quad A_7^{13} = 938\varrho^3 - 14\varrho l; \quad A_7^{14} = 227\varrho^2 - l;$$
$$A_7^{15} = 32\varrho; \quad A_7^{16} = 2.$$

$$A_8^8 = 768\varrho^{10} - 256\varrho^8 l; \quad A_8^9 = 4096\varrho^9 - 1024\varrho^7 l;$$
$$A_8^{10} = 9984\varrho^8 - 1792\varrho^6 l; \quad A_8^{11} = 14592\varrho^7 - 1792\varrho^5 l;$$
$$A_8^{12} = 14112\varrho^6 - 1120\varrho^4 l; \quad A_8^{13} = 9408\varrho^5 - 448\varrho^3 l;$$
$$A_8^{14} = 4368\varrho^4 - 112\varrho^2 l; \quad A_8^{15} = 1392\varrho^3 - 16\varrho l;$$
$$A_8^{16} = 291\varrho^2 - l; \quad A_8^{17} = 36\varrho; \quad A_8^{18} = 2.$$

$$A_9^9 = 2^9(3\varrho^{11} - \varrho^9 l); \quad A_9^{10} = 2^8(35\varrho^{10} - 9\varrho^8 l);$$
$$A_9^{11} = 2^9(47\varrho^9 - 9\varrho^7 l); \ldots$$
$$A_{10}^{10} = 2^{10}(3\varrho^{12} - \varrho^{10} l); \quad A_{10}^{11} = 2^{10}(19\varrho^{11} - 5\varrho^9 l); \ldots$$

Vertauscht man in A_n^m die in folgendem Schema links stehenden Potenzen von ϱ mit den rechts stehenden Ausdrücken, so erhält man die Werte für B_n^m:

ϱ^1; $g l$.

ϱ^2; $\dfrac{l}{2}(1 - l) + \dfrac{g^2 l}{2}(-1 + 3 l)$.

ϱ^3; $\dfrac{3}{2} g l^2 (1 - l) + \dfrac{1}{2} g^3 l^2 (-3 + 5 l)$.

ϱ^4; $\dfrac{3}{8} l^2 (1 - 2l + l^2) + \dfrac{3}{4} g^2 l^2 (-1 + 6l - 5 l^2)$

$+ \dfrac{1}{8} g^4 l^2 (3 - 30 l + 35 l^2)$.

$\varrho^5;\ \dfrac{15}{8}\,g\,l^3(1 - 2\,l + l^2) + \dfrac{5}{4}\,g^3\,l^3(-3 + 10\,l - 7\,l^2)$

$\qquad + \dfrac{g^5\,l^3}{8}(15 - 70\,l + 63\,l^2).$

$\varrho^6;\ \dfrac{5}{16}\,l^3(1 - 3\,l + 3\,l^2 - l^3) + \dfrac{15}{16}\,g^2\,l^3(-1 + 9\,l - 15\,l^2 + 7\,l^3)$

$\qquad + \dfrac{15}{16}\,g^4\,l^3(1 - 15\,l + 35\,l^2 - 21\,l^3)$

$\qquad + \dfrac{g^6\,l^3}{16}(-5 + 105\,l - 315\,l^2 + 231\,l^3).$

$\varrho^7;\ \dfrac{35}{16}\,g\,l^4(1 - 3\,l + 3\,l^2 - l^3) + \dfrac{105}{16}\,g^3 l^4(-1 + 5\,l - 7\,l^2 + 3\,l^3)$

$\qquad + \dfrac{3\,g^5 l^4}{16}(35 - 245\,l + 441\,l^2 - 231\,l^3)$

$\qquad + \dfrac{g^7 l^4}{16}(-35 + 315\,l - 693\,l^2 + 429\,l^3).$

$\varrho^8;\ \dfrac{35}{128}\,l^4(1 - 4\,l + 6\,l^2 - 4\,l^3 + l^4)$

$\qquad + \dfrac{35}{32}\,g^2 l^4(-1 + 12\,l - 30\,l^2 + 28\,l^3 - 9\,l^4)$

$\qquad + \dfrac{105}{64}\,g^4 l^4(1 - 20\,l + 70\,l^2 - 84\,l^3 + 33\,l^4)$

$\qquad + \dfrac{7}{32}\,g^6 l^4(-5 + 140\,l - 630\,l^2 + 924\,l^3 - 429\,l^4)$

$\qquad + \dfrac{1}{128}\,g^8 l^4(35 - 1260\,l + 6930\,l^2 - 12012\,l^3 + 6435\,l^4).$

$\varrho^9;\ \dfrac{5\cdot 7\cdot 9}{2^7}\,g\,l^5(1 - 4\,l + 6\,l^2 - 4\,l^3 + l^4)$

$\qquad + \dfrac{3\cdot 5\cdot 7}{2^5}\,g^3 l^5(-3 + 20\,l - 42\,l^2 + 36\,l^3 - 11\,l^4)$

$\qquad + \dfrac{9\cdot 7}{2^6}\,g^5 l^5(15 - 140\,l + 378\,l^2 - 396\,l^3 + 143\,l^4)$

$\qquad + \dfrac{9}{2^5}\,g^7 l^5(-35 + 420\,l - 1386\,l^2 + 1716\,l^3 - 715\,l^4)$

$\qquad + \dfrac{1}{2^7}\,g^9 l^5(315 - 4620\,l + 18018\,l^2 - 25740\,l^3 + 12155\,l^4).$

$\varrho^{10};\ -\dfrac{7\cdot 9}{2^8}\,l^5(1 - 5\,l + 10\,l^2 - 10\,l^3 + 5\,l^4 - l^5)$

$\qquad + \dfrac{5\cdot 7\cdot 9}{2^8}\,g^2 l^5(-1 + 15\,l - 50\,l^2 + 70\,l^3 - 45\,l^4 + 11\,l^5)$

$$+ \frac{3 \cdot 5 \cdot 7}{2^7} g^4 l^5 (3 - 75\,l + 350\,l^2 - 630\,l^3 + 495\,l^4 - 143\,l^5)$$

$$+ \frac{5 \cdot 7 \cdot 9}{2^7} g^6 l^5 (- 1 + 35\,l - 210\,l^2 + 462\,l^3 - 429\,l^4 + 143\,l^5)$$

$$+ \frac{5 \cdot 9}{2^8} g^8 l^5 (7 - 315\,l + 2310\,l^2 - 6006\,l^3 + 6435\,l^4 - 2431\,l^5)$$

$$+ \frac{1}{2^8} g^{10} l^5 (- 63 + 3465\,l - 30030\,l^2 + 90090\,l^3 - 109395\,l^4$$
$$+ 46189\,l^5).$$

$$\varrho^{11}; \quad \frac{7 \cdot 9 \cdot 11}{2^8} g l^6 (1 - 5\,l + 10\,l^2 - 10\,l^3 + 5\,l^4 - l^5)$$

$$+ \frac{3 \cdot 5 \cdot 7 \cdot 11}{2^8} g^3 l^6 (- 3 + 25\,l - 70\,l^2 + 90\,l^3 - 55\,l^4 + 13\,l^5)$$

$$+ \frac{3 \cdot 5 \cdot 7 \cdot 11}{2^7} g^5 l^6 (3 - 35\,l + 126\,l^2 - 198\,l^3 + 143\,l^4 - 39\,l^5)$$

$$+ \frac{5 \cdot 9 \cdot 11}{2^7} g^7 l^6 (- 7 + 105\,l - 462\,l^2 + 858\,l^3 - 715\,l^4 + 221\,l^5)$$

$$+ \frac{5 \cdot 11}{2^8} g^9 l^6 (63 - 1155\,l + 6006\,l^2 - 12870\,l^3 + 12155\,l^4$$
$$- 4199\,l^5)$$

$$+ \frac{1}{2^8} g^{11} l^6 (- 693 + 15015\,l - 90090\,l^2 + 218790\,l^3$$
$$- 230945\,l^4 + 88179\,l^5).$$

$$\varrho^{12}; \quad \frac{3 \cdot 7 \cdot 11}{2^{10}} l^6 (1 - 6\,l + 15\,l^2 - 20\,l^3 + 15\,l^4 - 6\,l^5 + l^6)$$

$$+ \frac{7 \cdot 9 \cdot 11}{2^9} g^2 l^6 (- 1 + 18\,l - 75\,l^2 + 140\,l^3 - 135\,l^4 + 66\,l^5$$
$$- 13\,l^6)$$

$$+ \frac{5 \cdot 7 \cdot 9 \cdot 11}{2^{10}} g^4 l^6 (1 - 30\,l + 175\,l^2 - 420\,l^3 + 495\,l^4 - 286\,l^5$$
$$+ 65\,l^6)$$

$$+ \frac{3 \cdot 5 \cdot 7 \cdot 11}{2^8} g^6 l^6 (- 1 + 42\,l - 315\,l^2 + 924\,l^3 - 1287\,l^4$$
$$+ 858\,l^5 - 221\,l^6)$$

$$+ \frac{5 \cdot 9 \cdot 11}{2^{10}} g^8 l^6 (7 - 378\,l + 3465\,l^2 - 12012\,l^3 + 19305\,l^4$$
$$- 14586\,l^5 + 4199\,l^6)$$

$$+ \frac{3 \cdot 11}{2^9} g^{10} l^6 (- 21 + 1386\,l - 15015\,l^2 + 60060\,l^3$$
$$- 109395\,l^4 + 92378\,l^5 - 29393\,l^6)$$

$$+ \frac{1}{2^{10}} g^{12} l^6 (231 - 18018\,l + 225225\,l^2 - 1021020\,l^3$$
$$+ 2078505\,l^4 - 1939938\,l^5 + 676039\,l^6).$$

Für die Größen B_n^m ergeben sich durch obige Vertauschungen folgende Werte:

$$B_0^0 = \frac{l}{2}(1 - 3l) + \frac{3}{2}g^2l(-1 + 3l),$$

$$B_0^1 = 4gl,$$

$$B_0^2 = 2.$$

$$B_1^1 = gl^2(7 - 9l) + 3g^3l^2(-3 + 5l),$$

$$B_1^2 = \frac{l}{2}(9 - 11l) + \frac{11}{2}g^2l(-1 + 3l),$$

$$B_1^3 = 8gl,$$

$$B_1^4 = 2.$$

$$B_2^2 = \frac{l^2}{2}(5 - 14l + 9l^2) + g^2l^2(-7l + 48l^2 - 45l^3)$$
$$\qquad + \frac{3}{2}g^4l^2(3 - 30l + 35l^2),$$

$$B_2^3 = gl^2(38 - 42l) + 14g^3l^2(-3 + 5l),$$

$$B_2^4 = \frac{l}{2}(25 - 27l) + \frac{g^2l}{2}(-27 + 81l),$$

$$B_2^5 = 12gl,$$

$$B_2^6 = 2.$$

$$B_3^3 = gl^3(33 - 78l + 45l^2) + g^3l^3(-78 + 280l - 210l^2)$$
$$\qquad + 3g^5l^3(15 - 70l + 63l^2),$$

$$B_3^4 = \frac{l^2}{2}(39 - 90l + 51l^2) + g^2l^2(-45 + 288l - 255l^2)$$
$$\qquad + \frac{17}{2}g^4l^2(3 - 30l + 35l^2),$$

$$B_3^5 = gl^2(117 - 123l) + 41g^3l^2(-3 + 5l),$$

$$B_3^6 = \frac{l}{2}(49 - 51l) + \frac{51}{2}g^2l(-1 + 3l),$$

$$B_3^7 = 16gl,$$

$$B_3^8 = 2.$$

$$B_4^4 = 3l^3(3 - 11l + 13l^2 - 5l^3) + 3g^2l^3(-11 + 111l - 205l^2 + 105l^3)$$
$$\qquad + g^4l^3(39 - 615l + 1505l^2 - 945l^3)$$
$$\qquad + 3g^6l^3(-5 + 105l - 315l^2 + 231l^3).$$

$$B_4^5 = gl^3(252 - 552l + 300l^2) + g^3l^3(-552 + 1920l - 1400l^2)$$
$$\qquad + 20g^5l^3(15 - 70l + 63l^2),$$

$$B_4^6 = l^2(75 - 162l + 87l^2) + g^2l^2(-162 + 1008l - 870l^2)$$
$$+ g^4l^2(87 - 870l + 1015l^2),$$

$$B_4^7 = gl^2(268 - 276l) + g^3l^3(-276 + 460l),$$

$$B_4^8 = \frac{l}{2}(81 - 83l) + \frac{g^2l}{2}(-83 + 249l),$$

$$B_4^9 = 20gl,$$

$$B_4^{10} = 2.$$

$$B_5^5 = gl^4(150 - 510l + 570l^2 - 210l^3)$$
$$+ g^3l^4(-510 + 2750l - 4130l^2 + 1890l^3)$$
$$+ g^5l^4(570 - 4130l + 7686l^2 - 4158l^3)$$
$$+ 6g^7l^4(-35 + 315l - 693l^2 + 429l^3),$$

$$B_5^6 = l^3(85 - 285l + 315l^2 - 115l^3)$$
$$+ g^2l^3(-285 + 2745l - 4875l^2 + 2415l^3)$$
$$+ g^4l^3(315 - 4875l + 11725l^2 - 7245l^3)$$
$$+ 23g^6l^3(-5 + 105l - 315l^2 + 231l^3),$$

$$B_5^7 = gl^3(1050 - 2220l + 1170l^2) + g^3l^3(-2220 + 7600l - 5460l^2$$
$$+ g^5l^3(1170 - 5460l + 4914l^2),$$

$$B_5^8 = l^2(205 - 430l + 225l^2) + g^2l^2(-430 + 2640l - 2250l^2)$$
$$+ g^4l^2(225 - 2250l + 2625l^2),$$

$$B_5^9 = 5gl^2(103 - 105l) + 5g^3l^2(-105 + 175l),$$

$$B_5^{10} = \frac{l}{2}(121 - 123l) + \frac{g^2l}{2}(-123 + 369l).$$

$$B_6^6 = \frac{l^4}{2}(65 - 300l + 510l^2 - 380l^3 + 105l^4)$$
$$+ g^2l^4(-150 + 1980l - 5400l^2 + 5460l^3 - 1890l^4)$$
$$+ g^4l^4(225 - 5400l + 19950l^2 - 25200l^3 + 10395l^4)$$
$$+ g^6l^4(-190 + 5460l - 25200l^2 + 37884l^3 - 18018l^4)$$
$$+ \frac{3}{2}g^8l^4(35 - 1260l + 6930l^2 - 12012l^3 + 6435l^4).$$

$$B_6^7 = gl^4(1460 - 4740l + 5100l^2 - 1820l^3)$$
$$+ g^3l^4(-4740 + 24900l - 36540l^2 + 16380l^3)$$
$$+ g^5l^4(5100 - 36540l + 67284l^2 - 36036l^3)$$
$$+ g^7l^4(-1820 + 16380l - 36036l^2 + 22308l^3).$$

$$B_6^8 = l^3(415 - 1335\,l + 1425\,l^2 - 505\,l^3)$$
$$+ g^2 l^3(- 1335 + 12555\,l - 21825\,l^2 + 10605\,l^3)$$
$$+ g^4 l^3(1425 - 21825\,l + 51975\,l^2 - 31815\,l^3)$$
$$+ g^6 l^3(- 505 + 10605\,l - 31815\,l^2 + 23331\,l^3).$$

$$B_6^9 = 2^2 \cdot 3 \cdot 5\,g\,l^3(53 - 110\,l + 57\,l^2) + 2^3\,5\,g^3\,l^3(- 165$$
$$+ 560\,l - 399\,l^2) + 2^2 \cdot 3\,g^5\,l^3(285 - 1330\,l + 1197\,l^2).$$

$$B_6^{10} = \frac{3 \cdot 5}{2}\,l^2(61 - 126\,l + 65\,l^2) + 3 \cdot 5\,g^2\,l^2(- 63 + 384\,l - 325\,l^2)$$
$$+ \frac{5 \cdot 5 \cdot 13}{2}\,g^4\,l^2(3 - 30\,l + 35\,l^2).$$

$$B_7^7 = g\,l^5(665 - 2940\,l + 4830\,l^2 - 3500\,l^3 + 945\,l^4)$$
$$+ g^3\,l^5(- 2940 + 21000\,l - 47040\,l^2 + 42840\,l^3 - 13860\,l^4)$$
$$+ g^5\,l^5(4830 - 47040\,l + 132300\,l^2 - 144144\,l^3 + 54054\,l^4)$$
$$+ g^7\,l^5(- 3500 + 42840\,l - 144144\,l^2 + 181896\,l^3 - 77220\,l^4)$$
$$+ g^9\,l^5(945 - 13860\,l + 54054\,l^2 - 77220\,l^3 + 36465\,l^4).$$

$$B_7^8 = \frac{l^4}{2}(735 - 3220\,l + 5250\,l^2 - 3780\,l^3 + 1015\,l^4$$
$$+ g^2\,l^4(- 1610 + 20580\,l - 54600\,l^2 + 53900\,l^3 - 18270\,l^4)$$
$$+ g^4\,l^4(2625 - 54600\,l + 198450\,l^2 - 246960\,l^3 + 100485\,l^4)$$
$$+ g^6 l^4(- 1890 + 53900\,l - 246960\,l^2 - 368676\,l^3$$
$$- 174174\,l^4)$$
$$+ \frac{g^8 l^4}{2}(1015 - 36540\,l + 200970\,l^2 - 348348\,l^3 + 186615\,l^4)$$

$$B_7^9 = 2 \cdot 5 \cdot 7\,g\,l^4(109 - 345\,l + 363\,l^2 - 127\,l^3)$$
$$+ 2 \cdot 3 \cdot 5 \cdot 7\,g^3\,l^4(- 115 + 595\,l - 861\,l^2 + 381\,l^3)$$
$$+ 2 \cdot 3 \cdot 7\,g^5\,l^4(\!105 - 4305\,l + 7875\,l^2 - 4191\,l^3)$$
$$+ 2 \cdot 127\,g^7\,l^4(- 35 + 315\,l - 693\,l^2 + 429\,l^3).$$

$$B_7^{10} = 5 \cdot 7\,l^3(41 - 129\,l + 135\,l^2 + 47\,l^3)$$
$$+ 3 \cdot 5 \cdot 7\,g^2\,l^3(- 43 + 399\,l - 685\,l^2 + 329\,l^3)$$
$$+ 5 \cdot 7\,g^4\,l^3(135 - 2055\,l + 4865\,l^2 - 2961\,l^3)$$
$$+ 7 \cdot 47\,g^6\,l^3(- 5 + 105\,l - 315\,l^2 + 231\,l^2).$$

$$B_8^8 = l^5(119 - 665\,l + 1470\,l^2 - 1610\,l^3 + 875\,l^4 + 189\,l^5)$$
$$+ g^2\,l^5(- 665 + 10815\,l - 38850\,l^2 + 58310\,l^3 - 40005\,l^4$$
$$+ 10395\,l^5)$$

$$+ g^4 l^5 (1470 - 38850\,l + 191100\,l^2 - 361620\,l^3 + 297990\,l^4$$
$$- 90090\,l^5)$$
$$+ g^6 l^5 (- 1610 + 58310\,l - 361620\,l^2 + 821436\,l^3$$
$$- 786786\,l^4 + 270270\,l^5)$$
$$+ g^8 l^5 (875 - 40005\,l + 297990\,l^2 - 786786\,l^3 + 855855\,l^4$$
$$- 328185\,l^5)$$
$$+ g^{10} l^5 (-189 + 103951\,l - 90090\,l^2 + 270270\,l^3 - 328185\,l^4$$
$$+ 138567\,l^5).$$

$$B_8^9 = 2^5 \cdot 5 \cdot 7\,g\,l^5 (7 - 30\,l + 48\,l^2 - 34\,l^3 + 9\,l^4)$$
$$+ 2^6 \cdot 3 \cdot 5 \cdot 7\,g^3 l^5 (- 5 + 35\,l - 77\,l^2 + 69\,l^3 - 22\,l^4)$$
$$+ 2^6 \cdot 3 \cdot 7\,g^5 l^5 (40 - 385\,l + 1071\,l^2 - 1155\,l^3 + 429\,l^4)$$
$$+ 2^6 g^7 l^5 (- 595 + 7245\,l - 24255\,l^2 + 30459\,l^3 - 12870\,l^4)$$
$$+ 2^5 g^9 l^5 (315 - 4620\,l + 18018\,l^2 - 25740\,l^3 + 12155\,l^4)$$

$$B_8^{10} = 2 \cdot 5 \cdot 7\,l^4 (31 - 132\,l + 210\,l^2 - 148\,l^3 + 39\,l^4)$$
$$+ 2^3 \cdot 3 \cdot 5 \cdot 7\,g^2 l^4 (- 11 + 138\,l - 360\,l^2 + 350\,l^3 - 117\,l^4)$$
$$+ 2^2 \cdot 3 \cdot 5 \cdot 7\,g^4 l^4 (35 - 720\,l + 2590\,l^2 - 3192\,l^3 + 1287\,l^4)$$
$$+ 2^3 \cdot 7\,g^6 l^4 (- 185 + 5250\,l - 23940\,l^2 + 35574\,l^3$$
$$- 16731\,l^4)$$
$$+ 2 \cdot 3 \cdot 13\,g^8 l^4 (35 - 1260\,l + 6930\,l^2 - 12012\,l^3 + 6435\,l^4).$$

$$B_9^9 = 2 \cdot 7 \cdot 9\,g\,l^6 (23 - 125\,l + 270\,l^2 - 290\,l^3 + 155\,l^4 - 33\,l^5)$$
$$+ 2 \cdot 3 \cdot 5 \cdot 7\,g^3 l^6 (- 75 + 665\,l - 1974\,l^2 + 2682\,l^3 - 1727\,l^4$$
$$+ 429\,l^5)$$
$$+ 2^2 \cdot 7 \cdot 9\,g^5 l^6 (135 - 1645\,l + 6174\,l^2 - 10098\,l^3$$
$$+ 7579\,l^4 - 2145\,l^5)$$
$$+ 2^2 \cdot 3^2\,g^7 l^6 (- 1015 + 15645\,l - 70686\,l^2$$
$$+ 134706\,l^3 - 115115\,l^4 + 36465\,l^5)$$
$$+ 2 \cdot g^9 l^6 (9765 - 181335\,l + 954954\,l^2 - 2072070\,l^3$$
$$+ 1981265\,l^4 - 692835\,l^5)$$
$$+ 2 \cdot 3\,g^{11} l^6 (- 693 + 15015\,l - 90090\,l^2$$
$$+ 218790\,l^3 - 230945\,l^4 + 88179\,l^5).$$

$$B_9^{10} = 5 \cdot 7 \cdot 9\,l^5 (5 - 27\,l + 58\,l^2 - 62\,l^3 + 33\,l^4 - 7\,l^5)$$
$$+ 5 \cdot 7 \cdot 9\,g^2 l^5 (- 27 + 429\,l - 1510\,l^2 + 2226\,l^3 - 1503\,l^4$$
$$+ 385\,l^5)$$

$$+ 2\cdot3\cdot5\cdot7 g^4 l^5 (87 - 2265 l + 10990 l^2 - 20538 l^3$$
$$+ 16731 l^4 - 5005 l^5)$$
$$+ 2\cdot3^2\cdot 7 g^6 l^5 (- 155 + 5565 l - 34230 l^3$$
$$+ 77154 l^3 - 73359 l^4 + 25025 l^5)$$
$$+ 3^2\cdot g^8 l^5 (1155 - 52605 l + 390390 l^2 - 1027026 l^3$$
$$+ 1113255 l^4 - 425425 l^5)$$
$$+ 5\cdot7 g^{10} l^5 (-63 + 3465 l - 30030 l^2 + 90090 l^2 - 109395 l^4$$
$$+ 46189 l^5).$$

$$B_{10}^{10} = 3^2\cdot 7\cdot l^6 (7 - 46 l + 125 l^2 - 180 l^3 + 145 l^4 - 62 l^5 + 11 l^6)$$
$$+ 2\cdot3^2\cdot 7 g^2 l^6 (- 23 + 444 l - 1975 l^2 + 3920 l^3 - 4005 l^4$$
$$+ 2068 l^5 - 429 l^6)$$
$$+ 3\cdot5\cdot7 g^4 l^6 (75 - 2370 l + 14525 l^2 - 36540 l^3$$
$$+ 45045 l^4 - 27170 l^5 + 6435 l^6)$$
$$+ 2^2\cdot 3^2\cdot 5\cdot7 g^6 l^6 (- 9 + 392 l - 3045 l^2 + 9240 l^3 - 13299 l^4$$
$$+ 9152 l^5 - 2431 l^6)$$
$$+ 3^2\cdot 5 g^8 l^6 (203 - 11214 l + 105105 l^2 - 372372 l^3$$
$$+ 611325 l^4 - 471614 l^5 + 138567 l^6)$$
$$+ 2\cdot g^{10} l^6 (- 1953 + 1302841 l - 1426425 l^2$$
$$+ 5765760 l^3 - 10611315 l^4 + 9053044 l^5 - 2909907 l^6)$$
$$+ 3 g^{12} l^6 (231 - 18018 l + 225225 l^1 - 1021020 l^3$$
$$+ 2078505 l^4 - 1939938 l^5 + 676039 l^6).$$

Aus den Werten von B_n^m erhält man für C_n^m folgende Summenformeln:

$$C_0^0 = \frac{r^2 l}{2}(1 - 3l) \sum_{\nu=0}^{\nu=\infty} \frac{(4 v^2 r^2)^\nu \cdot 2}{(2\nu)!(2\nu + 1)}$$

$$+ \frac{3 r^2 l}{2}(- 1 + 3l) \sum_{\nu=0}^{\nu=\infty} \frac{(4 v^2 r^2)^\nu \cdot 2}{(2\nu)!(2\nu + 3)}\cdot$$

$$C_0^1 = - 4 l \sum_{\nu=1}^{\nu=\infty} \frac{(4 v^2 r^2)^\nu}{(2\nu - 1)!}\cdot \frac{1}{2\nu + 1}\cdot$$

$$C_0^2 = 2 v^2 \sum_{\nu=0}^{\nu=\infty} \frac{(4 v^2 r^2)^\nu \cdot 2}{(2\nu)!(2\nu + 1)}\cdot$$

$$C_1^1 = -r^2 l^2 (7 - 9l) \sum_{\nu=1}^{\nu=\infty} \frac{(4v^2 r^2)^\nu}{(2\nu - 1)! (2\nu + 1)}$$

$$- 3r^2 l^2 (-3 + 5l) \sum_{\nu=1}^{\nu=\infty} \frac{(4v^2 r^2)^\nu}{(2\nu - 1)! (2\nu + 3)} \cdot$$

$$C_1^2 = \frac{v^2 r^2 l}{2} (9 - 11l) \sum_{\nu=0}^{\nu=\infty} \frac{(4v^2 r^2)^\nu \cdot 2}{(2\nu)! (2\nu + 1)}$$

$$+ \frac{11}{2} v^2 r^2 l (-1 + 3l) \sum_{\nu=0}^{\nu=\infty} \frac{(4v^2 r^2)^\nu \cdot 2}{(2\nu)! (2\nu + 3)} \cdot$$

$$C_1^3 = -8v^2 l \sum_{\nu=1}^{\nu=\infty} \frac{(4v^2 r^2)^\nu}{(2\nu - 1)! (2\nu + 1)} \cdot$$

$$C_1^4 = 2v^4 \sum_{\nu=0}^{\nu=\infty} \frac{(4v^2 r^2)^\nu \cdot 2}{(2\nu)! (2\nu + 1)} \cdot$$

$$C_2^2 = \frac{v^2 r^4 l^2}{2} (5 - 14l + 9l^2) \sum_{\nu=0}^{\nu=\infty} \frac{(4v^2 r^2)^\nu \cdot 2}{(2\nu)! (2\nu + 1)}$$

$$+ v^2 r^4 l^2 (-7 + 48l - 45l^2) \sum_{\nu=0}^{\nu=\infty} \frac{(4v^2 r^2)^\nu \cdot 2}{(2\nu)! (2\nu + 3)}$$

$$+ \frac{3}{2} v^2 r^4 l^2 (3 - 30l + 35l^2) \sum_{\nu=0}^{\nu=\infty} \frac{(4v^2 r^2)^\nu \cdot 2}{(2\nu)! (2\nu + 5)} \cdot$$

$$C_2^3 = -v^2 r^2 l^2 (38 - 42l) \sum_{\nu=1}^{\nu=\infty} \frac{(4v^2 r^2)^\nu}{(2\nu - 1)! (2\nu + 1)}$$

$$- 14 v^2 r^2 l^2 (-3 + 5l) \sum_{\nu=1}^{\nu=\infty} \frac{(4v^2 r^2)^\nu}{(2\nu - 1)! (2\nu + 3)} \cdot$$

$$C_2^4 = \frac{v^4 r^2 l}{2} (25 - 27l) \sum_{\nu=0}^{\nu=\infty} \frac{(4v^2 r^2)^\nu \cdot 2}{(2\nu)! (2\nu + 1)}$$

$$+ \frac{v^4 r^2 l}{2} (-27 + 81l) \sum_{\nu=0}^{\nu=\infty} \frac{(4v^2 r^2)^\nu \cdot 2}{(2\nu)! (2\nu + 3)} \cdot$$

$$C_2^5 = -12 v^4 l \sum_{\nu=1}^{\nu=\infty} \frac{(4 v^2 r^2)^\nu}{(2\nu-1)!\,(2\nu+1)} \cdot$$

$$C_2^6 = 2 v^6 \sum_{\nu=0}^{\nu=\infty} \frac{(4 v^2 r^2)^\nu \cdot 2}{(2\nu)!\,(2\nu+1)}$$

$$C_3^3 = -v^2 r^4 l^3 (33 - 78\,l + 45\,l^2) \sum_{\nu=1}^{\nu=\infty} \frac{(4 v^2 r^2)^\nu}{(2\nu-1)!\,(2\nu+1)}$$

$$-v^2 r^4 l^3 (-78 + 280\,l - 210\,l^2) \sum_{\nu=1}^{\nu=\infty} \frac{(4 v^2 r^2)^\nu}{(2\nu-1)!\,(2\nu+}$$

$$-3 v^2 r^4 l^3 (15 - 70\,l + 63\,l^2) \sum_{\nu=1}^{\nu=\infty} \frac{(4 v^2 r^2)^\nu}{(2\nu-1)!\,(2\nu+5)} \cdot$$

$$C_3^4 = \frac{v^4 r^4 l^2}{2} (39 - 90\,l + 51\,l^2) \sum_{\nu=0}^{\nu=\infty} \frac{(4 v^2 r^2)^\nu \cdot 2}{(2\nu)!\,(2\nu+1)}$$

$$+ v^2 r^4 l^2 (-45 + 288\,l - 255\,l^2) \sum_{\nu=0}^{\nu=\infty} \frac{(4 v^2 r^2)^\nu \cdot 2}{(2\nu)!\,(2\nu+3)}$$

$$+ \frac{17 v^4 r^4 l^2}{2} (3 - 30\,l + 35\,l^2) \sum_{\nu=0}^{\nu=\infty} \frac{(4 v^2 r^2)^\nu \cdot 2}{(2\nu)!\,(2\nu+5)} \cdot$$

$$C_3^5 = -v^4 r^2 l^2 (117 - 123\,l) \sum_{\nu=1}^{\nu=\infty} \frac{(4 v^2 r^2)^\nu}{(2\nu-1)!\,(2\nu+1)}$$

$$-v^4 r^2 l^2 (-123 + 205\,l) \sum_{\nu=1}^{\nu=\infty} \frac{(4 r^2 r^2)^\nu}{(2\nu-1)!\,(2\nu+3)} \cdot$$

$$C_3^6 = \frac{v^6 r^2 l}{2} (49 - 51\,l) \sum_{\nu=0}^{\nu=\infty} \frac{(4 r^2 r^2)^\nu \cdot 2}{(2\nu)!\,(2\nu+1)} \cdot$$

$$+ \frac{51}{2} v^6 r^2 l (-1 + 3\,l) \sum_{\nu=0}^{\nu=\infty} \frac{(4 v^2 r^2)^\nu \cdot 2}{(2\nu)!\,(2\nu+3)} \cdot$$

$$C_3^7 = -16 v^6 l \sum_{\nu=1}^{\nu=\infty} \frac{(4 v^2 r^2)^\nu}{(2\nu-1)!\,(2\nu+1)}$$

$$C_3^8 = 2 v^8 \sum_{\nu=0}^{\nu=\infty} \frac{(4 v^2 r^2)^\nu \cdot 2}{(2\nu)!\,(2\nu+1)}.$$

$$C_4^4 = v^4 r^6 l^3 (9 - 33\,l + 39\,l^2 - 15\,l^3) \sum_{\nu=0}^{\nu=\infty} \frac{(4 v^2 r^2)^\nu \cdot 2}{(2\nu)!\,(2\nu+1)}$$

$$+ v^4 r^6 l^3 (- 33 + 333\,l - 615\,l^2 + 315\,l^3) \sum_{\nu=0}^{\nu=\infty} \frac{(4 v^2 r^2)^\nu \cdot 2}{(2\nu)!\,(2\nu+3)}$$

$$+ v^4 r^6 l^3 (39 - 615\,l + 1505\,l^2 - 945\,l^3) \sum_{\nu=0}^{\nu=\infty} \frac{(4 v^2 r^2)^\nu \cdot 2}{(2\nu)!\,(2\nu+5)}$$

$$+ v^4 r^6 l^3 (- 15 + 315\,l - 945\,l^2 + 693\,l^3) \sum_{\nu=0}^{\nu=\infty} \frac{(4 v^2 r^2)^\nu \cdot 2}{(2\nu)!\,(2\nu+7)}.$$

$$C_4^5 = - v^4 r^4 l^3 (252 - 552\,l + 300\,l^2) \sum_{\nu=1}^{\nu=\infty} \frac{(4 v^2 r^2)^\nu}{(2\nu-1)!\,(2\nu+1)}$$

$$- v^4 r^4 l^3 (- 552 + 1920\,l - 1400\,l^2) \sum_{\nu=1}^{\nu=\infty} \frac{(4 v^2 r^2)^\nu}{(2\nu-1)!\,(2\nu+3)}$$

$$- 20 \cdot v^4 r^4 l^3 (15 - 70\,l + 63\,l^2) \sum_{\nu=1}^{\nu=\infty} \frac{(4 v^2 r^2)^\nu}{(2\nu-1)!\,(2\nu+5)}.$$

$$C_4^6 = v^6 r^4 l^2 (75 - 162\,l + 87\,l^2) \sum_{\nu=0}^{\nu=\infty} \frac{(4 v^2 r^2)^\nu \cdot 2}{(2\nu)!\,(2\nu+1)}$$

$$+ v^6 r^4 l^2 (- 162 + 1008\,l - 870\,l^2) \sum_{\nu=0}^{\nu=\infty} \frac{(4 v^2 r^2)^\nu \cdot 2}{(2\nu)!\,(2\nu+3)}$$

$$+ v^6 r^4 l^2 (87 - 870\,l + 1015\,l^2) \sum_{\nu=0}^{\nu=\infty} \frac{(4 v^2 r^2)^\nu \cdot 2}{(2\nu)!\,(2\nu+5)}.$$

$$C_4^7 = - v^6 r^2 l^2 (268 - 276\,l) \sum_{\nu=1}^{\nu=\infty} \frac{(4 v^2 r^2)^\nu}{(2\nu-1)!\,(2\nu+1)}$$

$$- v^6 r^2 l^2 (- 276 + 460\,l) \sum_{\nu=1}^{\nu=\infty} \frac{(4 v^2 r^2)^\nu}{(2\nu-1)!\,(2\nu+3)}$$

$$C_4^8 = \frac{v^8 r^2 l}{2}(81 - 83\,l)\sum_{\nu=0}^{\nu=\infty}\frac{(4\,v^2 r^2)^\nu \cdot 2}{(2\,\nu)!\,(2\,\nu+1)}$$

$$+ \frac{v^3 r^2 l}{2}(-83 + 249\,l)\sum_{\nu=0}^{\nu=\infty}\frac{(4\,v^2 r^2)^\nu \cdot 2}{(2\,\nu)!\,(2\,\nu+3)}\cdot$$

$$C_4^9 = -20\cdot v^8 l\sum_{\nu=1}^{\nu=\infty}\frac{(4\,v^2 r^2)^\nu}{(2\,\nu-1)!\,(2\,\nu+1)}\cdot$$

$$C_4^{10} = 4\cdot v^{10}\sum_{\nu=0}^{\nu=\infty}\frac{(4\,v^2 r^2)^\nu\cdot 2}{(2\,\nu)!\,(2\,\nu+1)}\cdot$$

$$C_5^5 = -v^4 r^6 l^4(150 - 510\,l + 570\,l^2 - 210\,l^3)\sum_{\nu=1}^{\nu=\infty}\frac{(4\,v^2 r^2)^\nu}{(2\,\nu-1)!\,(2\,\nu+1)}$$

$$- v^4 r^6 l^4(-510 + 2750\,l - 4130\,l^2 + 1890\,l^3)$$

$$\sum_{\nu=1}^{\nu=\infty}\frac{(4\,v^2 r^2)^\nu}{(2\,\nu-1)!\,(2\,\nu+3)}$$

$$- v^4 r^6 l^4(570 - 4130\,l + 7686\,l^2 - 4158)\sum_{\nu=1}^{\nu=\infty}\frac{(4\,v^2 r^2)^\nu}{(2\,\nu-1)!\,(2\,\nu+5)}$$

$$- v^4 r^6 l^4(-210 + 1890\,l - 4158\,l^2 + 2574\,l^3)$$

$$\sum_{\nu=1}^{\nu=\infty}\frac{(4\,v^2 r^2)^\nu}{(2\,\nu-1)!\,(2\,\nu+7)}\cdot$$

$$C_5^6 = v^6 r^6 l^3(85 - 285\,l + 315\,l^2 - 115\,l^3)\sum_{\nu=0}^{\nu=\infty}\frac{(4\,v^2 r^2)^\nu\cdot 2}{(2\,\nu)!\,(2\,\nu+1)}$$

$$+ v^6 r^6 l^3(-285 + 2745\,l - 4875\,l^2 + 2415\,l^3)$$

$$\sum_{\nu=0}^{\nu=\infty}\frac{(4\,v^2 r^2)^\nu\cdot 2}{(2\,\nu)!\,(2\,\nu+3)}$$

$$+ v^6 r^6 l^3(315 - 4875\,l + 11\,725\,l^2 - 7245\,l^3)\sum_{\nu=0}^{\nu=\infty}\frac{(4\,v^2 r^2)^\nu\cdot 2}{(2\,\nu)!\,(2\,\nu+5)}$$

$$+ v^6 r^6 l^3 (- 115 + 2415\, l - 7245\, l^2 + 5313\, l^3)$$

$$\sum_{\nu=0}^{\nu=\infty} \frac{(4\,\nu^2\, r^2)^\nu \cdot 2}{(2\,\nu)!\,(2\,\nu + 7)} .$$

$$C_5^7 = - v^6 r^4 l^3 (1050 - 2220\, l + 1170\, l^2) \sum_{\nu=1}^{\nu=\infty} \frac{(4\,v^2\, r^2)^\nu}{(2\,\nu - 1)!\,(2\,\nu + 1)}$$

$$- v^6 r^4 l^3 (- 2220 + 7600\, l - 5460\, l^4) \sum_{\nu=1}^{\nu=\infty} \frac{(4\,v^2\, r^2)^\nu}{(2\,\nu - 1)!\,(2\,\nu + 3)}$$

$$- v^6 r^4 l^3 (1170 - 5460\, l + 4914\, l^2) \sum_{\nu=1}^{\nu=\infty} \frac{(4\,v^2\, r^2)^\nu}{(2\,\nu - 1)!\,(2\,\nu + 5)} .$$

$$C_5^8 = v^8 r^4 l^2 (205 - 430\, l + 225\, l^2) \sum_{\nu=0}^{\nu=\infty} \frac{(4\,v^2\, r^2)^\nu \cdot 2}{(2\,\nu)!\,(2\,\nu + 1)}$$

$$+ v^8 r^4 l^2 (- 430 + 2640\, l - 2250\, l^2) \sum_{\nu=0}^{\nu=\infty} \frac{(4\,v^2\, r^2)^\nu \cdot 2}{(2\,\nu)!\,(2\,\nu + 3)}$$

$$+ v^8 r^4 l^2 (225 - 2250\, l + 2625\, l^2) \sum_{\nu=0}^{\nu=\infty} \frac{(4\,v^2\, r^2)^\nu \cdot 2}{(2\,\nu)!\,(2\,\nu + 5)} .$$

$$C_5^9 = - 5 v^8 r^2 l^2 (103 - 105\, l) \sum_{\nu=1}^{\nu=\infty} \frac{(4\,v^2\, r^2)^\nu}{(2\,\nu - 1)!\,(2\,\nu + 1)}$$

$$- 5 v^8 r^2 l^2 (- 105 + 175\, l) \sum_{\nu=1}^{\nu=\infty} \frac{(4\,v^2\, r^2)^\nu}{(2\,\nu - 1)!\,(2\,\nu + 3)} .$$

$$C_5^{10} = v^{10} r^2 l (121 - 123\, l) \sum_{\nu=0}^{\nu=\infty} \frac{(4\,v^2\, r^2)^\nu}{(2\,\nu)!\,(2\,\nu + 1)}$$

$$+ v^{10} r^2 l (- 123 + 369\, l) \sum_{\nu=0}^{\nu=\infty} \frac{(4\,v^2\, r^2)^\nu}{(2\,\nu)!\,(2\,\nu + 3)} .$$

$$C_6^6 = v^6 r^8 l^4 (65 - 300\, l + 510\, l^2 - 380\, l^3 + 105\, l^4)$$

$$\sum_{\nu=0}^{\nu=\infty} \frac{(4\,v^2\, r^2)^\nu}{(2\,\nu)!\,(2\,\nu + 1)}$$

$$+ v^6 r^8 l^4 (- 300 + 3960\, l - 10800\, l^2 + 10920\, l^3 - 3780\, l^4)$$

$$\sum_{\nu=0}^{\nu=\infty} \frac{(4\, v^2\, r^2)^\nu}{(2\,\nu)!\,(2\,\nu+3)}$$

$$+ v^6 r^8 l^4 (510 - 10800\, l - 39900\, l^2 - 50400\, l^3 + 20790\, l^4)$$

$$\sum_{\nu=0}^{\nu=\infty} \frac{(4\, v^2\, r^2)^\nu}{(2\,\nu)!\,(2\,\nu+5)}$$

$$+ v^6 r^8 l^4 (- 380 + 10920\, l - 50400\, l^2 + 75768\, l^3 - 36036\, l^4)$$

$$\sum_{\nu=0}^{\nu=\infty} \frac{(4\, v^2\, r^2)^\nu}{(2\,\nu)!\,(2\,\nu+7)}$$

$$+ v^6 r^8 l^4 (105 + 3780\, l + 20790\, l^2 - 36036\, l^3 + 19305\, l^4)$$

$$\sum_{\nu=0}^{\nu=\infty} \frac{(4\, v^2\, r^2)^\nu}{(2\,\nu)!\,(2\,\nu+9)}.$$

$$C_7^6 = - v^6 r^6 l^4 (1460 - 4740\, l + 5100\, l^2 - 1820\, l^3)$$

$$\sum_{\nu=1}^{\nu=\infty} \frac{(4\, v^2\, r^2)^\nu}{(2\,\nu-1)!\,(2\,\nu+1)}$$

$$- v^6 r^6 l^4 (- 4740 + 24900\, l - 36540\, l^2 + 16380\, l^3)$$

$$\sum_{\nu=1}^{\nu=\infty} \frac{(4\, v^2\, r^2)^\nu}{(2\,\nu-1)!\,(2\,\nu+3)}$$

$$- v^6 r^6 l^4 (5100 - 36540\, l + 67284\, l^2 - 36036\, l^3)$$

$$\sum_{\nu=1}^{\nu=\infty} \frac{(4\, v^2\, r^2)^\nu}{(2\,\nu-1)!\,(2\,\nu+5)}$$

$$- v^6 r^6 l^4 (- 1820 + 16380\, l - 36036\, l^2 + 22308\, l^3)$$

$$\sum_{\nu=1}^{\nu=\infty} \frac{(4\, v^2\, r^2)^\nu}{(2\,\nu-1)!\,(2\,\nu+7)}.$$

$$C_6^8 = v^8 r^6 l^3 (415 - 1335\, l + 1425\, l^2 - 505\, l^3) \sum_{\nu=0}^{\nu=\infty} \frac{(4\, v^2\, r^2)^\nu \cdot 2}{(2\,\nu)!\,(2\,\nu+1)}$$

$$+ v^8 r^6 l^3 (- 1335 + 12555\, l - 21825\, l^2 + 10605\, l^3)$$

$$\sum_{\nu=0}^{\nu=\infty} \frac{(4\, v^2\, r^2)^\nu \cdot 2}{(2\,\nu)!\,(2\,\nu+3)}$$

$$+ v^8 r^6 l^3 (1425 - 21825\, l + 51975\, l^2 - 31815\, l^3)$$

$$\sum_{\nu=0}^{\nu=\infty} \frac{(4\, v^2\, r^2)^\nu \cdot 2}{(2\,\nu)!\,(2\,\nu+5)}$$

$$+ v^8 r^6 l^3 (- 505 + 10605\, l - 31815\, l^2 + 23331\, l^3)$$

$$\sum_{\nu=0}^{\nu=\infty} \frac{(4\, v^2\, r^2)^\nu \cdot 2}{(2\,\nu)!\,(2\,\nu+7)} \cdot$$

$$C_6^9 = - 2^2 \cdot 3 \cdot 5\, v^8 r^4 l^3 (53 - 110\, l + 57\, l^2) \sum_{\nu=1}^{\nu=\infty} \frac{(4\, v^2\, r^2)^\nu}{(2\,\nu-1)!\,(2\,\nu+1)}$$

$$- 2^3 \cdot 5\, v^8 r^4 l^3 (- 165 + 560\, l - 399\, l^2) \sum_{\nu=1}^{\nu=\infty} \frac{(4\, v^2\, r^2)^\nu}{(2\,\nu-1)!\,(2\,\nu+3)}$$

$$- 2^2 \cdot 3\, v^8 r^4 l^3 (285 - 1330\, l + 1197\, l^2) \sum_{\nu=1}^{\nu=\infty} \frac{(4\, v^2\, r^2)^\nu}{(2\,\nu-1)!\,(2\,\nu+5)} \cdot$$

$$C_6^{10} = 3 \cdot 5\, v^{10} r^4 l^2 (61 - 126\, l + 65\, l^2) \sum_{\nu=0}^{\nu=\infty} \frac{(4\, v^2\, r^2)^\nu}{(2\,\nu)!\,(2\,\nu+1)}$$

$$+ 3 \cdot 5\, v^{10} r^4 l^2 (- 126 + 768\, l - 650\, l^2) \sum_{\nu=0}^{\nu=\infty} \frac{(4\, v^2\, r^2)^\nu}{(2\nu)!\,(2\,\nu+3)}$$

$$+ 5^2 \cdot 13\, v^{10} r^4 l^2 (3 - 30\, l + 35\, l^2) \sum_{\nu=0}^{\nu=\infty} \frac{(4\, v^2\, r^2)^\nu}{(2\,\nu)!\,(2\,\nu+5)} \cdot$$

$$C_7^7 = - v^6 r^8 l^5 (665 - 2940\, l + 4830\, l^2 - 3500\, l^3 + 945\, l^4)$$

$$\sum_{\nu=1}^{\nu=\infty} \frac{(4\, t^2\, r^2)^\nu}{(2\,\nu-1)!\,(2\,\nu+1)}$$

$$- v^6 r^8 l^5 (- 2940 + 21000\, l - 47040\, l^2 + 42840\, l^3 - 13860\, l^4)$$

$$\sum_{\nu=1}^{\nu=\infty} \frac{(4\, v^2\, r^2)^\nu}{(2\,\nu-1)!\,(2\,\nu+3)}$$

$$- v^6 r^8 l^5 (4830 - 47040\, l + 132300\, l^2 - 144144\, l^3 + 54054\, l^4)$$

$$\sum_{\nu=1}^{\nu=\infty} \frac{(4\, v^2\, r^2)^\nu}{(2\,\nu-1)!\,(2\,\nu+5)}$$

$$- v^6 r^8 l^5 (- 3500 + 42840 \, l - 144144 \, l^2$$

$$+ 181896 \, l^3 - 77220 \, l^4 \sum_{\nu=1}^{\nu=\infty} \frac{(4 \, v^2 \, r^2)^\nu}{(2 \, \nu - 1)! \, (2 \, \nu + 7)}$$

$$- v^6 r^8 l^5 (945 - 13860 \, l + 54054 \, l^2 - 77220 \, l^3 + 36465 \, l^4)$$

$$\sum_{\nu=1}^{\nu=\infty} \frac{(4 \, v^2 \, r^2)^\nu}{(2 \, \nu - 1)! \, (2 \, \nu + 9)}.$$

$$C_7^8 = \frac{v^8 r^8 l^4}{2} (735 - 3220 \, l + 5250 \, l^2 - 3780 \, l^3 + 1015 \, l^4)$$

$$\sum_{\nu=0}^{\nu=\infty} \frac{(4 \, v^2 \, r^2)^\nu \cdot 2}{(2 \, \nu)! \, (2 \, \nu + 1)}$$

$$+ v^8 r^8 l^4 (-1610 + 20580 \, l - 54600 \, l^2 + 53900 \, l^3 - 18270 \, l^4)$$

$$\sum_{\nu=0}^{\nu=\infty} \frac{(4 \, v^2 \, r^2)^\nu \cdot 2}{(2 \, \nu)! \, (2 \, \nu + 3)}$$

$$+ v^8 r^8 l^4 (2625 - 54600 \, l + 198450 \, l^2 - 246960 \, l^3$$

$$+ 100485 \, l^4) \sum_{\nu=0}^{\nu=\infty} \frac{(4 \, v^2 \, r^2)^\nu \cdot 2}{(2 \, \nu)! \, (2 \, \nu + 5)}$$

$$+ v^8 r^8 l^4 (- 1890 + 53900 \, l - 246960 \, l^2$$

$$+ 368676 \, l^3 - 174174 \, l^4 \sum_{\nu=0}^{\nu=\infty} \frac{(4 \, v^2 \, r^2)^\nu \cdot 2}{(2 \, \nu)! \, (2 \, \nu + 7)}$$

$$+ \frac{v^8 r^8 l^4}{2} (1015 - 36540 \, l + 200970 \, l^2 - 348348 \, l^3$$

$$+ 186615 \, l^4) \sum_{\nu=0}^{\nu=\infty} \frac{(4 \, v^2 \, r^2)^\nu \cdot 2}{(2 \, \nu)! \, (2 \, \nu + 9)}.$$

$$C_7^9 = - 2 \cdot 5 \cdot 7 \, v^8 r^6 l^4 (109 - 345 \, l + 363 \, l^2 - 127 \, l^3)$$

$$\sum_{\nu=1}^{\nu=\infty} \frac{(4 \, v^2 \, r^2)^\nu}{(2 \, \nu - 1)! \, (2 \, \nu + 1)}$$

$$- 2 \cdot 3 \cdot 5 \cdot 7 \, v^8 r^6 l^4 (- 115 + 595 \, l - 861 \, l^2 + 381 \, l^3)$$

$$\sum_{\nu=1}^{\nu=\infty} \frac{(4 \, v^2 \, r^2)^\nu}{(2 \, \nu - 1)! \, (2 \, \nu + 3)}$$

$$-2 \cdot 3 \cdot 7 \, v^8 r^6 l^4 (605 - 4305 \, l + 7875 \, l^2 - 4191 \, l^3)$$

$$\sum_{\nu=1}^{\nu=\infty} \frac{(4 \, v^2 r^2)^\nu}{(2\nu-1)!(2\nu+5)}$$

$$-2 \cdot 127 \, v^8 r^6 l^4 (-35 + 315 \, l - 693 \, l^2 + 429 \, l^3)$$

$$\sum_{\nu=1}^{\nu=\infty} \frac{(4 \, v^2 r^2)^\nu}{(2\nu-1)!(2\nu+7)}.$$

$$C_7^{10} = 5 \cdot 7 \, v^{10} r^6 l^3 (41 - 129 \, l + 135 \, l^2 - 47 \, l^3) \sum_{\nu=0}^{\nu=\infty} \frac{(4 \, v^2 r^2)^\nu \cdot 2}{(2\nu)!(2\nu+1)}$$

$$+ 5 \cdot 7 \, v^{10} r^6 l^3 (-129 + 1197 \, l - 2055 \, l^2 + 987 \, l^3)$$

$$\sum_{\nu=0}^{\nu=\infty} \frac{(4 \, v^2 r^2)^\nu \cdot 2}{(2\nu)!(2\nu+3)}$$

$$+ 5 \cdot 7 \, v^{10} r^6 l^3 (135 - 2055 \, l + 4865 \, l^2 - 2961 \, l^3)$$

$$\sum_{\nu=0}^{\nu=\infty} \frac{(4 \, v^2 r^2)^\nu \cdot 2}{(2\nu)!(2\nu+5)}$$

$$+ 7 \cdot 47 \, v^{10} r^6 l^3 (-5 + 105 \, l - 315 \, l^2 + 231 \, l^3)$$

$$\sum_{\nu=0}^{\nu=\infty} \frac{(4 \, v^2 r^2)^\nu \cdot 2}{(2\nu)!(2\nu+7)}.$$

$$C_8^8 = v^8 r^{10} l^5 (119 - 665 \, l + 1470 \, l^2 - 1610 \, l^3 + 875 \, l^4 - 189 \, l^5)$$

$$\sum_{\nu=0}^{\nu=\infty} \frac{(4 \, v^2 r^2)^\nu \cdot 2}{(2\nu)!(2\nu+1)}$$

$$+ v^8 r^{10} l^5 (-665 + 10815 \, l - 38850 \, l^2 + 58310 \, l^3 - 40005 \, l^4$$

$$+ 10395 \, l^5) \sum_{\nu=0}^{\nu=\infty} \frac{(4 \, v^2 r^2)^\nu \cdot 2}{(2\nu)!(2\nu+3)}$$

$$+ v^8 r^{10} l^5 (1470 - 38850 \, l + 191100 \, l^2 - 361620 \, l^3$$

$$+ 297990 \, l^4 - 90090 \, l^5) \sum_{\nu=0}^{\nu=\infty} \frac{(4 \, v^2 r^2)^\nu \cdot 2}{(2\nu)!(2\nu+5)}$$

$$+ v^8 r^{10} l^5 (-1610 + 58310 \, l - 361620 \, l^2$$

$$+ 821436 \, l^3 - 786786 \, l^4 + 270270 \, l^5) \sum_{\nu=0}^{\nu=\infty} \frac{(4 \, v^2 r^2)^\nu \cdot 2}{(2\nu)!(2\nu+7)}$$

$$+ v^8 r^{10} l^5 (875 - 40005\, l^2 + 297990\, l^2 - 786786\, l^3$$

$$+ 855855\, l^4 - 328185\, l^5) \sum_{\nu=0}^{\nu=\infty} \frac{(4\,v^2\,r^2)^\nu \cdot 2}{(2\nu)!\,(2\nu+9)}$$

$$+ v^8 r^{10} l^5 (- 189 + 10395\, l - 90090\, l^2$$

$$+ 270270\, l^3 - 328185\, l^4 + 138567\, l^5) \sum_{\nu=0}^{\nu=\infty} \frac{(4\,v^2\,r^2)^\nu \cdot 2}{(2\nu)!\,(2\nu+11)} .$$

$$C_8^9 = - 2^5 \cdot 5 \cdot 7\, v^8 r^8 l^5 (7 - 30\, l + 48\, l^2 - 34\, l^3 + 9\, l^4)$$

$$\sum_{\nu=1}^{\nu=\infty} \frac{(4\,v^2\,r^2)^\nu}{(2\nu-1)!\,(2\nu+1)}$$

$$- 2^6 \cdot 3 \cdot 5 \cdot 7\, v^8 r^8 l^5 (- 5 + 35\, l - 77\, l^2 + 69\, l^3 - 22\, l^4)$$

$$\sum_{\nu=1}^{\nu=\infty} \frac{(4\,v^2\,r^2)^\nu}{(2\nu-1)!\,(2\nu+3)}$$

$$- 2^6 \cdot 3 \cdot 7\, v^8 r^8 l^5 (40 - 385\, l + 1071\, l^2 - 1155\, l^3 + 429\, l^4)$$

$$\sum_{\nu=1}^{\nu=\infty} \frac{(4\,v^2\,r^2)^\nu}{(2\nu-1)!\,(2\nu+5)}$$

$$- 2^6 \cdot v^8 r^8 l^5 (- 595 + 7245\, l - 24255\, l^2$$

$$+ 30459\, l^3 - 12870\, l^4) \sum_{\nu=1}^{\nu=\infty} \frac{(4\,v^2\,r^2)^\nu}{(2\nu-1)!\,(2\nu+7)}$$

$$- 2^5 \cdot v^8 r^8 l^5 (315 - 4620\, l + 18018\, l^2 - 25740\, l^3 + 12155\, l^4)$$

$$\sum_{=1}^{\nu=\infty} \frac{(4\,v^2\,r^2)^\nu}{(2\nu-1)!\,(2\nu+9)}$$

$$C_8^{10} = 2 \cdot 5 \cdot 7\, v^{10} r^8 l^4 (31 - 132\, l + 210\, l^2 - 148\, l^3 + 39\, l^4)$$

$$\sum_{\nu=0}^{\nu=\infty} \frac{(4\,v^2\,r^2)^\nu \cdot 2}{(2\nu)!\,(2\nu+1)}$$

$$+ 2^3 \cdot 3 \cdot 5 \cdot 7\, v^{10} r^8 l^4 (- 11 + 138\, l - 360\, l^2$$

$$+ 350\, l^3 - 117\, l^4) \sum_{\nu=0}^{\nu=\infty} \frac{(4\,v^2\,r^2)^\nu \cdot 2}{(2\nu)!\,(2\nu+3)}.$$

$$+ 2^2 \cdot 3 \cdot 5 \cdot 7\, v^{10}\, r^8\, l^4 (35 - 720\, l + 2590\, l^2 - 3192\, l^3$$

$$+ 1287\, l^4) \sum_{\nu=0}^{\nu=\infty} \frac{(4 v^2 r^2)^\nu \cdot 2}{(2\nu)!\,(2\nu+5)}$$

$$+ 2^3 \cdot 7\, v^{10}\, r^8\, l^4 (- 185 + 5250\, l - 23940\, l^2$$

$$+ 35574\, l^3 - 16731\, l^4) \sum_{\nu=0}^{\nu=\infty} \frac{(4 v^2 r^2)^\nu \cdot 2}{(2\nu)!\,(2\nu+7)}$$

$$+ 2 \cdot 3 \cdot 13\, v^{10}\, r^8\, l^4 (35 - 1260\, l + 6930\, l^2 - 12012\, l^3$$

$$+ 6435\, l^4) \sum_{\nu=0}^{\nu=\infty} \frac{(4 v^2 r^2)^\nu \cdot 2}{(2\nu)!\,(2\nu+9)}.$$

$$C_9^9 = - 2 \cdot 7 \cdot 3^2\, v^8\, r^{10}\, l^6 (23 - 125\, l + 270\, l^2 - 290\, l^3$$

$$+ 155\, l^4 - 33 l^5) \sum_{\nu=1}^{\nu=\infty} \frac{(4 v^2 r^2)^\nu}{(2\nu-1)!\,(2\nu+1)}$$

$$- 2 \cdot 3 \cdot 5 \cdot 7\, v^8\, r^{10}\, l^6 (- 75 + 665\, l - 1974\, l^2$$

$$+ 2682\, l^3 - 1727\, l^4 + 429\, l^5) \sum_{\nu=1}^{\nu=\infty} \frac{(4 v^2 r^2)^\nu}{(2\nu-1)!\,(2\nu+3)}$$

$$- 2^2 \cdot 7 \cdot 9\, v^8\, r^{10}\, l^6 (135 - 1645\, l + 6174\, l^2 - 10098\, l^3$$

$$+ 7579\, l^4 - 2145\, l^5) \sum_{\nu=1}^{\nu=\infty} \frac{(4 v^2 r^2)^\nu}{(2\nu-1)!\,(2\nu+5)}$$

$$- 2^2 \cdot 9\, v^8\, r^{10}\, l^6 (- 1015 + 15645\, l - 70686\, l^2$$

$$+ 134706\, l^3 - 115115\, l^4 + 36465\, l^5) \sum_{\nu=1}^{\nu=\infty} \frac{(4 v^2 r^2)^\nu}{(2\nu-1)!\,(2\nu+7)}$$

$$- 2 \cdot v^8\, r^{10}\, l^6 (9765 - 181335\, l + 954954\, l^2 - 2072070\, l^3$$

$$+ 1981265\, l^4 - 692835\, l^5) \sum_{\nu=1}^{\nu=\infty} \frac{(4 v^2 r^2)^\nu}{(2\nu-1)!\,(2\nu+9)}$$

$$- 2 \cdot 3\, v^8\, r^{10}\, l^6 (- 693 + 15015\, l - 90090\, l^2$$

$$+ 218790\, l^3 - 230945\, l^4 + 88179\, l^5) \sum_{\nu=1}^{\nu=\infty} \frac{(4 v^2 r^2)^\nu}{(2\nu-1)!\,(2\nu+11)}.$$

$$C_9^{10} = 3^2 \cdot 5 \cdot 7 \, v^{10} \, r^{10} \, l^5 (5 - 27\, l + 58\, l^2 - 62\, l^3 + 33\, l^4 - 7\, l^5)$$

$$\sum_{\nu = 0}^{\nu = \infty} \frac{(4\, v^2\, r^2)^\nu \cdot 2}{(2\nu)! \,(2\nu + 1)}$$

$$+ \, 3^2 \cdot 5 \cdot 7 \, v^{10} \, r^{10} \, l^5 (- 27 + 429\, l - 1510\, l^2$$

$$+ \, 2226\, l^3 - 1503\, l^4 + 385\, l^5) \sum_{\nu = 0}^{\nu = \infty} \frac{(4\, v^2\, r^2)^\nu \cdot 2}{(2\nu)! \,(2\nu + 3)}$$

$$+ \, 2 \cdot 3 \cdot 5 \cdot 7 \, v^{10} \, r^{10} \, l^5 (87 - 2265\, l + 10990\, l^2 - 20538\, l^3$$

$$+ \, 16731\, l^4 - 5005\, l^5) \sum_{\nu = 0}^{\nu = \infty} \frac{(4\, v^2\, r^2)^\nu \cdot 2}{(2\nu)! \,(2\nu + 5)}$$

$$+ \, 3^2 \cdot 2 \cdot 7 \, v^{10} \, r^{10} \, l^5 (- 155 + 5565\, l - 34230\, l^2$$

$$+ \, 77154\, l^3 - 73359\, l^4 + 25025\, l^5) \sum_{\nu = 0}^{\nu = \infty} \frac{(4\, v^2\, r^2)^\nu \cdot 2}{(2\nu)! \,(2\nu + 7)}$$

$$+ \, 3^2 \cdot v^{10} \, r^{10} \, l^5 (1155 - 52605\, l + 390390\, l^2 - 1027026\, l^3$$

$$+ \, 1113255\, l^4 - 425425\, l^5) \sum_{\nu = 0}^{\nu = \infty} \frac{(4\, v^2\, r^2)^\nu \cdot 2}{(2\nu)! \,(2\nu + 9)}$$

$$+ \, 5 \cdot 7 \, v^{10} \, r^{10} \, l^5 (- 63 + 3465\, l - 30030\, l^2$$

$$+ \, 90090\, l^3 - 109395\, l^4 + 46189\, l^5) \sum_{\nu = 0}^{\nu = \infty} \frac{(4\, v^2\, r^2)^\nu \cdot 2}{(2\nu)! \,(2\nu + 11)} \cdot$$

$$C_{10}^{10} = 3^2 \cdot 7 \, v^{10} \, r^{12} \, l^6 (7 - 46\, l + 125\, l^2 - 180\, l^3 + 145\, l^4 - 62\, l^5$$

$$+ \, 11\, l^6) \sum_{\nu = 0}^{\nu = \infty} \frac{(4\, v^2\, r^2)^\nu \cdot 2}{(2\nu)! \,(2\nu + 1)}$$

$$+ \, 2 \cdot 3^2 \cdot 7 \, v^{10} \, r^{12} \, l^6 (- 23 + 444\, l - 1975\, l^2$$

$$+ \, 3920\, l^3 - 4005\, l^4 + 2068\, l^5 - 429\, l^6) \sum_{\nu = 0}^{\nu = \infty} \frac{(4\, v^2\, r^2)^\nu \cdot 2}{(2\nu)! \,(2\nu + 3)}$$

$$+ \, 3 \cdot 5 \cdot 7 \, v^{10} \, r^{12} \, l^6 (75 - 2370\, l + 14525\, l^2 - 36540\, l^3$$

$$+ \, 45045\, l^4 - 27170\, l^5 + 6435\, l^6) \sum_{\nu = 0}^{\nu = \infty} \frac{(4\, v^2\, r^2)^\nu \cdot 2}{(2\nu)! \,(2\nu + 5)}$$

$$+ 2^2 \cdot 3^2 \cdot 5 \cdot 7 \, v^{10} \, r^{12} \, l^6 (- 9 + 392 \, l - 3045 \, l^2$$

$$+ 9240 \, l^3 - 13299 \, l^4 + 9152 \, l^5 - 2431 \, l^6) \sum_{\nu = 0}^{\nu = \infty} \frac{(4 \, v^2 \, r^2)^\nu \cdot 2}{(2\nu)! \, (2\nu + 7)}$$

$$+ 3^2 \cdot 5 \, v^{10} \, r^{12} \, l^6 (203 - 11214 \, l + 105105 \, l^2 - 372372 \, l^3$$

$$+ 611325 \, l^4 - 471614 \, l^5 + 138567 \, l^6) \sum_{\nu = 0}^{\nu = \infty} \frac{(4 \, v^2 \, r^2)^\nu \cdot 2}{(2\nu)! \, (2\nu + 9)}$$

$$+ 2 v^{10} \, r^{12} \, l^6 (- 1953 + 130284 \, l - 1426425 \, l^2$$

$$+ 5765760 \, l^3 - 10611315 \, l^4 + 9053044 \, l^5$$

$$- 2909907 \, l^6) \sum_{\nu = 0}^{\nu = \infty} \frac{(4 \, v^2 \, r^2)^\nu \cdot 2}{(2\nu)! \, (2\nu + 11)}$$

$$+ 3 v^{10} \, r^{12} \, l^6 (231 - 18018 \, l + 225225 \, l^2 - 1021020 \, l^3$$

$$+ 2078505 \, l^4 - 1939938 \, l^5 + 676039 \, l^6) \sum_{\nu = 0}^{\nu = \infty} \frac{(4 \, v^2 \, r^2)^\nu \cdot 2}{(2\nu)! \, (2\nu + 13)}.$$

Entwickelt man die Summen, soweit sie zur Berechnung der Potenzen von v bis inklusive der zehnten notwendig sind, so erhält man:

$$C_0^0 = - \frac{2^3}{3 \cdot 5} v^2 r^4 \, l (1 - 3 \, l) - \frac{2^4}{3 \cdot 5 \cdot 7} v^4 r^6 \, l (1 - 3 \, l)$$

$$- \frac{2^4}{3^3 \cdot 5 \cdot 7} v^6 r^8 \, l (1 - 3 \, l) - \frac{2^5}{3^4 \cdot 5 \cdot 7 \cdot 11} v^8 r^{10} \, l (1 - 3 \, l)$$

$$- \frac{2^4}{3^4 \cdot 5 \cdot 7 \cdot 11 \cdot 13} v^{10} r^{12} \, l (1 - 3 \, l).$$

$$C_0^1 = - \frac{2^4}{3} v^2 r^2 \, l - \frac{2^5}{3 \cdot 5} v^4 r^4 \, l - \frac{2^5}{3 \cdot 5 \cdot 7} v^6 r^6 \, l - \frac{2^6}{3^4 \cdot 5 \cdot 7} v^8 r^8 \, l$$

$$- \frac{2^5}{3^4 \cdot 5 \cdot 7 \cdot 11} v^{10} r^{10} \, l.$$

$$C_0^2 = 2^2 v^2 + \frac{2^3}{3} v^4 r^2 + \frac{2^3}{3 \cdot 5} v^6 r^4 + \frac{2^4}{3^2 \cdot 5 \cdot 7} v^8 r^6 + \frac{2^3}{3^4 \cdot 5 \cdot 7} v^{10} r^8.$$

$$C_1^1 = - \frac{2^5}{3 \cdot 5} v^2 r^4 \, l^2 - \frac{2^5}{3 \cdot 5 \cdot 7} v^4 r^6 \, l^2 (1 + 3 \, l) - \frac{2^6}{3^2 \cdot 5 \cdot 7} v^6 r^8 \, l^3$$

$$- \frac{2^6}{3^4 \cdot 5 \cdot 7 \cdot 11} v^8 r^{10} \, l^2 (- 1 + 9 \, l)$$

$$- \frac{2^6}{3^4 \cdot 5 \cdot 7 \cdot 11 \cdot 13} v^{10} r^{12} \, l^2 (- 1 + 6 \, l).$$

$$C_1^2 = \frac{2^4}{3} v^2 r^2 l + \frac{2^3}{3\cdot 5} v^4 r^4 l(3 + 11\,l) + \frac{2^4}{3\cdot 5\cdot 7} v^6 r^6 l(1 + 11\,l)$$

$$+ \frac{2^4}{3^4\cdot 5\cdot 7} v^8 r^8 l(1 + 33\,l) + \frac{2^5}{3^4\cdot 5\cdot 7} v^{10} r^{10} l^2.$$

$$C_1^3 = -\frac{2^5}{3} v^4 r^2 l - \frac{2^6}{3\cdot 5} v^6 r^4 l - \frac{2^6}{3\cdot 5\cdot 7} v^8 r^6 l - \frac{2^7}{3^4\cdot 5\cdot 7} v^{10} r^8 l.$$

$$C_1^4 = 2^2 v^4 + \frac{2^3}{3} v^6 r^2 + \frac{2^3}{3\cdot 5} v^8 r^4 + \frac{2^4}{3^2\cdot 5\cdot 7} v^{10} r^6.$$

$$C_2^2 = \frac{2^5}{3\cdot 5} v^2 r^4 l^2 + \frac{2^5}{3\cdot 5\cdot 7} v^4 r^6 l^2 (1 + 11\,l) + \frac{2^6}{3^2\cdot 5\cdot 7} v^6 r^8 l^2 (3\,l + 2\,l^2)$$

$$+ \frac{2^6}{3^4\cdot 5\cdot 7\cdot 11} v^8 r^{10} l^2 (-1 + 21\,l + 36\,l^2)$$

$$+ \frac{2^6}{3^4\cdot 5\cdot 7\cdot 11\cdot 13} v^{10} r^{12} l^2 (-1 + 10\,l + 36\,l^2).$$

$$C_2^3 = -\frac{2^8}{3\cdot 5} v^4 r^4 l^2 - \frac{2^6}{3\cdot 5} v^6 r^6 l^2 (1 + l)$$

$$- \frac{2^7}{3^3\cdot 5\cdot 7} v^8 r^8 l^2 (3 + 7\,l) - \frac{2^7}{3^4\cdot 5\cdot 7\;11} v^{10} r^{10} l^2 (5 + 21\,l).$$

$$C_2^4 = 2^4 v^4 r^2 l + \frac{2^3}{3\cdot 5} v^6 r^4 l(11 + 27\,l)$$

$$+ \frac{2^4}{3\cdot 5\cdot 7} v^8 r^6 l(5 + 27\,l) + \frac{2^4}{3^2\cdot 5\cdot 7} v^{10} r^8 l(1 + 9\,l).$$

$$C_2^5 = -2^4 v^6 r^2 l - \frac{2^5}{5} v^8 r^4 l - \frac{2^5}{5\cdot 7} v^{10} r^6 l.$$

$$C_2^6 = 2^2 v^6 + \frac{2^3}{3} v^8 r^2 + \frac{2^3}{3\cdot 5} v^{10} r^4.$$

$$C_3^3 = -\frac{2^8}{5\cdot 7} v^4 r^6 l^3 - \frac{2^7}{3^2\cdot 5\cdot 7} v^6 r^8 l^3 (3 + 7\,l)$$

$$- \frac{2^8}{3^3\cdot 5\cdot 7\cdot 11} v^8 r^{10} l^3 (3 + 19\,l + 6\,l^2)$$

$$- \frac{2^8}{3^3\cdot 5\cdot 7\cdot 11\;13} v^{10} r^{12} l^3 (1 + 17\,l + 12\,l^2).$$

$$C_3^4 = \frac{2^5\cdot 3}{5} v^4 r^4 l^2 + \frac{2^5}{5\cdot 7} v^6 r^6 l^2 (5 + 27\,l)$$

$$+ \frac{2^6}{3^3\cdot 5\cdot 7} v^8 r^8 l^2 (6 + 75\,l + 34\,l^2)$$

$$+ \frac{2^6}{5\cdot 7\cdot 9\cdot 11} v^{10} r^{10} l^2 (3 + 69\,l + 68\,l^2).$$

$$C_3^5 = -\frac{2^5\cdot 3^2}{5} v^6 r^4 l^2 - \frac{2^5}{3\cdot 5\cdot 7} v^8 r^6 l^2 (51 + 41\,l)$$

$$- \frac{2^6}{3^3\cdot 5\cdot 7} v^{10} r^8 l^2 (24 + 41\,l).$$

$$C_3^6 = 2^5 \cdot v^6 r^2 l + \frac{2^3}{3 \cdot 5} v^8 r^4 l (23 + 51\, l) + \frac{2^4}{3 \cdot 5 \cdot 7} v^{10} r^6 l (11 + 51\, l).$$

$$C_3^7 = -\frac{2^6}{3} v^8 r^2 l - \frac{2^7}{3 \cdot 5} v^{10} r^4 l.$$

$$C_3^8 = 2^2 v^8 + \frac{2^3}{3} v^{10} r^2.$$

$$C_4^4 = \frac{2^8}{5 \cdot 7} v^4 r^6 l^3 + \frac{2^7}{3 \cdot 5 \cdot 7} v^6 r^8 l^3 (1 + 9\, l)$$
$$+ \frac{2^8}{3^3 \cdot 5 \cdot 7 \cdot 11} v^8 r^{10} l^3 (3 + 69\, l + 68\, l^2)$$
$$+ \frac{2^8}{3^3 \cdot 5 \cdot 7 \cdot 11 \cdot 13} v^{10} r^{12} l^3 (1 + 57\, l + 128\, l^2 + 24\, l^3).$$

$$C_4^5 = -\frac{2^8 \cdot 3^2}{5 \cdot 7} v^6 r^6 l^3 - \frac{2^9}{3^3 \cdot 5 \cdot 7} v^8 r^8 l^3 (24 + 41\, l)$$
$$- \frac{2^9}{3^3 \cdot 5 \cdot 7 \cdot 11} v^{10} r^{10} l^3 (21 + 78\, l + 20\, l^2).$$

$$C_4^6 = \frac{2^7 \cdot 3}{5} v^6 r^4 l^2 + \frac{2^6}{3 \cdot 5 \cdot 7} v^8 r^6 l^2 (33 + 153\, l)$$
$$+ \frac{2^7}{3^3 \cdot 5 \cdot 7} v^{10} r^8 l^2 (15 + 147\, l + 58\, l^2).$$

$$C_4^7 = -\frac{2^{11}}{3 \cdot 5} v^8 r^4 l^2 - \frac{2^7}{3 \cdot 5 \cdot 7} v^{10} r^6 l^2 (31 + 23\, l).$$

$$C_4^8 = \frac{5 \cdot 2^5}{3} v^8 r^2 l + \frac{2^3}{3 \cdot 5} v^{10} r^4 l (39 + 83\, l).$$

$$C_4^9 = -\frac{5 \cdot 2^4}{3} v^{10} r^2 l.$$

$$C_4^{10} = 4 v^{10}.$$

$$C_5^5 = -\frac{2^9}{3 \cdot 7} v^6 r^8 l^4 - \frac{5 \cdot 2^9}{3^3 \cdot 5 \cdot 7 \cdot 11} v^8 r^{10} l^4 (15 + 41\, l)$$
$$- \frac{2^{10}}{3^3 \cdot 7 \cdot 11 \cdot 13} v^{10} r^{12} l^4 (6 + 37\, l + 20\, l^2).$$

$$C_5^6 = \frac{2^9}{7} v^6 r^6 l^3 + \frac{2^7}{3^2 \cdot 7} v^8 r^8 l^3 (7 + 51\, l)$$
$$+ \frac{5 \cdot 2^3}{3^3 \cdot 5 \cdot 7 \cdot 11} v^{10} r^{10} l^3 (9 + 141\, l + 116\, l^2).$$

$$C_5^7 = -\frac{2^{11}}{7} v^8 r^6 l^3 - \frac{2^8}{3^2 \cdot 7} v^{10} r^8 l^3 (15 + 23\, l).$$

$$C_5^8 = \frac{5 \cdot 2^7}{3} v^8 r^4 l^2 + \frac{2^6}{3 \cdot 7} v^{10} r^6 l^2 (19 + 83\, l).$$

$$C_5^9 = -\frac{2^5 \cdot 5^2}{3} v^{10} r^4 l^2.$$

$$C_5^{10} = 2^4 \cdot 5 \, v^{10} r^2 l.$$

$$C_6^6 = \frac{2^0}{3 \cdot 7} v^6 r^8 l^4 + \frac{2^9}{3^2 \cdot 7 \cdot 11} v^8 r^{10} l^4 (5 + 51 \, l)$$

$$+ \frac{2^{10}}{3^2 \cdot 7 \cdot 11 \cdot 13} v^{10} r^{12} l^4 (2 + 45 \, l + 58 \, l^2).$$

$$C_6^7 = -\frac{2^{14}}{3^2 \cdot 7} v^8 r^8 l^4 - \frac{2^{10}}{3^2 \cdot 7 \cdot 11} v^{10} r^{10} l^4 (29 + 69 \, l).$$

$$C_6^8 = \frac{5 \cdot 2^9}{7} v^8 r^6 l^3 + \frac{2^7}{3^2 \cdot 7} v^{10} r^8 l^3 (37 + 249 \, l).$$

$$C_6^9 = -\frac{2^8 \cdot 5^2}{7} v^{10} r^6 l^3.$$

$$C_6^{10} = 2^5 \cdot 3 \cdot 5 \cdot v^{10} r^4 l^2.$$

$$C_7^7 = -\frac{2^{\cdot 3}}{3^2 \cdot 11} v^8 r^{10} l^5 - \frac{2^{11}}{3^2 \cdot 11 \cdot 13} v^{10} r^{12} l^5 (7 + 23 \, l).$$

$$C_7^8 = \frac{2^9 \cdot 5}{3^2} v^8 r^8 l^4 + \frac{2^9}{3^2 \cdot 11} v^{10} r^{10} l^4 (9 + 83 \, l).$$

$$C_7^9 = -\frac{2^9 \cdot 5^2}{3^2} v^{10} r^8 l^4.$$

$$C_7^{10} = 2^8 \cdot 5 \, v^{10} r^6 l^3.$$

$$C_8^8 = \frac{2^{13}}{3^2 \cdot 11} v^8 r^{10} l^5 + \frac{2^{11}}{3^2 \cdot 11 \cdot 13} v^{10} r^{12} l^5 (7 + 83 \, l).$$

$$C_8^9 = -\frac{2^{12} \cdot 5^2}{3^2 \cdot 11} v^{10} r^{10} l^5.$$

$$C_8^{10} = \frac{2^{10} \cdot 5}{3} \cdot v^{10} r^8 l^4$$

$$C_9^9 = -\frac{2^{13} \cdot 5}{11 \cdot 13} v^{10} r^{12} l^6$$

$$C_9^{10} = \frac{2^{12} \cdot 3}{11} v^{10} r^{10} l^5.$$

$$C_{10}^{10} = \frac{2^{13} \cdot 5}{11 \cdot 13} v^{10} r^{12} l^6$$

Von der allgemeinen Formel für die Verwandlung von C_n^m in die Größe D_n^m kommen hier folgende spezielle Fälle zur Anwendung:

$$r^2 l = x \, ;$$

$$r^2 = x + 1 \, ;$$

$$r^4 l^2 = x^2 \, ;$$

$$r^4 l = x^2 + x \, ;$$

$$r^4 = x^2 + 2\,x + 2\,;$$

$$r^6\,l^3 = x^3\,;$$

$$r^6\,l^2 = x^3 + x^2\,;$$

$$r^6\,l = x^3 + 2\,x^2 + 2\,x\,;$$

$$r^6 = x^3 + 3\,x^2 + 6\,x + 6\,;$$

$$r^8\,l^4 = x^4\,;$$

$$r^8\,l^3 = x^4 + x^3\,;$$

$$r^8\,l^2 = x^4 + 2\,x^3 + 2\,x^2\,;$$

$$r^8\,l = x^4 + 3\,x^3 + 6\,x^2 + 6\,x\,;$$

$$r^8 = x^4 + 4\,x^3 + 12\,x^2 + 24\,x + 24\,;$$

$$r^{10}\,l^5 = x^5\,;$$

$$r^{10}\,l^4 = x^5 + x^4\,;$$

$$r^{10}\,l^3 = x^5 + 2\,x^4 + 2\,x^3\,;$$

$$r^{10}\,l^2 = x^5 + 3\,x^4 + 6\,x^3 + x^2\,;$$

$$r^{10}\,l = x^5 + 4\,x^4 + 12\,x^3 + 24\,x^2 + 24\,x\,;$$

$$r^{10} = x^5 + 5\,x^4 + 20\,x^3 + 60\,x^2 + 120\,x + 120\,;$$

$$r^{12}\,l^6 = x^6\,;$$

$$r^{12}\,l^5 = x^6 + x^5\,;$$

$$r^{12}\,l^4 = x^6 + 2\,x^5 + 2\,x^4\,;$$

$$r^{12}\,l^3 = x^6 + 3\,x^5 + 6\,x^4 + 6\,x^3\,;$$

$$r^{12}\,l^2 = x^6 + 4\,x^5 + 12\,x^2 + 24\,x^3 + 24\,x^2\,;$$

$$r^{12}\,l = x^6 + 5\,x^5 + 20\,x^4 + 60\,x^3 + 120\,x^2 + 120\,x\,.$$

Ersetzt man in den zuletzt gefundenen Werten von C_n^m die in obigem Schema links stehenden Produkte der Potenzen von r und l durch die rechts stehenden Ausdrücke, so erhält man für D_n^m folgende Werte:

$$D_0^0 = -\frac{8}{3 \cdot 5}\,v^2(-2\,x^2 + x) - \frac{16}{3 \cdot 5 \cdot 7}\,v^4(-2\,x^3 - x^2 + 2\,x)$$

$$-\frac{16}{3^3 \cdot 5 \cdot 7}\,v^6(-2\,x^4 - 3\,x^3 + 6\,x)$$

$$+\frac{32}{3^4 \cdot 5 \cdot 7 \cdot 11}\,v^8(2\,x^5 + 5\,x^4 + 6\,x^3 - 6\,x^2 - 24\,x)$$

$$+\frac{16}{3^4 \cdot 5 \cdot 7 \cdot 11 \cdot 13}\,v^{10}(2\,x^6 + 7\,x^5 + 16\,x^4 + 12\,x^3 - 48\,x^2 - 120\,x):$$

$$D_0^1 = -\frac{16}{3}\,v^2 x - \frac{32}{3\cdot 5}\,v^4(x^2 + x) - \frac{32}{3\cdot 5\cdot 7}\,v^6(x^3 + 2\,x^2 + 2\,x)$$

$$-\frac{64}{3^4\cdot 5\cdot 7}\,v^8(x^4 + 3\,x^3 + 6\,x^2 + 6\,x)$$

$$-\frac{32}{3^4\cdot 5\cdot 7\cdot 11}\,v^{10}(x^5 + 4\,x^4 + 12\,x^3 + 24\,x^2 + 24\,x);$$

$$D_0^2 = 4\,v^2 + \frac{8}{3}\,v^4(x + 1) + \frac{8}{3\cdot 5}\,v^6(x^2 + 2\,x + 2)$$

$$+\frac{16}{3^2\cdot 5\cdot 7}\,v^8(x^3 + 3\,x^2 + 6\,x + 6)$$

$$+\frac{8}{3^4\cdot 5\cdot 7}\,v^{10}(x^4 + 4\,x^3 + 12\,x^2 + 24\,x + 24);$$

$$D_1^1 = -\frac{32}{3\cdot 5}\,v^2 x^2 - \frac{32}{3\cdot 5\cdot 7}\,v^4(4\,x^3 + x^2) - \frac{64}{3^2\cdot 5\cdot 7}\,v^6(x^4 + x^3)$$

$$-\frac{64}{3^4\cdot 5\cdot 7\cdot 11}\,v^8(8\,x^5 + 15\,x^4 + 12\,x^3 - 6\,x^2)$$

$$-\frac{64}{3^4\cdot 5\cdot 7\cdot 11\cdot 13}\,v^{10}(5\,x^6 + 14\,x^5 + 24\,x^4 + 12\,x^3 - 24\,x^2);$$

$$D_1^2 = \frac{16}{3}\,v^2 x + \frac{8}{3\cdot 5}\,v^4(14\,x^2 + 3\,x) + \frac{16}{3\cdot 5\cdot 7}\,v^6(12\,x^3 + 13\,x^2 + 2\,x)$$

$$+\frac{16}{3^4\cdot 5\cdot 7}\,v^8(34\,x^4 + 69\,x^3 + 72\,x^2 + 6\,x)$$

$$+\frac{32}{3^4\cdot 5\cdot 7}\,v^{10}(x^5 + 3\,x^4 + 6\,x^3 + 6\,x^2);$$

$$D_1^3 = -\frac{32}{3}\,v^4 x - \frac{64}{3\cdot 5}\,v^6(x^2 + x) - \frac{64}{3\cdot 5\cdot 7}\,v^8(x^3 + 2\,x^2 + 2\,x);$$

$$-\frac{128}{3^4\cdot 5\cdot 7}\,v^{10}(x^4 + 3\,x^3 + 6\,x^2 + 6\,x);$$

$$D_1^4 = 4\,v^4 + \frac{8}{3}\,v^6(x + 1) + \frac{8}{3\cdot 5}\,v^8(x^2 + 2\,x + 2)$$

$$+\frac{16}{3^2\cdot 5\cdot 7}\,v^{10}(x^3 + 3\,x^2 + 6\,x + 6);$$

$$D_2^2 = \frac{32}{3\cdot 5}\,v^2 x^2 + \frac{32}{3\cdot 5\cdot 7}\,v^4(12\,x^3 + x^2) + \frac{64}{3^2\cdot 5\cdot 7}\,v^6(5\,x^4 + 3\,x^3)$$

$$+\frac{64}{3^4\cdot 5\cdot 7\cdot 11}\,v^8(56\,x^5 + 75\,x^4 + 36\,x^3 - 6\,x^2)$$

$$+\frac{64}{3^4\cdot 5\cdot 7\cdot 11\cdot 13}\,v^{10}(45\,x^6 + 98\,x^5 + 120\,x^4 + 36\,x^3 - 24\,x^2);$$

$$D_2^3 = -\frac{256}{3\cdot5}\,v^4x^2 - \frac{448}{3\cdot5\cdot7}\,v^6(2x^3+x^2)$$

$$-\frac{128}{3^3\cdot5\cdot7}\,v^8(10x^4+13x^3+6x^2)$$

$$-\frac{128}{3^4\cdot5\cdot7\cdot11}\,v^{10}(26x^5+57x^4+72x^3+30x^2);$$

$$D_2^4 = \frac{48}{3}\,v^4x + \frac{8}{3\cdot5}\,v^6(38x^2-11x) + \frac{16}{3\cdot5\cdot7}\,v^8(32x^3+37x^2+10x)$$

$$+\frac{16}{3^2\cdot5\cdot7}\,v^{10}(10x^4+21x^3+24x^2+6x);$$

$$D_2^5 = -16v^6x - \frac{32}{5}\,v^8(x^2+x) - \frac{32}{5\cdot7}\,v^{10}(x^3+2x^2-2x);$$

$$D_2^6 = 4v^6 + \frac{8}{3}\,v^8(x+1) + \frac{8}{3\cdot5}\,v^{10}(x^2+2x+2);$$

$$D_3^3 = -\frac{256}{5\cdot7}\,v^4x^3 - \frac{128}{3^2\cdot5\cdot7}\,v^6(10x^4+3x^3)$$

$$-\frac{256}{3^3\cdot5\cdot7\cdot11}\,v^8(28x^5+25x^4+6x^3)$$

$$-\frac{256}{3^3\cdot5\cdot7\cdot11\cdot13}\,v^{10}(30x^6+49x^5+40x^4+6x^3);$$

$$D_3^4 = \frac{96}{5}\,v^4x^2 + \frac{32}{5\cdot7}\,v^6(32x^3+5x^2)$$

$$+\frac{64}{3^3\cdot5\cdot7}\,v^8(115x^4+87x^3+12x^2)$$

$$+\frac{64}{3^3\cdot5\cdot7\cdot11}\,v^{10}(140x^5+215x^4+156x^3+18x^2);$$

$$D_3^5 = -\frac{288}{5}\,v^6x^2 - \frac{32}{3\cdot5\cdot7}\,v^8(92x^3+51x^3)$$

$$-\frac{64}{3^3\cdot5\cdot7}\,v^{10}(65x^4+89x^3+48x^2);$$

$$D_3^6 = 32v^6x + \frac{8}{3\cdot5}\,v^8(74x^2+23x) + \frac{16}{3\cdot5\cdot7}\,v^{10}(62x^3+73x^2+22x);$$

$$D_3^7 = -\frac{64}{3}\,v^8x - \frac{128}{3\cdot5}\,v^{10}(x^2+x);$$

$$D_3^8 = -4v^8 + \frac{8}{3}\,v^{10}(x+1);$$

$$D_4^4 = \frac{256}{5\cdot7}\,v^4x^3 + \frac{128}{3\cdot5\cdot7}\,v^6(10x^4+x^3)$$

$$+\frac{256}{3^3\cdot5\cdot7\cdot11}\,v^8(140x^5+75x^4+6x^3)$$

$$+ \frac{256}{3^3 \cdot 5 \cdot 7 \cdot 11 \cdot 13} v^{10} (210 x^6 + 245 x^5 + 120 x^4 + 6 x^3);$$

$$D_4^5 = - \frac{2304}{5 \cdot 7} v^6 x^3 - \frac{512}{3^3 \cdot 5 \cdot 7} v^8 (65 x^4 + 24 x^3)$$

$$- \frac{512}{3^3 \cdot 5 \cdot 7 \cdot 11} v^{10} (119 x^5 + 120 x^4 + 42 x^3);$$

$$D_4^6 = \frac{384}{5} v^6 x^2 + \frac{64}{3 \cdot 5 \cdot 7} v^8 (186 x^3 + 33 x^2)$$

$$+ \frac{128}{3^3 \cdot 5 \cdot 7} v^{10} (220 x^4 + 177 x^3 + 30 x^2);$$

$$D_4^7 = - \frac{2048}{3 \cdot 5} v^8 x^2 - \frac{128}{3 \cdot 5 \cdot 7} v^{10} (54 x^3 + 31 x^2);$$

$$D_4^8 = \frac{160}{3} v^8 x + \frac{8}{3 \cdot 5} v^{10} (122 x^2 + 39 x);$$

$$D_4^9 = - \frac{80}{3} v^{10} x;$$

$$D_4^{10} = 4 v^{10};$$

$$D_5^5 = - \frac{512}{3 \cdot 7} v^6 x^4 - \frac{2560}{3^3 \cdot 5 \cdot 7 \cdot 11} v^8 (56 x^5 + 15 x^4)$$

$$- \frac{1024 \cdot 5}{3^3 \cdot 5 \cdot 7 \cdot 11 \cdot 13} v^{10} (63 x^6 + 49 x^5 + 12 x^4);$$

$$D_5^6 = \frac{512}{7} v^6 x^3 + \frac{1920}{3^3 \cdot 5 \cdot 7} v^8 (58 x^4 + 7 x^3)$$

$$+ \frac{256 \cdot 5}{3^3 \cdot 5 \cdot 7 \cdot 11} v^{10} (266 x^5 + 159 x^4 + 18 x^3);$$

$$D_5^7 = - \frac{30720}{3 \cdot 5 \cdot 7} v^8 x^3 - \frac{256}{3^2 \cdot 7} v^{10} (38 x^4 + 15 x^3);$$

$$D_5^8 = \frac{3200}{3 \cdot 5} v^8 x^2 + \frac{64 \cdot 5}{3 \cdot 5 \cdot 7} v^{10} (102 x^3 + 19 x^2);$$

$$D_5^9 = - \frac{800}{3} v^{10} x^2;$$

$$D_5^{10} = 80 v^{10} x;$$

$$D_6^6 = \frac{512}{3 \cdot 7} v^6 x^4 + \frac{7680}{3^3 \cdot 5 \cdot 7 \cdot 11} v^8 (56 x^5 + 5 x^4)$$

$$+ \frac{1024}{3^2 \cdot 7 \cdot 11 \cdot 13} v^{10} (105 x^6 + 49 x^5 + 4 x^4);$$

$$D_6^7 = - \frac{245760}{3^3 \cdot 5 \cdot 7} v^8 x^4 - \frac{1024 \cdot v^{10}}{3^2 \cdot 7 \cdot 11} \cdot (98 x^5 + 29 x^4);$$

$$D_6^8 = \frac{38400}{3 \cdot 5 \cdot 7} v^8 x^3 + \frac{128}{3^2 \cdot 7} v^{10} (286 x^4 + 37 x^3);$$

$$D_6^9 = - \frac{256 \cdot 5 \cdot 5}{7} \, v^{10} \, x^3;$$

$$D_6^{10} = 480 \cdot v^{10} \, x^2;$$

$$D_7^7 = - \frac{860160}{3^3 \cdot 5 \cdot 7 \cdot 11} \, v^8 \, x^5 - \frac{2048 \cdot v^{10}}{3^2 \cdot 11 \cdot 13} \, (30 \, x^6 + 7 \, x^5);$$

$$D_7^8 = \frac{268800}{3^3 \cdot 5 \cdot 7} \, v^8 x^4 + \frac{512}{3^2 \cdot 11} \, v^{10} (92 \, x^5 + 9 \, x^4);$$

$$D_7^9 = - \frac{12800}{9} \, v^{10} \, x^4;$$

$$D_7^{10} = 1280 \, v^{10} \, x^3;$$

$$D_8^8 = \frac{860160}{3^3 \cdot 5 \cdot 7 \cdot 11} \, v^8 \, x^5 + \frac{2048}{2^2 \cdot 11 \cdot 13} \, v^{10} (90 \, x^6 + 7 \, x^5);$$

$$D_8^9 = - \frac{64 \cdot 1600}{3^2 \cdot 11} \, v^{10} \, x^5;$$

$$D_8^{10} = \frac{4 \cdot 1280}{3} \, v^{10} \, x^4;$$

$$D_9^9 = - \frac{64 \cdot 640}{11 \cdot 13} \, v^{10} \, x^6;$$

$$D_9^{10} = \frac{64 \cdot 192}{11} \, v^{10} \, x^5;$$

$$D_{10}^{10} = \frac{64 \cdot 640}{11 \cdot 13} \, v^{10} \, x^6.$$

Setzt man in den oben für D_n^m gefundenen Ausdrücken, wenn $n \leqq a$ ist

$$\frac{1}{n!\,2} \, \sigma \left[x^a - \binom{n}{1} a \, x^{a-1} + \binom{n}{2} a \cdot \overline{a-1} \cdot x^{a-2} \right.$$
$$\left. - \ldots (-1)^n \binom{n}{n} a \underset{\cdots}{\overset{\cdots}{-1}} \overline{a-n+1} \cdot x^{a-n} \right]$$

und wenn $n > a$ ist

$$\frac{(-1)^a \cdot a!}{n!\,2} \left[-\tau_{n-a-1} - \binom{a+1}{1} \tau_{n-a-2} - \binom{a+2}{2} \tau_{n-a-3} - \ldots \right.$$
$$\left. - \binom{n-1}{n-a-1} \tau_0 \right] + \frac{\sigma}{n!\,2} \left[x^a - \binom{n}{1} a \, x^{a-1} \right.$$
$$\left. + \binom{n}{2} a \cdot \overline{a-1} \cdot x^{a-2} - \ldots + (-1)^a \binom{n}{a} a! \right]$$

statt x^a, so erhält man für E_n^m folgende Werte:

$$E_0^0 = \frac{4}{3\cdot 5}\, v^2\, \sigma\, (2\, x^2 - x) + \frac{8}{3\cdot 5}\, v^4\, \sigma\, (2\, x^3 + x^2 - 2\, x)$$

$$+ \frac{8}{3^3\cdot 5\cdot 7}\, v^6\, \sigma\, (2\, x^4 + 3\, x^2 - 6\, x)$$

$$+ \frac{16}{3^4\cdot 5\cdot 7\cdot 11}\, v^8\, \sigma\, (2\, x^5 + 5\, x^4 + 6\, x^3 - 6\, x^2 - 24\, x)$$

$$+ \frac{8}{3^4\cdot 5\cdot 7\cdot 11\cdot 13}\, v^{10}\, \sigma\, (2\, x^6 + 7\, x^5 + 16\, x^4 + 12\, x^3$$
$$- 48\, x^2 - 120\, x);$$

$$E_0^1 = -\frac{8}{2}\, v^2\, \sigma\, x - \frac{16}{3\cdot 5}\, v^4\, \sigma\, (x^2 + x) - \frac{16}{3\cdot 5\cdot 7}\, v^6\, \sigma\, (x^3 + 2\, x^2 + 2\, x)$$

$$- \frac{32}{3^4\cdot 5\cdot 7}\, v^8\, \sigma\, (x^4 + 3\, x^3 + 6\, x^2 + 6\, x)$$

$$- \frac{16}{3^4\cdot 5\cdot 7\cdot 11}\, v^{10}\, \sigma\, (x^5 + 4\, x^4 + 12\, x^3 + 24\, x^2 + 24\, x);$$

$$E_0^2 = 2\, v^2\, \sigma + \frac{4}{3}\, v^4\, \sigma\, (x + 1) + \frac{4}{3\cdot 5}\, v^6\, \sigma\, (x^2 + 2\, x + 2)$$

$$+ \frac{8}{3^2\cdot 5\cdot 7}\, v^8\, \sigma\, (x^3 + 3\, x^2 + 6\, x + 6)$$

$$+ \frac{4}{3^4\cdot 5\cdot 7}\, v^{10}\, \sigma\, (x^4 + 4\, x^3 + 12\, x^2 + 24\, x + 24);$$

$$E_1^1 = -\frac{16}{3\cdot 5}\, v^2\, \sigma\, (x^2 - 2\, x) - \frac{16}{3\cdot 5\cdot 7}\, v^4\, \sigma\, (4\, x^3 - 11\, x^2 - 2\, x)$$

$$- \frac{32}{3^2\cdot 5\cdot 7}\, v^6\, \sigma\, (x^4 - 3\, x^3 - 3\, x^2)$$

$$- \frac{32}{3^4\cdot 5\cdot 7\cdot 11}\, v^8\, \sigma\, (8\, x^5 - 25\, x^4 - 48\, x^3 - 42\, x^2 + 12\, x)$$

$$- \frac{32}{3^4\cdot 5\cdot 7\cdot 11\cdot 13}\, v^{10}\, \sigma\, (5\, x^6 - 16\, x^5 - 46\, x^4 - 84\, x^3$$
$$- 60\, x^2 + 48\, x);$$

$$E_1^2 = \frac{8}{3}\, v^2\, \sigma\, (x - 1) + \frac{4}{3\cdot 5}\, v^4\, \sigma\, (14\, x^2 - 25\, x - 3)$$

$$+ \frac{8}{3\cdot 5\cdot 7}\, v^6\, \sigma\, (12\, x^3 - 23\, x^2 - 24\, x - 2)$$

$$+ \frac{8}{3^4\cdot 5\cdot 7}\, v^8\, \sigma\, (34\, x^4 - 67\, x^3 - 135\, x^2 - 138\, x - 6)$$

$$+ \frac{16}{3^4\cdot 5\cdot 7}\, v^{10}\, \sigma\, (x^5 - 2\, x^4 - 6\, x^3 - 12\, x^2 - 12\, x);$$

$$E_1^3 = -\frac{16}{3} v^4 \sigma (x-1) - \frac{32}{3 \cdot 5} v^6 \sigma (x^2 - x - 1)$$
$$- \frac{32}{3 \cdot 5 \cdot 7} v^8 \sigma (x^3 - x^2 - 2x - 2)$$
$$- \frac{64}{3^4 \cdot 5 \cdot 7} v^{10} \sigma (x^4 - x^3 - 3x^2 - 6x - 6);$$

$$E_1^4 = + 2v^4 \sigma - 2v^4 \tau_0 + \frac{4}{3} v^6 \sigma x - \frac{4}{3} v^6 \tau_0$$
$$+ \frac{4}{3 \cdot 5} v^8 \sigma x^2 - \frac{8}{3 \cdot 5} v^8 \tau_0 + \frac{8}{3^2 \cdot 5 \cdot 7} v^{10} \sigma x^3 - \frac{48}{3^2 \cdot 5 \cdot 7} v^{10} \tau_0;$$

$$E_2^2 = \frac{8}{3 \cdot 5} v^2 \sigma (x^2 - 4x + 2) + \frac{8}{3 \cdot 5 \cdot 7} v^4 \sigma (12x^3 - 71x^2 + 68x + 2)$$
$$+ \frac{16}{3^2 \cdot 5 \cdot 7} v^6 \sigma (5x^4 - 37x^3 + 42x^2 + 18x)$$
$$+ \frac{16}{3^4 \cdot 5 \cdot 7 \cdot 11} v^8 \sigma (56x^5 - 485x^4 + 556x^3 + 678x^2 + 240x - 12)$$
$$+ \frac{16}{3^4 \cdot 5 \cdot 7 \cdot 11 \cdot 13} v^{10} \sigma (45x^6 - 442x^5 + 490x^4 + 1036x^3$$
$$+ 1200x^2 + 312x - 48);$$

$$E_2^3 = -\frac{64}{3 \cdot 5} v^4 \sigma (x^2 - 4x + 2) - \frac{112}{3 \cdot 5 \cdot 7} v^6 \sigma (2x^3 - 11x^2 + 8x + 2)$$
$$- \frac{32}{3^3 \cdot 5 \cdot 7} v^8 \sigma (10x^4 - 67x^3 + 48x^2 + 54x + 12)$$
$$- \frac{32}{3^4 \cdot 5 \cdot 7 \cdot 11} v^{10} \sigma (26x^5 - 203x^4 + 136x^3 + 282x^2$$
$$+ 312x + 60);$$

$$E_2^4 = 4v^4 \sigma (x-2) + 4v^4 \tau_0$$
$$+ \frac{1}{3 \cdot 5} v^6 \sigma (76x^2 - 282x + 108) + \frac{22}{3 \cdot 5} v^6 \tau_0$$
$$+ \frac{4}{3 \cdot 5 \cdot 7} v^8 \sigma (32x^3 - 155x^2 + 54x + 54) + \frac{40}{3 \cdot 5 \cdot 7} v^8 \tau_0$$
$$+ \frac{4}{3^2 \cdot 5 \cdot 7} v^{10} \sigma (10x^4 - 59x^3 + 18x^2 + 36x + 36)$$
$$+ \frac{24}{3^2 \cdot 5 \cdot 7} v^{10} \tau_0;$$

$$E_2^5 = - 4v^6 \sigma (x-2) - 4v^6 \tau_0$$
$$- \frac{8}{5} v^8 \sigma (x^2 - 3x) - \frac{8}{5} v^8 \tau_0$$
$$- \frac{8}{5 \cdot 7} v^{10} \sigma (x^3 - 4x^2) - \frac{16}{5 \cdot 7} v^{10} \tau_0;$$

$$E_2^6 = v^6\sigma + v^6(-\tau_1 - \tau_0) + \frac{2}{3}v^8\sigma(x-1) + \frac{2}{3}\cdot v^8\tau_1$$
$$+ \frac{2}{3\cdot 5}v^{10}\sigma(x^2 - 2x) - \frac{4}{3\cdot 5}v^{10}\tau_1;$$

$$E_3^3 = -\frac{64}{3\cdot 5\cdot 7}v^4\sigma(x^3 - 9x^2 + 18x - 6)$$
$$-\frac{32}{3^3\cdot 5\cdot 7}v^6\sigma(10x^4 - 117x^3 + 333x^2 - 186x - 18)$$
$$-\frac{64}{3^4\cdot 5\cdot 7\cdot 11}v^8\sigma(28x^5 - 395x^4 + 1386x^3 - 834x^2 - 492x - 36)$$
$$-\frac{64}{3^4\cdot 5\cdot 7\cdot 11\cdot 13}v^{10}\sigma(30x^6 - 491x^5 + 2005x^4 - 1134x^3$$
$$- 1554x^2 - 852x - 36);$$

$$E_3^4 = \frac{24}{3\cdot 5}v^4\sigma(x^2 - 6x + 6) - \frac{48}{3\cdot 5}v^4\tau_0$$
$$+ \frac{8}{3\cdot 5\cdot 7}v^6\sigma(32x^3 - 283x^2 + 546x - 162) - \frac{16}{3\cdot 7}v^6\tau_0$$
$$+ \frac{16}{3^4\cdot 5\cdot 7}v^8\sigma(115x^4 - 1293x^3 + 3369x^2 - 1266x - 450)$$
$$- \frac{384}{3^4\cdot 5\cdot 7}v^8\tau_0 + \frac{16}{3^4\cdot 5\cdot 7\cdot 11}v^{10}\sigma(140x^5 - 1885x^4 + 5976x^3$$
$$- 2046x^2 - 2460x - 828) - \frac{32\cdot 18}{3^4\cdot 5\cdot 7\cdot 11}v^{10}\tau_0;$$

$$E_3^5 = -\frac{72}{3\cdot 5}v^6\sigma(x^2 - 6x + 6) + \frac{144}{3\cdot 5}v^6\tau_0$$
$$- \frac{8}{3^2\cdot 5\cdot 7}v^8\sigma(92x^3 - 777x^2 + 1350x - 246) + \frac{16\cdot 51}{3^2\cdot 5\cdot 7}v^8\tau_0$$
$$- \frac{16}{3^4\cdot 5\cdot 7}v^{10}\sigma(65x^4 - 691x^3 + 1587x^2 - 246x - 246)$$
$$+ \frac{32\cdot 48}{3^4\cdot 5\cdot 7}v^{10}\tau_0;$$

$$E_3^6 = \frac{8}{3}v^6\sigma(x-3) - \frac{8}{3}v^6(-\tau_1 - 2\tau_0)$$
$$+ \frac{2}{3^2\cdot 5}v^8\sigma(74x^2 - 421x + 375) - \frac{4\cdot 74}{3^2\cdot 5}v^8\tau_0$$
$$- \frac{46}{3^2\cdot 5}v^8(-\tau_1 - 2\tau_0) + \frac{4}{3^2\cdot 5\cdot 7}v^{10}\sigma(62x^3 - 485x^2 + 700x)$$
$$- \frac{8\cdot 73}{3^2\cdot 5\cdot 7}v^{10}\tau_0 - \frac{88}{3^2\cdot 5\cdot 7}v^{10}(-\tau_1 - 2\tau_0);$$

$$E_3^7 = -\frac{16}{3^2} v^8 \sigma (x - 3) + \frac{16}{3^3} v^8 (-\tau_1 - 2\tau_0)$$

$$-\frac{32}{3^2 \cdot 5} v^{10} \sigma (x^2 - 5x + 3) - \frac{32}{3^2 \cdot 5} v^{10} \tau_1;$$

$$E_3^8 = \frac{1}{3} v^8 \sigma + \frac{1}{3} v^8 (-\tau_2 - \tau_1 - \tau_0) + \frac{2}{3^2} v^{10} \sigma (x - 2)$$

$$-\frac{2}{3^2} v^{10} (-\tau_1 - 2\tau_0) + \frac{2}{3^2} v^{10} (-\tau_2 - \tau_1 - \tau_0);$$

$$E_4^4 = \frac{16}{3 \cdot 5 \cdot 7} v^4 \sigma (x^3 - 12x^2 + 36x - 24) + \frac{32}{5 \cdot 7} v^4 \tau_0$$

$$+ \frac{8}{3^2 \cdot 5 \cdot 7} v^6 \sigma (10x^4 - 159x^2 + 708x^2 - 924x + 216)$$

$$+ \frac{16}{3 \cdot 5 \cdot 7} v^6 \tau_0 + \frac{16}{3^4 \cdot 5 \cdot 7 \cdot 11} v^8 \sigma (140x^5 - 2725x^4 + 15606x^3$$

$$- 28272x^2 + 9816x + 1656) + \frac{192}{3^3 \cdot 5 \cdot 7 \cdot 11} v^8 \tau_0$$

$$+ \frac{16}{3^4 \cdot 5 \cdot 7 \cdot 11 \cdot 13} v^{10} \sigma (210x^6 - 4795x^5 + 33020x^4 - 73314x^3$$

$$+ 25368x^2 + 18096x + 2736) + \frac{3 \cdot 64}{3^3 \cdot 5 \cdot 7 \cdot 11 \cdot 13} v^{10} \tau_0;$$

$$E_4^5 = -\frac{48}{5 \cdot 7} v^6 \sigma (x^3 - 12x^2 + 36x - 24) - \frac{288}{5 \cdot 7} v^6 \tau_0$$

$$- \frac{32}{3^4 \cdot 5 \cdot 7} v^8 \sigma (65x^4 - 1016x^3 + 4392x^2 - 5376x + 984)$$

$$- \frac{1536}{3^3 \cdot 5 \cdot 7} v^8 \tau_0 - \frac{32}{3^4 \cdot 5 \cdot 7 \cdot 11} v^{10} \sigma (119x^5 - 2260x^4 + 12402x^3$$

$$- 20424x^2 + 4272x + 1872) + \frac{64 \cdot 42}{3^3 \cdot 5 \cdot 7 \cdot 11} v^{10} \tau_0;$$

$$E_4^6 = \frac{8}{5} v^6 \sigma (x^2 - 8x + 12) + \frac{16}{5} v^6 (-\tau_1 - 3\tau_0)$$

$$+ \frac{4}{3^2 \cdot 5 \cdot 7} v^8 \sigma (186x^3 - 2199x^2 + 6432x - 4068)$$

$$+ \frac{1488}{3 \cdot 5 \cdot 7} v^8 \tau_0 + \frac{264}{3^2 \cdot 5 \cdot 7} v^8 (-\tau_1 - 3\tau_0)$$

$$+ \frac{8}{3^4 \cdot 5 \cdot 7} v^{10} \sigma (220x^4 - 3343x^3 + 13746x^2 - 14988x + 1392)$$

$$+ \frac{16 \cdot 177}{3^3 \cdot 5 \cdot 7} v^{10} \tau_0 + \frac{16 \cdot 30}{3^4 \cdot 5 \cdot 7} v^{10} (-\tau_1 - 3\tau_0);$$

$$E_4^7 = -\frac{128}{3^2 \cdot 5} v^8 \sigma (x^2 - 8x + 12) - \frac{256}{3^2 \cdot 5} v^8 (-\tau_1 - 3\tau_0)$$

$$-\frac{8}{3^2 \cdot 5 \cdot 7} v^{10} \sigma (54 x^3 - 617 x^2 + 1696 x - 924) - \frac{16 \cdot 54}{3 \cdot 5 \cdot 7} v^{10} \tau$$

$$-\frac{16 \cdot 31}{3^2 \cdot 5 \cdot 7} v^{10} (-\tau_1 - 3\tau_0);$$

$$E_4^8 = \frac{10}{3^2} v^8 \sigma (x - 4) - \frac{10}{3^2} v^8 (-\tau_2 - 2\tau_1 - 3\tau_0)$$

$$+\frac{1}{2 \cdot 3^2 \cdot 5} v^{10} \sigma (122 x^2 - 937 x + 1308)$$

$$+\frac{122}{3^2 \cdot 5} v^{10} (-\tau_1 - 3\tau_0) - \frac{39}{2 \cdot 3^2 \cdot 5} v^{10} (-\tau_2 - 2\tau_1 - 3\tau_0);$$

$$E_4^9 = -\frac{5}{3^2} v^{10} \sigma (x - 4) + \frac{5}{3^2} v^{10} (-\tau_2 - 2\tau_1 - 3\tau_0);$$

$$E_4^{10} = \frac{1}{2^2 \cdot 3} v^{10} \sigma + \frac{1}{2^2 \cdot 3} v^{10} (-\tau_3 - \tau_2 - \tau_1 - \tau_0);$$

$$E_5^5 = -\frac{32}{3^2 \cdot 5 \cdot 7} v^6 \sigma (x^4 - 20 x^3 + 120 x^2 + 240 x + 120) + \frac{256}{3 \cdot 5 \cdot 7} v^6 \tau_0$$

$$-\frac{32}{3^4 \cdot 5 \cdot 7 \cdot 11} v^8 \sigma (56 x^5 - 1385 x^4 + 10900 x^3 - 31800 x^2$$

$$+ 30000 x - 4920) + \frac{256 \cdot 15}{3^3 \cdot 5 \cdot 7 \cdot 11} v^8 \tau_0$$

$$-\frac{64}{3^4 \cdot 5 \cdot 7 \cdot 11 \, 13} v^{10} \sigma (63 x^6 - 1841 x^5 + 17687 x^4 - 66040 x^3$$

$$+ 85440 x^2 - 18840 x + 4440) + \frac{6 \cdot 1024}{3^3 \cdot 5 \cdot 7 \cdot 11 \cdot 13} v^{10} \tau_0;$$

$$E_5^6 = \frac{32}{3 \cdot 5 \cdot 7} v^6 \sigma (x^3 - 15 x^2 + 60 x - 60) - \frac{64}{5 \cdot 7} v^6 (-\tau_1 - 4\tau_0)$$

$$+\frac{24}{3^4 \cdot 5 \cdot 7} v^8 \sigma (58 x^4 - 1153 x^3 + 6855 x^2 - 13500 x + 6540)$$

$$-\frac{192 \cdot 58}{3^3 \cdot 5 \cdot 7} v^8 \tau_0 - \frac{48 \cdot 7}{3^3 \cdot 5 \cdot 7} v^8 (-\tau_1 - 4\tau_0)$$

$$+\frac{16}{3^4 \cdot 5 \cdot 7 \cdot 11} v^{10} \sigma (266 x^5 - 6491 x^4 + 50038 x^3 - 140790 x^2$$

$$+ 122520 x - 13920) - \frac{128 \cdot 159}{3^3 \cdot 5 \cdot 7 \cdot 11} v^{10} \tau_0$$

$$-\frac{32 \cdot 18}{3^3 \cdot 5 \cdot 7 \cdot 11} v^{10} (-\tau_1 - 4\tau_0);$$

$$E_5^7 = -\frac{384}{3^2 \cdot 5 \cdot 7} v^8 \sigma (x^3 - 15 x^2 + 60 x - 60) + \frac{768}{3 \cdot 5 \cdot 7} v^8 (-\tau_1 - 4\tau_0)$$

$$- \frac{16}{3^3 \cdot 5 \cdot 7} v^{10} \sigma (38 x^4 - 745 x^3 + 4335 x^2 - 8220 x + 3660)$$

$$+ \frac{128 \cdot 38}{3^2 \cdot 5 \cdot 7} \tau^{10} v_0 + \frac{32 \cdot 15}{3^2 \cdot 5 \cdot 7} v^{10} (-\tau_1 - 4\tau_0);$$

$$E_5^8 = \frac{40 \cdot v^8 \sigma}{3^2 \cdot 5} (x^2 - 10 x + 20) + \frac{80}{3^2 \cdot 5} v^8 - \tau_2 - 3\tau_1 - 6\tau_0)$$

$$+ \frac{4}{3^2 \cdot 5 \cdot 7} v^{10} \sigma (102 x^3 - 1511 x^2 + 5930 x - 5740)$$

$$- \frac{8 \cdot 102}{3 \cdot 5 \cdot 7} v^{10} (-\tau_1 - 4\tau_0) + \frac{8 \cdot 19}{3^2 \cdot 5 \cdot 7} v^{10} (-\tau_2 - 3\tau_1 - 6\tau_0);$$

$$E_5^9 = -\frac{50}{3^2 \cdot 5} v^{10} \sigma (x^2 - 10 x + 20) - \frac{20}{3^2} v^{10} (-\tau_2 - 3\tau_1 - 6\tau_0);$$

$$E_5^{10} = \frac{1}{3} v^{10} \sigma (x - 5) - \frac{1}{3} v^{10} (-\tau_3 - 2\tau_2 - 3\tau_1 - 4\tau_0);$$

$$E_6^6 = \frac{16}{3^3 \cdot 5 \cdot 7} v^6 \sigma (x^4 - 24 x^3 + 180 x^2 - 480 x + 360)$$

$$+ \frac{128}{3^2 \cdot 5 \cdot 7} v^6 (-\tau_1 - 5\tau_0)$$

$$+ \frac{16}{3^4 \cdot 5 \cdot 7 \cdot 11} v^8 \sigma (56 x^5 - 1675 x^4 + 16680 x^3 - 66300 x^2$$

$$+ 98400 x - 38520) + \frac{640 \cdot 56}{3^3 \cdot 5 \cdot 7 \cdot 11} v^8 \tau_0 + \frac{640}{3^3 \cdot 5 \cdot 7 \cdot 11} v^8 (-\tau_1 - 5\tau_0)$$

$$+ \frac{32}{3^4 \cdot 5 \cdot 7 \cdot 11 \cdot 13} v^{10} \sigma (105 x^6 - 3731 x^5 + 45784 x^4 - 237396 x^3$$

$$+ 508920 x^2 - 367320 x + 41760)$$

$$+ \frac{256 \cdot 49 \cdot 5}{3^3 \cdot 5 \cdot 7 \cdot 11 \cdot 13} v^{10} \tau_0 + \frac{1024}{3^3 \cdot 5 \cdot 7 \cdot 11 \cdot 13} v^{10} (-\tau_1 - 5\tau_0);$$

$$E_6^7 = -\frac{512}{3^4 \cdot 5 \cdot 7} v^8 \sigma (x^4 - 24 x^3 + 180 x^2 - 480 x + 360)$$

$$- \frac{4096}{3^3 \cdot 5 \cdot 7} v^8 (-\tau_1 - 5\tau_0) - \frac{32}{3^4 \cdot 5 \cdot 7 \cdot 11} v^{10} \sigma (98 x^5 - 2911 x^4$$

$$+ 28704 x^3 - 112380 x^2 + 162480 x - 60120)$$

$$- \frac{256 \cdot 98 \cdot 5}{3^3 \cdot 5 \cdot 7 \cdot 11} v^{10} \tau_0 - \frac{256 \cdot 29}{3^3 \cdot 5 \cdot 7 \cdot 11} v^{10} (-\tau_1 - 5\tau_0);$$

$$E_6^8 = \frac{80}{3^2 \cdot 5 \cdot 7} v^8 \sigma (x^3 - 18 r^2 + 90 x - 120) - \frac{160}{3 \cdot 5 \cdot 7} v^8 (-\tau_2 - 4\tau_1 - 10\tau_0)$$

$$+ \frac{4}{3^4 \cdot 5 \cdot 7} v^{10} \sigma (286 x^4 - 6827 x^3 + 50814 x^2 - 133950 x + 98520)$$

$$+ \frac{32 \cdot 286}{3^3 \cdot 5 \cdot 7} v^{10} (-\tau_1 - 5\tau_0) - \frac{8 \cdot 37}{3^3 \cdot 5 \cdot 7} v^{10} (-\tau_2 - 4\tau_1 - 10\tau_0);$$

$$E_6^9 = -\frac{200}{3^2 \cdot 5 \cdot 7} v^{10} \sigma (x^3 - 18 x^2 + 90 x - 120)$$

$$+ \frac{80 \cdot 5}{3 \cdot 5 \cdot 7} v^{10} (- \tau_2 - 4 \tau_1 - 10 \tau_0);$$

$$E_6^{10} = \frac{15}{3^2 \cdot 5} v^{10} \sigma (x^2 - 12 x + 30) + \frac{30}{3^2 \cdot 5} v^{10} (-\tau_3 - 3\tau_2 - 6\tau_1 - 10\tau_0);$$

$$E_7^7 = -\frac{256}{3^4 \cdot 5 \cdot 7 \cdot 11} v^8 \sigma (x^5 - 35 x^4 + 420 x^3 - 2100 x^2 + 4200 x$$

$$- 2520) + \frac{1024 v^8}{3^3 \cdot 5 \cdot 7 \cdot 11} (- \tau_1 - 6 \tau_0)$$

$$- \frac{64}{3^4 \cdot 5 \cdot 7 \cdot 11 \cdot 13} v^{10} \sigma (30 x^6 - 1253 x^5 + 18655 x^4$$

$$- 123060 x^3 + 363300 x^2 - 424200 x + 133560)$$

$$+ \frac{1024 \cdot 30}{3^2 \cdot 7 \cdot 11 \cdot 13} v^{10} \tau_0 + \frac{512 \cdot 35}{3^3 \cdot 5 \cdot 7 \cdot 11 \cdot 13} v^{10} (- \tau_1 - 6 \tau_0);$$

$$E_7^8 = \frac{80}{3^4 \cdot 5 \cdot 7} v^8 \sigma (x^4 - 28 x^3 + 252 x^2 - 840 x + 840)$$

$$+ \frac{640}{3^3 \cdot 5 \cdot 7} v^8 (- \tau_2 - 5 \tau_1 - 15 \tau_0) + \frac{16}{3^4 \cdot 5 \cdot 7 \cdot 11} v^{10} \sigma (92 x^5$$

$$- 3211 x^4 + 38388 x^3 - 190932 x^2 + 378840 x - 224280)$$

$$- \frac{128 \cdot 92 \cdot 5}{3^3 \cdot 5 \cdot 7 \cdot 11} v^{10} (- \tau_1 - 6\tau_0) + \frac{128 \cdot 9}{3^3 \cdot 5 \cdot 7 \cdot 11} v^{10} (- \tau_2 - 5\tau_1 - 15\tau_0);$$

$$E_7^9 = -\frac{400}{3^4 \cdot 5 \cdot 7} v^{10} \sigma (x^4 - 28 x^3 + 252 x^2 - 840 x + 840)$$

$$- \frac{3200}{3^3 \cdot 5 \cdot 7} v^{10} (- \tau_2 - 5 \tau_1 - 15 \tau_0);$$

$$E_7^{10} = \frac{40}{3^2 \cdot 5 \cdot 7} v^{10} \sigma (x^3 - 21 x^2 + 126 x - 210)$$

$$- \frac{80}{3 \cdot 5 \cdot 7} v^{10} (- \tau_3 - 4 \tau_2 - 10 \tau_1 - 20 \tau_0);$$

$$E_8^8 = \frac{32}{3^4 \cdot 5 \cdot 7 \cdot 11} v^8 \sigma (x^5 - 40 x^4 + 560 x^3 - 3360 x^2 + 8400 x - 6720)$$

$$- \frac{1280}{3^3 \cdot 5 \cdot 7 \cdot 11} v^8 (- \tau_2 - 6 \tau_1 - 21 \tau_0)$$

$$+ \frac{8}{3^4 \cdot 5 \cdot 7 \cdot 11 \cdot 13} v^{10} \sigma (90 x^6 - 4313 x^5 + 75320 x^4$$

$$- 600880 x^3 + 2244480 x^2 - 3570000 x + 1767360)$$

$$+ \frac{128 \cdot 90}{3^2 \cdot 7 \cdot 11 \cdot 13} v^{10} (- \tau_1 - 7 \tau_0)$$

$$- \frac{64 \cdot 35}{3^3 \cdot 5 \cdot 7 \cdot 11 \cdot 13} v^{10} (- \tau_2 - 6 \tau_1 - 21 \tau_0);$$

$$E_8^9 = -\frac{400}{3^4 \cdot 5 \cdot 7 \cdot 11}\, v^{10}\sigma\,(x^5 - 40x^4 + 560\,x^3 - 3360x^2 + 8400x$$

$$-\,6720) + \frac{3200 \cdot 5\,v^{10}}{3^3 \cdot 5 \cdot 7 \cdot 11}\,(-\,\tau_2 - 6\tau_1 - 21\tau_0);$$

$$E_8^{10} = \frac{20}{3^3 \cdot 5 \cdot 7}\,v^{10}\,\sigma\,(x^4 - 32x^3 + 336x^2 - 1344x + 1680)$$

$$+\,\frac{160}{3^2 \cdot 5 \cdot 7}\,v^{10}(-\,\tau_3 - 5\tau_2 - 15\tau_1 - 35\tau_0);$$

$$E_9^9 = -\frac{160}{3^4 \cdot 5 \cdot 7 \cdot 11 \cdot 13}\,v^{10}\,\sigma\,(x^6 - 54x^5 + 1080x^4 - 10080x^3$$

$$+\,45360x^2 - 90720x + 60480)$$

$$-\,\frac{2560}{3^2 \cdot 7 \cdot 11\ 13}\,v^{10}(-\,\tau_2 - 7\tau_1 - 28\tau_0);$$

$$E_9^{10} = \frac{48}{3^4 \cdot 5 \cdot 7 \cdot 11}\,v^{10}\,\sigma\,(x^5 - 45x^4 + 720x^3 - 5040x^2 + 15120x$$

$$-\,15120) - \frac{384 \cdot 5}{3^3 \cdot 5 \cdot 7 \cdot 11}\,v^{10}(-\,\tau_3 - 6\tau_2 - 21\tau_1 - 56\tau_0);$$

$$E_{10}^{10} = \frac{16}{3^4 \cdot 5 \cdot 7 \cdot 11 \cdot 13}\,v^{10}\,\sigma\,(x^6 - 60x^5 + 1350x^4 - 14400\,x^3$$

$$+\,75600x^2 - 181440x + 151200)$$

$$+\,\frac{256}{3^2 \cdot 7 \cdot 11 \cdot 13}\,v^{10}\cdot(-\,\tau_3 - 7\tau_2 - 28\tau_1 - 84\tau_0).$$

Hieraus ergibt sich bis inklusive v^{10} genau

$$P\,e^{v^2} = \sum_{n=0}^{n=\infty}\sum_{m=n}^{m=2n+2} E_n^m = v^2\sigma\left(\frac{2}{5} - \frac{4\,x}{3 \cdot 5}\right) + v^4\sigma\left(\frac{38}{5 \cdot 7} - \frac{44\,x}{3 \cdot 5 \cdot 7}\right)$$

$$+\,v^6\sigma\left(\frac{19}{3 \cdot 5} - \frac{106\,x}{3^2 \cdot 5 \cdot 7}\right) + v^8\sigma\left(-\frac{382\,x}{3^3 \cdot 7 \cdot 11} + \frac{3187}{3^2 \cdot 5 \cdot 7 \cdot 11}\right)$$

$$+\,v^{10}\sigma\left(-\frac{2957\,x}{2 \cdot 3^3 \cdot 5 \cdot 11 \cdot 13} + \frac{86971}{2^2 \cdot 3^2 \cdot 5 \cdot 7 \cdot 11 \cdot 13}\right) - \frac{2\,v^4\,\tau_0}{7}$$

$$-\,\frac{v^6\,\tau_1}{9} - \frac{41\,v^6\,\tau_0}{7 \cdot 9} - v^8\left(\frac{\tau_2}{3 \cdot 11} + \frac{71\cdot\tau_1}{3^3 \cdot 11} + \frac{13\,\tau_0}{3 \cdot 7}\right)$$

$$-\,v^{10}\left(\frac{\tau_3}{4 \cdot 3 \cdot 13} + \frac{327\,\tau_2}{4 \cdot 9 \cdot 11 \cdot 13} + \frac{3191\,\tau_1}{4 \cdot 3^3 \cdot 11 \cdot 13} + \frac{13397\,\tau_0}{4 \cdot 7 \cdot 9 \cdot 11\ 13}\right).$$

Subtrahiert man die schon früher gefundenen Werte:

$$Q\,e^{v^2} = -\frac{v^2\,\sigma\,x}{3 \cdot 5} - v^4\left(\frac{\sigma x}{3 \cdot 5} - \frac{\sigma}{5 \cdot 7}\right) - v^6\left(\frac{\sigma\,x}{2 \cdot 3 \cdot 5} \cdot - \frac{\sigma}{5 \cdot 7}\right)$$

$$-\,v^8\left(\frac{\sigma\,x}{2 \cdot 8 \cdot 3 \cdot 5} - \frac{\sigma}{2 \cdot 5 \cdot 7}\right) - v^{10}\left(\frac{\sigma\,x}{8 \cdot 9 \cdot 5} - \frac{\sigma}{2 \cdot 3 \cdot 5 \cdot 7}\right)$$

$$- \frac{v^6 \tau_0}{2\cdot 7\cdot 9} - v^8\left(\frac{\tau_1}{2\cdot 3^3\cdot 11} + \frac{13\,\tau_0}{3^3\cdot 7\cdot 11}\right) - v^{10}\left(\frac{\tau_2}{2^3\cdot 3\cdot 11\cdot 13}\right.$$

$$+ \frac{17\,\tau_1}{2^2\cdot 3^3\cdot 11\cdot 13} + \left.\frac{557\,\tau_0}{2^3\cdot 3^3\cdot 7\cdot 11\cdot 13}\right),$$

$$R\,e^{v^2} = v^2\,\tau_0 + v^4\left(\tau_1 + \frac{4\,\tau_0}{3}\right) + v^6\left(\frac{\tau_2}{2} + \frac{4\,\tau_1}{3} + \frac{4\,\tau_0}{5}\right)$$

$$+ v^8\left(\frac{\tau_3}{6} + \frac{2\,\tau_2}{3} + \frac{4\,\tau_1}{5} + \frac{32\,\tau_0}{3\cdot 5\cdot 7}\right)$$

$$+ v^{10}\left(\frac{\tau_4}{2^3\cdot 3} + \frac{2\,\tau_3}{9} + \frac{2\,\tau_2}{5} + \frac{32\,\tau_1}{3\cdot 5\cdot 7} + \frac{16\,\tau_0}{3^2\cdot 7}\right),$$

so erhält man:

$$(P - Q - R)\,e^{v^2} = \frac{v^2\,\sigma}{5}(2 - x) + \frac{37\,v^4\sigma}{3\cdot 5\cdot 7}(3 - x)$$

$$+ v^6\sigma\left(\frac{130}{3\cdot 5\cdot 7} - \frac{191x}{2\cdot 3^2\cdot 5\cdot 7}\right) + v^8\sigma\left(\frac{1255}{2\cdot 3^2\cdot 7\cdot 11} - \frac{3589x}{2\cdot 3^3\cdot 5\cdot 7\cdot 11}\right)$$

$$+ v^{10}\,\sigma\left(\frac{86113}{2^2\cdot 3^2\cdot 5\cdot 7\cdot 11\cdot 13} - \frac{11399x}{2^3\cdot 3^3\cdot 5\cdot 11\cdot 13}\right) - v^2\,\tau_0$$

$$- v^4\left(\tau_1 + \frac{34}{3\cdot 7}\,\tau_0\right) - v^6\left(\frac{\tau_2}{2} + \frac{13\,\tau_1}{9} + \frac{101\,\tau_0}{2\cdot 5\cdot 7}\right)$$

$$- v^8\left(\frac{\tau_3}{6} + \frac{23\,\tau_2}{3\cdot 11} + \frac{1027\,\tau_1}{2\cdot 3^2\cdot 5\cdot 11} + \frac{9538\,\tau_0}{3^3\cdot 5\cdot 7\cdot 11}\right) - v^{10}\left(\frac{\tau_4}{3\cdot 8}\right.$$

$$+ \frac{107\,\tau_3}{4\cdot 9\cdot 13} + \frac{7949\,\tau_2}{8\cdot 5\cdot 3\cdot 11\cdot 13} + \frac{45971\,\tau_1}{2\cdot 5\cdot 7\cdot 9\cdot 11\cdot 13} + \left.\frac{98129\,\tau_0}{8\cdot 3\cdot 7\cdot 9\cdot 11\cdot 13}\right)$$

Es ist wohl zu bemerken, daß hier überall $\sigma = \int_0^\infty \psi(x)e^{-x}dx$,

$\tau_c = \psi^{(c)}(o)$ ist; $\sigma\,x$ ist ein symbolischer Ausdruck, welchem die Bedeutung $\int_0^\infty x\,\psi(x)e^{-x}dx$ zukommt.

Die erste Probe besteht darin, daß wir $\psi(x) = x^p$, $\sigma = p!$, $\sigma\,x = (p + 1)!$ setzen, dadurch ergibt sich:

$$(P - Q - R)\,e^{v^2} = - \frac{v^2\,p!\,p - 1)}{5} - \frac{37\,v^4\,p!\,(p - 2)}{3\cdot 5\cdot 7}$$

$$- \frac{v^6\,p!\,(191\,p - 589)}{2\cdot 5\cdot 7\cdot 9} - \frac{v^8\,p!\,(3589\,p - 15236)}{2\cdot 3\cdot 5\cdot 7\cdot 9\cdot 11}$$

$$- \frac{v^{10}\,p!\,(79793\,p - 436885)}{8\cdot 3\cdot 5\cdot 7\cdot 9\cdot 11\cdot 13} - \tau_0\left(v^2 + \frac{34\,v^4}{3\cdot 7} + \frac{909\,v^6}{2\cdot 5\cdot 7\cdot 9}\right.$$

$$+ \frac{9538\,v^8}{3\cdot 5\cdot 7\cdot 9\cdot 11} + \left.\frac{98129\,v^{10}}{8\cdot 3\cdot 7\cdot 9\cdot 11\cdot 13}\right) - \tau_1\left(v^4 + \frac{13}{9}v^6 + \frac{1027\,v^8}{2\cdot 5\cdot 9\cdot 11}\right.$$

$$+ \left.\frac{45971\,v^{10}}{2\cdot 5\cdot 7\cdot 9\cdot 11\cdot 13}\right) - \tau_2\left(\frac{v^6}{2} + \frac{23\,v^8}{3\cdot 11} + \frac{23847\,v^{10}}{8\cdot 5\cdot 9\cdot 11\cdot 13}\right)$$

$$- \tau_3\left(\frac{v^8}{6} + \frac{107\,v^{10}}{4\cdot 9\cdot 13}\right) - \frac{\tau_4\,v^{10}}{8\cdot 3},$$

was für $p = 0, 1, 2, 3, 4$ mit den durch die Gleichung (31) gegebenen Werten von U_p übereinstimmt. Sämtliche τ haben natürlich den Wert Null bis auf τ_p, welches gleich $p!$ ist. Setzt man ferner in den für C_n^m gefundenen Werten

$$l = 0, \quad r^a = \left(\frac{a}{2} + 1\right)! \cdot \frac{\tau_p}{p! \, 4},$$

so ergibt sich:

$$H_0^2 = v^2 \tau_0 + \frac{4 v^4 \tau_0}{3} + \frac{4 v^6 \tau_0}{5} + \frac{32 v^8 \tau_0}{3 \cdot 5 \cdot 7} + \frac{16 v^{10} \tau_0}{3 \cdot 7 \cdot 9};$$

$$H_1^4 = v^4 \tau_1 + \frac{4 v^6 \tau_1}{3} + \frac{4 v^8 \tau_1}{5} + \frac{32 v^{10} \tau_1}{3 \cdot 5 \cdot 7};$$

$$H_2^6 = \frac{v^6 \tau_2}{2} + \frac{2 v^8 \tau_2}{3} + \frac{2 v^{10} \tau_2}{5};$$

$$H_3^8 = \frac{v^8 \tau_3}{6} + \frac{2 v^{10} \tau_3}{9};$$

$$H_4^{10} = \frac{v^{10} \tau_4}{3 \cdot 8},$$

während die übrigen H verschwinden. Die Summe H liefert den richtigen Wert für $R\,e^{v^2}$. Auch der Wert von $Q\,e^{v^2}$ wurde nochmals kontrolliert, jedoch nur bis inklusive zu den Gliedern mit v^8. Um dies zu erreichen, haben wir in den zuletzt für C_n^m erhaltenen Werten $r^2 = x$, $l = 1$ zu setzen und jeden so erhaltenen Wert für C_n^m mit $x/2$ zu multiplizieren, dadurch ergeben sich für F_n^m folgende Werte:

$$F_0^0 = \frac{8}{3 \cdot 5} v^2 x^3 + \frac{16}{3 \cdot 5 \cdot 7} v^4 x^4 + \frac{16}{3 \cdot 5 \cdot 7 \cdot 9} v^6 x^5 + v^8 x^6 \cdot \frac{32}{3 \cdot 3 \cdot 5 \cdot 7 \cdot 9 \cdot 11};$$

$$F_0^1 = -\frac{8}{3} v^2 x^2 - \frac{16}{3 \cdot 5} v^4 x^3 - \frac{16}{3 \cdot 5 \cdot 7} v^6 x^4 - \frac{32}{3 \cdot 3 \cdot 5 \cdot 7 \cdot 9} v^8 x^5;$$

$$F_0^2 = 2 v^2 x + \frac{4}{3} v^4 x^2 + \frac{4}{3 \cdot 5} v^6 x^3 + \frac{8}{3 \cdot 3 \cdot 5 \cdot 7} v^8 x^4;$$

$$F_1^1 = -\frac{16}{3 \cdot 5} v^2 x^3 - \frac{64}{3 \cdot 5 \cdot 7} v^4 x^4 - \frac{32}{5 \cdot 7 \cdot 9} v^6 x^5 - \frac{256}{3 \cdot 3 \cdot 5 \cdot 7 \cdot 9 \cdot 11} v^8 x^6;$$

$$F_1^2 = \frac{8}{3} v^2 x^2 + \frac{56}{3 \cdot 5} v^4 x^3 + \frac{96}{3 \cdot 5 \cdot 7} v^6 x^4 + \frac{272}{3 \cdot 3 \cdot 5 \cdot 7 \cdot 9} v^8 x^5;$$

$$F_1^3 = -\frac{16}{3} v^4 x^2 - \frac{32}{3 \cdot 5} v^6 x^3 - \frac{32}{3 \cdot 5 \cdot 7} v^8 x^4;$$

$$F_1^4 = 2 v^2 x + \frac{4}{3} v^6 x^2 + \frac{4}{3 \cdot 5} v^8 x^3;$$

$$F_2^2 = \frac{16}{3\cdot5}\,v^2\,x^3 + \frac{192}{3\cdot5\cdot7}\,v^4\,x^4 + \frac{160}{5\cdot7\cdot9}\,v^6\,x^5 + \frac{1792}{3\cdot3\cdot5\cdot7\cdot9\cdot11}\,v^8\,x^6\,;$$

$$F_2^3 = -\frac{128}{3\cdot5}\,v^4\,x^3 - \frac{448}{3\cdot5\cdot7}\,v^6\,x^4 - \frac{640}{3\cdot5\cdot7\cdot9}\,v^8\,x^5\,;$$

$$F_2^4 = \frac{24}{3}\,v^4\,x^2 + \frac{152}{3\cdot5}\,v^6\,x^3 + \frac{256}{3\cdot5\cdot7}\,v^8\,x^4\,;$$

$$F_2^5 = -8\,v^6\,x^2 - \frac{16}{5}\,v^8\,x^3\,;$$

$$F_2^6 = 2\,v^6\,x + \frac{4}{3}\,v^8\,x^2\,;$$

$$F_3^3 = -\frac{128}{5\cdot7}\,v^4\,x^4 - \frac{640}{5\cdot7\cdot9}\,v^6\,x^5 - \frac{3584}{3\cdot5\cdot7\cdot9\cdot11}\,v^8\,x^6\,;$$

$$E_3^4 = \frac{48}{5}\,v^4\,x^3 + \frac{1536}{3\cdot5\cdot7}\,v^6\,x^4 + \frac{3680}{3\cdot5\cdot7\cdot9}\,v^8\,x^5\,;$$

$$F_3^5 = -\frac{144}{5}\,v^6\,x^3 - \frac{1472}{3\cdot5\cdot7}\,v^8\,x^4\,;$$

$$F_3^6 = 16\,v^6\,x^2 + \frac{296}{3\cdot5}\,v^8\,x^3\,;$$

$$F_3^7 = -\,v^8\,x^2\cdot\frac{32}{3}\,;$$

$$F_3^8 = 2\,v^8\,x\,;$$

$$F_4^4 = \frac{128}{5\cdot7}\,v^4\,x^4 + \frac{640}{3\cdot5\cdot7}\,v^6\,x^5 + \frac{17920}{3\cdot5\cdot7\cdot9\cdot11}\,v^8\,x^6\,;$$

$$F_4^5 = -\frac{1152}{5\cdot7}\,v^6\,x^4 - \frac{16640}{3\cdot5\cdot7\cdot9}\,v^8\,x^5\,;$$

$$F_4^6 = \frac{192}{5}\,v^6\,x^3 + \frac{5952}{3\cdot5\cdot7}\,v^8\,x^4\,;$$

$$F_4^7 = -\frac{1024}{3\cdot5}\,v^8\,x^4\,;$$

$$F_4^8 = \frac{80}{3}\,v^8\,x^2\,;$$

$$F_5^5 = -\frac{256}{3\cdot7}\,v^6\,x^5 - \frac{71680}{3\cdot5\cdot7\cdot9\cdot11}\,v^8\,x^6\,;$$

$$F_5^6 = \frac{256}{7}\,v^6\,x^4 + \frac{55680}{3\cdot5\cdot7\cdot9}\,v^8\,x^5\,;$$

$$F_5^7 = -\frac{15360}{3\cdot5\cdot7}\,v^8\,x^4\,;$$

$$F_5^8 = \frac{1600}{3\cdot5}\,v^8\,x^3\,;$$

$$F_6^6 = \frac{256}{3\cdot7}\,v^6\,x^5 + \frac{215040}{3\cdot5\cdot7\cdot9\cdot11}\,v^8\,x^6\,;$$

$$F_6^7 = -\frac{122880}{3\cdot5\cdot7\cdot9}\,v^8\,x^5;$$

$$F_6^8 = \frac{19200}{3\cdot5\cdot7}\,v^8\,x^4;$$

$$F_7^7 = -\frac{430080}{3\cdot5\cdot7\cdot9\cdot11}\,v^8\,x^6;$$

$$F_7^8 = \frac{134400}{3\cdot5\cdot7\cdot9}\,v^8\,x^5;$$

$$F_8^8 = \frac{430080}{3\cdot5\cdot7\cdot9\cdot11}\,v^8\,x^6.$$

Machen wir in den hier gefundenen Werten von F_n^m für x^a dieselben Substitutionen, wie wir dies in D_n^m getan haben, um E_n^m zu erhalten, so bekommen wir für G_n^m folgende Werte:

$$G_0^0 = \frac{4}{3\cdot5}\,v^2\sigma x^3 + \frac{8}{3\cdot5\cdot7}\,v^4\sigma x^4 + \frac{8}{3\cdot5\cdot7\cdot9}\,v^6\sigma x^5 + \frac{16}{3\cdot3\cdot5\cdot7\cdot9\cdot11}v^8\sigma x^6;$$

$$G_0^1 = -\frac{4}{3}v^2\sigma x^2 - \frac{8}{3\cdot5}\,v^4\sigma x^3 - \frac{8}{3\cdot5\cdot7}\,v^6\sigma x^4 - \frac{16}{3\cdot3\cdot5\cdot7\cdot9}\,v^8\,\sigma x^5;$$

$$G_0^2 = v^2\,\sigma x + \frac{2}{3}v^4\sigma x^2 + \frac{2}{3\cdot5}\,v^6\sigma x^3 + \frac{4}{3\cdot3\cdot5\cdot7}\,v^8\,\sigma x^4;$$

$$G_1^1 = -\frac{8}{3\cdot5}\,v^2\,\sigma\,(x^3 - 3\,x^2) - \frac{32}{3\cdot5\cdot7}\,v^4\,\sigma\,(x^4 - 4x^3)$$
$$- \frac{16}{5\cdot7\cdot9}\,v^6\,\sigma\,(x^5 - 5\,x^4) - \frac{128}{3^4\cdot5\cdot7\cdot11}\,v^8\,\sigma\,(x^6 - 5\,x^5);$$

$$G_1^2 = \frac{4}{3}\,v^2\,\sigma\,(x^2 - 2x) + \frac{28}{3\cdot5}\,v^4\,\sigma\,(x^3 - 3\,x^2) + \frac{48}{3\cdot5\cdot7}\,v^6\,\sigma\,(x^4 - 4\,x^3)$$
$$+ \frac{136}{3\cdot3\cdot5\cdot7\cdot9}\,v^8\,\sigma\,(x^5 - 5\,x^4);$$

$$G_1^3 = -\frac{8}{3}\,v^4\sigma(x^2 - 2\,x) - \frac{16}{3\cdot5}\,v^6\sigma(x^3 - 3\,x^2) - \frac{16}{3\cdot5\cdot7}\,v^8\,\sigma(x^4 - 4x^3);$$

$$G_1^4 = v^4\sigma\,(x - 1) + \frac{2}{3}\,v^6\sigma\,(x^2 - 2\,x) + \frac{2}{3\cdot5}\,v^8\sigma\,(x^3 - 3x^2);$$

$$G_2^2 = \frac{4}{3\cdot5}\,v^2\sigma\,(x^3 - 6x^2 + 6x) + \frac{48}{3\cdot5\cdot7}\,v^4\,\sigma\,(x^4 - 8x^3 + 12x^2)$$
$$+ \frac{40}{5\cdot7\cdot9}\,v^6\sigma\,(x^5 - 10x^4 + 20x^3)$$
$$+ \frac{448}{3\cdot3\cdot5\cdot7\cdot9\cdot11}\,v^8\sigma\,(x^6 - 12x^5 + 30x^4);$$

$$G_2^3 = -\frac{32}{3\cdot5}\,v^4\sigma\,(x^3 - 6x^2 + 6x) - \frac{112}{3\cdot5\cdot7}\,v^6\sigma\,(x^4 - 8x^3 + 12x^2)$$
$$- \frac{160}{3\cdot5\cdot7\cdot9}\,v^8\sigma\,(x^5 - 10x^4 + 20x^3);$$

$$G_2^4 = \frac{6}{3}\, v^4\sigma\,(x^2 - 4x + 2) + \frac{38}{3\cdot 5}\, v^6\sigma\,(x^3 - 6x^2 + 6x)$$

$$+ \frac{64}{3\cdot 5\cdot 7}\, v^8\sigma\,(x^4 - 8x^3 + 12x^2);$$

$$G_2^5 = -\, 2v^6\sigma\,(x^2 - 4x + 2) - \frac{4}{5}\, v^8\sigma\,(x^3 - 6x^2 + 6x);$$

$$G_2^6 = \frac{1}{2}\, v^6\sigma\,(x - 2) + \frac{1}{2}\, v^6\tau_0 + \frac{1}{3}\, v^8\sigma\,(x^2 - 4x + 2);$$

$$G_3^3 = -\, \frac{32}{3\cdot 5\cdot 7}\, v^4\sigma\,(x^4 - 12x^3 + 36x^2 - 24x)$$

$$-\, \frac{160}{3\cdot 5\cdot 7\cdot 9}\, v^6\sigma\,(x^5 - 15x^4 + 60x^3 - 60x^2)$$

$$-\, \frac{896}{3\cdot 3\cdot 5\cdot 7\cdot 9\cdot 11}\, v^8\sigma\,(x^6 - 18x^5 + 90x^4 - 120x^3);$$

$$G_3^4 = \frac{12}{3\cdot 5}\, v^4\sigma\,(x^3 - 9x^2 + 18x - 6)$$

$$+ \frac{384}{5\cdot 7\cdot 9}\, v^6\sigma\,(x^4 - 12x^3 + 36x^2 - 24x)$$

$$+ \frac{920}{3\cdot 3\cdot 5\cdot 7\cdot 9}\, v^8\sigma\,(x^5 - 15x^4 + 60x^3 - 60x^2);$$

$$G_3^5 = -\, \frac{36}{3\cdot 5}\, v^6\sigma\,(x^3 - 9x^2 + 18x - 6)$$

$$-\, \frac{368}{3\cdot 3\cdot 5\cdot 7}\, v^8\sigma\,(x^4 - 12x^3 + 36x^2 - 24x);$$

$$G_3^6 = \frac{4}{3}\, v^6\sigma\,(x^2 - 6x + 6) - \frac{8}{3}\, v^6\tau_0 + \frac{74}{3\cdot 3\cdot 5}\, v^8\sigma\,(x^3 - 9x^2 + 18x - 6);$$

$$G_3^7 = -\, \frac{8}{9}\, v^8\sigma\,(x^2 - 6x + 6) + \frac{16}{9}\, v^8\tau_0;$$

$$G_3^8 = \frac{1}{6}\, v^8\sigma\,(x - 3) - \frac{1}{6}\, v^8(-\tau_1 - 2\tau_0);$$

$$G_4^4 = \frac{8}{3\cdot 5\cdot 7}\, v^4\sigma\,(x^4 - 16x^3 + 72x^2 - 96x + 24)$$

$$+ \frac{40}{5\cdot 7\cdot 9}\, v^6\sigma\,(x^5 - 20x^4 + 120x^3 - 240x^2 + 120x)$$

$$+ \frac{1120}{3\cdot 3\cdot 5\cdot 7\cdot 9\cdot 11}\, v^8\sigma\,(x^6 - 24x^5 + 180x^4 - 480x^3 + 360x^2);$$

$$G_4^5 = -\, \frac{72}{3\cdot 5\cdot 7}\, v^6\sigma\,(x^4 - 16x^3 + 72x^2 - 96x + 24)$$

$$-\, \frac{1040}{3\cdot 3\cdot 5\cdot 7\cdot 9}\, v^8\sigma\,(x^5 - 20x^4 + 120x^3 - 240x^2 + 120x);$$

$$G_4^6 = \frac{12}{3 \cdot 5} v^6 \sigma (x^3 - 12x^2 + 36x - 24) + \frac{24}{5} v^6 \tau_0$$

$$+ \frac{124}{3 \cdot 5 \cdot 7} v^8 \sigma (x^4 - 16x^3 + 72x^2 - 96x + 24);$$

$$G_4^7 = - \frac{64}{3 \cdot 3 \cdot 5} v^8 \sigma (x^3 - 12x^2 + 36x - 24) - \frac{128}{3 \cdot 5} v^8 \tau_0;$$

$$G_4^8 = \frac{5}{9} v^8 \sigma (x^2 - 8x + 12) + \frac{10}{9} v^8 (- \tau_1 - 3\tau_0);$$

$$G_5^5 = - \frac{16}{5 \cdot 7 \cdot 9} v^6 \sigma (x^5 - 25x^4 + 200x^3 - 600x^2 + 600x - 120)$$

$$- \frac{896}{3 \cdot 3 \cdot 5 \cdot 7 \cdot 9 \cdot 11} v^8 \sigma (x^6 - 30x^5 + 300x^4 - 1200x^3$$
$$+ 1800x^2 - 720x);$$

$$G_5^6 = \frac{16}{3 \cdot 5 \cdot 7} v^6 \sigma (x^4 - 20x^3 + 120x^2 - 240x + 120) - \frac{128}{5 \cdot 7} v^6 \tau_0$$

$$+ \frac{696}{3 \cdot 3 \cdot 5 \cdot 7 \cdot 9} v^8 \sigma (x^5 - 25x^4 + 200x^3 - 600x^2 + 600x - 120);$$

$$G_5^7 = - \frac{64}{3 \cdot 5 \cdot 7} v^8 \sigma (x^4 - 20x^3 + 120x^2 - 240x + 120) + \frac{1536}{3 \cdot 5 \cdot 7} v^8 \tau_0;$$

$$G_5^8 = \frac{4}{9} v^8 \sigma (x^3 - 15x^2 + 60x - 60) - \frac{8}{3} v^8 (- \tau_1 - 4\tau_0);$$

$$G_6^6 = \frac{8}{3 \cdot 5 \cdot 7 \cdot 9} v^6 \sigma (x^5 - 30x^4 + 300x^3 - 1200x^2 + 1800x - 720)$$

$$+ \frac{64}{7 \cdot 9} v^6 \tau_0 + \frac{448}{3 \cdot 3 \cdot 5 \cdot 7 \cdot 9 \cdot 11} v^8 \sigma (x^6 - 36x^5 + 450x^4 - 2400x^3$$
$$+ 5406x^2 - 4320x + 720);$$

$$G_6^7 = - \frac{256}{3 \cdot 3 \cdot 5 \cdot 7 \cdot 9} v^8 \sigma (x^5 - 30x^4 + 300x^3 - 1200x^2 + 1800x$$

$$- 720) - \frac{30720}{3 \cdot 3 \cdot 5 \cdot 7 \cdot 9} v^8 \tau_0;$$

$$G_6^8 = \frac{40}{3 \cdot 3 \cdot 5 \cdot 7} v^8 \sigma (x^4 - 24x^3 + 180x^2 - 480x + 360)$$

$$+ \frac{320}{3 \cdot 5 \cdot 7} v^8 (- \tau_1 - 5\tau_0);$$

$$G_7^7 = - \frac{128}{3 \cdot 3 \cdot 5 \cdot 7 \cdot 9 \cdot 11} v^8 \sigma (x^6 - 42x^5 + 630x^4 - 4200x^3$$

$$+ 12600x^2 - 15120x + 5040) + \frac{30720}{3 \cdot 5 \cdot 7 \cdot 9 \cdot 11} v^8 \tau_0;$$

$$G_7^8 = \frac{40}{3\cdot3\cdot5\cdot7\cdot9} v^8 \sigma (x^5 - 35x^4 + 420x^3 - 2100x^2 + 4200x - 2520)$$

$$- \frac{1600}{3\cdot5\cdot7\cdot9} v^8 (-\tau_1 - 6\tau_0);$$

$$G_8^8 = \frac{16}{3\cdot3\cdot5\cdot7\cdot9\cdot11} v^8 \sigma (x^6 - 48x^5 + 840x^4 - 6720x^3 + 25200x^2$$

$$- 40320x + 20160) + \frac{3840}{3\cdot5\cdot7\cdot9\cdot11} v^8 (-\tau_1 - 7\tau_0).$$

Die Summe aller G ist

$$- \frac{v^2 \sigma x}{3\cdot5} - v^4 \sigma \left(\frac{x}{3\cdot5} - \frac{1}{5\cdot7}\right) - v^6 \sigma \left(\frac{x}{2\cdot3\cdot5} - \frac{1}{5\cdot7}\right)$$

$$- v^8 \sigma \left(\frac{x}{2\cdot5\cdot9} - \frac{1}{2\cdot5\cdot7}\right) - \tau_0 \left(\frac{v^6}{2\cdot7\cdot9} + \frac{13v^8}{3\cdot7\cdot9\cdot11}\right) - \frac{v^8 \tau_1}{2\cdot3\cdot9\cdot11},$$

was mit dem bereits früher für $Q e^{v^2}$ gefundenen Werte übereinstimmt.

59.

Zur Theorie der Gasreibung III.[1]

(Wien. Ber. 84. S. 1230—1263. 1881.)

X.[2] Einführung der Variabeln v' in den Ausdruck P.

Der Ausdruck P (vergleiche VIII. Abschnitt Gleichung (34) und Gleichung (40)) enthält unter dem Funktionszeichen ψ die Variable v'. Da die Funktion ψ nicht bekannt, sondern gerade die zu suchende Unbekannte ist, so kann also die Integration nach keiner in v' enthaltenen Integrationsvariabeln durchgeführt werden. Es leuchtet daher ein, daß es von Vorteil sein muß, v' selbst als Integrationsvariable einzuführen, da dann $\psi(v')$ vor alle übrigen Integralzeichen gesetzt werden kann, und mit Ausnahme der Integration nach v' sonst keine durch die Unbekanntschaft der Funktion ψ behindert wird.

Es handelt sich nur noch darum, passende Winkel zu finden, durch welche die übrigen Größen leicht ausgedrückt werden können. Wir gehen da auf die Fig. 4 des Abschnitts II zurück, in welcher v, A und B als gegebene Größen zu betrachten sind. Statt r führen wir die Variable v' eiu, es wird daher gut sein, statt G den Winkel VOV' einzuführen, den wir mit L bezeichnen wollen. Die Variable S kann bleiben. Dagegen ist O der Winkel der Ebenen OVV_1 und $VV'V'_1V_1$. Da scheint es jetzt passender, den Winkel zwischen der Ebene OVV' und der Ebene $VV'V'_1V_1$ einzuführen, den wir mit M bezeichnen wollen. Da in der angeführten Figur die Ebene $\mathfrak{x}OR$[3] parallel $VV'V'_1V_1$ ist, so erhält man den Winkel M wie folgt: Man bezeichne den Durchschnittspunkt der Geraden

---

[1] Voranzeige dieser Arbeit Wien. Anz. 18. S. 272. 15. Dezember 1881.

[2] Auf Fehler in diesem Abschnitte ist in Nr. 66 dieser Sammlung Abschnitt VI hingewiesen (S. 24 d. Separatabdr.), das auf Gl. (52) folgende.

[3] Statt $\mathfrak{x}OR$ soll hier $R'OR$ stehen. (Vgl. Fußnote 2.) D. H.

$O\,V'$ mit der Kugel mit χ', dann ist $\chi'\,\chi\,R = M$. Jener Durchschnittspunkt ist durch die Stelle markiert, bis zu welcher $O\,V'$
nicht punktiert ist. Die beiden untenstehenden Figuren 1 und 2
dienen in der einfachsten Weise, um sich die betreffenden geo-
metrischen Verhältnisse zu versinnlichen. Man schneide sich
die Fig. 1 aus, biege sie längs der Geraden $V\,V'$ ein, bis die
beiden Geraden $O\,V$ und $V\,R$ in beiden Figuren genau auf-

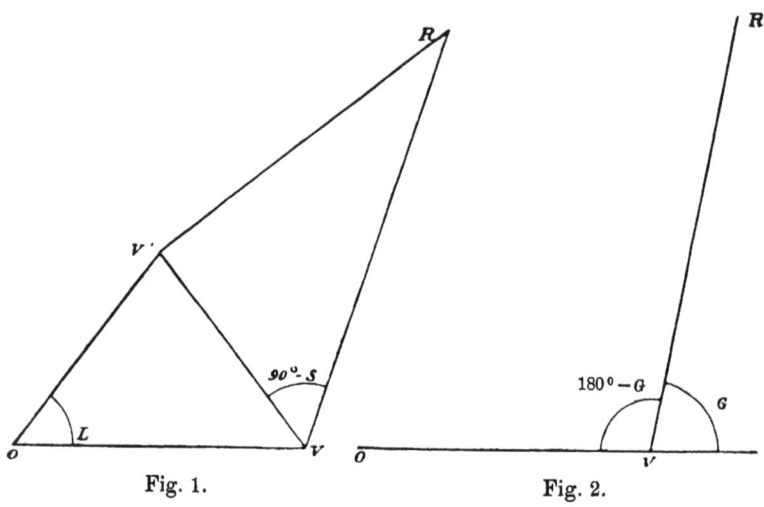

Fig. 1.   Fig. 2.

einandergelegt werden können. Dann haben alle Punkte die
richtige räumliche Lage. $V\,V'R$ in Fig. 1 ist nur die Hälfte
des Rechtecks $V\,V'\,V'_1\,V_1$ der Fig. 2 des Abschnitts II. Denkt
man sich dieses Rechteck vollendet und seine vier Ecken mit O
verbunden, so erhält man die vier Geschwindigkeiten der
Moleküle vor und nach dem Stoße in ihrer räumlichen relativen
Lage, während die Diagonalen des Rechtecks die Relativgeschwindigkeiten vor und nach dem Stoße darstellen. Der
Winkel, um welchen man die Fig. 1 längs $V\,V'$ einbiegen
mußte, ist der Winkel M. $V\,V'$ ist die Richtung der Centrilinie im Momente des Stoßes. Will man nur die Relativbewegung ins Auge fassen, so denke man sich beiden Molekülen
zu ihrer Geschwindigkeit die Geschwindigkeit $-\,O\,V$ erteilt.
Dadurch kommt das erste Molekül in Ruhe, das zweite stößt
darauf mit einer Geschwindigkeit, die in Größe und Richtung
durch $V\,R$ dargestellt ist. Da $V\,V'$ die Centrilinie ist, so wird

die Geschwindigkeitskomponente $V V'$ auf das erste Molekül übertragen, wogegen dem zweiten eine Geschwindigkeit bleibt, welche gleich und parallel $V' R$ ist (also durch die Seite $V V'_1$ des komplettierten Rechtecks dargestellt ist, die unter der Ebene der Fig. 2 liegt). Diese Betrachtungen gestatten leicht die Integrationsgrenzen für die neuen Variabeln zu finden. Es ist klar, daß bei gegebener Größe und Richtung von $O V$ die Geschwindigkeit $O V'$ nach dem Stoße wieder jede beliebige Größe und Richtung haben kann. Es ist also bezüglich v' von Null bis ∞, bezüglich L von Null bis π zu integrieren. Die Grenzen für S bleiben dieselben wie früher, nämlich Null und $\pi/2$. In der Tat denkt man sich die Punkte O, V und V', also die Werte der Variabeln v' und L gegeben, so kann durch passende Wahl derjenigen Geschwindigkeitskomponente des zweiten Moleküls, welche durch den Stoß nicht verändert wird, für jeden Wert von M der Stoß alle möglichen Gestalten annehmen vom Zentralen ($S = \pi/2$) bis zum streifenden ($S = 0$). Mit anderen Worten: Bei gegebener Lage der Punkte O, V, V', der Ebene $V V' R$, welche durch M bestimmt wird und der Geraden $V' R$, welche auf $V V'$ senkrecht sein muß, kann die Länge des Stückes $V' R$ alle Größen von Null bis ∞ durchlaufen. Endlich kann bei gegebener Gestalt des Dreiecks $V V' R$ und Gestalt und Lage des Dreiecks $O V V'$ noch der Winkel, um den man nach $V V'$ einbog, ganz beliebig sein, d. h. bezüglich M ist von Null bis 2π zu integrieren.

Nun handelt es sich nur noch um die algebraischen Beziehungen zwischen den alten und neuen Variabeln. Bestimmt man $V V'$ einmal aus dem Dreiecke $V V' R$, dann aus dem Dreiecke $O V V'$ der Fig. 1, so folgt zunächst:

$$(1) \qquad r^2 \sigma^2 = v^2 + v'^2 - 2 v v' l.$$

Ferner ist die Projektion von $O V'$ auf $O V$ gleich v mehr der Projektion von $V V'$ auf $O V$, also $= v + V V' \cos (O V, O V') = v + r \sigma \cos(O V, V V')$. $V V'$ aber bildet einen Winkel von 180^0 mit der auf Seite 154 des III. Abschnitts[1] (erster Teil) mit $O H_1$ bezeichneten Geraden. Es ist also $\cos (O V, V V') = - \cos(O V, O H_1) = g \sigma - \gamma s o$, und die obige Gleichung liefert

$$(2) \qquad v' l = v + r \sigma (g \sigma - \gamma s o).$$

---

[1] S. 425 dieses Bandes.

Denkt man sich endlich eine Kugel vom Radius Eins und dem Zentrum O konstruiert[1]), so schneiden die Geraden VO, VR und VV' aus derselben ein sphärisches Dreieck aus. O und M sind zwei Winkel dieses Dreiecks, OVV' und $180^0 - G$ die ihnen gegenüberliegenden Seiten.

Wegen $-\cos(OVV') = \cos(OV, VV')$

$$(3) \qquad = g\,\sigma - \gamma\,so = \frac{v'\,l - v}{r\,\sigma}$$

$$(4) \qquad \sin(OVV') = \sqrt{1 - \frac{(v'\,l - r)^2}{r^2\,\sigma^2}} = \frac{v'\,\lambda}{r\,\sigma}$$

liefert also das eben besprochene sphärische Dreieck ω: $\mu = (v'\,\lambda/r\sigma):\gamma$ dann

$$(5) \qquad \gamma\,\omega = \frac{v'\,\lambda\,\mu}{r\,\sigma}.$$

Bestimmt man in demselben sphärischen Dreiecke die Seite $180^0 - G$ durch die beiden übrigen und den davon eingeschlossenen Winkel, so folgt

$$(6) \qquad g = \frac{v'\,l - v}{r} - \frac{v'\,\lambda\,s\,m}{r\,\sigma}.$$

Berechnet man unter Benutzung dieses Wertes von g die Größe $\gamma\,o$ aus Gleichung (3), so erhält man

$$(7) \qquad \gamma\,o = -\frac{v'\,l - v}{r\,\sigma}\,s - \frac{v'\,\lambda\,m}{r}.$$

Aus diesem und dem Werte von $\gamma\,\omega$ folgt

$$(8) \qquad \gamma^2 = 1 - \frac{(v'\,l - v)^2}{r^2} - \frac{v'^2\,\lambda^2\,s^2 m^2}{r^2\,\sigma^2} + 2\,\frac{(v'\,l - v)\,v'\,s\,\lambda\,m}{r^2\,\sigma}.$$

Die Gleichungen (1), (5) und (6) oder (8) drücken die alten Variabeln r, G, O als Funktionen der neuen $v'\,L$, M aus. Um auch noch die Differentiale einzuführen, denken wir uns zuerst statt r, G, O die Variabeln r, G, $u = \gamma\,o$ substituiert, welche offenbar

$$(9) \qquad dr\,dG\,du = -dr\,dG\,\gamma\,\omega\,dO$$

liefern. Dann transformieren wir erst r, G, u in v', L, M und zwar denken wir uns zuerst u und r belassen und bloß L für G eingeführt.

---

[1]) Hier ist als Zentrum der Kugel v und nicht O anzusehen. (Vgl. Fußnote 2 S. 523 dieses Bandes).   D. H.

Die gemäß der zweiten der Gleichungen (13), S. 49 [1]) des zweiten Teils in der Form:

$$r\sigma(g\sigma - us) = -v + l\sqrt{v^2 + r^2\sigma^2 + 2vr\sigma(g\sigma - us)}$$

geschriebene Gleichung (2) liefert, wenn man sie unter dieser Voraussetzung differentiiert:

$$dG = \frac{v'^2\,dl}{\gamma r\sigma^2(vl - v')}.$$

Hierauf denken wir uns u, L, v' an Stelle der jetzt im Integrale vorhandenen Variabeln u, L, r eingeführt, was durch Differentiation der Gleichung (1) geschieht; wir erhalten

$$dr = -\frac{vl - v'}{r\sigma^2}\,dv'.$$

Es ist jetzt noch M, L, v' für u, L, v' einzuführen. Da hierbei L und v' als Konstante zu betrachten sind, so ist nach Gleichung (1) auch r eine Konstante, und die Differentiation der Gleichung (7) liefert

$$du = \frac{v'\lambda\mu}{r}\,dM = \gamma\omega\sigma\,dM.$$

Bildet man jetzt das Produkt der Differentiale $dv'\,dG\,du$ und setzt es gleich dem in Gleichung (9) für dieses Produkt gefundenen Werte, so folgt

(10) $$\gamma\,dr\,dG\,dO = \frac{v'^2}{r^2\sigma^3}\,dv'\,dl\,dM.$$

Führt man weiter in den Ausdruck für J, Gleichung (13), S. 49,[1]) zweiter Teil, diese Werte ein, so ergibt sich

(11) $$J = v'^2(3l^2 - 1)$$

und die Gleichung (34) auf S. 69 [2]) des zweiten Teils verwandelt sich daher in

(12) $$\begin{cases} P = \dfrac{1}{\pi}\displaystyle\int\limits_0^\infty \psi(v'^2)\,e^{-v'^2}v'^4\,dv'\int\limits_0^{\pi/2}\frac{s}{\sigma^3}\,dS\int\limits_{-1}^{+1} dl\int\limits_0^{2\pi}dM(3l^2 - 1) \\[2mm] \times\sqrt{v^2 + v'^2 - 2vv'l}\cdot e^{-\frac{v^2 + v'^2 - 2vv'l}{\sigma^2}s^2 + \frac{2vv'\lambda sm}{\sigma}}. \end{cases}$$

Eine Dunkelheit könnte in den bisherigen Entwicklungen insofern gefunden werden, als wir nicht alle möglichen Zu-

---

[1]) S. 441 dieses Bandes.
[2]) S. 459 dieses Bandes.

sammenstöße der Betrachtung unterzogen, da die Integration
nach der Variabeln K schon früher (erster Teil, S. 146)[1]) durchgeführt wurde. An die Stelle dieser Variabeln K muß aber
jetzt notwendig ebenfalls ein anderer Winkel, etwa der Winkel N
der Ebenen OXV und OVV' treten. Vergleicht man die Gleichungen (29) und (51) des ersten Teils mit den Gleichungen (33),
(34), (35) und (36) des zweiten Teils, so sieht man, daß, sobald
man die Integration nach K bloß andeutet

$$P = -\frac{C\delta^2}{q} \int_0^\infty r^3\,dr \int_0^\pi \gamma\,dG\,e^{-h(v^2 + r^2 + 2vrg)} \int_0^{\pi/2} s\sigma\,dS \int_0^{2\pi} dO$$

$$\times\,\varphi(v'^2) \int_0^{2\pi} \frac{\xi'\eta'\,dK}{a\,\alpha\,\beta}$$

sein muß. Die Größe v^2 der Gleichung (33) hat nämlich dieselbe Bedeutung wie in den Gleichungen (29) und (51) die
Größe hv^2. Führt man hier nach S. 49 [2]) des zweiten Teils
ψ statt φ ein und schreibt ξ', η', v und r statt $\xi'\sqrt{h}$, $\eta'\sqrt{h}$,
$v\sqrt{h}$ und $r\sqrt{h}$, so wird

$$P = \frac{1}{\pi^2} \int_0^\infty r^3\,dr \int_0^\pi \gamma\,dG\,e^{-v^2 - r^2 - 2vrg} \int_0^{\pi/2} s\sigma\,dS \int_0^{2\pi} dO$$

$$\times\,\psi(v'^2) \cdot \int_0^{2\pi} \frac{\xi'\eta'\,dK}{a\,\alpha\,\beta}\,.$$

Nun umfassen die Integrationsgrenzen wirklich alle möglichen Zusammenstöße. Führt man daher v', L, M, N statt
r, G, O, K ein, so gelten zweifellos die früher bestimmten
Integrationsgrenzen, und für N die Grenzen Null und 2π.

---

[1]) S. 417 dieses Bandes.

[2]) Die daselbst zwischen φ und ψ aufgestellte Gleichung enthält
übrigens einen Druckfehler, indem

$$\varphi\left(\frac{x}{h}\right) \text{ statt } \varphi\left(\frac{x}{\sqrt{h}}\right)$$

zu lesen ist. Die Gleichung soll also lauten:

$$\psi(x) = -\frac{\pi^2 C\delta^2}{qh^3}\,\varphi\left(\frac{x}{h}\right).$$

(In dieser Ausgabe [S. 440] bereits verbessert.)

Da die Transformation der Differentiale rein algebraisch war, bleibt sie unverändert. In Fig. 4 des ersten Teils wollen wir, wie wir dies soeben taten, den Punkt, bis wohin die Gerade OV' ausgezogen ist, mit $\mathfrak{x}'$ bezeichnen. Dann ist

$$\not< \mathfrak{x}'\mathfrak{x}\mathfrak{z} = N, \quad \not< \mathfrak{z}\mathfrak{x}R = K, \quad \not< \mathfrak{x}'\mathfrak{x}R = M,$$

daher
$$M + N = K.^1)$$

(In der Figur ist der Winkel N negativ gezeichnet). Führt man die Variable N für K erst ganz zum Schlusse ein, so ist dabei M bereits eingeführt, daher als konstant zu betrachten und man erhält $dN = dK$. Es wird also

(13)
$$
\begin{cases}
P = \dfrac{1}{\pi^2} \displaystyle\int\limits_0^\infty v'^2 \, dv' \int\limits_0^{\pi/2} \dfrac{s}{\sigma^3} \, dS \int\limits_{-1}^{+1} dl \int\limits_0^{2\pi} d\,M \cdot \psi(v'^2) \\[2em]
\cdot \sqrt{v^2 + v'^2 - 2vv'\,l} \cdot \displaystyle\int\limits_0^{2\pi} \dfrac{\xi'\,\eta'\,dN}{a\,\alpha\,\beta} \cdot
\end{cases}
$$

Bezeichnen wir mit $\mathfrak{x}'$, $\mathfrak{y}'$, $\mathfrak{z}'$ die Koordinaten des Punktes V der Fig. 4 des ersten Teils bezüglich des Koordinatensystems $O\mathfrak{x}$, $O\mathfrak{y}$, $O\mathfrak{z}$, so ist $\mathfrak{x}' = v'l$, $\mathfrak{y}' = v'\lambda\nu$, $\mathfrak{z}' = v'\lambda n$, daher nach dem Koordinaten-Transformationsschema der Seite 147 [2]) des ersten Teils

$$\xi' = v'\,la - v'\lambda n\alpha,$$
$$\eta' = v'\,la\beta + v'\lambda\nu b + v'\lambda n a\beta,$$

was sofort liefert

(14)
$$\int\limits_0^{2\pi} \frac{\xi'\,\eta'\,dN}{a\,\alpha\,\beta} = 2\pi v'^2 l^2 - \pi v'^2 \lambda^2 = \pi v'^2(3l^2 - 1).$$

Die Substitution dieses Wertes in die Gleichung (13) liefert für P wieder genau den Wert (12).

XI. Lösung desselben Problems in der Ebene.

Es scheint mir angemessen, hier wieder einen Blick auf die Lösung desselben Problems in der Ebene zu werfen, wo

---

[1]) Diese Gleichung hat eine Berichtigung erfahren. Vgl. die Fußnote 2 S. 523 dieses Bandes.   D. H.
[2]) Seite 418 dieses Bandes.

sich die Sache wesentlich einfacher gestaltet, ohne daß deshalb die charakteristischen Eigentümlichkeiten der Methode verloren gehen. Die Gleichung (65) des IV. Abschnitts, erster Teil, kann so geschrieben werden:

$$h\,v^2 - \frac{C\,\delta}{2\,q} \int\limits_{-\infty}^{+\infty}\!\!\int d\,\xi_1\,d\,\eta_1 \int\limits_{0}^{\pi} \sigma\,d\,S\,r \left[\frac{2\,\xi'\,\eta'}{a\,\alpha}\,\varphi\,(v'^{\,2})\right.$$

$$\left. - \frac{\xi\,\eta}{a\,\alpha}\,\varphi\,(v^2) - \frac{\xi_1\,\eta_1}{a\,\alpha}\,\varphi\,(v_1^2)\right] e^{-h\,v_1^2}.$$

Wir wollen das negative Integral wieder gleich $P - Q - R$ setzen, ferner statt $\xi'\sqrt{h}$, $\eta'\sqrt{h}$, $v\sqrt{h}$ usw. wieder ξ', η', $v\ldots$ schreiben und endlich die Funktion

$$-\frac{C\,\delta}{q\,h^2}\,\varphi\left(\frac{x}{h}\right)$$

mit $\psi\,(x)$ bezeichnen. Dann ist

(15) $$P = \int\limits_{-\infty}^{+\infty}\!\!\int d\,\xi_1\,d\,\eta_1 \int\limits_{0}^{\pi} \sigma\,d\,S\,r\,\xi'\,\eta'\,\psi\,(v'^{\,2})\,e^{-v_1^2},$$

während die Gleichung (14) wieder die Form:

$$v^2 + P - Q - R$$

annimmt. Um nun für $\xi_1\,\eta_1$ die Integrationsvariabeln $\xi'\,\eta'$ einzuführen, setzen wir

$$\mathfrak{x} = \xi' - \xi,\quad \mathfrak{y} = \eta' - \eta,\quad \mathfrak{v}^2 = \mathfrak{x}^2 + \mathfrak{y}^2.$$

Dann kann die fünfte und sechste der Gleichungen (66) des ersten Teils so geschrieben werden:

$$\mathfrak{x} = x\sigma^2 - ys\sigma,\quad \mathfrak{y} = xs\sigma + y\sigma^2,$$

woraus folgt:

$$x = \mathfrak{x} + \mathfrak{y}\,\frac{s}{\sigma},\quad y = -\mathfrak{x}\,\frac{s}{\sigma} + \mathfrak{y},$$

da ξ, η konstant sind

$$d\,\xi_1\,d\,\eta_1 = dx\,dy = \begin{vmatrix} 1, & \dfrac{s}{\sigma} \\[2mm] -\dfrac{s}{\sigma}, & 1 \end{vmatrix} d\mathfrak{x}\,d\mathfrak{y} = \frac{1}{\sigma^2}\,d\mathfrak{x}\,d\mathfrak{y},$$

$$d\mathfrak{x}\,d\mathfrak{y} = d\,\xi'\,d\eta',$$

$$r^2 = \frac{1}{\sigma^2}\,(\mathfrak{x}^2 + \mathfrak{y}^2) = \frac{\mathfrak{v}^2}{\sigma^2}.$$

Es ist also

$$P = \frac{1}{a} \int\limits_{-\infty}^{+\infty}\!\!\int d\mathfrak{x}\, d\mathfrak{y} \int\limits_0^\pi \frac{dS}{\sigma^2}\, \mathfrak{v}(\mathfrak{x}+\xi)(\mathfrak{y}+\eta)\cdot \psi(\mathfrak{v}^2+v^2+2\mathfrak{x}\,\xi+2\mathfrak{y}\,\eta)$$

$$\cdot\, e^{\,-v^2-\frac{\mathfrak{v}^2}{\sigma^2}-2(\xi\,\mathfrak{x}+\eta\,\mathfrak{y})-\frac{2\,s}{\sigma}(\xi\,\mathfrak{y}-\eta\,\mathfrak{x})}$$

Setzt man wieder

$$\xi = v\cos A,\; \eta = \mathfrak{v}\sin A,\; \xi' = v'\cos(A+L),\; \eta' = v'\sin(A+L),$$

so wird

$$P = \int\limits_0^\infty v'^3\, dv' \int\limits_{-\pi}^{+\pi} dL \int\limits_0^\pi \frac{dS}{\sigma^2}\cdot \sqrt{v^2 + v'^2 - 2vv'\, l}$$

$$\cdot\left[\cos 2L + \frac{\cos 2A\,\sin 2L}{2\,a\,\alpha}\right]\cdot e^{\,-v'^2+\frac{v^2+v'^2-2vv'\,l}{\sigma^2}\,s^2-\frac{2\,s}{\sigma}vv'\,\lambda}$$

Jedem Gliede mit positivem λ und s entspricht ein sonst vollkommen gleiches Glied mit negativem λ und negativem s. Da je zwei solche Glieder bei Integration des Ausdruckes $\cos 2A \sin 2L/2a\alpha$ sich tilgen, kann man schreiben:

$$(16)\quad \begin{cases} P = \displaystyle\int\limits_0^\infty v'^3\, dv' \int\limits_{-\pi}^{+\pi} dL \int\limits_0^\pi \frac{dS}{\sigma^2}\cdot \sqrt{v^2 + v'^2 - 2vv'\, l} \\[2ex] \cdot(2\,l^2 - 1)\cdot e^{\,-v'^2+\frac{v^2+v'^2-2vv'\,l}{\sigma^2}\,s^2-\frac{2\,s}{\sigma}vv'\,\lambda}. \end{cases}$$

XII. Ausdruck von P durch Reihenentwicklung.

Die Gleichung (12) kann zunächst in folgender Weise behandelt werden. Man entwickelt $e^{\frac{2vv'\lambda sm}{\sigma}}$ in eine Potenzreihe und führt die Integration nach M aus. Dadurch ergibt sich:

$$P = \sum_{n=0}^{n=\infty} \frac{2\,v^{2n}}{(n!)^2} \int\limits_0^\infty \psi(v'^2)\, v'^{2n+4}\, e^{-v'^2}\, dv' \int\limits_0^{\pi/2} \left(\frac{s^2}{\sigma^2}\right)^n \frac{s\, dS}{\sigma^3}$$

$$\cdot\int\limits_{-1}^{+1} (1-l^2)^n (3\,l^2-1)\, dl\, \sqrt{v^2+v'^2-2vv'\,l}\cdot e^{\,-(v^2+v'^2-2vv'\,l)\frac{s^2}{\sigma^2}}$$

Setzt man $s^2/\sigma^2 = y$, so ist $1 + y = 1/\sigma^2$, daher

$$dy = -\frac{2\,s\,dS}{\sigma^3},$$

man kann dann auch die Integration nach S ausführen und findet:

$$(17)\quad P = \sum_{n=0}^{n=\infty} \frac{v^{2n}}{n!} \int_0^\infty \psi(v'^2)\, v'^{2n+4}\, e^{-v'^2}\, dv' \int_{-1}^{+1} \frac{dl\,(3\,l^2 - 1)(1 - l^2)^n}{(v^2 + v'^2 - 2vv'\,l)^{n+1/2}}$$

Um nun das zwischen -1 und $+1$ zunehmende bestimmte Integral zu berechnen, setzen wir zunächst voraus, v sei kleiner als v'; wir können dann entwickeln

$$\frac{1}{(v^2 + v'^2 - 2vv'\,l)^{n+1/2}}$$

$$= \frac{1}{v'^{2n+1}} \left[1 + (2n + 1)\frac{v}{v'}\,l + (2n + 1)\frac{v^2}{v'^2}\cdot\frac{(2n + 3)\,l^2 - 1}{2} \cdots \right],$$

also

$$\int_{-1}^{+1} \frac{dl\,(3\,l^2 - 1)(1 - l^2)^n}{(v^2 + v'^2 - 2vv'\,l)^{n+1/2}} = \frac{2}{v'^{2n+1}} \int_0^1 dl\,(3\,l^2 - 1)(1 - l^2)^n$$

$$+ \frac{(2n + 1)\,v^2}{v'^{2n+3}} \int_0^1 dl\,(1 - l^2)^n\,[3\,(2n + 3)\,l^4 - 2\,(n + 3)\,l^2 + 1]$$

$$+ \frac{A\,v^4}{v'^{2n+5}} + \frac{B\,v^6}{v'^{2n+7}} \cdots$$

Bedient man sich hier der Formel

$$\int_0^1 (1 - l^2)^n\, l^{2a}\, dl = \frac{2\underline{2}\,2\,n}{(2n + 1)\underline{2}\,(2n + 2a + 1)}$$

(vgl. Bierens de Haan, Nouvelles tables d'intégrales définies S. 27 Nr. 12.), so folgt:

$$(18)\quad \begin{cases} \displaystyle\int_{-1}^{+1} \frac{dl\,(3\,l^2 - 1)(1 - l^2)^n}{(v^2 + v'^2 - 2vv'\,l)^{n+1/2}} = -\frac{2^{n+2}\,n!\,n}{v'^{2n+1}\cdot 1\underline{2}(2n + 3)} \\[3ex] \quad + \frac{2^{n+2}\,(n + 1)!\,(2n + 1)\,v^2}{v'^{2n+3}\,5\underline{2}(2n + 5)} + \frac{A\,v^4}{v'^{2n+5}} + \frac{B\,v^6}{v'^{2n+7}} + \cdots \end{cases}$$

Man kann dasselbe Integral auch berechnen, indem man setzt:

$$v^2 + v'^2 - 2vv'l = x^2, \quad l = \frac{v^2 + v'^2 - x^2}{2vv'}, \quad dl = \frac{x\,dx}{v\,v'};$$

dadurch erhält man:

$$\int_{-1}^{+1} \frac{dl(3l^2 - 1)(1 - l^2)^n}{(v^2 + v'^2 - 2vv'l)^{n+1/2}}$$

$$= \frac{1}{4^{n+1}(vv')^{2n+3}} \int_{v'-v}^{v'+v} [3x^4 - 6(v^2 + v'^2)x^2 + 3v^4 + 2v^2v'^2 + 3v'^4].$$

$$\left[-x^2 + 2v^2 + 2v'^2 - \frac{(v^2 - v'^2)^2}{x^2}\right]^n dx.$$

Denkt man sich zunächst die unbestimmte Integration durchgeführt, so sieht man sofort, daß die Zähler aller Glieder, welche eine Potenz von x, etwa x^k im Nenner haben, durch $(v' + v)^k$ und $(v' - v)^k$ teilbar sind. Das von $v' - v$ bis $v' + v$ zu erstreckende Integral muß also jedenfalls eine ganze homogene Funktion von v und v' von der Dimension $2n + 5$ sein. Berücksichtigt man den vor dem Integrale stehenden Faktor, so erhält man also, da, wie man leicht sieht, die ungeraden Potenzen von v ausfallen,

$$\int_{-1}^{+1} \frac{dl(3l^2 - 1)(1 - l^2)^n}{(v^2 + v'^2 - 2vv'l)^{n+1/2}} = \frac{av^2}{v'^{2n+5}} + \frac{b}{v'^{2n+3}} + \frac{c}{v^2v'^{2n+1}} \cdots + \frac{hv'^2}{v^{2n+3}}.$$

Die Vergleichung dieser Formel mit der Formel (18) zeigt, daß in letzterer $A = B = \ldots = 0$ sein muß, daß also

$$(19) \quad \left\{ \begin{array}{l} \displaystyle\int_{-1}^{+1} \frac{(3l^2 - 1)(1 - l^2)^n\,dl}{(v^2 + v'^2 - 2vv'l)^{n+1/2}} \\[2em] = -\dfrac{2^{n+2}n!\,n}{1\cdot2\,(2n+3)\,v'^{2n+3}} + \dfrac{2^{n+2}(n+1)!\,(2n+1)\,v^2}{5\cdot2\,(2n+5)\,v'^{2n+5}} \end{array} \right.$$

ist, sobald $v' > v$ ist. Wäre dagegen $v' < v$, so müßten im Resultate v und v' untereinander vertauscht werden. Kehren wir daher zu dem zuletzt für P gefundenen Aus-druck zurück, so können wir die Integration nach v' in eine von Null bis v und eine zweite von v bis ∞ zerlegen und erhalten:

(20)
$$
\begin{aligned}
P = & \sum_{n=0}^{n=\infty} \frac{2^{n+2} v^{2n}}{1\,\underline{2}\,(2n+3)} - \Bigg[n \int_v^\infty \psi(v'^2) e^{-v'^2} v'^3 \, dv' \\
& + \frac{3(n+1)(2n+1)v^2}{2n+5} \int_v^\infty \psi(v'^2) e^{-v'^2} v' \, dv' \Bigg] \\
& - \frac{1}{v} \int_0^v \psi(v'^2) \cdot e^{-v'^2} dv' \sum_{n=0}^{n=\infty} \frac{n\, 2^{n+2} v'^{2n+4}}{1\,\underline{2}\,(2n+3)} \cdot \\
& + \frac{1}{v^3} \int_0^v \psi(v'^2) e^{-v'^2} dv' \sum_{n=0}^{n=\infty} \frac{2^{n+2}(n+1)(2n+1)v'^{2n+6}}{5\,\underline{2}\,(2n+5)},
\end{aligned}
$$

oder:

(21)
$$
\begin{aligned}
P = & \sum_{n=0}^{n=\infty} v^{2n} \int_0^\infty \psi(v'^2) e^{-v'^2} v' \, dv \\
& \left[-\frac{2^{n+2} n v'^2}{1\,\underline{2}\,(2n+3)} + \frac{2^{n+2}(n+1)(2n+1)v^2}{5\,\underline{2}\,(2n+5)} \right] \\
& + \sum_{n=0}^{n=\infty} v^{2n} \int_0^v \psi(v'^2) e^{-v'^2} dv' \left[\frac{2^{n+2} n}{1\,\underline{2}\,(2n+3)} \left(v'^3 - \frac{v'^{2n+4}}{v^{2n+1}} \right) \right. \\
& \left. - \frac{2^{n+2}(n+1)(2n+1)}{5\,\underline{2}\,(2n+5)} \left(v^2 v' - \frac{v'^{2n+6}}{v^{2n+3}} \right) \right].
\end{aligned}
$$

In der ersten Zeile wollen wir für v'^2 die Integrationsvariable x einführen und die Summe nach Potenzen von v ordnen. Die erste Zeile der Gleichung (19) verwandelt sich dann in

$$
\sum_{n=1}^{n=\infty} \frac{n\, 2^n v^{2n}}{1\,\underline{2}\,(2n+3)} \int_0^\infty \psi(x) e^{-x} dx\, (6n - 3 - 2x).
$$

In der zweiten Zeile ist

$$
\begin{aligned}
\psi(v'^2) e^{-v'^2} = & \ \tau_0 + (\tau_1 - \tau_0) v'^2 + \frac{\tau_2 - 2\tau_1 + \tau_0}{2!} v'^4 \\
& + \frac{\tau_3 - 3\tau_2 + 3\tau_1 - \tau_0}{3!} v'^6 \ldots
\end{aligned}
$$

Dieselbe kann daher geschrieben werden:

$$\sum_{n=0}^{n=\infty} \frac{2^{n+2}v^{2n}}{1\,2\,(2\,n+3)} \int_0^v \sum_{k=0}^{k=\infty} \frac{\tau_k - \binom{k}{1}\tau_{k-1}\cdots}{k!} \left[n\left(v'^{2k+3} - \frac{v'^{2k+2n+4}}{v^{2n+1}} \right) \right.$$

$$\left. - \frac{3\,(n+1)\,(2\,n+1)}{2\,n+5} \left(v^2 v'^{2k+1} - \frac{v'^{2k+2n+6}}{v^{2n+3}} \right) \right] dv'$$

$$= \sum_{n=0}^{n=\infty} \frac{2^{n+2}v^{2n}}{(2\,n+3)\,1\,2\,(2\,n-1)} \cdot \sum_{k=0}^{k=\infty} \frac{\tau_k - \binom{k}{1}\tau_{k-1}\cdots}{k!}$$

$$\left(\frac{n}{(2\,k+4)\,(2\,k+2\,n+5)} - \frac{3\,(n+1)}{(2\,k+2)\,(2\,k+2\,n+7)} \right) v^{2k+4}$$

Hierbei wurde wie im zweiten Teile τ_k für $\psi^{(k)}(0)$ geschrieben. Setzt man in der letzten Formel $n+k=v$, so hat auch v alle Werte von Null bis ∞ zu durchlaufen, für jedes einzelne v aber durchläuft k die Werte von Null bis v. Schreibt man schließlich für v wieder n, so geht die Summe über in

$$\sum_{n=0}^{n=\infty} v^{2n+4} \sum_{k=0}^{k=n} \frac{2^{n-k+2}\left(\tau_k - \binom{k}{1}\tau_{k-1}\cdots \right)}{(2\,n-2\,k+3)\cdot 1\,2\,(2\,n-2\,k-1)\,k!}$$

$$\left[\frac{n-k}{(2\,k+4)\,(2\,n+5)} - \frac{3\,(n-k+1)}{(2\,k+2)\,(2\,n+7)} \right].$$

Schreibt man noch $\chi(k)$ für

$$\frac{2^{n-k+2}}{(2\,n-2\,k+3)\,1\,2\,(2\,n-2\,k-1)}\left[\frac{n-k}{(2\,k+4)\,(2\,n+5)} - \frac{3\,(n-k+1)}{(2\,k+2)\,(2\,n+7)} \right],$$

so kann man den letzten Ausdruck folgendermaßen nach den Größen τ geordnet schreiben

$$\sum_{n=0}^{n=\infty} v^{2n+4}\left[\tau_0 \sum_{k=0}^{k=n} \frac{(-1)^k \chi(k)}{k!} + \tau_1 \sum_{k=1}^{k=n} \frac{(-1)^{k-1}}{k!}\binom{k}{1}\chi(k) \right.$$

$$\left. + \tau_2 \sum_{k=2}^{k=n} \frac{(-1)^{k-2}}{k!}\binom{k}{2}\chi(k) - \cdots \frac{\tau_n \chi(n)}{n!} \right]$$

Der komplette Ausdruck für P ist also

$$
(22)\quad
\begin{cases}
P = \displaystyle\sum_{n=1}^{n=\infty} \frac{n\cdot 2^n\cdot v^{2n}}{1\underline{2}\,(2\,n+3)} \int_0^\infty \psi(x)\,e^{-x}\,dx\,(6\,n-3-2\,x) \\[3mm]
+ \displaystyle\sum_{n=0}^{n=\infty} v^{2n+4} \sum_{k=0}^{k=n} \frac{2^{n-k+2}\left[\tau_k - \binom{k}{1}\tau_{k-1}+\dots\right]}{(2\,n-2\,k+3)\,1\underline{2}\,(2\,n-2\,k-1)\,k!} \\[3mm]
\quad\times \left[\dfrac{n-k}{(2\,k+4)(2\,n+5)} - \dfrac{3\,(n-k+1)}{(2\,k+2)(2\,n+7)}\right]
\end{cases}
$$

oder wenn man nach den τ ordnet:

$$
(23)\quad
\begin{cases}
P = \displaystyle\sum_{n=1}^{n=\infty} \frac{n\cdot 2^n\cdot v^{2n}}{1\underline{2}\,(2\,n+3)} \int_0^\infty \psi(x)\,e^{-x}\,dx\,(6\,n-3-2\,x) \\[3mm]
+ \displaystyle\sum_{n=0}^{n=\infty} v^{2n+4}\,\tau_0 \sum_{k=0}^{k=n} \frac{(-1)^k}{k!}\,\chi(k) + \tau_1 \sum_{k=1}^{k=n} \frac{(-1)^{k-1}}{k!}\binom{k}{1}\chi(k) \\[3mm]
+ \tau_2 \displaystyle\sum_{k=2}^{k=n} \frac{(-1)^{k-2}}{k!}\binom{k}{2}\chi(k) + \dots + \frac{\tau_n\chi(n)}{n!}.
\end{cases}
$$

Die letzten beiden Formeln sind besonders bequem zur Reihenentwicklung der Größe P nach Potenzen von v und kann dieselbe mittels dieser Formeln in weit einfacherer Weise bewerkstelligt werden, als nach der von mir im zweiten Teile IX. Abschnitt eingeschlagenen Methode.

Nach Teil II, Seite 84 [1]), ergibt sich nämlich:

$$
(24)\quad R = \sum_{n=0}^{n=\infty} v^{2n+2} \sum_{k=0}^{k=n} \frac{\tau_k(-1)^{n-k-1}}{(n-k)!\,k!\,(2\,n-2\,k-1)(2\,n-2\,k+1)}
$$

und daselbst nach Seite 86: [2])

$$
(25)\quad
\begin{cases}
Q = -\displaystyle\sum_{n=0}^{n=\infty} \frac{v^{2n+6}}{(n+2)!\,(2\,n+7)(2\,n+9)} \sum_{k=0}^{k=n} \tau_k \binom{n}{k}(-1)^{n-k} \\[3mm]
-\dfrac{v^2}{15}\displaystyle\int_0^\infty x\,\psi(x)\,e^{-x}\,dx + \dfrac{v^4}{35}\int_0^\infty \psi(x)\,e^{-x}\,dx,
\end{cases}
$$

---

[1]) Seite 475 dieses Bandes.
[2]) Seite 477 dieses Bandes.

welche Werte sofort in die Gleichung $v^2 + P - Q - R = 0$ eingesetzt werden können. Führt man noch folgende Bezeichnung ein:

$$(26) \qquad a = \int_0^\infty \psi(x)\, e^{-x} dx, \qquad b = \int_0^\infty x\, \psi(x)\, e^{-x} dx,$$

so können der Reihe nach die Größen τ_0, τ_1, τ_2, ... durch a und b ausgedrückt werden. Die Werte der Konstanten a und b müssen erst nachträglich bestimmt werden, indem man für $\psi(x)$ die gefundenen Reihen in die Gleichung (26) substituiert. Mit Hilfe der Größen τ_0, τ_1, τ_2, ... erhält man eine Reihenentwicklung von $\psi(x)$ für kleine x nach Potenzen von x. Da $\psi(x)$ für große x verschwinden muß, ist es vielleicht besser, $\psi(x)$ in der Form:

$$e^{-x}(C_0 + C_1 x + C_2 x^2 \ldots) \quad \text{oder:} \quad C_0 e^{-x} + C_1 x e^{-2x} + C_2 x^2 e^{-3x} + \ldots$$

anzunehmen und die Koeffizienten so zu bestimmen, daß für kleine x die Reihenentwicklung mit der durch die gefundenen Werte von τ_0, τ_1, τ_2, ... geforderten übereinstimmt.

Auf diese Weise ergab sich:

$$
\begin{aligned}
P = {}& \frac{2}{3\cdot5}(3a - 2b)\, v^2 \\[4pt]
&+ \left\{ \frac{8}{3\cdot5\cdot7}(9a - 2b) - \frac{2\tau_0}{7} \right\} v^4 \\[4pt]
&+ \left\{ \frac{24}{3\cdot5\cdot7\cdot9}(15a - 2b) - \left[\frac{23\tau_0}{7\cdot9} + \frac{\tau_1}{9} \right] \right\} v^6 \\[4pt]
&+ \left\{ \frac{64}{3\cdot5\cdot7\cdot9\cdot11}(21a - 2b) - \left[\frac{\tau_0}{9} + \frac{38\tau_1}{9\cdot3\cdot11} + \frac{\tau_2}{3\cdot11} \right] \right\} v^8 \\[4pt]
&+ \Big\{ \frac{160}{3\cdot5\cdots11\cdot13}(27a - 2b) - \Big[\frac{157\tau_0}{4\cdot9\cdot11\cdot13} \\[2pt]
&\qquad + \frac{119\tau_1}{4\cdot9\cdot11\cdot13} + \frac{19\tau_2}{4\cdot11\cdot13} + \frac{\tau_3}{4\cdot3\cdot13} \Big] \Big\} v^{10} \\[4pt]
&+ \Big\{ \frac{384}{3\cdot5\cdots13\cdot15}(33a - 2b) - \Big[\frac{157\tau_0}{10\cdot15\cdot2\cdot7\cdot13} + \frac{2\tau_1}{25\cdot13} \\[2pt]
&\qquad + \frac{7\tau_2}{10\cdot15\cdot13} + \frac{4\tau_3}{15\cdot3\cdot13} + \frac{\tau_4}{10\cdot15\cdot2\cdot3} \Big] \Big\} v^{12} \\[4pt]
&+ \Big\{ \frac{896}{3\cdot5\cdots15\cdot17}(39a - 2b) - \Big[\frac{269\tau_0}{9\cdot12\cdot15\cdot2\cdot5\cdot17} + \frac{\tau_1}{12\cdot2\cdot3\cdot17} \\[2pt]
&\qquad + \frac{\tau_2}{15\cdot12\cdot5} + \frac{19\tau_3}{12\cdot15\cdot3\cdot5\cdot17} + \frac{107\tau_4}{12\cdot15\cdot2\cdot3\cdot5\cdot17} + \frac{\tau_5}{12\cdot2\cdot3\cdot5\cdot17} \Big] \Big\} v^{14}
\end{aligned}
$$

$$(27) \begin{cases}
+ \left\{ \frac{2048}{3 \cdot 5 \cdots 17 \cdot 19}(45a - 2b) - \left[\frac{53551\,\tau_0}{6 \cdot 9 \cdot 14 \cdot 25 \cdot 2 \cdot 3 \cdot 11 \cdot 17 \cdot 19} \right. \right. \\[2mm]
+ \frac{2561\,\tau_1}{6 \cdot 9 \cdot 14 \cdot 25 \cdot 3 \cdot 17 \cdot 19} + \frac{347\,\tau_2}{6 \cdot 14 \cdot 25 \cdot 2 \cdot 3 \cdot 17 \cdot 19} + \frac{557\,\tau_3}{9 \cdot 14 \cdot 25 \cdot 3 \cdot 17 \cdot 19} \\[2mm]
+ \left. \frac{77\,\tau_4}{6 \cdot 9 \cdot 10 \cdot 14 \cdot 17 \cdot 19} + \frac{23\,\tau_5}{10 \cdot 14 \cdot 3 \cdot 17 \cdot 19} + \frac{\tau_6}{6 \cdot 10 \cdot 14 \cdot 3 \cdot 19} \right] \Big\}\, v^{16} \\[3mm]
+ \left\{ \frac{4608}{3 \cdot 5 \cdots 19 \cdot 21}(51a - 2b) - \left[\frac{31783\,\tau_0}{6 \cdot 16 \cdot 21 \cdot 25 \cdot 2 \cdot 7 \cdot 11 \cdot 13 \cdot 19} \right. \right. \\[2mm]
+ \frac{237\,\tau_1}{4 \cdot 16 \cdot 25 \cdot 7 \cdot 7 \cdot 19} + \frac{53\,\tau_2}{6 \cdot 10 \cdot 16 \cdot 3 \cdot 7 \cdot 7 \cdot 19} + \frac{181\,\tau_3}{6 \cdot 16 \cdot 21 \cdot 25 \cdot 2 \cdot 3 \cdot 7 \cdot 19} \\[2mm]
+ \frac{1097\,\tau_4}{6 \cdot 16 \cdot 21 \cdot 25 \cdot 2 \cdot 3 \cdot 7 \cdot 19} + \frac{\tau_5}{6 \cdot 10 \cdot 16 \cdot 3 \cdot 7 \cdot 7 \cdot 19} + \frac{173\,\tau_6}{6 \cdot 10 \cdot 16 \cdot 21 \cdot 3 \cdot 7 \cdot 19} \\[2mm]
+ \left. \frac{\tau_7}{6 \cdot 10 \cdot 16 \cdot 21 \cdot 3 \cdot 7} \right] \Big\}\, v^{18} \\[3mm]
+ \left\{ \frac{10240}{3 \cdot 5 \cdots 21 \cdot 23}(57a - 2b) - \left[\frac{671\,\tau_0}{4 \cdot 8 \cdot 18 \cdot 21 \cdot 3 \cdot 5 \cdot 7 \cdot 13 \cdot 23} \right. \right. \\[2mm]
+ \frac{1927\,\tau_1}{4 \cdot 6 \cdot 18 \cdot 21 \cdot 5 \cdot 7 \cdot 11 \cdot 13 \cdot 23} + \frac{\tau_2}{4 \cdot 6 \cdot 21 \cdot 7 \cdot 11 \cdot 23} + \frac{\tau_3}{4 \cdot 6 \cdot 18 \cdot 5 \cdot 7 \cdot 23} \\[2mm]
- \frac{\tau_4}{6 \cdot 8 \cdot 18 \cdot 21 \cdot 3 \cdot 5 \cdot 7} + \frac{\tau_5}{8 \cdot 21 \cdot 2 \cdot 5 \cdot 7 \cdot 23} - \frac{\tau_6}{18 \cdot 21 \cdot 3 \cdot 3 \cdot 5 \cdot 7 \cdot 23} \\[2mm]
+ \left. \frac{53\,\tau_7}{4 \cdot 6 \cdot 18 \cdot 21 \cdot 3 \cdot 5 \cdot 7 \cdot 23} + \frac{\tau_8}{6 \cdot 8 \cdot 18 \cdot 2 \cdot 3 \cdot 5 \cdot 7 \cdot 23} \right] \Big\}\, v^{20}.
\end{cases}$$

$$(28) \begin{cases}
R = \tau_0 v^2 + \left(\tau_1 + \frac{\tau_0}{3} \right) v^4 + \left(\frac{\tau_2}{2!} + \frac{\tau_1}{3} - \frac{\tau_0}{2! 3 \cdot 5} \right) v^6 \\[2mm]
+ \left(\frac{\tau_3}{3!} + \frac{\tau_2}{2! 3} - \frac{\tau_1}{2! 3 \cdot 5} + \frac{\tau_0}{3! 5 \cdot 7} \right) v^8 \\[2mm]
+ \left(\frac{\tau_4}{4!} + \frac{\tau_3}{3! 3} - \frac{\tau_2}{2! 2! 3 \cdot 5} + \frac{\tau_1}{3! 5 \cdot 7} - \frac{\tau_0}{4! 7 \cdot 9} \right) v^{10} \\[2mm]
+ \left(\frac{\tau_5}{5!} + \frac{\tau_4}{4! 3} - \frac{\tau_3}{3! 2! 3 \cdot 5} + \frac{\tau_2}{2! 3! 5 \cdot 7} - \frac{\tau_1}{4! 7 \cdot 9} + \frac{\tau_0}{5! 9 \cdot 11} \right) v^{12} \\[2mm]
+ \left(\frac{\tau_6}{6!} + \frac{\tau_5}{5! 3} - \frac{\tau_4}{4! 2! 3 \cdot 5} + \frac{\tau_3}{3! 3! 5 \cdot 7} - \frac{\tau_2}{2! 4! 7 \cdot 9} \right. \\[2mm]
+ \left. \frac{\tau_1}{5! 9 \cdot 11} - \frac{\tau_0}{6! 11 \cdot 13} \right) v^{14} + \left(\frac{\tau_7}{7!} + \frac{\tau_6}{6! 3} - \frac{\tau_5}{5! 2! 3 \cdot 5} + \frac{\tau_4}{4! 3! 5 \cdot 7} \right. \\[2mm]
- \frac{\tau_3}{3! 4! 7 \cdot 9} + \frac{\tau_2}{2! 5! 9 \cdot 11} - \frac{\tau_1}{6! 11 \cdot 13} + \left. \frac{\tau_0}{7! 13 \cdot 15} \right) v^{16} + \left(\frac{\tau_8}{8!} + \frac{\tau_7}{7! 3} \right. \\[2mm]
- \frac{\tau_6}{6! 2! 3 \cdot 5} + \frac{\tau_5}{5! 3! 5 \cdot 7} - \frac{\tau_4}{4! 4! 7 \cdot 9} + \frac{\tau_3}{3! 5! 9 \cdot 11} - \frac{\tau_2}{2! 6! 11 \cdot 13} \\[2mm]
+ \frac{\tau_1}{7! 13 \cdot 15} - \left. \frac{\tau_0}{8! 15 \cdot 17} \right) v^{18} + \left(\frac{\tau_9}{9!} + \frac{\tau_8}{8! 3} - \frac{\tau_7}{7! 2! 3 \cdot 5} + \frac{\tau_6}{6! 3! 5 \cdot 7} \right. \\[2mm]
- \frac{\tau_5}{5! 4! 7 \cdot 9} + \frac{\tau_4}{4! 5! 9 \cdot 11} - \frac{\tau_3}{3! 6! 11 \cdot 13} + \frac{\tau_2}{2! 7! 13 \cdot 17} - \frac{\tau_1}{8! 15 \cdot 17} \\[2mm]
+ \left. \frac{\tau_0}{9 \cdot 17 \cdot 19} \right) v^{20}.
\end{cases}$$

$$(29)\begin{cases} Q = -\dfrac{b}{3\cdot5}\,v^2 + \dfrac{a}{5\cdot7}\,v^4 - \dfrac{\tau_0}{1\cdot2\cdot7\cdot9}\cdot v^6 - \dfrac{\tau_1-\tau_0}{2\cdot3\cdot9\cdot11}\cdot\dfrac{v_8}{1!} \\[2mm] -\dfrac{\tau_2-2\tau_1+\tau_0}{3\cdot4\cdot11\cdot13}\cdot\dfrac{v^{10}}{2!} - \dfrac{\tau_3-3\tau_2+3\tau_1-\tau_0}{4\cdot5\cdot13\cdot15}\cdot\dfrac{v^{12}}{3!} \\[2mm] -\dfrac{\tau_4-4\tau_3+6\tau_2-4\tau_1+\tau_0}{5\cdot6\cdot15\cdot17}\cdot\dfrac{v^{14}}{4!} - \dfrac{\tau_5-5\tau_4+10\tau_3-10\tau_2+5\tau_1-\tau_0}{6\cdot7\cdot17\cdot19} \cdot \\[2mm] \dfrac{v^{16}}{5!} - \dfrac{\tau_6-6\tau_5+15\tau_4-20\tau_3+15\tau_2-6\tau_1+\tau_0}{7\cdot8\cdot19\cdot21}\cdot\dfrac{v^{18}}{6!} \\[2mm] -\dfrac{\tau_7-7\tau_6+21\tau_5-35\tau_4+35\tau_3-21\tau_2+7\tau_1-\tau_0}{8\cdot9\cdot21\cdot23}\cdot\dfrac{v^{20}}{7!} - \cdots \end{cases}$$

Weiter ergibt sich in der Gleichung $v^2 + P - Q - R = 0$ als Koeffizient von v^2:

$$\left[1 + \frac{2}{5}\,a - \frac{1}{5}\,b - \tau_0\right]; \text{ als Koeffizient von } v^4:$$

$$\left(\frac{23a}{5\cdot7} - \frac{16b}{3\cdot5\cdot7} - \frac{13\tau_0}{21} - \tau_1\right); \text{ als Koeffizient von } v^6:$$

$$\left[\frac{24}{3\cdot5\cdot7\cdot9}(15a - 2b) - \frac{34\tau_0}{3\cdot5\cdot7} - \frac{4\tau_1}{9} - \frac{\tau_2}{2!}\right];$$

als Koeffizient von v^8:

$$\left[\frac{64}{3\cdot5\cdot7\cdot9\cdot11}(21a - 2b) - \frac{1222\,\tau_0}{3\cdot5\cdot7\cdot9\cdot11} - \frac{46\,\tau_1}{5\cdot9\cdot11} - \frac{13\,\tau_2}{2\cdot3\cdot11} - \frac{\tau_3}{3!}\right];$$

als Koeffizient von v^{10}:

$$\left[\frac{160}{3\cdot5\ldots11\cdot13}(27a - 2b) - \frac{1597\,\tau_0}{2\cdot3\cdot7\cdot9\cdot11\cdot13} - \frac{1282\,\tau_1}{5\cdot7\cdot9\cdot11\cdot13}\right.$$
$$\left. - \frac{93\,\tau_2}{2\cdot4\cdot5\cdot11\cdot13} - \frac{29\,\tau_3}{4\cdot9\cdot13} - \frac{\tau_4}{4!}\right];$$

als Koeffizient von v^{12}:

$$\left[\frac{384}{3\cdot5\ldots13\cdot15}(33a - 2b) - \frac{611\,\tau_0}{2\cdot3^3\cdot5^2\cdot7\cdot11} - \frac{679\,\tau_1}{2\cdot3^3\cdot5^2\cdot7\cdot13} - \frac{111\,\tau_2}{8\cdot5^2\cdot7\cdot13}\right.$$
$$\left. - \frac{29\,\tau_3}{8\cdot3^2\cdot5^2\cdot13} - \frac{3\,\tau_4}{4\cdot5\cdot10} - \frac{\tau_5}{5!}\right]$$

als Koeffizient von v^{14}:

$$\left[\frac{896}{3\cdot5\ldots15\cdot17}(39a - 2b) - \frac{3787\,\tau_0}{4\cdot81\cdot5\cdot11\cdot13\cdot17} - \frac{233\,\tau_1}{2\cdot27\cdot5^2\cdot11\cdot17}\right.$$
$$\left. - \frac{961\,\tau_2}{16\cdot27\cdot25\cdot7\cdot17} - \frac{79\,\tau_3}{4\cdot27\cdot5\cdot7\cdot17} + \frac{7\,\tau_4}{8\cdot9\cdot25\cdot17} - \frac{\tau_5}{4\cdot5\cdot17} - \frac{\tau_6}{6!}\right];$$

als Koeffizient von v^{16}:

$$\left[\frac{2048}{3\cdot5\quad17\cdot19}(45a - 2b) - \frac{36451\,\tau_0}{3\cdot9\cdot11\cdot13\cdot14\cdot15\cdot17\cdot19}\right.$$
$$\left. - \frac{332743\,\tau_1}{6\cdot9\cdot14\cdot3\cdot5^2\cdot11\cdot13\cdot17\cdot19} - \frac{35857\,\tau_2}{6\cdot9\cdot14\cdot4\cdot5^2\cdot11\cdot17\cdot19}\right.$$

$$- \frac{4843\,\tau_3}{4\cdot6\cdot9\cdot14\cdot3\cdot5^2\cdot17\cdot19} - \frac{569\,\tau_4}{6\cdot9\cdot14\cdot2\cdot5\cdot17\cdot19} + \frac{443\,\tau_5}{6\cdot14\cdot2\cdot3\cdot5^2\cdot17\cdot19}$$

$$- \frac{139\,\tau_6}{4\cdot6\cdot9\cdot14\cdot5\cdot19} - \frac{\tau_7}{7!}\Big];$$

als Koeffizient von v^{18}:

$$\Big[\frac{4608}{3\cdot5\ .\ .\ 19\cdot21}(51\,a - 2\,b) - \frac{802673\,\tau_0}{6\cdot16\cdot21\cdot3\cdot5^2\cdot7\cdot11\cdot13\cdot17\cdot19}$$

$$- \frac{5699\,\tau_1}{3^3\cdot4\cdot5^2\cdot7^2\cdot11\cdot13\cdot19} - \frac{1191\,\tau_2}{8\cdot16\cdot5\cdot7^2\cdot11\cdot13\cdot19}$$

$$- \frac{3749\,\tau_3}{6\cdot8\cdot12\cdot21\cdot3\cdot5^2\cdot11\cdot19} + \frac{293\,\tau_4}{9\cdot12\cdot16\cdot21\cdot2\cdot5^2\cdot7\cdot19} - \frac{271\,\tau_5}{8\cdot12\cdot21\cdot5^2\cdot7\cdot19}$$

$$+ \frac{1999\,\tau_6}{6\cdot12\cdot16\cdot21\cdot5^2\cdot7\cdot19} - \frac{29\,\tau_7}{12\cdot16\cdot21\cdot3\cdot5\cdot7} - \frac{\tau_8}{8!}\Big];$$

als Koeffizient von v^{20}:

$$\Big[\frac{10240}{3\cdot5\ldots21\cdot23}(57\,a - 2\,b) - \frac{46817\,\tau_0}{8\cdot9\cdot10\cdot18\cdot21\cdot13\cdot17\cdot19\cdot23}$$

$$- \frac{909697\,\tau_1}{8\cdot9\cdot14\cdot18\cdot21\cdot25\cdot11\cdot13\cdot17\cdot23} - \frac{73057\,\tau_9}{8\cdot12\cdot14\cdot18\cdot21\cdot25\cdot11\cdot13\cdot23}$$

$$- \frac{757\,r_3}{8^2\cdot9\cdot18\cdot21\cdot11\cdot13\cdot23} - \frac{409\,\tau_4}{8\cdot12\cdot14\cdot18\cdot21\cdot11\cdot23}$$

$$+ \frac{113\,\tau_5}{8\cdot10\cdot12\cdot18\cdot21\cdot7\cdot23} - \frac{1837\,\tau_6}{8\cdot10\cdot12\cdot18\cdot21\cdot5\cdot7\cdot23}$$

$$+ \frac{409\,\tau_7}{4\cdot8\cdot14\cdot18\cdot21\cdot25\cdot23} - \frac{71\,\tau_8}{8\cdot10\cdot12\cdot18\cdot21\cdot23} - \frac{\tau_9}{9!}\Big].$$

Setzt man diese Koeffizienten der Reihe nach gleich Null, so erhält man:

$$(30)\quad\begin{cases}
\tau_0 = \dfrac{2\,a}{5} - \dfrac{b}{5} + 1 = 0{,}4\,a - 0{,}2\,b + 1 \\[2mm]
\tau_1 = \dfrac{43\,a}{3\cdot5\cdot7} - \dfrac{b}{5\cdot7} - \dfrac{13}{3\cdot7} = 0{,}409\,a - 0{,}028\,b - 0{,}619 \\[2mm]
\tau_2 = \dfrac{656\,a}{3^3\cdot5^2\cdot7} + \dfrac{4\,b}{3\cdot5^2} - \dfrac{92}{3^3\cdot5\cdot7} \\[1mm]
\qquad = 0{,}139\,a + 0{,}053\,b - 0{,}097 \\[2mm]
\tau_3 = \dfrac{1052\,a}{3^3\cdot5\cdot7\cdot11} + \dfrac{116\,b}{3\cdot5^2\cdot7\cdot11} - \dfrac{364}{3^3\cdot5\cdot11} \\[1mm]
\qquad = 0{,}101\,a + 0{,}0201\,b - 0{,}245 \\[2mm]
\tau_4 = -\dfrac{56864\,a}{3^4\cdot5^3\cdot7^2\cdot11\cdot13} + \dfrac{424208\,b}{3^2\cdot5^3\cdot7^2\cdot11\cdot13} + \dfrac{1650128}{3^4\cdot5^2\cdot7^2\cdot11\cdot13} \\[1mm]
\qquad = -0{,}0008\,a + 0{,}0538\,b + 0{,}116 \\[2mm]
\tau_5 = +\dfrac{4521008\,a}{3^4\cdot5^4\cdot7\cdot11\cdot13} - \dfrac{109008\,b}{5^4\cdot7^2\cdot11\cdot13} - \dfrac{28979792}{3^4\cdot5^3\cdot7^2\cdot11\cdot13} \\[1mm]
\qquad = +0{,}089\,a - 0{,}025\,b - 0{,}408.
\end{cases}$$

XIII. Ausdruck von P durch bestimmte Integrale.

Die in Gleichung (22) vorkommenden Summen können übrigens noch in anderer Weise durch bestimmte Integrale ausgedrückt werden.

Setzt man:

$$u = \sqrt{x} + \frac{\sqrt{x^3}}{1\cdot 3} + \frac{\sqrt{x^5}}{1\cdot 3\cdot 5} + \frac{\sqrt{x^7}}{1\cdot 3\cdot 5\cdot 7} + \cdots,$$

so findet man leicht:

$$(31) \qquad \frac{du}{dx} = \frac{1}{2\sqrt{x}} + \frac{u}{2}; \quad u = \sqrt{2}\, e^{x/2} \int\limits_0^{\sqrt{x/2}} e^{-y^2}\, dy.$$

Dividiert man durch $x^{3/2}$ und leitet noch nach x ab, so folgt:

$$-\frac{1}{x^2} + \frac{1}{1\cdot 3\cdot 5} + \frac{2x}{1\cdot 3\cdot 5\cdot 7} + \frac{3x^2}{1\cdot 3\cdot 5\cdot 7\cdot 9} + \cdots$$

$$= \frac{d}{dx}\left[\frac{\sqrt{2}}{x^{3/2}} \cdot e^{x/2} \int\limits_0^{\sqrt{x/2}} e^{-y^2}\, dy \right]$$

oder:

$$(32) \qquad \sum_{n=0}^{n=\infty} \frac{n x^{n-1}}{1\cdot \underline{2}(2n+3)} = \frac{3}{2x^2} + \frac{x-3}{\sqrt{2x^5}} e^{x/2} \int\limits_0^{\sqrt{x/2}} e^{-y^2}\, dy.$$

Substituiert man in der letzten Gleichung x^2 für x und multipliziert dann nochmal mit x, so folgt:

$$\frac{x}{1\cdot 3\cdot 5} + \frac{2x^3}{1\cdot 3\cdot 5\cdot 7} + \frac{3x^5}{1\cdot 3\cdot 5\cdot 7\cdot 9} + \cdots = \frac{3}{2x^3} + \frac{x^2-3}{x^4\sqrt{2}} e^{x^2/2} \int\limits_0^{x/\sqrt{2}} e^{-y^2}\, dy.$$

Die Ableitung dieser Größe nach x liefert:

$$\sum_{n=0}^{n=\infty} \frac{(n+1)(2n+1)x^{2n}}{1\cdot \underline{2}(2n+5)} = \frac{1}{2x^2} - \frac{6}{x^4} + \frac{12-5x^2+x^4}{x^5\sqrt{2}} e^{x^2/2} \int\limits_0^{x/\sqrt{2}} e^{-y^2}\, dy.$$

Die Formel (17) liefert nun:

$$(34) \qquad P = \int_0^\infty \psi(v'^2) e^{-v'^2} v'^4 \, dv' \cdot A,$$

wobei

$$A = \sum_{n=0}^{n=\infty} \frac{v^{2n} \cdot v'^{2n}}{n!} \int_{-1}^{+1} \frac{dl(3\,l^2 - 1)(1 - l^2)^n}{(v^2 + v'^2 - 2vv'l)^{n+1/2}}.$$

also für $v' > v$

$$A = \sum_{n=0}^{n=\infty} \left[\frac{3(n+1)(2n+1)\,2^{n+2} \cdot v^{2n+2}}{1\cdot\frac{2}{\cdots}(2n+5)\,v'^3} - \frac{n\,2^{n+2} \cdot v^{2n}}{1\cdot\frac{2}{\cdots}(2n+3)v'} \right],$$

was, durch die bestimmten Integrale ausgedrückt, liefert:

$$A = -\frac{3}{v^2 v'} + \frac{3 - 2v^2}{v^3 v'} e^{v^2} \int_0^v e^{-y^2} dy$$

$$+ \frac{3}{v'^3} - \frac{18}{v^2 v'^3} + \frac{18 - 15 v^2 + 6 v^4}{v^3 v'^3} e^{v^2} \int_0^v e^{-y^2} \, dy$$

wobei die Buchstaben v und v' zu vertauschen sind, sobald $v' < v$ ist. Die Substitution dieses Wertes in die Gleichung (34) liefert also:

$$(35) \quad \begin{cases} P = \dfrac{3}{v^3} \displaystyle\int_0^v \psi(v'^2)\, dv' (v'^2 - 6 - v^2) v'^2 \, e^{-v'^2} \\[2ex] + \dfrac{1}{v^3} \displaystyle\int_0^v \psi(v'^2)\, v'\, dv'(3v^2 + 18 - 2v'^2 v^2 - 15 v'^2 + 6 v'^4) \int_0^{v'} e^{-y^2} dy \\[2ex] + \left[-\dfrac{3}{v^2} + \dfrac{3 - 2v^2}{v^3} e^{v^2} \displaystyle\int_0^v e^{-y^2} dy \right] \cdot \int_v^\infty \psi(v'^2)\, v'^3\, e^{-v'^2} dv' \\[2ex] + \left[\dfrac{3v^2 - 18}{v^2} + \dfrac{18 - 15 v^2 + 6 v^4}{v^3} e^{v^2} \displaystyle\int_0^v e^{-y^2} dy \right] \cdot \int_v^\infty \psi(v'^2) v'\, e^{-v'^2} dv'. \end{cases}$$

Berücksichtigt man noch die Werte (46) und (47) von Q und R (II. Teil), so geht also die Gleichung $v^2 + P - Q - R = 0$ über in:

$$(36) \begin{cases} 0 = v^2 - v^2\, \psi(v^2) \left[{}^1/_2\, e^{-v^2} + \left(v + \frac{1}{2v} \right) \int_0^v e^{-x^2} dx \right] \\[2mm]
+ \frac{1}{v^3} \int_0^v \psi(x^2)\, dx \left(-\frac{2\,x^3}{35} + 3\,x^4 - 18\,x^2 + \frac{2\,v^2 x^6}{15} - 3\,v^2 x^2 \right) e^{-x^2} \\[2mm]
+ \frac{1}{v^3} \int_0^v \psi(x^2)\, x\, dx\, (3\,v^2 + 18 - 2\,v^2 x^2 - 15\,x^2 + 6\,x^4) \int_0^x e^{-x^2}\, dx \\[2mm]
+ \left[\frac{2\,v^2}{15} - \frac{3}{v^2} + \frac{3 - 2\,v^2}{v^3}\, e^{v^2} \int_0^v e^{-x^2}\, dx \right] \cdot \int_v^\infty e^{-x^2}\, \psi(x^2)\, x^3\, dx \\[2mm]
+ \left[-\frac{2\,v^4}{35} + 3 - \frac{18}{v^2} + \frac{18 - 15\,v^2 + 6\,v^4}{v^3}\, e^{v^2} \int_0^v e^{-x^2}\, dx \right] \\[2mm]
\times \int_v^\infty x\, dx\, e^{-x^2}\, \psi(x^2). \end{cases}$$

Mit Hilfe der zuletzt gefundenen Gleichung kann auch eine gewöhnliche lineare Differentialgleichung zur Bestimmung der Funktion ψ entwickelt werden, deren Koeffizienten freilich sehr verwickelte Ausdrücke sind.

Wir können da folgendermaßen verfahren: Wir multiplizieren die Gleichung (36) mit v^3 und leiten dann nach v ab. Dadurch ergibt sich die Gleichung:

$$0 = 5\,v^4 - \psi'(v^2) \left[v^6\, e^{-v^2} + (2\,v^7 + v^5) \right] \int_0^v e^{-x^2}\, dx$$

$$- \psi(v^2) \left[3\,v^4\, e^{-v^2} + (6\,v^5 + 2\,v^3) \right] \int_0^v e^{-x^2}\, dx + v \int_0^v \left(\frac{4\,x^6}{15} - 6\,x^2 \right) e^{-x^2}$$

$$\times \psi(x^2)\, dx + v \int_0^v (6 - 4\,x^2)\, x\, \psi(x^2)\, dx \int_0^x e^{-x^2}\, dx$$

$$+ \left[\frac{2\,v^4}{3} - 2\,v^2 + (2\,v - 4\,v^3)\, e^{v^2} \int_0^v e^{-x^2}\, dx \right] \int_v^\infty x^3\, e^{-x^2}\, \psi(x^2)\, dx$$

$$+ \left[-6\,v^2 + 6\,v^4 - \frac{2\,v^6}{5} + (6\,v - 6\,v^3 + 12\,v^5)\, e^{v^2} \int_0^v e^{-x^2}\, dx \right]$$

$$\times \int_v^\infty x\, e^{-x^2}\, \psi(x^2)\, dx.$$

Diese Gleichung wird nun durch v dividiert und dann nochmal nach v abgeleitet. Dadurch folgt:

$$(37) \begin{cases} 0 = 15\,v^2 - \psi''(v^2)\,[2\,v^6 e^{-v^2} + (4\,v^7 + 2\,v^5)\int_0^v e^{-x^2}dx] \\[2ex] \quad - \psi'(v^2)\,[12\,v^4 e^{-v^2} + (24\,v^5 + 8\,v^3)\int_0^v e^{-x^2}dx \\[2ex] \quad - \psi(v^2)\,[(4\,v^4 + 11\,v^2)\,e^{-v^2} + (8\,v^5 + 24\,v^3 + 4\,v)\int_0^v e^{-x^2}dx] \\[2ex] \quad - [2\,v^2 + (4\,v + 8\,v^3)\,e^{v^2}\int_0^v e^{-x^2}dx]\cdot\int_v^\infty x^3 e^{-x^2}\,\psi(x^2)\,dx \\[2ex] \quad + [12\,v^2 + 10\,v^4 + (36\,v^3 + 24\,v^5)\,e^{v^2}\int_0^v e^{-x^2}dx] \\[2ex] \quad \times \int_v^\infty x\,e^{-x^2}\,\psi(x^2)\,dx. \end{cases}$$

Die beiden bestimmten Integrale, welche noch die unbekannte Funktion ψ enthalten, können in folgender Weise weggeschafft werden. Man setzt

$$\int_u^\infty du \int_u^\infty du\,\psi(u)\,e^{-u} = y = f(u),$$

die bis ∞ erstreckten bestimmten Integrale werden jedenfalls konvergieren, wenn $\psi(\infty)$ nicht unendlich von der Ordnung e^∞ wird. Hieraus folgt:

$$\psi(u) = y''\,e^u,$$

$$\int_v^\infty x\,e^{-x^2}\,\psi(x^2)\,dx = -\frac{1}{2}\,f'(v^2),$$

$$\int_v^\infty x^3 e^{-x^2}\,\psi(x^2)\,dx = -\frac{1}{2}\int_{v^2}^\infty \xi\,df'(\xi) = \frac{v^2}{2}\,f'(v^2) - \frac{1}{2}\,f(v^2).$$

Setzt man daher $v^2 = x$, $f(v^2) = y$, so folgt, wenn man noch zur Abkürzung setzt:

$$\xi = 2\,\sqrt{x}\,e^x \int_0^{\sqrt{x}} e^{-x^2}dx = \sum_{n=1}^{n=\infty} \frac{(2x)^n}{1\cdot 3(2\,n-1)},$$

$$(38) \begin{cases} 15\,x = y^{\text{IV}}\,[2\,x^3 + (2\,x^3 + x^2)\,\xi] \\ \quad + y'''\,[4\,x^3 + 12\,x^2 + (4\,x^3 + 14\,x^2 + 4\,x)\,\xi] \\ \quad + y''\,[2\,x^3 + 16\,x^2 + 11\,x + (2\,x^3 + 15\,x^2 + 16\,x + 2)\,\xi] \\ \quad + y'\,[5\,x^2 + 7\,x + (6\,x^2 + 11\,x + 1)\,\xi] \\ \quad + y\,[5\,x^2 + 6\,x + (6\,x^2 + 9\,x)\,\xi] \end{cases}$$

ξ genügt der Differentialgleichung:

$$(39) \qquad \frac{d\xi}{dx} = \left(1 + \frac{1}{2x}\right)\xi + 1.$$

Durch Integration dieser Differentialgleichung würden vier erst zu bestimmende Konstanten eingeführt, welche so zu wählen wären, daß die Gleichung (36) für alle Werte von v erfüllt ist.

Die zuletzt entwickelten Formeln können benützt werden, um die Funktion $\psi(v^2)$ für große Werte des v in eine semikonvergente Reihe zu entwickeln.

Bezeichnen wir zunächst die um v^2 verminderte rechte Seite der Gleichung (36) mit Ψ, so hat die Funktion Ψ offenbar folgende Eigenschaft:

Wenn mit Ψ_1 und Ψ_2 ihre respektiven Werte für $\psi(v^2) = \psi_1$ und $= \psi_2$ bezeichnet werden, so ist der Wert von Ψ für $\psi(v^2) = a\,\psi_1 + b\,\psi_2$ ebenfalls $= a\,\Psi_1 + b\,\Psi_2$.

Nun wollen wir setzen:

$$(40) \qquad \psi(v^2) = \frac{30}{7\sqrt{\pi}}\left(\frac{1}{v} - \frac{1}{2\,v^3}\right) + \chi(v).$$

Man findet zunächst für $\psi(v^2) = 1/v$

$$\Psi = \frac{38}{15\,v} - \frac{538}{35\,v^3} + \sqrt{\pi}\left(-\frac{7\,v^2}{30} - \frac{1}{4} + \frac{9}{v^2} + \frac{8}{v^4} - \frac{33}{4\,v^6} + \frac{21}{v^8}\cdots\right)$$
$$+ e^{-v^2}\left(\frac{1}{2\,v^3} - \frac{1}{2\,v^5} + \frac{153}{8\,v^7}\cdots\right).$$

Ferner für $\psi(v^2) = 1/v^3$

$$\Psi = -\frac{29}{15\,v} - \frac{352}{35\,v^3} + \sqrt{\pi}\left(-\frac{1}{2} - \frac{33}{4\,v^2} - \frac{14}{v^4} + \frac{3\cdot 275}{4\,v^6} + \frac{3\cdot 365}{v^8}\cdots\right)$$
$$+ e^{-v^2}\left(-\frac{4}{105\,v^3} - \frac{3}{10\,v^5} + \frac{10}{7\,v^7} - \frac{101}{4\,v^9}\cdots\right).$$

Setzt man daher den Wert (40) in die Gleichung (36) ein, so hat dasjenige unter den von χ freien Gliedern, welches von der höchsten Größenordnung ist, jedenfalls die Form:

$$\frac{c}{v}, \text{ wobei } c \text{ eine Konstante ist.}$$

Unter denjenigen Gliedern aber, welche χ enthalten, sind die Ausdrücke:

$$\int_v^\infty e^{-x^2} \chi(x) x^3\, dx \quad \text{und} \quad \int_v^\infty x e^{-x^2} \chi(x)\, dx$$

von der Ordnung: $v^2 \chi(v)$ bzw. $\chi(v)$.

Unter den χ enthaltenden Gliedern der Gleichung (36) sind daher von der höchsten Größenordnung folgende:

$$- \left[v^3 \chi(v) + \frac{2}{v} \int_0^v \chi(v) x^3\, dx - \frac{6}{v^3} \int_0^v \chi(v) x^5\, dx \right],$$

die Gleichung (36) geht daher, wenn man bloß die Glieder von der höchsten Größenordnung beibehält, über in:

$$v^3 \chi(v) + \frac{2}{v} \int_0^v \chi(v) x^3\, dx - \frac{6}{v^3} \int_0^v \chi(v) x^5\, dx = \frac{c}{v}.$$

Multipliziert man hier mit v^3 und leitet dann nach v ab und dividiert das Schlußresultat noch durch v, so folgt:

$$2 v^4 \chi(v) + v^5 \chi'(v) + 4 \int_0^v \chi(x) x^3\, dx = 2c.$$

Leitet man diese Gleichung nochmal nach v ab, so erhält man:

$$12 v^3 \chi(v) + 7 v^4 \chi'(v) + v^5 \chi''(v) = 0.$$

Das allgemeine Integral dieser letzten Differentialgleichung ist:

$$\chi(v) = C_1 \frac{\cos(\sqrt{3} \log v)}{v^3} + C_2 \frac{\sin(\sqrt{3} \log v)}{v^3},$$

wobei log den natürlichen Logarithmus bedeutet.

Schon vermöge der physikalischen Natur des Problems sind hier Funktionen wie die in der letzten Gleichung vorkommenden ausgeschlossen. Es muß daher $C_1 = C_2 = 0$ und daher $\chi(v) = 0$ gesetzt werden. Es ist hierbei zu bemerken, daß auch die späteren Glieder von $\psi(v^2)$ in die Gleichung (36) noch Ausdrücke von der Form: a/v und b/v^3, aber keine anderen Ausdrücke von derselben oder höherer Größenordnung als a/v liefern.

Es scheint daher zu folgen, daß, wenn die Gleichung (36) Glieder von der Form a/v enthält, ihr nicht genügt werden kann, ohne daß $\psi(v^2)$ Glieder mit $\cos(\sqrt{3}\log v)$ und $\sin(\sqrt{3}\log v)$ enthält und daß daher die Summe aller mit $1/v$ behafteten Glieder der Gleichung (36) gleich Null sein muß. Ebenso kann man zeigen, daß die Summe aller mit $1/v^3$ behafteten Glieder derselben Gleichung gleich Null sein muß, indem man nun weiter setzt:

$$\Psi(v^2) = \frac{30}{7\sqrt{\pi}}\left(\frac{1}{v} - \frac{1}{2v^3} - \frac{73}{28v^5}\right) + \chi(v)$$

und im übrigen ganz wie früher verfährt.

Wir können daher der Gleichung (36) genügen, indem wir setzen:

$$(41) \quad \begin{cases} \psi(v^2) = \dfrac{c_0}{v} + \dfrac{c_1}{v^3} + \dfrac{c_2}{v^5} + \cdots + e^{-v^2}\left(\dfrac{c'_0}{v} + \dfrac{c'_1}{v^3}\cdots\right) \\[2mm] \qquad\qquad + e^{-2v^2}\left(\dfrac{c''_0}{v} + \dfrac{c''_1}{v^3}\cdots\right). \end{cases}$$

Um ein Unendlichwerden gewisser bestimmter Integrale auszuschließen, wollen wir setzen:

$$(42) \quad \begin{cases} g = \displaystyle\int_0^\infty \psi(x^2)\,dx\left(\frac{2x^6}{15} - 3x^2\right)e^{-x^2} \\[3mm] \quad + \displaystyle\int_0^\infty\left[\psi(x^2) - \frac{c_0}{x}\right]3x\,dx\int_0^x e^{-x^2}\,dx \\[3mm] \quad - \displaystyle\int_0^\infty\left[\psi(x^2) - \frac{c_0}{x} - \frac{c_1}{x^3}\right]2x^3\,dx\int_0^x e^{-x^2}\,dx, \end{cases}$$

$$(43) \quad \begin{cases} h = \displaystyle\int_0^\infty \psi(x^2)\,dx\left(3x^4 - 18x^2 - \frac{2x^5}{35}\right)e^{-x^2} \\[3mm] \quad + \displaystyle\int_0^\infty\left[\psi(x^2) - \frac{c_0}{x}\right]18x\,dx\int_0^x e^{-x^2}\,dx \\[3mm] \quad - 15\displaystyle\int_0^\infty\left[\psi(x^2) - \frac{c_0}{x} - \frac{c_1}{x^3}\right]x^3\,dx\int_0^x e^{-x^2}\,dx \\[3mm] \quad + 6\displaystyle\int_0^\infty\left[\psi(x^2) - \frac{c_0}{x} - \frac{c_1}{x^3} - \frac{c_2}{x^5}\right]x^5\,dx\int_0^x e^{-x^2}\,dx. \end{cases}$$

Die Gleichung (36) erscheint dann in der Form:

$$(44) \begin{cases}
0 = v^2 - v^2\,\psi(v^2)\left[\frac{1}{2}\,e^{-v^2} + \left(v + \frac{1}{2v}\right)\int_0^v e^{-x^2}\,dx\right] + \frac{g}{v} + \frac{h}{v^3} \\[2mm]
\quad - \frac{1}{v}\int_v^\infty \psi(x^2)\,dx\left(\frac{2x^6}{15} - 3x^2\right)e^{-x^2} \\[2mm]
\quad - \frac{1}{v^3}\int_v^\infty \psi(x^2)\,dx\left(3x^4 - 18x^2 - \frac{2x^8}{35}\right)e^{-x^2} \\[2mm]
\quad - \frac{1}{v}\int_v^\infty\left[\psi(x^2) - \frac{c_0}{x}\right]3x\,dx\int_0^x e^{-x^2}\,dx \\[2mm]
\quad + \frac{1}{v}\int_v^\infty\left[\psi(x^2) - \frac{c_0}{x} - \frac{c_1}{x^3}\right]2x^3\,dx\int_0^x e^{-x^2}\,dx \\[2mm]
\quad - \frac{18}{v^3}\int_v^\infty\left[\psi(x^2) - \frac{c_0}{x}\right]x\,dx\int_0^x e^{-x^2}\,dx \\[2mm]
\quad + \frac{15}{v^3}\int_v^\infty\left[\psi(x^2) - \frac{c_0}{x} - \frac{c_1}{x^3}\right]x^3\,dx\int_0^x e^{-x^2}\,dx \\[2mm]
\quad - \frac{6}{v^3}\int_v^\infty\left[\psi(x^2) - \frac{c_0}{x} - \frac{c_1}{x^3} - \frac{c_2}{x^5}\right]x^5\,dx\int_0^x e^{-x^2}\,dx \\[2mm]
\quad + \frac{1}{v}\int_0^v 3c_0\,dx\int_0^x e^{-x^2}\,dx - \frac{1}{v}\int_0^v\left(\frac{c_0}{x} + \frac{c_1}{x^3}\right)2x^3\,dx\int_0^x e^{-x^2}\,dx \\[2mm]
\quad + \frac{18}{v^3}\int_0^v c_0\,dx\int_0^x e^{-x^2}\,dx - \frac{15}{v^3}\int_0^v\left(\frac{c_0}{x} + \frac{c_1}{x^3}\right)x^3\,dx\int_0^x e^{-x^2}\,dx \\[2mm]
\quad + \frac{6}{v^3}\int_0^v\left(\frac{c_0}{x} + \frac{c_1}{x^3} + \frac{c_2}{x^5}\right)x^5\,dx\int_0^x e^{-x^2}\,dx \\[2mm]
\quad + \left[\frac{2v^2}{15} - \frac{3}{v^2} + \frac{3 - 2v^2}{v^3}\,e^{v^2}\int_0^v e^{-x^2}\,dx\right]\cdot\int_v^\infty e^{-x^2}\,\psi(x^2)\,x^3\,dx \\[2mm]
\quad + \left[-\frac{2v^4}{35} + 3 - \frac{18}{v^2} + \frac{18 - 15v^2 + 6v^4}{v^3}\,e^{-v^2}\int_0^v e^{-x^2}\,dx\right] \\[2mm]
\qquad\qquad\qquad\qquad \int_v^\infty e^{-x^2}\,\psi(x^2)\,x\,dx\,.
\end{cases}$$

Gemäß unseren früheren Betrachtungen müssen nun in Gleichung (44) die Glieder mit $1/v$ und $1/v^3$ verschwinden, es muß also $g = h = 0$ sein. Vernachlässigt man zunächst die Glieder, welche klein von der Ordnung e^{-v^2} sind, so reduziert sich

$$\int_0^v e^{-x^2}\,dx \quad \text{auf} \quad \frac{\sqrt{\pi}}{2},$$

ebenso reduziert sich in allen zwischen den Grenzen Null und Unendlich genommenen Integralen die Größe

$$\int_0^x e^{-x^2}\,dx \quad \text{auf} \quad \frac{\sqrt{\pi}}{2},$$

die zweite Zeile der Gleichung (44) verschwindet gänzlich und für die beiden Integrale

$$\int_v^\infty e^{-x^2}\,\psi(x^2)\,x\,dx = \frac{1}{2}\int_{v^2}^\infty e^{-y}\,\psi(y)\,dy$$

und

$$\int_v^\infty e^{-x^2}\,\psi(x^2)\,x^3\,dx = \frac{1}{2}\int_{v^2}^\infty e^{-y}\,\psi(y)\,y\,dy$$

ergeben sich durch partielle Integration die Werte:

$$\psi(v^2) + \psi'(v^2) + \psi''(v^2) + \cdots$$

und

$$(45) \quad (v^2 + 1)\,\psi(v^2) + (v^2 + 2)\,\psi'(v^2) + (v^2 + 3)\,\psi''(v^2) + \cdots .$$

XIV. Semikonvergente Reihe für große Werte des v.

Substituiert man unter Vernachlässigung der Glieder von der Ordnung e^{-v^2} in die Gleichung (44) den Wert:

$$(46) \qquad \psi(v^2) = \sum_{n=0}^{n=\infty} \frac{c_n}{v^{2n+1}},$$

so verwandelt sich dieselbe in

$$(47) \begin{cases} 0 = \dfrac{2\,v^5}{\sqrt{\pi}} - \sum_{n=0}^{n=\infty} \dfrac{(4n^2 - 8n + 7)\,c_n}{(2n-3)(2n-5)\,v^{2n-5}} \\[2ex] + \dfrac{3}{2} \sum_{n=0}^{n=\infty} \dfrac{(4n^2 + 8n - 1)\,c_n}{(2n-3)(2n-1)\,v^{2n-3}} \\[2ex] + \sum_{n=0}^{n=\infty} c_n \sum_{k=1}^{k=\infty} \dfrac{(-1)^k (2n-1)\underline{\underline{2}}(2n+2k-5)}{(2n-1)\,2^{k-2}\,v^{2n+2k-3}}\,(n+k)(2n+3k+2). \end{cases}$$

Für die späteren Rechnungen ist es übrigens noch bequemer, sich direkt aus der Gleichung (37) die Gleichung (sie
wird später als Gleichung (48) bezeichnet werden) zu bilden,
welche aus Gleichung (47) entsteht, indem man zuerst mit v^3
multipliziert, dann nach v ableitet, dann das Resultat durch v
dividiert und dann nochmals nach v ableitet. Dieser Wert
ergibt sich einfach, indem man in jene Gleichung für $\psi(v^2)$
den Wert (46) substituiert. Dadurch erhält man:

$$\psi''(v^2)\,[4\,v^7 + 2\,v^5]\int_0^v e^{-x^2}\,dx$$

$$= -\left\{ \sum_{n=0}^{n=\infty} \frac{(2n+1)(2n+3)\,c_n}{v^{2n-2}} + \frac{1}{2} \sum_{n=0}^{n=\infty} \frac{(2n+1)(2n+3)\,c_n}{v^{2n}} \right\} \frac{\sqrt{\pi}}{2}$$

$$- \psi'(v^2)\,[24\,v^5 + 8\,v^3]\int_0^v e^{-x^2}\,dx$$

$$= + \left\{ 12 \sum_{n=0}^{n=\infty} \frac{(2n+1)\,c_n}{v^{2n-2}} + 4 \sum_{n=0}^{n=\infty} \frac{(2n+1)\,c_n}{v^{2n}} \right\} \frac{\sqrt{\pi}}{2}$$

$$- \psi(v^2)\,[8\,v^5 + 24\,v^3 + 4\,v]\int_0^v e^{-x^2}\,dx$$

$$= -\left\{ 8 \sum_{n=0}^{n=\infty} \frac{c_n}{v^{2n-4}} + 24 \sum_{n=0}^{n=\infty} \frac{c_n}{v^{2n-4}} + 4 \sum_{n=0}^{n=\infty} \frac{c_n}{v^{2n}} \right\} \frac{\sqrt{\pi}}{2}$$

$$- (4\,v + 8\,v^3)\,e^{-v^2}\int_0^v e^{-x^2}\,dx \int_v^\infty x^3\,e^{-x^2}\,\psi(x^2)\,dx$$

$$= + \left\{ \sum_{n=0}^{n=\infty} \frac{c_n}{v^{2n-1}} \sum_{l=0}^{l=\infty} (-1)^l \frac{(2n-1)\underline{2}(2n+2l-3)}{2^{l-2} v^{2l-1}} [n+l-1] \right.$$

$$\left. - 4 \sum_{n=0}^{n=\infty} \frac{c_n}{v^{2n-4}} \right\} \frac{\sqrt{\pi}}{2}$$

$$(36 v^3 + 24 v^5) e^{v^2} \int_0^v e^{-x^2} dx \int_v^\infty x\, e^{-x^2}\, \psi(x^2)\, dx$$

$$= - \left\{ \sum_{n=0}^{n=\infty} \frac{c_n}{v^{2n+1}} \sum_{l=0}^{l=\infty} (-1)^l \frac{3(2n-1)\underline{2}(2n+2l-1)}{(2n-1) 2^{l-2} \cdot v^{2l-3}} [n+l-1] \right.$$

$$\left. - 12 \sum_{n=0}^{n=\infty} \frac{c_n}{v^{2n-4}} \right\} \frac{\sqrt{\pi}}{2}$$

und reduziert:

$$(48) \quad \left\{ \begin{array}{l} 0 = \dfrac{30 v^2}{\sqrt{\pi}} - \displaystyle\sum_{n=0}^{n=\infty} \frac{(4n^2 - 8n + 7) c_n}{v^{2n-2}} + \frac{3}{2} \displaystyle\sum_{n=0}^{n=\infty} \frac{(4n^2 + 8n - 1) c_n}{v^{2n}} \\[3mm] + \displaystyle\sum_{n=0}^{n=\infty} c_n \displaystyle\sum_{k=1}^{k=\infty} (-1)^k \frac{(2n+1)\underline{2}(2n+2k-1)}{2^{k-2} v^{2n+2k}} (n+k)(2n+3k+2). \end{array} \right.$$

Berechnet man die Summen explizit, so erhält man in Gleichung (48)

als Koeffizient von v^2:

$$\left[\frac{30}{\sqrt{\pi}} - 7 c_0 \right],$$

als Koeffizient des von v freien Gliedes:

$$- 3 \left[\frac{c_0}{2} + c_1 \right],$$

als Koeffizient von $1/v^2$:

$$\left[- 10 c_0 + \frac{33}{2} c_1 - 7 c_2 \right],$$

als Koeffizient von $1/v^4$:

$$\left[48 c_0 - 84 c_1 + \frac{93}{2} c_2 - 19 c_3 \right],$$

als Koeffizient von $1/v^6$:

$$\left[- \frac{495}{2} c_0 + 450 c_1 - 270 c_2 + \frac{177}{2} c_3 - 39 c_4 \right],$$

als Koeffizient von $1/v^8$:

$$\left[1470c_0 - 2730c_1 + 1680c_2 - 616c_3 + \frac{285}{2}c_4 - 67c_5\right],$$

als Koeffizient von $1/v^{10}$:

$$\left[-\frac{80325}{8}c_0 + 18900c_1 - \frac{23625}{2}c_2 + 4410c_3 - 1170c_4\right.$$
$$\left. + \frac{417}{2}c_5 - 103c_6\right],$$

als Koeffizient von $1/v^{12}$:

$$\left[\frac{155925}{2}c_0 - \frac{592515}{4}c_1 + 93555c_2 - 35343c_3 + 9504c_4\right.$$
$$\left. - 1980c_5 + 573c_6 - 147c_7\right].$$

Indem man jeden dieser Koeffizienten einzeln $= 0$ setzt, ergibt sich

$$(49)\begin{cases} c_0 = \dfrac{30}{7\sqrt{\pi}}; \quad c_1 = -\dfrac{c_0}{2}; \quad c_2 = -\dfrac{73}{28}c_0 = -2,6071c_0; \\[2mm] c_3 = -\dfrac{1749}{1064}c_0 = -1,6438c_0; \\[2mm] c_4 = +\dfrac{182907}{82992}c_0 = 2,2038c_0; \\[2mm] c_5 = -\dfrac{36244881}{11120928}c_0 = -3,25906c_0; \\[2mm] c_6 = +\dfrac{17771116743}{2290911168}c_0 = +7,7572c_0; \\[2mm] c_7 = +\dfrac{338121975716091}{673527883392}c_0 = 502,0163c_0. \end{cases}$$

Die bisher entwickelten Gleichungen gestatten den Zahlenwert der Funktion $\psi(v^2)$ für alle Werte des Arguments zwischen Null und ∞ zu berechnen. Für kleine Werte des Arguments dient dazu die Gleichung:

$$(50) \qquad \psi(x) = \tau_0 + \tau_1 x + \tau_2 \frac{x^2}{2!} + \tau_3 \frac{x^3}{3!} + \cdots$$

Man ersieht aus den Gleichungen (30), daß die Werte der τ bis τ_5 fortwährend abnehmen; sollten sie auch später etwas zunehmen, so bleibt diese Reihe doch eine sehr gut konvergente. Für sehr große Werte des Arguments kann die semikonvergente Reihe (46) benützt werden. Für dazwischen liegende Werte kann man noch folgendes Verfahren einschlagen:

Man bezeichne mit α einen Wert, für welchen man die Funktion $\psi(x)$ noch aus der Gleichung (50) berechnen kann, man berechne auch $\psi'(\alpha)$ aus derselben Gleichung, so kann man $\psi''(\alpha)$ aus der Gleichung (37), $\psi'''(\alpha)$, $\psi^{IV}(\alpha)$ usw. aus jenen Gleichungen berechnen, welche durch Ableitung der Gleichung (37) nach v entstehen. Hernach kann man wieder die Funktion ψ für eine Reihe von Argumenten nach der Formel:

$$(51) \qquad \psi(\alpha + \beta) = \psi(\alpha) + \beta\,\psi'(\alpha) + \frac{\beta^2}{2!}\,\psi''(\alpha) +$$

berechnen. Wenn diese neue Reihe nicht mehr schnell genug konvergiért, so wiederholt man dieses Verfahren von neuem, wobei aber jetzt α die größte Zahl bezeichnet, für welche $\psi(\alpha)$ und $\psi'(\alpha)$ noch aus der neuen Reihe gefunden werden können. Zu bemerken ist, daß die Funktion $\psi(x)$ dabei noch zwei unbekannte Konstante a und b enthält, welche aber leicht auf folgende Weise gefunden werden können: Man substituiert den gefundenen Wert von $\psi(x)$ in die beiden Integrale (26), dadurch ergeben sich zwei lineare Gleichungen, aus denen die zwei Konstanten a und b berechnet werden können. Zur Berechnung der zweiten und der höheren Ableitungen der Funktion ψ mögen hier noch die drei ersten Ableitungen der Gleichung (37) angeführt werden. Behufs leichterer Berechnung der Ableitungen wurde in (37) gesetzt:

$$v^2 = x\,; \quad \eta = \frac{2\,e^x}{\sqrt{x}} \int\limits_0^{\sqrt{x}} e^{-x^2}\,dx\,,$$

wodurch sich Gleichung (37) verwandelt in:

$$(52) \quad \left\{ \begin{aligned} 0 = {}& 15 - \psi''(x)\,[2\,x^2 + (2\,x^3 + x^2)\eta]\,e^{-x} \\ & - \psi'(x)\,[12\,x + (12\,x^2 + 4\,x)\eta]\,e^{-x} \\ & - \psi(x)\,[4\,x + 11 + (4\,x^2 + 12\,x + 2)\eta]\,e^{-x} \\ & - [1 + (2\,x + 1)\eta] \int\limits_x^\infty x\,e^{-x}\,\psi(x)\,dx \\ & + [5\,x + 6 + (6\,x^2 + 9\,x)\eta] \int\limits_x^\infty e^{-x}\,\psi(x)\,dx\,. \end{aligned} \right.$$

Da $\eta = \xi/x$ ist, wenn man unter ξ dieselbe Größe wie in Gleichung (39) versteht, so bekommt man:

$$(53) \qquad \eta = 2 \sum_{n=0}^{n=\infty} \frac{(2\,x)^n}{1\overset{2}{.}(2\,n + 1)}$$

und

$$\frac{d\eta}{dx} = \left(1 - \frac{1}{2x}\right)\eta + \frac{1}{x}.$$

Es ist daher die I. Ableitung der Gleichung (52)

$$
(54)\quad
\begin{cases}
0 = -\,\psi'''(x)\,[2x^2 + (2x^3 + x^2)\,\eta]\,e^{-x}\\[4pt]
\qquad -\,\psi''(x)\left[17x + \left(17x^2 + \frac{11}{2}\,x\right)\eta\right]e^{-x}\\[4pt]
\qquad -\,\psi'(x)\,[4x + 27 + (4x^2 + 30x + 4)\,\eta]\,e^{-x}\\[4pt]
\qquad -\,\psi(x)\,[4x + 11 + (4x^2 + 14x + 6)\,\eta]\,e^{-x}\\[4pt]
\qquad +\,\dfrac{\psi(x)}{x}\,[\eta - 2]\,e^{-x} - [2 + (2x + 2)\,\eta]\displaystyle\int_x^{\infty} x\,e^{-x}\,\psi(x)\,dx\\[10pt]
\qquad +\,\dfrac{1}{2x}\,[\eta - 2]\displaystyle\int_x^{\infty} x\,e^{-x}\,\psi(x)\,dx\\[10pt]
\qquad +\left[6x + 14 + \left(6x^2 + 18x + \frac{9}{2}\right)\eta\right]\displaystyle\int_x^{\infty} e^{-x}\,\psi(x)\,dx.
\end{cases}
$$

II. Ableitung.

$$
(55)\quad
\begin{cases}
0 = -\,\psi^{\mathrm{IV}}(x)\,[2x^2 + (2x^3 + x^2)\,\eta]\,e^{-x}\\[4pt]
\qquad -\,\psi'''(x)\,[22x + (22x^2 + 7x)\,\eta]\,e^{-x}\\[4pt]
\qquad -\,\psi''(x)\left[4x + \frac{99}{2} + \left(4x^2 + \frac{111}{2}\,x + \frac{27}{4}\right)\eta\right]e^{-x}\\[4pt]
\qquad -\,\psi'(x)\,[4x + 18 + (4x^2 + 20x + 21)\,\eta]\,e^{-x}\\[4pt]
\qquad +\,\dfrac{3\psi'(x)}{x}\,[\eta - 2]\,e^{-x} - \psi(x)\,[4x + 20\\[4pt]
\qquad +\,(4x^2 + 22x + 12)\,\eta]\,e^{-x} + \dfrac{\psi(x)}{x^2}\left[3\eta x - 4x - \frac{3}{2}\,\eta + 3\right]e^{-x}\\[10pt]
\qquad -\,[2 + (2x + 3)\,\eta]\displaystyle\int_x^{\infty} x\,e^{-x}\,\psi(x)\,dx\\[10pt]
\qquad +\,\dfrac{1}{x^2}\left[\frac{3}{2}\,\eta x - 2x - \frac{3}{4}\,\eta + \frac{3}{2}\right]\displaystyle\int_x^{\infty} x\,e^{-x}\,\psi(x)\,dx\\[10pt]
\qquad +\left[6x + 24 + \left(6x^2 + 27x + \frac{27}{2}\right)\eta\right]\displaystyle\int_x^{\infty} e^{-x}\,\psi(x)\,dx\\[10pt]
\qquad -\,\dfrac{9}{4x}\,[\eta - 2]\displaystyle\int_x^{\infty} e^{-x}\,\psi(x)\,dx.
\end{cases}
$$

III. Ableitung.

$$(56) \begin{cases} 0 = - \psi^{\mathrm{V}}(x)\,[2x^2 + (2x^3 + x^2)\,\eta]\,e^{-x} \\[2mm] \quad - \psi^{\mathrm{IV}}(x)\left[27x + \left(27x^2 + \frac{17}{2}\,x\right)\eta\right]e^{-x} \\[2mm] \quad - \psi'''(x)\left[4x + \frac{157}{2} + \left(4x^2 + \frac{177}{2}\,x + \frac{41}{4}\right)\eta\right]e^{-x} \\[2mm] \quad + \psi''(x)\left[4x + 28 + \left(4x^2 + 36x + \frac{195}{4}\right)\eta\right]e^{-x} \\[2mm] \quad - \frac{51\,\psi''(x)}{8x}\,[\eta - 2]\,e^{-x} \\[2mm] \quad - \psi'(x)\,[4x + 26 + (4x^2 + 28x + 22)\,\eta]\,e^{-x} \\[2mm] \quad + \frac{\psi'(x)}{x^3}\left[\frac{27}{2}\,\eta x - 19x - 6\,\eta + 12\right]e^{-x} \\[2mm] \quad - \psi(x)\,[4x + 28 + (4x^2 + 30x + 26)\,\eta]\,e^{-x} \\[2mm] \quad + \frac{\psi(x)}{x^3}\left[9\,\eta\,x^2 - 14x^2 - \frac{9}{2}\,\eta x + 4x + \frac{15}{4}\,\eta - \frac{15}{2}\right]e^{-x} \\[2mm] \quad - [2 + (2x + 4)\,\eta]\int_x^\infty x\,e^{-x}\,\psi(x)\,dx \\[2mm] \quad + \frac{1}{x^3}\left[3\,\eta\,x^2 - 3\,\eta\,x - 3x^2 + \frac{7}{2}\,x + \frac{15}{8}\,\eta - \frac{15}{4}\right]\int_x^\infty x\,e^{-x}\,\psi(x)\,dx \\[2mm] \quad + [6x + 33 + (6x^2 + 36x + 27)\,\eta]\int_x^\infty e^{-x}\,\psi(x)\,dx \\[2mm] \quad + \frac{1}{x^2}\left[\frac{27}{8}\,\eta - \frac{27}{4} + \frac{27}{2}\,x - 9\,\eta\,x\right]\int_x^\infty e^{-x}\,\psi(x)\,dx. \end{cases}$$

Natürlich müssen bei Berechnung von $\psi''(\alpha),\ \psi'''(\alpha)\ldots$ aus diesen Gleichungen die Integrale:

$$\int_x^\infty x\,e^{-x}\,\psi(x)\,dx \quad \text{und} \quad \int_x^\infty e^{-x}\,\psi(x)\,dx$$

in der Form geschrieben werden:

$$\int_0^\infty x\,e^{-x}\,\psi(x)\,dx - \int_0^a x\,e^{-x}\,\psi(x)\,dx$$

und

$$\int_0^\infty e^{-x}\,\psi(x)\,dx - \int_0^a e^{-x}\,\psi(x)\,dx,$$

wobei die zwischen 0 und ∞ genommenen Integrale die Werte
a und b haben, wogegen die zwischen 0 und α genommenen
berechnet werden können, da der Wert der Funktion $\psi(x)$ für
Argumente, welche zwischen diesen Grenzen eingeschlossen
sind, als bekannt vorausgesetzt wird. Für große Werte von α
wird natürlich die Differenz der beiden bestimmten Integrale
klein gegenüber Minuend und Subtrahend; es muß daher
Minuend und Subtrahend bis auf eine große Anzahl von
Dezimalen bekannt sein, damit genügend viele von Null verschiedene Ziffern der Differenz richtig ausfallen. Sollte hierdurch die Berechnung unsicher werden, so könnte man auch
von großen Werten des Arguments ausgehend die Funktion $\psi(x)$
für immer kleinere und kleinere x berechnen. Man würde
z. B. $\psi(x)$ und $\psi'(x)$ von $x = \infty$ bis $x = \alpha$ aus der semikonvergenten Reihe berechnen, dann von $x = \alpha$ bis $x = \alpha - \beta = \alpha'$
aus der Formel

$$\psi(\alpha - \beta) = \psi(\alpha) - \beta\,\psi'(\alpha) + \frac{\beta^2}{2!}\,\psi''(\alpha)\ldots,$$

wobei $\psi''(\alpha)$, $\psi'''(\alpha)$, ... aus den Gleichungen (52), (54) usw.
zu berechnen wären. Dann könnte wieder in gleicher Weise
der Wert der Funktion für Argumente berechnet werden, die
zwischen α' und $\alpha' - \beta'$ liegen usw.

Schließlich sei mir noch eine Bemerkung erlaubt:

Es mag auffallend erscheinen, daß in meinen Formeln
nirgends die durch Reibung erzeugte Wärme vorkommt; man
sieht jedoch leicht, daß dies nicht anders sein kann, da dieselbe
von der Größenordnung der hier vernachlässigten Glieder ist.
Betrachten wir zwei parallele Schichten des Gases vom Flächeninhalt 1 in der Distanz 1; eine derselben soll ruhen, die andere
mit der Geschwindigkeit α sich parallel zu sich selbst fort-
bewegen, dann ist die auf irgend eine der Schichten wirkende
Reibungskraft $= \mu\cdot\alpha$; die in der Zeiteinheit geleistete Arbeit
daher $= \mu\cdot\alpha^2$, die Glieder von der Ordnung α^2 wurden aber
von uns vernachlässigt. In der Tat wird auch bei allen
Experimentaluntersuchungen über Gasreibung die durch die
Reibung erzeugte Temperaturerhöhung vernachlässigt.

60.

Entwicklung einiger zur Bestimmung der Diamagnetisierungszahl nützlichen Formeln.[1]

(Wien. Ber. **83.** S. 576—587. 1881.)

I. Herausstoßende Kraft einer Spirale mit vielen Windungslagen.

Nach den in meiner Abhandlung: Über die auf Diamagnete wirkenden Kräfte[2] angegebenen Methoden hat Hr. Professor Ettingshausen neuerdings eine Reihe von Versuchen angestellt, welche die Bestimmung des numerischen Wertes der Diamagnetisierungszahl namentlich für Wismut zum Zwecke haben. Es schien dabei die Berücksichtigung einiger Umstände von Wichtigkeit, welche ich in der angeführten Abhandlung unberücksichtigt gelassen hatte und ich will daher die diesbezüglichen Formeln hier nachtragen.

Bei der in § 2 auseinandergesetzten Berechnung der herausstoßenden Kraft einer Spirale auf einen koaxialen, diamagnetischen Zylinder wurde eine Spirale von einer einzigen Windungslage vorausgesetzt. In der Praxis empfiehlt es sich jedoch, eine Spirale mit vielen Windungslagen übereinander anzuwenden.

Seien im ganzen ν Windungslagen übereinander jede von Nl Windungen. Der Radius der innersten Lage sei β, der der äußersten b; $b - \beta = \delta$ ist also gewissermaßen die Spiralendicke, ν/δ die Zahl der Windungen auf die Dickeneinheit. i sei wieder die Stromintensität. Will man die in der zitierten Abhandlung entwickelten Formeln ohne weiteres auf diesen Fall anwenden, so wäre es am einfachsten, alle Ströme der verschiedenen Lagen in der mittleren Lage konzentriert zu

---

[1] Voranzeige dieser Arbeit Wien. Anz. **18.** S. 69. 17. März 1881.
[2] Diese Sammlung Nr. 51.

denken, d. h. νi statt i, $(b + \beta)/2$, statt b in jenen Formeln zu setzen. Eine größere Genauigkeit bekommt mann, wenn man sich alle Ströme zuerst in der innersten, dann nächstfolgenden Lage usw. konzentriert denkt, für jeden dieser Fälle die Wirkung auf den diamagnetischen Zylinder sucht, und zum Schlusse aus allen diesen Wirkungen das Mittel nimmt. Dieses wäre

$$(23) \qquad \bar{\xi} = \frac{\nu^2}{b - \beta} \int_{\beta}^{b} \xi \, d b,$$

wobei ξ aus den Formeln (18), (19) und (20) der zitierten Abhandlung zu entnehmen ist. Nimmt man dabei $\varrho^2/(b^2 + m^2)$ und b^2/l^2 als sehr klein an und vernachlässigt Glieder, in denen das größte Glied mit einem Quadrate oder einem Produkte zweier dieser Größen multipliziert ist, so wird

$$(24) \qquad \begin{cases} \bar{\xi} = \dfrac{8\pi^3 k N^2 \nu^2 i^2 \varrho^2 m}{\delta} \left\{ \log \dfrac{b + \sqrt{b^2 + m^2}}{\beta + \sqrt{\beta^2 + m^2}} \right. \\[2ex] + \dfrac{\varrho^2}{8 m^2} \left(\dfrac{b^3}{\sqrt{b^2 + m^2}} - \dfrac{\beta^3}{\sqrt{\beta^2 + m^2}} \right) - \dfrac{l(b^3 - \beta^3)}{3(l^2 - m^2)^2} \\[2ex] - \dfrac{l^2 + m^2}{4(l^2 - m^2)^2} \left[b \sqrt{b^2 + m^2} - \beta \sqrt{\beta^2 + m^2} \right. \\[2ex] \left. \left. - m^2 \log \dfrac{b + \sqrt{b^2 + m^2}}{\beta + \sqrt{\beta^2 + m^2}} \right] \right\} \end{cases}$$

Dagegen wäre es ganz unerlaubt, die Wirkungen, welche die verschiedenen Windungslagen auf den diamagnetischen Zylinder ausüben, einfach zu addieren (superponieren), da sich die Wirkungen zweier Ströme auf einen diamagnetischen Körper niemals superponieren. So ist diese Wirkung nicht i, sondern i^2 proportional und auch hier würde man durch einfache Addition eine Proportionalität mit ν, nicht mit ν^2 erhalten.

Nach dem Gesagten wird die Notwendigkeit der exakten Berechnung der Wirkung einer viellagigen Spirale einleuchten, um daraus beurteilen zu können, inwieweit der Gebrauch der Formel (24) gestattet ist.

Man sieht sofort, daß sich die Werte von X, Z, daher auch $\varphi(p)$, $\psi(p)$ für die verschiedenen Lagen einfach superponieren. Bezeichnet man also die elektromagnetischen Kräfte, welche jetzt an die Stelle von X, Z treten, mit X_g, Z_g, so ist

wobei
$$X_g = \varphi_g(p_2) - \varphi_g(p_1), \quad Z_g = \psi_g(p_2) - \psi_g(p_1),$$

$$\varphi_g = \frac{\nu}{\delta}\int_\beta^b \varphi(p)\,db, \quad \psi_g = \frac{\nu}{\delta}\int_\beta^b \psi(p)\,db.$$

Gemäß der Integralformeln

$$\int \frac{db}{\sqrt{p^2+b^2}} = \log_g(b + \sqrt{p^2+b^2}),$$

$$\int \frac{b^2\,db}{\sqrt{p^2+b^2}^3} = \log_g(b + \sqrt{p^2+b^2}) - \frac{b}{\sqrt{p^2+b^2}},$$

$$\int \frac{b^2\,db}{\sqrt{p^2+b^2}^5} = \frac{b^3}{3p^2\sqrt{p^2+b^2}^3},$$

$$\int \frac{b^2\,db}{\sqrt{p^2+b^2}^7} = \frac{b^3(5p^2+2b^2)}{15p^4\sqrt{p^2+b^2}^5}$$

wird

$$\varphi_g = -\frac{\pi\,N\,i\,a\,\nu}{\delta}\left\{ \log \frac{b+\sqrt{p^2+b^2}}{\beta+\sqrt{p^2+\beta^2}} \right.$$
$$\left. -\frac{b}{\sqrt{p^2+b^2}} + \frac{\beta}{\sqrt{p^2+\beta^2}} - \frac{a^2}{2p^2}\left(\frac{b^3}{\sqrt{p^2+b^2}^3} - \frac{\beta^3}{\sqrt{p^2+\beta^2}^3}\right)\right\}$$

$$\psi_g = \frac{2\pi\,N\,i\,\nu\,p}{\delta}\left\{ \log \frac{b+\sqrt{p^2+b^2}}{\beta+\sqrt{p^2+\beta^2}} \right.$$
$$+ \frac{a^2}{4p^2}\left(\frac{b^3}{\sqrt{p^2+b^2}} - \frac{\beta^3}{\sqrt{p^2+\beta^2}^3}\right)$$
$$\left. - \frac{a^4}{16p^4}\left[\frac{b^3(5p^2+2b^2)}{\sqrt{p^2+b^2}^5} - \frac{\beta^3(5p^2+2\beta^2)}{\sqrt{p^2+\beta^2}^5}\right]\right\}$$

Setzen wir daher

(25)
$$\begin{cases} \varepsilon_i = \log \dfrac{b+\sqrt{p_i^2+b^2}}{\beta+\sqrt{p_i^2+\beta^2}}, \\[2mm] \zeta_i = \dfrac{b}{\sqrt{p_i^2+b^2}} - \dfrac{\beta}{\sqrt{p_i^2+\beta^2}}, \\[2mm] \eta_i = \dfrac{b^3}{p_i^2\sqrt{p_i^2+b^2}^3} - \dfrac{b^3}{p_i^2\sqrt{p_i^2+\beta^2}^3}, \\[2mm] \vartheta_i = \dfrac{b^3(5p_i^2+2b^2)}{p_i^4\sqrt{p_i^2+b^2}^5} - \dfrac{\beta^3(5p_i^2+2\beta^2)}{p_i^4\sqrt{p_i^2+\beta^2}^5}, \end{cases}$$

wobei i den Wert 1 oder 2 hat, so wird

$$X_g = - \frac{\pi N i a \nu}{\delta} \left\{ \varepsilon_2 - \varepsilon_1 - \zeta_2 + \zeta_1 - \frac{a^2}{2}(\eta_2 - \eta_1) \right\},$$

$$Z_g = \frac{\pi N i \nu}{\delta} \left\{ 2(p_2 \varepsilon_2 - p_1 \varepsilon_1) + \frac{a^2}{2}(p_2 \eta_2 - p_1 \eta_1) \right.$$

$$\left. - \frac{a^4}{8}(p_2 \vartheta_2 - p_1 \vartheta_1) \right\}.$$

Vernachlässigen wir in Hinkunft die Quadrate und Produkte von $\varrho^2/(b^2 + m^2)$ und b^2/l^2, so fallen die Glieder mit a^4 weg und es wird

$$R_g{}^2 = \frac{\pi^2 N^2 \nu^2 i^2}{\delta^2} \{ 4(p_2 \varepsilon_2 - p_1 \varepsilon_1)^2 + a^2 [2(p_2 \varepsilon_2 - p_1 \varepsilon_1)(p_2 \eta_2 - p_1 \eta_1)$$
$$+ (\varepsilon_2 - \varepsilon_1 - \zeta_2 - \zeta_1)^2] \},$$

daher

$$f_g(p_1, p_2) = k \int_0^\varphi \pi \, a \, d a \, R_g{}^2 = \frac{\pi^3 k N^2 \nu^2 i^2 \varrho^2}{\delta^2} \left\{ 2(p_2 \varepsilon_2 - p_1 \varepsilon_1)^2 \right.$$

$$\left. + \varrho^2 \left[\frac{1}{2}(p_2 \varepsilon_2 - p_1 \varepsilon_1)(p_2 \eta_2 - p_1 \eta_1) + \frac{1}{4}(\varepsilon_2 - \varepsilon_1 - \zeta_2 + \zeta_1)^2 \right] \right\}.$$

Setzt man nun $p_1 = -m$, $p_2 = l - m$, so wird

$$\log(b + \sqrt{p_2^2 + b^2}) = \log(l - m) + \frac{b}{l - m} - \frac{b^3}{6(l - m)^3},$$

$$\varepsilon_2 = \frac{b - \beta}{l - m} - \frac{b^3 - \beta^3}{6(l - m)^3} = \frac{\delta}{l - m} - \frac{\delta(b^2 + b\beta + \beta^2)}{6(l - m)^3}.$$

Bezeichnet man ferner durch die Indizes m und n die Ausdrücke, welche aus (25) entstehen, wenn daselbst $p_i = m$ oder $p_i = n$ gesetzt wird, so ist:

$$\varepsilon_2 - \varepsilon_1 = - \varepsilon_m + \frac{\delta}{l - m} - \frac{(b^3 - \beta^3)}{6(l - m)^3},$$

$$p_2 \varepsilon_2 - p_1 \varepsilon_1 = \delta + m \varepsilon_m - \frac{(b^3 - \beta^3)}{6(l - m)^2},$$

und wenn wir in den mit ϱ^4 multiplizierten Gliedern auch b^2/l^2 vernachlässigen

$$\zeta_2 - \zeta_1 = \frac{\delta}{l - m} - \zeta_{\bar{m}}, \quad p_2 \eta_2 - p_1 \eta_1 = m \eta_m$$

Wir finden somit

$$f_g(-m,\ l-m) = \frac{\pi^3\, k\, N^2\, \nu^2\, i^2\, \varphi^2}{\delta^2} \left\{ 2\,\delta^2 + 4\,\delta\, m\, \varepsilon_m \right.$$

$$+ 2\, m^2\, \varepsilon_m^2 - \frac{2\,(\delta + m\, \varepsilon_m)\,(b^3 - \beta^3)}{3\,(l-m)^2}$$

$$\left. + \varrho^2 \left[\frac{\delta\, m\, \eta_m}{2} + \frac{m^2\, \eta_m\, \varepsilon_m}{2} + \frac{\varepsilon_m\, \zeta_m}{4} - \frac{\delta\,(\varepsilon_m + \zeta_m)}{4\,(l-m)} \right] \right\}.$$

Es ist daher die Gesamtkraft, welche die Spirale auf den diamagnetischen Zylinder ausübt:

$$(26) \quad \left\{ \begin{aligned} \zeta_g &= f_g(-m,\ l-m) - f_g(n,\ l+n) \\ &= \frac{\pi^3\, k\, N^2\, \nu^2\, i^2\, \varrho^2}{\delta^2} \left\{ 4\,\delta\,(m\, \varepsilon_m + n\, \varepsilon_n) + 2\,(m^2\, \varepsilon_m^2 - n^2\, \varepsilon_n^2) \right. \\ &\quad - \frac{2\,(\delta + m\, \varepsilon_m)\,(b^3 - \beta^3)}{3\,(l-m)^2} + \frac{2\,(\delta - n\, \varepsilon_n)\,(b^3 - \beta^3)}{3\,(l+n)^2} \\ &\quad + \varrho^2 \left[\frac{\delta}{2}\,(m\, \eta_m + n\, \eta_n) + \frac{m^2\, \eta_m\, \varepsilon_m - n^2\, \eta_n\, \varepsilon_n}{2} \right. \\ &\quad \left. \left. + \frac{\varepsilon_m\, \zeta_m - \varepsilon_n\, \zeta_n}{4} - \frac{\delta}{4}\left(\frac{\varepsilon_m + \zeta_m}{l-m} - \frac{\varepsilon_n + \zeta_n}{l+n} \right) \right] \right\}, \end{aligned} \right.$$

wobei ε_m, ζ_m, η_m die Werte sind, welche aus ε_i, ζ_i, η_i in Gleichung (25) entstehen, wenn man $p_i = m$ setzt, ε_n, ζ_n, η_n, wenn man $p_i = n$ setzt. Für $m = n$ wird

$$(27) \quad \left\{ \begin{aligned} \zeta_g &= \frac{\pi^3\, k\, N^2\, \nu^2\, i^2\, \varrho_m^2}{\delta} \left\{ 8\,\varepsilon_m - \frac{4}{3}\,\frac{\varepsilon_m\,(l^2 + m^2)\,(b^3 - \beta^3)}{3\,(l^2 - m^2)^2\, \delta} \right. \\ &\quad \left. - \frac{8\,l\,(b^3 - \beta^3)}{3\,(l^2 - m^2)^2} + \varrho^2\, \eta_m \right\} \end{aligned} \right.$$

Wie man sieht, ist nur das erste Korrektionsglied und dieses nur um einen geringen Betrag von dem entsprechenden Gliede des Ausdruckes (24) verschieden.

II. Drehungsmoment einer Spirale auf einen nahe ihrem Ende befindlichen und nahe konaxialen Zylinder.

Am Schlusse des § 4 habe ich das Drehungsmoment zweier entgegengesetzt gewickelter Spiralen auf einen Zylinder berechnet, dessen Mittelpunkt in der Mitte zwischen beiden Spiralen liegt. Es ist dies der Fall, in dem die drehende Wirkung eine ganz besonders große ist. Allein ich habe dabei

die Annahme gemacht, daß die Entfernung des Zylindermittelpunktes von der nächsten Windungslage groß gegenüber den
Dimensionen, also auch der Länge des Zylinders sei.
Diese Annahme läßt sich praktisch nicht realisieren, ohne
daß die Wirkung wieder unmeßbar klein wird. Läßt man
aber diese Annahmen fallen, so werden die Formeln außerordentlich unbequem und weitläufig, selbst wenn man annimmt,
daß der Neigungswinkel α der Zylinderachse gegen die Achse
der Spirale sehr klein ist, so daß die algebraische und
numerische Bewältigung des Problems einen ganz unverhältnis-
mäßigen Aufwand von Zeit und Mühe kosten würde.
Ich will daher hier noch den Fall der Rechnung unterziehen, daß nur eine Stromspirale wirksam ist. Die Bezeichnungen sind dieselben, wie in meiner bereits mehrfach zitierten
Abhandlung und sind überdies durch nebenstehende Durch-
schnittsfigur versinnlicht.

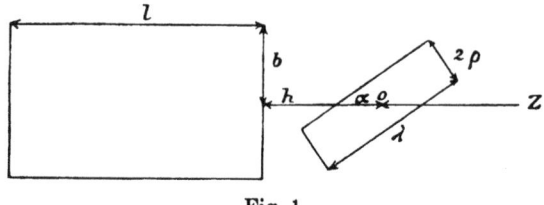

Fig. 1.

ϱ^2/b^2, b^2/l^2 und α^2 sollen als sehr klein vorausgesetzt
werden, und Glieder, welche von der Ordnung des Größten
multipliziert mit irgend einer dieser Größen sind, vernachlässigt werden. Auch soll angenommen werden, daß man ohne
erheblichen Fehler statt der den verschiedenen Windungslagen
entsprechenden Werte von b deren Mittelwert setzen kann.
Dann findet man die Werte von X und Z aus den Formeln
der zitierten Abhandlung, welche unmittelbar der Formel (15)
vorhergehen, indem man $p_1 = h + z$, $p_2 = \infty$ setzt, was liefert:

$$X = \frac{\pi N i a b^2}{\sqrt{b^2 + (h + z)^2}^3},$$

$$Z = - 2\pi N i \left\{ \frac{h + z}{\sqrt{b^2 + (h + z)^2}} - 1 + \frac{3 a^2 b^2 (h + z)}{4 \sqrt{b^2 + (h + z)^2}^5} \right\},$$

$$X^2 = 4 \pi^2 N^2 i^2 \left\{ \frac{a^2 b^4}{4 w^3} \right\},$$

$$Z^2 = 4\pi^2 N^2 i^2 \left\{ 2 - \frac{2(h+z)}{\sqrt{w}} - \frac{3a^2 b^2 (h+z)}{2\sqrt{n}^5} \right.$$

$$\left. - \frac{b^2}{w} + \frac{3a^2 b^2 (h+z)^2}{2w^3} \right\},$$

wobei $w = b^2 + (h+z)^2$.

Nun ist in unserem Falle

$$a^2 = \varrho^2 + 2u\varrho^a \cos\vartheta, \quad z = u - \varrho\alpha\cos\vartheta.$$

Bezeichnet man daher mit Θ_0 und Θ_1 Glieder, welche unverändert bleiben, wenn $\cos\vartheta$ sein Zeichen ändert, so ist mit Vernachlässigung der Glieder, welche ϱ^3 oder α^3 enthalten

$$X^2 = \Theta_0 + 4\pi^2 N^2 i^2 \frac{u\varrho b^4 \alpha\cos\vartheta}{2w^3},$$

$$Z^2 = \Theta_1 + 4\pi^2 N^2 i^2 \left\{ \frac{2b^2 \varrho\alpha\cos\vartheta}{\sqrt{w}^3} - \frac{3b^2 u\varrho\alpha(h+u)\cos\vartheta}{\sqrt{w}^5} \right.$$

$$\left. - \frac{2b^2(h+u)\varrho\alpha\cos\vartheta}{w^2} + \frac{3b^2(h+u)^2 u\varrho\alpha\cos\vartheta}{w^3} \right\},$$

daher

$$R^2 = X^2 + Z^2 = \Theta_0 + \Theta_1 + 4\pi^2 N^2 i^2 b^2 \varrho\alpha\cos\vartheta \left\{ \frac{2}{\sqrt{w}^3} \right.$$

$$\left. - \frac{3u(h+u)}{\sqrt{w}^5} - \frac{2(h+u)}{w^2} + \frac{3(h+u)^2 u}{w^3} + \frac{b^2 u}{2w^3} \right\}.$$

Dieser Ausdruck mit $\varrho\, d\vartheta\, du \cdot u\, \delta\alpha \cos\vartheta$ multipliziert und bezüglich ϑ von Null bis 2π, bezüglich u von $-\lambda/2$ bis $+\lambda/2$ integriert, liefert $\delta\int R^2\, dv$. Es ist also, weil hierbei Θ_0 und Θ_1 wegfallen,

$$\delta\int R^2\, dv = 4\pi^3 N^2 i^2 b^2 \varrho^2 \alpha\, \delta\alpha \int_{-\lambda/2}^{+\lambda/2} \left\{ \frac{2u\, du}{\sqrt{w}^3} - \frac{3u^2(h+u)}{\sqrt{w}^5} \right.$$

$$\left. - \frac{2(h+u)u\, du}{w^2} + \frac{3(h+u)^2 u^2\, du}{w^3} + \frac{b^2 u^2\, du}{2w^3} \right\}$$

Nun ist

$$\int \frac{2u\, du}{\sqrt{w}^3} = - \frac{2b^2 + 2h(h+u)}{b^2 \sqrt{w}},$$

$$\int \frac{3u^2(h+u)}{\sqrt{w}^5} = - \frac{3}{\sqrt{w}} - \frac{h^2 - b^2}{\sqrt{w}^3} - \frac{2h(h+u)^3}{b^2\sqrt{w}^3},$$

36*

$$g = \int du \left\{ -\frac{2\,(h+u)\,u}{w^2} + \frac{3\,(h+u)^2\,u^2}{w^3} + \frac{b^2\,u^2}{2\,w^3} \right\}$$

$$= \int du \left\{ -\frac{2\,h\,u}{w^2} + \frac{2\,(h+u)^2\,u^2 - 3\,b^2\,u^2}{2\,w^3} \right\}$$

$$= \int du \left\{ -\frac{2\,h\,(h+u)}{w^2} + \frac{2\,h^2}{w^2} + \frac{u^2}{w^2} - \frac{5\,b^2\,u^2}{2\,w^3} \right\},$$

daher wegen $u^2 = (h+u)^2 + b^2 - 2\,h\,(h+u) + h^2 - b^2$

$$g = \frac{h}{w} + \int du \left\{ \frac{4\,h^2 - 5\,b^2}{2\,w^2} + \frac{u^2}{w^2} - \frac{5\,b^2\,(h^2-b^2)}{2\,w^3} + \frac{5\,b^2\,h\,(h+u)}{w^3} \right\}$$

$$= \frac{h}{w} + \int du \left\{ \frac{6\,h^2 - 7\,b^2}{2\,w^2} + \frac{1}{w} - \frac{2\,h\,(h+u)}{w^2} \right.$$

$$\left. - \frac{5\,(h^2-b^2)\,b^2}{2\,w^3} + \frac{5\,b^2\,h\,(h+u)}{w^3} \right\}$$

$$= \frac{2\,h}{w} - \frac{5\,b^2\,h}{4\,w^2} + \int \frac{du}{w} + \frac{(6\,h^2 - 7\,b^2)}{2} \int \frac{du}{w^2} - \frac{5}{2}\,(h^2 - b^2)\,b^2 \int \frac{du}{w^3}.$$

Wegen

$$\int \frac{du}{w^3} = \frac{h+u}{4\,b^2\,w^2} + \frac{3}{4\,b^2} \int \frac{du}{w^2}$$

ist

$$g = \frac{2\,h}{w} - \frac{5\,b^2\,h}{4\,w^2} - \frac{5\,(h^2 - b^2)\,(h+u)}{8\,w^2} + \int \frac{du}{w} + \frac{9\,h^2 - 13\,b^2}{8} \int \frac{du}{w^2}$$

und dies reduziert sich wegen

$$\int \frac{du}{w^2} = \frac{h+u}{2\,b^2\,w} + \frac{1}{2\,b^2} \int \frac{du}{w}$$

und

$$\int \frac{du}{w} = \frac{1}{b}\,\mathrm{arctg}\,\frac{h+u}{b}$$

auf

$$g = \frac{2\,h}{w} + \frac{(9\,h^2 - 13\,b^2)\,(h+u)}{16\,b^2\,w} - \frac{5\,b^2\,h}{4\,w^2} - \frac{5\,(h^2 - b^2)\,(h+u)}{8\,w^2}$$

$$+ \frac{3\,(3\,h^2 + b^2)}{16\,b^3}\,\mathrm{arctg}\,\frac{h+u}{b}.$$

Faßt man alles zusammen, so erhält man für das Drehungs-moment, welches den Winkel α zu vergrößern, also die Achse des diamagnetischen Zylinders senkrecht der Spiralenachse zu stellen strebt, den Wert

$$
(28) \quad
\begin{cases}
M = -\dfrac{k\,\delta\!\int R^2\,dv}{2\,\delta\alpha} = -2\,\pi^3\,k\,N^2 i^2\,\varrho^2\,\alpha\,b^2 \left| \dfrac{b^2 - 2h(h+u)}{b^2\sqrt{w}} \right. \\[2ex]
\quad -\dfrac{b^2 - h^2}{\sqrt{w}^{\,3}} + \dfrac{2h(h+u)^3}{b^2\sqrt{w}^{\,3}} + \dfrac{2h}{w} + \dfrac{(9h^2 - 13b^2)(h+u)}{16\,b^2\,w} \\[2ex]
\quad -\dfrac{5\,b^2\,h}{4\,w^2} - \dfrac{5\,(h^2 - b^2)(h+u)}{8\,w^2} \\[2ex]
\quad + \dfrac{3\,(3\,h^2 + b^2)}{16\,b^3}\,\mathrm{arctg}\,\dfrac{h+u}{b} \left. \begin{matrix} u = +(\lambda/2) \\[1ex] u = -(\lambda/2) \end{matrix} \right.,
\end{cases}
$$

wobei $w = b^2 + (h + u)^2$. Diese Formel vereinfacht sich bedeutend für $h = 0$. Setzt man dann $\omega = b^2 + (\lambda^2/4)$, so ist

$$
(29) \quad
\begin{cases}
M = -2\,\pi^3\,k\,N^2\,i^2\,\varrho^2\,b^2\,\alpha \left\{ \dfrac{3}{8\,b}\,\mathrm{arctg}\,\dfrac{\lambda}{2\,b} + \dfrac{5\,b^2\,\lambda}{8\,\omega^2} - \dfrac{13\,\lambda}{16\,\omega} \right\} \\[2ex]
\quad = \pi^3\,k\,N^2\,i^2\,\varrho^2\,b^2\,\alpha \left\{ \dfrac{(13\,\lambda^2 + 12\,b^2)\,\lambda}{2\,(4\,b^2 + \lambda^2)^2} - \dfrac{3}{4\,b}\,\mathrm{arctg}\,\dfrac{\lambda}{2\,b} \right\}.
\end{cases}
$$

Wenn λ klein gegenüber b ist, so wird

$$
M = +\,\dfrac{\pi^3\,k\,N^2\,i^2\,\varrho^2\,\lambda^3\,\alpha}{4\,b^2}.
$$

Die Kraft strebt daher den Winkel α zu vergrößern. Ist dagegen λ groß gegen b (aber natürlich noch immer klein gegen l), so wird

$$
M = -\,\pi^3\,k\,N^2\,i^2\,\varrho^2\,b^2\,\alpha \left(\dfrac{3\,\pi}{8\,b} - \dfrac{8}{\lambda} \right).
$$

Der diamagnetische Zylinder stellt sich also dann axial. Ich muß hier noch bemerken, daß sich in meiner bereits zitierten ersten Abhandlung ein Fehler in den Vorzeichen eingeschlichen hat. Der letzte Ausdruck für $\delta\!\int R^2\,dv$ auf S. 25, der Ausdruck auf S. 26 für dieselbe Größe und der Ausdruck auf S. 27 für M sollen positives Vorzeichen haben.[1]) Der Wortlaut der aus den Vorzeichen gezogenen Konsequenzen ist richtig, aber dessen Motivierung falsch, indem ein positives Moment den Winkel α zu vergrößern, ein negatives zu verkleinern strebt.

Die Formel für M auf S. 27[2]) lautet für eine Spirale von vielen Windungslagen

---

[1]) S. 352, 353, 344 dieses Bandes. Der Fehler ist in dieser Ausgabe bereits verbessert.

[2]) S. 354 dieses Bandes.

$$M = \frac{\pi^3}{2\,\delta^2}\, N^2\, \nu^2\, i^2\, \varrho^2\, \lambda^3\, k\, \sin 2\alpha \left[\log \frac{b + \sqrt{b^2 + h^2}}{\beta + \sqrt{\beta^2 + h^2}} \right.$$

$$\left. - \frac{b}{\sqrt{b^2 + h^2}} + \frac{\beta}{\sqrt{\beta^2 + h^2}} \right]^2 \left(1 - \frac{9\,\varrho^2}{2\,\lambda^2} \right).$$

Die Bedeutungen der Buchstaben sind hier dieselben wie im 1. Abschnitte dieser Abhandlung. λ ist die ganze Länge des diamagnetischen Zylinders, $2h$ die Distanz der Endflächen der beiden wirkenden Spulen.

Einige Experimente über den Stoß von Zylindern. [1]

(Wien. Ber. 84. S. 1225—1229. 1881 u. Wied. Ann. 17. S. 343—347. 1882.)

Nach einer bekannten Theorie von Cauchy und St. Venant (Soc. phil. 1826. S. 180; C. R. 63. 1108; 64. 1009, 1192; 66. 650, 877; Liouv. J. [2] 12. 237, 1866—67) ist der Erfolg des Stoßes zweier Prismen, selbst bei Voraussetzung vollkommener Elastizität derselben nicht bloß von den Massen der Prismen, sondern auch von der Länge und Fortpflanzungsgeschwindigkeit von Longitudinalwellen in denselben abhängig, da durch den Stoß in beiden Prismen zunächst eine Longitudinalwelle entsteht und von der Zeit der Rückkehr der an den freien Prismenenden reflektierten Longitudinalwellen zur Stoßstelle der Erfolg des Stoßes abhängt.

Um diese Theorie experimentell zu bestätigen, ließ ich zunächst vier Glasstäbe von gleicher Masse, aber verschiedener Länge und verschiedenen Querschnitten anfertigen. Da die Versuche nur vorläufige, ohne besondere Sorgfalt ausgeführte waren, so kann ein definitives Urteil über die Resultate derselben noch nicht abgegeben werden; doch schienen sich die verschieden langen Stäbe bei gleicher Masse nahezu gleich zu verhalten. Ich vermutete, daß dies daher kommt, daß der Stoß nur an einem Punkte geschieht, daß daher bei gleich langen ebensowenig als bei ungleich langen Stäben die reflektierten Wellen sich wieder am Ausgangspunkte konzentrieren. Hiernach würde also der bedeutende Verlust von lebendiger Kraft beim Stoße nicht bloß der elastischen Nachwirkung zuzuschreiben sein, sondern auch der ungleichzeitigen Rückkehr der beiden reflektierten Wellen zur Stoßstelle selbst bei gleich langen, doch niemals absolut gleich beschaffenen Stäben, welche

---

[1] Voranzeige dieser Arbeit Wien. Anz. 18. S. 272. 15. Dezember 1881.

bewirkt, daß immer ein Teil der lebendigen Kraft in Form
von Schwingungen in den Stäben zurückbleibt. Daß auch die
Bedingung des zentralen (oder vielmehr absolut koaxialen)
Stoßes niemals vollkommen erfüllt werden konnte, folgt schon
aus dem Umstande, daß bei jedem Stoße der Transversalton
der Stäbe stark erklang.

Um den Bedingungen der Theorie möglichst gerecht zu
werden, ließ ich vier Stäbe aus weichem, grauem Kautschuk
A, A', B, B' verfertigen, welche die Gestalt von Kreiszylindern
hatten. Jeder Stab war an einem Ende mit einer an der
Verbindungsstelle rauhen, an der anderen Seite sehr flach ab-
gerundeten Beinplatte von gleichem Querschnitt und etwa
$1^3/_4$ mm Dicke versehen, mit welcher er schon beim Pressen
möglichst gut verbunden worden war. Je zwei Stäbe stießen
jedesmal mit den Beinplatten aneinander. Da die Fortpflanzungsgeschwindigkeit der Longitudinalwellen im Beine sehr
viel größer als im Kautschuk ist, so wurde dadurch bewirkt,
daß während des Stoßes immer die gesamte Endfläche des
stoßenden, auf die gesamte Endfläche des gestoßenen Stabes
drückend wirkte, obwohl sich nur die beiden Beinplatten in
einem Punkte berührten. Ich beabsichtigte die Stäbe alle
gleich schwer zu machen und deren Durchmesser so zu regulieren,
daß zwei derselben doppelt so lang als die beiden übrigen
wurden. Leider gelang es dem Fabrikanten nur sehr unvoll-
kommen, diesen Bedingungen gerecht zu werden; die kürzeren
Stäbe mußten nachher, so gut es ging, noch weiter abgeschnitten
werden, um wenigstens angenähert dasselbe Gewicht wie die
längeren zu haben; trotzdem war auch diese Bedingung nicht
vollkommen erfüllt. Es sind daher auch diese Versuche bloß
als Vorversuche zu betrachten und wenn ich sie trotzdem
publiziere, so geschieht es bloß deshalb, weil sich aus denselben
bereits mit voller Sicherheit das Resultat ergab, daß ein Unterschied zwischen dem Stoße zweier gleich langen Stäbe im
Sinne der St. Venantschen Theorie ganz zweifellos besteht,
daß er aber bei weitem nicht so groß wie der von jener
Theorie geforderte ist.

Um einen möglichst koaxialen Stoß zu erzielen, waren
auf jeden Stab zwei kleine Messinghäkchen an solcher Stelle
aufgekittet, daß die Verbiegung des hängenden Stabes ein

Minimum war. Jedes Häkchen hing an zwei Kokonfäden, deren Ebene senkrecht zur Stabachse war. Das nicht am Häkchen befestigte Ende jedes Kokonfadens konnte mit Mikrometerschrauben gehoben und gesenkt und außerdem parallel der Stabachse verschoben werden. Dadurch konnten die Stäbe koaxial und so gestellt werden, daß sie sich in der Ruhelage gerade berührten. Mittels eines horizontalen Kokonfadens wurde nur einer der Stäbe um ein genau gemessenes Stück aus seiner Ruhelage entfernt (dieses Stück soll die Hubhöhe heißen und mit H bezeichnet werden). Dann wurde der horizontale Kokonfaden durch Größerdrehen einer kleinen langgestreckten Gasflamme abgebrannt und so der Stoß eingeleitet. Es wurde immer nur die Größe (der Ausschlag S) beobachtet, um welche der zweite Stab nach dem Stoße sich von seiner Ruhelage entfernte. Trotz der bedeutenden Länge der Aufhängefäden geschah die Umkehr doch sehr rasch, und mußte immer die Stelle, wo sie zu erwarten war, schon früher fixiert werden. Die Ablesung der Umkehrpunkte geschah durch Beobachtung des Schattens der Aufhängefäden auf einer mm-Skala.

Die Dimensionen waren folgende: Länge der Stäbe A, A', B, B' ohne Beinplatten: 100, 104, 230, 228 mm., Dicke der kurzen Stäbe etwa 17, der langen etwa 11 mm, Gewichte der Stäbe samt Aufhängehaken und Beinplatten: 23,816, 23,790, 23,904, 23,802 g. Länge der Aufhängefäden etwa 152 cm. Die Resultate der 'Beobachtungen, welche durch Hrn. Hammer, gegenwärtig Professor am Gymnasium zu Villach ausgeführt wurden, sind in folgender Tabelle zusmmengestellt:

1. $H = 100$.

	Stäbe gleich lang			Stäbe ungleich				
S	A' a. A	B a. B'	B' a. B	A a. B	B a. A	B a. A'	A' a. B'	B' a. A'
S	83	83,5	84	79	79,5	79	79	79
	83	83,5	83,5	79,5	79,5	79	79	79
	83	83,5	83,7	79,5	79,5	79	79	79
P	17	16,5	16,3	20,7	20,5	21	21	21

2. $H = 50$.

	Stäbe gleich		Stäbe ungleich			
	B auf B'	B' auf B	A auf B	B auf A	B' auf A'	A' auf B'
S	42	42	40	40	40	40
	42	42	40,5	40	40	40
	42	42	40,5	40	40	40
P	16	16	19,4	20	20	20

3. $H = 30$.

	Stäbe gleich	Stäbe ungleich
	A' auf A	B auf A'
S	26	24
	26	24
	25,5	24,5
P	13,9	19,4

Jede Beobachtung wurde dreimal gemacht, worauf sich die drei in den Tabellen enthaltenen Werte des Ausschlages S des gestoßenen Stabes beziehen. Je drei zusammengehörige Werte von S stimmen immer sehr gut, was aber erst erreicht wurde, als die Stäbe mit der minutiösesten Genauigkeit koaxial gestellt und dafür gesorgt war, daß sie sich in der Ruhelage wirklich genau berührten. Die unter P angegebenen Zahlen sind die Differenzen zwischen dem mittleren Ausschlag und der Hubhöhe in Prozenten der letzteren ausgedrückt. Es ist also $P = 100(H - S)/H$. Die Geschwindigkeiten des stoßenden Stabes vor, und des gestoßenen nach dem Stoße können mit genügender Annäherung proportional H und S gesetzt werden. Aus den Tabellen ist sofort ersichtlich, daß jedesmal, wenn die stoßenden Stäbe ungleich lang waren, auf den gestoßenen bedeutend weniger Geschwindigkeit übertragen wurde, als wenn sie gleich lang waren; doch ist der Unterschied viel geringer, als er nach St. Venants Theorie sein sollte. Dagegen stimmen alle unter den verschiedensten Umständen angestellten Versuche, bei denen beide Stäbe gleich lang waren, sehr nahe überein; ebenso alle, bei denen die Stäbe ungleich lang waren. Es scheint wohl, als ob, in Prozenten der Stoßgeschwindigkeit ausgedrückt, auf den gestoßenen Stab um so mehr Geschwindigkeit übertragen werde, je geringer die Hubhöhe ist; doch ist der Unterschied so klein, daß er vielleicht auf Beobachtungsfehlern beruht, die natürlich gerade bei den kleinsten Hubhöhen am größten sind.

62.

Über einige das Wärmegleichgewicht betreffende Sätze.[1])

(Wien. Ber. 84. S. 136—145. 1881.)

I.

In meiner Abhandlung: „Über die Beziehung zwischen dem zweiten Hauptsatze der mechanischen Wärmetheorie und der Wahrscheinlichkeitsrechnung, bzw. den Sätzen über das Wärmegleichgewicht"[2]) habe ich gezeigt, daß jedesmal diejenige Zustandsverteilung unter Gasmolekülen die wahrscheinlichste ist, für welche eine gewisse Permutationszahl den größten Wert annimmt und die Beziehung zwischen dieser Permutationszahl und der unter dem Namen Entropie bekannten Größe nachgewiesen. Den Beweis dafür habe ich bloß empirisch, d. h. dadurch geliefert, daß ich den algebraischen Ausdruck für jene Permutationszahl und davon unabhängig den algebraischen Ausdruck für die Zustandswahrscheinlichkeit berechnete, wobei beide Ausdrücke identisch ausfielen. Um den Grund dieser Identität kümmerte ich mich damals nicht, da ich die in meinen „Studien über das Gleichgewicht der lebendigen Kraft zwischen bewegten materiellen Punkten"[3]) und Maxwells Abhandlung: „On Boltzmanns theorem on the average distribution of energy in a system of material points"[4]) aufgeworfene Frage nach der Beziehung eines warmen Körpers zu einem Systeme, welches alle möglichen, mit dem Prinzipe der lebendigen Kraft verträglichen Zustände zu durchlaufen imstande ist, nicht berühren wollte. Ich will jetzt zeigen,

---

[1]) Voranzeige dieser Arbeit Wien. Anz. 18. S. 148. 17. Juni 1881.
[2]) Diese Sammlung Bd. II, Nr. 42.
[3]) Diese Sammlung Bd. I, Nr. 5.
[4]) Cambridge Philosoph. transact. 12. part. 3. Beiblätter zu Wiedmanns Annalen 5, Nr. 6. [Nr. 63 dieses Bandes.]

daß der Grund dieser Identität mit Hilfe der in meinen Studien entwickelten Sätze leicht eingesehen werden kann. Den Anknüpfungspunkt bietet das daselbst im Abschnitte II behandelte Problem. n elastische Kreise sollen sich in einer allseitig von einer elastischen Linie umschlossenen ebenen Fläche bewegen. Ihre gesamte lebendige Kraft $n\varkappa$ wird in unendlich viele (p) gleiche Teile (Intervalle) geteilt. Es wird daselbst der Grund angegeben, weshalb die Wahrscheinlichkeit, daß die lebendige Kraft der ersten u-Kreise im a^{ten}, die der nächstfolgenden v-Kreise im b^{ten} Intervall usw. mit gegebener Reihenfolge liegt, für alle Intervalle dieselbe sein muß, sobald die betreffende Anordnung überhaupt mit dem Prinzipe der lebendigen Kraft verträglich ist. Daraus folgt sofort folgender weiterer Satz: die Wahrscheinlichkeit, daß die lebendige Kraft beliebiger u unserer Kreise im a^{ten}, die beliebigen v im b^{ten} Intervalle usw. liegt, ohne bestimmte Reihenfolge, ist proportional der Zahl, wie oft sich n-Elemente permutieren lassen, von denen u untereinander gleich, ebenso v untereinander gleich sind usw. Jene Zustandsverteilung ist also die wahrscheinlichste, für welche die Zahl jener Permutationen ein Maximum ist.

Die Verallgemeinerung bietet offenbar keine Schwierigkeit. Betrachten wir das Problem, welches ich im Abschnitte III meiner zuerst zitierten Abhandlung behandelt habe. In einem Raume seien $\nu + 1$ verschiedene Gattungen von Gasmolekülen. Von jeder Gattung sei eine sehr große, aber endliche Zahl vorhanden. Koordinaten und Momente der ersten Gattung seien $p_1, p_2 \ldots p_r$, $q_1 \ldots q_r$, der letzten Gattung $p^{(\nu)}_1, \ldots q^{(\nu)}_{r^{(\nu)}}$. Äußere Kräfte seien nicht vorhanden. Dabei sollen noch die drei ersten Koordinaten jedes Moleküls die Lage des Schwerpunktes desselben bestimmen. Nach den in der zuerst zitierten Abhandlung gefundenen Prinzipien findet man zunächst empirisch folgendes: [1] Wir fingieren $\nu + 1$ Urnen; in der ersten

---

[1] Natürlich darf dabei die Berechnung des Wärmegleichgewichtes nicht wieder mit Zuziehung des Begriffes eines Systems geschehen, welches imstande ist, alle möglichen mit der Gleichung der lebendigen Kraft verträglichen Zustände zu durchlaufen, sondern sie ist so durchzuführen, wie ich es in meiner Abhandlung „Über das Wärmegleichgewicht zwischen mehratomigen Gasmolekülen" (diese Sammlung Bd. I, Nr. 18) tat, wo ich ebenfalls jenen Begriff prinzipiell vermied.

derselben befinden sich Zettel, auf welchen alle möglichen Werte der Variabeln p_4, $p_5 \ldots p_r$, q_1, $q_2 \ldots q_r$ aufgeschrieben sind, und zwar soll die Zahl derjenigen Zettel, welche mit Werten versehen sind, die zwischen den Grenzen p_4 und $p_4 + dp_4 \ldots q_r$ und $q_r + dq_r$ eingeschlossen sind, sobald sie durch das Produkt $dp_4\, dp_5 \ldots dq_r$ dividiert wird, eine Konstante liefern. Ebenso sollen auf den Zetteln der zweiten Urne die verschiedenen Werte der Variabeln $p'_4 \ldots q'_{r'}$ aufgeschrieben sein, wobei jedoch die letzterwähnte Konstante einen anderen Wert haben kann. Dasselbe gilt für die übrigen Urnen. Wir ziehen nun aus der ersten Urne für jedes Molekül der ersten Gattung einen Zettel, ebenso für jedes Molekül der zweiten Gattung aus der zweiten Urne usw., den Koordinaten- und Geschwindigkeitskomponenten jedes Moleküls denken wir uns die Werte erteilt, welche auf den gezogenen Zetteln aufgeschrieben sind, wobei wir jedoch alle mit dem Prinzipe der lebendigen Kraft nicht vereinbaren Komplexionen verwerfen.

Es wird dann am wahrscheinlichsten sein, daß auf diese Weise gerade die dem Zustande des Wärmegleichgewichtes entsprechende Zustandsverteilung ausgelost wird und fällt die Wahrscheinlichkeit irgend einer Zustandsverteilung der Moleküle überhaupt zusammen mit der Wahrscheinlichkeit, daß die gleiche Zustandsverteilung in dieser Weise ausgelost wird (deren Beziehung zur Entropie ich l. c. besprach). Wir wollen nun nach dem inneren Grunde dieses hier gewissermaßen zufällig scheinenden Zusammenfallens fragen.

Seien von der ersten Molekülgattung n, von der zweiten n Moleküle usw. vorhanden. Die Koordinaten des ersten Moleküls der ersten Gattung seien p_{11}, $p_{21} \ldots p_{r1}$ usw. Wir denken uns jetzt statt mehrerer Urnen eine einzige angewandt. Auf jedem Zettel derselben soll für alle Variabeln $p_{41} \ldots q_{r1}$, $p_{42} \ldots q_{rn}$, $p'_{41} \ldots q^{(\nu)}_{r^{(\nu)}\,n^{(\nu)}}$ je ein Wert aufgeschrieben sein. Damit die Wahrscheinlichkeit, daß irgend eine Komplexion gezogen werde, dieselbe wie früher sei, muß die Zahl der Zettel, für welche die Werte der Variabeln zwischen p_{41} und $p_{41} + dp_{41} \ldots q^{(\nu)}_{r^{(\nu)}\,n^{(\nu)}}$ und $q^{(\nu)}_{r^{(\nu)}\,n^{(\nu)}} + dq^{(\nu)}_{r^{(\nu)}\,n^{(\nu)}}$ liegen, dividiert durch das Produkt $dp_{41}\, dp_{51} \ldots dq^{(\nu)}_{r^{(\nu)}\,n^{(\nu)}}$ konstant sein. Um nicht gewisse Züge verwerfen zu müssen, denken wir uns nun nochmals eine neue

Urne mit neuen Zetteln fingiert, auf welchen alle übrigen
Koordinaten und Momente wie früher aufgeschrieben sind;
nur statt eines der Momente, z. B. statt q_{11}, soll die durch
dasselbe und die übrigen Koordinaten und Momente bestimmte
Gesamtenergie E aller Moleküle auf jedem Zettel aufgeschrieben
sein. Die Anzahl der Zettel, auf denen die übrigen Variabeln
bis auf q_{11} zwischen denselben Grenzen wie früher, und E
zwischen E und $E + dE$ liegt, ist jetzt

$$\left(C \Big/ \frac{\partial E}{\partial q_{11}} \right) dp_{41} \ldots dq^{(\nu)}_{r^{(\nu)}{}_{n^{(\nu)}}} dE = \left(C \Big/ \frac{dp_{11}}{dt} \right) dp_{41} \ldots dq^{(\nu)}_{r^{(\nu)}{}_{n^{(\nu)}}} dE.$$

Bezeichnet jetzt etwa E_0 den geforderten Wert, welchen die
Gesamtenergie aller Moleküle annehmen soll, so kann man
alle Zettel, für welche E andere Werte hat, schon vor dem
Losen aus der Urne nehmen und etwa nur jene beibehalten,
für welche E zwischen E_0 und $E_0 + dE$ liegt. Da es sich
ferner nur um Verhältniszahlen handelt, kann man durch dE
dividieren und erhält für die Zahl der Zettel, auf denen
Werte der Variabeln verzeichnet sind, die zwischen p_{41} und
$p_{41} + dp_{41} \ldots q^{(\nu)}_{r^{(\nu)}{}_{n^{(\nu)}}}$ und $q^{(\nu)}_{r^{(\nu)}{}_{n^{(\nu)}}} + dq^{(\nu)}_{r^{(\nu)}{}_{n^{(\nu)}}}$ liegen, den Wert

$$\left(C \Big/ \frac{dp_{11}}{dt} \right) dp_{41} \ldots dq^{(\nu)}_{r^{(\nu)}{}_{n^{(\nu)}}},$$

wobei aber jetzt q_{11} durch die übrigen p und q und die
Gleichung der Energie bestimmt ist. Jetzt braucht keiner der
Züge verworfen zu werden, sondern die Wahrscheinlichkeit
jedes Zustandes ist der Anzahl der in der Urne vorhandenen
Zettel proportional, welche diesem Zustande entsprechen. Dies
stimmt aber vollkommen mit dem in der zitierten Abhandlung
Maxwells enthaltenen Resultate, daß die Wahrscheinlichkeit
eines Zustandes proportional dem Produkte der Differentiale
aller Koordinaten und Momente ist, wobei nur das Differential
des durch die Gleichung der Energie bestimmten Momentes
auszulassen, dafür aber durch die Ableitung der entsprechenden
Koordinate nach der Zeit zu dividieren ist. Denn berücksichtigt man auch noch den Umstand, daß für den Schwerpunkt jedes Moleküls jeder Ort im Raume gleich wahrschein-
lich ist, so kommt zu dem Produkte $dp_{41} \ldots dq^{(\nu)}_{r^{(\nu)}{}_{n^{(\nu)}}}$ auch
noch das Produkt sämtlicher dp_1, dp_2 und dp_3. Ganz analoge

Betrachtungen gelten auch, wenn äußere Kräfte wirken, nur daß dann die p_1, p_2 und p_3 gleich vom Anfange an keine andere Rolle spielen als die übrigen Koordinaten.

II.

Es mögen hier noch einige Entwicklungen Platz finden, welche sich auf folgendes Problem beziehen, das ich im Abschnitte I meiner „Weiteren Bemerkungen über einige Probleme der mechanischen Wärmetheorie"[1]) behandelt habe. Seien sehr viele (N) einatomige Gasmoleküle gegeben, unter denen die Maxwellsche Zustandsverteilung besteht, d. h. die Wahrscheinlichkeit, daß die Geschwindigkeitskomponenten eines Moleküls zwischen den Grenzen u_1 und $u_1 + du_1$, u_2 und $u_2 + du_2$ ... u_a und $u_a + du_a$ liegen, sei:

$$\sqrt{\frac{k^a}{\pi}}\, e^{-k\left(u_1^2 + u_2^2 \dots u_a^2\right)} du_1\, du_2 \dots du_a,$$

oder die Wahrscheinlichkeit, daß die lebendige Kraft eines Moleküls zwischen $\varkappa$ und $\varkappa + d\varkappa$ liege, sei

$$\frac{h^{\frac{a}{2}}}{\Gamma\left(\frac{a}{2}\right)}\, e^{-h\varkappa} \cdot \varkappa^{\frac{a}{2}-1} d\varkappa,$$

wobei $a = 2$, wenn sich die Moleküle in einer Ebene bewegen; dagegen $a = 3$, wenn sie sich im Raume bewegen. Es soll nun aus diesen, ganz vom Zufalle geleitet, eine unendlichmal kleinere Menge n von Molekülen herausgehoben werden. Die Wahrscheinlichkeit, daß von den herausgehobenen beliebige w_1 eine lebendige Kraft haben, welche zwischen Null und ε, beliebige w_2 eine lebendige Kraft, welche zwischen ε und 2ε liegt usw. bis ins Unendliche, ist

$$S_a = \frac{(\varepsilon h)^{\frac{na}{2}} n!\, e^{-h(w_1 + 2w_2 + \dots)\varepsilon} \cdot (1^{w_1}\, 2^{w_2} \dots)^{\frac{a}{2}-1}}{\left[\Gamma\left(\frac{a}{2}\right)\right]^n w_1!\, w_2! \dots}.$$

Um Moleküle mit der lebendigen Kraft Null zu vermeiden, wurde hier allen Molekülen, deren lebendige Kraft zwischen $(b-1)\varepsilon$ und $b\varepsilon$ liegt, schlechtweg die lebendige Kraft $b\varepsilon$ zu-

---

¹) Diese Sammlung Bd. II, Nr. 44.

geschrieben, wodurch nur ein Fehler entsteht, der unendlich klein höherer Ordnung, also ohne Einfluß auf das Resultat ist. Die Frage nach der wahrscheinlichsten Verteilung einer gegebenen lebendigen Kraft unter die n Moleküle wurde bereits dort vollständig gelöst. Die Wahrscheinlichkeit W_a, daß die n Moleküle eine gegebene lebendige Kraft $\lambda \varepsilon = L$ besitzen, bei übrigens beliebiger Verteilung dieser lebendigen Kraft unter denselben, ist offenbar die Summe aller Werte, welche der Ausdruck S erhält, wenn man darin den Größen w_1, w_2, w_3... alle möglichen ganzen positiven Werte, einschließlich Null, erteilt, welche mit den Gleichungen

$$(1) \qquad \begin{cases} w_1 + w_2 + w_3 \ldots = n, \\ w_1 + 2w_2 + 3w_3 \ldots = \lambda \end{cases}$$

vereinbar sind. Für $a = 2$, also für Moleküle, die sich in einer Ebene bewegen, habe ich diese Summe bereits in der zitierten Abhandlung berechnet; für Moleküle, die sich im Raume bewegen, also für $a = 3$, ist die Summierung minder einfach; dagegen wird sie wieder ganz leicht für $a = 4$, also für einen Raum von vier Dimensionen.[1]) Sei

$$f(u) = 1^b + 2^b u + 3^b u^2 + 4^b u^3 + \cdots$$

und denken wir uns den Ausdruck $[f(u)]^n$ nach Potenzen von u geordnet, so wird die m^{te} Potenz von u offenbar den Koeffizienten

$$(2) \qquad \sum \frac{n!}{w_1! \, w_2! \, w_3! \ldots} 1^{b w_1} 2^{b w_2} 3^{b w_3} \cdots$$

haben, wobei die Summe über alle ganzen positiven Werte der w einschließlich Null zu erstrecken ist, welche den beiden Gleichungen

$$w_1 + w_2 + w_3 + \ldots = n,$$

$$w_2 + 2w_3 + 3w_3 + \ldots = m$$

---

[1]) Die folgenden Entwicklungen sind wesentlich identisch mit denjenigen, welche in Serrets Algebra, S. 355, zur Entwicklung der Potenzsummen der Wurzeln einer Gleichung dienen, und bin ich dafür Hrn. Prof. Königsberger zu Danke verpflichtet, welcher mich auf deren Anwendbarkeit in dem in Rede stehenden Falle aufmerksam machte.

genügen, was man auch so schreiben kann:

$$\sum \frac{n!}{w_1!\,w_2!\ldots}\, 1^{b\,w_1}\, 2^{b\,w_2}\ldots = \frac{1}{n!}\, D^m_{u=0}\, [f(u)]^n.$$

Für $b = 0$ wird

$$f(u) = \frac{1}{1-u};$$

der Koeffizient von u^m in $[f(u)]^n$ ist also

$$\binom{-n}{m}\cdot(-1)^m = \binom{n+m-1}{m}.$$

Man hat also

woraus folgt

$$\sum \frac{n!}{w_1!\,w_2!\ldots} = \binom{n+m-1}{m},$$

$$W_2 = (\varepsilon\,h)^n\, e^{-\lambda h\varepsilon} \binom{\lambda-1}{\lambda-n}.$$

Wir nehmen nun an, daß n sehr groß, aber endlich sei und vernachlässigen daher einen Faktor $\left(1 + \dfrac{1}{n}\right)$, mit welchem das Resultat etwa behaftet ist; ferner soll ε ein wirklich unendlich kleines Differential, also die mittlere lebendige Kraft $\lambda\varepsilon/n$ eines Moleküls unendlich gegen ε sein, so daß ein Faktor $\left(1 + \dfrac{nc}{\lambda}\right)$ für endliche c ebenfalls mit Eins vertauschbar ist. Die Annäherungsformel

$$\binom{a}{b} = \frac{a^{a+1/2}}{\sqrt{2\pi}\, b^{b+1/2}(a-b)^{a-b+1/2}}$$

liefert, wenn b klein gegen a ist,

$$\binom{a}{b} = \frac{1}{\sqrt{2\pi b}} \left(\frac{a\,e}{b}\right)^b,$$

daher

$$\binom{\lambda-1}{\lambda-n} = \binom{\lambda-1}{n-1} = \frac{(\lambda-1)^{n-1}\, e^{n-1}}{\sqrt{2\pi}\,(n-1)^{n-1/2}} = \frac{\lambda^{n-1}\, e^{n-1}}{\sqrt{2\pi}\,(n-1)^{n-1/2}},$$

und folglich

$$W_2 = \frac{(\varepsilon h)^n\, e^{-h\lambda\varepsilon}\,\lambda^{n-1}\, e^{n-1}}{\sqrt{2\pi}\,(n-1)^{n-1/2}} = \frac{h^n\, dx\, e^{-hx}\cdot x^{n-1}\, e^{n-1}}{\sqrt{2\pi}\,(n-1)^{n-1/2}}.$$

Letzterer Ausdruck ist durch Vertauschung von $\lambda\varepsilon$ mit x und ε mit dx entstanden, und gibt die Wahrscheinlichkeit, daß die gesamte lebendige Kraft unserer n Moleküle zwischen x und

$x + dx$ liegt, übereinstimmend mit dem in der bereits zitierten Abhandlung gefundenen.

Die Lösung wird wieder sehr einfach für einen Raum von vier Dimensionen, also für $a = 4$, $b = 1$. Dann hat man

$$f(u) = \frac{1}{(1-u)^2}.$$

Der Koeffizient von u^m in $[f(u)]^m$ aber ist

$$(-1)^m \binom{-2n}{m} = \binom{2n+m-1}{m}.$$

Daher ergibt sich

$$W_4 = (\varepsilon h)^{2n} e^{-h\lambda\varepsilon} \binom{\lambda+n-1}{2n-1} = (\varepsilon h)^{2n} e^{-h\lambda\varepsilon} \frac{(\lambda+n-1)^{2n-1} e^{2n-1}}{\sqrt{2\pi}\,(2n-1)^{2n-1/2}}$$

$$= (\varepsilon h)^{2n} e^{-h\lambda\varepsilon} \frac{\lambda^{2n-1} e^{2n-1}}{\sqrt{2\pi}\,(2n-1)^{2n-1/2}} = \frac{h^{2n} e^{-h\varkappa} \varkappa^{2n-1} d\varkappa\, e^{2n-1}}{\sqrt{2\pi}\,(2n-1)^{2n-1/2}}.$$

Für $a = 6$, also $b = 2$ hat man

$$f(u) = 2 \cdot 1 + 3 \cdot 2u \ldots - 1 - 2u \ldots = \frac{2}{(1-u)^3} - \frac{1}{(1-u)^2} = \frac{1+u}{(1-u)^3}$$

Der Koeffizient von u^m in diesem Ausdrucke ist

$$\binom{n}{0} \cdot (-1)^m \binom{-3n}{m} + \binom{n}{1}(-1)^{m-1}\binom{-3n}{m-1} + \ldots$$

$$= \binom{3n+m-1}{m} + \binom{n}{1}\binom{3n+m-2}{m-1} + \ldots.$$

Setzt man hier $m = \lambda - n$, so erhält man die Summe (2) unter den Bedingungen (1). Dieselbe hat also den Wert:

$$\binom{n}{0}\binom{\lambda+2n-1}{3n-1} + \binom{n}{1}\binom{\lambda+2n-2}{3n-1} + \ldots \binom{n}{n}\binom{\lambda+n-1}{3n-1},$$

oder, wenn man für den Binomialkoeffizient die Näherungsformeln benutzt:

$$\frac{\lambda^{3n-1} e^{3n-1}}{\sqrt[4]{2\pi}\,(3n-1)^{3n-1/2}}\left[\binom{n}{0} + \binom{n}{1} + \ldots \binom{n}{n}\right] = \frac{2^n \lambda^{3n-1} e^{3n-1}}{\sqrt{2\pi}\,(3n-1)^{3n-1/2}},$$

woraus folgt:

$$W_6 = \frac{(\varepsilon h)^{3n} e^{-h\lambda\varepsilon} \lambda^{3n-1} e^{3n-1}}{\sqrt{2\pi}\,(3n-1)^{3n-1/2}} = \frac{h^{3n} e^{-h\varkappa} \varkappa^{3n-1} e^{3n-1} dx}{\sqrt{2\pi}\,(3n-1)^{3n-1/2}}.$$

Ähnlich findet man, wenn a eine beliebige gerade Zahl ist,

$$f(u) = \frac{\left(\frac{a}{2} - 1\right)}{(1 - u)^{\frac{a}{2}}} + \frac{C}{(1 - u)^{\frac{a}{2} - 1}} + \dots,$$

wobei die Koeffizienten C nicht berechnet zu werden brauchen, da sie später ohnedies wegfallen. Der Koeffizient von u^m in $[f(u)]^n$ ist

$$\left(\left(\frac{a}{2} - 1\right)!\right)^n \cdot (-1)^m \binom{\frac{-an}{2}}{m} + nC\left(\left(\frac{a}{2} - 1\right)!\right)^{n-1} \cdot (-1)^{m-1} \binom{\frac{-an+2}{2}}{m} + \dots$$

$$= \left(\left(\frac{a}{2} - 1\right)!\right)^n \binom{\frac{2m+an-2}{2}}{m} + nC\left(\left(\frac{a}{2} - 1\right)!\right)^{n-1} \binom{\frac{2m+an-4}{2}}{m} + .$$

Setzt man hier $m = \lambda - n$, so erhält man für die Summe (2) unter den Bedingungen (1) den Wert

$$\left(\left(\frac{a}{2} - 1\right)!\right)^n \binom{\lambda + \left(\frac{a}{2} - 1\right)n - 1}{\frac{an - 2}{2}} + nC\left(\left(\frac{a}{2} - 1\right)!\right)^{n-1} \binom{\lambda + \left(\frac{a}{2} - 1\right)n - 2}{\frac{an - 4}{2}} + .$$

Setzt man hier für die Binomialkoeffizienten die Annäherungsformel, so sieht man, daß das zweite Glied von der Ordnung n^2/λ bezüglich des ersten ist, also verschwindet. Ebenso verschwinden alle folgenden Glieder. Das erste aber liefert:

$$\frac{\left(\left(\frac{a-2}{2}\right)!\right)^n \left(\lambda e\right)^{\frac{an-2}{2}}}{\sqrt{2\pi} \left(\frac{an - 2}{2}\right)^{\frac{an-1}{2}}},$$

woraus sich ergibt

$$W_a = \frac{(\varepsilon h)^{\frac{an}{2}} e^{-h\lambda\varepsilon} (\lambda e)^{\frac{na-2}{2}}}{\sqrt{2\pi} \left(\frac{an - 2}{2}\right)^{\frac{an-1}{2}}} = \frac{h^{\frac{an}{2}} e^{-h\varkappa} (e\varkappa)^{\frac{an-2}{2}} d\varkappa}{\sqrt{2\pi} \left(\frac{an - 2}{2}\right)^{\frac{an-1}{2}}}.$$

Dieselbe Formel, deren Beweis hier nur für den Fall geliefert wurde, daß a eine gerade Zahl ist, gilt übrigens auch für ungerade a. Auch in diesem Falle wird nämlich, wenn u nahe gleich Eins wird, die Reihe $f(u) = 1 + 2^a u + 3^a u^2 + \dots$ unendlich wie $(1 - u)^{-a} \cdot \Gamma(a)$. Entwickelt man daher ganz wie früher $f(u)$ nach Potenzen von u, setzt für die Binomial-koeffizienten die Annäherungsformeln und machte zum Schlusse dieselben Vernachlässigungen wie früher, so gelangt man wieder zur Formel (3). Die Durchführung der Rechnung hat nicht die mindeste Schwierigkeit; dagegen dürfte allerdings der Nachweis der Konvergenz der betreffenden Entwicklungen und der Erlaubnis der Vernachlässigung auch für die unendliche Gliederzahl mit Schwierigkeiten verknüpft sein und ich will darauf hier nicht weiter eingehen. Speziell für den uns interessierenden Fall $a = 3$ hat man

$$W = \frac{h^{\frac{3n}{2}} e^{-h\varkappa} \left(e\varkappa\right)^{\frac{3n-2}{2}} d\varkappa}{\sqrt{2\pi}\left(\frac{3n-2}{2}\right)^{\frac{3n-1}{2}}}.$$

63.

Referat über die Abhandlung von J. C. Maxwell „Über Boltzmanns Theorem betreffend die mittlere Verteilung der lebendigen Kraft in einem System materieller Punkte."[1]

(Wied. Ann. Beiblätter **5**. S. 403—417. 1881 und Phil. Mag. (5) **14**. S. 299—413. 1882.)[2]

Maxwell zeigt, daß sich dieser Satz sehr einfach mit Hilfe des Hamiltonschen Prinzips beweisen läßt. Der Satz wird dabei auch erweitert, indem seine Gültigkeit für beliebige, durch generalisierte Koordinaten bestimmte Systeme erwiesen wird, wenn dieselben nur dem Prinzipe der Erhaltung der Energie genügen. In der Auffassung besteht insofern ein Unterschied zwischen Maxwell und Boltzmann, als dieser die Wahrscheinlichkeit eines Zustandes durch die Zeit charakterisiert, während welcher das System durchschnittlich diesen Zustand besitzt, wogegen jener unendlich viele gleich beschaffene Systeme mit allen möglichen Anfangszuständen annimmt. Das Verhältnis der Zahl der Systeme, welche jenen Zustand haben, zur Gesamtzahl der Systeme bestimmt dann die besagte Wahrscheinlichkeit. Schließlich findet Maxwell noch, daß auch in einem beliebigen, ohne äußere Kräfte rotierenden, nicht festen Systeme sehr vieler Atome die mittlere lebendige Kraft der inneren Bewegung für jedes Atom gleich ist, und daß ein Gasgemisch in einem rotierenden Rohre sich ebenso verhält, als ob jedes Gas daselbst allein vorhanden wäre.

---

[1] Cambridge Phil. Trans. **12**. (3) S. 547. 1879.

[2] Obwohl Referate Boltzmanns in diese Sammlung im allgemeinen nicht aufgenommen sind, glaubte der Herausgeber hier eine Ausnahme machen zu sollen. Für die Wichtigkeit des Referates spricht schon die nochmalige Herausgabe im Phil. Mag., sowie der Satz in dem Briefe an die Herausgeber dieser Zeitschrift: : ... my notice contains one on two new things ...

Der eingangs erwäbnte Beweis Maxwells ist folgender:
Sei ein das Prinzip der Energie erfüllendes System S gegeben.
Seine Konfiguration sei durch n generalisierte Koordinaten
$q_1 \ldots q_n$ bestimmt; die dazu gehörigen Momente seien $p_1 \ldots p_n$.
(Zur besseren Anschaulichkeit will ich hier und da das einfachste Beispiel, ein System materieller Punkte mit beliebigen
Kräften daneben stellen; die q sind dann die rechtwinkligen
Koordinaten, die p die mit den Massen multiplizierten Geschwindigkeitskomponenten. D. Ref.) Das Gesetz der im erst-
betrachteten Systeme wirksamen Kräfte sei dadurch gegeben,
daß die Kraftfunktion V eine gegebene Funktion der Koordinaten sei. Die Bewegung des Systems ist vollständig bestimmt, wenn die Werte $q'_1 \ldots p'_n$ der Koordinaten und Momente
zu Anfang der Bewegung und die Zeit τ der Bewegung bekannt ist. (In dem Beispiele heißt das, die Koordinaten und
Geschwindigkeitskomponenten zu Anfang der Bewegung müssen
bekannt sein.) Es ist also am natürlichsten die $2n+1$ Größen
$q'_1 \ldots p'_n$, τ als sogenannte independente Variable zu wählen.
Da das Wirkungsgesetz der Kräfte gegeben ist, so können alle
übrigen auf die Bewegung bezughabenden Größen, z. B. die
Werte der Koordinaten und Momente, nach Verlauf der Zeit τ,
welche Maxwell mit $q_1 \ldots p_n$ ohne Index bezeichnet, als
Funktionen dieser $2n+1$ Independenten berechnet werden. Ist
T die lebendige Kraft zur Zeit τ, also $V+T=E$ die gesamte
Energie des Systems, so können natürlich auch diese Größen
als Funktionen der $2n+1$ Independenten ausgedrückt werden.[1]

Denkt man sich wirklich jede der $2n+1$ Größen $q_1 \ldots p_n$,
E als Funktion der $2n+1$ Independenten $q'_1 \ldots p'_n$, τ ausgedrückt, so erhält man $2n+1$ Gleichungen zwischen $4n+2$
Variabeln. Die Hamiltonsche Methode besteht nur darin,
daß man an Stelle der bisher gewählten Independenten, welche
wir immer die „alten Independenten" nennen wollen, andere
Independenten (die „Hamiltonschen Independenten") einführt.
Man kann nämlich aus den $2n+1$ Gleichungen von den im
ganzen darin vorkommenden $4n+2$ Variabeln beliebige $2n+1$
Variable als Funktionen der übrigen $2n+1$ ausdrücken.

---

[1] E wird dabei τ nicht enthalten, also bloß Funktion von $q'_1 \ldots p'_n$
sein, da es während der ganzen Bewegung konstant bleibt.

Hamilton denkt sich die Variabeln $p_1 \ldots p_n$, $p_1' \ldots p_n'$, τ als Funktionen von $q_1 \ldots q_n$, $q_1' \ldots q_n'$, E ausgedrückt, so daß also die zuletzt genannten Variabeln die Rolle der Independenten übernehmen. Jede der zuerst genannten Variabeln ist also jetzt als bekannte Funktion dieser $2n+1$ Independenten anzusehen. Unter Zugrundelegung dieser „Hamilton schen" Independenten findet man leicht:

(1) $$\frac{\partial p_r'}{\partial q_s} = -\frac{\partial p_s}{\partial q_{r'}}, \quad \frac{\partial p_r'}{\partial E} = -\frac{\partial \tau}{\partial q_{r'}}, \quad \frac{\partial \tau}{\partial q_r} = \frac{\partial p_r}{\partial E}, ^1)$$

wobei r und s beliebige gleiche oder ungleiche Zahlen sind.

Geradeso wie das Produkt der Differentiale dreier rechtwinkliger Koordinaten $dx\,dy\,dz$ durch das Produkt der Differentiale der Polarkoordinaten ausgedrückt werden kann und dann gleich $r^2 \sin \vartheta \cdot dr\,d\vartheta\,d\varphi$ wird, so kann, wenn beliebige m Variabeln v_1, $v_2 \ldots v_m$ Funktionen von m anderen u_1, $u_2 \ldots u_m$ sind, das Produkt der Differentiale der ersteren Variabeln durch das Produkt der Differentiale der letzteren ausgedrückt werden, und zwar geschieht dies mittels der bekannten Funktionaldeterminante:

$$dv_1\,dv_2 \ldots dv_m = du_1\,du_2 \ldots du_m \sum \pm \frac{\partial v_1}{\partial u_1} \frac{\partial v_2}{\partial u_2} \ldots \frac{\partial v_m}{\partial u_m}.$$

Ein spezieller Fall ist, daß einige der v mit einigen der u identisch sind, wie wenn man die z-Koordinate beibehält und bloß x und y in ebene Polarkoordinaten verwandelt. Sei etwa $v_1 = u_1$, $v_2 = u_2 \ldots v_k = u_k$. Dagegen seien $v_{k+1} \ldots v_m$ gegebene Funktionen von u_1, $u_2 \ldots u_m$. Dann vereinfacht sich die Funktionaldeterminante zu:

2) $$dv_1\,dv_2 \ldots dv_m = du_1\,du_2 \ldots du_m \sum \pm \frac{\partial v_{k+1}}{\partial u_{k+1}} \ldots \frac{\partial v_m}{\partial u_m}$$

Wir wollen diese allgemeine Formel jetzt auf das frühere anwenden. Statt $u_1 \ldots u_m$ setzen wir die $2n+1$ Hamilton schen Independenten $q_1 \ldots q_n q_1' \ldots q_n'$, E; für $v_1 \ldots v_k$ setzen wir

---

$^1)$ Dies folgt so: Werde die Größe $A = 2 \int_0^\tau T\,dt$ als Funktion der Hamilton schen Independenten ausgedrückt, so beweist Hamilton [Thomson und Tait, Natural philosophy, new edition § 330, Gleich. (18), dasselbe in deutscher Augabe § 322, Gleich. (18)], daß $p_r' = -\partial A / \partial q_r'$, $p_s = \partial A / \partial q_s$, $\tau = \partial A / \partial E$ ist, woraus sofort folgt: $\partial p_r'/\partial q_s = -\partial p_s/\partial q_r'$ $= \partial^2 A /(\partial q_r\,\partial q_s')$ usw.

$q_1 \ldots q_n$, für $v_{k+1} \ldots v_m$ aber $p_1 \ldots p_n$, τ. Dann geht die Formel (2) über in:

$$
(3) \quad
\begin{cases}
dq_1 \ldots dq_n \, dp_1 \ldots dp_n \, d\tau \\
\quad = dq_1 \ldots dq_n \, dq_1' \ldots dq_n' \, dE \displaystyle\sum \pm \frac{\partial p_1}{\partial q_1'} \cdots \frac{\partial p_n}{\partial q_n'} \frac{\partial \tau}{\partial E}.
\end{cases}
$$

Wir wollen jetzt in die allgemein gültige Formel (2) andere spezielle Werte einsetzen; nämlich für $u_1 \ldots u_m$ wieder die Hamiltonschen Independenten; für $v_1 \ldots v_k$ aber $q_1' \ldots q_n'$, wogegen wir für $v_{k+1} \ldots v_m$ die Variabeln $p_1' \ldots p_n'$, τ substituieren, welche ja nach Hamilton ebenfalls Funktionen der von ihm eingeführten Independenten sind, daher die Gleichung (2) auf diesen Fall, ebensogut wie auf den vorigen anwendbar ist. Die Gleichung (2) verwandelt sich durch die Substitutionen in:

$$
(4) \quad
\begin{cases}
dq_1' \ldots dq_n' \, dp_1' \ldots dp_n' \, d\tau \\
\quad = dq_1' \ldots dq_n' \, dq_1 \ldots dq_n \, dE \displaystyle\sum \pm \frac{\partial p_1'}{\partial q_1} \cdots \frac{\partial p_n'}{\partial q_n} \frac{\partial \tau}{\partial E}.
\end{cases}
$$

Ich rate nun dem Leser, die Funktionaldeterminanten der Gleichungen (3) und (4) ausführlich hinzuschreiben, dann für jedes Glied der Funktionaldeterminante der Gleichung (4) den Wert zu substituieren, den dasselbe vermöge der Gleichungen (1) hat. Es wird, abgesehen vom Zeichen und von einer Vertauschung der Horizontal- und Vertikalreihen, genau die Funktionaldeterminante der Gleichung (3) zum Vorschein kommen. Beide Funktionaldeterminanten haben also denselben Zahlenwert, und da es hier bloß auf diesen ankommt, und in den Gleichungen (3) und (4) auch die Produkte der Differentiale der rechten Seiten identisch sind, folgt aus diesen Gleichungen:

$$
dq_1 \ldots dq_n \, dp_1 \ldots dp_n \, d\tau = dq_1' \ldots dq_n' \, dp_1' \ldots dp_n' \, d\tau.
$$

Hier kann man noch beiderseits mit $d\tau$ dividieren und erhält:

$$
(5) \quad dq_1 \ldots dq_n \, dp_1 \ldots dp_n = dq_1' \ldots dq_n' \, dp_1' \ldots dp_n',
$$

welche Gleichung das Boltzmannsche Theorem in seiner größten Allgemeinheit darstellt.[1]

---

[1] Ich bemerke hier, daß in dem ausgezeichneten Buche Watsons „A treatise on the kinetic theory of gases", Clar. Press 1876 auf S. 13 bei Ableitung dieser Gleichung ein Fehler oder wenigstens eine Ungenauigkeit des Ausdruckes vorkommt. In den partiellen Differential-

In dieser Gleichung erscheinen wieder die alten Independenten $q_1' \ldots q_n'$, $p_1' \ldots p_n' \tau$. Da durch $d\tau$ dividiert wurde, also $d\tau$ in der Gleichung nicht mehr vorkommt, so heißt dies: die Zeit der ganzen Bewegung ist als eine konstante zu betrachten. Dagegen sind sämtlichen der für den Augenblick des Beginns der Bewegung geltenden Koordinaten und Momenten, also ·sämtlichen der Größen $q_1' \ldots p_n'$ unendlich kleine Zuwächse zu erteilen. Dadurch werden natürlich auch die Werte $q_1 \ldots p_n$ der Koordinaten und Momente zur Zeit τ unendlich kleine Zuwächse erleiden, und laut Gleichung (5) muß eben das Produkt der ersten gleich dem Produkt der letzteren Zuwächse, also bei Wahl der alten Independenten $\sum \pm (\partial q_1 / \partial q_1') \ldots (\partial p_n / \partial p_n') = 1$ sein. Behufs Veranschaulichung der Bedeutung der Gleichung (5) denken wir uns statt eines Systems S unendlich viele vollkommen gleich beschaffene Systeme S. Das Wirkungsgesetz der Kräfte soll für alle Systeme genau dasselbe sein (natürlich ohne daß je zwei der Systeme irgend aufeinander wirken). Die Zeitdauer τ der Bewegung soll ebenfalls für alle Systeme genau dieselbe sein. Die Zustände der Systeme im Augenblicke des Beginns ihrer Bewegung sollen aber nicht für alle Systeme genau dieselben, sondern dadurch charakterisiert sein, daß im Augenblicke. des Beginns der Bewegung für alle Systeme die Werte der Koordinaten und Momente zwischen den Grenzen q_1' und $q_1' + dq_1' \ldots p_n'$ und $p_n' + dp_n'$ liegen. Dann werden auch im Augenblicke des Endes der Bewegung die Zustände aller Systeme nicht genau dieselben sein, und es mögen in diesem Augenblicke Koordinaten und Momente zwischen den Grenzen q_1 und $q_1 + dq_1 \ldots p_n$ und $p_n + dp_n$ liegen. Zwischen den Produkten der Differentiale besteht dann wieder die Gleichung (5).

---

quotienten der Funktionaldeterminante, welche an der Spitze dieser Seite steht, ist nämlich außer den p und P noch die Zeit τ der Bewegung als independente Variable zu betrachten; die hierauf folgende Gleichung $dq_r / dP_s = - d^2 A / (dp_r \, dP_s) = - dQ_s / dp_r$ gilt aber nur, wenn E neben p und P independent veränderlich ist. Es ist also bei Bildung der partiellen Differentialquotienten dieser Gleichung E, bei Bildung derjenigen in der Funktionaldeterminante τ als konstant anzusehen, und die Anwendbarkeit einer zwischen den ersteren partiellen Differentialquotienten geltenden Gleichung auf die letzteren bedarf noch des Beweises.

V ist eine durch die Beschaffenheit des Systems bestimmte Funktion der Koordinaten, ebenso T eine durch die Beschaffenheit des Systems bestimmte Funktion der Momente oder der Momente und Koordinaten. Daher ist auch $E = V + T$ eine durch die Beschaffenheit des Systems gegebene Funktion der Koordinaten und Momente $F(q_1 \ldots p_n)$. Denken wir uns für die Variabeln deren Werte zur Zeit τ substituiert, so erscheint also E als Funktion dieser Werte, die wir ebenfalls mit $q_1 \ldots p_n$ bezeichnen. Es kann also in das Produkt $dq_1 \ldots dp_n$ der Gleichung (5) E an Stelle einer der Variabeln, z. B. p_1 eingeführt werden, wodurch sich ergibt:

$$(6) \qquad dq_1 \ldots dp_n = dq_1 \ldots dq_n \, dp_2 \ldots dp_n \, dE \left/ \frac{\partial F(q_1 \ldots p_n)}{\partial p_1} \right. .$$

Dieselbe Größe E, die Gesamtenergie des Systems, erhalten wir auch, wenn wir für $q_1 \ldots p_n$ in die Funktion F deren Werte zu Anfang der Zeit $q_1' \ldots p_n'$ substituieren. Dann erscheint also E als Funktion von $q_1' \ldots p_n'$ ausgedrückt und kann in das Produkt $dq_1' \ldots dp_n'$ der Gleichung (5) statt p_1' eingeführt werden, was liefert:

$$(6a) \qquad dq_1' \ldots dp_n' = dq_1' \ldots dq_n' \, dp_2' \ldots dp_n' \, dE \left/ \frac{\partial F(q_1' \ldots p_n')}{\partial p_1'} \right. .$$

Sei q_1 als Funktion der alten Independenten $q_1' \ldots p_n' \, \tau$ ausgedrückt, so ist $\partial q_1 / \partial \tau$ der Differentialquotient von q_1 im gewöhnlichen Sinne, welcher entsteht, wenn man die Zeit wachsen läßt, ohne an den Anfangsbedingungen $(q_1' \ldots p_n')$ etwas zu ändern. Maxwell bezeichnet ihn mit $\dot{q}_1$. Er ist natürlich auch Funktion von $q_1' \ldots p_n' \, \tau$; sein Wert für $\tau = 0$ sei $\dot{q}_1'$. Dann ist nach Hamilton $\dot{q}_1 = \partial E / \partial p_1 = \partial F(q_1 \ldots p_n) / \partial p_1$, $\dot{q}_1' = \partial F(q_1' \ldots p_n') / \partial p_1'$.[1]) Substituiert man unter Berücksichtigung dieser Werte die Werte (6) und (6a) in die Gleichung (5) und dividiert durch dE weg, so folgt:

$$(7) \qquad \frac{dq_1 \ldots dq_n \, dp_2 \ldots dp_n}{\dot{q}_1} = \frac{dq_1' \cdot dq_n' \, dp_2' \ldots dp_n'}{\dot{q}_1'} .$$

Hier fehlt auch dE; es hat also diese Gleichung folgende Bedeutung: Seien unendlich viele gleichbeschaffene Systeme S

---

¹) Vgl. Thomson und Tait, new edit. § 318 Gleichung (30); dasselbe deutsch § 313 Gleichung (10) [die dort mit T bezeichnete Größe ist gleich $E - V$, und V enthält die p nicht].

gegeben. Für alle habe die Zeit ihrer ganzen Bewegung exakt denselben Wert τ und die gesamte Energie exakt denselben Wert E. Die Werte der Variabeln $q_1 \ldots q_n p_2 \ldots p_n$ sollen zu Anfang der Zeit für alle Systeme zwischen den Grenzen:

$$(8) \quad \begin{cases} q_1' \text{ und } q_1' + dq_1' \ldots q_n' \text{ und } p_n' + dq_n', \\ p_2' \text{ und } p_2' + dp_2' \ldots p_n' \text{ und } p_n' + dp_n', \end{cases}$$

eingeschlossen sein, während p_1 durch die Gleichung der Energie bestimmt ist. Bezeichnen wir ferner die Grenzen, zwischen denen Koordinaten und Momente im Augenblicke des Endes der Bewegung liegen, mit:

$$(9) \quad \begin{cases} q_1 \text{ und } q_1 + dq_1 \ldots q_n \text{ und } q_n + dq_n, \\ p_2 \text{ und } p_2 + dp_2 \ldots, p_n \text{ und } p_n + dp_n, \end{cases}$$

dann muß wieder zwischen den Produkten der Differentiale die Gleichung (7) bestehen.

Maxwell wendet nun eine Methode an, welche er als die statistische bezeichnet. Er nimmt an, es sei eine große Anzahl N derartiger Systeme S gegeben, welche alle genau dieselbe Energie E haben, für welche aber im übrigen Koordinaten und Momente schon zu Anfang der Zeit die verschiedensten Werte hatten. Er stellt sich nicht die Aufgabe zu untersuchen, wie sich für jedes dieser Systeme Koordinaten und Momente mit der Zeit ändern, sondern wie viele der Systeme zu dieser oder jener Zeit „die Phase $(p\,q)$ haben", d. h. für wie viele die Koordinaten und Momente zwischen den Grenzen (9) liegen. p_1 ist immer durch die Gleichung der Energie bestimmt. Die Anzahl der Systeme, welche zur Zeit τ „die Phase $(p\,q)$ haben", bezeichnet Maxwell allgemein mit:

$$(10) \quad N f(q_1 \ldots q_n p_2 \ldots p_n \tau)\, dq_1 \ldots dq_n\, dp_2 \ldots dp_n.$$

Die Anzahl der Systeme, welche zur Zeit Null die Phase $(p'\,q')$ haben, d. h. für welche die Variabeln zu dieser Zeit zwischen den Grenzen (8) lagen, wird konsequenterweise mit:

$$(11) \quad N f(q_1' \ldots q_n' p_2' \ldots p_n'\, 0)\, dq_1' \ldots dq_n'\, dp_2' \ldots dp_n'$$

zu bezeichnen sein. Gemäß der früher auseinander gesetzten Bedeutung von $q_1 \ldots p_n$ und $q_1' \ldots p_n'$ haben aber genau dieselben Systeme zur Zeit τ die Phase $(p\,q)$, welche zur Zeit Null die Phase $(p'\,q')$ hatten. Es sind also die Ausdrücke (10) und (11) gleich, was mit Rücksicht auf Gleichung (7) liefert:

$$(12) \qquad \dot{q}_1 f(q_1 \cdots q_n p_2 \cdots p_n \tau) = \dot{q}_1' f(q_1' \cdots q_n' p_2' \cdots p_n' 0).$$

Maxwell nennt die Verteilung der Systeme stationär, wenn sich die Zahl der Systeme, welche irgend eine Phase, z. B. $(p'\,q')$ haben, mit der Zeit nicht ändert, wenn also für beliebige $q_1' \cdots q_n' p_2' \cdots p_n'$

$$(13) \qquad f(q_1' \cdots q_n' p_2' \cdots p_n' \tau) = f(q_1' \cdots q_n' p_2' \cdots p_n' 0)$$

ist. Da in der Gleichung (12) ebenfalls $q_1' \cdots p_n'$ ganz beliebige Anfangswerte der Variabeln sind, so können die Gleichungen (12) und (13) ohne weiteres miteinander kombiniert werden und liefern:

$$\dot{q}_1 f(q_1 \cdots q_n p_2 \cdots p_n \tau) = \dot{q}_1' f(q_1' \cdots q_n' p_2' \cdots p_n' \tau).^1)$$

Da f jetzt die Zeit τ nicht mehr enthält, so ist es besser, τ unter dem Funktionszeichen wegzulassen und zu schreiben:

$$(14) \qquad \dot{q}_1 f(q_1 \cdots q_n p_2 \cdots p_n) = \dot{q}_1' f(q_1' \cdots q_n' p_2' \cdots p_n').$$

Hierbei sind $q_1' \cdots q_n' p_2' \cdots p_n'$ ganz beliebige Anfangswerte. $q_1 \cdots q_n p_2 \cdots p_n$ sind die Werte der Koordinaten und Momente, welche ein von diesen Anfangswerten ausgehendes System nach einer übrigens auch vollkommen beliebigen Zeit τ erreicht.

Denken wir uns daher ein System S, welches von beliebigen Anfangswerten der Koordinaten und Momente ausgehend, sich bewegt, so wird es im Laufe der Bewegung immer andere und andere Werte der Koordinaten und Momente annehmen. Die Koordinaten und Momente sind also Funktionen der Anfangswerte und der Zeit. Es wird aber im allgemeinen gewisse Funktionen der Koordinaten und Momente geben, welche während der ganzen Bewegung konstante Werte haben, wie bei einem freien Systeme die Geschwindigkeitskomponenten des Schwerpunktes oder die nach dem Flächenprinzip un-

---

¹) Diese oder die damit identische Gleichung (14) ist notwendig, damit die Verteilung stationär sei; sie ist aber dazu auch hinreichend; denn aus ihr und der Gleichung (12) folgt sofort wieder die Gleichung (13) für beliebige $q_1' \cdots p_n'$, welche eben der mathematische Ausdruck dafür ist, daß die Verteilung stationär ist.

veränderlichen Momentsummen. Denken wir uns daher in den Ausdruck $\dot{q}_1 f(q_1 \ldots q_n p_2 \ldots p_n)$ zuerst jene beliebigen Anfangswerte substituiert, von denen jenes System ausging, dann fort und fort die Wertsysteme, welche die Koordinaten und Momente jenes Systems mit wachsender Zeit der Reihe nach annehmen, so ist zum Stationärsein der Verteilung notwendig und hinreichend, daß der Wert von $\dot{q}_1 f$ dabei immer unverändert bleibt, oder mit anderen Worten, $\dot{q}_1 f$ darf nur solche Funktionen von $q_1 \ldots p_n$ enthalten, welche während der ganzen Bewegung eines Systems von beliebigen Anfangswerten aus konstant bleiben, also zwar von den Anfangswerten nicht aber der verflossenen Zeit abhängen. Sollte das System so beschaffen sein, daß die Koordinaten und Momente desselben von bestimmten Anfangswerten ausgehend im Verlaufe genügend langer Zeit alle möglichen mit der Gleichung der Energie vereinbaren Werte annehmen würden, so müßte $\dot{q}_1 f$ überhaupt für alle mit der Gleichung der Energie vereinbaren Koordinaten und Momente denselben Wert haben, also eine Konstante sein.

Ich will erst jetzt noch einige Bezeichnungen Maxwells erwähnen. Wenn eines der Systeme S von einem bestimmten Anfangszustande ausgehend, sich bewegt, so nennt er den Inbegriff der Bewegungszustände, die es mit wachsender Zeit durchläuft, die Bahn (path) des Systems, jeden einzelnen Bewegungszustand eine Phase dieser Bahn. Alle Funktionen der Koordinaten und Momente, welche während der ganzen Bahn konstant bleiben, nennt er die Natur der Bahn charakterisierende Parameter, während alle anderen Funktionen der Koordinaten und Momente auch von der Phase abhängen. Damit die Verteilung der Systeme stationär sei, ist also hiernach erforderlich und genügend, daß f gleich sei $1/\dot{q}_1$, multipliziert mit einer willkürlichen Funktion der die Natur der Bahnen charakterisierenden Parameter.

Maxwell betrachtet nun den einfachsten Fall, daß diese Funktion eine Konstante C, also $f = C/\dot{q}_1$ ist, dann ist:

$$(15) \qquad \frac{N C \, dq_1 \ldots dq_n \, dp_2 \ldots dp_n}{\dot{q}_1}$$

zu jeder Zeit die Zahl der Systeme, für welche die Koordinaten und Momente zwischen den Grenzen (9) liegen, während p_1 durch die Gleichung der Energie bestimmt ist. Dies ist also die einfachste mögliche stationäre Verteilung. Sind die q die rechtwinkligen Koordinaten materieller Punkte, so sind die Produkte die Geschwindigkeitskomponenten in die betreffende Masse $m_1 u_1, m_1 v_1 \ldots$ die dazu gehörigen Momente; dann ist die lebendige Kraft $T = \tfrac{1}{2}(m_1 u_1^2 + m_1 v_1^2 + \ldots) = (p_1^2 / 2 m_1) + (p_2^2 / 2 m_1) + \ldots$, wobei offenbar $m_1 u_1^2 / 2$ die von der Bewegung des ersten Atoms in der Richtung der x-Achse herrührende lebendige Kraft usw. ist In gleicher Weise können generalisierte Koordinaten immer so transformiet werden, daß $T = (\gamma_1 p_1^2 / 2) + \ldots (\gamma_n p_n^2 / 2)$ ist, wo die γ bloß die Koordinaten enthalten. Maxwell bezeichnet dann $\gamma_r p_r^2 / 2$ als die vom r ten Momente herrührende lebendige Kraft oder auch als die lebendige Kraft des r ten Moments. Die mittlere lebendige Kraft irgend eines, also etwa des r ten Moments ist also durch:

$$\frac{\displaystyle\iint \ldots \frac{\gamma_r p_r^2\, dq_1 \ldots dp_n}{2\,\dot{q}_1}}{\displaystyle\iint \ldots \frac{dq_1 \ldots dp_n}{\dot{q}_1}}$$

gegeben. Hier wird man die Integration nach allen übrigen p vor der nach p_r ausführen. Ich will hier nur zeigen, wie die Integration nach p_n durchzuführen ist, wenn r nicht gleich n ist. Man setzt für $\dot{q}_1$ seinen Wert:

(16) $$\frac{\partial T}{\partial p_1} = \gamma_1 p_1 = \sqrt{2\gamma_1}\sqrt{E - V - \frac{\gamma_2 p_2^2}{2} \ldots - \frac{\gamma_n p_n^2}{2}}.$$

Bedenkt man, daß bei der Integration nach p_n die Größen $q_1 \ldots q_n p_2 \ldots p_{n-1}$, also auch $\gamma_1 \ldots \gamma_n$, V und p_r als konstant zu betrachten sind, so kann man setzen: $E - V - \gamma_2 p_2^2 / 2 \ldots - \gamma_{n-1} p_{n-1}^2 / 2 = a$, $\gamma_n p_n^2 / 2 = x$; dann kommt bei der Integration nach p_n alles vor das Integralzeichen bis auf $\dot{q}_1$, und es

reduziert sich $\int dp_n / \dot{q}_1$ auf $(1 / \sqrt{\gamma_1 \gamma_n}) \displaystyle\int_{-\sqrt{a}}^{+\sqrt{a}} dx / (\sqrt{x} \cdot \sqrt{a - x})$, was

bekanntlich leicht berechnet werden kann. Ebenso leicht können die Integrationen nach den übrigen p und zuletzt die nach p_r durchgeführt werden. Da V eine gegebene Funktion der Koordinaten ist, so ist die mittlere gegebene Kraft durch bloße mehrfache Quadraturen auffindbar. Die Symmetrie der Formel (16) zeigt auf den ersten Blick, daß sie für alle

Momente, folglich auch bei materiellen Punkten für alle Atome, denselben Wert hat. Die Anzahl Z_1 der Systeme, für welche die Werte der Koordinaten zwischen q_1 und $q_1 + dq_1 \dots q_n$ und $q_n + dq_n$ und die lebendige Kraft des Moments p_r zwischen k und $k + dk$ liegt, während alle übrigen Momente alle möglichen Werte haben, findet man, indem man den Ausdruck (15) bezüglich jener übrigen Momente integriert, für p_r und dp_r aber $\sqrt{2\,k\,/\,\gamma_r}$ und $dk\,/\,\sqrt{2\,k\,\gamma_r}$ setzt; die Anzahl Z_2 der Systeme, für welche unter Beibehaltung der Bedingungen für die Koordinaten auch noch das letzte Moment beliebig ist, indem man auch noch bezüglich p_r oder k über alle möglichen Werte integriert. Die Ausführung der Integration nach Anwendung der Substitution (16) hat keine Schwierigkeit und liefert:

$$Z_2 = N\,C\Big[\Gamma\Big(\tfrac{1}{2}\Big)\Big]^n \sqrt{\gamma_1\,\gamma_2 \cdots \gamma_n}\,(2\,E - 2\,V)^{\frac{n-2}{2}} \frac{dq_1 \dots d\,q_n}{\Gamma\Big(\dfrac{n}{2}\Big)}.\ {}^{1)}$$

$$\frac{Z_1}{Z_2} = \frac{(E - V - k)^{\frac{n-3}{2}}\,d\,k\,\Gamma\Big(\dfrac{n}{2}\Big)}{(E - V)^{\frac{n-2}{2}}\,\sqrt{k}\;\Gamma\Big(\dfrac{1}{2}\Big)\,\Gamma\Big(\dfrac{n-1}{2}\Big)}.$$

Diese Zahl, also das Gesetz der Verteilung der lebendigen Kraft, hat für alle Momente denselben Wert. Für große n ist angenähert $Z_1\,/\,Z_2 = e^{-k/2K}\,d\,k\,/\,K\sqrt{2\,\pi}$, wobei $K = (E - V)/n$ der diesen Werten der Koordinaten entsprechende für alle Momente gleiche Mittelwert der lebendigen Kraft eines Momentes ist.

Um diese Gleichungen auf die Wärmetheorie anzuwenden, denkt sich Maxwell unter den Systemen S lauter gleichbeschaffene, in absolut starre wärmeundurchlässige Hüllen eingeschlossene warme Körper, die gegenseitig voneinander völlig unabhängig sind und alle dieselbe Energie E besitzen. Die Systeme S stellen uns also jetzt sehr viele gleichbeschaffene reale Körper von gleicher Temperatur und unter gleichen äußeren Umständen vor. (Der Bewegungszustand jedes dieser Körper soll durch die früher gebrauchten Koordinaten und Momente $q_1 \dots p_n$ bestimmt sein.) Die verschiedenen Körper sollen von sehr verschiedenen Anfangszuständen ausgegangen

---

[1] Wenn V klein gegen E, und n groß ist, nähert sich $(E - V)^{(n-2)/2}$ der Grenze $E^{(n-2)/2}\,e^{-n\,V/2\,E}$, und es folgen aus der Gleichung des Textes leicht die hydrostatischen Differentialgleichungen für mehratomige Gase.

sein, und zwar soll die Anzahl der Systeme, für welche zu
Anfang der Zeit Koordinaten und Momente zwischen den
Grenzen (9) lagen, durch die Formel (15) gegeben gewesen
sein. Wir wissen, daß dann die Verteilung stationär ist. Die
Systeme, welche zu Anfang der Zeit die Phase $(p\,q)$ hatten,
treten zwar bald aus dieser Phase aus, aber genau ebenso
viele Systeme treten zum Ersatze in diese Phase wieder ein,
und so geht es fort durch alle Zeiten. Für den Inbegriff aller
Körper gelten daher die oben entwickelten Gleichungen. Die
jedem Momente entsprechende mittlere lebendige Kraft muß
den oben berechneten Wert haben usw. usw. Es könnte nun
freilich der Fall eintreten, daß die Gleichungen nicht für jeden
einzelnen Körper gelten würden, daß z. B. die mittlere lebendige
Kraft eines Moments in einem Körper größer, als die oben
berechnete wäre, wofür sie dann natürlich in anderen Körpern
wieder kleiner sein müßte, damit für alle Körper der richtige
Mittelwert herauskommt. Allein es ist zu bedenken, daß alle
unsere Körper gleich beschaffen, von gleicher Temperatur und
unter gleichen äußeren Umständen befindlich sind. Im eben
besprochenen Falle müßte also das Verhalten derartiger Körper
ein verschiedenes sein, je nach dem Anfangszustande, von
welchem sie ausgingen. Dies wird nun durch die Erfahrung
nicht bestätigt. So oft ein und derselbe Körper mit derselben
Bewegungsenergie und unter denselben äußeren Umständen
sich selbst überlassen wird, nimmt er mit der Zeit denselben
Wärmezustand, den jener Temperatur und jenen Außenverhält-
nissen entsprechenden stationären Zustand an, welcher vom
Anfangszustande des Körpers ganz unabhängig ist. (Wir sind
daher berechtigt, zu behaupten, daß unsere Gleichungen nicht
bloß vom oben definierten Inbegriffe von Körpern, sondern
auch für den stationären Endzustand jedes einzelnen warmen
Körpers gelten). Daß die Bedingung der Temperaturgleichheit
zwischen warmen Körpern eine sehr einfache, von deren Anfangszustand unabhängige mechanische Bedeutung hat, folgt auch
daraus, daß dieselbe durch Pressung, Drehung, Verschiebung usw.
einzelner Partien nicht beeinflußt wird.

Substituieren wir für das System S zwei verschiedene,
durch eine feste wärmedurchlässige Scheidewand getrennte
Gase, so folgt die Gleichheit der mittleren lebendigen Kraft

der Progressivbewegung der Moleküle beider Gase, also das
Avogadrosche Gesetz, dessen bisherige auf die Gleichheit
dieser mittleren lebendigen Kraft in Gasgemischen gestützte
Beweise unzuverlässig sind, da man nicht beweisen kann, daß im
Gemische die mittlere lebendige Kraft der Progressivbewegung
dieselbe ist, wie in getrennten Gasen bei gleicher Temperatur.
Sehr interessant ist der zweite von Maxwell diskutierte
Fall, dessen ausführliche Wiedergabe leider hier Raummangel
verbietet. Dabei sind $q_1 \ldots q_n$ die rechtwinkligen Koordinaten
$x_1 \ldots z_n$, daher $p_1 \ldots p_n$ die mit den Massen multiplizierten Geschwindigkeitskomponenten $m_1 u_1 \ldots m_n w_n$ eines freien Atom-
systems S' mit beliebigen inneren, aber ohne äußere Kräfte.
Maxwell führt in die Gleichung (5) statt:

$du_1\, dv_1\, dw_1\, du_2\, dv_2\, dw_2\, du_3$ das Produkt $dU\, dV\, dW\, dF\, dG\, dH\, dE$

ein, wo U, V, W die Geschwindigkeitskomponenten des Schwerpunkts, F, G, H die wegen des Flächenprinzips konstanten
Momentensummen der Bewegungsgrößen des Systems S' sind.
Dadurch nimmt die Gleichung (5), nachdem sie durch
$dU\, dV\, dW\, dF\, dG\, dH\, dE \,/\, m_1^3\, m_2^3\, m_3$ dividiert wurde, die Gestalt:

$$\frac{dx_1' \ldots dx_n'\, dv_3' \ldots dw_n'}{\alpha'\, r'\, \dot{r}'} = \frac{dx_1 \ldots dx_n\, dv_3 \ldots dw_n}{\alpha\, r\, \dot{r}}$$

an; dabei ist r die Distanz der Atome m_1 und m_2, $\dot{r} = dr/dt$,
α die doppelte Projektion des Dreiecks $m_1\, m_2\, m_3$ auf die yz-Ebene.
Seien wieder unendlich viele gleich beschaffene Systeme S' gegeben, für welche die Größen E, U, V, W, F, G, H durchaus
gleiche Werte haben, so findet man ganz wie früher, daß die
Verteilung dieser Systeme stationär ist, wenn die Zahl derjenigen, für welche $x_1 \ldots z_n\, v_3 \ldots w_n$ zwischen den Grenzen x_1
und $x_1 + dx_1 \ldots w_n$ und $w_n + dw_n$ liegen, gleich $C dx_1 \ldots dw_n / \alpha r \dot{r}$
ist. Maxwell berechnet nun, genau wie im früheren Falle,
die Zahl der Systeme, für welche bei willkürlichen Geschwindigkeiten die Koordinaten der Atome zwischen unendlich nahen
Grenzen liegen, ferner derjenigen, für welche zudem noch die
Geschwindigkeitskomponenten eines Atoms zwischen unendlich
nahen Grenzen liegen, die mittlere lebendige Kraft eines Atoms usw.
Von den Resultaten hebe ich nur folgende zwei hervor.
    1. Seien ξ, η, ζ die Geschwindigkeitskomponenten eines
Atoms von der Masse m bezüglich neuer Koordinatenachsen,

von denen im fraglichen Augenblicke die z-Achse durch das
Atom geht, die zwei anderen aber Achsen des in ihrer Ebene
liegenden Schnittes des Trägheitsmomentsellipsoids sind, deren
Ursprung zu jeder Zeit der Schwerpunkt des Systems ist, und
welche sich mit den Winkelgeschwindigkeiten drehen, die dem
plötzlich durch innere Kräfte festgewordenen System zukämen;
dann sind die Mittelwerte der Größen $m\,\zeta^2$, $m\,\xi^2\,/\,(1 - a\,\gamma\,z^2)$,
$m\,\eta^2\,/\,(1 - b\,\gamma\,z^2)$ für alle Atome gleich; überhaupt ist das
Gesetz, nach welchem diese Größen unter die Atome verteilt
sind, dasselbe, nach welchem im früheren Falle $m u^2$, $m v^2$, $m w^2$
verteilt waren. Dabei ist $\gamma = M m\,/\,(M - m)$, wenn M die
Gesamtmasse des Systems ist, z ist die Distanz des System-
schwerpunktes von einer durch das Atom gehenden Geraden,
deren Richtungskosinus bezüglich der neueren Koordinaten-
achsen proportional ξ, η, ζ sind; endlich ist $a = (B C - L^2)/D$,
$b = (A C - M^2)/D$, wenn A, B, C die Trägheitsmomente des
Systems bezüglich der neuen Koordinatenachsen L, M, N die
Summen $\Sigma\,m\,y\,z$, $\Sigma\,m\,x\,z$, $\Sigma\,m\,x\,y$ bezüglich desselben Koordinatensystems und:

$$D = \begin{vmatrix} A, & -N, & -M \\ -N, & B, & -L \\ -M, & -L, & C \end{vmatrix}$$

sind. Ist also die Anzahl der Atome sehr groß, so ist noch
immer $m\,(\xi^2 + \eta^2 + \zeta^2)/2$, also die mittlere lebendige Kraft
der inneren Bewegung, d. h. derjenigen relativ gegen die neuen
Koordinatenachsen für die Atome gleich.

2. In einer horizontalen, um eine vertikale Achse rotierenden Röhre verteilt sich ein Gasgemisch geradeso, als ob jeder
der Bestandteile darin allein vorhanden und unter dem Einflusse der Schwere und Zentrifugalkraft im Gleichgewichte
wäre. Ein 1 m (l) langes Rohr, dessen eines Ende in der
Rotationsachse wäre, müßte in der Sekunde etwa 10 (n) Um-
drehungen machen, damit ein darin befindliches Gemisch von
H und CO_2 an einem Ende 1 (p) Prozent CO_2 mehr als am
anderen enthielte. Die Drehung müßte etwa 2 Stunden dauern;
dann würden die früher vorhandenen Abweichungen der Mischung
von der schließlichen stationären Verteilung hundertmal kleiner.
p ist dem Quadrate der Geschwindigkeit des beweglichen
Rohrendes, also $l^2 n^2$ proportional.

64.

Zu K. Streckers Abhandlung: Über die spezifische Wärme des Chlors usw.[1])

(Wied. Ann. 13. S. 544. 1881.)

Auf die Bemerkung des Hrn. Strecker, daß durch seine schönen und für die Theorie überaus wichtigen Versuche über das Verhältnis der spezifischen Wärmen in Cl, Br und J meine Annahme über die Art der Beweglichkeit der Gasmoleküle[2]) widerlegt würde, will ich hier nur erinnern, daß schon wegen der Gasspektra die Atome, z. B. die Hg-Dampfatome, keine wirklichen materiellen Punkte sein können, sondern noch weiter zusammengesetzt sein müssen. Nach meiner Annahme ist aber der Zusammenhang ihrer Teile so innig, daß sie sich (natürlich nur angenähert) wie starre Körper verhalten. Hiernach könnte ganz gut schon das Atom von Cl, Br oder J ein von einer Kugel verschiedener Rotationskörper, und deren Molekül kein Rotationskörper sein, woraus für diese Gase das Verhältnis der spezifischen Wärme zu 1,3333.... folgen würde, was mit Streckers Versuchen ziemlich gut stimmt. Übrigens ist selbstverständlich meine Annahme eine vorläufige, noch wenig begründete, lediglich in Ermangelung einer besseren aufgestellten Hypothese.

---

[1]) K. Strecker, Wied. Ann. 13.¹ S. 20. 1881.
[2]) L. Boltzmann, Wien. Ber. 74. S. 553. 1876; Pogg. Ann. 160. S. 175. 1877. (Dieses Bandes Nr. 37.)

For EU product safety concerns, contact us at Calle de José Abascal, 56–1°,
28003 Madrid, Spain or eugpsr@cambridge.org.

www.ingramcontent.com/pod-product-compliance
Ingram Content Group UK Ltd.
Pitfield, Milton Keynes, MK11 3LW, UK
UKHW040617240426
470322UK00010B/182